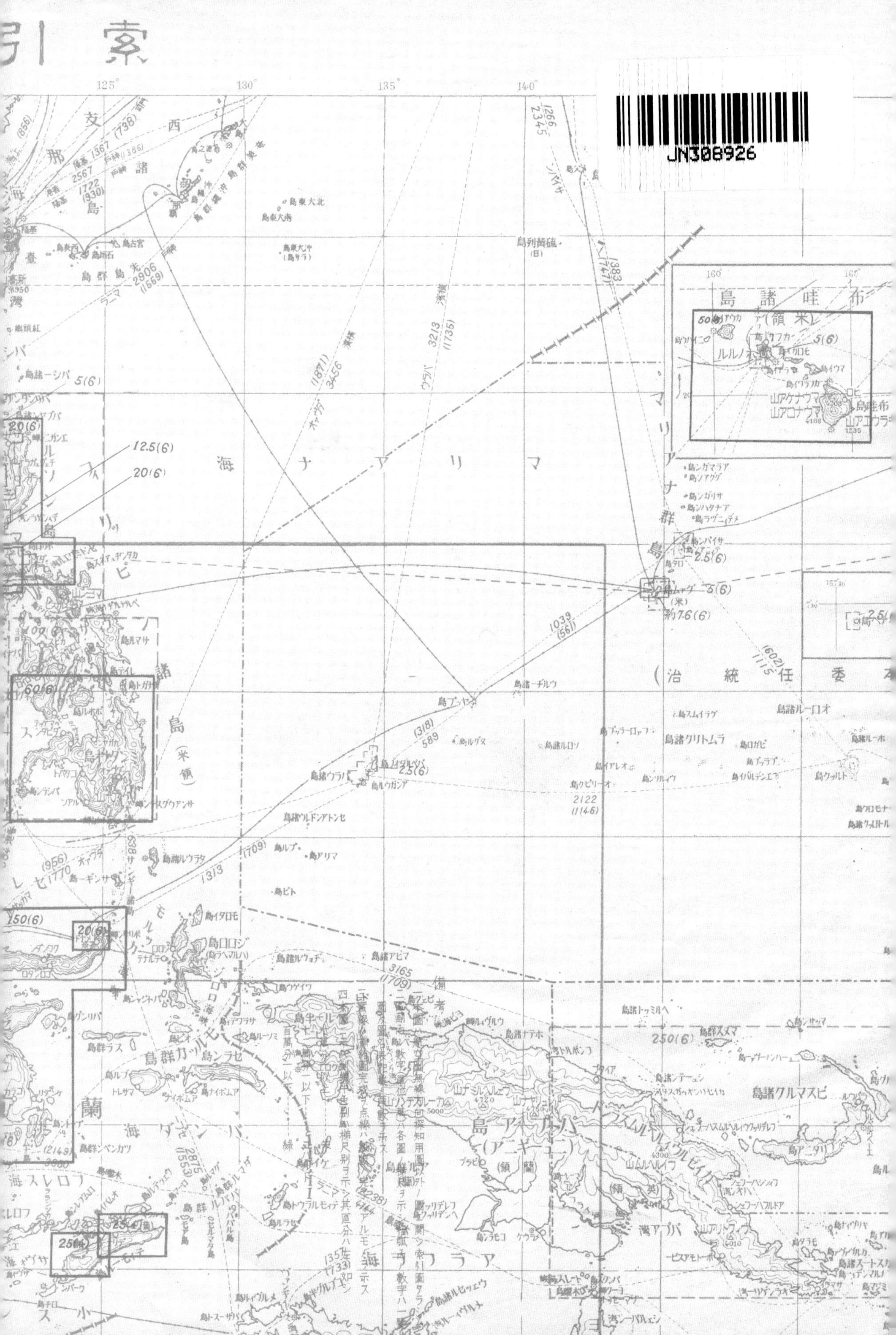

索引
JN308926
125°
130°
135°
140°
島東大北
島東大南
島列黄硫
島諸一チルウ
島ブッヤ
島諸ウラバ
島諸ルウョチ
島諸クリトムラ
島諸ーロラオ
島群カッルモ
島ンラセ
島ーアヌブニ
島諸ルマスピ
島諸哇布

# 近代日本の地図作製とアジア太平洋地域

## ――「外邦図」へのアプローチ

小林　茂 編

大阪大学出版会

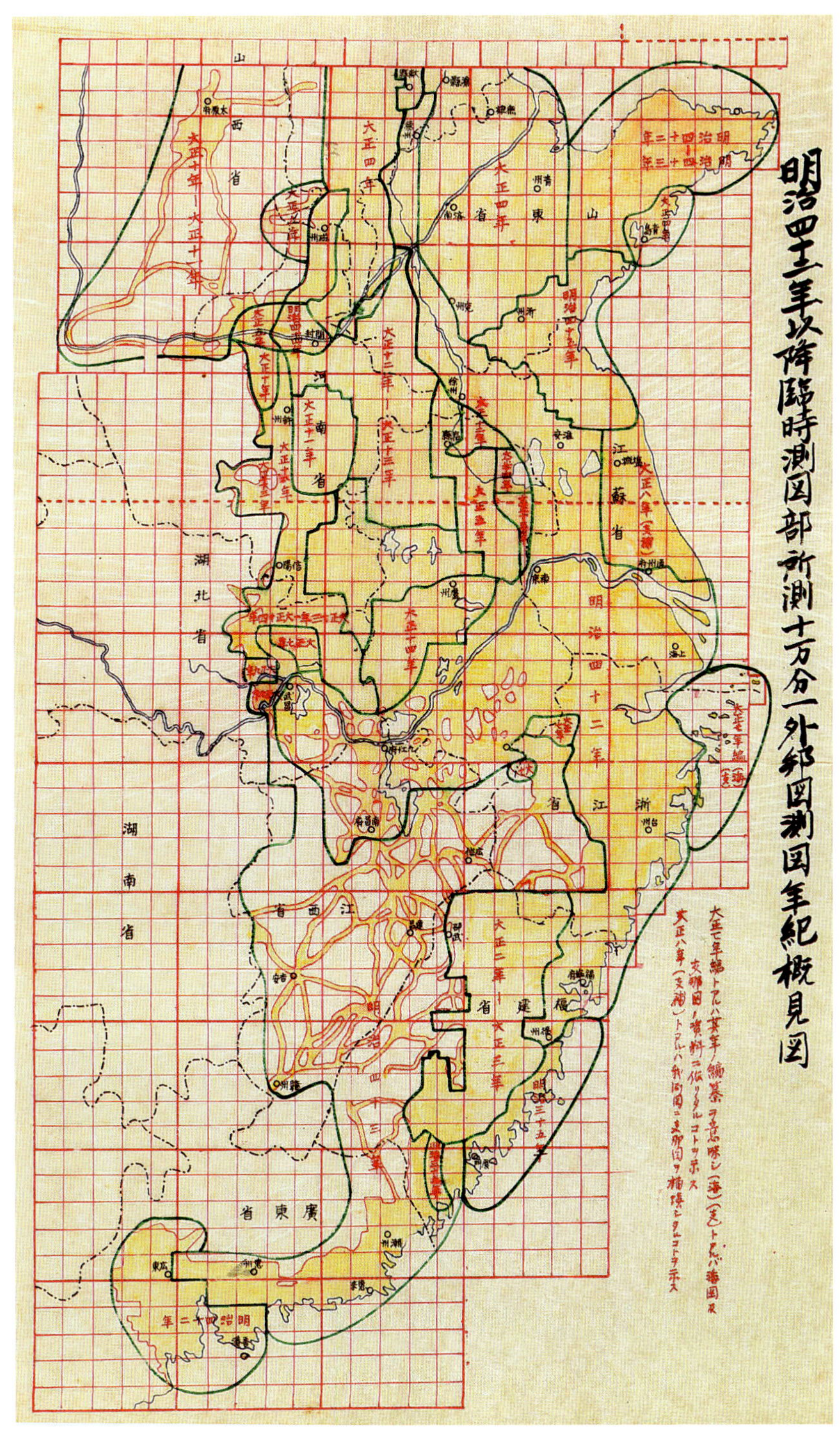


口絵 1　明治四十二年以降臨時測図部所測十万分一外邦図測図年紀概見図（原図× 0.39）

高木菊三郎旧蔵資料『明治四十二年以降臨時測図部，支那駐屯軍司令部所測仮製十万分一整備經過要図』（大阪大学文学研究科人文地理学教室蔵）所収の図（全 16 枚）のひとつで，外邦図の調査に従事した高木が，『外邦兵要地図整備誌』（原本 1941 年刊，1992 年不二出版復刻）を執筆した際に作製したと推定される。記入されている時期は図の出版年紀で，1909（明治 42）年以降とするのは，前年に外邦図を 10 万分の 1 の縮尺で整備することが決定された（上掲書 30 頁）からである（ただし福建省海岸部は 1902［明治 35］年とする）。記入された年紀から，測図は臨時測図部だけでなく支那駐屯軍司令部によるものも含むと考えられる。測図区域が徐々に広がったことがわかるが，高木はその精度上の問題点を各所で指摘する。

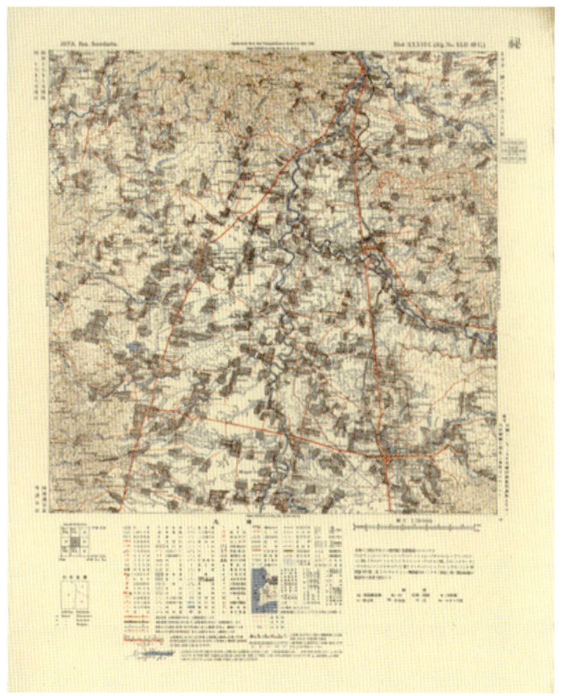

a）サムネイル用

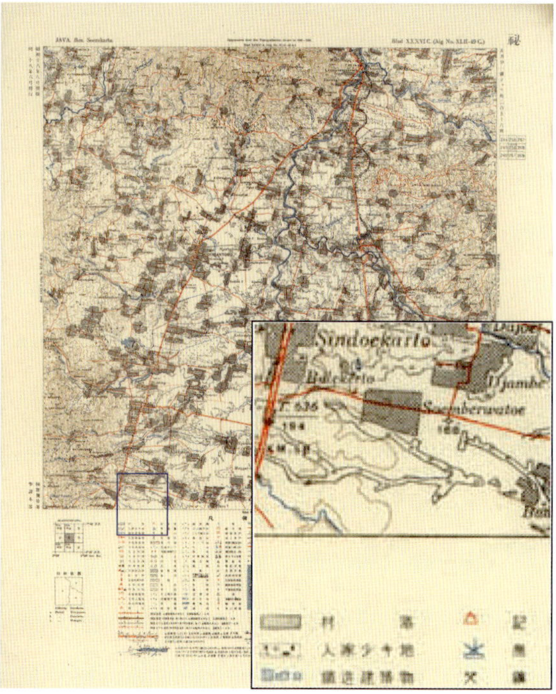

b）インターネット公開用

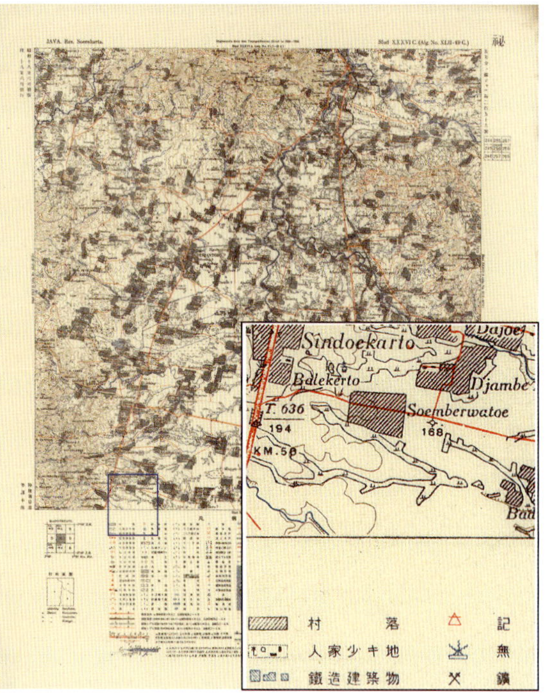


c）閲覧用

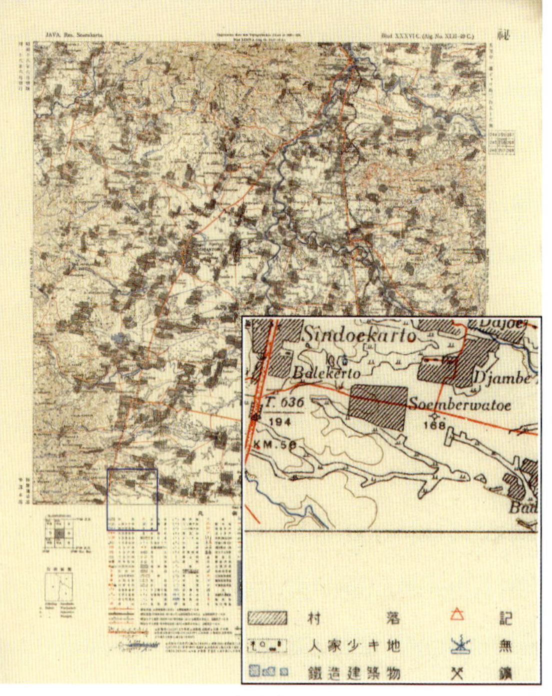


d）保存用

**口絵2　外邦図のデジタル画像の一例**

1：50,000　ジャワ島256号　WOERJANTORO

サイズ（縦×横）：60 cm × 48 cm　　作製時期：1943（昭和18）年製版・発行

作製機関：参謀本部・陸地測量部　　作製方法：舊蘭印測量局1927年調製の地図を編集

b）からd）図の右下は枠内を拡大したものである。本書Ⅶ-1章の428-429頁を参照。

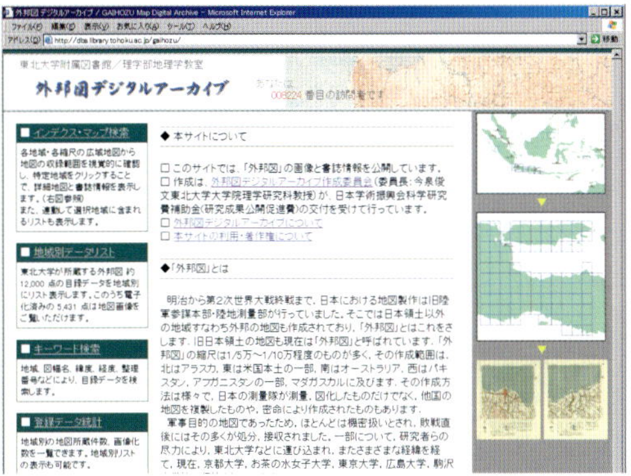


a）トップページ

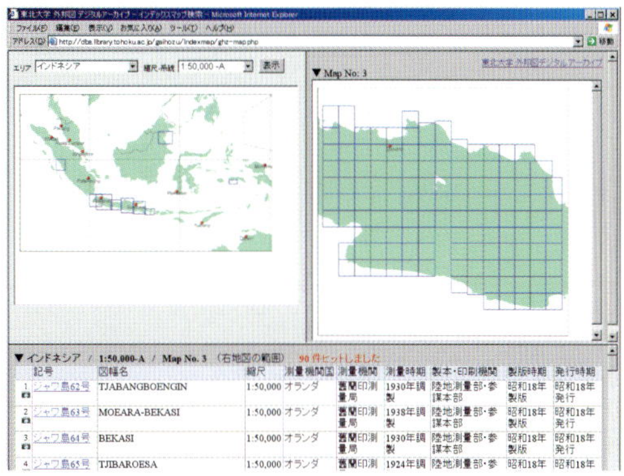


b）インデックスマップ検索

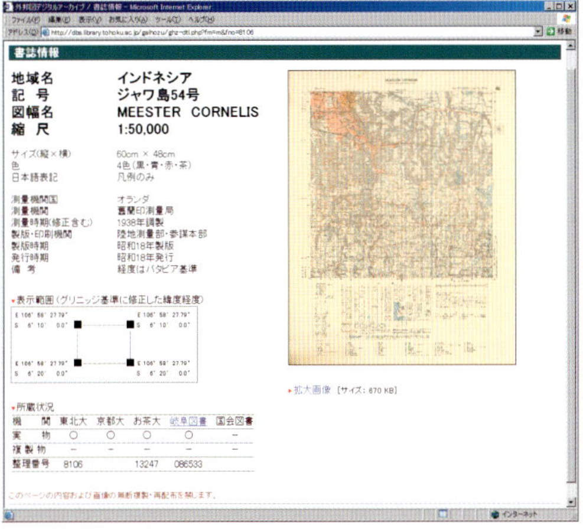


c）書誌情報ページ

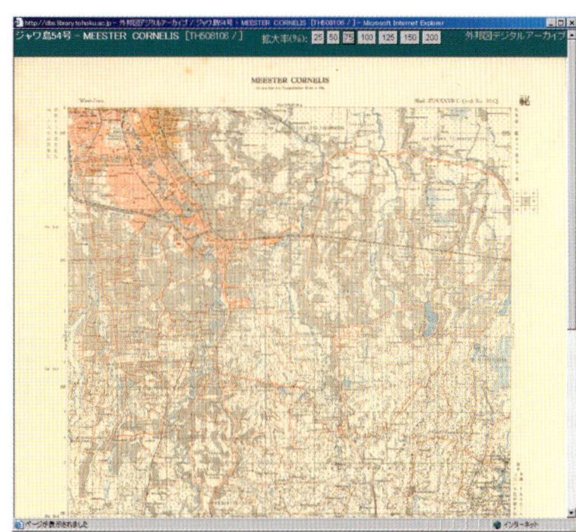


d）地図画像閲覧ページ

**口絵3　外邦図デジタルアーカイブ**

URL：http://dbs.library.tohoku.ac.jp/gaihozu/　本書Ⅶ-1章の429-431頁を参照。

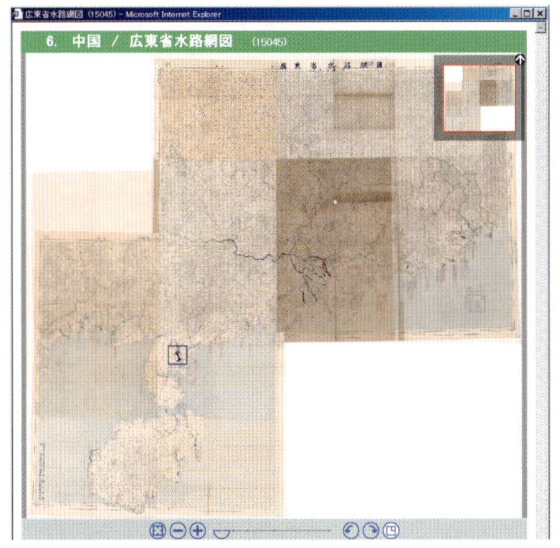


a）全体

b）拡大（a図の枠内）

**口絵4　iPallet Free Zoom Pack 形式によるデジタル画像**

1：500,000　　広東省水路網図

サイズ（縦×横）：193 cm × 210 cm　　作製時期：1943（昭和18）年製版・印刷

作製機関：波集団司令部調製・波集団司令部写真印刷班印刷

本書Ⅶ-1章の431頁を参照。

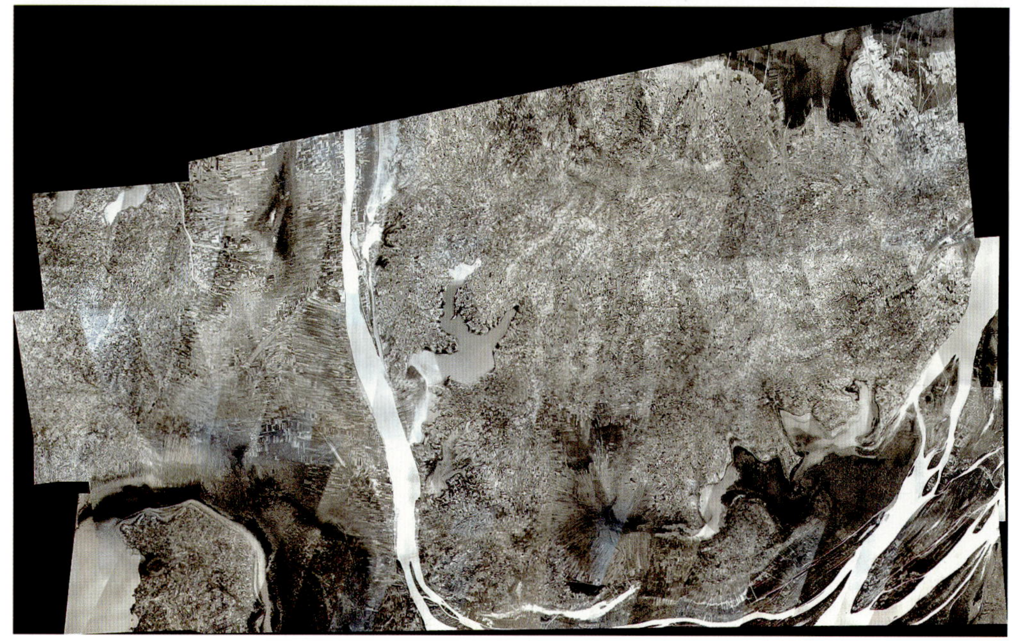

口絵 5　モザイク加工後の旧日本軍撮影による空中写真（安徽省五河地区［西］と江蘇省盱眙地区［東］）

1942 年頃撮影。長澤良太作成。本書Ⅱ-4 章の 77 頁を参照。

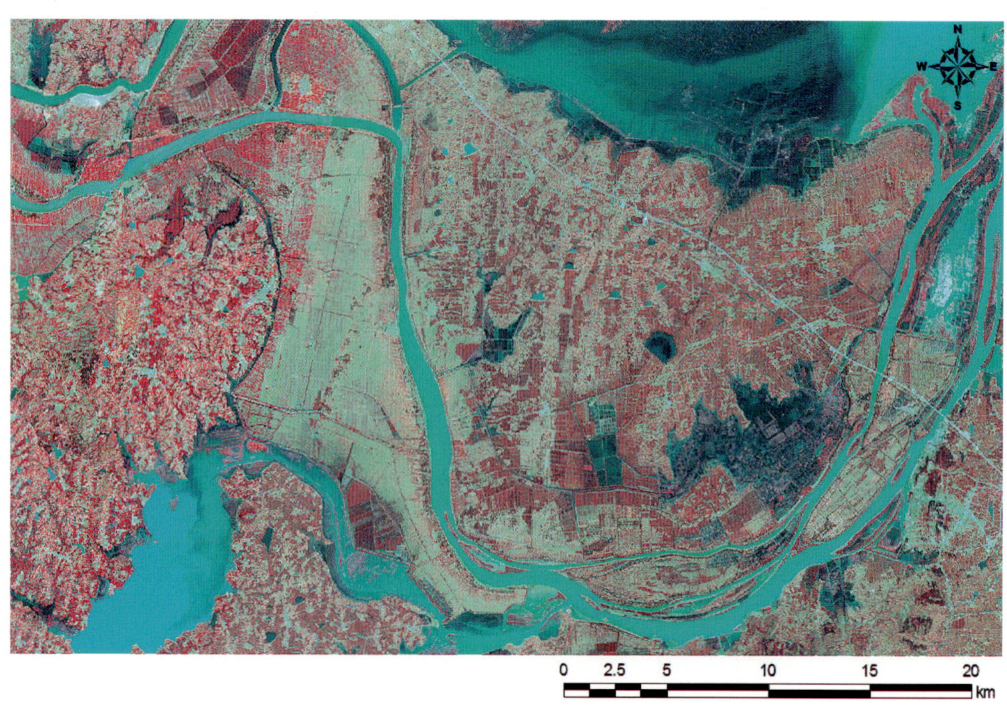


口絵 6　同地域の Landsat ETM Pan 画像

2000 年 9 月 16 日撮影の画像。本書Ⅱ-4 章の 77 頁を参照。

# はしがき

1945（昭和 20）年 8 月まで，日本がアジア太平洋地域で作製してきた地図を外邦図とよんでいる。外邦図は，狭義には軍用の地図であるが，今日では台湾や朝鮮半島の植民地政府が行政用・民生用に作製した地図についてもこの名称が使われている。

すぐに想像されるように，狭義の外邦図は多くが秘図とされて，一般にはほとんど知られず，戦争の暗いイメージに結びつけられてきた。その細部については，第二次世界大戦の終結とともに作製主体がなくなったこともあって，わからないことが少なくない。植民地政府の作った地図についても，この点はかわらない。こうした外邦図について，全容を解明し，学術資料として再生することが私たちの最終目的である。これにむけて本書では，外邦図の所在や構成，作製過程，利用法などについて多角的に検討することをめざしている。

本書の大きな特色は，なによりもまず，残された地図の検討から始めていることである。大学や図書館が所蔵する外邦図のほか，古書として収集された外邦図を分析し，その概要に迫ろうとしている。外邦図に関連する資料は少なく，地図の分類整理を通じてアプローチする以外には，方法がなかったこともあるが，研究の多くが地理学あるいは地図学の専門家によって行われてきたことも，それに劣らず重要である。地理学・地図学では，最も重要な研究の素材のひとつである地図に関心がむけられ，その延長に外邦図がおかれてきたわけである。

このような研究のスタンスは，外邦図の種類や作製時期，精度など，地図プロパーの特色については，大きな展望をもたらした。ただし，その作製に関連した制度や組織，さらに作製そのものの過程になると，まだ未解明のことが少なくない。研究が本格的に始まってからまだ充分に時間が経過しておらず，この点はやむを得ないこととしてご理解いただきたいが，今後の大きな課題である。

本書のもうひとつの特色は，大学に籍をおく研究者だけでなく，さまざまなかたちで地図を素材としてきた関係者の成果もあわせて集成している点である。外邦図に関する初期のパイオニア的な研究は，大学の外側で地図に持続的な関心をよせてきた方たちによって開始され，推進されてきた。こうした事情を考慮して，参加をオープンにした，通称「外邦図研究会」を 2002 年 6 月に開始し，現在まで 10 回を数えている。くわえて，このメンバーを中心に 2 回の学会シンポジウムを開催するほか，展示なども実施してきた。研究集会は，いずれも予想外に多数の参加者を得て，今では地理学界や地図学界をこえて外邦図の存在が広く知られるようになっている。

ただし，口頭発表だけでは，成果がすぐに忘れ去られてしまう。これに備えて，ニューズレターを発刊し，研究集会やシンポジウム，さらにその他の学会発表の成果を速報的に掲載してきた。これは冊子として各方面に配布するだけでなく，大阪大学文学研究科人文地理学教室のホームページからインターネットを通じて公開している。本書に掲載された論考や記録には，このニューズレターにまず掲載されたものが多数含まれている。ただし，本書に掲載するに当たっては，ほとんどについて大幅な加筆が行われたことを付記しておきたい。

またこの研究では，大学所蔵の外邦図コレクションについては目録を作製し，現在まで東北大学自然史標本館・京都大学総合博物館・お茶の水女子大学文教育学部地理学教室が収蔵する外邦図の目録を刊行してきた。さらに作製以来60年以上が経過し，劣化が進行しつつある外邦図の保存もかねて，そのデジタルアーカイブを構築し，やはりインターネットを通じた公開を開始している。この作業は，研究参加者にとっては初めてのことで，試行錯誤を続けてきたが，本書ではそこで蓄積してきた経験にくわえ，今後の課題についても紹介している。

さらにふれておきたいのは，海外の図書館や大学に収蔵されている外邦図の調査を重ねるほか，研究会やシンポジウムでは海外の研究者の参加も得てきたことである。外邦図が描く範囲はアジア太平洋地域に広がっており，その地域の専門家にも存在を広く知っていただきたいと考え，参加をお願いしてきた。まだ充分とはいえない点もあるが，本書にはそうした交流の成果も反映されている。

この過程で，多くの方々のお世話になった。まず第二次世界大戦終了直後，参謀本部からの外邦図の持ち出し，さらに整理に当たられた中野尊正先生（東京都立大学名誉教授），三井嘉都夫先生（法政大学名誉教授），浅井辰郎先生（元お茶の水女子大学教授），岡本次郎先生（北海道教育大学名誉教授）に感謝したい。これらの先生の活動がなかったら，この研究もなかったであろう。さらに浅井先生には初期から研究会にご出席いただき，貴重な資料も提供していただいた。また，大学関係者による参謀本部からの地図の持ち出しについて配慮された渡辺正氏（当時大本営参謀）は，終戦前後の参謀本部と陸地測量部について，貴重なお話にくわえ，資料を提供して下さった。

研究のプロセスでお世話になった方は多く，とくに今泉俊文氏・上田元氏（東北大学），栗原尚子氏（お茶の水女子大学），内田忠賢氏（奈良女子大学），河野泰之氏（京都大学），山村亜希氏（愛知県立大学），上杉和央氏（京都府立大学）は，外邦図目録の整備などを推進された。また中村和郎先生（駒澤大学名誉教授，日本国際地図学会会長）には，終始この研究にご理解とご配慮をいただいた。今井健三氏（水路協会），上林孝史氏（海上保安庁海洋情報部）には，海図関係の資料提供のほか，アドバイスをいただいた。古屋俊助氏・富澤すみ子氏・中村洋子氏には，貴重な資料を提供していただいた。さらに日本経済新聞社文化部の松岡資明氏には，継続して関心をもっていただいている。そのほか，本書執筆者にくわえ，本書末尾の「外邦図研究会の記録」に示した，研究集会での発表者やコメンテーターの皆さんに対しては，スペースの関係で，ここでいちいちお名前をあげられないのが残念であるが，感謝申し上げたい。

くわえて，国土交通省国土地理院，日本地図センター，国立国会図書館地図室，アジア歴史資料センター，防衛省防衛研究所，自衛隊中央地理隊など関係機関には，私たちの関心への理解とともに，ご配慮をいただいた。

このほか，東北大学・お茶の水女子大学・京都大学・大阪大学で目録や図表の作製などに参加し，熱心に作業したアルバイト学生の皆さんは数え切れない。記して感謝したい。

このようにみてくると，本書が外国人研究者を含むさまざまな専門家の協力によってできあがったことを理解していただけるであろう。これを持続できたのは，科学研究費補助金[1)]のほか，財団法人国土地理協会[2)]や財団法人三菱財団[3)]の助成のおかげである。とくに国土地理協会には初期にくわえ，研究が本格化してからも継続的な助成をいただき，研究をとぎれなく続けることができた。また本書の刊行については，やはり独立行政法人日本学術振興会科学研究費補助金の研究成果公開促進費[4)]を使用している。これらの援助について，記して感謝したい。

なお，本書を編集するに当たり，大阪大学出版会の落合祥堯氏にさまざまなお世話になるほか，波江彰彦君（大阪大学特任研究員）は画像を含む原稿の準備，校閲を首尾よくこなしてくれた。

末尾になるが，外邦図の研究が本格的に開始されて以後，4名の関係者が亡くなられたことに言及させていただきたい。戦前から水路部におつとめの坂戸直輝氏（1916-2004），陸地測量部・地理調査所・国土地理院と長期間製図にたずさわられた富澤章氏（1920-2005），外邦図の大学への配布に尽力された浅井辰郎先生（1914-2006），さらに私たちの研究の中心メンバーとして活躍してきた久武哲也氏（1947-2007）である。本書の完成をこれらの方々とともに迎えることができないのは，まことに残念であるが，あらためてご冥福をお祈りしたい。また坂戸氏，富澤氏，久武氏の講演記録や論文は遺稿としても読んでいただきたい。

日本軍ならびに日本の植民地政府という巨大組織が作製した地図は膨大である。その全体像を明らかにし，学術資料として再生するには，まだ多くの作業がのこされている。今後も関係の機関ならびに個人のご理解とご支援をいただきたい。

2009年1月　　　　小林　茂

注

1）①平成14〜16年度基盤研究(A)「『外邦図』の基礎的研究：その集成および地域環境資料としての評価をめざして」(代表者：小林　茂)，②平成17年度研究成果公開促進費（データベース）「外邦図デジタルアーカイブ」(代表者：今泉俊文)，③平成19〜20年度基盤研究(A)「アジア太平洋地域の環境モニタリングにむけた地図・空中写真・気象観測資料の集成」(代表者：小林　茂)，④平成19年度研究成果公開促進費（データベース）「外邦図デジタルアーカイブ」(代表者：今泉俊文)。

2）財団法人国土地理協会の助成，①平成13年度学術研究助成「アジアにおける植民地形成と地図作成事業：日本における『外邦図』の所在目録の作成」(代表者：久武哲也)，②平成17〜20年度社会教育機関への助成（外邦図研究グループに対して）(代表者：小林　茂)。

3）財団法人三菱財団による平成18年度人文科学助成「日本の旧植民地における土地調査事業と地図作製」(代表者：小林　茂)

4）平成20年度研究成果公開促進費（学術図書）「近代日本の地図作製とアジア太平洋地域：『外邦図』へのアプローチ」(代表者：小林　茂)

# 目　　次

## 第Ｖ部　終戦前後の陸地測量部と水路部

## 第Ⅷ部　外邦図の利用

# 図表一覧

〈図一覧〉

**〈表一覧〉**

# 第Ⅰ部
# 外邦図とは

上海付近の空中写真による2万5千分の1地形図の図歴を『京都大学総合博物館収蔵外邦図目録』（2005年刊，71-73頁）で検討すると，1932年に広範な空撮が行われ，そのうち中心部（上海近傍1～23号）は同年に測量・製版が行われたが，残りの地域の測量・製版は1937年となることがわかる（表Ⅳ-2-1も参照）。それぞれ，第一次上海事変（1932年），第二次上海事変（1937年）における地図の必要性に対応するものと考えられる。なお上海の南西約80kmに位置する乍浦は，江戸時代後半に長崎に来航した中国船の出港地として知られており，この図にはその面影が残されていると考えられる。（小林　茂）

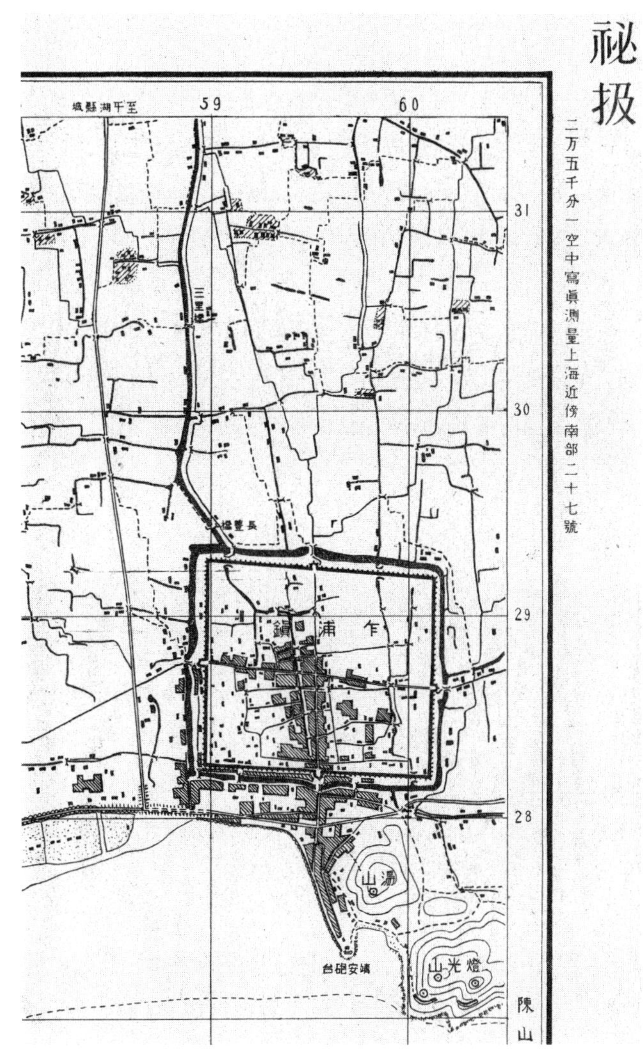


乍浦鎮（二万五千分一空中寫眞測量上海近傍南部第二十七號，部分）
1932（昭和7）年撮影，1937（昭和12）年測量・製版。
各グリッドの幅は1㎞。原図×0.68。

# 第1章　近代日本の地図作製とアジア太平洋地域

小林　茂

## 1．はじめに

近代の日本は，アジア太平洋地域について，多数の地図を作製してきた。1945（昭和20）年8月の第二次世界大戦の終結まで，戦争や植民地経営にむけて作製されてきたこの種の地図は，現在「外邦図」と一括して呼ばれている。これらの地図は，もっとも新しいものでも作製以後60年以上が経過し，すでに古地図と呼んでよいものとなっている。このような外邦図の作製のプロセスや来歴を研究し，学術資料として再生しようというのが，私たちの研究の目的である。

本書はこうした目標にむかって蓄積してきた研究や実践を集成するもので，多面的なアプローチをとっている。この冒頭にあたる本章では，外邦図の研究が要請される背景をはじめ，これまでの研究史，さらに本書に示された成果の概要を紹介し，あわせて今後の課題にまで言及することとしたい。

## 2．外邦図の研究はなぜ必要か

外邦図には，すぐに想像されるように，軍事関係の地図が多い。近代の日本はしばしば国外で武力の行使，さらには戦争を行ってきた。地図はその際の必需品であった。第二次世界大戦中に陸地測量部が部内むけに刊行していた『研究蒐録地圖』という雑誌にみえる「戰場で地圖はどう使はれるか」というタイトルの文章（齋藤 1943）は，「戰爭に地圖が必要な事は理屈抜きに絶對である」としつつ，「最高指揮官以下各級指揮官は，状況判断の基礎資料として我軍の状態，敵情及地形を知らなくてはならないが，之等を一目瞭然と綜合展示するのは，實に地圖の外はないのである」と述べている。海外の見知らぬ土地での戦闘では，地図なしでは敵の位置どころか，味方の位置を把握することもできない。また同じ雑誌の「戰場は『地圖を！』と呼ぶ」（田中 1944）という文章では「…見取圖でも要領圖でもまた寫眞でも何でもいい，兎に角使へる内容のものが早く手に入ればいいのである」と述べ，さらに精度にふれて，「しかしやはり軍隊が動ける様になるには，地圖の内容は地形地物の大體の關係位置が保たれ，主な地物は地圖の上に表はれて居る事を必要とする」とつづけている。

軍事における地図の重要性は，その作製を軍が担当する場合が少なくないだけでなく，軍事秘密として，地図の民間での使用制限を，現在もなお課している国があることにもあらわれている。現に戦闘が行われている地域だけでなく，将来戦場になる地域の地理情報のひとつとして，地図の整備がすすめられてきたわけである。

この場合，もうひとつ注目しておくべきは，海外での直接の測量による地図作製にくわえて，外国製の地図の複製もさかんにすすめられた点である。合法的に入手した地図にくわえ，敵から「鹵獲」（押収）した地図もその対象となった。測量は時間のかかる作業で，できあいの外国製地図があれば，それを使う方が早いし，安上がりである。外邦図に関するまとまった書物である『外邦兵要地図整備誌』で，著者の高木菊三郎（1888-1967）は，この種の地図について，しばしばふれている（高木著・藤原編 1992：37-41，48-51，141など）。先の引用にもあらわれているように，使える内容のものは，その由来を問わず利用されてきたわけである。

以上にくわえて，日本は台湾や朝鮮半島など海外に植民地をもち，そうした地域の統治のためにも地図を整備した。いずれの地域も，日本の領有まで近代地図がほとんど整備されておらず，各種行政や土木建設工事などにむけて，初期の簡易測量にはじまり，のちには本国と同様の地図の整備が行われることになった。この点は日本に限られない。イギリスはインドをはじめとする各地の植民地で，オランダは今日のインドネシアについて，近代的な測量を行い，各種の地図を作った（Edney 1997；Ormeling 2005）。東アジアでは，ロシアが旧満州で，ドイツが山東半島でそれぞれ近代地図を作製している（Sergeev 2007：14；青島守備軍陸軍参謀部 1920）。

このようにみてくると，外邦図は，まさしく帝国主義の時代の産物であることがわかる。この場合，注意しておく必要があるのは，前者のような海外の諸地域に関する軍事用図と，後者のような植民地における地図の区別である。後者は，作製された当時は「内邦」の地図であり，外邦図のカテゴリーにはいれられていなかった。両者をあわせて外邦図という語を使うようになったのは，近年になってからである。以下では，両者を区別する場合には，前者を狭義の外邦図，後者を広義の外邦図と呼ぶことにしたい。このような区別を意識してみると，とくに朝鮮半島の場合，描く範囲は同じ図でも，植民地化以前に作製されたものは狭義の外邦図，植民地化以後に作製されたものは広義の外邦図ということになるわけである。

これに関連してもうひとつ言及しておきたいのは，「外邦図」という用語は，以上からもわかるように，日本中心主義的な意味をはじめからもっている。このため，外国人にとっては使いにくい用語である。とくに自国の領域を描く地図の場合，「外邦図」を使うのは抵抗感をともなう。このため，別の用語を使うべきであるという意見もある（南 2006，本書Ⅷ-3章）。筆者は英語で外邦図を示すときには，Japanese military and colonial maps of Asia and the Pacificと書くことにしているが，これを和訳するにしても，簡潔な言い方がなかなかみつからない。

さて，外邦図には，このようにさまざまな来歴の地図が含まれているが，それらには，地表の状態をあらわす道具として，海岸線や川の流路，耕地や森林，集落や道路と各種の地物の位置が記入されている。しかも，少なくとも60年以上前の状況が示されているわけである。現在の地図と比較すれば，その間にどのような変化が発生したかわかりやすい。ましてや外邦図が図示するのは，変化のはげしいアジア太平洋地域である。農地の拡大や森林伐採，都市の膨張など，長期間の変動をモニターするには欠かせない資料となる。帝国主義の時代の地図を，このような環境や景観の変動，さらには地球環境問題の研究に使えるようにするのが，私たちの課題である。

ただし，このような作業に直接はいる前に，その本格的研究が必要というのが，私たちの立場である。つぎにこの点について述べたい。

本格的な研究が必要な理由として第1に指摘できるのは，外邦図の数が多いことである。外邦図の多くは軍事用に作製されたので，その実情の多くは秘密にされてきた。全体として何種類作られたかというようなデータは残っていない。この種の地図を作製していた機関でよく知られているのは参謀本部陸地測量部であるが，地図を作っていた機関はそれ以外にも多く，これらの活動の実態については，一部しかわかっていない。また日本の敗戦直後，連合軍が進駐してくる前の時期に，多くの外邦図が焼却された。軍事秘密のかたまりのような外邦図を，連合軍に渡したくなかったから行われたと考えられるこの焼却で，どのくらいの地図情報が失われたかについてもほとんどわかっていない。

作製された数が容易にわからないなら，残っているものから推定することになるが，後述するように，現在日本の諸機関に残されている外邦図の数からみて，2万数千種類以上に達することは確実である。また同一種類のものが複数ある場合が多いので，実数はこの何倍かにはなるであろう。国外にあるものもいれれば，その数はかなりふくらむ。連合軍，とくにアメリカ軍は，占領期に大量の外邦図を接収し，それが海外各地の機関に残されているのである。

第2に重要なのは，外邦図にいろいろな図があるということである。すでに外邦図にはさまざまな由来のものがあることをみたが，測量の技術的側面という点でも多彩である。きちんとした測量を行い，日本国内と同様の仕様で作られたものもあるが，秘密のスパイ測量で，歩測や目測により作られたものもみられる。作製過程に応じて，精度はさまざまであり，これらを考慮しなければ，景観変化の研究に使えない。

これに関連してもうひとつ考慮しておく必要があるのは，すでにふれたような，外国製の地図を複製した外邦図の場合である。このような地図は中国や東南アジアを図示するものに多いが，充分に利用するためには，もとの地図の作製過程についても知識が必要となる（図Ｉ-1-1)。

このようにみてくると，地図があるからといっても，すぐにそれを使うことができず，測量の年代や方法，作図の仕様など，さまざまな側面への配慮が必要なことがわかる。土地利用を比較するといっても，その区分などが違えば，これに対する配慮が必要になる。外邦図の利用の前にまず研究が必要な理由がわかっていただけるであろう。

多様で数の多い外邦図の把握が容易でないのには，さらにもうひとつ背景がある。指摘されることはほとんどないが，これも外邦図の理解にとって重要な意義をもつので，紹介しておきたい。第

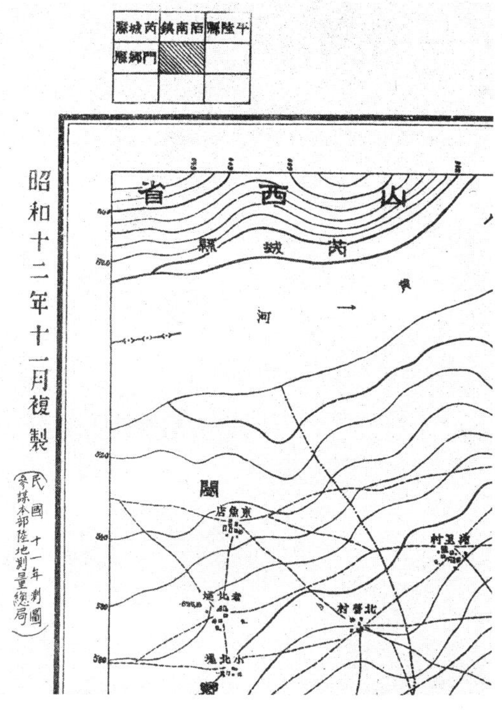


図I-1-1　稠桑鎮（5万分1地形図，山西省・河南省）
1922（民国 11，大正 11）年測図の中国製図を 1937（昭和 12）年に第三野戦測量隊が複製。

二次世界大戦の終了後，外邦図に責任をもつ部署が日本の政府機関になくなってしまった。外邦図の図示する地域の多くでは独立国家が誕生し，その主権に対する配慮からか，日本軍や植民地政府の解体以後，外邦図は日本のどの役所からも業務外におかれてしまったのである。政府機関のなかでは国立国会図書館が外邦図を収集し，目録を作り，閲覧に供している。ただしこれは，出版物としての地図一般の収集閲覧の一環として行われているものである。しかも，その外邦図コレクションは今では大きなものとなっているが，この系譜をみても，かつての陸地測量部の収蔵資料を受け継いだものではない。また防衛省防衛研究所も外邦図を所蔵するが，それは基本的に戦史研究のためのものであって，やはり陸地測量部の収蔵資料を直接受け継ぐものではない。なおこれらの図書館以外ではいくつかの大学が比較的大きなコレクションをもっているが，これについては後でふれたい。

## 3．外邦図の研究史と研究の方法

第二次世界大戦が終了し，直後に多数の外邦図が焼却され，さらに連合軍の接収が行われ，しかも責任官庁がなくなった。こうした状況では，外邦図の全容を一挙に把握するのは絶望的である。

このようななかでも，外邦図に関連する資料が徐々に整備され，研究は少しずつ前進してきた。つぎにその経過や成果を検討しながら，外邦図の研究史をみてみたい。以下ではまず，外邦図に関する基本文献を紹介し，つぎに外邦図の目録整備および関連する研究，さらに外邦図のリプリントを紹介しつつ，その歩みについて考えてみたい。

### (1)　外邦図に関する基本文献

外邦図の研究によく引用されている文献としては，まず『陸地測量部沿革誌』がある。第二次世界大戦終結まで外邦図の作製にあたってきた機関である陸地測量部の年代記風の沿革史である。これは1～5編をふくむいわゆる「正編」(陸地測量部 1922) と「終篇」(陸地測量部 1930)，さらに「終末篇」(高木 1948) にわかれている。前二者は戦前に発行されたもので，明治維新前後～1920 (大正9) 年および1921 (大正10) 年～1928 (昭和3) 年をそれぞれカバーするが，公刊されたものでもあり，秘密測量をともなうような，狭義の外邦図の作製に関連する記事は多いとはいえない。「終末篇」は陸地測量部に長年勤めた高木菊三郎が，1947年に地理調査所に提出したものをもとにしているようで (高木 1966：174)，その名称から1945 (昭和20) 年までの記述があることが期待されるが，実際は1929 (昭和4) 年から1940 (昭和15) 年3月までをカバーするにすぎない。

これらに対し，『外邦兵要地図整備誌』(高木著・藤原編 1992) は，外邦図を概観する書物で，高木菊三郎 (当時陸軍技手) が1941 (昭和16) 年9月に陸地測量部總務課長の小川三郎から命令されて作製し，同12月に提出したものである。その目的は，狭義の外邦図の作製経過を追跡し，将来におけるその整備にそなえるというものであった。この末尾には「第六章　括論」として外邦図作製の時代区分を示し (317-322頁)，さらにつづけて「我國陸軍ニ於ケル軍用地圖ノ概況」(323-337頁) と題する文章を付して外邦図作製を概観している。高木菊三郎はさらに第二次世界大戦後になって，『明治以後日本が作った東亜地図の科学的妥当性について』と題する冊子を発刊し，外邦図に関する文章を収録している (高木 1961)。

外邦図に関連する基本文献としてもうひとつあげておくべきは『外邦測量沿革史　草稿』である。これは，狭義の外邦図の作製について，年次を追って各種の資料を示すもので，昭和10年代になってから編集が開始されたと考えられる。タイプ印刷の書物で，最初の巻 (初編前編) は1939 (昭和14) 年に刊行された。1979 (昭和54) 年に初期の6巻の影印本が刊行され (参謀本部・北支那方面軍司令部 1979a，b，c)，これは1895 (明治28) 年～1908 (明治41) 年をカバーするが，1907 (明治40) 年以前の資料の掲載は断片的で，利用には注意を要する。『外邦測量沿革史　草稿』は，長い間この部分しか現存しないと考えられていたが，2008 (平成20) 年になって現在確認されているもの (全30巻) の影印本の刊行が開始された。2008 (平成20) 年末までに全4冊のうち3冊が刊行されており (小林解説 2008)，2009 (平成21) 年3月までにのこる1冊が刊行される予定である。これが終了すると，1945 (昭和20) 年1月刊行の第30巻 (1926［大正15］年度を記載) までをカバーする。

『外邦測量沿革史　草稿』は，印刷当時は秘密資料で，表紙にはいずれもマル秘や極秘と印刷されている。その編集の目的は，上記「初編前編」の前文に外邦測量中の殉職者の名簿を掲載している点からみても，秘密ながら，測量者の活動，とくにその労苦を記録し，顕彰することにあったと考えられる。

なお，『外邦測量沿革史　草稿』に密接に関連する資料として『外邦測量の沿革に關する座談會』（参謀本部・陸地測量部・北支那方面軍司令部 1939，ただしアジア歴史資料センター資料，Ref. C04121449200）がある。1936（昭和 11）年 7 月 25 日に九段の軍人会館で行われた座談会の記録で，現場で活動した測量技術者の回顧談としてたいへん興味ぶかい。このほかでもアジア歴史資料センターがインターネットを通じて公開している資料は，外邦図研究にとっても，大きな意義をもっている。

このように，外邦図の作製に関する資料が徐々に整備されているところであるが，第二次世界大戦後の外邦図に対する関心の展開が，これらを参照しつつも，現に存在する地図や，それに関連する一覧図への関心からはじまっているのは，注目すべきことといえよう。つぎにこれらについてみてみよう。

### (2)　外邦図目録の整備と研究の展開

第二次世界大戦後の外邦図への関心は，比較的早くからはじまっている。終戦直後に参謀本部から運び出され，その後資源科学研究所に保管された大量の外邦図の管理にあたった浅井辰郎氏（1914-2006）によれば，凍結状態にあったこの外邦図の整理作業は，1953（昭和 28）年頃から開始された。これにあわせ，外邦図の利用に関する外部からの問い合わせが 1955（昭和 30）年にはじまり，1959（昭和 34）年には立教大学の別技篤彦氏（1908-1997），広島大学の米倉二郎氏（1909-2002）を通じた外邦図の移管も行われた（浅井 2007）。こうした大学への外邦図の移管は，その後も継続され，その学術的利用に大きな役割を果たすことになった（久武 2005，本書Ⅱ-1 章）。そうした作業のなかで，1971 年には，大学所蔵では最大のコレクションとなる，お茶の水女子大学所蔵の外邦図の全容を示す「東半球大縮尺図　総目録及び索引図」（お茶の水女子大学文教育学部地理学教室 2007：231-233，ただし目録は各地域の各縮尺の地図の合計を示す。また索引図は付されていない）が浅井氏によって作製された。

他方これと並行して，1957・58（昭和 32・33）年に，地理調査所で所蔵する外邦図の目録と一覧図が，『国外地図目録』および『国外地図一覧図』として作製された。いずれも 4 巻よりなり，『国外地図目録』はカーボン・コピーにより，また『国外地図一覧図』は青焼きに色鉛筆で着色するかたちで数部の複製が作られ，地図関係機関に配備された（長岡 2004，本書Ⅲ-1 章参照）。現在，国土交通省国土地理院・国立国会図書館などに保管されている（図Ⅰ-1-2）。記載されている地図の種類数は，目録の通し番号から 23,161 点に達することがわかる（田中 2005，本書Ⅴ-4 章）。このなかには，日本の旧植民地について作製された，広義の外邦図もふくまれている。この目録の名称が「外邦図」ではなく「国外地図」とされたのは，こうしたかつての「内邦」に関する地図もふくむからであろう。各地図について記載する書誌的項目は少ないが，収録する地図種類数が圧倒的に多

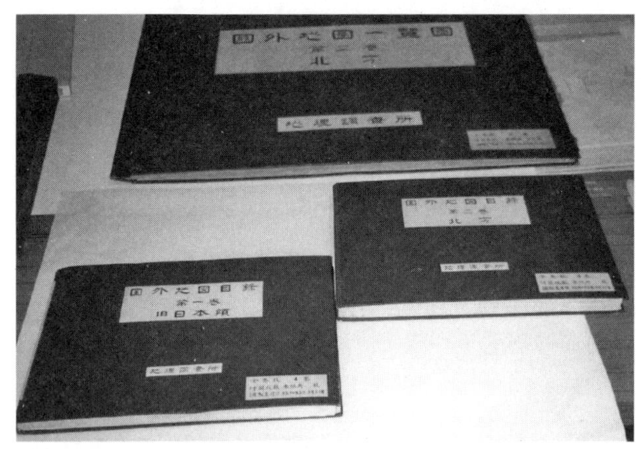

図Ⅰ-1-2 『国外地図目録』と『国外地図一覧図』の一部（国土地理院蔵）

く，外邦図の目録としては，もっとも重要なものであることが明らかである[1)]。

時期的にはなれるが，これにつづく目録としては『国立国会図書館所蔵地図目録（台湾・朝鮮半島の部）』（国立国会図書館参考書誌部 1966）がある。国立国会図書館はその後も『国立国会図書館所蔵地図目録（北海道・樺太南部・千島列島の部）』（国立国会図書館参考書誌部 1967）や『国立国会図書館所蔵地図目録〔外国地図の部〕』（全12冊のうちⅠ，Ⅱ，Ⅲ，Ⅷ）に外邦図の目録を収録している（国立国会図書館参考書誌部 1982，1983，1984；国立国会図書館専門資料部 1991）。このほとんどは外邦図だけをとりあつかうものではなく，また書誌的記載項目が多くないが，外邦図研究にとっては重要な目録である。なお，このほか朝鮮半島については，『国立国会図書館所蔵朝鮮関係地図資料目録』（国立国会図書館専門資料部 1993）があり，民間で刊行された多彩な地図もふくめて使いやすい目録を示している。他方これより先に『韓国・北朝鮮地図解題事典』（崔 1984）は，東京韓国研究院所蔵の各種地図の目録を示した。さらに，以上に類似の目録として『発展途上地域地図目録――アジア経済研究所所蔵　上巻』（アジア経済研究所 1971）もあげておきたい。一部に外邦図の一覧図を掲載している。

研究者レベルでの外邦図への関心がはっきりうかがわれる目録は，『中国本土地図目録――国立国会図書館及び東洋文庫所蔵資料』（西村 1967）で，これにつづいて大阪大学教授であった布目潮渢氏（1919-2001）らは，『中国本土地図目録――東京大学総合研究資料館所蔵資料』（布目・本田 1976）を刊行した。さらに布目教授らは，上記西村（1967）および国立国会図書館参考書誌部（1982）の情報もくわえて，『中国本土地図目録』（布目・松田 1987）を刊行することとなった。この目録には所在情報もくわえられ，国立国会図書館・東洋文庫・東京大学総合研究資料館の所蔵資料のほか，お茶の水女子大学文教育学部地理学教室，京都大学人文科学研究所，京都大学文学部地理学教室，京都大学東南アジア研究センター所蔵の外邦図ならびに大阪大学文学部東洋史研究室のマイクロフィルム資料をカバーしている。外邦図の主要収蔵機関の所在情報を提供している点は注目されよう。また経緯度の記されている地図については，経緯度入りの索引図，その記載のない地図については経緯度のない索引図も付している。なお，布目教授らは目録作成だけでなく，外邦図のマイクロ撮影にも努力し，これによるマイクロフィルムは現在大阪大学文学研究科東洋史学研究室に所蔵され，利用されている。布目教授らの目録作製やマイクロフィルム撮影は，学術的利用をめざした外邦図のカタログに関する先駆的仕事として評価できよう（松田 2008 参照）。

他方，これと前後して刊行された『東京大学総合研究資料館所蔵地図目録（第1部国外編）』（小堀・田中 1983）や『発展途上地域地図目録――アジア経済研究所所蔵　第一巻アジア地域編』（アジア経済研究所 1990）は一覧図を中心とする目録で，外邦図も集録している。また京都大学東南アジア研究センター（現研究所）のホームページでも，やはり一覧図を中心とする簡易な目録が公開されている。また古書店のカタログとして『参謀本部陸地測量部外邦図総合目録』（忠敬堂 1984）も注目に値する。各所に一覧図を配置しつつ，樺太・千島から中国，台湾，朝鮮，東南アジア，太平洋地域，アリューシャン列島と，全2千点以上の外邦図の目録を示している。掲載されている一覧図のなかには，貴重なものもみられる。このほか，『駒澤大学図書館蔵地図目録 1』（駒澤大学図書館 2002：59-75）に掲載された多田文庫所蔵図にも朝鮮・中国・台湾の外邦図の一覧図がふくまれている。多田文男氏（1900-1978）が駒澤大学に寄贈した外邦図は，これ以外にも多量にあり，現在その整理がすすめられている（大槻 2005）。多田氏は，第二次世界大戦終結直前に参謀本部を中心に組織された「兵要地理調査研究会」の主要メンバーであり（渡辺正氏所蔵資料編集委員会 2005，本書第Ⅵ部参照），これらの外邦図はこの研究会で形成された関係を通じて入手したものと考えられる。今後整理がすすめば，大きなコレクションとして意義をもつと予想される。

本研究が開始されてから整備された『東北大学所蔵外邦図目録』（東北大学大学院理学研究科地理学教室 2003）や『京都大学総合博物館収蔵外邦図目録』（京都大学総合博物館・京都大学大学院文学研究科地理学教室 2005），さらに『お茶の水女子大学所蔵外邦図目録』（お茶の水女子大学文教育学部地

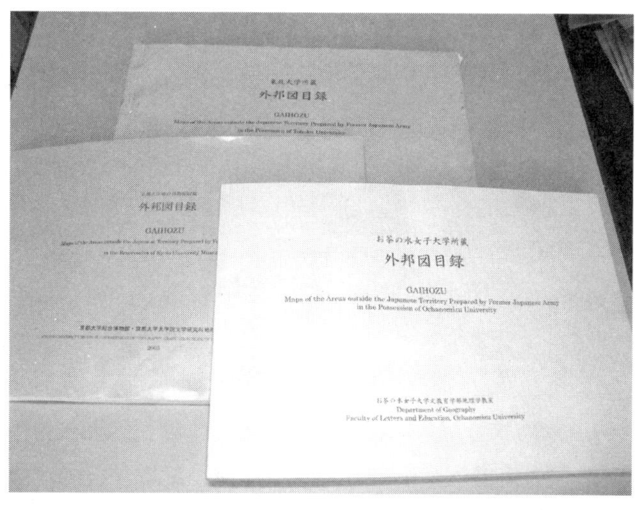


図Ⅰ-1-3　『東北大学所蔵外邦図目録』（上）・『京都大学総合博物館収蔵外邦図目録』（左）・『お茶の水女子大学所蔵外邦図目録』（右手前）

理学教室 2007）（図Ⅰ-1-3）は，以上のような目録を意識しつつ，多数の外邦図をよりよく利用するために構想された。これまでの目録にくらべ，とくに書誌的な項目や緯度経度の記載を増やしているのは，地図がもつ地理的情報を利用するだけでなく，地図そのものがどのように作製されたかという点にアプローチするに際してもきわめて重要である。

こうした目録の作製の一方で，外邦図の作製にアプローチするものもあらわれてくる。そのなかでもっとも包括的なのは，『測量・地図百年史』（測量・地図百年史編集委員会 1970）で，地域別に60ページにわたって外邦図について述べている。近代の日本が行った測量や地図作製の回顧の一部として外邦図が取り上げられているわけであるが，各地域の外邦図作製を検討する場合には，まず参照されるべきものである。ただし，この記述のもとになった資料については，残念ながらわずかなものをあげるだけである（測量・地図百年史編集委員会 1970：604）。

他方，旧植民地の各地域について，現存する地図を分類整理しながら，その作製史を検討する著作があらわれてくる。「臺灣の諸地形圖について」（清水 1982），「樺太の地形図類について」（清水 1983），さらに「日本統治機関作製にかかる朝鮮半島地形図の概要」（清水 1986）がそれで，現在では各地域の外邦図に関する基本文献となっている（これらは加筆の上，本書Ⅲ-2章，Ⅲ-4章，Ⅲ-3章として収録）。いずれも現物の丹念な調査をへて，その一覧図と簡易な目録（記載項目はタイトルと測量年が中心）を示して，その作製の概要に言及し，旧植民地の地図に関するすぐれた展望となっている。

旧植民地以外の地域に関する，狭義の外邦図については，『満州雑感――満州測量夜話』（島 1973），『地図をつくる――陸軍測量隊秘話』（岡田編 1978），『航空測量私話――空と写真と戦いと』（小島 1991）が基本文献である。また「旧満州地図作製事業の概観」（佐藤 1985），「満州国測量局の人達――関東軍測量隊の分身」（佐藤 1986）は，旧満州の外邦図作製を概観する。なお，佐藤（1991，1992，1993）が明治初期から1880年代の外邦図について，写真を示しつつふれているのは貴重である。

ところで，外邦図については，すでに参謀本部や陸地測量部で早期から一覧図が作製されており，とくに大正末から整備された一覧図に注目したものに「陸地測量部外邦図作製の記録――陸地測量部・参謀本部　外報図一覧図」および「幻の昭和19年一覧図――陸地測量部内邦地図成果の総大成として」（長岡 1993a，b）がある。一覧図の整備は，日本軍の活動とともに展開していることがうかがえる。上記『外邦測量沿革史　草稿』なども引用しつつ，外邦測量の現場についての検討もあり，重要な文献である（これらは加筆の上，本書Ⅲ-1章として収録）。

以上のような国内の外邦図に対する関心と並行して，台湾や韓国でもそれぞれの地域の地図に対する関心が展開している。この多くはリプリントの解説として書かれたものが多い（施 1996，1999；南 1996）。リプリントについてはつぎに紹介したいが，独立の論文も少なくない。これらを網羅的に紹介するのはもとより困難であるが，台湾については，徐（2003）や林（2005）が，韓国については，Nam（1997）や李・全（2007）が，さらに中国（大陸）については，朱（1997）などがあることをつけくわえておきたい。また，台湾に関する近刊の『測量臺灣――日治時期繪製臺灣相關地圖』（魏ほか 2008）は，ほぼ全巻が広義の外邦図にあてられており，日本人画家による鳥瞰図なども対象としており，視野の広さの点でも特筆に値する。

### (3)　外邦図のリプリント

外邦図の研究には，そのリプリントも重要である。すでに述べたように，旧植民地を中心に地図のリプリントが作られ，それらはかなりの数に達している。また，リプリントのなかには海外で刊行されたものもみられ，それらはそれぞれの地域における外邦図に対する関心の所在を示している。ここではさらに，それらを簡単に紹介し，その特色を検討しておきたい。なお，これらのリプリントのなかには，地図の書誌的検討をくわしく行った上で刊行されたものもあるが，そうした検討が充分に行われなかったと考えられるものもみられる。この点について考えるに際して，台湾については清水（1982，本書Ⅲ-2章）および施（1996，1999），朝鮮半島については清水（1986，本書Ⅲ-3章）および南（1996），南著・朴訳（2006，本書Ⅳ-1章），さらに樺太については清水（1983，本書Ⅲ-4章）が参考になることをことわっておきたい。

台湾からみると，まず『臺灣堡圖集』（洪ほか 1969，原本は臺灣日日新報社刊，1904年）がある。臨時台湾土地調査局の土地調査事業（1898～1905［明治31～38］年）の一環として，とくに地籍調査を基礎にして作製された2万分の1地形図（小林・渡辺 2007，本書Ⅳ-3章参照）のリプリントを集録する。臨時台湾土地調査局は，台湾を領有した日本が，地籍調査を行って近代的土地所有を確立し，土地の面積や生産力にもとづいた徴税の基礎をつくるために設置した役所で，本格的な近代的測量を行い，地籍図と地形図を作製した。この『臺灣堡圖集』は，外邦図のリプリントとしては刊行が早く，台湾における最初の近代地図であるこの図に対する位置づけをうかがわせる。また，行政区画の変遷に関する表および図にくわえ，清末の「堡圖」の例も示しており，刊行が臺灣省文獻委員会であることもあわせ，関心が歴史地理学的であったことも注目される。ただしこのリプリントでは，地形図を約3万8千分の1に縮刷するほか，刊行年次を冒頭の「弁言」に記載するのみである。また，秘図となっていた図幅を収録しない。

これに対し，原寸大の本格的なリプリントは『臺灣堡圖』（臺灣総督府臨時臺灣土地調査局調製 1996）によって実現された。台湾師範大学の施添福教授（現中央研究院）の詳細な解説（施 1996）を付しており，三角測量をもちいて，地籍測量と地形図作製をあわせて行ったものとして評価している。要塞地帯の図幅（基隆付近11枚，打狗港付近13枚，澎湖島付近25枚など）をふくまないことも明示している。

台湾側のリプリントとしてはさらに『臺灣地形圖 ── 日治時代二萬五千分之一』（大日本帝國陸地測量部調製 1999，原本は1921年以降刊）がある。やはり施教授の詳細な解説（施 1999）を付している。台湾の2万5千分の1地形図は，上記「臺灣堡圖」の作製以後，さらに本格的な三角測量と水準測量をへて，台湾の北部から西部にかけて作製されたもので，たびたび改訂がくわえられた。その末期には空中写真も利用されている。このリプリントでも，一部の要塞地帯は空白となっている（「富貴角」図幅など）が，「基隆」図幅や「高雄」図幅，さらに澎湖島付近のように，「軍事秘密（戰地ニ限リ極秘）」と記された図がふくまれているのは注目される。

台湾の地形図のリプリントとしては，また『台湾五万分の一地図集成』（学生社 1982）がある。外邦図のリプリントとしては早期に出版されたものであるが，上記『臺灣堡圖集』や『臺灣堡圖』，『臺灣地形圖 —— 日治時代二萬五千分之一』とちがい，作製の経過や時期のちがう図を並列して，台湾全土をカバーしようとしている点に特色がある。清水（1982）の示す「基本図」（1924［大正13］年以降測図）を中心とし，一部に「蕃地地形圖」（臺灣総督府民政部警察本署作製，1907～1916［明治40～大正5］年）をふくむ。澎湖島付近（ただし主要部は秘図で欠如）については，日清戦争時の臨時作図部による5万分の1地形図（1905［明治38］年測図）をあてている。また「富貴角」図幅や「臺北東部」図幅のように，要塞地帯が空白になっている地形図がみられる。

なお最近になって，5万分の1地形図については，地図帳形式の『臺灣地形圖新解 —— 日治時期五萬分一』（大日本帝国陸地測量部・台湾総督府民政部警察本署 2007）が刊行された。ただし秘図になっていた部分は，拡大された20万分の1帝国図でカバーされており，地図の戦時体制がなお終了していないことを痛感させられる。

朝鮮半島にうつろう。まず早期作製の地形図のリプリントとして『舊韓末韓半島地形圖』（南1996）がある。朝鮮半島の場合も，この種の地図がその地域の研究者の努力により刊行されたのは注目される。韓国併合（1910［明治43］年）以前に，主として秘密測量によって作製された図の測量年を削除して，併合以後に刊行された5万分の1地形図（「略圖」と称する）を収録する。この測量年の削除が，朝鮮半島における日本の秘密測量を隠蔽するものであることはあらためていうまでもない。編者の南縈佑氏は，解説（南 1996［韓文］，その和訳は南著・朴訳［2006］，本書Ⅳ-1章参照）のなかで，この地形図との出会いから探索の過程を述べつつ，削除されたその測量年へのアプローチを示している。植民地化後の各種事業実施以前の景観や地名を示すものとして，この地形図の学術的価値を位置づけている（南 2006，本書Ⅷ-3章も参照）。

ところで，このリプリントでは朝鮮半島の北東部・東部などかなりの部分がカバーされていない。しかし，大阪大学卒業生の谷屋郷子（現姓岡田）は，卒業論文で上記『国外地図目録』を検討し，この欠落部のかなりの部分について地形図が作製されていたことをあきらかにした（谷屋 2004，本書第Ⅲ部扉図参照）。また『国外地図目録』では，「略圖」刊行時に削除された測量年も記しており，それによって清水（1986）や南（1996），南著・朴訳（2006）の推定を裏付けることになった。今後はこの現物を探索し，より完全なリプリントを作製する必要があろう。

これよりも作製時期がくだる5万分の1地形図については，『朝鮮半島五万分の一地図集成』（学生社 1981）がある。やはりこの種の地図のリプリントとしては早期に発刊されたもので，朝鮮総督府臨時土地調査局が作製した地形図を集録する。土地調査事業（1910～1918［明治43～大正7］年）にともなって作製されたもので，台湾の「臺灣堡圖」にあたるものといえよう（小林・渡辺 2007，本書Ⅳ-3章）。なお，「秘図」として公表されなかった地域のうち，特殊な機密地区にかかわらない地域については，等高線や標高数字などを削除した「交通図」が刊行され，このリプリントのなかにもかなりがふくまれている。なお，このリプリントについては，韓国で複製が発刊されている（梁解説 1985）。

朝鮮半島についてはさらに『一万分一朝鮮地形図集成』(朝鮮総督府作製 1986, 原本は1925〜1938年刊)がある。主要都市部について作製されたもので，付随する清水(1986)に簡潔な解説がある。なお，このリプリントについても，韓国で複製が発刊されている(朝鮮総督府製作，出版年不詳)。

上記のような5万分の1，1万分の1地形図のリプリントのあとをおって作製されたのが，『朝鮮半島地図集成』(朝鮮半島地図資料研究会 1999)で，5千分の1地形図10枚，2万分の1地形図168枚，2万5千分の1地形図288枚を集録する。なお，このリプリントには，『一覧表・目次』(95頁)が付されており目録として便利である。

やはり植民地であった樺太については，まず『樺太五万分の一地図』(陸地測量部製作 1983)がある。主として1928(昭和3)年から1941(昭和16)年にかけて作製された図129枚を集録する。また『樺太二万五千分の一地図集成』(樺太地図資料研究会 2000)は，主として空中写真測量による地形図を集録する。これらの図については，従来一部が知られていなかった(清水 1983)が，刊行に際しウィスコンシン大学ミルウォーキー校，ゴルダ・メイアー図書館のAGS(American Geographical Society)文庫所蔵図をかなりの部分について利用して，その全容がほぼあきらかにされた。なおこれらの図は，樺太庁から陸軍(陸地測量部)への依頼により作製されたもので，森林調査を主目的としていた。また空中写真の撮影は偵察訓練を行っていた下志津陸軍飛行学校によって行われた(小林ほか 2004，本書Ⅳ-2章)。このリプリントにも，『一覧表・目次』(63頁)が付されている。

千島列島については，『千島列島地図集成』(千島列島地図資料研究会 2001)がある。大正期の5万分の1地形図102枚，20万分の1図33枚のほか，100万分の1航空図(1941［昭和16］年)3枚および第二次世界大戦末期の5万分の1陸海編合図28点を集録する。この場合も，ウィスコンシン大学ミルウォーキー校のゴルダ・メイアー図書館AGS(American Geographical Society)文庫所蔵図によるところが大きい。なお，千島列島全体を「外邦」と考えることができないことについては，あらためて指摘するまでもない。

以上のような地域については，日本の直接の統治がおよんでいた期間が長く，その間に地図作製がおこなわれた場合が多い。植民地化以前の朝鮮半島で作製された「略圖」のように秘密測量によるものもあるが，多くの地図は通常の測量作業により作製されたと考えられ，作製過程の概要も不充分ながら把握されている。臨時土地調査局のような，非軍事機関により作製された図も少なくない。この点で比較的全容をとらえやすく，リプリントも早く進んだと考えられる。ただしこれら原図の多くは，民間に公開された図を主体としており，要塞地帯など軍事的に重要な地域については，「秘図」とされていた原図までリプリントがおよんでいない場合がほとんどである。今後はより完全なリプリントにむけて，これらの原図を探索していく必要があろう。

上記の地域にくらべ，中国大陸については，日本軍の軍事活動にともなう地図作製が圧倒的に大きな割合をしめる。旧関東州のような租借地もあったが，小面積をしめるにすぎない。このため，この地域の外邦図に「秘図」が多くなる一方で，その作製過程についても不明な部分が増大する。また日本軍が測量して作製した図だけでなく，中国(民国)製の地図の複製(縮写もふくむ)がかなりの比率をしめる。なかには同じ地域について，ちがう時期の中国製地形図を複数回複写した場合もある（石原 2003，本書Ⅷ-1章）。このような中国製の地図の複写を本格的に検討するには，日本軍による地図の捕獲（高木著・藤原編 1992：215-240）だけでなく，中国側の地図作製についても調査が必要である。ただしこれらの作業は，ほとんど行われておらず，外邦図研究の大きな課題となっている。

中国大陸の外邦図のリプリントもこうした事情を反映せざるをえないが，旧満州の場合は，比較的複製がまとまっており，理解が容易である。まず5万分の1について『旧満州五万分の一地図集成』（陸地測量部作製 1985）がある。これに集録された図については，ややくわしい書誌情報が，『中国大陸五万分の一地図集成総合索引』第一分冊（中国大陸地図総合索引編纂委員会 2002a：4-79）に掲載されており（別に索引図あり），1930年代に作製された図を集録することがわかる。陸地測量部によるものが多いが，一部に旧満州国治安部によるものもみられる。また地域的にも南部に集中する。

旧満州についてはまた，『中国大陸十万分の一地図集成（満州）』（中国地図資料研究会 2003）がある。「満州十万分一図」といわれるもののほか，「西伯利十万分一」図もふくまれており，なかには19世紀末のロシア製地図をもとにしているものもみられる。

旧満州以外の中国大陸にうつると，まず『中国大陸五万分の一地図集成』（科学書院 1986-1998）がある。全8巻よりなる大部の図集で，長期間をかけて刊行された。同じ地域や省の図がいくつかの巻にまたがって掲載されているのは，こうした経過を反映するものであろう。この目録も，『中国大陸五万分の一地図集成総合索引』第一分冊（中国大陸地図総合索引編纂委員会 2002a：80-488）に掲載されており（別に索引図あり），それから多様な図がふくまれていることがわかる。中国（民国）製の図の複製が多く，年代もさまざまである。書誌的記載から，日本軍の空中写真測量によるものであることがわかる場合もある。

中国大陸についてはさらに『中国大陸二万五千分の一地図集成』（科学書院 1989-1993）がある。この目録は，『中国大陸五万分の一地図集成総合索引』第二分冊（中国大陸地図総合索引編纂委員会 2002b：719-881）に掲載されている（別に索引図あり）。中国（民国）製の図の複製にくわえ，陸地測量部や関東軍令所によるものがみられるほか，古いものでは辛亥革命以前の清代末期に測量・製版された図も記載されている。くわえて最近は『中国大陸十万分の一地図集成（内蒙古）』（中国地図資料研究会 2007）も刊行された。

このようにみてくると，旧日本軍，さらに植民地当局という巨大組織が作製した地図の概観をえる手がかりが，充分とはいえないにしても，ある程度えられていることがわかる。とくに旧植民地の場合は，主要な地図はほぼリプリントされ，概要の理解は容易になっている。またそれ以外の地域でも，旧満州の場合は同様である。旧満州以外の中国大陸については，多くの解決すべき課題があるが，地域別に検討をすすめることも可能であろう。この場合，従来の目録や一覧図にくわえ，東北大学や京都大学，さらにお茶の水女子大学で作成された目録や口絵1のような資料も参考にしつつ検討すべきと思われる。

## 4．本書の構成と成果

つぎに，本書の構成と各章の内容について概要を紹介したい。本書は全8部で構成されている。

第Ⅰ部は，イントロダクションにあたる部分で，本章のつぎに配置されたⅠ-2章，清水靖夫「外邦図の嚆矢と展開」では，外邦図の作製経過の大局を展望している。

第Ⅱ部は外邦図の主要なコレクションの所在と系譜関係に焦点をあてるもので，Ⅱ-1章，久武哲也・今里悟之「日本および海外における外邦図の所在状況と系譜関係」は，その総論にあたる。とくに日本の大学所蔵の外邦図コレクションについては，これでほぼその関係があきらかになったと考えられる。

つづくⅡ-2章，鈴木純子「国立国会図書館所蔵の外邦図」は，そのコレクションの形成過程を追跡する。日本の大学所蔵の外邦図の大部分が，第二次世界大戦終結時に，市ヶ谷の参謀本部にあったものに由来するのに対し，国立国会図書館の外邦図は，さまざまな来歴の地図によって構成されることを示している。同館の外邦図については，これまで書誌的情報が多いとはいえない目録に頼ることが多かったが，最近になってOPACによる検索がインターネットを通じて可能となり，そのコレクションの利用が容易になったことを付記しておきたい。

Ⅱ-3章，今里悟之・久武哲也「在アメリカ外邦図の所蔵状況――議会図書館とアメリカ地理学会地図室の調査から」は，2002（平成14）年に行われた，アメリカ議会図書館（ワシントン）とウィスコンシン大学ミルウォーキー校での調査結果の報告である。アメリカでも日本が作製した外邦図の整理はすすんでいるとはいえず，今後の利用は容易ではないが，日本では希少な外邦図があることがうかがえる。樺太や千島列島の地形図のリプリントの原図がアメリカのコレクションに求められたことはすでに述べたが，ほかでもその可能性があることも示唆する。

Ⅱ-4章，長澤良太・今里悟之・渡辺理絵・岡本有希子「旧日本軍撮影の中国における空中写真の特徴と利用可能性」は，アメリカ議会図書館で発見された空中写真のスキャニングから標定，さらにその特色の把握までの作業を報告する。日本軍がさかんに空中写真を撮影したことは，関係文献から知ることができるが，その現物は第二次世界大戦終結時に焼却されたものが多いと想像されていた。この発見により，こうした方面での可能性が開けていることが判明した。なお，空中写真の標定（撮影場所の特定をさし，ふつうは地形図を使用）には衛星写真を利用し，とくに最近容易に使えるようになったGoogle Earthによる標定では，写真撮影以来，大きな景観変化があったことも直接知ることができた。

第Ⅲ部は，外邦図の構成に焦点をあてるもので，Ⅲ-1章～Ⅲ-4章は，すでに紹介した長岡（1993a，b）や清水（1982，1983，1986）のパイオニア的な論文を主体としている。もちろん再録にあたっては大幅な加筆をくわえており，新稿といってよいほどである。外邦図に関連する資料が少ないなかにあって，現存する地図や一覧図からアプローチする方法によってあきらかになったことは少なくない。また台湾や朝鮮半島に関連するものは，海外の研究者によっても参照されている。くわえて

Ⅲ-1章，長岡正利「陸地測量部外邦図作製の記録――陸地測量部・参謀本部　外邦図一覧図」では，外邦図の目録のなかではもっとも包括的な，上記『国外地図目録』および『国外地図一覧図』の作製や来歴を紹介していることを言及しておきたい。

なお，これらにくわえ，Ⅲ-5章，清水靖夫「北方領土・千島列島の地形図類」は新稿で，この地域の地形図を中心に概観する。ここで検討される図は外邦図とはいえないが，軍事に密接に関係した地図類として注目されるものである。

つづく第Ⅳ部は，外邦図の作製過程にアプローチする論文を集めている。上記のように，狭義の外邦図については，軍事秘密のために細部にせまることは容易ではない。また広義の外邦図についても，多彩な地図があることが判明した。外邦図が作製された背景や方法について，地図自体が語ることは多くない。地図以外の素材によって，そのプロセスを追跡する必要がある。

これにむけて冒頭のⅣ-1章，南縈佑「植民地化以前の韓半島における日本の軍用秘図作製」は，上記『舊韓末韓半島地形圖』に収録された地図の作製過程にアプローチする。地図の図式の分析と『外邦測量沿革史　草稿』にあらわれる臨時測図部の活動に関する資料をあわせて，その概要を示している。またくわえて，それ以前の日本軍将校による朝鮮半島での調査活動にもふれている。この方面では従来研究が少なく，村上（1981）の成果をおぎないつつ，植民地化以前の日本の秘密測量の全容にせまろうとしている。

Ⅳ-2章，小林茂・渡辺理絵・鳴海邦匡「アジア太平洋地域における旧日本軍および関係機関の空中写真による地図作製」は，アメリカ議会図書館で発見された日本軍撮影の空中写真を位置づけることも意識して行った作業の報告で，日本軍が空中写真により作製した地形図が予想外のひろがりを示すことにくわえ，アジア歴史資料センターの資料により，外邦図作製に空中写真が利用された初期の例を示した。当時の地をはうような測量，とくに住民が敵対的な地域での測量を考えると，空中写真による地図作製は大変能率的で，作業にともなう危険性も回避することができ，その利用は急速に拡大していったのである。

Ⅳ-3章，小林茂・渡辺理絵「近代東アジアの土地調査事業と地図作製」は，広義の外邦図の作製に焦点をあてるもので，沖縄の土地整理事業，台湾・朝鮮半島・関東州における土地調査事業を一連のものとして考える視角を示している。とくに三角測量により設定した図根点（測量基準点）により地籍測量を行い，できあがった地籍図を縮小しつつ，地形測量や水準測量をくわえて地形図作製するという植民地での地図作製を概観している。

つづくⅣ-4章，源昌久「日本の兵要地誌に関する一研究」は，地図からはなれるが，それに密接に関連する兵要地誌に関する研究で，現存するものの書誌情報を付した目録を示している。狭義の地誌だけでなく，テーマ別にもさまざまな現地情報が収集され，統合されて，地図を含む冊子体の書物が作製されていたことがわかる。兵要地誌作製に関連するマニュアルも意識している点は，この章の大きな特色である。兵要地誌のなかに日本軍の関心があらわれているともいえよう。

Ⅳ-5章，田中宏巳「南西太平洋方面における地図資料」は，軍事史の専門家が，第二次世界大戦中の急な戦線の拡大に対して，どのように地図を日本軍が整備したかについてアプローチしたものである。地図の必要な範囲は一挙に広範囲になり，敵から奪取できない場合は，空中写真による作製が不可欠となる。ただし後者では，制空権が大きな意義をもったことが示される。また，敵からの地図の奪取は，戦う双方にとって重大な関心事であったことも判明する。

このように第Ⅳ部はさまざまなトピックを扱っている。これは外邦図の作製過程にアプローチする方法や素材が多彩であることだけでなく，この方面の研究がようやくはじまったばかりであることを示している。ただし狭義の外邦図の場合，研究の推進は容易ではないにしても，複数の可能性が示されているし，広義の外邦図の場合は，さらに本格的な研究が要請されることもあきらかである。

つづく第Ⅴ部は，終戦前後の陸地測量部と水路部に焦点をあてる。両者はそれぞれ地図と海図を整備する機関であり，陸軍と海軍に属したが，そこで働いた技術者は軍人ではなく，文官であった。こうした方たちの回想を軸のひとつにして，1945（昭和20）年8月という時期を中心におきた変化を検討する。

冒頭のⅤ-1章，塚田建次郎・富澤章「終戦前後の陸地測量部」では，外邦図の作製をふくむ業務の概要，終戦前の疎開，終戦直後の地図の焼却と，問答形式で外邦図生産の現場が語られる。地図の焼却では，保存が義務づけられていた最終試刷りや初刷りもその対象になったと証言されており，現存するこの種の地図の理解に重要な示唆を与える。さらに色刷りの外国製図の複製や写真植字機の導入など，話題は多方面に及んでいる。

つづくⅤ-2章，佐藤久「終戦前後の地図と空中写真，見聞談」は，東京大学の大学院特別研究生として体験した終戦前後の地図と空中写真に関連する業務，軍と大学の研究者との関係，空襲，終戦，さらにその後の写真測量に関する学会活動が詳細な注記もあわせて回想される。地図や空中写真，さらに兵要地理を媒介とする軍と大学の研究者の関係が，第二次世界大戦末期になって大きく展開したことが注目されるだけでなく，あわせて掲載する空中写真や関係資料も貴重である。

さらにⅤ-3章，坂戸直輝「第二次世界大戦中の機密図誌（海図・航空図）」は水路部に関する証言で，海図や航空図の目録の解説からはじまり，水路部の組織や業務，空襲，終戦と話題は展開する。拿捕海図の調査，その複製と，地図について行われたことは海図の場合にもあったことが紹介される。またこの時期の海図や地図の保存に関する提言も重要である。

Ⅴ-4章，田中宏巳「史実調査部と地図の行方」は第二次世界大戦後の戦史研究機関と地図との関係を検討する。終戦直後のGHQの指示や，WDC（Washington Document Center）の陸海軍文書の接収活動，GHQへの報告の提出と重要なトピックを追いながら，そのなかで地図が果たした役割やその行方について検討する。防衛省防衛研究所所蔵や自衛隊保管の地図の移管コースに関する仮説は，今後に大きな示唆を与える。

Ⅴ-5章，田村俊和「参謀本部からの外邦図の緊急搬出の経緯」は，日本の大学の一部に収蔵されている外邦図の来歴を考える場合に，もっとも重要なトピックとなる，終戦直後に行われた参謀本部からの地図の持ち出し作業に焦点をあてる。関係者の回想により，その経過の再構成を試みる。Ⅱ-1章とあわせて読んでいただきたい。

第Ⅵ部は，Ⅴ-2章で登場する，軍（大本営参謀）が組織した，大学の研究者を中心メンバーとする研究会に焦点をあてる。この兵要地理調査研究会は，地理学と戦争，あるいは地理学者と軍との関係を考えるのに重要なだけでなく，Ⅴ-5章で紹介された，終戦後の参謀本部からの大学関係者による外邦図の持ち出しを理解するにも意義があるので，関連する論文や解説を集めたものである。

Ⅵ-1章，久武哲也「『兵要地理調査研究会』について」では，地理学者と軍との関係をひろくみわたして，まず欧米諸国の例の検討から開始する。ここから両者間の関係が多彩に発展していることを把握しつつ，日本における地理学者と軍との関係を一時的ながら構築した兵要地理調査研究会の検討にうつる。そのメンバーや業務内容を分析し，欧米諸国の例との対比を試みる。またあわせて，京都大学地理学教室を中心とする，地政学グループ（総合地理研究会）と軍との関係についても言及している。

Ⅵ-2章，高木勲「兵要地理資料集録（渡邊正氏資料）解説」は，兵要地理調査研究会の組織者であった，元大本営参謀，渡辺正氏が保管してきた関係資料の解説である。一点一点，資料作成の時期や形式を示しつつ，その意義を紹介する。解説の対象となった資料は渡辺正氏所蔵資料集編集委員会（2005）に収録されており，関心のある方はこれをご覧いただきたい[2)]。渡辺氏が戦中から戦後にかけて行ってきた情報関係，とくに兵要地理関係の活動の概要を知ることができる。

情報担当の大本営参謀として，渡辺正氏はもうひとつ重要な役割を果たした。陸地測量部を軍から切り離して内務省に移管することを提言し，地理調査所の発足をみちびいたのである。連合軍による日本軍の解体にあわせて，陸地測量部が解体されることを懸念して構想されたこの移管を中心に，陸地測量部－地理調査所－国土地理院への展開を示すのがⅥ-3章，金窪敏知「陸地測量部から地理調査所へ」である。外邦図を含めた日本の地図作製に中心的役割を果たした機関の変遷を示すものとしても読んでいただきたい。

外邦図の研究と並行してすすめられてきた外邦図デジタルアーカイブの構築について，その構想から公開までをふりかえりつつ，今後の課題を検討するのが第Ⅶ部である。外邦図の保存と活用を考えると，デジタルアーカイブという様式が望ましいとしつつ，目録作成作業からあきらかになった大学所蔵の外邦図の構成と重複関係，デジタルアーカイブ構築の技術的問題，さらに今後の管理とサービスの拡大までを検討したのが，Ⅶ-1章，村山良之・照内弘通・山本健太・関根良平・宮澤仁「外邦図デジタルアーカイブ構築の経過と今後の課題」で，2005（平成17）年12月の公開に至るまで，さまざまな作業が積み重ねられてきたことが紹介される。末尾では，大学の研究者や技術者が構築してきたこのデジタルアーカイブの，今後の継続的管理運営体制のあり方についても言及する。

Ⅶ-2章，宮澤仁・村山良之・小林茂「外邦図デジタルアーカイブの公開に関する課題」は，インターネットを通じた外邦図の画像の公開に関連する課題を提示する。すでに示したように，外邦図にはさまざまな来歴のものがあるが，その具体的様相を示しつつ，画像へのアクセスが世界に開かれる場合に，どのような問題が発生すると予想されるか，とくに中国における現在の地図に関する法的規制もあわせて検討する。地図と軍事との結びつきが現在もなお強固である地域は，アジア太平洋地域では少なくないことをあらためて考えさせられる。

地図の入手しにくい地域の案内図として，また景観変化の資料として，さらには古地名をあらわすものとして，外邦図にはさまざまな役割が期待されてきた。末尾に配置されたⅧ部は，外邦図の活用に関するもので，その例示も試みる。

Ⅷ-1章，石原潤「外邦図は『使えるか』？――中国とインドの場合」は，海外研究における外邦図の利用の経験を述べたもので，その精度を現場で検証するような場合もあったことがわかる。類似の体験の記述はほかにもみられ（吉良 1952；藤原 1992），外邦図の利用のむつかしさを示している。また同じ地域に関する，複数の地図の比較からも行い，それぞれの図の特色を検討する。さらに中国とインドでは，同じ外邦図といっても，その性格が大きく違うことも注目される。

Ⅷ-2章，田村俊和「地域環境変遷研究への外邦図の活用」は，外邦図を用いた環境変化研究のレビューである。外邦図の作製過程を分類しつつ，その利用法を初期のケースからより体系的なケースまで紹介する。また東北大学における外邦図の閲覧サービスのデータは，社会の外邦図に関する多様な関心を示している。

Ⅷ-3章，南縈佑・李虎相「韓国における外邦図（軍用秘図）の意義と学術的価値」は，朝鮮半島における地図作製史をふりかえりつつ，Ⅳ-1章で作製過程が検討された，いわゆる「略圖」（Ⅲ-3章も参照）への出会いにはじまり，その記載内容から景観変化と古地名について，利用法を提言する。

Ⅷ-4章，J. T. Sri Sumantyo. *et al.* “Urban Monitaring Using Former Japanese Military Maps and Remote Sensing：The 100 Years of Urban Change of Jakarta City”は，インドネシアのジャカルタを例に都市域の発展過程を，外邦図（原図はオランダの植民地測量機関による）も併用して追跡した例を示す。19世紀末からのジャカルタの都市化をみる場合，外邦図のカバーする時期は一時点にすぎないが，20世紀前半の一時期を確実に示すものとして意義がある。

以上，本書の構成と個々の論文の内容について紹介した。この全8部の構成は，研究の過程で徐々にできあがってきたもので，当初より予定していたものではない。それぞれの部を構成する論文についても同様である。したがって本書は，外邦図に関する体系的な研究というよりは，現時点における中間的な集成と理解していただきたい。これらを本格的に体系づけるには，さらに研究をつみかさねる必要がある。ただし，上記だけが成果ではなく，それを超えたところでもいくつか注目すべき成果があがっていると考えられる。以下，それについてふれつつ，あわせて今後の課題についても言及したい。

## 5．外邦図研究の成果と課題

近年まで，外邦図は戦争の暗い過去を思わせる，来歴のよくわからない地図としてイメージされてきた。また関係者も，外邦図について積極的に語ることは少なかったといってよい。上記浅井辰郎氏が外邦図について本格的にふれた文章を発表したのは1999（平成11）年のことであった（浅井 1999）。それ以前に，外邦図について関係者が回想した文章は，土井（1975），中野（1990：16），岡本（1995）とたいへん少ない。ただし外邦図の全容がわからないにしても，一部の外邦図については目録やリプリントが整備され，研究者がそれを利用するという状態が続いていた。また，こうしたリプリントは，海外の研究者によってもかなり使われたようである。

この研究では，こうした外邦図のイメージに対し，その来歴や構成をあきらかにすることを目的のひとつとしてきた。とくに大学所蔵の外邦図のうち，大型のコレクションについて，『東北大学所蔵外邦図目録』（東北大学大学院理学研究科地理学教室 2003）や『京都大学総合博物館収蔵外邦図目録』（京都大学総合博物館・京都大学大学院文学研究科地理学教室 2005），さらに『お茶の水女子大学所蔵外邦図目録』（お茶の水女子大学文教育学部地理学教室 2007）と，3つの目録を集成し，その全容を示したことは大きな成果と考えている。これらの目録で，書誌的情報をとくに重視したのは，個々の地図の作製の経緯にまでアプローチできるよう配慮したためである。そうしたことがよくわからない図を，たとえば景観変化の研究に使用することはできないことは，あらためていうまでもない。最近になって，外邦図デジタルアーカイブの公開がはじまり，国立国会図書館のOPACによる検索も容易になって，倉庫の奥に秘蔵されている外邦図というイメージは，ほとんど払拭されたと考えてよいであろう。このような研究や作業の展開にあわせて，雑誌の特集号（地図情報25巻3号，2005年）が発刊され，地理学・地図学以外の分野の専門家がふたたび外邦図に関心を寄せるようになった（中村 2007）。

つぎに，そうした外邦図が現在のようなかたちで内外の機関に収蔵されるようになったのは，第二次世界大戦後，各方面でさまざまな努力があったからであり，それぞれのコレクションの特色の理解のためには，その経緯を知ることも意義をもつことがあきらかとなった。とくに日本の外邦図コレクションの場合については，さまざまな個人や機関の活動や努力を通じて形成され，維持されてきており，軍と地理学者の関係のような，かつては語ることが避けられていた経緯も，これにアプローチするためには理解が必要であることも示された。

外邦図の一覧図や目録，さらに個々の図幅の図歴への関心もふくめ，この研究が現に残されている地図への興味からはじまったことは，これまでの研究をつよく特色づけている。それは，この研究が地理学や地図学の専門家が主体となってすすめてきたことによるところが大きい。素材としての地図は，この分野の研究者の共通した関心であり，その分析からはじまるのは当然といえる。

しかし，外邦図の作製という点からみると，陸地測量部や臨時測図部，植民地政府の土地調査事業機関など，さまざまな組織が関与していたことが判明してきたが，それらの組織や活動，技術という点になると，まだわかっていないことが多い。これは，地図から出発した研究が，さらに大きく展開することを要請しているといってもよいであろう。地図作製機関としては，関東軍測量隊や野戦測量隊のように，かなり遅れて発足したものもあり，いずれについても本格的研究が必要である。

くわえて，東アジア各地，とくに中国で地図作製にむけられた努力についても理解が要請される。多くの中国製図が外邦図の元図として利用されており，とくにその技術的側面の理解なしには，外邦図の学術的利用もあり得ない。これは第二次世界大戦期にさかんに複製がつくられた，東南アジア地域の欧米植民地の地図についても同様である。この場合，西欧と日本だけでなく，日本と中国のあいだで行われてきた技術交流といった側面にも関心を寄せる必要がある（渡辺・小林 2004；小林・渡辺 2008)。近代地図の作製は，それぞれの地域で孤立して行われてきたわけではないのである。

さらに地図は近代国家にとって不可欠の道具と意識されつつも，その軍事的意義が重視されてきたという点を考えると，より大きく外邦図作製の歴史，さらにはそれを動かしてきた理念や計画といった側面にも関心がむかう。とくに国民国家という枠をこえて拡張をつづけた「帝国」としての近代日本は，それに不可欠なものとして営々と外邦図を整備しており，この過程をクロノロジカルに追跡する必要がある。もちろん日清戦争や日露戦争といった海外への派兵における臨時測図部の編成，植民地における土地調査事業，あるいは満州事変（1931［昭和 6］年）や南京事件（1937［昭和 12］年）における大量の民国製地図の「鹵獲」といった，主要な事件なり画期については知られてきたが，それらが外邦図作製にとってどのような意義をもったのか，ということになると，わかっていることは多くない。何よりも初期の外邦図作製については，ほとんど研究の蓄積がなく，村上（1981）を手がかりに，ようやく最近になって見通しが得られたところである（山近・渡辺 2008；小林・岡田 2008)。

また「帝国」としての近代日本の地図作製に焦点をあてると，欧米の「帝国」がアジア太平洋地域でどのような地図作製を企図し，実行してきたか，という側面も視野にはいってくる。植民地における地図整備のほかに，日本が行ったような秘密測量も実施したのかどうかという点は，検討に値するものといえるし，日本の測量担当者の関心事でもあった。上記『外邦測量沿革史　草稿』は朝鮮国内で活動するロシアの測量隊に関する報告（1895［明治 28］年 12 月）を掲載する（小林解説 2008 第 1 冊：33-34)。また 1919（大正 8）年に提出された「支那測量管見」という意見書で，当時陸地測量部地形科長・臨時第二測図部長であった口羽武三郎（のち少将）は，中国における列強各国の地図作製を含む調査活動についてふれている（口羽 1919)。

地図への強い関心からはじまったこの研究から，このようにしてさまざまな課題が浮かび上がってくるが，ともあれ，近代日本の地図作製がアジア太平洋地域との関係のなかで展開したことが理解されるであろう。また近代日本とアジア太平洋地域との関係を考えるに際し，近代地図作製はそのサブテーマになり得る内容があることも明確になってきたと思われる。さらに地図作製の検討を通じて，近代日本とアジア太平洋地域の関係を照射することも可能であろう。

他方，外邦図の学術的利用についても，まだ多くの課題がある。これまでの研究では，外邦図の全容の解明に忙しすぎて，この方面に充分な関心をさくことができなかったというのが実情であるが，今後は外邦図の学術的利用の基礎を充実するだけでなく，その潜在的な可能性を示すような研究も要請されている。これには，同じ地域について作製された複数の地図の比較に関連する技術的課題（とくに位置情報をどう整合させるかという課題）など，アプローチが要請されていることは少なくない。これらを達成しつつアジア太平洋地域の景観や環境の変遷，さらには地球環境の変動にアプローチする道を開くには，環境学や生態学など，関連分野の研究者との共同研究も必要であろう。帝国主義の時代の産物ではあるが，外邦図という膨大な過去の記録の再生と活用のためには，さらに努力が必要である。

末尾にあたり，もうひとつふれておきたいのは，上記『国外地図目録』・『国外地図一覧図』作製のもとになった外邦図コレクションについてである。これは陸地測量部を受け継ぐ地理調査所に保管されていたが，その後陸上自衛隊の中央地理隊（立川市，現在は中央情報隊に改組）に移管されている（Ⅲ-1章およびⅤ-4章を参照)。その総種類数は，上記のように2万3千点をこえ，外邦図の総数を2万数千点以上とする根拠になっているほどである。

現在凍結状態といえるような状態で保管されているこの外邦図が閲覧できるようになれば，たとえば秘図とされていて，すでに紹介してきたリプリントで欠落している図幅も，本来のもので示すことができる。また大学や国立国会図書館の外邦図は，第二次世界大戦終結時に参謀本部やその他の機関で使用予定あるいは使用中であった地図を主体とするため，古い時期のものが少ない。この利用が可能になれば，景観変化もより古い時期から長期的に検討ができるようになる。さらには外邦図の作製の歴史を考えるうえでも貴重な資料になるのは確実である。

ただし，学術的には宝庫といってよいこのコレクションの個々の外邦図は一枚ずつしかないので，その保存のためには，文化財的なとりあつかいが必要である。できればデジタル化して，閲覧にはデジタル画像を使うのが望ましい。この研究が構築してきたデジタルアーカイブのようなかたちで利用できるようになれば，さらに望ましいことといえよう。

本書によって外邦図への関心と理解が学界だけでなく社会にも高まり，その公開が少しでも早く行われるようになることを望みたい。これが可能になることによって，長い間外邦図を取り巻いてきた戦時体制ともいえる枠組みが終了するとさえ思われる。

[付記]

本研究は，小林（2006）を軸に，小林（2005）もくわえて，大幅に加筆を行ったものである。

注

1）外邦図研究会では，この『国外地図目録』および『国外地図一覧図』の重要性を理解し，国土地理院所蔵本について，2003（平成15）年に許可を得て写真撮影を行った。実際の作業は，茨城県内の業者が行い，できた写真については，一覧図については写真のまま，目録についてはPDFファイルとし，数枚のCDにおさめ閲覧を容易にした。また，『国外地図目録』の「第1巻　旧日本領」については，電子化を終了している。

2）この資料は，大阪大学文学研究科人文地理学教室のホームページで閲覧可能である。URL：http://www.let.osaka-u.ac.jp/geography/gaihouzu/watanabe/pdf/watanabe_s2.pdf。

文献

浅井辰郎　1999. 琉球列島の地形図はどんな経緯で御茶の水女子大学に入ったか. 清水靖夫・浅井辰郎・小林　茂・安里　進『大正・昭和　琉球諸島地形図集成解題』23-26. 柏書房.

浅井辰郎　2007. 資源科学研究所の地図の行方――多田文男先生の英断. お茶の水女子大学文教育学部地理学教室『お茶の水女子大学所蔵外邦図目録』5-9. お茶の水女子大学文教育学部地理学教室.

アジア経済研究所編　1971.『発展途上地域地図目録――アジア経済研究所所蔵　上巻』アジア経済研究

所.
アジア経済研究所編　1990.『発展途上地域地図目録 ── アジア経済研究所所蔵　第一巻アジア地域編』アジア経済研究所.
石原　潤　2003. 外邦図は「使えるか」？ ── 中国とインドの場合. 外邦図研究ニュースレター1：11-14.（本書Ⅷ-1章）
大槻　涼　2005. 駒澤大学所蔵外邦図の整理状況について（中間報告）. 外邦図研究ニューズレター3：119-124.
岡田喜雄　1978.『地図をつくる ── 陸軍測量隊秘話』新人物往来社.
岡本次郎　1995. 地理学教室創立の年. 東北大学地理学講座開設50周年記念事業実行委員会『東北大学理学部地理学講座開設50周年記念誌』66-74. 東北大学地理学教室同窓会.
お茶の水女子大学文教育学部地理学教室　2007.『お茶の水女子大学所蔵外邦図目録』お茶の水女子大学文教育学部地理学教室.
科学書院 1986-1998.『中国大陸五万分の一地図集成』科学書院（8巻）.
科学書院 1989-1993.『中国大陸二万五千分の一地図集成』科学書院（4巻）.
学生社　1981.『朝鮮半島五万分の一地図集成』学生社.
学生社　1982.『台湾五万分の一地図集成』学生社.
樺太地図資料研究会編　2000.『樺太二万五千分の一地図集成』科学書院.
魏　徳文・高　傳棋・林　春吟・黄　清琦　2008.『測量臺灣 ── 日治時期繪製臺灣相關地圖』國立臺灣歷史博物館・南天書局.
京都大学総合博物館・京都大学大学院文学研究科地理学教室　2005.『京都大学総合博物館収蔵外邦図目録』京都大学総合博物館・京都大学大学院文学研究科地理学教室.
吉良龍夫　1952. 探検の前夜. 今西錦司編『大興安嶺探検』1-49. 毎日新聞社.
口羽武三郎　1919. 支那測量管見. 陸軍『密大日記, 大正9年5冊のうち2』JACAR（アジア歴史資料センター）Ref. C03022502100（防衛庁防衛研究所）.
洪　敏麟・陳　漢光・廖　漢臣編　1969.『臺灣堡圖集』臺灣省文獻委員会.
国立国会図書館参考書誌部編　1966.『国立国会図書館所蔵地図目録（台湾・朝鮮半島の部）』国立国会図書館.
国立国会図書館参考書誌部編　1967.『国立国会図書館所蔵地図目録（北海道・樺太南部・千島列島の部）』国立国会図書館.
国立国会図書館参考書誌部編　1982.『国立国会図書館所蔵地図目録〔外国地図の部〕（Ⅰ）』国立国会図書館.
国立国会図書館参考書誌部編　1983.『国立国会図書館所蔵地図目録〔外国地図の部〕（Ⅱ）』国立国会図書館.
国立国会図書館参考書誌部編　1984.『国立国会図書館所蔵地図目録〔外国地図の部〕（Ⅲ）』国立国会図書館。
国立国会図書館専門資料部編　1991.『国立国会図書館所蔵地図目録〔外国地図の部〕（Ⅷ）』国立国会図書館.
国立国会図書館専門資料部編　1993.『国立国会図書館所蔵朝鮮関係地図資料目録』国立国会図書館.
小島宗治　1991.『航空測量私話 ── 空と写真と戦いと』小島宗治.
小林　茂　2005. 外邦図の目録および一覧図について. 待兼山論叢（日本学篇）39：1-29.
小林　茂　2006. 近代日本の地図作製と東アジア ── 外邦図研究の展望. *E-journal GEO* 1（1）：52-66.

小林　茂［解説］ 2008.『外邦測量沿革史　草稿　第1～3冊』不二出版.

小林　茂・岡田郷子　2008. 十九世紀後半における朝鮮半島の地理情報と海津三雄. 待兼山論叢（日本学篇）42：1-26.

小林　茂・渡辺理絵　2007. 近代東アジアの土地調査事業と地図作製――地籍図作製と地形図作製の統合を中心に. 片山　剛編『近代東アジア土地調査事業研究ニューズレター2号』4-14. 大阪大学文学研究科.（本書Ⅳ-3章）

小林　茂・渡辺理絵　2008. 近代東アジアにおける地図作製技術の移転――日本を中心に. 千田　稔編『アジアの時代の地理学――伝統と変革』145-158. 古今書院.

小林　茂・渡辺理絵・鳴海邦匡　2004. アジア太平洋地域における旧日本軍の空中写真による地図作製. 待兼山論叢（日本学篇）38：1-24.（本書Ⅳ-2章）

小堀　巌・田中正央編　1983.『東京大学総合研究資料館所蔵地図目録（第1部国外編）』東京大学総合研究資料館.

駒澤大学図書館　2002.『駒澤大学図書館所蔵地図目録1――外国地形図・多田文庫所蔵地形図』駒澤大学図書館.

崔　書勉編　1984.『韓国・北朝鮮地図解題事典』国書刊行会.

齋藤　敏　1943. 戰場で地圖はどう使はれるか. 研究蒐録地圖　昭和18年6月号：45, 58-60.

佐藤　侊　1985. 旧満州地図作製事業の概観. 陸地測量部［作製］『旧満州五万分一地図集成付録』1-10. 科学書院.

佐藤　侊　1986. 満州国測量局の人達――関東軍測量隊の分身. 測量36（2）：26-29.

佐藤　侊　1991. 陸軍参謀本部地図課・測量課の事績――参謀局の設置から陸地測量部の発足まで（2）. 地図29（3）：27-33.

佐藤　侊　1992. 陸軍参謀本部地図課・測量課の事績――参謀局の設置から陸地測量部の発足まで（4）. 地図30（1）：37-44.

佐藤　侊　1993. 陸軍参謀本部地図課・測量課の事績――参謀局の設置から陸地測量部の発足まで（6）. 地図31（2）：28-46.

参謀本部・北支那方面軍司令部編 1979a.『外邦測量沿革史　自明治二十八年至同三十九年断片記事』ユニコンエンタプライズ.

参謀本部・北支那方面軍司令部編 1979b.『外邦測量沿革史　明治四十年度記事』ユニコンエンタプライズ.

参謀本部・北支那方面軍司令部編 1979c.『外邦測量沿革史　明治四十一年度記事』ユニコンエンタプライズ.

参謀本部・陸地測量部・北支那方面軍司令部　1939.『外邦測量の沿革に關する座談會』JACAR（アジア歴史資料センター資料, 昭和14年「陸支受大日記, 第66号」）Ref. C04121449200（防衛庁防衛研究所）.

島　義　1973.『満州雑感――満州測量夜話』吉岡工房.

清水靖夫　1982. 臺灣の諸地形圖について. 研究紀要（立教高等学校）13：1-23.（本書Ⅲ-2章）

清水靖夫　1983. 樺太の地形図類について. 研究紀要（立教高等学校）14：1-21.（本書Ⅲ-4章）

清水靖夫　1986.『日本統治機関作製にかかる朝鮮半島地形図の概要――「一万分一朝鮮地形図集成」解題』柏書房.（本書Ⅲ-3章）

施　添福　1996.《臺灣堡圖》日本地臺的基本図. 臺灣総督府臨時臺灣土地調査局［調整］『臺灣堡圖』1-4. 遠流出版事業.

施　添福［監製］ 1999.『日治時代二萬五千分之一臺灣地形圖使用手冊』遠流出版公司.

朱　競梅　1997. 日本侵華期間的地図測絵. 学術研究10：54-58.

徐　瑞萍　2003. 日治時期台灣地形図測繪基準與製程探求. 第七屆台灣地理學術研討會e時代的地理學論文集：200-212.
測量・地図百年史編集委員会　1970.『測量・地図百年史』日本測量協会.
大日本帝國陸地測量部［調製］1999.『臺灣地形圖 ── 日治時代二萬五千分之一』遠流出版事業.
大日本帝国陸地測量部・台湾総督府民政部警察本署編　2007.『臺灣地形圖新解 ── 日治時期五萬分一』上河文化.
臺灣総督府臨時臺灣土地調査局［調製］ 1996.『臺灣堡圖』遠流出版事業.
高木菊三郎　1948.『陸地測量部沿革誌　終末篇』高木菊三郎.
高木菊三郎　1961.『明治以後日本が作った東亜地図の科学的妥当性について』高木菊三郎.
高木菊三郎　1966.『日本に於ける地図測量の発達に関する研究』風間書房.
高木菊三郎著・藤原　彰編　1992.『外邦兵要地図整備誌』不二出版.
田中少佐　1944. 戰場は「地圖を！」と呼ぶ. 研究蒐録地圖　昭和19年1月号：20-22.
田中宏巳　2005. 史実調査部と地図の行方. 渡辺正氏所蔵資料集編集員会編『終戦前後の参謀本部と陸地測量部』35-43. 大阪大学文学研究科人文地理学教室.（本書Ⅴ-4章）
谷屋郷子　2004.『朝鮮半島の外邦図の作製過程』大阪大学文学部人文地理学専修卒業論文.
千島列島地図資料研究会編　2001.『千島列島地図集成』科学書院.
忠敬堂　1984.『参謀本部陸地測量部外邦図総合目録』忠敬堂（忠敬堂古地図目録22号）.
中国大陸地図総合索引編纂委員会編　2002a.『中国大陸五万分の一地図集成総合索引　第一分冊』科学書院.
中国大陸地図総合索引編纂委員会編　2002b.『中国大陸五万分の一地図集成総合索引　第二分冊』科学書院.
中国大陸地図総合索引編纂委員会編　2002c.『中国大陸五万分の一地図集成総合索引　第三分冊』科学書院.
中国大陸地図総合索引編纂委員会編　2002d.『中国大陸五万分の一地図集成総合索引　第四分冊』科学書院.
中国地図資料研究会編　2003.『中国大陸十万分の一地図集成（満州）』科学書院.
中国地図資料研究会編　2007.『中国大陸十万分の一地図集成（内蒙古）』科学書院.
朝鮮半島地図資料研究会編　1999.『朝鮮半島地図集成，五千分の一，二万分の一，二万五千分の一』科学書院.
朝鮮総督府［作製］ 1986.『一万分一朝鮮地形図集成』柏書房.
朝鮮総督府［製作］（出版年不詳）『一万分一朝鮮地形図集成』景仁文化社.
青島守備軍陸軍参謀部編　1920.『鹵獲書籍及圖面目録』青島守備軍陸軍参謀部.
東北大学大学院理学研究科地理学教室　2003.『東北大学所蔵外邦図目録』東北大学大学院理学研究科地理学教室.
土井喜久一　1975. 田中舘先生の思い出. 田中舘秀三業績刊行会編『田中舘秀三 ── 業績と追憶』25-26. 世界文庫.
長岡正利　1993a. 陸地測量部外邦図作製の記録 ── 陸地測量部・参謀本部　外報図一覧図. 地図31（4）：12-25.（本書Ⅲ-1章）
長岡正利　1993b. 幻の昭和19年一覧図 ── 陸地測量部内邦地図成果の総大成として. 地図31（4）：41-44.（本書Ⅲ-1章）
長岡正利　2004. 外邦図作成の記録としての各種一覧図と，地理調査所における外邦図の扱い. 外邦図研究ニューズレター2：17-25.（本書Ⅲ-1章）
中野尊正　1990.『山河遙かに』私家版.
中村威也　2007. 中国大陸一〇万分の一地勢図の種類とその資料的特徴について ── 河北省大名県における外邦図・民国図・ソ連図の比較を通して. 鶴間和幸編『黄河下流域の歴史と環境 ── 東アジア海文明

への道』237-269. 東方書店.

南　縈佑編　1996.『舊韓末韓半島地形圖』図書出版成地文化社（4巻）.

南　縈佑　2006. 韓国における外邦図（軍用秘図）の意義と学術的価値. 外邦図研究ニューズレター4：27-31.（本書Ⅷ-3章）

南　縈佑著・朴　澤龍訳　2006.『舊韓末韓半島地形圖』解説. 外邦図研究ニューズレター4：89-108.（本書Ⅳ-1章）

西村　庚編　1967.『中国本土地図目録――国立国会図書館及び東洋文庫所蔵資料』極東書店.

布目潮渢・本田　治編　1976.『中国本土地図目録――東京大学総合研究資料館所蔵資料』大阪大学アジア史研究会.

布目潮渢・松田孝一編　1987.『中国本土地図目録』東方書店.

久武哲也　2005. 日本および海外の諸機関における外邦図の所在状況とその系譜関係. 地図情報25（3）：7-11.（本書Ⅱ-1章）

藤原　彰　1992.『外邦兵要地図整備誌』解説. 高木菊三郎著・藤原　彰編『外邦兵要地図整備誌』3-9. 不二出版.

松田孝一　2008. 浅井辰郎先生の地図配布のお手伝い. 外邦図研究ニューズレター5：25-26.

村上勝彦　1981. 隣邦軍事密偵と兵要地誌（解説）. 陸軍参謀本部編『朝鮮地誌略1』3-48. 龍溪書舎.

山近久美子・渡辺理絵　2008. アメリカ議会図書館所蔵の日本軍将校による1880年代の外邦測量原図. 日本国際地理学会平成20年度定期大会発表論文・資料集：10-13.

李　鎮昊・全　炳徳　2007. 日本陸地測量部による朝鮮半島測利用の歩みと朝鮮地方民の抵抗. 土木学会論文集D 63（3）：435-444.

陸地測量部編　1922.『陸地測量部沿革誌』陸地測量部.

陸地測量部編　1930.『陸地測量部沿革誌　終篇』陸地測量部.

陸地測量部［作製］1985.『旧満州五万分の一地図集成』科学書院（2巻）.

陸地測量部［製作］1983.『樺太五万分の一地図』国書刊行会.

梁　泰鎮［解説］1985.『近世韓国五萬分之一地形圖』景仁文化社（2巻）.

林　春吟　2005. 日本植民地期台湾における地形図に関する研究. 現代台湾研究28：1-23.

渡辺正氏所蔵資料集編集委員会編　2005.『終戦前後の参謀本部と陸地測量部――渡辺正氏所蔵資料集』大阪大学文学研究科人文地理学教室.

渡辺理絵・小林　茂　2004. 日本－中国間の地図作製技術の移転に関する資料について. 地図42（3）：13-28.

Edney, M. H. 1997. *Mapping an empire: The geographical construction of British India,1965-1843.* Chicago：University of Chicago Press.

Nam, Y.-W. 1997. Japanese military surveys of the Korean Peninsula in the Meiji Era. In *New directions in the study of Meiji Japan,* eds. H. Hardacre and A. I. Kern, 335-342. Leiden：Brill.

Ormeling, F. 2005. Colonial cartography of the Netherlands East Indies 1816-1942. Paper presented at the International Cartographic Conference, Coruna, Spain, 2005.（http://training.esri.com/campus/library/Bibliography/RecordDetail.cfm?ID = 56486）

Sergeev, E. 2007. *Russian military intelligence in the war with Japan, 1904-05.* London：Routledge.

# 第2章　外邦図の嚆矢と展開

清水靖夫

外邦図というと，一般的には，第二次世界大戦中日本の軍部機関が，諸外国の地形図類を複製したものを呼ぶ場合が多い。その多くは，それぞれの国の主権との関わりから公式に刊行されたものではなく，その限りでは秘密裏に作られ消えていったものが少なくないようである。諸外国でも軍事目的で他国の地形図類を複製，またはそれらをもとに編集していた。第二次世界大戦後，アメリカ合衆国やイギリスの軍事的な地図作成組織によるそうした地図類が，一部放出されたこともあった。AMS（アメリカ陸軍省軍事地図局）やGSGS（イギリス参謀本部地理課）の作製図などである。

外邦図という名称はたいへん古く，筆者の知る初出は，1884（明治17）年参謀本部測量局成立時の「測量局服務概則」第六条である。一部を記すと

> 地圖課ハ地形測量ニ依テ製出シタル原圖ニ基キ内國圖ヲ編纂調製シ且其ノ圖ヲ格護シ其ノ他外邦圖及諸兵要地圖畫圖ヲ調製スルノ作業ヲ管掌ス（陸地測量部 1922：51）

とあり，さらに，「地圖課服務概則」の第五条に

> 第三班ハ外邦圖及ヒ臨時指令ニ応スル地圖畫圖ノ調製ヲ掌ル（陸地測量部 1922：61）

とある。同第十八条には

> 外邦圖ノ製法ハ別ニ定式ノ設アリト雖モ概シテ内國ノ仮圖即チ二十万分一圖ニ準シテ製造スルヲ常トス（陸地測量部 1922：64）

と「外邦圖」の名称が使われている。言うまでもなく「内國圖」の対語としてである。

外邦図について公表された最初の系統的で且つ比較的詳細な文献は，『測量・地図百年史』（測量・地図百年誌編集委員会 1970）であった。他には断片的なもの以外は知られていない。外邦図の作製自体が秘密裏に行われたものだからであろう。その断片的な外邦図の作製記録には，『外邦測量沿革史　草稿』（参謀本部・北支那方面軍司令部 1979a，b，c）のほか若干の孔版ないし複写によるものが残されているにすぎない。近年は『外邦兵要地図整備誌』（原本1941年刊）が復刻され（高木著・

藤原編 1992)，最近では『外邦測量沿革史　草稿』の本格的な復刻が開始されているが（小林解説 2008)，その意味で，『測量・地図百年史』は，あえて先人の労苦の跡の記録を後世に残すべく記されたようにも思われる。

外邦図の歴史は半世紀以上にわたり，いくつかの性格から，筆者は便宜的に以下のように分類している。

外邦図を区分すると，第二次世界大戦参戦以前に作製された外邦図Ⅰ類と，第二次世界大戦参戦以降に作製された外邦図Ⅱ類に大別される。前者は内邦化された南樺太，朝鮮半島，台湾などのⅠ類-1と，軍事目的で作製された中国，満州（中国東北部)，シベリア，北樺太などに作製されたⅠ類-2とに二分される。後者Ⅱ類は東南アジアや南アジアの広範な地域，太平洋諸島，北アメリカ大陸の一部など，現地の地図から編集作製した地図類である。最近通常外邦図と呼ばれる地図の大部分は，比較的近い過去の事柄からか後者を指す場合が多いようである。

最初に作製されたのは，Ⅰ類-2であった。明治維新以後政府内部での征韓論をめぐる経緯からも考えられるように，欧米列強に肩をならべるべくアジア大陸に目を向け，1875（明治8）年には参謀局は「清国北京全圖」・「朝鮮全圖」等を陸軍文庫より刊行している。ただしこれらは，既存の図を編集したもので，現場での実測の成果がほとんどくわえられていない。

1894（明治27）年，日清戦争の勃発とともに，翌年には臨時測図部が編成され，朝鮮半島や遼東半島周辺の迅速測図を行い，これを契機に北清事変（1900［明治33］年)，日露戦争（1904～1905［明治37～38］年）と作製範囲は拡大していった。その後，陸地測量部（参謀本部）は中国作製の地形図を収集複製するようになるが，これらの図は省の境界部分での接合が悪いものが多く，同じ地域が省別に重複作製されている部分も少なくない。

現中国東北部，旧満洲では満州国の建国（1932［昭和7］年）ののち，1934（昭和9）年に関東軍測量隊（後に関東軍測量部）が編成されて地形図作製を行うようになる。旧満州南部については5万分1図が整備されていたが，関東軍測量隊は外邦図の標準的縮尺である10万分1図をおもに作製している。ただし標準的な10万分1図の一方で，この後も中国製の図の複製図の多くは5万分1図であった。また詳細を必要とするところでは，北樺太や黒竜江沿岸のように2万5千分1図や1万分1図も作製された。

中国の各地については，やがて日中戦争を契機に，中国作製の地図が大量に押収され，広範囲にわたって複製されて，第二次世界大戦へとなだれ込んでいった。

外邦図Ⅰ類―1のうち，台湾は日清戦争時の地形図，台湾堡図，正式地形図（基本図)，蕃地地形図など数種があり，正式測図は一部山地は未完であった（本書Ⅲ-2章参照)。朝鮮半島では，1910（明治43）年の日韓併合直前に，「略図」と称する5万分1図が広範囲に完成し，正式の地形図は二度にわたって作成されている（本書Ⅲ-3章参照)。勿論主要部分に2万5千分1図，都市部に1万分1図も作成された。樺太は1905（明治38）年のポーツマス条約以後，樺太国境確定委員会が5万分1図を作成，それにならい沿岸部，主要地域と主要交通路に「仮製樺太五万分一図」が作成され，後全域に基本図（5万分1）が整備される。その間中央付近より北方には応急的に空中写真測量による2万5千分1図が作製され，それより5万分1図も編集された。国境付近には2万5千分1の基本図測図も行われた。明治後期には豊原には1万分1図も作製されていた（本書Ⅲ-4章参照）。

外邦図Ⅱ類についても，地図とその記録のために，多くの「地図一覧図」が作製されていた（本書Ⅲ-1章参照）。地図の収集過程を記録したもの，接合関係を訂正したものなど，手書き資料であったり，秘扱いの内部資料であったために，果たしてその全容が示されているかどうかは，今となっては詳らかではない。その中で，まとまったものとしては，『北方地區地圖整備目録』・『南方地區地圖整備目録』が1942（昭和17）年参謀本部第六課によって作製されている。戦後になって，これらに洩れたものやその後の収集資料やその他の地図資料を記録した『国外地図一覧図』4巻（1. 旧日本領，2. 北方，3. 支那，4. 南方）と，個々の図幅の測量年等をカーボン紙複写によりまとめた『国外地図目録』（同様に4巻）が地図作製史資料としてまとめられた。ただしこの資料に現物の地図は添付されていない。

前出『測量・地図百年史』外邦図の項のまえがきに

> 外邦図は作戦や戦闘に間に合うように早急に作成することが肝要であり，当該国や当該地方で正式に測量された実測図をなんらかの形で入手することがまず絶対の条件であった。軍が入手した地図は直ちに運ばれて日本文字を入れたり解説をつけたりしたうえで複製され，外邦図として刊行された。そうした地図がない場合には，秘密の測量を行って概測図を作り上げたり，空中写真を撮影してモザイク写真をつくり…空中写真測量要図を作り上げるといった方法がとられた。（測量・地図百年史編集委員会 1970：439）

とあり，実際に残された地図上から以上の文そのままであることがわかる。

作製された地域は，前述したように西アジアの一部を除き，ハワイ，アラスカ，オーストラリアを含めた広範な地域にわたっており，戦後作られた『国外地図一覧図』と対比すると，特に5万分1などの当時としては大縮尺の地形図を懸命に収集し，複製利用しようとしていたことが知られる。なお，中・小縮尺図はヨーロッパにまで作製が及んでいた。

往時，南アジアの大部分はイギリス，アメリカ，フランス，オランダ，ポルトガルなどの植民地であり，その宗主国が植民地経営のため地形図類の作製をしていた。広い範囲を占めるイギリス植民地の地図類はヤード・ポンド法による縮尺で，メートル法による10進法によっていなかった。そのため外邦図では，縮小あるいは多少の拡大により，日本人にとって使い勝手の良い縮尺に変更されている。またイギリス，オランダ領東インド（現インドネシア）をはじめ多くの地図は3色あるいはそれ以上の色彩を使い，美しく見やすい地図であったが，緊急な戦時体制の中での外邦図複製は，地図の内容の読解可能ぎりぎりまで色数を減じて印刷している。もちろんモノクロ1色刷りも多い。地形図類が入手できなかった地域では，民間を含めての州別図や道路図まで利用しようとしていた。

それらの地図では，図郭外右下の小さな記号から，当時挙国一致体制の中で民間の印刷業者も総動員されていたことがわかる。印刷者の責任を示す意味も含めその記号が印刷されているものが多い。

外邦図は前に述べたとおり，戦争時に主権の及ばない地域の地図を戦略上複製したものであり，本来的にはあってはならない筈のものである。しかし，わが国の地図技術者の中に，古くは日清・日露の戦役での臨時測図部で速成ではあっても育てられた人々が多かった。緊急時において，物資の乏しい中で多くの創意工夫が技術の進歩に寄与したところがなくもない。外邦図の作製が，ある部分，戦後の日本の技術革新の底辺を形作ったところもある。戦争はあってはならないが，その中で苦労した人々の事跡も歴史の中で記憶しておく必要があろう。

［付記］

外邦図については，従来から家蔵地図の中に，若干の旧邦領やアジア地域の複製地形図類があり，それらの整理，位置付けをやりかけてはいたが，忙しさに紛れておざなりになっていた。2000（平成12）年3月，国際日本文化研究センターの千田稔教授（現名誉教授）からお誘いをいただき，日文研の研究会で「日本の植民地政策と地図作成事業」という題目で少し話をすることになり，資料類の整理をする機会を得た。

文献


小林　茂［解説］ 2008.『外邦測量沿革史　草稿』（第1冊～第3冊）不二出版.

参謀本部・北支那方面軍司令部編　1979a.『外邦測量沿革史　草稿　自明治二十八年至同三十九年斷片記事』ユニコンエンタプライズ.

参謀本部・北支那方面軍司令部編　1979b.『外邦測量沿革史　草稿　明治四十年度記事』ユニコンエンタプライズ.

参謀本部・北支那方面軍司令部編　1979c.『外邦測量沿革史　草稿　明治四十一年度記事』ユニコンエンタプライズ.

測量・地図百年史編集委員会編　1970.『測量・地図百年史』日本測量協会.

高木菊三郎著・藤原彰編　1992.『外邦兵要地図整備誌』不二出版.

陸地測量部編　1922.『陸地測量部沿革誌』陸地測量部.

# 第Ⅱ部

# 外邦図の所在と特色

**アメリカ議会図書館の地理・地図部の書庫（2008年9月）**

アメリカ議会図書館マディソン館の地下に位置する地理・地図部（Geography and Map Division）の書庫は，マディソン館の敷地全体に広がっていると思えるほどの大きさで，地図ケースが整然とならび，膨大な地図が保管されている。陸地測量部を受け継ぐ地理調査所から接収されたと考えられる原図も収蔵し，さらなる資料探索が要請される。（小林　茂）

# 第1章　日本および海外における外邦図の所在状況と系譜関係

久武哲也・今里悟之

## 1．流出した地図

明治期以降の近代地図作製史の中にあって，外邦図は，その重要な役割を担いながらも，戦後ほとんど注目されなくなってしまった地図に属するのかもしれない。戦後の民主化の過程の中で，戦争や軍隊，あるいは植民地といった言葉と結びつき，否定的なイメージが付着していたからでもあろう。しかし，その最も大きな理由は，明治期以来の地形図作製の主体であった陸地測量部や参謀本部が，敗戦とともに解体され，それに伴って外邦図も焼却あるいは接収され，消滅したと考えられてきたからであろう。

しかしながら，こうした戦後の混乱にもかかわらず，多くの外邦図が日本の大学や公的機関だけでなく，海外の大学や公的機関にも数多く所蔵されている状況が，近年次第に明らかになってきた。戦時体制下における科学史研究の近年の動向でも察せられるように（河村ほか 2004），地質図の作製と資源調査，航空機による写真測量や測量事業などと並んで，外邦図も改めて検討すべき多くの学問的課題を有しているのである。

外邦図は，国内では現在の段階で，東北大学（現在は理学部自然史標本館所蔵）・お茶の水女子大学・東京大学（現在は総合研究博物館所蔵）・京都大学（現在は総合博物館および東南アジア研究所所蔵）・広島大学などの諸大学の地理学教室のみならず，国立国会図書館や岐阜県図書館などの公的機関に，数多く所蔵されていることが明らかになっている。また，敗戦直後に参謀本部などから持ち出された外邦図のいくつかの流出経路も，関係者の証言や史料から解明されつつある。

本稿ではまず，旧資源科学研究所（1941～1971 年）に所蔵されていた外邦図が，日本や海外の各大学あるいは公的機関に分配・再分配された過程について，久武による仮称「浅井辰郎文書」（元お茶の水女子大学・浅井辰郎教授が作成した記録）の分析と，久武と小林茂による浅井教授への聞き取り（久武 2007）および浅井（2007）の遺稿などから，新たに明らかになった事柄を報告する。あわせて，海外への流出過程の一例として，久武と今里によるアメリカでの現地調査から判明した結果についても述べる。

## 2．所在状況の概要

外邦図が終戦直後，参謀本部（明治大学内の分室や第一総軍地図室なども含む）から数多く持ち出されたこと，あるいは占領体制下にあって連合国軍最高司令官総司令部（GHQ）などの指令によって大量に接収され，海外にも流出したことはよく知られている。国内では，田中舘秀三講師[1)]（1884-1951，以下，職名や機関名は当時）の指揮下，東京神田の貸事務所などを経て仙台へと運ばれ，東北帝国大学理学部地理学教室に収蔵されたもの（土井 1975；岡本 1995，2008；田村 2000），あるいは東京帝国大学理学部地理学教室の多田文男助教授（1900-1978）の指揮のもとで，東京市ヶ谷の参謀本部から数ヵ所を転々として大久保の資源科学研究所へ運ばれたもの（浅井 1972，1999，2007；中野 1990，2004；三井 2004）などには，直接の関係者による多くの証言が残っているが[2)]，その他の機関については，これまでほとんど知られることがなかった。

また，戦後の占領下において連合国軍に接収され，その後，海外へ流出した外邦図の行方についても，近年，海外の諸機関に所蔵されている接収資料の調査や目録作成が積極的に進められているものの（田中 1995，2000），外邦図を含めた地図類の海外における所在状況については，その情報がこれまでほとんど欠落していた。

しかしながら，2002年から本格的に開始された本書の研究組織の活動を通じて，数多くの新しい情報が収集されるようになってきた。日本国内における外邦図の所在状況の確認にとどまらず，各所蔵機関による目録作成も進みつつある。すでに東京大学総合研究資料館（現・総合研究博物館），京都大学東南アジア研究センター（現・東南アジア研究所），大阪大学文学部東洋史研究室，国立国会図書館，アジア経済研究所などで地図目録が刊行されてはきたが（一部の機関ではインターネットでの検索も可能[3)]），それらは外邦図であることに主眼を置いた目録ではなかった。

そして2003年以降，すでに1995年からデータベース化が進んでいた（渡辺 1998：155），東北大学大学院理学研究科地理学教室（2003）の外邦図目録がまず刊行され（図幅数 12,282・総数 72,309），続いて京都大学総合博物館・京都大学大学院文学研究科地理学教室（2005）において（図幅数 12,693・総数 14,382），さらにはお茶の水女子大学文教育学部地理学教室（2007）でも（図幅数は索引図と「内国図」を含め 16,886，外邦図のみでは 13,121），相次いで外邦図目録が完成した[4)]。なお，上記の図幅数は複製を含んだ場合のもので，複製を含まない場合には，東北大 9,953，京大 11,017，お茶大 12,909 となる（宮澤ほか 2007：3）。

また，岐阜県図書館世界分布図センター（総数 13,799＋$\alpha$）では，東北大学などから図幅の大量寄贈や複製を受け，外邦図データベースも2004年に完成して，インターネットで公開されている[5)]（船戸 2000；西村 2005）。これに加えて，国土地理院のほか，国立国会図書館や防衛省防衛研究所に所蔵されている外邦図についても，その収蔵に至るまでのさまざまな経緯が次第に明らかになっている（小澤 2000；鈴木 2005，本書Ⅱ-2章；田中 2005，本書Ⅴ-4章）。

さらに，海外の諸機関についても，最大の流出先と思われるアメリカでは，比較的良く知られたクラーク大学の外邦図コレクションのほか，議会図書館（Library of Congress = LC）およびアメリカ地理学会図書室（American Geographical Society Library = AGSL），さらにイギリスでも英国図書館（British Library = BL）などに，未整理のものも含め，厖大なコレクションが存在していることが確認された（本書Ⅱ-3章および長谷川 2003）。

## 3．資源科学研究所と浅井辰郎文書

終戦直後の1945年に，参謀本部から外邦図が資源科学研究所へ渡るに際しては，元大本営参謀の渡辺正少佐と東京帝大の多田助教授（資源科学研究所地理部門主任も兼任）が大きな役割を果したことも，近年明らかになってきた（中野 2004；渡辺正氏所蔵資料集編集委員会 2005；浅井 2007）。多田は後年の駒澤大学在任時には，同大学に内国図などとともに4,997枚の外邦図を寄贈している（駒澤大学図書館 2002：82-83；大槻 2005）。しかし，戦後の国内の諸機関への分配に最も大きな役割を果したのは，長く資源科学研究所員を併任し，父が多田と東京帝大の同窓でもあった浅井辰郎教授（1914-2006）である（浅井 1999，2007；久武・小林 2008）。

1941年に設立された資源科学研究所は，戦後の1946年までは旧文部省管轄下の研究所であったが，1947年には民間研究所として分離され，1971年に閉鎖された。浅井は，京都帝国大学で地理学を学んだ後，満州の建国大学に勤め，シベリア抑留帰還後の1947年12月に所員となった。1948年の法政大学転任後も，1949年5月から1964年3月までの16年間は研究員として，1964年4月から研究所が閉鎖される1971年3月までは非常勤研究員として在籍した（浅井辰郎教授退官記念会 1980）。その間一貫して，参謀本部から資源科学研究所へ運び出された外邦図の整理・管理と分配を行った。さらに，1971年の研究所閉鎖後も，自宅に独力で地図室を作り管理を続けただけでなく，国内外の大学や研究施設への外邦図の分配，あるいはその分配記録（本稿でいう浅井文書）の作成なども行い続けた。

この浅井文書は，「コクヨの請求複写簿」（正副100枚綴）（1）～（10）までの中に，「納品書」として記録されているもの，あるいは「見積書」として残されているもの，さらに別紙の分類・整理目録の中に図幅名・縮尺・枚数をすべて記録したもの，などを含んだ帳簿である。この帳簿は，1959年8月11日に広島大学文学部地理学教室へ分配された1,627枚分の納品書から，1997年7月に法政大学沖縄文化研究所へ寄贈された39枚分の目録まで，約40年間にわたる外邦図（一部内国図も含む）の分配の記録を収める。そして分配伝票（見積書や納品書）には，分配の日付・宛先・図幅名・縮尺・枚数が逐一記入されている。こうした分配記録はいわば公的機関の分であり，その他の団体や個人に分配されたものは含まれていない。

資源科学研究所所蔵の外邦図は，図幅数が良く揃っているものから欠落の多いものまで順に，A～Tセットに至る20組に分けて整理されていた（浅井 2007：6）。その内，図幅数の最も揃ったAセット（12,509枚）[6]は，1967年4月の浅井のお茶の水女子大学への転勤（式 2008：18）を契機に，

1970年に同文教育学部地理学教室の所蔵となった。さらに，次に良く揃ったBセット（10,338枚）[7]は，1971～1976年に京都大学東南アジア研究センターへ逐次移管された。お茶大と東南ア研の両土壌学者の知己関係が契機となり，高谷好一教授が中心となって受け入れが行われたという（浅井2007：9）。またCセットの一部（3,632枚）[8]は，別技篤彦教授（1908-1997）を通じて，立教大学アジア地域総合研究施設（現・アジア地域研究所）へ数度に分けて分配された。Dセットのうち，中国を除いたD'セット（7,024枚）が織田武雄教授（1907-2006）を通じて京都大学文学部地理学教室へ，中国の2,365枚に他セットの一部地域を加えた4,230枚が米倉二郎教授（1909-2002）を通じて広島大学文学部地理学教室へ，それぞれ分配された。さらにEセット（6,171枚）は，吉川虎雄助教授らを通じて東京大学理学部地理学教室へ，Fセット（海図）とLセットは早稲田大学へ分配された。以上が特に枚数の多い分配先であり，主に京大地理学教室の同窓関係（立教・京大・広大の場合）や多田教授との個人的関係（東大の場合）を介して分配されたことがわかる。

そして先述の通り，1971年の資源科学研究所の閉鎖後も，浅井教授は外邦図の分配を独力で続けた。主なものとして，1970年代には，愛知大学（総計88枚）のほか，小出博教授（1907-1990）を通じて東京農業大学（総計1,389枚）へ，千葉徳爾教授（1916-2001）らを通じて筑波大学（総計8,827枚）への受け入れが逐次行われた。1975年以降の納品書では，分配元（浅井）が「大縮尺図研究会」の名義とされているケースが多い。1980年代には，大阪大学文学部東洋史研究室（別ルートでのマイクロフィルム複写を除く中国関係6,040枚，うち数割は後日浅井に返却）へ分配され，受け入れは布目潮渢教授（1919-2001）・斯波義信助教授らが中心となって行われた（松田 2008：25）。その後1990年代には，国立国会図書館へ，さらには山口守人教授を通じて熊本大学文学部（総計2,462枚）にも分配されている。また，この浅井文書に記載はないものの，2002～2004年にも本書の研究会での交流を契機に，国立国会図書館（1995年の分も含め総計1,586枚）と海上保安庁（日本近海を含む海図715枚）に分配が行われている。浅井は，終戦後から今日に至るこの外邦図の整理と分配に，自身の戦後人生の実に4分の1を費やしたと回想している（正井 1999：86）。

## 4．国内諸機関の所蔵図の系譜関係

以上の浅井文書に記載されたものの大部分と，記載されなかったものの一部（大阪大学・国会図書館・海上保安庁）を合わせた，旧資源科学研究所所蔵の外邦図のうち約4万2千余枚について，諸機関への分配状況を整理したものが，表Ⅱ-1-1である。1959～2004年の約半世紀にもわたって，国内の諸大学や研究施設へ分配されてきたことがわかる。国内の大学では，地理学教室への分配が多くを占めたが，阪大のように東洋史研究室へ分配された場合もあった。この表で示した他にも，海外（ドイツのルール大学へ3,370枚），国内の公的機関（旧厚生省援護局や国立科学博物館など）あるいは企業（地質コンサルタントや出版社など）・個人（研究者や登山隊など）・宗教施設（靖国神社遊就館）などへも分配されてきた。

表Ⅱ-1-1　旧資源科学研究所所蔵外邦図の主な分配先とその枚数[1)]

| 年 | 月日 | 宛　　先 | 地域または図幅名 | 枚数 |
|---|---|---|---|---|
| 1959 | 8/11 | 広島大学文学部地理学教室[2)] | インド・ビルマ・インドシナ・ジャワ・ボルネオ | 1,627 |
| | 8/11 | 立教大学アジア地域総合研究施設 | インド・ビルマ・インドシナ・ジャワ・ボルネオほか | 1,862 |
| | 12/8 | 立教大学アジア地域総合研究施設 | スマトラ | 392 |
| 1960 | 2/1 | 広島大学文学部地理学教室（東南アジア研究会） | ビルマ・インドシナ | 667 |
| | 2/15 | 大阪市立大学生理生態学研究室 | タイ | 8 |
| | 2/17 | 東南アジア稲作民族文化調査委員会 | ジャワ | 46 |
| | 6/3 | 立教大学アジア地域総合研究施設 | 東南アジア・豪州ほか | 516 |
| | 8/15 | 広島大学文学部地理学教室（東南アジア研究会） | 中国 | 738 |
| | 8/22 | 東京大学理学部地理学教室 | — | 6,171 |
| | 9/29 | 広島大学教育学部気付，アジア研究施設[3)] | インドシナ周辺 | 400 |
| | 12/22 | 京都大学文学部地理学教室 | 中国以外 | 7,024 |
| 1961 | 3/10 | 立教大学アジア地域総合研究施設 | ハワイ・パプア・豪州ほか | 389 |
| | 7/24 | 立教大学アジア地域総合研究施設 | 東南アジア・海図 | 473 |
| | 9/7 | 広島大学 | 中国・インド | 1,198 |
| 1967 | 3/31 | 愛知大学 | 南支那 | 40 |
| | 4/15 | 愛知大学 | 南支那 | 48 |
| 1975 | 12/5 | 東京農業大学 | 東亜・日本 | 649 |
| | 12/15 | 東京農業大学 | 南支那 | 254 |
| 1976 | 1/15 | 東京農業大学 | 南支那 | 486 |
| 1978 | 7/9 | 筑波大学 | 中国地図第1集 | 1,272 |
| | ? | 筑波大学 | 中国地図第2集 | 1,606 |
| 1979 | 12/15 | 筑波大学 | 東半球海図 | 887 |
| | 12/24 | 筑波大学[4)] | 東半球大縮尺図 | 5,062 |
| 1987 | 11月 | 大阪大学文学部東洋史研究室[5)] | 中国 | 6,040 |
| 1994 | 3月 | 熊本大学文学部共通辞書室 | 中国 | 589 |
| | 3月 | 熊本大学文学部人文地理学教室 | 太平洋諸島 | 390 |
| 1995 | 2/6 | 国立国会図書館 | — | 704 |
| | 3/15 | 熊本大学文学部人文地理学教室 | 太平洋諸島 | 770 |
| 1996 | 3/10 | 熊本大学文学部人文地理学教室 | 東南アジア | 502 |
| 1997 | 2月 | 熊本大学文学部共通辞書室 | — | 67 |
| | 2月 | 熊本大学文学部人文地理学教室 | 中国・ハワイ | 144 |
| | 7月 | 法政大学沖縄文化研究所 | — | 39 |
| 2002 | 7月 | 国立国会図書館[6)] | 南支那 | 94 |
| | 11月 | 国立国会図書館 | 北支那 | 53 |
| 2003 | 2月 | 国立国会図書館 | 満州 | 183 |
| | 7月 | 国立国会図書館 | インド・ビルマ | 51 |
| | 9月 | 国立国会図書館 | インド・セイロン | 73 |
| | 12月 | 国立国会図書館 | フィリピン・インドネシア | 20 |
| 2004 | 3月 | 国立国会図書館 | インドネシアほか | 23 |
| | 4月 | 国立国会図書館 | マレーほか | 7 |
| | 5月 | 海上保安庁[7)] | 海図（一部日本を含む） | 715 |
| | 8月 | 国立国会図書館 | 太平洋輿地図 | 378 |

1）旧稿で未確定あるいは誤記であった数値は，本表で訂正している。
2）広島大学の総数（1959～1961年）は，浅井（2007：6）の遺稿中の数値と一致しない。
3）浅井（2007：6）の遺稿には記載がない。
4）浅井教授への2002年3月30日の聞き取りによる。納品書などはない。
5）松田（2008：25-26）の回想記による。
6）2002年以降の国立国会図書館分は，浅井教授および鈴木純子氏・小澤知子氏の教示による。この国立国会図書館分の総計は882枚であり，これは鈴木（本書Ⅱ-2章）が示す数値（1,052枚）とは一致しないが，鈴木の数値はアイスランドの地形図170枚を含んだものである（第5回外邦図研究会，2004年6月19～20日，お茶の水女子大学における久武哲也と鈴木純子による配布資料より）。
7）『浅井辰郎氏寄贈海図目録』（海上保安庁海洋情報部，2004年）に記載の枚数。

以上の分配先の総数は，浅井（2007）の遺稿から具体名が確認できるものだけでも50ヵ所，浅井自身の記録によれば，1999年までの78ヵ所（浅井 1999：26）にその後の海上保安庁分を加えると，79ヵ所にものぼる。分配形態としては有償の譲渡（一部の譲渡先には無償）や交換が多くを占めたが，複製（青焼き）による頒布も相当数含まれていた（浅井 2007：6-8）。なお，この表Ⅱ-1-1には，お茶の水女子大学文教育学部地理学教室（1970年）と京都大学東南アジア研究センター（1971～1976年）への分配（両者への分配記録は大学ノート11冊と「追加分」ノート1冊に達する）は含まれていない。

このお茶大と京大東南ア研も含めた分配状況と，若干の未配布分も残されている可能性を考慮すれば，参謀本部から資源科学研究所へ運び出された外邦図の総数（同一図幅の重複も含めた延べ枚数で，内国図は含まない）は約7万枚程度で，相当多めに見積もっても8万枚にはおそらく達しないと推計される。この数を東北帝国大学へ運ばれたものと比較してみると，東北帝大の総数約10万枚（田村 2000：8）のうち内国図は1万枚程度であったと推計した場合（つまり外邦図は約9万枚），いくぶん少なめであったと推定される。参謀本部からの図幅の搬出は，東北帝大ルートも資源研ルートも各10部ずつであったと伝えられているものの（岡本 2008：40-41），東北帝大へは1945年の9月中旬，資源研へはやや遅れて10月上旬に作業が行われており（岡本 2008：44），作業順序が後になるほど当然残された地図の数は減るため，それが総数の差になって表れているのかもしれない。

また表Ⅱ-1-1からは，戦後の資源科学研究所からの分配が，1959年から始まっていることがわかる。これは，占領体制の解除（1952年のサンフランシスコ平和条約の発効），さらには日米地図交換協定（1953年の「地図作製及び測量の方針運用に関する取極め」）や「覚書」（1959年の日米共同使用のための「5万分1特定地形図」の作製）などの締結に伴う，外邦図をとりまく状況が緩和されたことなどとも対応する。しかし，より積極的な理由を考えれば，日本の海外学術調査がこの時期に再開され，現地での地形図の入手が困難であったことなどから，外邦図の持つ資料的意義が再認識されるようになったからであろう。

例えば，1959年の広島大学や立教大学への分配は，1958年に米倉二郎を中心として広島大学東南アジア研究会が設立され，また同年に多田文男・石田龍次郎（1904-1979）・別技篤彦らを中心として立教大学アジア地域総合研究施設が設置されたことと，直接対応するものであった。また，1960年の東南アジア稲作民族文化調査委員会への分配は，日本民族学協会の創立20周年を記念して組織された，東南アジア稲作民族文化総合調査団の第1次調査（1957年のインドシナ半島）に次ぐ，第2次調査（1960年のジャワ島・バリ島）のためのものであったと考えられる。さらに，同年の吉良龍夫教授を通じた大阪市立大学生理生態学研究室への分配も，タイやインドネシアでの民族調査や生態学的調査に資するためであったと思われる。

図Ⅱ-1-1は，浅井文書のほか，いくつかの証言や記録（土井 1975；浅井 2007；岡本 2008；松田 2008など）に基づき，国内の主要機関相互の外邦図の系譜関係を示したものである。近年は，これらの所蔵機関の間で，複数枚ある同一図幅の現物の中から1枚を選んでの再分配，あるいは複製やマイクロフィルムでの再分配や交換も行われるようになっている。例えば，京都大学文学部地理学教室に所蔵されてきた外邦図は主に，明治・大正時代の教室草創期に陸地測量部や海軍水路部から

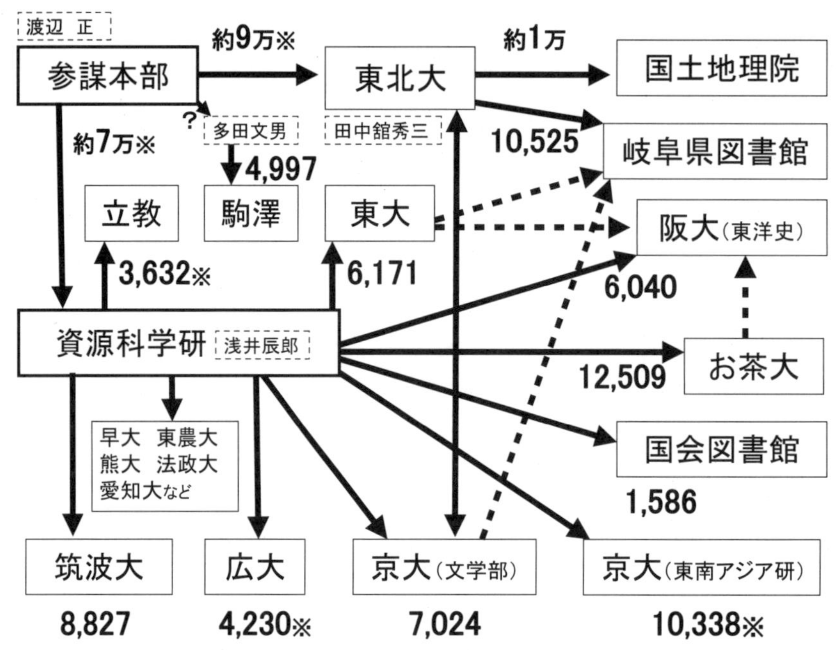


図Ⅱ-1-1 資源科学研究所からの外邦図の分配経路

注：実線矢印は現物の分配もしくは移管（図幅の一部に複製が含まれる場合がある），破線矢印は複製（コピーまたはマイクロフィルム）による分配であることを示す。数字は同一図幅の重複を含めた延べ枚数。※は正確な数値が未確定のもの。本図は資源科学研究所からの分配経路の概要であり，参謀本部からの流出経路のすべて，あるいは日本国内の外邦図の現存状況のすべてを表わしたものではない。

資料：浅井文書ほか。

寄贈されたもの（朝鮮・台湾・満州など約 2,350 枚）と [9]，1960 年に資源科学研究所から分配されたもの（7,024 枚）から成るが（石原 2005：ⅰ），1997 年には東北大学理学部地理学教室との間で一部図幅の交換が行われ，所蔵がさらに充実した。東北大から京大へは現物 3,059 枚・複製 1,945 枚の計 5,004 枚が，京大から東北大へは複製 1,817 枚が，それぞれ再分配されている（石原 2005：ⅱ）。また，東北大所蔵分のうち，国土地理院へ約 1 万枚（田村 2000：8），岐阜県図書館世界分布図センターへ 10,525 枚（岐阜県図書館 2003：6）が，現物または複製の形で再分配されている。

以上の検討から，日本国内のさまざまな機関に現在所蔵されている外邦図は，1）終戦直後に参謀本部から直接運び出されたもの（資源科学研究所・東北大学），2）資源科学研究所から分配されたもの（筑波大学・お茶の水女子大学・東京大学・立教大学・早稲田大学・京都大学文学部地理学教室・同東南アジア研究センター・大阪大学・広島大学・熊本大学など），3）資源科学研究所から分配された機関や東北大学から譲渡・交換・複製されたもの（国土地理院・岐阜県図書館・京都大学など），4）外務省やさまざまな機関あるいは個人からの移管や寄贈によるもの（国立国会図書館），5）個人の寄贈によるもの（駒澤大学）など，いくつかに分類し得ることが明らかになった。

これらのほかに，大阪大学文学研究科人文地理学教室のように，同東洋史研究室から外邦図の複製の分配を受け（松田 2008：26），古書市場からも兵要地誌図（伊豆・小笠原諸島の 3 枚を含め延べ

78枚）や空中写真測量要図（151枚）の収集を2002年以降開始し，少なくとも現在の国内では希少性の高い図幅を，一定数所蔵するに至った機関もある（小林 2003；渡辺 2005）。この阪大の兵要地誌図は，第二次大戦末期に本土防衛を目的として組織された兵要地理調査研究会（久武 2005，本書Ⅵ-1章）のメンバーの遺族から，古書市場に出されたもので，このような個人所蔵の外邦図が，いまだ国内各地に多数埋もれている可能性は高い。

以上の流出ルートのなかでも，二次的あるいは三次的な再分配の流れを正確に把握するのは，かなり困難な面があることは確かである。特に，個人から古書市場への流出は意外に多く（小林 2008），現在でも特定の古書店には大量に出回ることもしばしばであるが，その流出経路を辿ることは非常に難しい。とはいえ，少なくとも，参謀本部から運び出された外邦図のうち，大学の地理学教室や研究施設へ大量に一括して流れていったものは，これらのルートの他にはさほど多くないことは確かである。

## 5．海外諸機関への流出経路

戦後における日本の敗戦処理過程あるいは占領体制のもとで接収され，海外に流出していった外邦図の数は膨大な規模に達すると思われ，本書の研究組織のこれまでの活動から，アメリカ・イギリス・台湾・韓国などの諸機関での所蔵が確認されている。さらに，終戦直後におけるアジア各地の戦地での，外邦図を含めた各種地図類の接収・処分状況（田中 2005，本書Ⅴ-4章）から判断する限り，ロシア（旧ソ連）・中国・オランダなどにも，コレクションとして整理された形ではないにせよ，数多くの外邦図が所在している可能性が高い。

しかしながら，それらの所蔵機関をすべてにわたって特定していくことは不可能に近く，具体的な機関名・所蔵形態・枚数・流入経路などについても，これまでほとんど不明であった。とはいえ，総計で2万数千図幅以上に達する日本の外邦図をセットとして所蔵する機関は，海外においてもそう多くはないようである。その代表的な機関が，アメリカのワシントンDCにあるLC（議会図書館）と，ウィスコンシン大学ミルウォーキー校図書館内にあるAGSL（アメリカ地理学会地図室）である。

筆者らは，2002年9月にこれら2つの機関で図幅調査（所蔵印や移管受領印の印影確認を含む）とスタッフへの聞き取りを行い，日本からアメリカへの流出経路の一端を明らかにすることができた。すなわち，1945年にGHQによって，満鉄東京図書館・参謀本部陸地測量部・陸軍習志野学校などの諸機関（東亜研究所や陸軍士官学校なども可能性がある）から接収された外邦図は[10]，まずアメリカ陸軍省（War Department）の軍事地図局（Army Map Service = AMS）へと送られ，1）AMSから直接当該機関へ1948～1949年に移管された場合（ただし遅いものでは1950年代前半のものもある）[11]，2）AMSからワシントン文書センター（Washington Document Center = WDC）を経由して1948年に移管された場合，の主に2つの経路があったことが判明した（図Ⅱ-1-2）。LCの所蔵図は，第1と第2の経路が混在している。第1の経路には，地形図や地誌図など軍事作戦に直接関

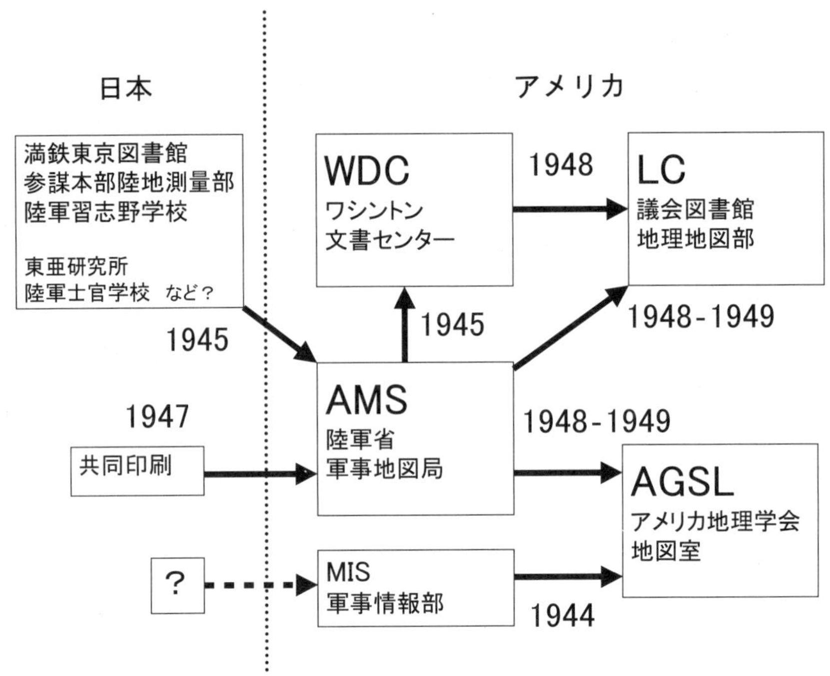


図Ⅱ-1-2　日本からアメリカへの外邦図の流出経路

注：本図は判明分のみを示している。日本の接収元については未確定の部分が多い。数字は接収もしくは移管された西暦年。

資料：図幅調査・聞き取り。

わる地図が，また第2の経路には，それ以外の，林相図や民族分布図などのさまざまな主題図がおおむね該当する。AGSLの所蔵図は，ほぼすべてが第1の経路によるが，満州5万分1地形図の一部図幅のように，第二次大戦中もしくは戦前に軍事情報部（Military Intelligence Service = MIS）の諜報活動を通じて入手されたものが，すでに戦中（1944年）に寄贈されていた場合もある[12)]。

この流出経路における1つの経由先となるWDCとは，陸軍省軍務局（Adjutant General's Office）の機関の1つで，ドイツ軍の資料接収のために設置された機関を前身とし，1944年の後半からは南方戦線で交戦中の日本軍の文書鹵獲に携わり，のちにアメリカ中央情報局（Central Intelligence Agency = CIA）に吸収された（井村 1980：376；田中 1995：ix-xv）。GHQの指令によって日本から接収された資料は通常，連合国軍翻訳通訳部（Allied Translator and Interpreter Section = ATIS）に所属した日系二世軍人などによって標題が英訳され，簡易に整理されてWDCへ送られていた（井村 1980：376）。

終戦直後に日本から接収された資料の総数は，WDCに集められたものが419,064点，1946年3月から接収業務を引き継いだATIS文書課を経由したものが58,830点にのぼった（井村 1981：466）[13)]。接収対象機関は，中央省庁（内務省警保局管轄の公安機関なども含む）・陸海軍（朝鮮や南方など米軍進駐地域の諸機関を含む）・台湾総督府・南洋庁・在北京日本大使館といった政府機関，満鉄東京支社・満鉄東亜経済調査局・東亜研究所といった調査研究機関，三菱重工・川崎航空機といった軍需企業など広範にわたり，接収対象資料も，地図・海図・兵要地誌・気象報告などの作戦関係書類はもとより，軍用機器をはじめとする工業技術関係書類，日本の国内や植民地・占領地の人文社会科学文献，新聞・雑誌・映画・音楽レコードといった出版物など，ありとあらゆるものに及んでいた（井村 1980：377-378，1981：467-468）。

その後，WDCから，原則として文書類は国立公文書館（National Archives and Records Administration = NARA）へ，図書類は議会図書館（LC）へと移管された（住谷 1989：435）。つまり外邦図（上記の地図・海図・兵要地誌）は，処理形態としては図書に準じた扱いであり，GHQの広範な資料接収政策の一環としてアメリカへ流出したことがわかるが，WDCへ送られる前にいったんAMSを経由し，多くの場合（地形図など）はAMSのみで処理されていた点，さらにLCのみならずAGS（アメリカ地理学会）という学会組織にも移管された点が，他の接収資料とは異なっていた。

さらに，筆者らが同じく2002年9月にハワイ大学ハミルトン図書館の地図室において，AMSが作製したアジア地域の地形図の索引図を調査した結果，アメリカは，日本から接収した大縮尺地形図の編集・複製作業を，ほぼすべて1948年までに終えていることも判明した。例えば，台湾全土の5万分1図はすでに終戦前の1945年4月に，中国の浙江省・湖南省・甘粛省などの同図も同年5月に，また朝鮮全土の5万分1図は朝鮮戦争（1950～1953年）開戦前の1948年10月に，それぞれ複製が完了している。つまり，1948～1949年にAMSもしくはWDCから，LCやAGSに日本の外邦図がほぼすべて移管されたのは，アメリカによるアジア地域の大縮尺地形図の作製事業が完了し，いわば用済みになったからであると判断される。もう1つ重要なことは，日本の外邦図は，GHQによる終戦直後の接収以前にも，少なくとも台湾全土と中国の一部については戦中もしくは戦前にすでに，おそらくMISなどの諜報機関を通じて，アメリカに流出していた点である。

さらに，LCには，WDCから移管された日本関係の資料（外邦図や地図類以外のものも含む）が，未整理のものも含めて約10万点所蔵されている。そのうち，満鉄から接収された資料は約1万点を占めるが，アメリカが接収したのは東京支社や東京図書館など，日本国内の部局からであった可能性が高い（田中 1995：xxi）。中国大陸各地の，満鉄の本社・支社・事務所や調査部（大連図書館も含む）の膨大な資料は，地図類も含め，主に旧ソ連や中国が接収したものと推測される（加藤 2006：201）。このLC調査の過程では，旧日本軍撮影の中国の空中写真も確認されたが（本書Ⅱ-4章），こうした空中写真も日本国内の機関から接収されたか，アジアの旧植民地や日本軍占領地に設置された機関から鹵獲・接収され，その後アメリカに渡ったと考えられる。

また，LCやAGSLのコレクションの中には，占領期の1947年に日本の共同印刷株式会社で重刷（原版からの再印刷）されてアメリカに送られた外邦図と索引図（本書Ⅲ-1章），朝鮮戦争の戦略地図として使用された外邦図の複製なども多数含まれており（本書Ⅱ-3章），日本の外邦図が戦後のアメリカで実際に利用されていたことがわかる。さらに，AMSからアメリカ国内の諸機関（LCやAGSなど）への外邦図の分配に際しては，戦時下で数多く動員されていたアメリカの地理学者が深く関わっていたという情報を，筆者らのうち久武が個人的に得てはいるものの，その実態については不明の点が多い。こうした外邦図の海外への接収過程の全容，所蔵の詳細な状況，さらに戦後の利用過程などについては，今後の詳しい調査を待つほかない。

## 6．浅井教授の遺産と今後の課題

今日，地理学や地図に関心を持つ研究者や学生らが，外邦図という，第二次大戦以前のアジア・太平洋全域にわたる地表景観を示す歴史資料を手にすることができるのは，渡辺少佐・田中舘教授・多田教授らの判断と尽力があったからこそではあるが，やはり浅井辰郎教授という一個人の，高い見識と永年にわたる極めて地道な作業の賜物なのである。総計数万枚に達する膨大な量の外邦図の分配は，それまでに培われた浅井教授の個人的ネットワークを通じて主に行われたことがわかる。特に国内の大学の多くの地理学教室における所蔵分については，これらの事実をいくら強調してもしすぎることはない。

現在，国内の大学で最大級の外邦図所蔵を誇るのは，お茶の水女子大学文教育学部地理学教室，京都大学総合博物館，東北大学理学部自然史標本館などであるが，同一図幅の重複を含まない図幅数（複製を含む）では，いずれの機関も1万2千～3千程度とさほど大差はない状況で（総数では東北大学が他を圧倒する），近年の機関間での交換補充などの結果，どの機関もほぼ同じような所蔵体系となるに至ったものと推定される。ただし複製を含まない場合には，浅井教授の勤務先であったお茶の水女子大学の所蔵数が最も充実しており（12,909枚），航空気象図・海軍水路部秘密航空図・兵要地誌図・朝鮮地質図など，国内の他大学には皆無もしくは希少なものも多い（宮澤ほか 2007：3-8）。

外邦図は，明治期以降における日本の植民地形成，あるいは戦争や占領統治の状況などを具体的に知るための重要な資料である。同時に，情報としても日本で大きく欠落している近代地図史と軍事との関わりを，測量から地図作製に至る技術的側面だけでなく，地理的情報の収集と組織化あるいは軍事的利用の過程，さらにそうした地理的情報の公開と利用の制限など，地図のもつ社会的・政治的・軍事的要素とのさまざまな結びつき方を知り得る貴重な史料でもある。

戦後も外邦図は，海外調査の基礎資料あるいは景観や環境の変化をめぐる比較資料として，さまざまな形で実際に利用されてきた。しかしながら，現在，日本だけでなく海外の多くの所蔵機関においても，外邦図の多くは紙面の劣化が急速に進み，その対策を考えなければならない状況にある。こうした状況の中で，外邦図の所蔵機関の確認とその目録の整備に関しては，日本だけでなく海外についても，原図の調査が可能なうちに，早急に，しかも組織的に推し進めていく必要がある。本書のⅡ-3章では，その基礎作業の一つとして，アメリカのLCとAGSLにおける外邦図の所蔵状況について，さらに詳しく検討する。

[付記]

本稿は，4つの旧稿（今里・久武 2003；久武 2003, 2005；久武・今里 2004）を今里が整理統合のうえ，その後に発行された諸文献も参照しながら大幅に加筆修正したものである。旧稿での若干の誤りも，本稿ではすべて訂正している。旧資源科学研究所所蔵の外邦図の分配記録を心よく利用させて下さった，故・浅井辰郎先生に深く感謝いたします。アメリカの現地調査では，藤代眞苗氏（LC 目録部日本課）・太田米司氏（同アジア部日本課）・Christopher Baruth 室長（AGSL）・前根千恵子氏（現ノースウェスタン大学図書館）にご高配を賜り，加藤敏雄社長（科学書院）には貴重な現地情報をいただきました。

注

1）田中舘の教授昇任は1945年10月31日であり，外邦図の仙台への搬出当時は講師であった（田村 1995：31）。

2）この時，参謀本部からは，東京帝国大学理学部地理学教室へも木内信蔵助手の指揮によって地形図が搬入されたが，これらは日本国内の地図である「内国図」（内邦図ともいう）のみで，外邦図は含まれていなかったという（浅井 2007：5）。

3）京都大学東南アジア研究所の http://aris.cseas.kyoto-u.ac.jp/map/cgi-bin/map.cgi（2008年9月2日最終検索）など。

4）それぞれの機関における目録作成の作業経過については，渡辺（1998），山村（2004），高槻・大浦（2005）らの報告を参照のこと。

5）http://www.library.pref.gifu.jp/map/worlddis/mokuroku/out_japan/out_japan.htm（2008年9月2日最終検索）

6）A セットは，内国図を含めた総数が15,787枚である（大浦 2003：41）。

7）この B セットの総数には，内国図も含まれている可能性もある。本稿の論述では，地図の総数を示す場合，できる限り内国図を除去した数値を示すよう努めたが，資料の制約上，場合によっては総数に一定割合の内国図を含む場合があり得る。

8）浅井文書には，1959年11月24日付の鉛筆書きで「立教大学」分として5,556枚との記述があるが，浅井（2007：6）の遺稿では全く言及がなく，また，この数を加えた場合，浅井（1999：24）の別稿にある「地図類五千枚」を大きく超過する9千枚以上となるため，本稿での総計には加えていない。いずれにせよ，立教大学への配布総数は未確定とせざるを得ない。

9）このほか京都大学の人文科学研究所には，厳密には外邦図ではないが，旧東方文化研究所（1938～1949年）が第二次大戦前に収集した民国図が収蔵されている。その図式は，例えば四川省成都近傍の2万5千分1地形図（1912年四川陸軍測量局発行）の場合，当時の日本の地形図と図式が酷似しており，1904～1911年に行われた中国への測量技術移転（渡辺・小林 2004；小林・渡辺 2008：149-152）を裏付ける資料としても重要である。

10）今回の図幅調査で，接収元の所蔵印が実際に確認されたのは，満州・南支那10万分1作戦用応急版の陸軍習志野学校のみである。陸軍習志野学校は化学兵器の研究・教育を行った秘密機関で，これら中国地域の図幅は特殊な作戦を想定したものと推定される。習志野学校からは内国図も接収されており，AGSL にその一部が所蔵されている。参謀本部や満鉄などが外邦図の接収元であったということは，LC や AGSL のスタッフなどからの聞き取りに基づくものであり，厳密に言えば現時点では未確定の部分が多い。

11）1949年に国防総省が設立された際に，AMS は国防地図局（Defense Mapping Agency = DMA）へと再編されたため，満州及蒙古及西伯利10万分1地形図の一部のように，移管の最終期にかかる少数の図幅には，AMSではなくDMAの処理印が押されている。

12）AGSL所蔵の内国図に関しては，1951年に日本の地理調査所（陸地測量部の後身で国土地理院の前身）から寄贈された図幅が相当数含まれている。また，AMSには戦時中の1944年にすでに，日本国内の地形図の一部（東京大空襲の作戦計画にも使用されたと推測される東京市街部の図幅など）も，おそらくMISを通じて日本から渡っていたことが，AGSLでの図幅調査で判明した。

13）田中（1995：xii）は，WDCの整理番号の最大値から，接収資料数は70万点以上であったと推定しているが，この整理番号体系は欠番を作らない連番式であったのか否かといった，番号の付け方の実態が不明であるため，断定は難しい可能性もある。

文献

浅井辰郎　1972. 東半球大縮尺図のことども. お茶の水地理13：48-49.

浅井辰郎　1999. 琉球諸島の地形図はどんな経緯でお茶の水女子大学に入ったか. 清水靖夫・浅井辰郎・小林　茂・安里　進『大正・昭和琉球諸島地形図集成・解題』23-26. 柏書房.

浅井辰郎　2007. 資源科学研究所の地図の行方――多田文男先生の英断. お茶の水女子大学文教育学部地理学教室『お茶の水女子大学所蔵外邦図目録』5-11. お茶の水女子大学文教育学部地理学教室.

浅井辰郎教授退官記念会　1980. 浅井辰郎先生履歴・著作目録. 浅井辰郎編『浅井辰郎気候学・地理学論文集』私家版.

石原　潤　2005. 解説. 京都大学総合博物館・京都大学大学院文学研究科地理学教室『京都大学総合博物館収蔵外邦図目録』ⅰ-ⅳ. 京都大学総合博物館・京都大学大学院文学研究科地理学教室.

今里悟之・久武哲也　2003. 在アメリカ外邦図の所蔵状況――議会図書館・AGS Golda Meir図書館・ハワイ大学ハミルトン図書館の調査から. 外邦図研究ニュースレター1：33-36.（本書Ⅱ-3章）

井村哲郎　1980. GHQによる日本の接収資料とその後. 図書館雑誌74：375-379.

井村哲郎　1981. GHQによる日本の接収資料とその後－2. 図書館雑誌75：466-469.

大浦瑞代　2003. お茶の水女子大学所蔵分の外邦図に関する現状報告. 外邦図研究ニュースレター1：41-42.

大槻　涼　2005. 駒澤大学所蔵外邦図の整理状況について（中間報告）. 外邦図研究ニューズレター3：119-124.

岡本次郎　1995. 地理学教室創立の年. 東北大学地理学講座開設50周年記念事業実行委員会編『東北大学理学部地理学講座開設50周年記念誌』66-74. 東北大学地理学教室同窓会.

岡本次郎　2008. 外邦図の東北大学への搬入経緯について. 外邦図研究ニューズレター5：39-48.

小澤知子　2000. 国立国会図書館地図室. 地図情報20（1）：4-6.

お茶の水女子大学文教育学部地理学教室　2007.『お茶の水女子大学所蔵外邦図目録』お茶の水女子大学文教育学部地理学教室.

加藤聖文　2006.『満鉄全史――「国策会社」の全貌』講談社.

河村　豊・田中浩明・山口直樹・矢島道子・常石敬一・加藤茂生・山崎正勝　2004. 日本戦時科学史の現状と課題. 科学史研究43（通巻229）：45-56.

岐阜県図書館　2003. 世界分布図センター所蔵外邦図データベース化事業. 分布図情報33：6-7.

京都大学総合博物館・京都大学大学院文学研究科地理学教室　2005.『京都大学総合博物館収蔵外邦図目録』京都大学総合博物館・京都大学大学院文学研究科地理学教室.

小林　茂　2003.「兵要地誌図」（大阪大学文学研究科人文地理学教室所蔵）目録. 外邦図研究ニュースレター1：43-46.

小林　茂　2008. 高木菊三郎旧蔵の外邦図関係資料の仮目録について. 外邦図研究ニューズレター5：60-62.

小林　茂・渡辺理絵　2008. 近代東アジアにおける地図作製技術の移転 —— 日本を中心に. 千田　稔編『アジアの時代の地理学 —— 伝統と変革』145-158. 古今書院.

駒澤大学図書館　2002.『駒澤大学図書館所蔵地図目録1 —— 外国地形図・多田文庫所蔵地形図』駒澤大学図書館.

式　正英　2008. お茶の水女子大学地理学教室と外邦図との関わり. 外邦図研究ニューズレター5：17-20.

鈴木純子　2005. 国立国会図書館所蔵の外邦図. 外邦図研究ニューズレター3：72-77.（本書Ⅱ-2章）

住谷雄幸　1989. 占領軍による押収公文書・接収資料のゆくえ. 図書館雑誌83：435-437.

高槻幸枝・大浦瑞代　2005. お茶の水女子大学所蔵外邦図目録の作成作業について. 外邦図研究ニューズレター3：117.

田中宏巳編　1995.『米国議会図書館所蔵占領接収旧陸海軍資料総目録』東洋書林.

田中宏巳編　2000.『オーストラリア国立戦争記念館所蔵旧陸海軍資料目録』緑蔭書房.

田中宏巳　2005. 史実調査部と地図の行方. 渡辺正氏所蔵資料集編集委員会編『終戦前後の参謀本部と陸地測量部 —— 渡辺正氏所蔵資料集』35-43. 大阪大学文学研究科人文地理学教室.

田村俊和　1995. 地理学教室の歴史と現状. 東北大学地理学講座開設50周年記念事業実行委員会編『東北大学理学部地理学講座開設50周年記念誌』17-32. 東北大学地理学教室同窓会.

田村俊和　2000. 東北大学理学部自然史標本館所蔵の外邦図. 地図情報20（3）：7-10.

土井喜久一　1975. 田中舘先生の思い出. 田中舘秀三業績刊行会編『田中舘秀三 —— 業績と追憶』25-26. 世界文庫.

東北大学大学院理学研究科地理学教室　2003.『東北大学所蔵外邦図目録』東北大学大学院理学研究科地理学教室.

中野尊正　1990.『山河遥かに』私家版.

中野尊正　2004. 外邦図と私とのかかわり. 外邦図研究ニューズレター2：50-53.

西村三紀郎　2005. 岐阜県図書館世界分布図センターにおける外邦図の収集と整理及び利活用について. 外邦図研究ニューズレター3：39-43.

長谷川孝治　2003. British Library所蔵の外邦図について. 外邦図研究ニュースレター1：31-32.

久武哲也　2003. 旧資源科学研究所所蔵の外邦図と日本の大学・研究施設等所蔵の外邦図との系譜関係. 外邦図研究ニュースレター1：15-20.

久武哲也　2005. 日本および海外の諸機関における外邦図の所在状況とその系譜関係. 地図情報25（3）：7-11.

久武哲也　2007. 解題. お茶の水女子大学文教育学部地理学教室『お茶の水女子大学所蔵外邦図目録』10-11. お茶の水女子大学文教育学部地理学教室.

久武哲也・今里悟之　2004. 日本および海外諸機関における外邦図の系譜関係. 日本地理学会発表要旨集66：61.

久武哲也・小林　茂　2008. 浅井辰郎先生（1914-2006）と外邦図. 外邦図研究ニューズレター5：21-24.

船戸忠幸　2000. 岐阜県図書館・世界分布図センター. 地図情報20（1）：13-15.

正井泰夫　1999. 浅井辰郎先生に聞く. 正井泰夫・竹内啓一編『続・地理学を学ぶ』73-91. 古今書院.

松田孝一　2008. 浅井辰郎先生の地図配布のお手伝い. 外邦図研究ニューズレター5：25-26.

三井嘉都夫　2004. 私と外邦図. 外邦図研究ニューズレター2：46-49.

宮澤　仁・高槻幸枝・大浦瑞代・田宮兵衛・水野　勲　2007. お茶の水女子大学所蔵外邦図コレクションの全体像. お茶の水地理 47：1-14.

山村亜希　2004. 京都大学総合博物館所蔵外邦図の目録作成作業について. 外邦図研究ニューズレター2：74-77.

渡辺正氏所蔵資料集編集委員会編　2005.『終戦前後の参謀本部と陸地測量部――渡辺正氏所蔵資料集』大阪大学文学研究科人文地理学教室.

渡辺信孝　1998. 東北大学で所蔵している外邦図とそのデータベースの作成. 季刊地理学 50：154-156.

渡辺理絵　2005.「空中写真要図」(大阪大学文学研究科人文地理学教室所蔵) 目録. 外邦図研究ニューズレター3：125-131.

渡辺理絵・小林　茂　2004. 日本－中国間の地図作製技術の移転に関連する資料について. 地図 42 (3)：13-28.

# 第2章　国立国会図書館所蔵の外邦図

鈴木純子

## 1．はじめに

国立国会図書館が相当数の外邦図を所蔵していることは，所蔵地図目録の刊行等によって早くから各方面に知られ，公開のコレクションということもあって，広く利用されてきた。しかし，その内容の詳細については，同館の地図コレクション全般の紹介のなかで，ある程度の言及がなされているにとどまり（鈴木 1996；小澤 2000，etc.），まとまった報告はなされていない。同館の他の資料群と同じく外邦図も，一括して受け入れられたものではなく，地図室設置以来，この新設コレクションを充実させようとする担当者および関係者の強い意欲のもとで進められた，寄贈，購入など多岐にわたる収集活動の成果が中心で，これに戦前の帝国図書館以来蓄積されてきた資料が加わったものである。外邦図も含むコレクションの複雑な形成史を完全にたどることは難しいが，わかるかぎりでの経過とコレクションの特色について，概要を紹介する。

## 2．国立国会図書館の近代地図コレクション

外邦図に先立ち，国立国会図書館の近代地図コレクションについて，簡単に紹介する。国立国会図書館が創設されたのは1948年である。戦後に国の中央図書館として新たに設立されたものであるが，全体として，そのコレクションは戦前の帝国図書館のコレクションを引き継いでいる。

国立国会図書館に地図室が設置されたのは，1961年10月，現在地（東京都千代田区永田町）の第一期工事[1]が竣工し，赤坂離宮および上野からの移転が完了した時期である。1948年の国立国会図書館法制定以来，この法のもとに，納本，国際交換などによって蓄積されてきた一枚ものの地図約25,000枚をコレクションの基礎とし，これらの地図の整理など準備期間を経て，1963年5月に地図専門の閲覧室──地図室──として公開され，現在に至っている。設置当初より，地図室の守備範囲は，明治以後の一枚もの地図の整理および提供とされており，現在はそれに住宅地図を加えている。そのため，地図帳と近世以前の地図は，地図室の所管とはなっておらず，地図という観点

からいえばいささか使いづらい形になっている。当然のことながら，外邦図は近代の一枚もの地図であり，地図室が所管している。

所管資料は，継続的な納本，国際交換のほか，帝国図書館旧蔵資料（内交[2]など），参議院資料の移管，関係各機関（地理調査所／国土地理院・水路部・外務省・総理府・統計局・郵政省・東京地学協会・AMSなど；名称は当時のもの，以下同じ）や，各氏（渡辺泰三[3]・浅井辰郎氏など）からの購入や寄贈，市中からの購入（国内未収図，外国地形図など）等により充実を重ねてきた。これらの中には多数の外邦図も含まれている。

2006年3月末現在の所蔵地図は，一枚もの地図455,248枚，住宅地図47,590冊である。

## 3．外邦図について

### (1) 所蔵図の概要

地域別の所蔵数は表Ⅱ-2-1のとおりである。所蔵図中には同一図が重複しているものもあり，所蔵の実枚数の算定は難しいが，この表の数字はそれらの重複図をある程度除外した面数である。所蔵図はいずれも印刷図で，コピー図は含んでいないが，同一図の校正刷と完成図などは別アイテムとして算定されている。印刷図約20,000面の所蔵は，国内最大級のものといえるだろう。

国立国会図書館の外邦図所蔵の範囲は，日本の旧統治地域を含む広義の外邦図作成地域全体にわたっているが，なお未収図も残っている。全体としては，東亜輿地図や樺太南部・千島・朝鮮半島・台湾・満州・ビルマ・インドネシア各島については比較的揃いがよく，未収部分は中国・インド・フィリピンなどに比較的多い。

明治期の略式測量からはじまり，昭和初期ごろまでに5万分1地形図を基本とする，ほぼ本土並みの地図の体系でカバーされた，台湾，朝鮮半島，樺太南部，千島列島のシリーズの所蔵は，下記のとおりで，全般によく揃っているが，千島列島の5万分1地形図は択捉島以南を欠き，この部分については全域の揃う陸海編合図で補わねばならない。

**○台湾**

20万分1仮製図，同帝国図，5万分1地形図，2.5万分1地形図，2万分1地形図（臨時台湾土地調査局）

**○朝鮮半島**

20万分1図，5万分1略図，5万分1地形図，2.5万分1地形図（主要地域），1万分1地形図（主要都市）

**○樺太南部**

20万分1図，国境付近5万分1図，5万分1地形図，2.5万分1地形図

表Ⅱ-2-1　国立国会図書館地図室所蔵外邦図枚数[4)]

| 地域 | | 枚数 |
|---|---|---|
| 台湾 | | 402 |
| 樺太 | | 344 |
| 朝鮮 | | 2,936 |
| 満州・関東州 | | 4,848 |
| 中国 | | 3,777 |
| 東南アジア | 仏領インドシナ | 200 |
| | タイ | 76 |
| | ビルマ | 1,120 |
| | インド・セイロン | 719 |
| | マレー | 173 |
| | フィリピン | 225 |
| | インドネシア | 2,386 |
| 太平洋 | ミクロネシア | 139 |
| | メラネシア | 263 |
| | ポリネシア | 10 |
| | ハワイ諸島 | 60 |
| その他 | 北方諸島・千島 | 203 |
| | ソ連・モンゴル | 212 |
| | アラスカ地方 | 29 |
| | オーストラリア・ニュージーランド | 126 |
| | ヨーロッパ | 6 |
| 太平洋東亜小縮尺図 | | 2,118 |
| 合計 | | 20,372 |

**○千島列島**

20 万分 1 輯製図，同帝国図，5 万分 1 地形図，5 万分 1 陸海編合図

ところで国立国会図書館には，明治初期のものから，改版分も含めて非常に充実した海図のコレクションがある。帝国図書館旧蔵分約 2,600 枚，1965 年年頭ごろの寄贈約 3,400 枚（未整理図を含む）（国立国会図書館 1965）などで，外邦図との関連では，同じ 1965 年に水路部（現・海洋情報部）から寄贈された，「機密海図」290 枚（国立国会図書館 1965）が重要である。おおむね 1935～1944 年ごろの刊行になり，秘，軍極秘，軍機の赤字が入り，用紙の外周が赤枠で縁どられた海図である。多くは北方水域，南方水域のもので，その島嶼部や港湾に関しては，水路部の測量によるこれらの海図がはじめての実測図ということになるケースが多いと見られ，その点からも注目すべき資料である。国立国会図書館の地図資料の分類表では，便宜上機密海図を外邦図の扱いとしている。

近年収蔵した資料中に中国の都市図 59 面がある。大部分は参謀本部ないし軍令部の作成で，縮尺は 2,500 分 1 から 2 万 5 千分 1，うち 38 面は 1 万分 1 以上で，1 万分 1 が最も多い。同一都市に別図がある場合もあり，都市数は約 50 都市である。既存の図と合わせると，およそ 100 面（うち 16 面は欠図を含む南京 1 万分 1 シリーズ）となるが，都市数はほとんど変わらない。国立国会図書館では以前から，北支那方面軍司令部による『保管地圖目録』（1944 年 10 月 1 日）の断簡「市街圖，近傍圖一覧表」[5)] を所蔵していた。これには陸地測量部や軍令部による 1 万分 1 前後の中国の都市地図 250 種以上が記載されていて，当時この地域で広範な都市図または都市近傍図が作成，保管され

ていたことが知られる。しかし，所蔵図とこの一覧表所収図で書誌データが一致するものはあまり多くない。データ採取の観点の違い，増刷の過程での改訂，全く別種の地図であるなどの理由が考えられるが，いずれにせよ，相当数の都市図が作られたようである。コレクションを完全にすることは困難であろうが，なお収集につとめる必要があるだろう。

なお，ここで対象とする外邦図の枠からは外れるかもしれないが，帝国図書館以来のコレクション中には，朝鮮・台湾両総督府による両地域の5万分1地質図，台湾の油田，炭（煤）田地質図，合計約100面を所蔵している。関連する貴重な地図資料として付記する。

(2) 目録

外邦図はほぼ全てが整理され，地図室で提供されている。目録としては，カード，または冊子体の『国立国会図書館所蔵地図目録』各巻（表Ⅱ-2-2）に頼ってきたが，平成18年度以降，既存資料の遡及入力が進められ，現在は同館OPACによる検索が可能になっている。ホームページからの，「調べ方案内→テーマ別調べ方案内→地図資料→外邦図」に説明があり，検索は「資料の検索→NDL-OPAC→一般資料の検索」と進み，地図資料のチェックボックスをオンにして行う。

朝鮮関係については，表Ⅱ-2-2以外に『国立国会図書館所蔵朝鮮関係地図資料目録』（国立国会図書館専門資料部 1993）がある。これは朝鮮関係のシリーズ地図について，表Ⅱ-2-2の目録刊行後，約25年間の増加分についての増補・改訂を行っているほか，官・民の単独刊行図，地図室所管外の地図も含む，国立国会図書館所蔵の朝鮮関係地図資料全体の目録である。

なお，刊行目録の最も早いものとして，『中国本土地図目録──国立国会図書館及び東洋文庫所蔵資料』（西村 1967）があり，東洋文庫所蔵分を合わせて収録する（東洋文庫の一部は国立国会図書館支部東洋文庫となっている）のが特色であるが，中国本土の地図の本目録刊行後の増加は著しい。表Ⅱ-2-2の目録で増補されてはいるが，浅井辰郎氏経由のものなど，さらにその後も増加している。

表Ⅱ-2-2の目録には経緯度情報は入っていない。位置からのアクセスには地図室備付けの索引

表Ⅱ-2-2　国立国会図書館所蔵外邦図刊行目録
『国立国会図書館所蔵地図目録』各巻（海図を含む）

| 回次 | 部 | 収録地域 | 刊行年 |
|---|---|---|---|
| 1 | 台湾・朝鮮半島 | | 1966 |
| 2 | 北海道・樺太南部・千島列島 | | 1967 |
| 8 | 海図（上） | | 1976 |
| 9 | 海図（下） | | 1978 |
| 10 | 外国Ⅰ | 世界・アジア（全）・中国（本土・満州）・モンゴリア・シベリア／北樺太 | 1982 |
| 11 | 外国Ⅱ | 太平洋諸島・インドネシア・フィリピン・ベトナム・タイ・マラヤ・シンガポール・ビルマ | 1983 |
| 12 | 外国Ⅲ | オーストラリア・インド・パキスタン・ネパール・スリランカ・中近東・アフリカ | 1984 |
| 17 | 外国Ⅷ | 中国　その2（5万分1地形図・衛星画像） | 1991 |

注：収録地域名は目録の記載による。

図を併用する。

### (3)　収集経路

既述のとおり地図資料収集の経路は多岐にわたっている。外邦図も例外ではない。地図室発足当初のコレクションの現況や収集の過程については，すでに提示したものも含めて，当時（1963～1965年頃）の国会図書館の出版物『国立国会図書館月報』『びぶろす』にいくつかの短報が見られる。

1963年3月末現在の地図室所管地図（マップ）は和洋合わせて25,000枚（副本共）（国立国会図書館 1963），うち約20,000枚が和地図で，地理調査所／国土地理院，地質調査所，水路部からの1948年以降の納本資料に，陸地測量部旧版地形図約3,700枚に及ぶ「渡辺文庫」を加えたもの，約5,000枚の洋地図は，U.S. Army Map Serviceによる国際100万分1シリーズ，フランス，カナダ，ノルウェー，マラヤなどの地形図である。外邦図はここにはまだ含まれていない。

国立国会図書館（1964）によれば，地図室はコレクションを充実させるため，上記の所管資料以外の資料群のうち，旧上野図書館から引継いだ「内交資料」「陸軍文庫旧蔵資料」[6]の調査を行い，この中から「陸測版地形図」約1,000枚，「農商務省地質調査所官製地質図」約200枚，「海軍水路部版海図類」約1,500枚，「洋地図」約300枚を，地図室の所管資料に加えた。移管された「陸測版地形図」の中には，国内の旧版地形図だけでなく，100万分1仮製東亜輿地図および東亜輿地図，朝鮮5万分1地形図，満州50万分1図，同10万分1図，同5万分1地形図，合計587枚が含まれていた。この報告はさらに続けて，「旧軍人等有志各位」からの寄贈によっても，「満鮮支等東亜関係地図資料」収集の可能性があるとして，100万分1東亜輿地図，満州国治安部版満州50万分1図，同10万分1図，関東庁関東州10万分1図，同2万5千分1地形図，陸測版朝鮮5万分1地形図（以上合計279枚）等，この時点までの主要な寄贈資料枚数を記載している。これらを合わせた900枚弱が，現在の地図室が所管・提供している外邦図の基礎ということになり，前項でふれた機密海図等もほぼ同時期の収蔵にかかるものである。

コレクション形成のためのスタッフの努力はその後も続けられており，有志からの大小さまざまの寄贈は断続的にあったと思われるが，全てを追跡するのは困難である。

外邦図のコレクションは，1965年から1966年にかけて急増する。外務省および国土地理院からの納入による。今回確認できた限りで，1965年11月から1966年6月までの約半年間に，国土地理院から876枚，外務省から5,398枚の外邦図が納入されている。当時，大量の一枚もの地図の受入記録は，200枚を限度として一括した枚数カウントで行われており，各グループの地域，図種別の明細は追跡しきれないが，これらは通常，同種の図が一括され，代表図名とともにその枚数が記されているところから，内容について一定の類推は可能で，その範囲は，太平洋周域航空図，東亜輿地図等の小縮尺図シリーズから，東アジア，東南アジア，オセアニア全般にまで，広く及んでいる。なお，この時外務省からは，水路図1,790枚，国内の地形図322枚も納入されている。

その後のまとまった収集資料としては，戦前の参議院図書館が所蔵していた朝鮮，台湾地形図約200枚，東京地学協会からの寄贈（1981年，満州5万分1，10万分1地形図など）約5,000枚をあげることができる。特筆されるべき近年の寄贈資料は，浅井辰郎氏保管の資源科学研究所旧蔵図である。2002年7月から2004年8月までの間に，外邦図1,052枚，戦前の海図664枚（一部外国版海図を含む），合計1,716枚が寄贈された（その後さらに追加あり）。いずれも従来の所蔵図の欠図部分を補うことが確認された地図であり，コレクションの補強にとって大きな意義を持つものであった。

以上を合わせると13,000枚余りである。1970年代以降には，国内刊行の未収資料収集という形で，市中からの購入によるコレクションの充実も相当程度行われてきた。インドや，さきにふれた中国の都市図などはその後の購入によっている。しかし，残る全てが購入による収集というわけでもない。膨大な図書館の受入資料の原簿から，地図資料，さらに，外邦図を拾い上げて検分する作業は容易ではなく，原簿による調査は受入の集中したおよそ半年前後の部分に限ってしか行えなかった。その他の時期まで広く調査できれば，ほかにもある程度まとまった寄贈が見出せると思われる。特に，国土地理院からは，上記の1,000枚弱に止まらず，その後も何回か寄贈があったと見てよいだろう。今回の調査範囲をこえる時期の調査，戦後の混乱期のことで詳細がわからない参謀本部文庫資料（一部陸軍文庫旧蔵資料を含む，いずれも数は多くない）の由来などについては，今後なお調査が必要である。

## 4．外邦図の一覧図および図式・凡例

国立国会図書館のコレクション中には，大量とはいえないが，外邦図の一覧図も含まれている。外邦図の一覧図については長岡（1993，本書Ⅲ-1章）に詳しく，これらが地図作成の記録資料として重要な意味を持つものであるにもかかわらず，地図そのものと違って，保存の対象となりにくく，伝存の少ないことが指摘されている。長岡の報告には国土地理院所蔵の外邦図一覧図の詳細なリストが付けられている。しかし，長岡（2004）によれば，そのうちの一部には，その後，所在が不明になってしまったものが出ているという。長岡の指摘のように，国立国会図書館でも，地図一覧図は正規の資料としては扱われていないが，収集資料とともに納入されたと思われる冊子体および一枚ものの一覧図が参考資料として保管されている。冊子体のまとまったものに限っていくつか例示する。

**○「南方地区地図目録」（南方地区地図海図整備目録）（参謀本部第6課，1942年5月調，秘，表紙には□□□図班とあり）**

地図種別ごとの面数，言語，号数などの表（手書き）と対応する索引図よりなる。インドネシア各縮尺，印度各縮尺の原語版一覧図（折込）を含む。

**○「支那地域兵要地図整備目録」（大本営陸軍部，1944年6月調製，表・裏表紙とも27枚，軍事極秘）**

長岡（2004）の表1で，現在国土地理院で所在確認できず，また，欠図（27枚中3枚？）ありとされているもの。

○**「外邦図精度一覧表（満州国之部）」（製図課第5班，1933年6月調査，11図，秘）**

本邦製外邦10万分1（甲・乙・丙・丁），露版図（甲・乙・丙），支那製地図（甲・乙・丙・丁）それぞれ，索引図上に区域を表示，別紙2枚（第2・3）あり。

○**「保管地図目録」（北支那方面軍司令部，1944年10月1日）**

これは，一覧図ではなく一覧表である。第1～12表中，2～11表は脱落，表紙と表2枚のみの断簡，表紙とともに目次があり，民国製5万分1図，同10万分1図，中南支假製10万分1図，10万分1空中写真測量要図，兵要地誌図，航空図，南方図などよりなる。残存する第12表は，さきに中国の都市図の部分で述べた「市街図及近傍図」リストで，おもに1：5000～1：10,000の市街図，一部1：25,000，1：50,000などの近傍図を列記する。

このほか，「支那方面十万分一圖一覧圖」「西部国境線関係要図」等の一枚ものを含む各種の一覧図があり，一枚ものにはコピー図も多い。コピー図は大多数国土地理院所蔵のものによっている。

なお，1957・58年頃に，当時の地理調査所と防衛庁防衛研究所が作成した外邦図の目録である『国外地図目録』（目録4巻　一覧図4巻揃）（長岡 2004，本書Ⅲ-1章参照）1セットも保有している。

外邦図の図式については印刷図の所蔵はほとんどなく，大部分がコピーで，その原図は国土地理院所蔵のものと考えられるが，30種弱が数えられる。一覧図や凡例からは，座標の原点，周辺図とのデータの調整方法などが知られる場合もある。外邦図活用のための基礎資料として，一覧図，図式のいずれも，他機関所蔵のものも含めて，所在の確認，リスト化が必要と思われる。

## 5．今後の課題

本報告に関連しては，さきにもふれたとおり，収集の経過について未解明の部分をできる限り減らすこと，実態が必ずしも明らかでない参謀本部文庫旧蔵資料についての調査が課題である（数は多くない）。陸軍文庫と参謀本部文庫との関連についても調査が必要と思われる。資料集として一覧図，図式の所在目録をまとめることも必要であろう。

国立国会図書館の外邦図コレクション全体にとっての大きな課題であった外邦図の目録情報の入力作業は近年実現した。しかし，図書など冊子体の資料中心に構築されている同館のシステムの枠内という制約から，索引図画面を介するアクセスといった地図資料の特性に適った検索システムの提供は未だ行われていない。外部から課題を云々するのも気がひけるが，コレクションの一層の充実とともに，検索手段の新展開は重要な課題といえよう。

注

1）現在の本館は第1期1961年竣工，第2期1978年竣工の，2期にわたる工事で完成した。第1期工事の完成とともに，赤坂離宮（現迎賓館）からの移転と，帝国図書館旧蔵資料を含む支部上野図書館の資料の大部分の移転が行われ，現在地での業務を開始した。なお，1986年には，書庫の一部を除く新館（その後書庫も完成）が落成した。

2）内務省交付資料。検閲等の出版統制のため内務省に納められた出版物が，用済み後，帝国図書館に交付されていたもので，「内交本」などと呼ばれていた。当時の国内刊行物の主要な収集源である。ただし，交付されたのは図書の一部のみで，雑誌はほとんど交付されなかったという。地図について言及されたことはないが，外邦図がまとまって交付された形跡はない。

3）渡辺泰三氏（1912-1959）旧蔵コレクション。「渡辺文庫」 迅速2万分1図等，旧陸地測量部版地図約3,700面4,970枚。1950年購入。同氏は，日本橋区役所，宮内庁，陸地測量部／地理調査所を経て，早稲田大学図書館に勤務，地図，地誌類の整理，編纂にあたったという（国立国会図書館　1963, 1988, etc.）。

4）小澤知子氏（国立国会図書館）の資料提供に負うところが大きい。

5）第4節のリスト参照。

6）戦後の混乱期に，上野の帝国図書館（上野の図書館は，1947年12月までは帝国図書館，その後国立図書館となり，1949年4月から国立国会図書館支部上野図書館となる。現在はこの場所に国立国会図書館の国際子ども図書館が置かれている）に，一定部分が急遽搬入されたという。

文献


小澤知子　2000. 国立国会図書館地図室. 地図情報20（1）：4-6.

国立国会図書館　1963. 国立国会図書館の地図室 ── 付　渡辺文庫. びぶろす14（7）：12-15.

国立国会図書館　1964. 陸測版東亜関係資料とその資料源 ── 地図室から. 国立国会図書館月報34：21.

国立国会図書館　1965. 海図資料着々整備される. 国立国会図書館月報48：24-25.

国立国会図書館　1965. 旧海軍の機密海図について. 国立国会図書館月報52：7.

国立国会図書館　1988.『国立国会図書館百科』出版ニュース社.

国立国会図書館専門資料部編　1993.『国立国会図書館所蔵朝鮮関係地図資料目録』国立国会図書館.

鈴木純子　1996.『地図資料概説 ── 国立国会図書館所蔵資料を中心として』国立国会図書館.

長岡正利　1993. 陸地測量部外邦図作成の記録 ── 陸地測量部・参謀本部外邦図一覧図. 地図31（4）：12-25.（本書Ⅲ-1章）

長岡正利　2004. 外邦図作成の記録としての各種一覧図と，地理調査所における外邦図の扱い. 外邦図研究ニューズレター2：17-23.（本書Ⅲ-1章）

西村　庚編　1967.『中国本土地図目録 ── 国立国会図書館及び東洋文庫所蔵資料』極東書店.

# 第3章　在アメリカ外邦図の所蔵状況

## ――議会図書館とアメリカ地理学会地図室の調査から――

今里悟之・久武哲也

## 1．アメリカに渡った外邦図

終戦直後に連合国軍に接収された外邦図の一部が，日本からどのような経路でアメリカに流出したのかについては，本書のⅡ-1章でその一端を述べた。それでは，そういった外邦図は，現在アメリカでは，それぞれの機関に実際にどのような状況で所蔵されているのだろうか。その所蔵図の中に，日本にはほとんど残されていない図幅があるとすれば，それは主にどの地域のどのような地図なのだろうか。また，そのようなアメリカの所蔵状況から，さしあたってどのような知見が導き出されるであろうか。

このような問題意識にもとづき，本章では，2002年9月に久武と今里で実施した，アメリカでの外邦図所蔵調査の結果について，その後に刊行された諸文献も参照しながら報告する。調査先は，首都ワシントンDCの議会図書館（Library of Congress = LC）と，ウィスコンシン州ミルウォーキーのアメリカ地理学会地図室（American Geographical Society Library = AGSL）である。調査期間は，移動や下見を除き，それぞれ実質3日間程度である。なおLCでは，2003年9月にも長澤良太と今里で，2007年9月には小林茂・山本晴彦および今里で外邦図調査を行っており，本稿にはその際に得た情報も必要に応じて加えている。

## 2．LC所蔵図の概要と特徴

LCは，国立公文書館（National Archives and Records Administration = NARA）と並んで，ワシントンにある資料館の中では日本人研究者の利用が最も多い施設であり，歴代大統領の名前がついた3つの建物からなる。建築年の古いものから順に，ジェファーソン館（Thomas Jefferson Building），アダムズ館（John Adams Building），マディソン館（James Madison Memorial Building）である（図Ⅱ-3-1～図Ⅱ-3-4）。

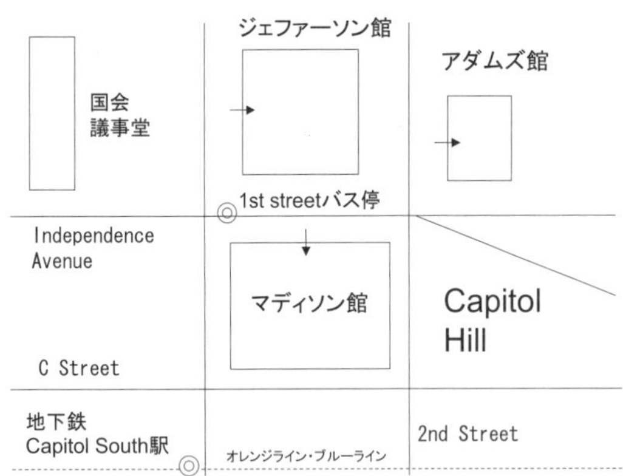


図Ⅱ-3-1　LC周辺の略図
矢印は各館の正面を示す（筆者作成）。

図Ⅱ-3-2　LCのジェファーソン館
筆者の調査時には，9.11テロの野外追悼コンサートが開かれていた（2002年9月筆者撮影）。

図Ⅱ-3-3　LCのアダムズ館
3つの建物の中では最も小さく簡素（2002年9月筆者撮影）。

図Ⅱ-3-4　LCのマディソン館
現在のLCでは実質的な本館ともいうべき建物（2002年9月筆者撮影）。

外邦図は，マディソン館の地下2階（Basement Floor）LM-B01号室の，地理地図部（Geography and Map Division）に所蔵されている。地図庫には膨大な量の地図が所蔵されており，図幅の閲覧や地図庫への入室は，スタッフと交渉する必要がある。日本語が通じるスタッフは，この地理地図部にはいない。日本人（正確にはアメリカ永住権を取得した日本出身者）スタッフは，マディソン館の場合，5階LM-537号室の目録部日本課（Japanese Section, Cataloging Division）に数名在籍している。

またジェファーソン館にも，地図資料と直接関係はないものの，2階LJ-150号室（この建物は英国式のためFirst Floor）のアジア資料閲覧室（Asian Reading Room）にあるアジア部日本課（Japanese Section, Asian Division）に，数名の日本人スタッフが勤務している（図Ⅱ-3-5）。LCに搬入された雑多な資料を整理し目録を作成していくのが目録部であり，その後，外邦図も含めた地図類はマディソン館の地理地図部，地図以外の諸資料はジェファーソン館の各地域部（旧日本軍関係資料はア

図Ⅱ-3-5　LC ジェファーソン館のアジア資料閲覧室
格調高い静謐な雰囲気の中で，資料調査が進む（2007 年 9 月筆者撮影）。

ジア部日本課）にそれぞれ所蔵管理され，閲覧に供せられる流れになっている。

LC のマディソン館地理地図部には，閲覧室の奥に地図庫があり，ここに地図ケースと索引カード棚が並んでいる。スタッフに交渉のうえで入庫を許可され，一見したところ，アジア地域の外邦図だけでも膨大な枚数にのぼることが察知された。そこで今回は，中国を中心として旧ソ連の一部やインドなどを加えた形で，コレクションの一部のみについて暫定的に調査し，索引カード 132 枚（図幅数は推計約 6 千～7 千枚分）の筆写と索引図のコピーを行った。今回の調査対象に含まれなかった朝鮮・台湾・東南アジアなどについても，多数の外邦図が所蔵されているものと思われる。

索引カードは英語表記を原則とするが，地図の種類（例えば「仮製南支那10万分1図」）や発行者（例えば「参謀本部」）などの一部は，原文の日本語をローマ字表記した場合がしばしばある。索引図は一部オリジナルも含まれているものの，大部分は，GHQ の指令によって 1947 年に日本の共同印刷株式会社で重刷された日本語のもの，もしくはアメリカ陸軍の AMS（軍事地図局）で編集された英語のものである。後者の英語索引図は，作製時期によって 3 つに大別される。すなわち，1）1942～1945 年作製の中国大陸 100 万分 1 図や山東省 10 万分 1 図など，対日戦争用のもの，2）1950 年作製の天津 2 万分 1 図や陝西省 10 万分 1 図など，中国の存在を意識したと推測される朝鮮戦争用のもの，3）1965～1970 年作製の中国沿岸 30 万分 1 海図や海南島・雲南省などの各 10 万分 1 図といった，中国南部沿岸や中越国境山岳地帯をカバーしたベトナム戦争用のもの，である。

以上のような調査結果の概略を示したのが，表Ⅱ-3-1 である。中国などの英語表記地名も，判明する範囲で日本語に変換して示してある。この LC の外邦図所蔵の特徴を，日本国内の大学では最大級の外邦図所蔵数といえる，東北大学大学院理学研究科地理学教室（2003），京都大学総合博物館・京都大学大学院文学研究科地理学教室（2005），お茶の水女子大学文教育学部地理学教室（2007）の 3 大学，一般公開された機関としては国内最大の所蔵数を誇る国立国会図書館（国立国会図書館参考書誌部 1982，1983；鈴木 2005，本書Ⅱ-2 章），兵要地誌図と空中写真測量要図の所蔵では国内有数の大阪大学大学院文学研究科人文地理学教室（小林 2003；渡辺 2005），以上 5 機関の外邦

表Ⅱ-3-1　議会図書館（LC）の所蔵外邦図（旧ソ連・中国・インドの一部）

| 地域 | | 縮尺 | 種類 | 発行年 | 作製者 | 枚数 | 索引図 | 特記事項 |
|---|---|---|---|---|---|---|---|---|
| 樺太北部 | — | 1/2万5千 | 地形図 | — | 関東軍測量隊 | 0 | ○ | 索引図のみ, 作製27枚 |
| 東ソ | 沿海鉄道沿線ほか | 1/2万5千 | 地形図 | — | 関東軍測量隊 | 24 | ○ | 作製55枚 |
| | 沿海州 | 1/2万5千 | 地誌図 | 1938- | 参謀本部 | 0 | ○ | 索引図のみ, 作製2枚 |
| ソ満国境 | 東ソ・満州 | 1/2万5千 | 地形図 | 1919- | 関東軍測量隊 | 145 | ○ | 作製289枚 |
| | 満州・西伯利・蒙古 | 1/20万 | 兵要地誌図 | 1932- | 関東軍測量隊 | 66 | ○ | 仮製138枚･本製64枚 |
| | 満州・蒙古・西伯利 | 1/10万 | 地形図 | 1938 | 参謀本部 | — | | 一部DMAよりLCへの移管 |
| | 満州・西伯利 | 1/10万 | 地誌図 | 1938- | 参謀本部 | 217 | ○ | 作製227枚, 北部大興安嶺空白 |
| | 満州・西伯利 | 1/10万 | 地形図 | 1941- | 関東軍測量隊 | — | | |
| | 満州・ソビエト | 1/100万 | 航空図 | 1944- | 参謀本部 | 1 | | |
| 中国内蒙古 | 察哈爾省阿巴嘎 | 1/10万 | 仮製地形図 | 1920 | 陸地測量部 | — | | 音読名アパカ |
| | 綏遠省包頭 | 1/10万 | 地形図 | 1937- | 陸地測量部 | 67 | ○ | |
| | 綏遠省包頭（北東部） | 1/10万 | 地誌図 | 1938- | 参謀本部 | 0 | ○ | 索引図のみ, 作製67枚 |
| | 綏遠省包頭（北西部） | 1/5万 | 兵要地誌図 | 1938- | 参謀本部 | 0 | ○ | 索引図のみ, 作製20枚 |
| 中国西域 | 新彊省 | 1/50万 | 地図 | 1939 | 参謀本部 | 13 | ○ | 1965年英語索引図 |
| 中国満州 | 興安省塩湖 | 1/10万 | 仮製地形図 | 1912-13 | 臨時測量部 | — | | 音読名ダブスノール |
| | 興安省林西 | 1/10万 | 仮製地形図 | 1912- | 臨時測量部 | — | | 音読名リンシー |
| | 興安省呼倫貝爾 | 1/10万 | 地形図 | 1938 | 関東軍測量隊 | — | | 音読名ホロンバイル |
| | 北満州 | 1/50万 | 給水地分布図 | 1937 | 参謀本部 | — | | |
| | 黒龍江省黒河ほか | 1/2万5千 | 地形図 | — | 関東軍測量隊 | 66 | ○ | 作製122枚 |
| | 吉林省新京 | 1/1万 | 地形図 | — | — | 0 | ○ | 索引図のみ, 作製6枚 |
| | 松花江・拉林河 | 1/5万 | 仮製地形図 | 1925- | 陸地測量部 | — | | 哈爾濱（ハルビン）近傍 |
| | 哈爾濱～天津 | 1/5万 | 局地図 | 1932- | 陸地測量部 | 563 | ○ | 民国図複製, 1947年複製 |
| | 新京～奉天ほか | 1/5万 | 地形図 | 1933- | 関東軍測量隊 | 192 | ○ | 作製308枚, 1947年複製 |
| | 奉天省・直隷省中部 | 1/30万 | 集成図 | 1895- | 陸地測量部 | 24 | ○ | 作製27枚 |
| | 奉天周辺 | — | 主題図 | 1904-05 | 東京印刷 | — | | 日露両軍支配図 |
| | 奉天 | 1/5万 | 市街図 | 1931 | 陸地測量部 | 1 | | 8色刷 |
| | 熱河省承徳 | 1/10万 | 仮製地形図 | 1912- | 陸地測量部 | — | | 写真挿図 |
| | 熱河省赤峰～建昌 | 1/2万5千 | 路線図 | 1933 | 陸地測量部 | — | | |
| | 満州 | 1/50万 | 地図 | 1932-42 | 満州国軍政部 | 52 | ○ | 1957年英語索引図 |
| 中国関東州 | 金州 | 1/5千 | 地形図 | 1905 | 参謀本部 | 18 | | |
| | 金州・大連・旅順ほか | 1/2万5千 | 地形図 | — | 関東軍測量隊 | 62 | ○ | 作製81枚 |
| | 大連海茂島近傍 | — | 地形図 | 1934 | 陸地測量部 | 25 | | |
| | 大連（東部） | 1/1,200 | 市街図 | 1935- | 関東州庁 | — | | 作製36枚, 1947年複製 |
| | 大連（西部） | 1/1,200 | 市街図 | 1937- | 関東州庁 | 25 | | 作製35枚, 1947年複製 |
| | 金州半島小平島 | 1/1,200 | 地形図 | 1937 | 関東州庁 | 13 | | 1947年複製 |
| 中国清国 | 渤海近傍 | 1/20万 | 地図 | 1884 | 参謀本部 | 66 | ○ | 関東州～福建沿岸部 |
| 中国支那 | — | 1/2万 | 地形図 | 1907- | 陸地測量部 | — | | 地域名不詳 |
| | 中国大陸東半部 | 1/10万 | 縮製地形図 | 1922- | 陸地測量部 | 992 | ○ | 民国図･空中写真ほか編集 |
| | 中国大陸東半部 | 1/100万 | 輿地図 | 1937 | 陸地測量部 | 9 | ○ | 1942年英語索引図 |
| | — | 1/50万 | 兵要地誌図 | 1937-47 | 参謀本部 | — | | 地域名不詳, 多色刷？ |
| | 支那沿岸 | 1/30万 | 陸海編合図 | 1944 | 参謀本部 | 17 | ○ | 1965年英語索引図 |
| 中国北支那 | 山東省威海衛・青島 | 1/10万 | 仮製地形図 | 1912- | 陸地測量部 | — | | |
| | 山東省兗州 | 1/10万 | 地形図 | 1912- | 支那駐屯軍司令部 | — | | |
| | 山東省青島 | 1/2万5千 | 地形図 | 1914- | 陸地測量部 | 8 | | |
| | 山東省済南 | 1/2万5千 | 地形図 | 1927 | 陸地測量部 | — | | |
| | 山東省 | 1/10万 | 地誌図 | 1937-40 | 陸地測量部 | — | | 軍用道路赤色, 1947年複製 |
| | 山東省・直隷省 | 1/10万 | 地形図 | 1922-35 | 陸地測量部 | 187 | ○ | 民国図原図, 1945年英語索引図 |
| | 山東地方 | 1/50万 | 兵要地誌図 | 1941 | 陸地測量部 | 2 | | 3色刷, 1947年複製 |
| | 直隷省天津 | 1/2万 | 地形図 | 1926 | 参謀本部 | 12 | ○ | 1950年英語索引図 |
| | 河北省北京・天津 | 1/10万 | 地形図 | 1940 | 参謀本部 | 23 | ○ | 1969年英語索引図 |
| | 河北・山西省境 | 1/10万 | 空中写真要図 | — | — | — | | |
| | 山西省・内蒙古 | 1/10万 | 仮製地形図 | 1934 | 臨時測量部 | — | | 1912年測量 |
| | 山西省 | 1/10万 | 地形図 | 1940 | 陸地測量部 | — | | 民国図原図, 1947年複製 |
| | 陝西省西安北部 | 1/5万 | 地形図 | — | 参謀本部 | 22 | ○ | 英語索引図 |
| | 陝西省 | 1/10万 | 地形図 | 1938-40 | 陸軍北支那軍 | 161 | ○ | 1950年英語索引図 |
| | 陝西省 | 1/10万 | 空中写真要図 | — | 参謀本部 | 64 | ○ | 1981年英語索引図 |
| | 甘粛省 | 1/10万 | 仮製地形図 | 1912- | 陸地測量部 | — | | 民国図原図 |
| | — | 1/50万 | 給水地分布図 | 1938 | 陸軍参謀本部 | — | | 疾病地も併せて図示 |
| | 黄河 | — | 流域図 | 1939 | 北支軍測量班 | 1 | | 空中写真測量 |

| | | | | | | | | |
|---|---|---|---|---|---|---|---|---|
| | 新黄河下流 | 1/5万 | 流域図 | 1940 | 多田部隊測量班 | — | | 空中写真測量ほか |
| | 黄河流域 | 1/75万 | 流路変化図 | — | — | 6 | | |
| | 衛河沿岸 | 1/2万5千 | 空中写真要図 | 1942 | 北支那方面軍 | — | | |
| 中国南支那 | 江蘇省徐州ほか | 1/10万 | 地形図 | 1910 | 陸地測量部 | — | | |
| | 江蘇省蘇州 | 1/10万 | 仮製地形図 | 1917-23 | 陸地測量部 | — | | |
| | 揚子江周辺 | 1/10万 | 地形図 | 1917 | 臨時測量部 | — | | |
| | 浙江省広信 | 1/10万 | 仮製地形図 | 1910 | 陸地測量部 | — | | 民国図原図 |
| | 浙江省温州 | 1/10万 | 地形図 | 1939 | 陸地測量部 | — | | 民国図複製 |
| | 安徽省廬州 | 1/10万 | 仮製地形図 | 1925 | 参謀本部 | — | | |
| | 湖北省武昌 | 1/10万 | 仮製地形図 | 1910-27 | 陸地測量部 | — | | 1907年の5万民国図原図 |
| | 湖北省武漢 | — | 地形図 | 1938 | 支那派遣軍参謀部 | — | | 民国図複製 |
| | 湖北省漢陽以西 | 1/2万 | 地形図 | 1914 | 陸軍中支那派遣隊 | 6 | | |
| | 湖南省岳陽 | 1/5万 | 地形図 | 1937- | 支那派遣軍測量班 | 6 | | |
| | 湖南省永興 | 1/10万 | 仮製地形図 | 1944 | 支那派遣軍 | — | | 民国図原図 |
| | 福建省沿海部 | 1/5万 | 地形図 | 1902 | 陸地測量部 | 52 | ○ | 1968年英語索引図 |
| | 福建省福寧・厦門ほか | 1/10万 | 仮製地形図 | 1910-16 | 陸地測量部 | — | | 1907年ほかの民国図原図 |
| | 福建省汀州 | 1/10万 | 仮製地形図 | 1924- | 支那駐屯軍司令部 | — | | |
| | 福建省 | 1/50万 | 兵要地誌図 | 1940 | 参謀本部 | 2 | | 3色刷 |
| | 広東省広州・潮州ほか | 1/10万 | 仮製地形図 | 1910-16 | 支那駐屯軍司令部 | — | | 民国図原図または複製 |
| | 広東省沿海部 | 1/10万 | 地形図 | 1937-39 | 陸地測量部 | 8 | ○ | 1967年英語索引図 |
| | 広西省梧州ほか | 1/10万 | 仮製地形図 | 1913-44 | 支那派遣軍 | — | | |
| | 広西省 | 1/10万 | 地形図 | 1939 | 陸地測量部 | — | | 1929-31年の民国図原図 |
| | 広西省 | 1/10万 | 空中写真要図 | — | — | — | | |
| | 海南島 | 1/10万 | 地形図 | 1937-38 | 陸地測量部 | 34 | ○ | 1968年英語索引図 |
| | 雲南省昆明晋寧 | 1/2万5千 | 地形図 | 1938-40 | 陸地測量部 | 6 | | 民国図複製 |
| | 雲南省 | 1/10万 | 地形図 | 1940-43 | 陸地測量部 | 12 | | 民国図複製 |
| | 雲南省 | 1/50万 | 兵要地誌図 | 1942 | 陸地測量部 | 4 | | 3色刷 |
| | 雲南省蒙自 | 1/10万 | 空中写真要図 | — | — | 12 | ○ | 1970年英語索引図 |
| | 四川省 | 1/10万 | 地形図 | 1940-41 | 陸軍北支軍 | 13 | | 民国図複製 |
| | 四川省 | 1/50万 | 兵要地誌図 | 1941 | 支那派遣軍 | 4 | | 3色刷 |
| | 四川省・陝西省 | 1/50万 | 兵要地誌図 | 1942 | 陸地測量部 | 9 | | |
| | — | 1/5万 | 地形図 | 1938 | 参謀本部 | — | | |
| ビルマ周辺 | ビルマ | 1/5万 | 地形図 | 1940- | 陸地測量部 | 797 | ○ | 英図複製，作製852枚 |
| | ビルマ・ベンガル | — | 地形図 | 1942 | 陸地測量部 | — | | 英図複製 |
| インド | セイロン島 | 1/6万3360 | 地形図 | 1902- | 陸地測量部 | 71 | ○ | 英図複製，作製74枚 |
| | セイロン島 | 1/5万 | 地形図 | 1923 | 陸地測量部 | — | | 英図複製 |
| | インド北東部 | 1/5万 | 地形図 | 1940- | 参謀本部 | 256 | | 英図原図，空中写真測量 |
| | インド全域 | 1/12万5千 | 地形図 | 1940- | 参謀本部 | 1,330 | ○ | 英図複製 |
| | インド全域 | 1/25万 | 地図 | 1940- | 参謀本部 | 367 | ○ | 英図複製 |
| | — | 1/50万 | 地図 | 1942 | 陸地測量部 | — | | 英図複製 |
| | — | 1/100万 | 輿地図 | 1942- | 陸地測量部 | 3 | | 英図複製，4色刷 |
| | ガンジス河・カルカッタ | 1/100万 | 航空図 | 1942-44 | 参謀本部 | 6 | | |
| 広域図 | 朝鮮及渤海近傍 | 1/100万 | 仮製輿地図 | 1892 | 陸地測量部 | 1 | ○ | 作製10枚，1959年複製 |
| | 東亜 | 1/200万 | 地質図 | 1929 | 東京地学協会 | 17 | | |
| | 東亜 | 1/100万 | 航空図 | 1938 | 陸地測量部 | 27 | ○ | |
| | 東亜 | 1/200万 | 航空図 | 1938 | 陸地測量部 | 9 | ○ | |
| | 太平洋周域 | 1/200万 | 輿地図 | 1942 | 陸地測量部 | 1 | | |
| | 赤道帯 | 1/100万 | 応急航空図 | 1944 | 参謀本部 | 1 | | |

注：—は不明または調査不十分のもの。地域の配列順は東北大や京大の外邦図目録にほぼ準ずる。地名は当時のもの。空中写真要図とは空中写真測量要図の略。発行年は一部製版年の場合あり。作製者とは原則として発行者を指すが，図幅に2者以上併記の場合，測量者や調製者が特記すべき場合も含め，より下位の機関を掲げた。

資料：LCにおける索引カード・索引図調査による。

図目録もしくは地図目録と比較しながら述べたい。

LC所蔵図の特徴の第一は，ソ満国境などのシベリア・外蒙古周辺，および内蒙古や西域といった中国内陸部の図幅の充実である。旧ソ連やモンゴル地域の図幅は，上記の日本の3大学（以下，3大学と略記）には所蔵がほぼ皆無もしくは極少数であり，国会図書館でも200余枚を数えるにすぎない。第二は，中国関東州の大縮尺図の充実である。2万5千分1図については3大学にも所蔵があるが，1,200分1大連市街図・小平島近傍図，5千分1金州近傍図は日本にはほぼ皆無であろう。

次いで第三の特徴は，北満州・北支那の給水地分布図（北支那のものは疾病地も図示）や，黄河の流域図や流路変化図といった，特殊な地図の所蔵である。例えば，ノモンハン事件の戦場となった北満州のホロンバイル平原には，湖が無数に点在するものの，ほとんどが多量の塩分や炭酸ナトリウム（ソーダ）が混入して飲料には適さず，加えて夏期には灼熱の砂丘となり，給水はまさに死活問題であった（岡田 1978：105）。これに対して北支那のものは，主に駐屯治安用であったとされる（測量・地図百年史編集委員会 1970：482）。また黄河は，日本の内邦には存在しない巨大河川であり，その渡渉や流路変化あるいは（時には敵軍による人為的な）堤防決壊は，日本軍にとって大きな懸案事項であっただろう。

第四の特徴は，中国北支那・南支那の50万分1兵要地誌図の所蔵である。LCには，山東省・雲南省・四川省などのものが所蔵されているが，3大学や国会図書館には所蔵がなく，阪大に四川省のものがあるのみである（小林 2003：45）。なお阪大には，LC（ただし一部未確定）やAGSLにも所蔵がない，京津地方（北京および天津）・山西省・武漢・福建省・両広（広東および広西）・貴州省・海南島など，13地方の50万分1兵要地誌図も収集されている。

そして第五は，外邦図作製史の初期に発行された地形図（多くは仮製10万分1図）も多数所蔵されている点である。おもに明治末期から大正初期にかけて製版・発行された，満州の興安省・熱河省，北支那の甘粛省，南支那の江蘇省・浙江省・湖北省・福建省などの地形図であり，特に日清戦争開戦の10年前にあたる1884年に発行された，渤海近傍20万分1図は，オリジナルの索引図とともに貴重である。最後に第六は，戦後の1947年に，GHQの指令によって日本の共同印刷株式会社で重刷された図幅が（本書Ⅲ-1章参照），先述の重刷索引図とともに，多数所蔵されている点である。地域でいえば，満州（5万分1），関東州（1,200分1），山東省・山西省（10万分1・50万分1）などである。

また，LCのアダムズ館の2つの書庫には，北樺太30万分1林相図（発行年・作製者不明），中国甘粛省200万分1民族・宗教分布図（1942年北支那方面軍），南洋諸島邦人拓殖事業分布図（1940年拓務省），インド420万分1鉄道図（1938年作製者不明）といった多色刷の主題図なども，地図以外のさまざまな資料とともに所蔵されている。この中には，中国江蘇省・安徽省の2,100枚の空中写真（本書Ⅱ-4章）も含まれている。これらのほとんどは，満鉄の各部局から接収された後，WDC（ワシントン文書センター）からLCに移管されたものである。総数は約1万点にのぼり，2002年時点で約6千点が整理済であった。未整理分にも歴史地理学的に価値の高い資料が多数含まれていると思われるが，これらアダムズ館の書庫にはスタッフ以外は立ち入ることができない。

図Ⅱ-3-6　UWMのゴルダ・メイア図書館
大学図書館らしい落ち着いた佇まい（2002年9月筆者撮影）。

## 3．AGSL所蔵図の概要と特徴

次に，AGSLの所蔵状況について述べる。AGSLは，ミルウォーキーの中心部（ダウンタウン）から北東に位置するウィスコンシン大学ミルウォーキー校（University of Wisconsin-Milwaukee = UWM）の，ゴルダ・メイア図書館（Golda Meir Library）内にある（図Ⅱ-3-6）。東棟3階のほぼフロア全体をAGSLが占め，室長以下8名の専門スタッフが常駐し，ほかに非常勤の学生助手が約10名いる。日本語の通じるスタッフはいないが，調査当時は，UWM大学院の日本人留学生の協力を得ることができた。

AGSLでは，実際に目にした推計約7千〜1万枚の外邦図のうち，約400枚に関して実物を1枚ずつ確認して図幅情報の要点を記録し，一部はコピーも入手した。東南アジアや南太平洋については十分な調査ができなかったものの，所蔵外邦図のうち約8割には目を通すことができた。日本の内国図も，1912〜1913年の仮製20万分1図，1910年ほかの仮製・正式2万5千分1図，1900年および1923年ほかの仮製・正式1万分1図（東京・大阪・神戸などの大都市部および旧長州藩の山口）などをはじめ，多数所蔵されていた。外邦図・内国図の双方を合わせた日本作製の地図については，2002年の調査当時，全体の約6〜7割の図幅について地域別の仮分類がなされているにすぎず，残りの約3〜4割は全く未整理で，外邦図以外の各国発行の諸地図と混在した状態であり，外邦図のための整理棚や索引・目録も全く整備されていなかった。したがって，今回の調査結果を示した表Ⅱ-3-2は，いまだ不十分なものとはいえ，大きな資料的価値を持つだろう。

このAGSL所蔵図の特徴についても，日本の5機関と比較する形で述べたい。朝鮮に関しては，第一に，2万分1，1万分1，5千分1，1,200分1の各地形図の所蔵が特徴といえる。清水によれば，これらは少なくとも日本国内には現存しない，もしくは詳細が不明であったものである[1)]（清水1986，本書Ⅲ-3章）。このうちの1万分1図は，清水が解説する多色刷のもの（表Ⅱ-3-2にある特殊地形図）とは異なる，単色刷の仮製図である。また村落地域（具体的な地域名は不詳）の1,200分1

表Ⅱ-3-2　アメリカ地理学会図書室（AGSL）の所蔵外邦図（確認分）

| 地 | 域 | 縮尺 | 種類 | 発行年 | 作製者 | 枚数 | 特記事項 |
|---|---|---|---|---|---|---|---|
| 朝鮮 | — | 1/1,200 | 地形図 | 1905 | 陸地測量部 | — | 村落地域，1947 年複製 |
| | — | 1/2 万 | 地形図 | 1907-08 | 臨時測図部 | 171 | 内国図と同一図式，1947 年複製 |
| | — | 1/1 万 | 地形図 | 1914 | 朝鮮総督府 | — | |
| | 朝鮮半島各地域 | 1/5 万 | 地形図 | 1915- | 陸地測量部 | 約 500 | ※ |
| | — | 1/5 万 | 地形図 | 1917-18 | 陸地測量部 | 約 70 | ※一部は水系水色 |
| | — | 1/2 万 5 千 | 地形図 | 1918 | 朝鮮総督府 | — | 水系水色，1947 年複製 |
| | — | 1/20 万 | 地図 | 1918 | 陸地測量部 | — | 水系水色 |
| | — | 1/1 万 | 特殊地形図 | 1928 | 朝鮮総督府 | — | 1～5 色刷，一部大判 |
| | 京城・平壌ほか | 1/2 万 5 千 | 特殊地形図 | — | 朝鮮総督府 | — | 名所旧蹟，4 色刷，1947 年複製 |
| | — | 1/5 千 | 地形図 | 1932 | 朝鮮軍司令部 | — | 空中写真測量，1947 年複製 |
| | — | 1/5 万 | 地形図 | 1949-50 | 朝鮮総督府 + AMS | 約 40 | ※韓語・英語併記，戦場用 |
| | — | 1/5 万 | 地形図 | 1949-50 | 朝鮮総督府 + AMS | 約 50 | ※表面韓語・英語，裏面日本語 |
| | — | 1/5 万 | 地形図 | 1950 | 朝鮮総督府 + AMS | 約 40 | ※韓語訳付加 |
| 台湾 | — | 1/2 万 | 地形図 | — | — | — | 内国図と同一図式 |
| | — | 1/5 万 | 地形図 | — | — | — | |
| 樺太南部・千島 | 樺太 | 1/5 万 | 地形図 | — | — | — | 1947 年複製 |
| | 樺太 | 1/2 万 5 千 | 空中写真要図 | 1931 | 樺太庁 | — | 陸軍航空本部撮影 |
| | 千島列島 | 1/5 万 | 陸海編合図 | 1944 | 参謀本部 | — | 一部大判 |
| 樺太北部 | — | 1/2 万 5 千 | 地形図 | 1941 | 関東軍測量隊 | 約 20 | |
| 極東 | — | 1/10 万 | 作戦用応急版 | 1905-19 | 関東軍司令部 | 約 30 | 4 色刷，一部露図原図 |
| | — | 1/2 万 5 千 | 地形図 | 1941 | 参謀本部 | 約 20 | |
| | — | 1/2 万 5 千 | 兵要地誌図 | 1941 | 参謀本部 | 2 | 3 色刷 |
| | ハバロフスク周辺 | 1/2 万 5 千 | 市街図 | 1941-42 | 関東軍測量隊 | — | ソ連領図，1947 年複製 |
| 西伯利 | — | 1/10 万 | 地形図 | 1918-21 | 薩哈嗹州派遣軍 | — | 一部露図原図 |
| | — | 1/2 万 5 千 | 集成図 | 1938-39 | 参謀本部 | 41 | 等高線は粗描 |
| | — | 1/2 万 5 千 | 作戦用応急版 | 1938-41 | 関東軍測量隊 | 約 30 | |
| | — | 1/2 万 5 千 | 地形図 | 1939 | 参謀本部 | 約 20 | |
| | 沿海州～豆満江 | 1/10 万 | 地誌図 | 1942 | 関東軍測量隊 | 51 | 一部露図原図，4 色刷，大判 |
| | カムチャッカ半島 | — | 海岸地誌図 | 1943 | 陸地測量部 | 8 | 山影スケッチ・通信施設・漁場など |
| 東ソ | — | 1/1 万 | 地形図 | 1908 | 臨時測図部 | 約 10 | 1947 年複製 |
| | — | 1/10 万 | 地形図 | 1942 | 関東軍司令部 | — | 一部 1895 年ほか露図原図 |
| | — | 1/2 万 5 千 | 地形図 | 1943 | 参謀本部 | — | |
| | — | 1/10 万 | 地誌図 | 1943 | 参謀本部 | — | 4 色刷，大判 |
| ソ満国境 | 烏蘇里州 | 1/10 万 | 集成図 | 1937 | 陸地測量部 | 4 | 大判，1947 年複製 |
| | 満州・西伯利 | 1/10 万 | 地形図 | 1938 | 参謀本部 | 約 15 | |
| | 満州・西伯利 | 1/10 万 | 地誌図 | 1938-39 | 参謀本部 | 5 | 3 色刷，大判 |
| 中国内蒙古 | 蒙古 | 1/10 万 | 地形図 | — | 陸地測量部 | — | ※ |
| | 満州・蒙古 | 1/10 万 | 地形図 | 1938 | 参謀本部 | — | |
| | 寧夏 | 1/8,300 | 市街図 | 1938 | 厚和陸軍特務機関 | 1 | 簡易測量による概略図 |
| 中国西域 | 西寧 | 1/8,300 | 市街図 | 1938 | 厚和陸軍特務機関 | 1 | 簡易測量による概略図 |
| | 迪化（ウルムチ） | 1/5 千 | 市街図 | 1938 | 厚和陸軍特務機関 | 1 | 簡易測量による概略図 |
| 中国満州 | — | 1/10 万 | 地形図 | 1919-32 | 陸地測量部 | 約 150 | ※露図複製 |
| | — | 1/10 万 | 地形図 | 1932 | 関東軍測量隊 | — | ※空中写真測量，修正測量 |
| | — | 1/5 万 | 地形図 | 1933- | 関東軍測量隊 | 約1,000 | ※英訳筆記，1944年MISより寄贈 |
| | — | 1/5 万 | 地形図 | 1932-33 | 関東軍測量隊 | 約 500 | ※一部は水系水色 |
| | — | 1/50 万 | 地図 | 1932 | 陸地測量部 | — | |
| | 黒龍江省北安鎮 | 1/1 万 | 地形図 | 1934 | — | — | |
| | 新京近傍 | 1/1 万 | 臨時築城図 | 1934 | — | — | 1947 年複製 |
| | — | 1/10 万 | 作戦用応急版 | 1935-39 | 関東軍測量隊 | — | ※空中写真測量，習志野学校印 |
| | 延吉・慶興ほか | 1/10 万 | 地誌図 | 1938- | 陸地測量部 | — | 3 色刷 |
| | — | 1/2 万 5 千 | 地形図 | 1941 | 参謀本部 | 13 | |
| | — | 1/10 万 | 作戦用地誌図 | 1941 | 関東軍測量隊 | 17 | 一部露図原図，4 色刷 |
| | — | 1/10 万 | 地誌図 | 1942 | 関東軍測量隊 | 35 | 一部露図原図，4 色刷 |
| 中国関東州 | 遼東半島 | 1/5 万 | 地形図 | 1895 | 臨時測図部 | 29 | 墨字記入，測量者の署名 |
| | 遼東半島 | 1/5 万 | 地形図 | 1905 | 臨時測図部 | 17 | 墨字記入，測量者の署名 |
| | 旅順要塞近傍 | 1/5 千 | 地形図 | 1905 | 臨時測図部 | 14 | |
| | 大連 | 1/1,200 | 市街図 | 1937 | 関東州庁 | 34 | 1947 年複製 |
| | 金州半島小平島 | 1/1,200 | 地形図 | 1937 | 関東州庁 | 13 | 1947 年複製 |
| | 石道衛傅家庄 | 1/1,200 | 地形図 | 1943 | 関東州庁 | 21 | 1947 年複製 |
| | 馬橋子付近 | 1/3 千 | 地形図 | 1943 | 関東州庁 | 9 | 縦判，1947 年複製 |
| 中国支那 | — | 1/2 万 5 千 | 地形図 | — | — | — | 地域名不詳，水系水色 |

| | — | 1/1万 | 地形図 | — | 陸地測量部 | 約20 | ※地域名不詳, 5万図の拡大複製 |
|---|---|---|---|---|---|---|---|
| 中国北支那 | 北清 | 1/5万 | 地形図 | 1909 | 清国駐屯軍司令部 | — | |
| | 天津・杭州ほか | 1/2万 | 近郊図 | 1937 | — | — | 大判 |
| | 北支那各地域 | 1/10万 | 地形図 | — | — | 極多数 | |
| 中国南支那 | 武漢 | 1/1万2千 | 市街図 | 1938 | 参謀本部 | 2 | 大判 |
| | 長沙 | 1/1万 | 市街図 | 1937 | 参謀本部 | 1 | 水系水色 |
| | 衡陽 | — | 市街図 | — | — | 1 | |
| | 上海 | 1/5,861 | 共同租界図 | 1941 | 参謀本部 | 3 | 7色刷 |
| | 福州 | 1/1万 | 市街図 | 1944 | 参謀本部 | 1 | |
| | 泉州 | 1/7,200 | 市街図 | 1944 | 参謀本部 | 1 | 台湾総督府文教局原図 |
| | 香港 | 1/2万 | 地形図 | — | — | — | |
| | 雲南省 | 1/10万 | 地形図 | — | 陸地測量部 | — | ※民国図複製 |
| | — | 1/10万 | 作戦用応急版 | 1935-39 | 関東軍測量隊 | — | ※空中写真測量, 習志野学校印 |
| | 南支那各地域 | 1/10万 | 地形図 | — | 陸地測量部 | 極多数 | ※ |
| 仏領ｲﾝﾄﾞｼﾅ | ビエンチャンほか | 1/10万 | 仮製地形図 | 1943 | 参謀本部 | — | 仏印地理局図原図 |
| マレーシア | マラヤ | 1/5万 | 地形図 | 1941 | 陸地測量部 | — | 空中写真・タイ図・海図を編集 |
| インド | — | 1/5万 | 仮製地形図 | 1943 | — | — | 空中写真・英図などを編集 |
| | — | 1/100万 | 輿地図 | — | — | 1 | 英図複製 |
| | ニコバル諸島 | 1/5万 | 地形図 | 1944 | 参謀本部 | — | 空中写真・海図原図, 索引図2枚 |
| フィリピン | ルソン島西岸 | 1/5万 | 陸海編合図 | 1927-30 | 陸地測量部 | 13 | 米海図原図, 4色刷 |
| | — | 1/5万 | 地形図 | 1944 | 参謀本部 | 7 | 米図原図 |
| | タバオ近傍ほか | 1/5万 | 地形図 | 1944 | 尚武1600部隊ほか | 10 | 空中写真測量 |
| | ルソン島 | 1/10万 | 要図 | 1941 | 尚武1600部隊ほか | — | 空中写真測量 |
| | — | 1/10万 | 地形図 | 1944 | 威15885部隊 | — | 空中写真測量, 米海図原図 |
| | ミンドロマンブラオ | 1/10万 | 兵要地誌図 | 1944 | 威1373部隊 | | 米図など原図, 有刺多肉植物図示 |
| インドネシア | ロティ島 | 1/10万 | 兵要地誌資料図 | 1943 | 岡1601部隊 | 5 | 蘭図原図, 5色刷 |
| | セラル島ほか | 1/10万 | 陸海編合図 | 1944 | 参謀本部 | 10 | 空中写真・蘭図を編集 |
| 蘭領ボルネオ | — | 1/10万 | 地形図 | 1941 | 参謀本部 | — | 蘭図複製, 蘭語表記 |
| | — | 1/10万 | 空中写真要図 | 1944 | 岡10414部隊 | — | 空中写真測量, スケッチマップ |
| ニューギニア | パプア | 1/5万 | 要図 | 1942 | 参謀本部 | — | 空中写真測量 |
| | パプア | 1/10万 | 空中写真要図 | 1944 | 岡10414部隊 | — | 空中写真測量, スケッチマップ |
| | ビスマルク諸島 | 1/3万5千 | 空中写真要図 | 1943 | 剛部隊本部 | 7 | 空中写真測量, スケッチマップ |
| | トロキナ飛行場 | 1/2万 | 飛行場図 | 1944 | — | — | 空中写真測量 |
| 南洋群島 | パラオ諸島 | 1/10万 | 兵要地誌図 | 1915-38 | 参謀本部 | 3 | 日本海軍測量, 地誌情報, 3色刷 |
| | パラオほか | 1/2万5千 | 地形図 | 1921-25 | 陸地測量部 | — | |
| | プル島ほか | 1/5千 | 兵要地誌資料図 | 1944 | 参謀本部 | 2 | |
| | カロラインほか | 1/1万5千ほか | 兵要地誌図 | 1917-24 | 参謀本部 | 15 | 日本海軍測量, 地誌情報, 3色刷 |
| | カロライン諸島 | 1/3万ほか | 兵要地誌図 | 1943 | 参謀本部 | 31 | 地誌情報, 3色刷 |
| | マリアナ諸島 | 1/2万1千ほか | 兵要地誌図 | 1943 | 参謀本部 | 13 | 地誌情報, 3色刷 |
| | サイパン島ほか | 1/2万5千 | 兵要地誌図 | 1944 | 参謀本部 | 2 | ※地誌情報, 3色刷 |
| | ロタ島 | 1/2万5千 | 陸海編合図 | 1944 | 参謀本部 | 1 | 海図・南洋庁作製図など原図 |
| | グアムほか | 1/10万 | 集成図 | 1944 | 参謀本部 | 4 | 地形図・海図が原図 |
| | マーシャル諸島 | 1/3万5千ほか | 兵要地誌図 | 1943 | 参謀本部 | 6 | 一部英図原図, 地誌情報, 3色刷 |
| 英領ﾐｸﾛﾈｼｱ | ギルバート諸島 | 1/6万7千ほか | 兵要地誌図 | 1943 | 参謀本部 | 36 | 米図など原図, 地誌情報, 3色刷 |

注：—は不明または調査不十分のもの。地域の配列順は東北大や京大の外邦図目録にほぼ準ずる。地名は当時のもの。空中写真要図とは空中写真測量要図の略。発行年は一部製版年の場合あり。作製者とは原則として発行者を指すが, 図幅に2者以上併記の場合, 測量者や調製者が特記すべき場合も含め, より下位の機関を掲げた。※は調査時点で未整理であった図幅。
資料：AGSLにおける図幅調査による。

図は, 清水も言及していない貴重なものである。朝鮮の2万分1図は, 台湾の2万分1図と同様に日本の内国図と同一図式であり, 上記の1,200分1図とともに, 日韓併合（1910年）前の秘密測量（南2006, 本書Ⅳ-1章）によって作製されている。

第二は, 同じく清水が言及する, 戦後にアメリカのAMSによって軍事作戦用に複製された朝鮮の5万分1地形図が, 未整理ながら大量に所蔵されている点である。これらは, 朝鮮戦争（1950～1953年）の開戦直前に作製されたもので, 大きく次の3種類に分けられる。まず, 1）日本作製の原図にそのまま韓語（ハングル）と英語が印刷されたタイプが, 約40枚ある。そのうち約10枚は,水色・茶・赤などの多色刷である。以上は，表面がフィルムでコーティングされ，裏面には麻布が張られており，汚損具合からみて，戦場で実際に用いられたものと推定される。このほかに，2）表面が韓語・英語併記の複製図で裏面が日本作製の原図という両面印刷のタイプ（約50枚），3）元図の標題と凡例に韓語訳が付加されたタイプ（約40枚），も確認された。

次いで旧ソ連に関しては，第一に，総計約400枚程度と所蔵自体が非常に豊富な点である。これは，先述したLCでの所蔵状況と共通する。図幅記載の地域名は「極東」・「西伯利」・「東ソ」の3つに大別されるが，いずれも満州国境地帯から沿海州にかけてのシベリア東端部を指すとみられ，これら3つの名義の使い分けに，旧日本軍がどのような実質的な意味を与えていたのかは不明である。

第二には，兵要地誌図（「地誌図」・「作戦用地誌図」・「作戦用応急版」も，記載情報や凡例を簡略化したシリーズがあるものの，基本的には同じもの）の豊富さが特筆される。日本国内には，国会図書館に北樺太を中心に14枚（国立国会図書館参考書誌部 1982：162），阪大に10枚（小林 2003：44）が所蔵されている程度である。4色刷（黄緑・青・朱・黒，黄緑・水色・橙・黒，黄緑・赤・橙・黒など，いくつかのバリエーションがある）が基本で，夏期・冬期別の通行可能性，河川渡渉点，給水地，船舶着岸可能地，飛行機発着可能地などのほか，森林の粗密，湿地の程度と時期，野地坊主（やじぼうず）[2)]，雨期・解氷期の氾濫地などの情報に特色があるが，図式や凡例は満州や中国本土の図幅とほぼ共通する。ただしシベリアや樺太などでは，通行を阻害する樹木の密生状況は重要な情報であり（岡田 1978：26-27），旧ソ連地域の兵要地誌図では，人の通行すら困難な森林を示すベタ印刷の黄緑色が目立つ。縮尺はおもに10万分1で，日露戦争時（1904～1905年）やシベリア出兵時（1918～1922年）のほか，多くは1938～1943年に作製されており，ノモンハン事件など対ソ戦の長い緊張を髣髴させる。兵要地誌図は，シベリアに連なる満州のものも多数所蔵されている（旧ソ連と満州を合わせて推計約250枚）。

この旧ソ連地域の地形図や兵要地誌図の多くは，図郭部分によって情報源が異なり，ある区域はロシア製地形図の複製，別の区域は独自の修正測量，また別の区域は50万分1図の伸図（原図の引き伸ばし），といった具合である。また，国際情勢や戦況に応じて頻繁に修正が加えられた図幅も少なくなく，例えば10万分1「パンテレイモノフカ」図幅の場合，1905年のロシア製原図を複製して1919年発行，1938年陸地測量部改版，1939年関東軍測量隊部分修正測量，1942年第十二野戦測量隊部分修正測量，同年関東軍測量隊伸図増補製版といった過程を経ている。

そして第三の特徴は，海岸地誌図とでもいうべき地図の存在である。これは，図の種類（「地誌図」や「要図」といったもの）や縮尺が図中に記載されておらず，正式な呼称は不明である。縦約35cm・横約85cm（図幅によってはこの2～3枚分で1組）の横長用紙の最上段に，海上から眺めた山影が精巧にスケッチされ，それに対応して平面地形図が中段以下に粗描されている。凡例には，通信施設（電信局・電話局・郵便局など），国境警備隊・漁業官吏・税官吏の各駐屯所，日ソそれぞれの漁業基地と漁区，蟹漁区，海岸目標物間の距離などがある。カムチャッカ半島とその周辺の8図幅が所蔵され，パラナ，ウトコロカ（ウトホロク），ギジガなど，現在の高校地図帳でも確認できる地名が図幅名となっているものもある。

さらに中国地域については，第一に，内蒙古と西域の大縮尺市街図の所蔵が特筆される。1938年発行の寧夏・西寧・迪化（ウルムチ）の市街図であり，内蒙古の厚和（現フフホト）に置かれていた駐蒙軍情報部の特務機関（内蒙古アパカ会・岡村 1990：26-27）によって調製されている。作図は極めてラフなもので，主要街路や河川の輪郭，城壁，主要施設名（官公庁・学校・市場・兵営など）が描かれているのみで，歩測・目測と記憶のみによる短時間の秘密簡易測量であったことが一見してわかる。旧日本軍の諜報活動の一端が垣間見え，興味深い記載としては，例えば西寧の「新彊省要人ヨウロッパウス住宅」などがある。

第二の特徴は，関東州の大縮尺地形図の所蔵である。これについては，LC よりも AGSL に稀少なものが多い。1,200分1図や3千分1図，あるいは日露戦争時の旅順要塞図も貴重ではあるが，1895年もしくは1905年発行の遼東半島5万分1図が特筆される。これは，日清戦争と日露戦争時に編制された臨時測図部の測量によるもので（高木著・藤原編 1992：102-105），余白には墨字で測量者の氏名など測量情報の記載がある。例えば，「金州」図幅の場合，1904年11月測図，翌1905年4月発行と，わずか5ヵ月間で精巧に完成されている。

また第三の特徴は，南支那の主要都市市街図の所蔵である。武漢・長沙・衡陽・福州・香港など，日中戦争で日本軍の進軍地・占領地となった都市が並ぶが，特筆すべきは1941年発行の上海の共同租界図である。一筆ごとの地番が記された地籍図をベースにして，各国の永租地がモザイク状に，緑（日本人住居地）・赤（英人）・薄赤（英国登録会社）・青（米人）・薄青（米国登録会社）・黄（工部局）・紫（英仏人共同）の7色刷で示されている。赤を基調とした図幅全体の色彩は，イギリスの勢力の圧倒的強大さをよく示している。

そして東南アジア地域に関しては，空中写真測量による要図・地形図・飛行場図が多数を占める点が特徴的である。空中写真測量要図とは，東南アジアの多くの場合には，上陸地や進軍路となる海岸・河川の周辺部のみを空中写真撮影し，それをスケッチ風に平面図化した応急図である。日本国内では阪大が，中国とインド（合計113枚）のほか，蘭領ボルネオ・パプアなど東南アジア関係のものを37枚所蔵する（渡辺 2005：130-131）。駒澤大学にも所蔵が確認されているが（中村 2005；大槻ほか 2005），国内での所蔵機関はさほど多くないと思われる。AGSL のものでは，フィリピンのルソン島，ビスマルク諸島などの図幅が特に貴重である。凡例には，飛行場・岩礁・砂洲・倒木地などのほか，熱帯潤葉樹林（通過困難地）・マングローブ・焼木地（焼畑）・椰子園・水上家屋など，この地域の気候や生活様式をよく表わしたものが多い。さらに兵要地誌図の凡例にも，密林や有刺多肉植物など独特のものが多い。この地域の外邦図の多くは，南方戦線の緊迫した状況下（1943〜1944年）で急造されたため，測量者・調製者の名義には，現地部隊の秘匿用通称がしばしば使用されている。表Ⅱ-3-2の「威」は南方総軍（終戦時の最終所在地ダラット，以下同），その指揮下にあった「岡」は第七方面軍（昭南，現在のシンガポール），「剛」は第八方面軍（ラバウル），「尚武」は第十四方面軍（ルソン島）の，それぞれ通称である（秦 2005：530）[3)]。

最後に太平洋諸島（旧日本統治領の南洋群島と英領ミクロネシア）については，多数の兵要地誌図（兵要地誌資料図を含め総計108枚）が所蔵されている。日本では，国会図書館に10枚（国立国会図書館参考書誌部 1983：8-13)，阪大に9枚（小林 2005：46)，お茶大に4枚（宮澤ほか 2007：11）の所蔵があるのみで，このAGSLの所蔵数は群を抜いている。図幅は一島一枚の大判を原則とし，港や飛行場の拡大図が挿入図もしくは分図として付される場合もある。縮尺の分母は，例えば1万，1万5千，1万8,200，2万1千，2万4,186，3万5千，4万8,500，5万，7万2,558，10万など，各図で相当のばらつきがある。これは，アメリカやイギリスの原図を利用した場合にはその縮尺単位を変換したことのほかに，一定の大きさの紙幅に可能な限り大きく島を記載しようとしたため，各島の実際の面積に応じた縮尺になったものと考えられる。例えば，ギルバート諸島（英領ミクロネシア）の7,400分1「マラゲイ島」は，ペリー来航前の1841年にアメリカ海軍が測量していた海図を原図としている。

この太平洋諸島の兵要地誌図は，南洋群島が第一次大戦後にドイツ領から日本領となった時期に作製された分を除き，多くは第二次大戦の南方戦線が激化した1943〜1944年に作製され，すべて3色刷（赤・青・黒）となっている。記載情報としては，岩礁，好錨地，上陸可能地，飛行機発着可能地，水源などのほか，文章で列記された地誌情報に最大の特徴がある。図幅によって多少異なるが，概況・位置・地勢・気象・住民・施設・宿営給養・衛生・資源などを基本情報とし，海象・潮流・通信・交通・航空・戦略特記事項などの情報が適宜追加された図幅もある。アメリカは，この南洋群島の島々を第二次大戦後に信託統治領とする際に，これら旧日本軍の兵要地誌図も情報源の一つとしたと推測される。

さらに，AGSLの各地域のコレクションに概ね共通することは，LCと同様，明治期・大正期発行の古い地形図や兵要地誌図も多数所蔵されている点で，朝鮮・旧ソ連・中国・南洋群島などがこれに該当する。また，朝鮮・旧ソ連・中国関東州の図幅には，これもLCと同様，1947年に日本の共同印刷株式会社で重刷されたものが一部含まれている。

## 6．まとめと今後の課題

以上の，LCとAGSLの所蔵状況の概要から，両者のいくつかの共通点が浮かび上がってくる。第一は，日本にはほとんど現存しない，旧ソ連と中ソ国境地帯の地形図・兵要地誌図の豊富さである。これは，アメリカの大学では有数の外邦図所蔵を誇る，クラーク大学地理学教室の所蔵状況（内国図を含め10,241枚）にも共通する。クラーク大学の日本製地図コレクションでは，全206シリーズのうち，旧ソ連地域の外邦図が40シリーズを占め[4)]，単純計算でも1千〜2千枚程度に達すると推計される。

このような日本とアメリカにおける所蔵状況の対照性の理由として，まず，アメリカが戦後の対ソ・対中戦略のために，シベリアや満州などの外邦図接収を重視したことが考えられる（田中2005，本書Ⅴ-4章参照)。これに対して，東京市ヶ谷の参謀本部倉庫から終戦後に東北帝大や資源研に搬出されたものについては，搬出時には何らかの事情により旧ソ連地域をはじめとする重要地図はすでになかった，という可能性も推測され得るが，その確証は今後の課題となる。

第二は，これに関連してアメリカは，朝鮮・旧ソ連・満州・関東州などについては，1947年に日本の共同印刷株式会社で重刷させた地図によって，図幅の欠損区域を補おうとしたことが，LCやAGSLの複製図から窺える点である。これも，アメリカの戦後の対ソ・対中戦略や朝鮮戦争の予見などを知るうえで，重要な資料となるだろう。

さらに第三は，明治期から大正初期に発行された，外邦図作製史の初期にあたる図幅が豊富なことである。朝鮮や台湾などについては，京大をはじめ日本の3大学にもある程度所蔵があるものの，LCやAGSLには満州・内蒙古・中国本土の地形図などにも稀少なものが多い。ただし近年，状況はやや変わりつつあり，大縮尺の地形図（2万分1，2万5千分1，5万分1，10万分1など）に関しては昭和初期のものも含め，科学書院・柏書房・学生社などから，朝鮮・台湾・樺太・千島・満州・中国本土のものが続々復刻されている。特に科学書院は，LC・AGSL・クラーク大学などアメリカの諸機関のみならず，英国図書館，フランス国立図書館，台湾中央研究院，日本の国立国会図書館や各大学などからも原図を精力的に収集しており，地形図についてはかなりの数の外邦図が，日本でも比較的容易に実見できるようになりつつある。

そして第四は，太平洋諸島の兵要地誌図の豊富さである。LCでは未調査であるが，クラーク大学所蔵のミクロネシアの5シリーズは，いずれも兵要地誌図である[5)]。LCについては，東南アジア地域のものも未調査のため，例えばお茶大（52枚）や阪大（8枚）に所蔵された東南アジア各地の兵要地誌図が，どれほど国際的にも重要であるかは現段階では判断できない。

最後に第五は，海岸地誌図，簡易測量市街図，給水地分布図，河川流路図，空中写真測量要図など（空中写真測量要図以外は本稿での仮称），特殊な図式の地図が多数所蔵されている点である。これらも，空中写真測量要図を除いて，ほとんどが日本には現存しない可能性が高い。

また付言したいのは，各地域の兵要地誌図や空中写真測量要図の図式の比較から，旧日本軍が直面していった自然環境や戦況の変化がよく窺えることである。今回の調査から，旧日本軍の兵要地誌図の作製総数は，索引図のみによって確認できるものも含め600～750枚程度，場合によっては1千枚前後とも推計し得る。そしてこれらの図式は，大きく3つに分類できる。第一は，シベリアや満州のもので，特に冷帯気候の雪氷や原生林の状況，あるいは夏期と冬期との地表状態の較差に注意した，十五年戦争初期からの対ソ戦用である。後に作製が開始された北支那・南支那の対中戦用の兵要地誌図も，基本的にこれに準じた図式となっている。第二は，東南アジアのもので，熱帯気候の密林を強く意識した，太平洋戦争中の対連合国軍用である。第三は，南洋群島など太平洋島嶼部のもので，海食崖や珊瑚礁・暗礁，あるいは飲料水の乏しさなど火山島地形や環礁地形の特性に注意した，太平洋戦争末期の対米豪戦用である。いずれも，それまでの日本人がほとんど経験したことのない自然環境の中で，作戦上何が優先的に重視されていたかが垣間見える。

今後の課題としては，まずLCにおいて，今回の調査から漏れた旧ソ連の一部と朝鮮・台湾・東南アジア・太平洋諸島などの図幅の，詳細な調査を行うことが挙げられる。LCにはないがAGSLにはあるという図幅も確かに一定数あるものの，総合的に見ればLCの方が，図幅の枚数や種類も豊富で，索引整備状況などの調査条件もはるかに良い。旧日本軍作製の外邦図一式が，ほぼ完全な形で揃っているとされる陸上自衛隊中央地理隊（現在は中央情報隊に改編）の所蔵が，公式には全く知られておらず，公開の可能性もあまり期待できない現状では（本書Ⅲ-1章参照），クラーク大学も含めたこのアメリカの所蔵状況調査の発展が，外邦図研究にとって当面の重要課題の一つになるだろう。

［付記］

本稿は，旧稿（今里・久武 2003）の一部にもとづき，久武による着想も参照しながら今里が執筆した新稿である。アメリカの現地調査では，藤代眞苗氏（LC 目録部日本課）・太田米司氏・伊東英一氏（同アジア部日本課）・Christopher Baruth 室長（AGSL）・前根千恵子氏（現ノースウェスタン大学図書館）にご高配を賜り，加藤敏雄社長（科学書院）には貴重な現地情報をいただいた。また，中国の英語表記地名の日本語変換作業では，福嶋　正先生（大阪教育大学）に一部ご教示をいただいた。

注

1）このうちの2万分1図と5千分1図は，2万5千分1図とともに，1999年に科学書院から『朝鮮半島地図集成』として復刻され，日本国内でも実見できるようになった。

2）野地坊主（やじぼうず）（谷地坊主ともいう）とは，湿地帯にできる直径10～30cm程度の草と泥の固まりで，これを踏み外せば，水中に腰よりも深く身体が沈み込むと恐れられていた（岡田 1978：102）。

3）漢字符号の後の1601や15885といった番号は，旧陸軍の秘匿用番号一覧（芙蓉書房出版 PJT 1988）にも記載がなく（番号は同一部隊でも状況に応じて変更された場合があるため追跡が難しい），詳細は不明であるが，特定の現地測量部隊を指すと推測される。

4）クラーク大学地理学教室の外邦図コレクションの，インターネット・ホームページによる。Note 2には「カラーの重ね刷りには，人口，地形，植生，季節別の道路状態，測量班が通った経路といった，戦略上の情報が含まれている」（筆者訳）と注記され，旧ソ連地域の図幅には兵要地誌図も多数含まれていることが確認できる。http://www.clarku.edu/research/maplibrary/japanese/（2008年9月2日最終検索）

5）前掲4）ホームページのNote 24に「カラーの重ね刷りには，海抜，人口，気候，天然資源，植生，衛生，伝染病など，戦略上の情報が含まれている」（筆者訳）との記載がある。

文献

今里悟之・久武哲也　2003．在アメリカ外邦図の所蔵状況 ── 議会図書館・AGS Golda Meir 図書館・ハワイ大学ハミルトン図書館の調査から．外邦図研究ニュースレター1：33-36.

内蒙古アパカ会・岡村秀太郎編　1990．『特務機関』国書刊行会.

大槻　涼・後藤慶之・上條孝徳・中田帆貴・吉原輝也・森田純平　2005．外邦図「トロキナ附近要図」を読む．中村和郎編『地図からの発想』34-35．古今書院.

岡田喜雄編　1978．『地図をつくる ── 陸軍測量隊秘話』新人物往来社.

お茶の水女子大学文教育学部地理学教室　2007．『お茶の水女子大学所蔵外邦図目録』お茶の水女子大学文教育学部地理学教室.

京都大学総合博物館・京都大学大学院文学研究科地理学教室　2005．『京都大学総合博物館収蔵外邦図目録』京都大学総合博物館・京都大学大学院文学研究科地理学教室.

国立国会図書館参考書誌部　1982.『国立国会図書館所蔵地図目録〔外国地図の部〕（Ⅰ）』国立国会図書館.
国立国会図書館参考書誌部　1983.『国立国会図書館所蔵地図目録〔外国地図の部〕（Ⅱ）』国立国会図書館.
小林　茂　2003.「兵要地誌図」（大阪大学文学研究科人文地理学教室所蔵）目録. 外邦図研究ニュースレター1：43-46.
清水靖夫　1986.『日本統治機関作製にかかる朝鮮半島地形図の概要――「一万分一朝鮮地形図集成」解題』柏書房.（本書Ⅲ-3章）
鈴木純子　2005. 国立国会図書館所蔵の外邦図. 外邦図研究ニューズレター3：72-77.（本書Ⅱ-2章）
測量・地図百年史編集委員会編　1970.『測量・地図百年史』日本測量協会.
高木菊三郎著・藤原　彰編　1992.『外邦兵要地図整備誌』不二出版.
田中宏巳　2005. 史実調査部と地図の行方. 渡辺正氏所蔵資料集編集委員会編『終戦前後の参謀本部と陸地測量部――渡辺正氏所蔵資料集』35-43. 大阪大学文学研究科人文地理学教室.（本書Ⅴ-4章）
東北大学大学院理学研究科地理学教室　2003.『東北大学所蔵外邦図目録』東北大学大学院理学研究科地理学教室.
中村和郎　2005. 外邦図の再発見. 地図情報25（3）：1-2.
南　縈佑　2006.『舊韓末韓半島地形圖』解説. 外邦図研究ニューズレター4：89-108.（本書Ⅳ-1章）
秦　郁彦編　2005.『日本陸海軍総合事典［第二版］』東京大学出版会.
芙蓉書房出版PJT編　1988.『陸軍オール部隊名鑑――帝国陸軍編制総覧・索引』芙蓉書房出版.
宮澤　仁・高槻幸枝・大浦瑞代・田宮兵衛・水野　勲　2007. お茶の水女子大学所蔵外邦図コレクションの全体像. お茶の水地理47：1-14.
渡辺理絵　2005.「空中写真要図」（大阪大学文学研究科人文地理学教室所蔵）目録. 外邦図研究ニューズレター3：125-131.

# 第4章　旧日本軍撮影の中国における空中写真の特徴と利用可能性

長澤良太・今里悟之・渡辺理絵・岡本有希子

## 1．空中写真の発見

本書のII-3章で述べたように，久武哲也と今里は2002年9月，日本からアメリカにどれだけの数の外邦図が接収され，またそれらが現在どこでどのように所蔵されているのかを調査するため，現地を訪れた。その際，調査先の1つであるワシントンDCのアメリカ議会図書館（Library of Congress = LC）において，旧日本軍が撮影したと推定される中国大陸の空中写真に，偶然出会うこととなった。

地形図を作製する際に，空中写真を利用することは今日では一般的となったが，旧日本軍の外邦図作製における空中写真測量は，1928年の第二次山東出兵に伴う，膠済（こうさい）鉄道沿線の2万5千分1地形図が，その嚆矢であるとされる（小林ほか 2004，IV-2章）。それ以来，アジア・太平洋地域で旧日本軍が撮影した空中写真は，おそらく膨大な数にのぼる。しかしながら，その現物の残存状況については，現時点では情報がほとんどなく，このLCの空中写真は非常に貴重なものと判断された。

そこで，翌2003年9月に長澤と今里で再度LCを訪問し，この空中写真に焦点を絞った調査を実施した。すべての空中写真を精査した後，特に資料的に価値が高いと判断されたものについて，スキャナーを用いたディジタル化作業を行い，画像データとして日本に持ち帰った。

外邦図についての当面の研究課題は主に，1）図幅の所在確認と主要コレクションの目録作成，2）残存する図幅の来歴の究明，3）作製過程の解明，4）今後の歴史地理学的研究への活用，という4つがある。本稿では第4の課題，すなわち地域環境研究への外邦図の活用にむけた基礎的側面を扱うことになる。それはまた，第3の課題である作製過程の解明にも一定の寄与をなし得るだろう。

## 2．アメリカ議会図書館における保存状態

この中国大陸の空中写真は発見当時，LCのアダムズ館の書庫に保管されていた（図II-4-1）。こ

図Ⅱ-4-1　空中写真の保存状態（LC アダムズ館）
2003年9月LCスタッフ撮影。

この書架には，終戦時に連合国軍が満鉄東京支社（東京図書館を含むと推測される）などから接収した資料が，今回の空中写真を含めて約1万点保管されていた。これらの資料は，戦後にワシントン文書センター（Washington Document Center = WDC）から移管されたものを，1996年からLCのスタッフが整理を開始したもので，それ以前の保存状態や来歴の詳細は不明である。

空中写真は，撮影コースごとに数十枚から百数十枚単位で簡易包装されて，綿紐や麻紐などで縛られ，包装紙には，地区名，撮影年月日，コースおよび写真番号などが記入されていた。撮影年については，昭和17年もしくは18年（すなわち1942～1943年）との記入がある。それぞれの空中写真の裏面にも，鉛筆で写真番号が記入されている。これらはLCのスタッフが記入したものではなく，スタッフへの聞き取りや字体などから判断して，接収時に満鉄関係者あるいは連合国軍の日系人担当者が記したものと推察される。

LCでの調査では，まず空中写真の現物一枚一枚をひと通り確認して，書誌情報を記録した。さらにこの中から，資料的に価値が大きいと判断されたもののみを抽出し，スタッフの許可を得て，A4サイズのモバイルスキャナー2台を用いてデジタル画像化した。スキャン作業は実質3日間で終了した[1)]。

## 3．中国江北地域の景観

空中写真の撮影地域は，長江（揚子江）下流域北方のいわゆる江北地域，現在の省名では江蘇省と安徽省の一部である（図Ⅱ-4-2）。総数は2,100枚，すべてパンクロの写真である。地区ごとの枚数は，五河地区278枚，五河南方安淮集地区41枚，界首鎮西方87枚，阜寧南方地区120枚，宝應西南方197枚，六甲鎮地区258枚，興化地区265枚，中支各地854枚（詳細な地区記載はない）で

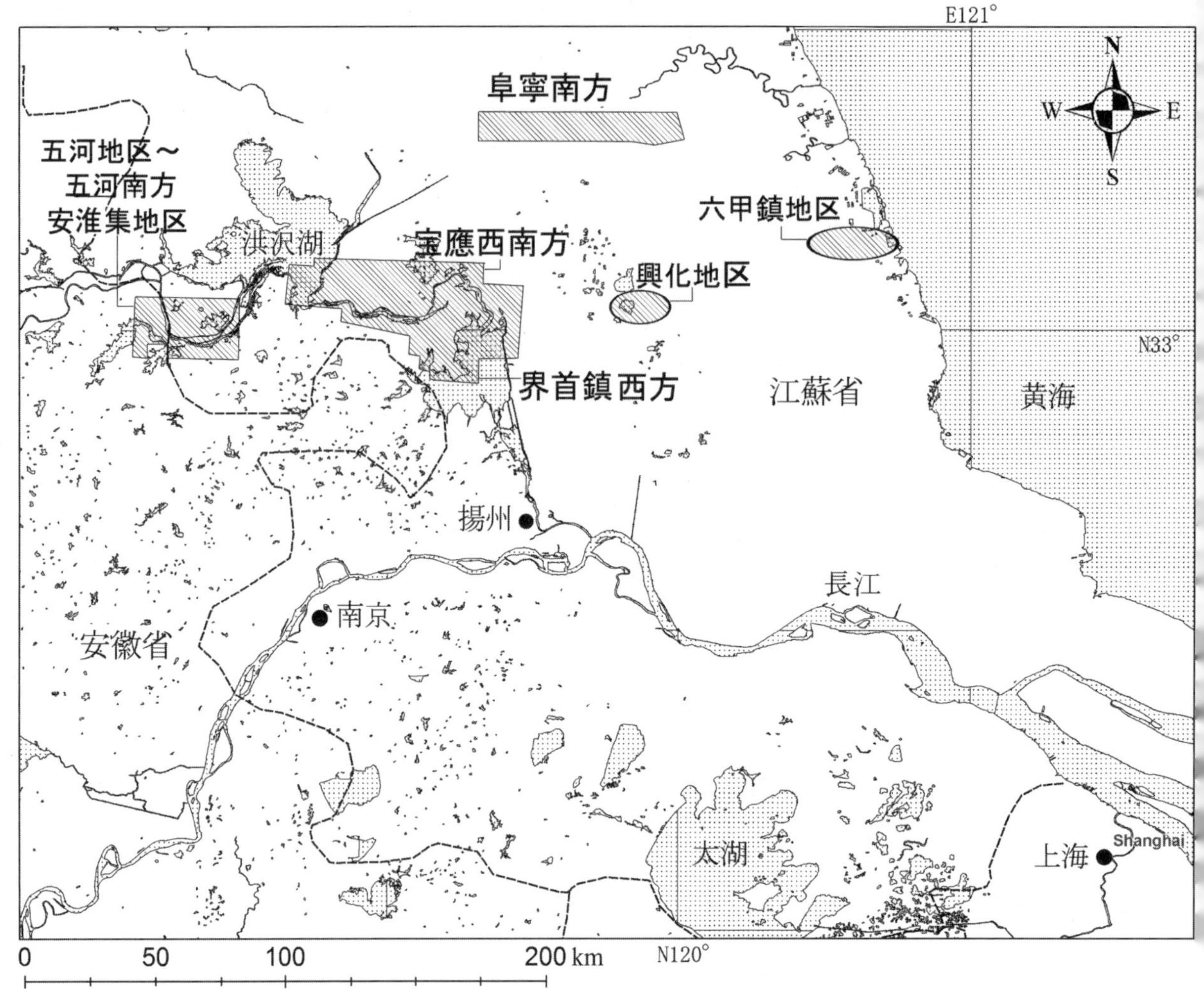


図Ⅱ-4-2　空中写真の撮影区域（中国江蘇省・安徽省）

注：六甲鎮地区と興化地区については，おおよその推定範囲を示している。（岡本作図）

ある[2)]（表Ⅱ-4-1）。

これら 2,100 枚がカバーする地域は，小規模な中心集落を一部に含むものの，大半は農村地域を撮影したものである。そこには，列村や街村，複雑に入り組んだクリーク網などのほか，地主館らしき囲郭が散見される地域もみられる（図Ⅱ-4-3）。さらに，「長冊」といった方がよいほど細長い短冊状の耕地など（図Ⅱ-4-4），今日の土地区画の中ではほとんど見ることができないような歴史地理的な景観が，数多く記録されている。このうち，界首鎮西方，宝應西南方，興化地区などは，1938 年から翌 1939 年にかけて日本軍が攻略した，揚州近傍の天長城・高郵城・宝應城（図Ⅱ-4-5）といった県中心地の城壁都市（深沢 2004：37-102）のすぐ北西方にあり，さらには北京と杭州を結ぶいわゆる「大運河」沿いにも位置する，日中戦争時における戦略上重要な一帯でもあった。

表Ⅱ-4-1　LC所蔵の旧日本軍撮影空中写真の概要

| 地区名 | 枚数 | 撮影年 | LC請求記号 | スキャン | 標定数 |
|---|---|---|---|---|---|
| 五河地区 | 278 | 1942 | CLC U21m Japan Cage | ○ | 263 |
| 五河南方安淮集地区 | 41 | 1943 | CLC U21L Japan Cage | ○ | 41 |
| 界首鎮西方 | 87 | 1943 | CLC U21o Japan Cage | ○ | 72 |
| 阜寧南方地区 | 120 | 1942 | CLC U21n Japan Cage | ○ | 120 |
| 宝應西南方 | 197 | 1943 | CLC U21j Japan Cage | ○ | 197 |
| 六甲鎮地区 | 258 | 1942 | CLC U21p Japan Cage | × | 0 |
| 興化地区 | 265 | 1942 | CLC U21k Japan Cage | × | 0 |
| 中支各地 | 854 | 1942 | CLC U21q Japan Cage | × | 0 |
| 総計 | 2,100 | | | | 693 |

注：オンライン目録中の一部撮影年の誤記は，本表では訂正している。○はすべての空中写真がスキャン済，×は少数のサンプルを除きスキャン未了を表す。
資料：LCの索引カードおよびオンライン目録，現物調査。（今里作表）

図Ⅱ-4-3　地主館らしき囲郭
「六甲鎮地区127」の一部を縮尺変換。

図Ⅱ-4-4　短冊状耕地
「五河地区227」の一部を縮尺変換。

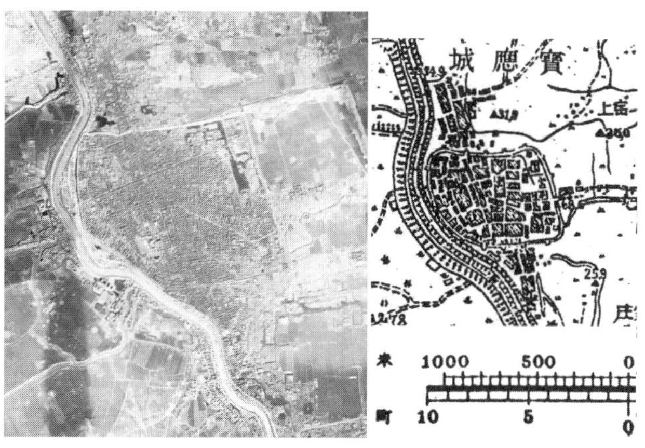


図Ⅱ-4-5　宝應城の空中写真と地形図
空中写真は，「宝應西南方58」の一部を縮尺変換。地形図は，陸地測量部1939年製版「宝應城」の一部を拡大。

図Ⅱ-4-6　塩田
「六甲鎮地区172」の一部を縮尺変換。

しかしながら，これらの地域の空中写真はいずれも（詳細な地域比定が未了の中支各地のものは除く），地形図（外邦図）の作製に利用された形跡が現時点では認められず（小林ほか 2004，Ⅳ-2 章），したがって，その撮影目的は未詳である。例えば，何らかの軍事作戦計画に直接用いられた可能性，あるいは軍事目的以外の土地開発計画用などであった可能性も，考慮すべきかもしれない。

今回スキャナーで画像化したのは，このうち五河地区，五河南方安淮集地区，界首鎮西方，阜寧南方，宝應西南方の計 723 枚である。これら以外のうち，六甲鎮地区のものは，現在の地名との照合が困難で作業現場では位置の同定ができず，サンプルとして 3 枚をスキャンするにとどめた。また興化地区の写真は劣化が著しく，サンプル用の 1 枚のみをスキャンした。さらに中支各地の写真については，詳細な地区名の記載がないため，広大な範囲の中から撮影地点を同定することは困難であると予想され，特徴的な景観のもの 9 枚のみを選んでスキャンした。

ところが，六甲鎮地区の包装紙中には，「大中集 東拓開墾地」あるいは「六甲鎮 耕地の整然タル処塩田」（図Ⅱ-4-6）などと書き込まれた紙片も挟まれており，その後の検討から，上海の北北西約 250㎞にある黄海沿岸の大中集周辺（大河内 1982：104），すなわち江北地域の最東端であることがほぼ確定された。この「東拓」とは，1908 年に日本の国策会社として設立され，朝鮮・満州・北支・南支・南洋群島などにおける移民事業や農場経営，さらには農林拓殖・鉱工業・鉄道経営への投資などを行った（黒瀬 2003：1-2，272-274；河合ほか 2000：8-11，110-111），東洋拓殖株式会社である[3)]。東拓は，1938 年頃から，江蘇省の長江北岸から山東省に至る海岸部を綿作地とすべく，計画面積約 100 万 ha の大規模な開墾を中国との合弁で進めた（大河内 1982：102-105）。しかしながら，この一帯は塩分が高く（大河内 1982：104），空中写真に写された六甲鎮の塩田は，その地域の有効利用あるいは綿作予定地からの転用であったと推測される。

## 4．満州航空の活躍

これらの空中写真は，図像部分の判型が 30㎝× 30㎝の密着焼であり，通常の空中写真が 23㎝× 23㎝もしくは 18㎝× 18㎝であることを考慮すると，かなり大判である。また，約 60％のオーバーラップ，約 30％のサイドラップをもって撮影されている。

五河地区や中支各地の一部の写真の隅には，濱安または河井といった姓が焼き込まれており，これらは撮影または写真処理関係者のものと推察される。さらに撮影年月日も焼き込まれており，例えば「9. 10. 26」との表示がある。「9」とは，満州国元号の康徳 9 年のことと推定され[4)]，空中写真の包装紙に記されていた，日本の元号である「昭和 17 年」（1942 年）と年次が合致している。

この点から，写真の撮影主体は，当時の国策会社として旧日本軍の空中写真による地図作製に大きな役割を果たし，満州のみならず北支・南支各地でも撮影を行った（小林ほか 2004，本書Ⅳ-2 章），満州航空株式会社（通称「満航」）と推定される。この満航は，満州国が建国された 1932 年に設立され，翌 1933 年に奉天（のちに新京へ移転）で航空写真測量事業を開始し，1934 年にはドイツ製の最新式航測機械を導入して本格的に事業を始動させた（小島 1991：41-43，188-189）。最盛期には800名近くの従業員を擁し，満州全土の森林資源調査や地籍調査，水力発電ダム予定地の測量，大興安嶺探検の補助，ソ満国境の偵察，ノモンハンの実戦測量，中国海南島の地形図航測など，満州および中国大陸の空中写真測量を一手に担っていた（小島 1991：45-79，183-185）。

満航の活動舞台は，中国大陸にとどまらなかった。1943年以降，設立当初から関係の深かった関東軍第一航空写真隊の軍属として，南太平洋のラバウル（第八方面軍の本拠地），さらにアメリカ軍の進攻に伴いセレベス島からマニラへと順次移駐し，ソロモン群島，ニューギニア，ジャワ海域島嶼部，ミンダナオ島などの空中写真測量（本書Ⅲ-1章参照）に従事した。とりわけフィリピンのミンダナオ島での測量は，レイテ沖海戦の交戦期間中の撮影であり，ノモンハン事件の戦場での測量とともに，まさに命懸けの航測作業であった（小島 1991：62-64，81-110）。

満航で使用された航空測量カメラのレンズは，アメリカのフェアチャイルド社製K-8型，ドイツのカールツァイス社製F10C型，同F13C型，同F20C型の主に4種類である。中でもF20C型[5)]は，1934年に開発された小型軽量の広角レンズであり，満航が撮影した満州全土（終戦時までに総面積の約9割を撮影完了）のうち約7割の空中写真は，この機種によるものとされる（小島 1991：155-162）。最大の特徴は，フィルムのサイズが30㎝×30㎝という大判であることで（小島 1991：161-162），今回の江北地域の空中写真も，このサイズに合致することから（図郭外部分も含めると32㎝×32㎝程度），F20C型によって撮影されたものと推定される。

## 5．標定作業と解析の実例

今回発見された空中写真には，いずれも標定図が添付されていないため，すぐに研究用資料として使用できるわけではなく，標定作業が必要であった。しかしながら，広大な中国の中の僅か「○○地区」と記された情報のみにもとづいて，一枚一枚の空中写真の撮影地点を標定することは極めて困難である。そこで長澤がまず，日本国内に持ち帰った空中写真（デジタルデータ）に，フォトレタッチ系のソフトを用いて地区ごとにモザイク写真化（写真どうしの接合）を施し，広い範域が判読できるような画像を作成した。

その後，これらの空中写真の撮影区域を同定するための作業を，まず五河地区と五河南方安淮集を対象として，2004年7月から着手した。この時点では今回の標定作業で最終的に大きな威力を発揮した，Google Earth（衛星画像のインターネットサービス）の一般公開がいまだなされておらず，また中国本土の戦前の地形図（つまりは外邦図）は，測量精度が一般に高くない。そこでやむなく渡辺が，連接する空中写真を並べて，より大きな地形単位を把握しつつ，中国国内で発刊された衛星画像集（中国科学院地理研究所 1982）と対照させながら標定作業を行った。しかしながら，空中写真の縮尺が当初は不明であったため，おおよその撮影地域の見当もつけ難く，またこの衛星画像集は小縮尺であり地表の細部までは判読できなかったために，作業は難航を極めた。だが，特に特

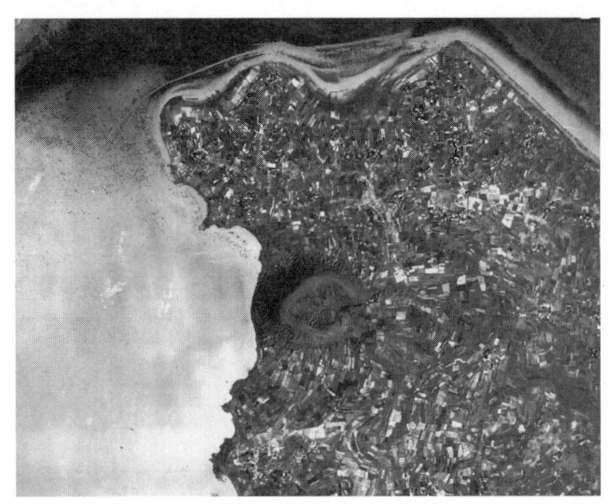

図Ⅱ-4-7　標定作業成功の端緒となった「女山」
「五河地区 18」の一部を縮尺変換。

表Ⅱ-4-2　撮影区域の経緯度

| 地　区　名 | 区域四隅 | 北緯(N) | 東経(E) | 地　区　名 | 区域四隅 | 北緯(N) | 東経(E) |
|---|---|---|---|---|---|---|---|
| 五河（263）～五河南方安淮集（41） | A | 33.11 | 118.07 | 阜寧南方（120） | A | 33.70 | 119.34 |
| | B | 33.09 | 118.47 | | B | 33.70 | 119.99 |
| | C | 32.91 | 118.49 | | C | 33.60 | 120.00 |
| | D | 32.92 | 118.07 | | D | 33.20 | 119.36 |
| 界首鎮西方（72） | A | 33.05 | 119.00 | 宝應西南方（197） | A | 33.26 | 118.66 |
| | B | 33.04 | 119.42 | | B | 33.21 | 119.36 |
| | C | 32.95 | 119.42 | | C | 32.97 | 119.43 |
| | D | 32.84 | 119.31 | | D | 33.03 | 118.85 |
| | E | 32.85 | 119.14 | | E | 33.11 | 118.64 |

注：地区名の後の（　）は標定済の枚数。区域の四隅（または五隅）は左上（北西）隅から時計回りにA～D（またはE）とした。北緯と東経は十進法。（岡本作表）

徴的な女山[6]および女山湖の湖岸線（図Ⅱ-4-7）を手がかりに，何とか標定に漕ぎつけた。その結果，約2万1千分1という空中写真の縮尺も，ようやく判明した。さらに，この縮尺および上記F20C型レンズの焦点距離（20㎝）から，撮影高度は約4,200mと推定された。

ところが2005年に入ると，Google Earthのインターネット上での一般公開が始まった。そこで岡本が，これを最大限に活用して，界首鎮西方，阜寧南方，宝應西南方の標定作業を試みたところ，1地区あたり1日程度で作業を終えることができた。渡辺による標定作業の結果判明した空中写真の縮尺に，Google Earthの縮尺を合わせ，モザイク化した空中写真画像とGoogle Earthの衛星画像を対照させながら，湖岸線，河川，灌漑水路，幹線道路，中心集落など，特徴的な地形・地物の形態を主な手がかりとして作業を進めた。その結果，総計693枚分の標定が完了し，撮影区域は表Ⅱ-4-2に示す通りであることが判明した。範域的には，東西約290㎞，南北約100㎞の長方形内に収まっていることになる（図Ⅱ-4-2参照）。六甲鎮地区と興化地区についても，LCでのスキャン作業が残されているものの，標定は比較的容易に進められるだろう。

この標定作業において，Google Earthの活用は非常に有効であった。衛星画像の位置や縮尺を瞬時に自在に変えることができる点，鮮明なカラー画像である点，空中写真の撮影地域の経緯度を厳密に比定できる点など，さまざまな大きな利点があることが証明された。ただし，Google Earthの一般的な問題点として，今回のような農村地域は多くの場合，公開画像の画質が都市地域に比べてかなり低いことには，留意すべきである。また，標定作業に実際に使用したGoogle Earthの画像は，著作権の問題上，本稿では掲載できないが，表Ⅱ-4-2に撮影区域の経緯度を示してあるので，Google Earthを使って直接参照することが可能である。

さらに，表Ⅱ-4-2に示す撮影区域の中で，五河地区（安徽省～江蘇省の境界地帯）についてはリモートセンシングとGISを用いて，さらに詳細な土地利用の観察を行った。具体的には長澤が，モザイク加工を施した空中写真を，Landsat ETMの衛星画像を参照して幾何補正処理を行い，ユニバーサル横メルカトル（UTM）座標，世界測地系（WGS84）の座標データを持つ地理空間情報に変換した。これによって，五河地区の空中写真については，GISの背景データとして，あるいはGISによる解析が行える画像データとして用いることができるようになった。

さらに，このように変換処理された空中写真を，現在の衛星画像とあわせて判読していくことで，戦中・戦後における対象地域の土地利用景観の変遷を復原するための，貴重な資料を作成することができる。ここでは一例として，五河地区の1942年撮影の空中写真モザイク（使用写真114枚）と，同地区の2000年Landsat ETM Pan画像を，それぞれ口絵5・6に示した。

このETM画像の北東縁に見られる水域は，洪沢湖の南縁で，淮河が大きく蛇行して流入する低平な沖積平野（三角州）である。現在ではクリークが整備されて排水事業が進み，整然と区画整理された耕地が広がっているが，1942年当時は大半が沼沢地で，自然堤防上の集落や後背湿地の水田といった土地被覆パターンを呈している。驚くべきは現在の道路ネットワークで，1942年当時のそれとはまったく対応しない。過去の地物・景観を踏襲することなく，完全にリセットされたような開発の様相は，社会主義体制下にある土地利用変化の特徴をよく示している。

## 6．歴史的資料としての利用可能性

今回入手することができた空中写真全体について言えることであるが，スキャナー，Google Earth，その他の衛星画像，GISなど，さまざまな手法を併用した写真判読を通じて，対象地域における多数の灌漑水路の建設や道路体系の激変，湖岸や湿地の干拓による耕地の拡大，それらによる土地区画の大きな変化が確認できた。また，市街地や集落の形態変化あるいは規模拡大も確認することができた。これによって，第二次大戦後の中国における，社会主義革命後あるいは改革開放政策後の土地開発の進行を窺うことができる。

また最近，アメリカ国立公文書館（National Archives and Records Administration = NARA）で，約3万7千枚に及ぶ旧日本軍撮影の空中写真の存在が確認された（永井・小林 2006：15）。これらについても，本稿のような標定作業を行うことで，歴史的資料としての価値を高めることができ，景観の長期的な変遷を知り得る可能性が示唆される。

このような空中写真は，単に歴史的関心の対象としてだけでなく，地域環境研究の資料としても価値を持つだろう。すなわち，撮影されてから既に60数年以上も経過し，そこに記録された景観や環境が，特定の地域の長期的な変容を観察する際に，重要な意義を持つと考えられる。撮影された地域が，今回発見された中国大陸沿海部の空中写真のように，近年特に経済発展や地域変容の著しい東アジアや東南アジアであることも（小林ほか 2004，本書Ⅳ-2章），その資料的価値を一層高めており，旧日本軍が撮影した空中写真の体系的な発掘と解析が要請されよう。

［付記］

本稿は，旧稿（今里ほか 2004；長澤 2006；岡本ほか 2007）を統合し加筆修正を加えたものである。空中写真のスキャンと原稿執筆は今里・長澤が，標定作業は渡辺・岡本が，写真の加工処理と判読は長澤が，それぞれ行った。藤代眞苗氏（LC目録部日本課）には，調査全般にわたり終始お世話になった。また旧日本軍撮影の空中写真一般に関しては，長岡正利氏より多くの貴重なご助言をいただいた。さらに標定作業については富岡玲子氏（当時大阪大学学生）の助力を，中国地名については金美英氏（大阪大学院生）の教示を得た。以上の方々に，記して感謝の意を表します。

注

1）今回の空中写真は，後述する通り，A4スキャナーの読み込み可能サイズの限度（30cm×21cm程度）を超えていたため，本来なら1枚の写真につき二度スキャンする必要があったが，作業時間の短縮を優先し，上端から3分の2の部分のみをスキャンした。ただしこの場合でも，連接する写真どうしのオーバーラップがあるため，カバーする撮影区域に欠損は出ない。

2）今回の調査後，LCでもこの空中写真の資料的価値が見直され，インターネットのオンライン目録（Library of Congress Online Catalog［http://catalog.loc.gov/］）にも登録されることになった。キーワード欄に「Kyu Nihon Riku-Kaigun shiryo Koku shashin」と入力すれば，江北地域8地区すべての書誌データが閲覧可能である。また，空中写真現物の閲覧も，LCのジェファーソン館アジア資料閲覧室（LJ-150号室）で可能である。

3）東拓は，最盛期の1943年当時，東アジア・東南アジア各地に22支店を展開し（黒瀬 2003：249），江北地域を担当した上海支店は，1939年に開設されている（河合ほか 2000：22）。この空中写真は，東拓と満航（後述）という，日本の植民地開発を支えた2つの国策会社の，1つの出会いの形と言えるかもしれない。

4）金窪敏知氏の教示による。

5）小島（1991：161）は「ツアイス・トポゴンF20C広角写真機」としているが，トポゴンはレンズの名称であり（Belzner 1941），カメラ本体の型式名は「RMK 20/30 30」であると考えられる（Zeiss-Aerotopograph 1940：21-25）。

6）女山（標高101m）の特徴的な地形は，火山活動によるものである（安徽省明光市人民政府のホームページ［http://www.mgxc.gov.cn/］の「明光市女山古火山地質公園」を参照）。

## 文献

今里悟之・長澤良太・久武哲也　2004．アメリカ議会図書館所蔵の旧日本軍撮影・中国空中写真の概況．外邦図研究ニューズレター2：78-80．

岡本有希子・長澤良太・今里悟之・久武哲也・小林　茂　2007．戦中期に日本軍が中国大陸で撮影した空中写真の標定について．日本地理学会発表要旨集72：59．

大河内一雄　1982．『幻の国策会社 東洋拓殖』日本経済新聞社．

河合和男・金　早雪・羽鳥敬彦・松永　達　2000．『国策会社・東拓の研究』不二出版．

黒瀬郁二　2003．『東洋拓殖会社――日本帝国主義とアジア太平洋』日本経済評論社．

小島宗治　1991．『航空測量私話――空と写真と戦いと』私家版．

小林　茂・渡辺理絵・鳴海邦匡　2004．アジア太平洋地域における旧日本軍の空中写真による地図作製．待兼山論叢（日本学篇）38：1-24．（本書Ⅳ-2章）

中国科学院地理研究所編　1982．『陸地衛星仮彩色影象図（比例尺1：500000）――安徽省』科学出版社（中文）．

永井信夫・小林政能　2006．米国国立公文書館で確認した日本軍撮影空中写真について．外邦図研究ニューズレター4：15．

長澤良太　2006．旧日本軍撮影の空中写真の特徴．地図情報26（1）：20-24．

深沢卓男　2004．『祭兵団インパール戦記――歴戦大尉の見た地獄の戦場』光人社（光人社NF文庫 ふN-413）．

Belzner, H. 1941．空中写真測量とその器械（抄訳）．精密機械8：307-313．

Zeiss-Aerotopograph 1940. *Instrumente für Photogrammetrie.* Jena：Zeiss-Aerotopograph.

# 第Ⅲ部
# 外邦図の構成

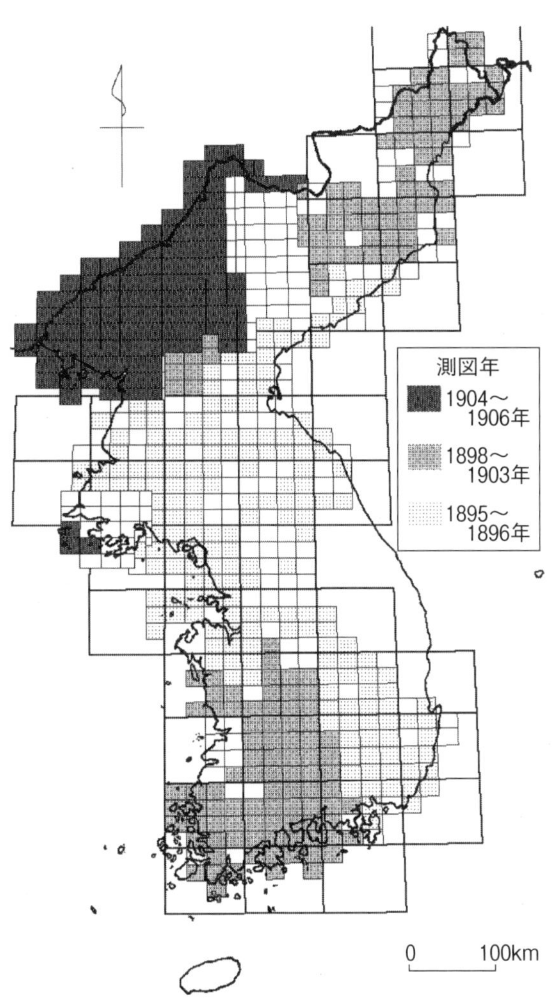


**朝鮮半島の「略図」の測図年別分布**

この図は，『国外地図目録』および『国外地図一覧図』（国土地理院蔵）を参照し，作成したもので，朝鮮半島における日清戦争期からの臨時測図部などの測図過程を示している。1908 年以後は三角鎖測量によって，より精度の高い「簡測図」が南半部について作製された（本書Ⅲ-3 章参照）。（岡田郷子）

# 第1章　陸地測量部外邦図作製の記録

## ── 陸地測量部・参謀本部　外邦図一覧図 ──

長岡正利

## 1．はじめに

明治以降，日本が近隣諸国への拡張政策（侵略）をとるとともに，主に軍の作戦上の必要から作られた厖大な地図がある。これを外邦図とよんでいる。外邦図の作製範囲は，日本周辺はいうに及ばず，わが国の対外政策の変遷に応じて，シベリア，インドを含むアジア大陸内奥部まで，さらに太平洋のほぼ全域とオーストラリア，北米に及んだ。外邦図は本来，日本領土以外の外邦地域についてのものを称したが，今日では，日本の統治時代に作製された朝鮮，台湾，樺太，ミクロネシア等およびこれらに準じる旧満洲（中国東北部）の一般図（清水 1982，1983，1986，本書Ⅲ-2・3・4章）も包括するのが普通である。これらは秘図区域を除いて一般に販売された（清水 1993；長岡 1993a）。同様に，軍用として作られたものではないが，シベリアから，中央・南東アジアの全域と西太平洋地域について作られた100万分1東亜輿地図等の小縮尺編纂図も，一括してここで扱う。これらはともに，本稿の対象とする外邦図一覧図中で一体的に扱われていることによる（長岡 1993a）。

ところで，本来の外邦図については，もともと軍用として秘密扱いのものであったため，同時期に作製されていた各種地図に比べれば，関連する資料は多いとはいえない。この方面の地図作製については，高木菊三郎（1888-1967）が1941（昭和16）年に執筆した『外邦兵要地図整備誌』（高木著・藤原編 1992）のほか，『外邦測量沿革史 草稿』がある。前者は，簡素な記述ながら，明治初期から執筆時点までの外邦図の作製を回顧するもので，長期間をカバーしている。他方，後者は，参謀本部・北支那方面軍によって，1939（昭和14）年以降1945（昭和20）年までの関連資料がまとめられたもので，資料集としての性格が強い。1979（昭和54）年に一部が復刻され（参謀本部・北支那方面軍司令部 1979a，b，c），現在は現存するものすべてについて復刻が進行中であるが（小林解説 2008など），2009（平成21）年3月に全部が刊行されても，1895（明治28）年以降1926（大正15）年までをカバーするにすぎない。また，初期の1895（明治28）年から1906（明治39）年までは，タイトルに「断片記事」と記載されるように，よくまとまった資料とはいいがたい。ほかに，『陸地測量部沿革誌』（陸地測量部 1922，1930；高木 1948）にも，陸地測量部が関係した部分についての関連記事がある。

一方，多くの外邦図関係者がまだ存命していた1970（昭和45）年までにまとめられた『測量・地図百年史』（測量・地図百年史編集委員会 1970）中に，地域別の充分とはいえない記述があるが，このもとになった原資料については不明な点が多い。このような状況なので，外邦図の概要や沿革を知るには，作製された地図そのものと，これを総覧できる一覧図（索引図）をまず検討することが要請される。本稿の目的は，特に一覧図に注目し，これを紹介するとともに，外邦測量の沿革，特にその明治・大正期の地図作製状況について検討するところにある。なお，本稿では，地図の名称および地名等については，当時の表記法を採ることとする。

## 2．外邦測量の沿革

前記『外邦測量沿革史 草稿』の冒頭では，外邦測量は，1889（明治22）年以降日本の測量官が南支那地方に教習（技術指導）のために傭聘され，その在職中に，任地の地形図を描図したのに始まるとしている（小林解説 2008：2）。しかし，これまでの検討で，海外での測量はさらに1877（明治10）年頃にまでさかのぼることが確認されている（佐藤 1992；小林・岡田 2008）。また組織的な測量も，少数の陸軍将校により明治10年代に開始されている[1)]（山近・渡辺 2008）。ただし，測量技術者を中心とする大規模な組織的測量は，陸地測量部設立（1888［明治21］年）後の，1894・95（明治27・28）年の日清戦争に際して，第1次臨時測図部が編成（編制）され，朝鮮・満洲地方の測図を実施して以降である。

この時点ですでに日本の測量活動は，この地域に勢力を拡大しつつあったロシア側の感知するところとなり，例えば，1895（明治28）年10月の朝鮮元山守備隊長から大本営参謀部への報告中には，「…［日本の］測量隊上陸後豫テ當港露國居留地ニ寓スル「グレエー」（露國政府ノ間諜ナル身ナラン）ナル者頻リニ手ヲ回ハシ我居留民ニ探問セムトスル彼ノ言語中日本ハ守備隊ノ數ヲ增加セルニ服装ヲ變シ軍服ヲ着セサルハ如何又言フ今回着元ノ兵數確カニ百五拾名餘ト認ム日本ハ何ノ爲ニ兵力ヲ增加スルヤ又公然軍装ヲ爲ササルヤトテ汲々トシテ其實ヲ得ント奔走スルモノノ如シ」という記述がある。平服で到着した日本人の集団の来訪目的を詮索していたわけである。また「…魯國測量隊（二百五十人）國境附近ヲ西進セリ…其一部ナリケン士官一名技手十名吉州邊ヲ徘徊セリ又近頃釜山ヘ士官及兵卒上陸内地ヲ旅行セリトノ報アリ」（陸軍歩兵少佐，服部直彦から陸地測量部長への報告，1895［明治28］年11月）のように，ロシア側も測量隊を派遣していたことを示す記述もある（小林解説 2008：27-28，［　］内引用者）。

この第1次臨時測図部は戦後（1896［明治29］年）に復員したが，数名が特別任務により朝鮮に駐留した。引続く北清事変（1900［明治33］年；義和団の乱）の際には，清国と日欧連合軍の交戦を縫って北京・天津間の測図を行っている。同年，安徽・浙江・福建省の秘密測図を施行し，1903（明治36）年には朝鮮の各地を測図している（小林解説 2008：2）。

1904・05（明治37・38）年の日露戦争においても臨時測図部（第2次）が編成され，朝鮮・満洲・蒙古の一部に展開し，測図を進めた。この時は，当初200名をもって，経緯度班1班，地形班2班が編成され，さらに地形班3班が増加された（編纂者不詳 1936：40）。

第2次臨時測図部は1913（大正2）年度をもって解散され，職員の一部は陸地測量部に復帰し，あるいは朝鮮総督府土地調査局に転出した。1910（明治43）年に韓国併合が行われ，そこで始まっていた土地調査のための地籍測量に向けて，多数の測量要員が必要となっていたのである。ただし他方で，「技倆特ニ優秀ニシテ…支那事情ニ最モ能ク精通シ且意志ノ鞏固ナル者…ヲ抜擢シテ清國駐屯軍司令部ニ配属…」して，中国大陸での測量は継続された（小林解説 2008：2-3）。

戦時における臨時の測量組織はシベリア出兵に際しても編成された（高木著・藤原編 1992：141-171）。1918（大正7）年以降，臨時第1測図部はウラジオストク方面を中心に，臨時第2測図部は，モンゴルに接する西方のチタ・イルクーツク方面で活動を行った。いずれも1919（大正8）年末～1920（大正9）年初頭に帰国している。

以上述べた外邦測量の前期においては，その対象地域が未測の地であったので，必然的に作業も現地での実測であった。しかし，昭和に入って以降は，対象地域がアジアの広大な地域と太平洋周域にまで拡大したため，すでに，ロシアや中華民国が作製していた地図と，南東アジアやインドについては植民地宗主国等が作製していた地図を入手して編集の手を加えるものが多くなった[2]（田中 2005，本書Ⅳ-5章；石原 2003，本書Ⅷ-1章参照）。また，1928（昭和3）年以後は空中写真測量が外邦図の作製に適用されるようになり，地図も増え始めた（高木 1944；小林ほか 2004，本書Ⅳ-2章；長岡 2005a）。南洋諸島では，これらの手段によるほかに，海図の陸域部分をそのまま利用したものがある。

1937（昭和12）年勃発の「支那事変」（宣戦布告なき日中全面戦争）以降は，陸地測量部では戦時業務が中心となり，満洲，支那，南方の各戦線に多くの野戦測量隊が派遣された。このうち，空中写真測量（以下「航空測量」という）については，次節で述べる満洲航空株式会社の貢献も大きい。この頃の外邦地域での作業は，各種の測図のほか，鹵獲・接収地図の複製・編纂，兵要地誌の調査，写真モザイク等であった。一方，戦争後半には，戦局の悪化とともに，本土決戦用の各種地図（方眼入図，陸海編合図等）調製が主な業務となった。

## 3．外邦測量はいかに行われてその地図が作られたのか―技術と方法―

『外邦測量沿革史 草稿』の述べるところによれば，1894（明治27）年度以降「…時局ノ状況如何ニ依リ事業ノ消長ハ常ナキノ感ヲ呈シタリト雖モ…必ス好機ニ乗シ其目的地ニ潜入シ時ニ應シ變ニ處シ斷々乎トシテ年月ト共ニ蠶食的ニ漸次完了區域ヲ擴張…」（小林解説 2008：9-10）していった。その対象地域と測図方法は次のように大別される。

①新領土等において何らの危険・支障なく，公然と実施するもの。

②当時の満洲におけるように，地域に勢力を持っていた軍閥（各地に割拠した私的軍事地方勢力・政権）である吉林将軍や奉天都督の黙許を得，間接的に地方官憲の保護を受けて行った準秘的ともいうもの。

③その他の地域での秘的，あるいは盗測ともいうべきもの。これには，海外駐在武官や領事を介して公的な立場としての護照（通行許可書）を得て行うものと，一商人等の名義によって個人的に護照を得て，外国領に深く入り込むものがある。

③は秘密測図といわれるもので，外邦測量において多くの犠牲者を出したものがこの作業による。

外邦測量の作業のうち，①のように条件の良い場合には，「三角測量ハ樞要地點ニ於テノミ經緯度測量ヲ行ヒ以テ測圖輯製ノ骨子ヲ與フル…地形測圖ハ略式迅速ノ方法ニ據リ通常五万分一ノ尺度ニシテ地形圖根ハ砕部着手…ニ先立チ施行セリ，…地形圖根ノ方法ハ内地測圖ト異ナラス卽チ子午線ハ極星法ニ據リテ決定シ道線ハ測繩及路計ヲ用ヒ状況之ヲ許ササレハ歩度ヲ以テス其方法多ク道線法ヲ採用セルモ展望良好ナル地區ニ在リテハ交會法ヲ專用シ，…水準ハ測斜照準機又ハ測高驗氣器[3]ヲ用ユ　砕部測圖ニ在リテハ方筐測斜機ヲ使用ス，…圖根點數ハ地形ト状況トニ鑑ミ一定セスト雖モ交會點ハ四吉米平方ニ約四個點，道線ハ相互ノ間隔四吉米ニ約一個點トス…砕部測圖ハ鉗子ブーソル[4]ヲ具スル輕便携帯圖板ヲ用ヒ五万分一圖式ニ基ケリ…測量掛一人ノ作業力ハ…一定セスト雖モ五万分一砕部測圖ニ在リテハ通常一人一方里ノ爲メ七日間ヲ要費セリ」（小林解説 2008：10-11）という状態であった。作業力については，別に，1904～06（明治37～39）年の資料によれば，5万分1測図で1方里（約16㎢）4～6日，2万分1で同12日，1万分1で同20日間等とされている（小林解説 2008：12）。

ただし，このような地域はむしろ少なく，「…（朝鮮清國内）ニ在リテハ此ト大イニ異ナルモノアリテ存ス卽チ其旅行ハ一ニ護照ニ頼ラサルヘカラス故ニ測器ノ如キハ朝鮮ニアリテハ辛フシテ内地ノ方法ヲ踏襲セリト雖モ全然土民ノ注視ヲ避クルニ苦慮シ其困難名狀スヘカラス…到ル處我ヲ嫉視スル豈獨リ官憲ノミナラス童蒙婦女亦然リトス故ヲ以テ身ハ常ニ投石ノ集中點タルノミナラス一村擧リ來リテ我ヲ驅逐セムニハ已マサル等ノ危險屢々迫リ…，爲ニ宿舎ノ如キハ常ニ廟宇又ハ凉亭ニ起臥シ以テ專心人目ヲ避クルニ注意ヲ拂イ往クニ跼蹐トシテ迂路ヲ進ミ或ハ山頂ニ踞座シテ僅カニ任務ヲ達成…」（小林解説 2008：11）する状態での作業がむしろ多かったようである。

このような事情のもとでは，充分な測地測量は行い得なかった。例えば，「…此大幹線（首要ナル大路ノ路線測圖ニシテ砕部測圖ノ骨幹ヲナスモノ）タルヤ恨ラクハ之ヲ整正スヘキ基準ナキヲ以テ唯連繫ヲ維持スルノミ此點位置ノ如キハ固ヨリ信ヲ措クニ足ラス則チ此種ノ測圖ニ對シ益々經緯度測點ヲ要求スルノ切ナル…」（小林解説 2008：18-19，カッコ内引用者挿入）ことにくわえ，比較的条件の良い測図においても，測図基点の根拠（基準）を異にしたこと等による誤差もあって，1912（大正元）年には，緯度は良好であったものの，東西方向に15里（約60㎞）の誤差が報告されている（小林解説 2008：16，図Ⅲ-1-1参照）。また，一方では，臨時測図部の編成に際して募集・採用した測図手の教育不足のため，1913（大正2）年に提出された「意見」の中で，第1次臨時測図部の測量

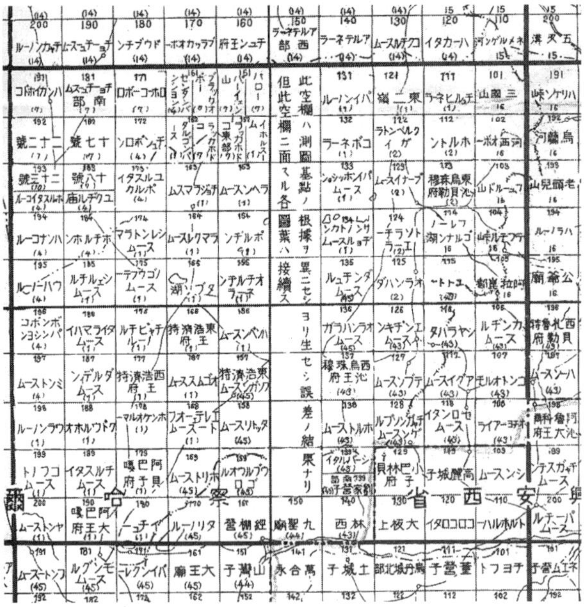

図Ⅲ-1-1a　外邦図一覧図の内容例

注：図名の下の数値は測図年紀で（　）は大正または明治。外邦測量（迅速測図）における誤差の例を示す。

「西伯利，滿洲及支那地圖一覧圖 其一」，参謀本部，1922（大正 11）年製版・1926（大正 15）年修正・発行（表Ⅲ-1-7 中のもの）；その一部を示す。

図Ⅲ-1-1b　同左，外邦図の改測状況の例

注：昭和 10 年代に広域的に改測され，1a 図での「空欄」は解消された。1a 図では，空欄に面する図は誤差の結果として，空欄を隔てて接続する旨の説明がある。

表Ⅲ-1-1 中の一覧図より。濃色部は軍事極秘扱，左上端の白抜部は未測域。

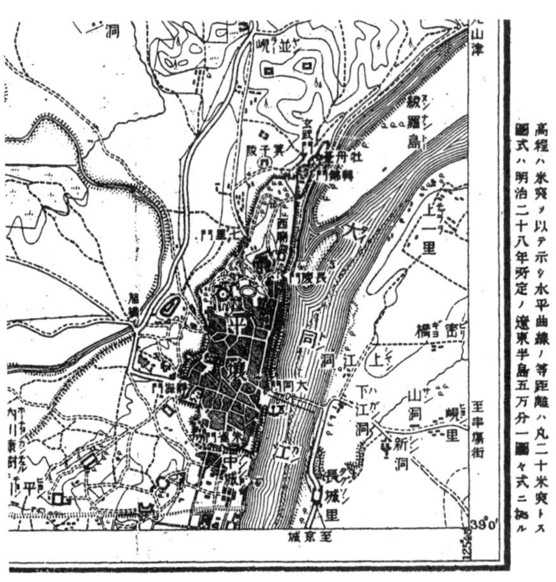


図Ⅲ-1-2a　韓国五万分一圖平壌第 6 號「平壌」の一部

臨時測図部・1895（明治 28）年測図，陸地測量部・1901（明治 31）年製版，原図× 0.7。

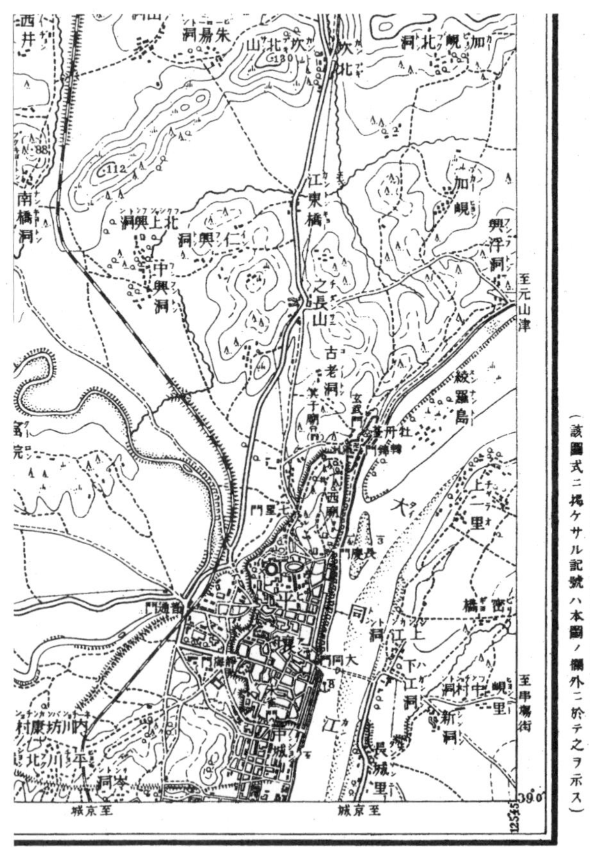


図Ⅲ-1-2b　略圖朝鮮五万分一圖平壌第 6 號「平壌」の一部

陸地測量部・1911（明治 44）年印刷・発行，原図× 0.7（図Ⅲ-1-2a を一部修正のうえ，1911（明治 44）年に解秘発売されたもの）。

について，「…教育日淺キヲ以テ技能凡庸ナルノミナラス之ヲ啓發誘掖スル機會ヲ得ス意ニ其ノ測圖ニ對スル非難ノ聲ハ到ル所耳朶ニ觸ルルニ至ル之レ此種ノ任務トシテ敢テ深ク咎ムヘキニアラスト雖モ全ク精度低劣ナル地圖ハ殆ト眞價ナク寧ロ無キニ勝レリトス」（小林解説 2008：17）とさえいわれている。図Ⅲ-1-2は日清戦争当時の，条件の良い地域での迅速測図によるもの，図Ⅲ-1-3は同一地域について，後に三角測量実施後の正式測図によって作製されたもので，地形の精確さのほか，経度が大きく変更・修正されている。

平板測量あるいは条件が悪い地域での「目算及記帖測圖」については，昭和に入っても基本的には上述と同様の方法での作業が続けられていた。

一方，航空測量は，満蒙の地において実用化されていった。1932（昭和7）年に当時の南満洲鉄道株式会社と住友合資会社，および満洲国の出資と関東軍からの補助金により，航空路開設のために「満洲航空株式会社」が設立され，翌年には同社に「写真班」が設置されて，終戦までの12年間，世界第3位の航空測量企業として成長発展した（満洲航空史話編纂委員会 1972，1981；小島 1991）。同社の事業は陸軍（関東軍）において必要とする地図の調製のための航空測量業務，南満洲鉄道株式会社の新設予定路線の精密航空測量，満洲国および民間のための測量を行い，後には航空測量に

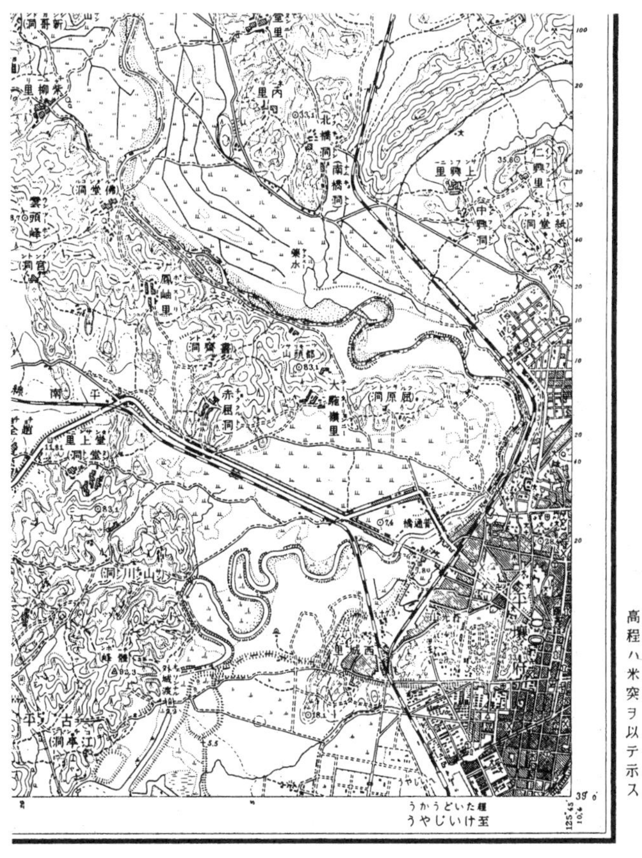


図Ⅲ-1-3　朝鮮五万分一圖平壤6號「平壤西部」の一部
1917（大正6）年縮図・1918（大正7）年製版，印刷兼発行者陸地測量部，著作権所有者朝鮮總督府，原図×0.7。

よる地籍測量をも行っている（長岡 2005a）。なお，満洲航空株式会社は，戦争勃発の前後に軍の要請により，海南島の地形図，タイ仏印国境地帯の航空測量等を行っているが，1942（昭和 17）年には関東軍第一航空写真隊として徴用・編制され，ニューギニア，ソロモン群島等をはじめとして，南方諸島，フィリピン等で航空測量を広く実施し，航空測量による外邦図が多く作製された（図Ⅲ-1-4・図Ⅲ-1-5）。そのほかに，台湾では，全島の 5 万分 1 基本測図が 1944（昭和 19）年まで進められたが，地上写真測量による面積が平板測量による面積（縮図編集域を含む）の 1/2 以上に達した。南樺太では，全域の約 4 割が図解射線法により測図された。ほかに，満洲以外の中国大陸でも，部分的に「空中写真測量要図」が作製された（小林ほか 2004，本書Ⅳ-2 章）。なお，これらの中には平板測量との併用や図解射線法によるなど，精度の良くないものが多い。このように，航空測量はその必要性から，主として外邦地域において進められた。

外邦図には，ほかに，各種の手段で入手した地図を複製・編纂したものがある。これらには，図の凡例部分のみを翻訳したものから，多色刷図を色分版して見事な色刷図として再現した高度な技法（松井 1944）を窺わせるもの（図Ⅲ-1-6）までさまざまである。

図Ⅲ-1-4 「五万分一ラバウル近傍集成圖 2 号」の一部

1944（昭和 19）年参謀本部。図中に次の記載あり「本圖ハ剛部隊ノ調製圖ヲ輯製ノ上複製セシモノニシテ昭和十八年及十九年撮影ノ空中寫眞圖ヲ圖化セシモノナリ」，原図× 0.7。なお，図の完成の頃には同地方はすでに孤立し，地図の送達はほぼ不可能となっていた。

図Ⅲ-1-5 「十万分一サンギヘ諸島兵要地誌資料圖」の一部

1944（昭和 19）年調製参謀本部，原図× 0.5。

図Ⅲ-1-6 二五万分一図印度 No. 43. I「GILGIT」の一部

1942（昭和 17）年製版陸地測量部，同年発行参謀本部，原図× 0.7。

なお，1930年代以降における短期集中的な外邦図群の完成には，現地作業に引き続く室内作業の遂行のために，製図・製版・印刷技術の目ざましい向上と，集中的な作業体制を支えた技術者の困苦があったことはいうまでもない。

## 4．明治後期の記録から見た外邦秘密測図

『外邦測量沿革史 草稿』の冒頭部分は，1933（昭和8）年までに外邦測量に従事して殉職した関係者の記事（ただし当該書の故に北支方面軍関係のみ）が占める（小林解説 2008：3-8）。その内訳をここに掲げると，

戦死28名 惨死16名 傷死1名 即死14名 溺死6名 病死57名 不慮の死4名 凍死1名

ここに見るとおり，犠牲者のうち戦闘によるものはむしろ少ない（傭人，測夫であっても戦死）。これは，戦時においても測図作業は作戦行動よりも遙か離れた地域で行われること，作業は常に少人数での行動であり，排日機運の強い地域での行動であったことによるもので，戦死とはされない即死，惨死が目につく。加えて，僻遠かつ非衛生の地のため病死もまた多い。

以下，『外邦測量沿革史 草稿』中の記事を抄録しつつ，その実際の姿を再現する。

排日機運の一般的な姿として，1895（明治28）年の報告「…作業者ニ對シ罵詈ハ素ヨリ石棒等ヲ抛チ加之日本人立退ヘクヘシトノ書ヲ日々ノ如ク衙門ニ投シ或ハ米薪騰貴セシメ終ニハ郡主ヨリ土民ニ直接米ヲ買フコトヲ斷ハラレ或ハ頑民等我宿舎ヲ燒拂フ計畫ヲ爲ス者アリ…」（小林解説 2008：27)。

この頃，大陸は全般に政情不安，軍閥の割拠，馬賊の跳梁の場となっており，この機に乗じて日露のほか，西欧列強が機を伺っていた。例えば，1896（明治29）年2月の，朝鮮王朝の政変では「…又突然ノ大事變出來…，王城ニ變アリ國王陛下…ハ何者ニカ擁セラレ魯露公使館内ニ入ラセラレ前日迄ノ大臣ハ悉皆國賊ノ名ヲ蒙リ後任ハ皆去年…罪セラレ或ハ遁逃ノ者夫々任命セラレタリ…總理大臣…ハ慘狀目モ當テラレヌ死ヲ遂ケ其他ノ大臣及…等是迄開化黨ト稱セラレシ者ハ見當リ次第斬首スルトテ嚴密ニ捜索中ニテ秘密探偵ハ當居留地ニ絶ヘス入込ミ居ルヲ以テ人心恟々…」の騒擾状態の中で，日本人にも死傷者が出ている（小林解説 2008：42)。また，測量者は反日的な運動にも直面し，同年の報告には植田鹿太郎ら3名の遭難について，「…植田，小川ニ從ヒシ韓人歸リテ報スルニ…三名トモ暴徒ニ捕縛セラレ夜ニ入リ植田測圖手韓人縛セラレシ縄ヲ嚙ミ切リ逃レ歸リテ此事ヲ報セヨト命セラレタルハ群集ニ紛レ込ミ逃レテ山ニ登リ谷ヘ下リ辛フシテ歸リタルト…報シ出兵ヲ請ヒシモ守備兵少數ニシテ出張スルコト出來サル由…（以下翌日の偵察隊の行動）…土人ニ尋ネシニ…縛セラレタル日本人二名ハ…連レ行カレ殺サレタルコトヲ聞ク時ニ四方ヨリ暴徒襲來スルヲ以テ…一條ノ血路ヲ開キ歸リ來レリト云フ」（小林解説 2008：45，（ ）内引用者）と述べている。

あるいは，さらに悲惨な例として，1907（明治40）年の記録には，「…ハ清國官兵ナリト誤認シ應待ヲ試ミルヤ忽チ彼ハ銃ヲ構ヘ射撃シ小林ハ胸部ヲ貫通セラレ即死セリ…之ヲ見ルヤ賊ノ一群ハ

直ニ射撃ヲ開始シ他ノ五名ニ迫リタルモ其五名ハ…抵抗スヘキ一物ヲモ取ルノ暇ナク…（測夫大越の他は）悉ク惨殺セラル　死体ノ現場ヲ見ルニ何レモ一乃至三發ノ射撃ニ依テ落命シ居レル中ニ森尻測量手ハ眼球ヲ傷メ竝手掌ヲ裂カレ齋藤測量手ハ兩耳ヲ切断セラル何レモ悲惨ナル状態ヲ呈シ居レリ」と述べている（小林解説 2008：142，カッコ内引用者）。

一方，河南省の西部や山西省では，「…旅店ハ概シテ粗悪山西モ洛陽ニ至レハ旅店ト雖穴居ノモノ多シ河南山東ノ一部ハ總テ床ナク土間ニ眞菰ノ綴ミタル敷物一枚ヲ以テ一夜ヲ過スヲ普通トス食物ハ概シテ粗ニシテ燕麥蕎麥ヲ主トシテ此蕎麥粉ノ中ニハ砂ト塵芥ト混入スルコト一割ハ下ラス加フルニ…燃料ノ主ナルモノハ馬糞ヲ乾燥セシメテ之ヲ使用スルニ…殊ニ蕎麥等ヲ煮ル時ハ蓋ハ取置アルヲ以テ…半燃ノ馬糞ハ自然混入ハ免レサルナリ故ニ…食事ハ最モ苦痛ナリ…」という状況であり（小林解説 2008：7），1895（明治 28）年の台湾での作業では「漸次南方ニ進ムニ従ヒ脚氣若クハ熱性患者ヲ増生シ既ニ死亡者四名後送若クハ入院セシ者十二名ニ達シ應役者殆ント全員ノ四分ノ一ヲ相減…」するような状況も発生している（小林解説 2008：91）。

また，奥地に異邦人が闖入したための軋轢も随所にあったようで，排日運動とは別の面からの困難も見られる。これに近いことは，日本国内の明治前期の測量においても特に珍しいことではなかった。その一例，1899（明治 32）年の報告「…作業地ノ民情ハ一般ニ不穏ナル模様就中高山ニ登ルハ最モ土民ノ厭忌スル處ナリ…海嘯アリテ多數ノ民家ヲ破損シ人畜死傷少カラサルカ此天災ヲ…昨年日本人…山頂ニ登リ明太魚ヲ埋メ歩キタルカ爲彼ノ恐ルヘキ海嘯アリタリ然ルニ今回亦モ日本人當地方ニ來リ登山スルハ前ノ如ク山上ニ明太魚ヲ埋メ海嘯ノ如キ天災ヲ起シテ我地方ノ人民ヲ祈リ殺サムトスル者ナリトノ怪説ヲ一般ニ傳播シタルナル…」「明太魚ノ怪説四方ニ傳播シ各地民情不穏多少ノ妨害ハ受居候爲ニ豫定ノ計畫地區ヲ完結スルハ甚タ困難ナル次第…民情不穏ノ原因ハ單ニ明太魚埋堀云々ノ迷信ヨリ來リタルヲ以テ山上ニ登ルヲ嫌忌シテ妨害スルノミ測圖ト云フ點ニハ少シモ介意セサルハ作業上仕合セ…」という一面も報告されている（小林解説 2008：68-70）。

ところで，当時の軍における非人間的精神至上主義教育のもとでは「身命ヲ君國ニ献ケ至誠上長ニ服従」（『歩兵操典』より）すべきことが至上とされた。しかし，『外邦測量沿革史 草稿』を見る限りでは，そのような風潮を感じさせるものはない。例えば「單ニ死スル而已カ奉公ニアラス，出來得ル限リノ危険ヲ避ケ生ヲ全フシテ始メテ任務ヲ完フス…行路者ヲ輕蔑シ或ハ種々ノ屈辱ヲ受クルコト往々アリ此場合憤ヲ愼ミ…絶對ニ忍ヒテ通過スルヲ以テ本職ニ勉ムル者ノ眞價タリ，故ニ凡有手段方法ノ限リ盡シテ生ヲ全フシテ貴重ナル成果ヲ齎ラシ歸還スルヲ以テ本領トス…」（小林解説 2008：6）とするように，短い文中ながら，繰り返して，堪え忍びつつあらゆる手段・方法を尽くして帰還し，生を全うすべきことを強調している。あるいは，「若シ發露シ萬止ムヲ得サル場合ニ遭遇シタル時ハ自個ノ一存ニテ一種ノ營利的ニ爲シタル如ク自白スヘシ…韓人ト口論或ハ抗争等決シテ爲スヘカラス途中其他ニ於テ暴行者ニ邂逅シタル場合ハ逃避スルヲ最トス」のような「逃げるが勝ち」的な訓示もある（小林解説 2008：28）。

これらのことは，「生キテ虜囚ノ辱ヲ受クルナカレ」（『戦陣訓』より）とする生命軽視とは明らかに正反対の立場である。しかし，一方では，もともと他国領においての秘密行動であったため，外交紛争の発生を避けるために，危急の際には自ら「絶対免ル能ハサル場合ニ立至リタル時ニ際シテハ累ヲ國家ニ及ホササルノ覺悟ヲ以テ従事セリ…」の意志は強く，例えば，1909（明治42）年清国広東省での事件「悲惨ナル襲撃ヲ受ケ進退爰ニ谷リシカ一路ノ行手ヲ差シテ逃ケ行ク途中辛フシテ證據トナルヘキモノハ悉ク湮滅シテ死後支那官憲ニ測量者タルコトヲ疑ハシメス」のように身分を秘し，異国での一異邦人として悲惨・無残・遺恨の死を遂げた者が多い。この例の場合は，当時排日機運が最も激しかった清国の同地においても「…（清国内の）地方各新聞ハ同情ノ記事コソ掲ケタリシモ一トシテ疑問ケ間敷記事ハ一モ記載無ク…」というような結果となっている（小林解説2008：6，（　）内引用者）。

当時，個人の死を国家を背景とした儀礼となし，靖国神社に合祠して，これを名誉なことと考えるのが表向き一般の風潮であった。しかし，『沿革史』の扱う北支方面軍関係のみでの殉職者127名のうち，60名は合祠されず，参謀本部はこのうちの32名について「…等ノ諸氏ハ殊ニ無慙ナル最期ナリシカ…合祠ノ恩命ニ浴セラルルコトナレハ之ニ越シタル仕合セナシ…」と陸軍省に折衝するが，「其時機力適合セス是ハ勅令ヲ以テ定メラレタル範圍外ニシテ…餘ノ儀ト違ヒ手ノ盡シ様ナシ…」のため，参謀本部では「殉職者ノ遺骸カ無音ノ歸還セラルル毎ニ…」芝増上寺において法会を執行し，毎年の法要を営んでいた（小林解説 2008：5）。

以上は，測量関係者に係る記録であるが，ほかに多くの情報将校がさらに奥地に入り込んで同様の仕事を行っており，そのことは，僅かに一覧図上に垣間見るにすぎない。

## 5．記録としての一覧図

これまで述べてきたように，大変な犠牲を払って作製された外邦図は秘図扱いのもので，一般に出回る性格のものではないことから，図の存在は稀であり，その一覧図はさらに少ない。ただし，本稿では，冒頭に述べた如くに広義の外邦図の立場をとっており，旧植民地について作製されたものには一時販売されたものもある。

ここで紹介するものは，筆者が確認できたもののみである。この中には，以前に記録しておいたまま，再確認ができずに，表への記載が一部不十分なもの（特に表Ⅲ-1-8の一枚刷りの諸図）もあることを断っておきたい。

一覧図には，特定の地域または種類ごとに冊子（表Ⅲ-1-1～表Ⅲ-1-7）とされたものと，1枚もの（表Ⅲ-1-8）がある。以下それらを概説する。

**1）「北方地區地圖整備目録」（表Ⅲ-1-1）**

参謀本部（陸地測量部）と関東軍司令部（関東軍測量隊）が北方地区について調製した各種地図。地図の取扱区分（軍事極秘，軍事秘密，秘扱，普通）を色で表示し，図葉ごとの製版年紀を表示。

**2）「南方地域圖整備目録」（表Ⅲ-1-2）**

参謀本部（陸地測量部）が南方地域について入手・調製した各種地図。各一覧図中の図郭は，その縮尺に応じて，線種と色により7区分，ほかに取扱区分（軍事極秘，軍事秘密，秘扱，普通）を色で表示し，精度の判定に資するために各図種ごとに図歴（原図の調製機関，調製年紀，投影法），地貌の表現方法（曲線式・暈滃式，ほか）を表示。

**3）「航空圖一覧表」（表Ⅲ-1-3）**

上2件にも採録されている航空図について，調製予定も含めて，別途とりまとめたもの。

**4）「支那製地圖一覧圖」（表Ⅲ-1-4）**

何らかの手段によって入手した中華民国全域の，同国調製地図を省別にとりまとめたもの。大部分は未製版との断り書きがある。

**5）「關東軍調製陸軍秘密地圖一覧圖」（表Ⅲ-1-5）・「支那地域兵要地圖整備目録」（表Ⅲ-1-6）**

前者は満洲国，後者はそれ以外の支那全域について，当時まで陸地測量部が調製（複製したものを含む）していた各種地図と，入手していたものについて，利用の便を図るためにとりまとめたもの。後者では，調製区域と入手済未調製区域を区分し，図種ごとに精度の判定に資するために図歴を表示。

**6）「機秘密圖一覽表（内國圖及臨時圖）」（表Ⅲ-1-7）**

シベリア，満洲，中国の各種図であるが，多数の市街図が載っている。特徴として，現地部隊からの地図請求用の略符号が全地図に付されており，地図払出しの迅速・正確化が必要とされたことがうかがわれる。

なお，外邦図一覧図のうち，冊子様式のものは，以上で包括していると見てよいが，表Ⅲ-1-8にまとめたものについては，各所に断片的に所蔵されているものをとりまとめたものであり，この種の一覧図はこれ以外にも存在すると考えられ，その調査は今後の課題である。また，現在の国立国会図書館にある一覧図については，鈴木（2005，本書Ⅱ-2章）を参照。

次にこれらの一覧図の作製時期を検討してみたい。表Ⅲ-1-9は，上記の一覧図を年代別にならべて示している。これから，1938（昭和13）年に製版されたものが多いことがまず注目される。さらにこの全部が中国に関するもので，中には「民國製五万分一圖一覧表」（「一覧表」とあるが内容は「地図一覧図」，以下同じ），「民國圖集成五万分一圖一覧表」といった，中国製の図に関するものであることを明記するものが見られることも留意される。1939（昭和14）年製版の「民國製十万分一圖一覧表」もこれに加えても良いであろう。この背景には，1937（昭和12）年12月に，日本軍が南京事件に際して，民国軍参謀本部陸地測量總局で，中国全土にわたるその時期までの地図を多量に「鹵獲」したこと（高木著・藤原編 1992：213-240）が関連していると見て良いであろう。これは日本軍の中国に関する地図事情を一変させ，中国製の地図の複製が広く利用されるようになったことを示している。一覧図は，急に増大したこれらの図の活用に不可欠であったと考えられる。

以上に関連してさらに注目しておくべきは，「外邦十万分一圖精度一覧圖」（1938［昭和13］年製版）のように，地図の精度評価を示しているものがある点である。一気に増大した中国製の地図にはさまざまなものがあり，利用にあたっては精度の把握が要請されていたわけである。

ところで，こうした大量の中国製地図の「鹵獲」は，満洲事変（1931［昭和6］年）に際しても，

表Ⅲ-1-1 「北方地區地圖整備目録」とその内容

| 頁 | 一覧圖等の名称 | 採録対象の地図一覧図図名（ほか補足説明） | 色数 |
|---|---|---|---|
| 1 | 索引圖（其ノ一） | 10万分1以下地形圖・地勢圖・兵要地誌圖（各種一覧図が覆う地域と記載ページを示す） | 4 |
| 2 | 索引圖（其ノ二） | 5万分1以上地形圖・兵要地誌圖（同上） | 4 |
| 3 | 輿地圖 | 1500万分1縮正太平洋全圖<br>1000万分1太平洋全圖・亞細亞大陸圖<br>600万分1北太平洋全圖<br>500万分1東部亞細亞大陸圖・日本及隣邦圖<br>400万分1支那全圖<br>250万分1歐羅巴大陸圖<br>250万分1東亞大陸圖・滿洲國及支那東北部一般圖・東部中部「ソ」領輿地圖 | 1 |
| 4 | 航空圖及無線方向探知用圖 | 300万分1汎太平洋航空圖・航空素圖・輿地圖<br>200万分1太平洋周域（北部）航空圖・航空素圖・輿地圖<br>100万分1航空圖<br>無線方向探知用北方一般圖及局地圖 | 2 |
| 5 | 兵要地誌圖（其ノ一） | 滿洲，西伯利及蒙古兵要20万分1地誌圖<br>滿洲及西伯利10万分1地誌圖 | 2 |
| 6 | 兵要地誌圖（其ノ二） | 蘇滿方面50万分1地誌圖<br>50万分1蒙疆地方給水及衛生兵要地誌概要圖<br>内蒙古地方50万分1兵要地誌圖<br>10万分1勘察加半島地誌圖<br>綏遠省5万分1兵要地誌圖<br>東「ソ」2万5000分1地誌圖 | 2 |
| 7 | 五十万分一圖 | 東亞及滿洲50万分1圖 | 2 |
| 8 | 二十万分一圖（其ノ一） | 滿洲，西伯利，蒙古兵要20万分1圖 | 2 |
| 9 | 二十万分一圖（其ノ二） | 滿洲及西伯利兵要20万分1圖<br>蘇聯版改描蒙古兵要20万分1圖，蘇聯版改描蒙古20万分1圖 | 2 |
| 10 | 十万分一地形圖 | 滿洲・西伯利及蒙古10万分1圖，勘察加半島10万分圖 | 2 |
| 11 | 五万分一地形圖 | 滿洲5万分1圖 | 2 |
| 12 | 民國製五万分一局地圖 | 假製滿洲及北支那5万分1圖<br>滿洲5万分1龍江局地圖，吉林・奉天局地圖，遼陽局地圖，洮南局地圖，熱河局地圖 | 2 |
| 13 | 二万五千分一地形圖（其ノ一） | 北樺太2万5000分1圖，東「ソ」2万5000分1圖 | 2 |
| 14 | 二万五千分一地形圖（其ノ二） | 東「ソ」及滿洲2万5000分1圖 | 2 |
| 15 | 二万五千分一地形圖（其ノ三）<br>及一万分一地形圖 | 滿洲2万5000分1圖，關東洲2万5000分1圖<br>1万分1新京近傍圖 | <br>2 |
| 16 | 參考圖 | 200万分1航空圖<br>滿洲50万分1航空圖<br>100万分1兵要地理調査圖（道路網及森林）<br>50万分1北滿洲給水兵要地誌圖<br>蘇聯製100万分1極東地方圖及露版改描100万分1圖<br>100万分1東亞輿地圖<br>20万分1東部「ソ」領（北樺太）圖<br>滿洲20万分1圖 | 2 |
| 17 | 參考圖一覧表 | （外邦地域について収集・複製したその他の各種地図） | 1 |

參謀本部，1942（昭和17）年12月調製，19枚組1冊，軍事極秘。
注1：図の名称は原則として当時の表記に拠るが右覧の縮尺数値は算用数字に書き換えた。以下の各表とも同じ。
注2：一覧図には，地図の取扱区分（軍事極秘，軍事秘密，秘扱，普通）を色で表示し，図葉ごとの製版年紀を表示。

表Ⅲ-1-2 「南方地域圖整備目録」とその内容

| 頁 | 一覧図等の名称 | 採録対象の地図一覧図図名（ほか補足説明） | 色数 |
|---|---|---|---|
| 1 | 総索引圖（其ノ一） | 40万分1以下總索引圖（各種一覧図が覆う地域と記載ページを示す）(600万分1以下は含まず) | 4 |

| | | | |
|---|---|---|---|
| 2 | 総索引圖（其ノ二） | 30 万分 1 以上總索引圖（各種一覧図が覆う地域と記載ページを示す） | 2 |
| 3 | 特殊圖（其ノ一） | 一覧圖（航空用各種地圖の索引図）<br>300 万分 1 汎太平洋航空圖<br>200 万分 1 太平洋周域航空圖・航法經緯度圖 | 2 |
| 4 | 特殊圖（其ノ二） | 200 万分 1 南方航空圖<br>100 万分 1 航空圖，東印度諸島航空圖<br>63 万分 1 マライ航空圖<br>60 万分 1 フィリッピン航空圖<br>500 万分 1 無線方向探知用南方一般圖 | 2 |
| 5 | 輿地圖（其ノ一） | 2200 万分 1 世界全圖<br>1500 万分 1 縮正太平洋全圖<br>1000 万分 1 太平洋全圖・亞細亞大陸圖<br>600 万分 1 太平洋諸島輿地圖・南方輿地圖・印度及西亞濠洲輿地圖<br>300 万分 1 珊瑚海周域圖<br>2500 万分 1 皇道光被線概測圖<br>2200 万分 1 世界全圖素圖・印度洋素圖<br>2000 万分 1 太平洋素圖・亞細亞大陸圖<br>1000 万分 1 南方素圖<br>600 万分 1 濠洲周域素圖 | 2 |
| 6 | 輿地圖（其ノ二） | 一覧圖<br>400 万分 1 南部亞細亞<br>250 万分 1 東印度諸島<br>200 万分 1 南部亞細亞（印度）<br>オーストラリア州別圖・州別交通圖 | 4 |
| 7 | 百万分一圖（其ノ一） | 一覧圖<br>100 万分 1 印度（編纂圖）・万國圖 | 4 |
| 8 | 百万分一圖（其ノ二） | 100 万分 1 パプア島・セレベス自動車道路圖・ニューヘブライズ諸島・ジャワ・印度・オーストラリア | 2 |
| 9 | 地勢圖<br>四十万分一以下（其ノ一） | 76 万分 1 マライ自動車道路圖<br>75 万分 1 ボルネオ東南部<br>60 万分 1 ミンダナオ島<br>50 万分 1 フィリッピン（編纂圖）・北ボルネオ・サラワク・南ボルネオ・セレベス・ジャワ及マヅラ・チモール・ハルマヘラ島・セラム島・ソロモン諸島（編纂圖）・フィジー諸島及ヴァヌアレヴ島・ハワイ諸島・ニュージーランド・セイロン島・セイロン島自動車道路圖・パプア島<br>40 万分 1 パラワン島 | 4 |
| 10 | 地勢圖<br>四十万分一以下（其ノ二） | 75 万分 1 スマトラ<br>50 万分 1 ビルマ（編纂圖）・佛領印度支那・ジャワ自動車道路圖・オーストラリア<br>40 万分 1 佛領印度支那 | 2 |
| 11〜14 | 三十万分一以上地勢圖及地形圖<br>印度及ビルマ（其ノ一〜四） | 一覧圖，25 万分 1 圖，12 万 5 千分 1 圖，5 万分 1 圖 | 4/2 |
| 15 | タイ | 一覧圖，25 万分 1 圖，5 万分 1 圖 | 4 |
| 16 | 佛領印度支那 | 10 万分 1 圖，2 万 5 千分 1 圖 | 3 |
| 17 | マライ | 州別圖（20 万分 1，10 万分 1，5 万分 1 圖），5 万分 1 圖 | 3 |
| 18 | フィリッピン | 一覧圖，20 万分 1 圖，6 万 3 千分 1 圖，2 万分 1 圖，3168 分 1 ルソン島軍用圖 | 4 |
| 19 | スマトラ（其ノ一） | 一覧圖，25 万分 1 圖，20 万分 1 圖 | 4 |
| 20 | スマトラ（其ノ二） | 15 万分 1 圖，10 万分 1 圖，8 万分 1 圖 | 3 |
| 21 | スマトラ（其ノ三） | 5 万分 1 圖，4 万分 1 圖 | 2 |
| 22 | スマトラ（其ノ四） | 2 万 5 千万分 1 圖，2 万分 1 圖 | 3 |
| 23 | ジャワ（其ノ一） | 一覧圖，25 万分 1 圖，10 万分 1 圖 | 4 |
| 24 | ジャワ（其ノ二） | 5 万分 1 圖，2 万 5 千分 1 圖 | 2 |
| 25 | 東部スンダ列島（其ノ一） | 一覧圖，30 万分 1 圖，25 万分 1 圖，20 万分 1 圖，15 万分 1 圖 | 4 |

| | | | |
|---|---|---|---|
| 26 | 東部スンダ列島（其ノ二） | 一覧圖，10万分1圖，5万分1圖，2万5千分1圖 | 3 |
| 27 | ボルネオ | 20万分1圖，10万分1圖，5万分1圖，2万5千分1圖 | 3 |
| 28 | セレベス及モルカ | 一覧圖，25万分1圖，20万分1圖，10万分1圖，5万分1圖，2万5千分1圖 | 4 |
| 29 | パプア | 25万分1圖，20万分1圖，10万分1圖 | 2 |
| 30 | オーストラリア（其ノ一） | 濠洲50万分1圖及25万分1圖 | 2 |
| 31 | オーストラリア（其ノ二） | 5万分1圖 | 2 |
| 32 | 其ノ他 | ハワイ諸島5万分1圖，フィジー諸島30万分1圖，ニューカレドニア諸島30万分1圖，10万分1圖，サモア諸島20万分1圖，5万分1圖，グアム島6万3千分1圖，2万分1圖 | 2 |
| 33 | 参考圖 | 参考圖一覧表（外邦地域について収集・複製した上記以外の各種地図，未複製図を含む） | 1 |

参謀本部，1943（昭和18）年5月調製，36枚組1冊，軍事極秘。
注：一覧図中の図郭は，その縮尺に応じて，線種と色により7区分，ほかに取扱区分（軍事極秘，軍事秘密，秘扱，普通）を色で表示し，精度の判定に資するため各図種ごとに図歴（原図の調整機関，調整年紀，投影法，地貌の表現方法（曲線式・暈翁式等），入手図と複製図の色数，翻訳の有無，ほか）を表示。

### 表Ⅲ-1-3 「航空圖一覧表」とその内容

| 頁 | 一覧図等の名称 | 採録対象の地図一覧図図名（ほか補足説明） | 色数 |
|---|---|---|---|
| 1 | 三百万分一汎太平洋航空圖 | アラスカ～オーストラリアまで図作成済，大陸方面は予定 | 2 |
| 2 | 二百万分一太平洋周域<br>北部・南部航空圖 | アジア・インド・オーストラリアを覆う | 2 |
| 3 | 二百万分一大東亜航空圖 | 1943（昭和18）年度調製予定として，米西海岸からインド・オーストラリア・シベリア・中国まで | 2 |
| 4 | 二百万分一航法用經緯度圖 | 上と同一図郭 | 2 |
| 5 | 二百万分一航空圖 | 任意図郭で，シベリア南部からオーストラリア北部まで | 3 |
| 6 | 百万分一航空圖 | 任意図郭で，シベリア南部からフィリピン・スマトラまで | 3 |
| 7 | 五十万分一航空圖 | 満洲全域（切図）と日本北半（任意図郭），南半は1944（昭和19）年度予定 | 3 |
| 8 | 皇道光被線概測圖<br>防空用作戰圖<br>無線方向探知用圖 | （同左） | 1 |
| — | 航空圖一覧圖 | 上記1～8の一覧図 | 4 |

参謀本部，1943（昭和18）年7月調製，9枚組1冊，極秘。
注：表Ⅲ-1-1，Ⅲ-1-2中の航空図をとりまとめ，さらに，1943（昭和18）年調製予定，1944（昭和19）年以降の計画を明示。

### 表Ⅲ-1-4 「支那製地圖一覧圖」とその内容

| 頁 | 一覧図等の名称 | 採録対象の地図一覧図図名（ほか補足説明） | 色数 |
|---|---|---|---|
| 1 | 支那製地圖一覧圖（其一）<br>黒龍江省 興安省 満洲地方 | 黒龍江省と興安省（一部）の10万，5万，2.5万図，満洲地方の10万図 | 1 |
| 2 | 支那製地圖一覧圖（其二）<br>吉林省 | 10万，5万，2.5万，1万図 | 1 |
| 3 | 支那製地圖一覧圖（其三）<br>奉天省 | 10万，5万，2.5万，1万図 | 1 |
| 4 | 支那製地圖一覧圖（其四）<br>熱河省 察哈爾省 綏遠省 外蒙古 | 10万，5万，2.5万図 | 1 |
| 5 | 支那製地圖一覧圖（其五）<br>五河北省 | 10万，5万，2.5万，2万，1万図 | 1 |
| 6 | 支那製地圖一覧圖（其六）<br>江蘇省 山東省 | 10万，5万，2.5万，2万，1.25万，1万，5千，1千図 | 1 |

| | | | |
|---|---|---|---|
| 7 | 支那製地圖一覧圖（其七）<br>安徽省 浙江省 福建省 | 10万，5万，2.5万，2万 | 1 |
| 8 | 支那製地圖一覧圖（其八）<br>河南省 山西省 陝西省 | 10万，5万，2.5万，1.2万図 | 1 |
| 9 | 支那製地圖一覧圖（其九）<br>江西省 湖南省 湖北省 | 10万，5万，2.5万，2万，1万，5千図 | 1 |
| 10 | 支那製地圖一覧圖（其十）<br>廣東省 廣西省 | 10万，2.5万，2万，1万，2千5百図 | 1 |
| 11 | 支那製地圖一覧圖（其十一）<br>甘肅省 四川省 貴州省 雲南省 | 10万，5万，2.5万，5千図 | 1 |
| 12 | 支那製地圖一覧圖（其十二）<br>百万分一　五十万分一　二十万分一 八万四千分一 其他 | 縮尺順に，民國輿圖，中國輿圖，各地の民國圖，滿洲（舊露版圖），他 | 1 |
| 13 | 支那製地圖一覧圖（其十三）<br>局地圖 | 小～大縮尺の各種地図について，縮尺，名称，測図製版年紀，発行機関，組面数を表形式でとりまとめ | 1 |

1935（昭和10）年製版・1936（昭和11）年修正・陸地測量部，1936（昭和11）年3月発行・参謀本部，秘。
注1：No.12を除く各図郭外に「本表ニ記載セルモノハ大部分未製版ニ屬スルヲ以テ印刷請求ニハ前掲西伯利滿洲及支那地圖一覧圖，外邦局地圖一覧圖ニ據ルモノトス」とある。これらは，何らかの手段によって入手した地図について，応急的に作成した一覧図であろう。
注2：上により，表Ⅲ-1-8中に記載した同名の4枚の図は本表と各図と一体的に作成されたものである。
注3：No.11までの各図には，ほかに一般図を含む。
注4：一覧図中の各地形図には，図ごとの測図年紀の表示はなく，図種ごとに年紀を表示。
注5：各一覧図に表示された，一覧図の製版・修正・発行の年紀には，本表記載と別種のものもある。

### 表Ⅲ-1-5 「關東軍調製陸軍秘密地圖一覧圖」とその内容

| 頁 | 一覧図等の名称 | 採録対象の地図一覧図図名（ほか補足説明） | 色数 |
|---|---|---|---|
| 1 | 輿地圖一覧圖 | 100万分1沿海州，滿洲，後貝加爾及東部蒙古輿地圖<br>200万分1滿洲國輿地圖 | 1 |
| 2 | 五十万分一圖一覧圖 | 滿洲国内は一般販売，その周辺は秘扱い等を明示 | 2 |
| 3 | 兵要二十万分一圖一覧圖<br>一，二（2面） | 既成10万分1圖を集成縮図編纂したもの | 2 |
| 4 | 十万分一地形圖一覧圖 | 日本の，又は調製国の測量年紀，一部未測地・民國製等地図を含む | 1 |
| 5 | 大判十万分一地形圖，<br>地誌圖一覧圖（2面） | 上欄の10万分1圖を4面集成，地誌図は一部柾判 | 2 |
| 6 | 滿洲五万分一地形圖一覧圖 | 重要地域について作成された5万分1図の一覧図 | 1 |
| 7 | 二万五千分一地形圖一覧圖 | 重要地域について作成された2.5万分1図の一覧図 | 1 |
| 8 | 特別圖一覧圖<br>（集成圖，演習圖，市街圖） | 左のほか，情報圖，露版圖を含む | 1 |
| 9 | 地圖取扱區分一覧圖 | 滿洲国とその周辺の地図について，軍事極秘，軍事秘密，秘扱，解秘発売区域（概ね齊々哈爾より南，熱河より東）を明示 | 2 |
| 10 | 地圖ノ圖郭統一及肩書番号改訂要領 | 各種の，新・旧の地圖系統分類番号を整理対照して説明 | 2 |
| 11 | 方眼系及利用要領 | 説明文のみ | — |

關東軍司令部，1941（昭和16）年12月調製，含附図12枚1冊，軍事極秘。
注1：滿洲国とその周辺のみを対象とする。
注2：冊子の表題は秘密地図であるが，一般販売図を含む。
注3：上掲のほかに，1943（昭和18）年9月1日調製の冊子がある。一部の図が分割・統合・名称変更されているほか，次の3点が追加されている；「雜圖一覧圖」，「情報圖一覧圖」，「入手『ソ』版圖一覧圖」。

表Ⅲ-1-6 「支那地域兵要地圖整備目録」とその内容

| 頁 | 一覧図等の名称 | 採録対象の地図一覧図の内容，ほか補足説明 | 色数 |
|---|---|---|---|
| 1 | 航空圖（航海用經緯度圖ヲ含ム） | 200 万分 1～300 万分 1 までの各種航空図等の一覧図集成 | 3 |
| 2 | 特殊圖・輿地圖 | （日本の）陸地測量部又は参謀本部調製の各種小縮尺図の一覧図 | |
| 3 | 地勢圖 其ノ一 索引圖 | 100 万分 1-50 万分 1 圖；二～五の図の位置索引図 | 5 |
| 4 | 地勢圖 其ノ二 | 100 万分 1-80 万分 1 圖；中華民國輿圖，中國輿圖，（日本の）東亞輿地圖，ほか（以上 100 万分 1），80 万分 1 南京附近，同北京・上海附近 | 3 |
| 5 | 地勢圖 其ノ三 | 50 万分 1 圖；東亞 50 万分 1 圖（50 万分 1 帝國圖，滿洲・カムチャッカ・アリューシャン・アラスカ・蒙古・支那・南方の各 50 万分 1），新疆省 50 万分 1 圖，50 万分 1 圖中國輿圖 | |
| 6 | 地勢圖 其ノ四 | 40 万分 1-25 万分 1 圖 | 3 |
| 7 | 地勢圖 其ノ五 | 20 万分 1 圖；河北省ほか 9 省 | 3 |
| 8 | 地形圖 其ノ一 索引圖 | ［10 万分 1 圖］ | |
| 9 | 地形圖 其ノ二 | 本製支那・假製支那 10 万分 1 圖，10 万分 1 空中寫眞測量要圖 | |
| 10 | 地形圖 其ノ三 | 民國圖縮製10万分1圖，10万分1空中寫眞測量要圖（3地域）を含む | 3 |
| 11 | 地形圖 其ノ四 | 民國製 10 万分 1；上欄と共に，図毎の測図年紀付き<br>省別の調製機関・年紀・地貌・色数等を示した精度概況表付き | 2 |
| | | 裏面；5 万分 1 図省境附近接合一覧圖 | 3 |
| 12 | 地形圖 其ノ五 | ［5 万分 1 圖］ | |
| 13 | 地形圖 其ノ六 索引圖 | 2 万 5 千分 1-2 万分 1；七～十二の図の位置索引図 | 3 |
| 14 | 地形圖 其ノ七 | 2 万 5 千分 1 河北省 | 3 |
| 15 | 地形圖 其ノ八 | 2 万 5 千分 1 山東，山西，河南，陝西省 | 3 |
| 16 | 地形圖 其ノ九 | 2 万 5 千分 1 江蘇，浙江，安徽，江西省 | 3 |
| 17 | 地形圖 其ノ十 | 2 万 5 千分 1 湖北，湖南，廣東，廣西省 | 3 |
| 18 | 地形圖 其ノ十一 | 2 万 5 千分 1 甘肅，四川，貴州，雲南省 | 3 |
| 19 | 地形圖 其ノ十二 | 2 万分 1 圖 | 3 |
| 20 | 地形圖 其ノ十三 | 1 万分 1 河北，山東，山西，陝西，河南省 | 3 |
| 21 | 地形圖 其ノ十四 | 1 万分 1 江蘇，安徽，浙江，湖北，湖南，江西省 | 3 |
| 22 | 地形圖 其ノ十五 | 5 線分 1 圖；青島近傍，山西省太原近傍，上海附近，廣西省南寧附近 | 3 |
| 23 | 地形圖 其ノ十六 | 路線撮影ニヨル 10 万-1 万分 1 空中寫眞測量要圖；一覧図と索引図 | 3 |
| 24 | 兵要地誌圖 | 揚子江中域（5 万分 1），北支と南支の一部（10 万分 1），支那東部（50 万分 1） | 3 |
| 25 | （参考圖） | ［不詳］ | |

大本営陸軍部，1944（昭和 19）年 6 月調製，27 枚 1 冊，軍事極秘。
注 1：各図では，色により調製区域を，／により入手済未調製区域を表示。
注 2：図ごとに測図等の年紀のない一覧図には，図中の図種ごとに，調製機関・年紀・地貌・判種色数・標高基準・図式を表形式で表示。
注 3：色数を記入していないものは，実物を見ていない等のため，不明のもの。

表Ⅲ-1-7 「機秘密圖一覽表（内國圖及臨時圖）」とその内容

| 頁 | 一覧図等の名称 | 採録対象の地図一覧図図名（ほか補足説明） | 色数 |
|---|---|---|---|
| 1 | 外邦局地圖一覽圖（其一） | 南京，上海，ほか主な地域の 2.5 万図。上海近傍ほかの 2.5 万空中寫眞測量要圖。各地の 2 万図，1 万図，5 千図。黄河水利委員会の 5 万図と 1 万図，ほか 10 万図と 20 万図。「雑圖」として約 100 件の「市街圖」「市街近傍圖」（1933 年製版・1934 年 6 月略符号補入・1940 年修正改版 1940 年 3 月 25 日発行） | 1 |
| 2 | 外邦局地圖一覽圖（其二） | 民國製 5 万図，ほか各種の 5 万図（1933 年製版・1934 年 6 月略符号補入・1940 年修正改版 1940 年 3 月 25 日発行） | 1 |
| 3 | 西伯利．滿洲及支那外邦局地圖一覽圖（其一） | 標題広域の 10 万図のほか，假製 10 万図の北支那部分，滿蒙 10 万空中寫眞測量要圖，カムチャッカの 10 万図（1922 年製版・1934 年 6 月略符号補入・1940 年修正改版 1940 年 3 月 25 日発行） | 1 |

| | | | |
|---|---|---|---|
| 4 | 西伯利．滿洲及支那外邦局地圖一覽圖（其二） | 上記の10万図に接合する南支那部分と西伯利部分のほか，假製10万図に接合する南支那部分，カムチャツカの10万図，10万陝西省河南省空中寫眞測量要圖，滿洲。東亜ほかの50万図，各種の航空図（1922年製版・1934年6月略符号補入・1940年修正改版　1940年3月25日発行） | 1 |

注1：作製者の表示なし。内容のうち，最も新しいものは1940（昭和15）年3月発行とある。
注2：標題に「機秘密圖」とあるが，滿洲国内の一般販売図も含む。また，「内國圖及臨時圖」とあるが，当時の「内国図」は含まれていない。ただし，それが脱落した可能性と，ほかにも一覧図が綴じ込まれていた可能性がある。
注3：この冊子の特徴として，各ページと，各ページに掲げられた一覧図およびその内容の個々の地図すべてに，索引（請求用の略符号）記号・番号が振られている。

表Ⅲ-1-8 「その他の各種一覽圖」とその内容

| 一覧図等の名称／調製・発行年月 | 発行／扱 | 内容，ほか補足説明・特記事項 | 色数 |
|---|---|---|---|
| 西伯利，滿洲及支那地圖（其一）<br>1922製版，1926修（陸測）・1926.3発行 | 参謀本部<br>軍事秘密 | 支那，滿洲とシベリア南部の10万図，蒙疆10万寫眞測量要圖 | 2 |
| 西伯利，滿洲及支那地圖（其二）<br>1922製版，1926修（陸測）・1926.3発行 | 参謀本部<br>軍事秘密 | 支那南部の10万図，同仮製10万図，滿洲東亞50万分1圖，各種航空図，未製版図区域を明示 | 2 |
| 外邦局地圖一覽圖（其一）<br>1933製版，1940修（陸測）・1940.3発行 | 参謀本部<br>軍事秘密 | 5千，1万，2万，2.5万，10万，20万の各種局地的地図<br>黄河水利委5万図，小縮尺図，その他雑種図の表 | 2 |
| 外邦局地圖一覽圖（其二）<br>1933製版，1940修（陸測）・1940.3発行 | 参謀本部<br>軍事秘密 | 民國製5万図（諸地方），假製滿洲5万図 | 2 |
| 支那東部地誌圖一覽圖<br>1937製版，1939修（陸測）・1939.9発行 | 参謀本部<br>軍事秘密 | 支那事変関係地域の10万地誌図と50万図，ほか（測図年紀なし）<br>（當分の間支那事變地ニ於ケル軍隊ニ限リ「部外秘」扱ニ準ス）とある | 1 |
| 察哈爾，綏遠，陝西省十万分一圖圖表<br>1938製版 | 陸地測量部<br>秘 | （測図年紀なし） | 1 |
| 外邦十万分一圖精度一覽圖<br>1938製版（陸測）・1938.4発行 | 参謀本部<br>軍事秘密 | 「500万分1東亞作業用素圖甲」に，図の測図年紀又は原図の調製図・機関とその精度評価を明示 | 5 |
| 蒙古，北支那作業用一覽圖<br>1938製版 | 陸地測量部<br>— | 図名を除いた測図年紀のみの10万図の一覧図 | 1 |
| 北南支那五万分一圖一覽表<br>1938製版，1939改訂（陸測）・1938.4発行 | 参謀本部<br>軍事秘密 | 測図したものと，支那製10万図の伸図を区分 | 1 |
| 民國製五万分一圖一覽表<br>1938製版（陸測）（1939増補，1939.4発行，1941.6発行もあり） | 参謀本部<br>軍事秘密 | （増補以降の版には，省別の仮定標高の表つき） | 1 |
| 山東省五萬分一地形圖圖表<br>1938製版 | —<br>軍事秘密 | 「5万図428面」の表示あり | 1 |
| 山西省五萬分一地形圖圖表<br>1938製版 | —<br>軍事秘密 | 民國測図年紀を表示 | 1 |
| ほかに，河北，河南，江蘇，安徽，陝西省についての同種の図あり | | | |
| 民國圖集成五万分一圖一覽表（大判）<br>1938製版（陸測）・1939.9調製 | 参謀本部<br>軍事秘密 | （測図年紀なし） | 1 |
| 民國製十万分一圖一覽表<br>1939製版，1941修（陸測）・1941.6発行 | 参謀本部<br>軍事秘密 | 10万図のみについて，省別の省別の仮定標高の表つき | 1 |
| 南方地圖一覽圖<br>1940製版（陸測）・1940.11発行 | 参謀本部<br>秘 | セレベス，ボルネオ，仏領印度支那，泰國，マレーシア，スマトラ，ジャワの5万，10万，20万等図 | 1 |
| 地誌圖一覽圖<br>1941製版（陸測）・発行 | 参謀本部<br>軍事秘密 | 支那5万，縮製10万，西伯利滿洲10万及50万，蒙古支那10万の各地誌図，ほか | 1 |
| 南方地區地圖目録<br>1942.5調製 | 参謀本部<br>第六課<br>秘 | 表2中と類似の図を切抜・貼付した厚さ3㎝の薄冊。ほかに，蒐集した各種地圖の一覧図を総て掲げる。北米・アフリカ・インド・豪州を含む | 各種 |

注1：存在を確認したもののみ。原則として調製年次順。
注2：表中に「一覧表」とあるものがあるが，これは，現在でいう「一覧図」。

表Ⅲ-1-9　年代順に見た外邦図一覧図

| 名　　称 | 発行者 | 作製時期 | 形式 |
|---|---|---|---|
| 西伯利，満州及支那地圖一覧圖（其一）（其二） | 参謀本部 | 1922年製版 | 2枚 |
| 外邦局地圖一覧圖（其一）（其二） | 参謀本部 | 1933年製版 | 2枚 |
| 機秘密圖一覽表（内國圖及臨時圖） | 参謀本部 | 1934年略符号補入<br>(現存は1940年修正改版発行のもの) | 4枚（又はそれ以上）1冊 |
| 支那製地圖一覧圖 | 陸地測量部 | 1935年製版 | 13枚 |
| 支那東部地誌圖一覧圖 | 参謀本部 | 1937年製版 | 1枚 |
| 察哈爾，綏遠，陝西省十万分一圖圖表 | 陸地測量部 | 1938年製版 | 1枚 |
| 外邦十万分一圖精度一覧圖 | 参謀本部 | 1938年製版 | 1枚 |
| 蒙古，北支那作業用一覧図 | 陸地測量部 | 1938年製版 | 1枚 |
| 北南支那五万分一圖一覧表 | 参謀本部 | 1938年製版 | 1枚 |
| 民國製五万分一圖一覧表 | 参謀本部 | 1938年製版<br>(1941年6月発行もあり) | 1枚 |
| 山東省五萬分一地形圖圖表 | | 1938年製版 | 1枚 |
| 山西省五萬分一地形圖圖表 | | 1938年製版 | 1枚 |
| ほかに河北，河南，江蘇，安徽，陝西省について同種の図あり | | | |
| 民國圖集成五万分一圖一覧表（大判） | 参謀本部 | 1938年製版 | 1枚 |
| 民國製十万分一圖一覧表 | 参謀本部 | 1939年製版 | 1枚 |
| 南方地圖一覧圖 | 参謀本部 | 1940年製版 | 1枚 |
| 關東軍調製陸軍秘密地圖一覧圖 | 關東軍司令部 | 1941年12月調製 | 含附図12枚1冊 |
| 地誌圖一覧圖 | 参謀本部 | 1941年製版 | 1枚 |
| 南方地區地圖目録 | 参謀本部第六課 | 1942年5月調製 | 各種一覧図の集成物 |
| 北方地區地圖整備目録 | 参謀本部 | 1942年12月調製 | 19枚組1冊 |
| 南方地域圖整備目録 | 参謀本部 | 1943年5月調製 | 36枚組1冊 |
| 航空圖一覧表 | 参謀本部 | 1943年7月調製 | 9枚組1冊 |
| 支那地域兵要地圖整備目録 | 大本営陸軍部 | 1944年6月調製 | 27枚組1冊 |

表Ⅲ-1-10　昭和19年　陸地測量部・参謀本部　地図一覧図（5面3枚1組）

| 名　　称 | 扱い | 主な内容 |
|---|---|---|
| 内邦地域地圖整備目録，其一 | 軍事秘密 | 5万地形圖，陸海編合圖，空中写真測量要圖，縮製10万圖，10万集成圖，2万・1万要塞近傍（図），20万兵要地誌資料圖，2.5万地形圖・要塞近傍（図） |
| 内邦地域地圖整備目録，其二 | 秘 | 5万地形圖，2.5万地形圖，1万地形圖 |
| 内邦地域地圖整備目録，其三 | 極秘 | 各種地図の一覧圖の索引圖，下記の地域の一覧図，①マーシャル諸島　2.5・10万陸海圖，②ギルバート諸島　2.5万・10万陸海圖，③ナウル島付近　2.5万・10万陸海圖，④カロリン諸島東部　2.5万・10万陸海圖，2.5万地形圖，⑤カロリン諸島西部　2.5万・5万・10万陸海圖，⑥パラオ諸島北部　2.5万・5万・10万陸海圖，2.5万地形圖，⑦パラオ諸島南部　2.5万・10万陸海圖，⑧マリアナ諸島　2.5万・5万・10万陸海圖，2.5万・5万地形圖，その他に兵要地誌資料圖，集成圖，判讀圖 |
| 航空圖整備目録 | 極秘 | 各種航空図の一覧圖の索引圖 |
| 地勢圖及輿地圖整備目録 | 秘 | 地勢圖，輿地圖から世界全圖まで |

長岡（1993b）による。

注：内邦地域地圖整備目録（其一，其二）は，日本本土（琉球諸島，千島列島，小笠原群島などを含む），台湾，朝鮮半島，樺太の地形図類をカバーする。

奉天（現・瀋陽）の東三省陸軍測量局で行われた（高木著・藤原編 1992：184, 215）。1935年調製の「支那製地圖一覧図」はそれをうけたものと推定される。ただし，この際押収された地図は，中国全土にわたるものではあったが，民国初期から民国10（1921）年頃までの，やや古いものであった[5)]。

以上に対し，複数の一覧図を綴じて冊子としたものは，1941（昭和16）年以降に集中する点が注目される。戦場の拡大とともに，多数の図の利用が必要となり，作製と利用について体系的な管理が必要になったと考えられる。すでに何度も引用してきた『外邦兵要地図整備誌』（高木著・藤原編 1992）の執筆も，その一環として，作製の経過を把握することを目指して行われたと見るべきであろう。

他方，戦争も末期に近づいてくると，日本本土に近い地域について，その防衛を強く意識した戦争用の地図の一覧図が作製されるようになる。狭義の外邦図ではないが，長岡（1993b）にもとづいて，この種の図についても紹介しておきたい。

表Ⅲ-1-10はその内容を示している。このうち「内邦地域地圖整備目録　其一」および「同　其二」は，複製（ただしモノクロ；長岡 1993b）があるので，参照が容易である。当時「内邦」であった地域の地図で軍事的な理由で秘密にされていたものの範囲を知ることができるとともに，特に注目されるのは，「陸海編合圖」あるいは「陸海圖」に加え，兵要地誌図である。前者は地形図と海域の

表Ⅲ-1-11　敗戦前後からの組織の変遷と関連業務

| | |
|---|---|
| 1943年（昭和18） | 敗色漂う中で，㊉作業（太平洋沿岸現地作戦用（本土決戦用）地図作製）進展。<br>外邦地域の地図は，輸送の困難性などもあって次第に縮小。 |
| 1944年（昭和19） | ㊉作業を民間印刷会社にも外注。大日本，凸版，共同の各印刷会社。<br>三宅坂から，明治大学予科校舎（杉並区和泉）へ疎開。 |
| 1945年（昭和20） | 5月25日：三宅坂庁舎は，空襲で大半が焼失。<br>4～5月：さらに，波田国民学校に疎開（総務課・第三課（旧・製図科）の写真製版と印刷）。ここで，輪転機2台稼働。塩尻国民学校（第一課［旧・三角科］・第二課［旧・地形科］），梓国民学校（第三課の製図），安曇国民学校（倉庫），温明国民学校（教育部［修技所］）。高山市（大井家）での印刷も計画された。<br>8月15日～：地図焼却（8月19日付けで「状勢ノ轉變ニ伴フ作戰用地圖處理要領」）。波田では，焼いた後で中止命令が来た。焼却については各種の話があるが，結果としては，各現場にあった印刷図はともかく，外邦図・兵要地誌図を含む軍事極秘以上の初刷も，保存状態のままで残置された。<br>8月31日：陸地測量部廃止。<br>9月1日：内務省国土局地理調査所設置。<br>9月25日：GHQが調査に初来訪。その後も度々。 |
| 1946年（昭和21） | 3～7月：千葉市黒砂（稲毛）の旧戦車学校校舎に逐次移転。 |
| 1947年（昭和22） | 12月31日：内務省廃止，建設院など設置。 |
| 1948年（昭和23） | 7月10日：建設省設置，その付属機関に。 |
| 1949年（昭和24） | 6月3日：測量法公布。 |
| 1950年（昭和25）6月25日～<br>1953年（昭和28）7月 | 朝鮮戦争及びその後の冷戦構造。 |
| 1952年（昭和27） | 4月28日：サンフランシスコ平和条約発効。<br>協定による外国軍の駐留は妨げないとの規定（第6条）等にもとづいて，同時に日米安保条約（1952年4月発効，1960年に改定新条約）。 |
| 1960年（昭和35） | 7月：国土地理院に名称変更。 |

図を合体させたもので，浅海については等深線が記入されている場合もある。明らかにアメリカ軍の上陸を予想した地図で，琉球列島から千島列島の島嶼（清水 2005）や，ミクロネシアの島について作製されている。後者は縮尺がさまざまな地図に，交通路の状況や飛行場適地など各種情報を文字や記号で示した図で，中国大陸や東南アジア，太平洋各地について作製された。

## 6．戦後における外邦図と『国外地図目録』・『国外地図一覧図』のとりまとめ

以上，外邦図の一覧図について見てきたが，類似のものは戦後にも作製された。次に長岡（2004, 2008）によりつつ，戦後に外邦図がどのような経過で今日に至ったかにふれながら，戦後の一覧図と目録について述べておきたい（表Ⅲ-1-11 を参照）。

戦争末期になると，陸地測量部の地図を含む各種の資機材は，東京から長野県の梓村，波田村などに疎開されて，そこで業務の一部が行われた。疎開の途中に，20 万分 1 帝国図原版の全部とほかの一部の図は，新宿駅空襲で被弾・滅失することになった。敗戦直後になると，軍文書類は焼却され，地図や空中写真のかなりの部分も焼却された（塚田・富澤 2005，本書Ⅴ-1 章参照）。また市ヶ谷の参謀本部にあった外邦図については，大学関係者によって東北大学や資源科学研究所に持ち出され，今日の大学における外邦図コレクションのもととなった（本書Ⅱ-1 章，Ⅴ-5 章参照）。

他方，外邦図に関心を持つ者の間で，外邦地域を対象とした『国外地図目録』（4 冊組）と『国外地図一覧図』（柾版 4 冊組）の存在が知られていた。このうち目録はカーボンコピー，一覧図は藍焼で，外邦図の全貌を知るのに最も重要な資料である。この目録作成の由来と，目録掲載の対象とされた外邦図については長らく不詳であったが，陸地測量部・地理調査所・国土地理院を歴任された職員で，この作製に係わった方のあることが判明したので，聞き取りによって，作製当時の事情を知ることができた。以下は，その聞き取り結果に加えて，『測量・地図百年史』（測量・地図百年史編纂委員会 1970）および信濃毎日新聞連載記事（1995-1996；渡辺正氏所蔵資料編集委員会 2005：115-120）を総合し，とりまとめたものである（表Ⅲ-1-12 を参照）。

占領軍（米軍）は，戦後の日本領土の地図原図・原版・初刷[6]とも，一切手をつけなかったので，疎開終了後はそのまま千葉県稲毛（黒砂町）の地理調査所に運ばれて利用され，後の目黒移転時にはそちらに移された。なお，戦後しばらくの間，米軍施政下にあった地域については，後述の外邦図と同じく，いったん米軍に接収されたが，施政権が返還になる都度，原図が返された。後に，歯舞色丹の図も同様とされた。

他方，狭義の外邦図のほか，戦後に施政権が失われた地域の地図原図は，梓村花見公会堂で米軍に接収されて松本市の浅間温泉（接収に来た米軍の宿舎）へ移された。そのすべては，新宿伊勢丹デパートに本拠を置いたU. S. Far East Army Map Service（AMS：極東米国陸軍地図局；当初は米国陸軍工兵隊の第 64 地形技術大隊）[7]へそのまま送られて，後に米国へ運搬され，その返還はなかった。

表Ⅲ-1-12　主な米軍指令作業など

| | |
|---|---|
| 1946年（昭和21） | 1月：基準点標石調査・復旧。<br>2月：地名調査。<br>3月：土地利用図作製，などなど，矢継ぎ早に指令。 |
| 1953年（昭和28） | 3月4日：「地図作製及び測量の方針運用に関する取極め」<br>①日本国内についての，測量資料の相互提供。<br>②米国により作製中の基本図への援助。完成後は日本が維持。<br>③日本領土に関する総ての地図の相互交換，各15部。<br>④米側からの，測量用空中写真全国一式2組の貸与。新たに撮影のものは，その都度，2組を提供。<br>⑤ほか，技術交換など。 |
| 1959年（昭和34） | 11月17日：覚書，日米共同使用のための「5万分1特定地形図」作製。39年まで454面作製（それ以前から，AMSによる日本北半の「5万分1米軍地形図」作製あり）。 |
| 1965年（昭和40） | 特定地形図を販売。昭和37年から前2者の，日本の地形図への「切替作業」。 |
| 1967年（昭和42） | 5月〜：米軍への協力などについて，マスコミ・国会で問題視される。<br>5月10日：参議院予算委で佐藤首相答弁「日米安保体制上（このような地図作製は）やむを得ない。」以後，マスコミでの問題視は沈静化。 |

他方，外邦図の印刷原版は重いので，後に疎開先の梓国民学校花見分校からそのまま稲毛へ運ばれて稲毛で接収された。AMSが新宿伊勢丹から王子に移された時期に，これらにより新たに必要な部数の外邦図を印刷し，その原版は印刷終了後に返却され，破棄された。地図印刷原版の全部は，重い亜鉛版であった。なお，地理調査所に対する連合国軍命令「命により捜し出した外邦地図は原版から各50枚印刷して原版破棄」（1947［昭和22］年，図Ⅲ-1-7）がある。

これらに対し，陸地測量部には保存用の外邦図があった。陸地測量部では，印刷したすべての地図については，初刷を1部は残す規定があり，これは戦後も引き継がれていた。敗戦時の陸地測量部各現場にあった印刷図多数は自然体で散逸したが，初刷については残すべく努力が払われた。

外邦図の初刷は，明治大学予科校舎の陸地測量部で梱包され，疎開のため梓村花見公会堂に運ばれてそのままとなっていたが，接収を免れるために敗戦直後に高山市の関係者宅に移された。1947（昭和22）年に，高山市から千葉市稲毛の地理調査所に移されたその後も，公式には外邦図の初刷は「存在しない」状態が続き，所内で一部の職員に引き継がれていた。1955（昭和30）年頃となって，開梱して整理され，内部では閲覧可能な状態になっていた。その総数は，約2万3千枚であった。各所に残っていた外邦図で，後に集められて移され，初刷と一緒に整理されたものもあった。

その後，防衛研修所からの依頼があって，整理したものの目録と一覧図を作った。

以下は，その具体的内容である。

- 当時の防衛庁防衛研修所（1985［昭和60］年に防衛研究所と改称）戦史室では，戦史資料として外邦図を使用していたが，その全貌を知る必要から，1957・58（昭和32・33）年頃に，「目録」と「一覧図」の作製を地理調査所に依頼した。地理調査所は，戦史室の資料整理用の経費を貰って，この目録を作った。
- 同目録に表示の「防衛庁」欄の数字は，地理調査所での整理の結果，複数あった外邦図を同所戦史室に移管した枚数を指し，「地理調査所」とは同所に残した外邦図を指す。

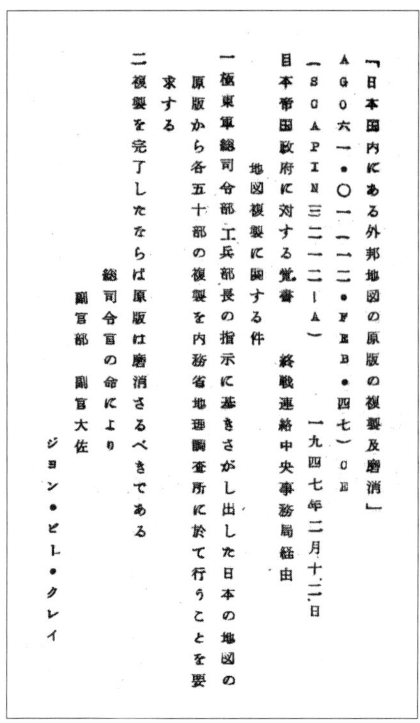

「日本国内にある外邦地図の原版の複製及磨消」
AG0六一・〇一（一二・FEB・四七）GE
（SCAPIN三二一二－A）　一九四七年二月十二日
日本帝国政府に対する覚書　終戦連絡中央事務局経由
地図複製に関する件
一　極東軍総司令部工兵部長の指示に基きさがし出した日本の地図の原版から各五十部の複製を内務省地理調査所に於て行うことを要求する
二　複製を完了したならば原版は磨消さるべきである
総司令官の命により
副官部　副官大佐
ジョン・ビー・クレイ

図Ⅲ-1-7　外邦地図の印刷・原版処分に関する連合国軍命令

- 目録と一覧図は各4冊で構成され，正本を5組作った。防衛研修所に1組を納めて，残りは地理調査所に保存した。その後，偕行社（旧・陸軍将校クラブ；戦後解散したが復活して，1957［昭和32］年に財団法人化）にも渡った。国立国会図書館にも渡されていて閲覧できる。
- 作成方法：「目録」は，外邦図各図を1枚1行とし，個別図名を記して所属一覧図との対象番号を記載した。
- 「一覧図」は，既製の各種一覧図（またはその写真複製）を台紙に貼るかまたは手書きで作って，外邦図1枚ごとの有無を表示した。

その頃から，研究者などで，非公式で見に来る少数の人や，コピー請求も出始めた。

昭和40年代に入って，折からの反戦機運（表Ⅲ-1-12参照）の中で，ある幹部（某課長級と，将官級の顧問的人物）が，「所蔵していると色々面倒だ」との考えで，上部の了解のもとに自衛隊に全部移管した。以後，地理調査所では外部からの照会に対して，「そのような地図はない」といってきた。

防衛研修所は，戦史編纂に不可欠な資料としての資料調査を進めたものであり，当時，同所でも，不足分を地理調査所から補って外邦図の一式をそろえた（コピー複製を含む）。ただし，戦史編纂用資料であって，書き込みなどかなり使われた。なお，現在の防衛研究所戦史部には，相当数の陸地測量部地図と水路部海図があるといわれているが，上記の移管外邦図ではない。

この移管外邦図は，1991（平成3）年頃に実見したところでは，隅を金属で補強した柿渋引き紙箱（地理調査所当時に米軍から供与されたもので，米軍航空写真保管用と同じ箱。約 15 × 35 × 25cm 程度）に整然と保管されて，そのまま経過している。一部を確認したところでは，『国外地図目録』と一致する。この実見および敗戦前後の状況から，これが，保存用「初刷」がそのままの形で残されたものに相違ないことが判った。このセットが外邦図としては最も充実していると思われ，将来における公開が望まれる。

## 7．あとがき

冒頭に述べた如くに，外邦測量は，大東亜戦争に至る過程で，国家が周辺諸国に侵略と植民地支配を進めるまさに先兵として実施されたものである。

外邦図の対象となった当時の大陸では，軍閥による覇権争いから混乱を極め，疲弊していた地域もあったものの，日本の侵略がなければ，少なくとも，日本軍の手により破壊された地域・経済，殺され・暴行された人々はなかった筈である[8)]。しかし，それはそれとしても，この外邦測量に携わったのは，本文中での実例をもって述べたように，自らが侵略者であることを認識できずに，「暴戻苛虐の□□匪を膺懲」するの態度で住民等に臨んだ軍組織とその関係者ではなく，無防備に近い状態で，「…困苦ト危険トハ何時モ身邊ニ伴フモノニシテ是等ヲ意ニ介シテハ毫モ本任務ニ活躍スルコト不可能ナルカ故ニ總テヲ達観超越シテ一ノ趣味ヲ持タサレハ出來得ヘキコトニアラス況ヤ待遇或ハ手當ノ多寡等ハ問題トセス…」（小林解説 2008）に測図作業を進めた測量・地図作製者であり，多くは軍人ではない[9)]。この文が述べるように，地誌を調査して地形測量を進め，地図を完成させていくことに悦びを見出す技術者集団であった筈である。これらの人々の中には，その作業の故に，異国の地において身分を秘しつつ，家族にも知られることなく非業の死を遂げていった人々もまた多い。

多くの犠牲者の上に作製された厖大な外邦図は，これが真価を発揮すべき大東亜戦争において充分に利用されたのか，その確証は得られない[10)]。爾後すでに 60 年以上，外邦図はほぼ忘れられた存在ではあるが，アジアの広大な地域における往時の地理的資料についての厖大な蓄積成果であることは言を待たず，一方では今日でもなお地図の入手が不可能な地域については，唯一貴重な中縮尺地図資料として国立国会図書館などでコピーされ，利用されている。

外邦図は，その性格の故に，戦前戦中は極秘扱い等とされ，戦後は言及することが避けられてきた。それ故，国内の地図とは違って研究の対象とされることもなく今日に至っている。『外邦測量沿革史 草稿』がまとめられた時点においても，すでに「此間の資料に乏しく爲に尚ほ一回上司先輩諸賢を歴訪して僅かにても資料となる可き貴重なる御記憶の存する處を拝聴」（小林解説 2008：1）する状態であり，『陸地測量部沿革誌』（陸地測量部 1922，1930；高木 1948）のような公式記録は編纂されなかったので，測量作業に携わった関係者の多くが物故した今となっては，その全貌が急速に忘れ去られつつある。

本稿では，この事跡の一端に僅かに光を当て得たにすぎない。当時の殉難の人々および今は大部分故人となられた関係者の方々への，せめてもの回向となれば幸いである。

[付記]

本稿は長岡（1993a，b，2004）に大幅な改訂を加えたものである。本稿のもととした長岡（1993a）のとりまとめに際して，貴重なご意見を戴くとともに，古い資料・地図の所在をお教えいただき，所蔵の地図等を使わせていただいた，あるいは素稿を読んでいただくとともに往時の話をお聞かせいただいた諸氏には，井口悦男，大森　茂，大森八四郎，金窪敏知，金澤　敬，小島宗治，佐藤　侊（さかえ），式　正英，清水靖夫，鈴木純子，田村俊和，長岡正博，中村洋子，森　六一郎，師橋辰夫，ほかの各位（五十音順）がある。

注

1）佐藤（1991）は，1876（明治9）年に江華島事件の条約調印の際，外交団に陸軍大尉福田半が測量機器を持って随伴したことを指摘し，その際に測量を行った可能性があるとしている。なお，外邦図の名称が初めて用いられたのは，1884（明治17）年の「測量局服務規則」第六條の，「地圖課ハ地形測量ニ依テ製出シタル原圖ニ基キ内國圖ヲ編纂調製シ且其ノ圖ヲ格護シ其ノ他外邦圖及諸兵要地圖畫圖ヲ調製スルノ作業ヲ管掌ス」（『法規分類大全』より）に始まる。この年6月，それまで内務省地理局が行っていた大三角事業は参謀本部事業に統合され，9月には参謀本部條例の改正によって測量課と地圖課は廃され，これを併合して新たに測量局（局内に，三角測量，地形測量，地圖の3課を設置）が設けられた。局内各課はさらに数班に分けられて作業を分掌した。外邦図は，「地圖課服務概則」の總則第五條「第三班ハ外邦圖及ヒ臨時指令ニ鷹スル地圖畫圖ノ調製ヲ掌ル」（同前）により，地圖課第3班の所管とされた。因みに，第1班は内国図の製図製版，第2班は内国図修正と諸図印刷のほか写真・電気製版（原文では「電氣術上ノ製圖」）の調査となっていた。

2）蘭印（ジャワ・スマトラの主要部分）10万分の1地図は，開戦前，在英国武官が在オランダ大使館等の協力により，「帝国大学地図学術研究所」で必要とするものとして広域的に入手し，送達したという（杉田 1987：108，142，175，187）。

3）気圧高度計を指す。

4）コンパスを指す。

5）こうした地図が東三省陸地測量局にあったのは，中国東北地方の軍閥が失脚した際に，北京の参謀本部にあった地図を，奉天に持ち出したからという（高木著・藤原編 1992：213）。この軍閥は張作霖（1875–1928）と考えられる。

6）原図とは，測量作業（外業）の後，製図工程を経て，墨入れ・清絵されたものをいう。やや厚手の洋紙が使われた。また地図印刷用の原版には各種のものがあり，明治期以来の彫刻銅版原版や，後の時代の亜鉛版が保管されていた。その後，原版はフィルム化された。初刷は，文字どおりの初版のほか，内容に僅かな修正等を加えた再刷版も「初刷」として保存されてきた。これに対して，「最終校正刷」は，次の版の発行までは残されてその後に廃棄され殆どは散逸した。印刷直前の修正指示と点検確認印のあるもので，外邦図のうちで，国土地理院に東北大学から約1万枚が「広く一般公開することを条件に」譲渡される（田村 2000）までに，国土地理院に唯一全図揃いで残っていた100万分1東亜輿地図はこれが大部分であった。

7）AMSの創設とその組織の変遷およびAMSによる日本周辺での地図作製については，長岡（2005b）を参照。

8）例えば，すでに1937（昭和12）年においてさえ，現役の陸軍中佐による次の遺稿がある。「…一度敵地を占領すれば，敵国民族なる所以を以て殺傷して飽くなし，掠奪して止る所を知らず。悲しむべし，万端悉く，皇軍の面目更になし。皇道は空華，現皇軍が皇化第一線の使途たること遠しも遠し，…かくして今次の戦争は帝国主義戦闘にして，亡国の諸戦と人謂はんに，誰人が何と抗弁し得るものぞ…」(宮武 1986；…は省略部分，ただし戦前の版では伏字のため真意の読取り不能の由)。

9）初期の陸地測量部の編制は，部長が各兵大佐（通例は工兵，以下同じ），科長が各兵中少佐，班長が各兵大尉あるいは担当技師（陸地測量師），班員の殆どは技手（陸地測量手）であり，職員全体で見れば大部分が陸軍文官（1893［明治26］年勅令「陸軍所属特別文官俸給令」制定以降）であって，後に位階が上がる等の変更があるが，この文官中心の構成は最後まで同じであった。

10）多くの外邦図は，高度な軍事秘密文書扱いの「軍事極秘」とされ，敵に遺漏を恐れるあまりの厳重な定数管理がなされた。このため，数少ない聞き取りながら，演習時には相当数の地図が使われたものの，前線においては作戦活動に不可欠な中縮尺地形図による地形的知識に接することはできなかった。一方，戦争指導を企画する参謀本部においては，精神至上主義・必勝の信念のみが先行する中で，正確な軍事情報の入手よりはむしろ情報操作・謀略活動に重きが置かれたが故に，外邦図の充分な活用を含む科学的戦略の思考には疑問がある。精確な地形図の利用があれば，少なくとも，ニューギニア島の海抜2,000～4,000mの熱帯雨林の密林を補給もなく徒歩で越えようとしたポートモレスビー作戦（戦死者1万人；多くが疲弊・餓死）や，急峻かつ重畳たる山々と大河を越えて雨季間近のアッサムへの進攻を目指し，その退却路が白骨街道とまでいわれたインパール作戦（関連するビルマ方面軍全体の戦死者3万人，同前，戦傷病者4万人）は，当該地域の地形的困難さの故に考えも及ばなかったのではないか。

## 文献


石原　潤　2003. 外邦図は「使えるか」？—中国とインドの場合. 外邦図研究ニュースレター1：11-14.（本書Ⅷ-1章）

小島宗治　1991.『航空測量私話—空と写真と戦いと』私家版.

小林　茂［解説］ 2008.『外邦測量沿革史 草稿 第1冊』不二出版.

小林　茂・岡田郷子　2008. 十九世紀後半における朝鮮半島の地理情報と海津三雄. 待兼山論叢（日本学編）42：1-26.

小林　茂・渡辺理絵・鳴海邦匡　2004. アジア太平洋地域における旧日本軍の空中写真による地図作製. 待兼山論叢（日本学編）38：1-24.（本書Ⅳ-2章）

参謀本部・北支那方面軍司令部編　1979a.『外邦測量沿革史 草稿 自明治二十八年至同三十九年』ユニコンエンタプライズ.

参謀本部・北支那方面軍司令部編　1979b.『外邦測量沿革史 草稿 明治四十年度記事』ユニコンエンタプライズ.

参謀本部・北支那方面軍司令部編　1979c.『外邦測量沿革史 草稿 明治四十一年度記事』ユニコンエンタプライズ.

佐藤　侊　1991. 陸軍参謀本部地図課・測量課の事蹟—参謀局の設置から陸地測量部の発足まで（2）. 地図29（3）：27-33.

佐藤　侊　1992. 陸軍参謀本部地図課・測量課の事蹟—参謀局の設置から陸地測量部の発足まで（4）. 地図30（1）：37-44.

清水靖夫　1982. 臺灣の諸地形圖について. 研究紀要（立教高校）13：1-23.（本書Ⅲ-2章）

清水靖夫　1983. 樺太の地形図類について. 研究紀要（立教高校）14：1-21.（本書Ⅲ-4章）

清水靖夫　1986.『日本統治機関作製にかかる朝鮮半島地形図の概要—「一万分一朝鮮地形図集成」解題』

柏書房.（本書Ⅲ-3章）
清水靖夫　1993. 地図一覧図について―陸地測量部～地理調査所発行地図の索引類. 地図31（4）：2-11.
清水靖夫　2005. 第二次世界大戦末期の内邦諸図について. 外邦図研究ニューズレター3：52-60.
信濃毎日新聞連載記事　1995-1996. 続・占領下の空白「地理調査所」物語（12月23日～2月14日の30回連載）.
杉田一次　1987.『情報なき戦争指導―大本営情報参謀の回想』原書房.
鈴木純子　2005. 国立国会図書館所蔵の外邦図. 外邦図研究ニューズレター3：72-77.（本書Ⅱ-2章）
測量・地図百年史編集委員会編　1970.『測量・地図百年史』日本測量協会.
高木菊三郎著・藤原　彰編　1992.『外邦兵要地図整備誌』不二出版.
高木菊三郎　1944. わが国陸軍に於ける軍用地圖の概況. 研究蒐録地圖（陸地測量部）昭和19年6月：39-41.
高木菊三郎編　1948.『陸地測量部沿革誌 終末編』陸地測量部.
田中宏巳　2005. 敗戦にともなう地図資料の行方. 外邦図研究ニューズレター3：83-92.（本書Ⅳ-5章）
田村俊和　2000. 東北大学理学部自然史標本館所蔵の外邦図. 地図情報20（3）：7-10.（参考：http://dbs.library.tohoku.ac.jp/gaihozu/ghz-introduction.php）
塚田建次郎・富澤　章　2005. 終戦前後の陸地測量部. 外邦図研究ニューズレター3：11-32.（本書Ⅴ-1章）
長岡正利　1993a. 陸地測量部外邦測量の記録―陸地測量部・参謀本部　外邦図一覧図. 地図31（4）：12-25.
長岡正利　1993b. 幻の昭和19年地図一覧図―陸地測量部内邦地図成果の総大成として. 地図31（4）：41-44.
長岡正利　2004. 外邦図作製の記録としての各種一覧図と，地理調査所における外邦図の扱い. 外邦図研究ニューズレター2：17-25.
長岡正利　2005a. 満洲航空株式会社―その栄光の事績. 測量55（12）：18-19.
長岡正利　2005b. 極東米国陸軍地図局（AMS）の事績と貢献. 測量55（8）：30-31.
長岡正利　2008. 外邦図作成の歴史を記録に留める各種一覧図と外邦図の『初刷』一覧. 外邦図研究ニューズレター5：65-76.
編纂者不詳　1936.『外邦測量の沿革に關する座談會（昭和十一年七月二十五日於九段軍人會館）』（アジア歴史資料センター資料，ref. C04121449200）.
松井正雄　1944. 陸地測量部に於ける多色圖複製法の進化と片江技師・研究の完全複製法に就て. 研究蒐録地圖（陸地測量部）昭和19年7月：1-7.
満洲航空史話編纂委員会編　1972.『満洲航空史話』満洲航空史話編纂委員会.
満洲航空史話編纂委員会編　1981.『満洲航空史話（続編）』満洲航空史話編纂委員会.
宮武　剛　1986.『将軍の遺言―遠藤三郎日記』毎日新聞社.
山近久美子・渡辺理絵　2008. アメリカ議会図書館所蔵の日本軍将校による1880年代の外邦測量原図. 日本国際地図学会平成20年度定期大会発表論文・資料集：10-13.
陸地測量部編　1922.『陸地測量部沿革誌』陸地測量部.
陸地測量部編　1930.『陸地測量部沿革誌 終編』陸地測量部.
渡辺正氏所蔵資料集編集委員会編　2005.『終戦前後の参謀本部と陸地測量部―渡辺正氏所蔵資料集』大阪大学文学研究科人文地理学教室.

# 第2章　台湾の諸地形図について

清水靖夫

## 1．はじめに

台湾は，日清戦争（1894-1895［明治27-28］年）後，第二次世界大戦の終結まで，日本の植民地であった。その間半世紀にわたって統治が行われ，多くの地図が作製された。現在主権のある国家であり，また第二次世界大戦終結後の混乱から多くの資料が散逸してしまっているが，現存する地図，資料等により判明する範囲で，その概要を検討してみたい。なお，本章は清水（1982a）に大幅な加筆を加えたものであることをあらかじめことわっておきたい。

台湾の地図については，学生社（1982）以降，施添福氏（現中央研究院）によってリプリントが「臺灣堡圖」や2万5千分1図についても刊行され（臺灣總督府臨時臺灣土地調査局調製 1996；大日本帝國陸地測量部調製 1999，いずれも施添福氏の解説［施 1996，1999］付き），さらに最近では，5万分1図に関しても類似の刊行がみられる（大日本帝國陸地測量部・臺灣總督府民政部警察本署 2007）。また近年では，台湾の研究者による検討も活発である（林 2005；魏ほか 2008）。これらも視野に入れつつ，検討を進めたい。

台湾は，本島のほかに西側の澎湖諸島，北に彭佳嶼，花瓶嶼，綿花嶼の三岩礁，東に亀山島，南東部に緑島（火焼島），蘭嶼（紅頭嶼），小蘭嶼（小紅頭嶼），南方の七星岩・琉球嶼など若干の島嶼がある。西側の台湾海峡に臨む側に広く平野がひらけ，水田化され，近年は工芸作物，果樹類も多い。この地域は，早くから対岸福建省とのかかわりがあり，漢族の移住が続いて，先住民は次第に山地へ追われ，日本が統治を開始した頃には，蕃地と呼ぶ山間に居住するようになっていた。先住民は平埔族と高砂族に区分され，後者は第二次世界大戦後，高山族あるいは山地同胞と呼ばれていたが，現在は原住民と呼ぶようになっている。台湾島の大部分を占める山地は，環太平洋造山帯に属する峨々たる山岳地帯で，最高峰玉山（日本統治時代新高山3,997m）をはじめ3,000mを越す山々が重畳する。東海岸は花蓮渓，秀姑巒渓の流れる台東地溝帯のわずかな平坦地があるのみで，山地が直接大洋に臨んでいる。この急峻な山地の故に，地図作製作業は困難を極め，第二次世界大戦終結までに，一部地域に地形図の未刊行部分を残した。

台湾島の欧名Formosaは，ポルトガル語の「美しい」に由来し，古地図上では早くから小琉球として知られていた。

日本統治以前は，島内には，簡単な交通図程度の地図が作られているにすぎなかった。日本統治後，島の経営と大陸とのかかわりから地図作製が急速に行われた。本章では，一般図・民間図についてはふれず，基本的な地形図ないしそれに準ずるもののみについて述べることにする。なお第二次世界大戦後の台湾では地形図の作製は，中華民国国民政府国防部測量署聯勤測量製図廠が担当し，民間での利用は困難であったが，近年では内務省がこれを担当するようになり，民間での利用が可能になっている（陳・呉 2004）。

## 2．迅速測図・仮製地形図類

1894（明治 27）年，日清戦争が勃発すると共に，臨時測図部が編成され[1)]，その一部は台湾にも派遣された（参謀本部・北支那方面軍司令部 1979：346-463；小林解説 2008：91-119）。臨時測図部は，特に朝鮮半島や中国大陸の軍用地図作製のために，特別に編成された組織で，これによる測図対象に台湾も加えられたわけである。臨時作図部によって，正式の全島規模の測図に先立ち，台湾島の主要部に迅速測図が作製され，植民地経営に裨益した。どの地域に，どの程度の地図が作製されたかについては，記録が少ないので，今日残存する地図類からの推測の域を出ないことも多いが，広範囲にわたって作製されたと想像される。

### (1) 2万分1迅速測図

初期の迅速測図は，日本国内を含め，2万分1図[2)]が大勢を占めた。台湾の場合，作製された地域は，表Ⅲ-2-1に示した部分が知られている。いずれも，臨時測図部の初期の活動によると考えられる。

表Ⅲ-2-1　2万分1迅速測図

| 地域名 | 測量年 | 製版年 | 面数 | 備　考 |
|---|---|---|---|---|
| 基隆要塞近傍 | 1895・96 | 1896 | 8 | 旧基隆西方を含む |
| 基隆南部近傍 | 1896 製図 | 1896 | 4 | |
| 臺北東部近傍 | 1895 | 1896 | 3 | |
| 臺北東方近傍 | 1895 | | 1 | |
| 臺北近傍 | 1895 | 1895 | 2 | |
| 臺北南方近傍 | 1895・96 | 1896 | 2 | |
| 淡水予定要塞近傍 | | 1896 | 5 | 旧淡水北方・淡水西方 |
| 宜蘭近傍 | | | 9 | 臺湾守備混成第一旅団 |
| 蘇澚近傍 | 1895 | 1896 | 2 | |
| 彰化近傍 | 1895 | 1896 | 1 | |
| 臺湾近傍 | 1895 | 1896 | 2 | 台中 |
| 臺南及安平近傍 | 1895 | 1896 | 2 | |
| 打狗予定要塞近傍 | 1895・96 | 1896 | 3 | 鳳山 |
| 牛欄坑近傍 | | | 6 | 東勢角東方 |
| 澎湖島要塞近傍 | | | 21 | |
| 淡水予定要塞近傍 | | | 7 | 1901 年以前測量 |
| 臺北予定要塞近傍 | | | 12 | 同上 |
| 基隆要塞近傍 | | | 11 | 同上 |

全部が切図形式で，必要地域を測量し，順次作製したため，図の大きさは異同があり，接合も，上下左右が規則正しく隣接するのではなく，モザイク様に必要部分が接続する形をとっている。後に作製された分は，現今のように規則的に接続するようにかえられている。これは，作製地域をあらかじめ決めてからの測量製図であったからであろう。

表Ⅲ-2-1の測年のわかっている部分は，都市的な集落区域であり，いち早く都市とその近郊を測量したものと思われる。ただし牛欄坑近傍と仮称したものは，調査した地図の周囲が切りとられており，正称，測図年紀などが不明だが，東勢角東方牛欄坑守備隊本部や北勢八社を含む範囲であり，初期の対日抗争にかかわりがある地域と思われる。初期の都市を中心とした地図群は，1901（明治34）年，規則的に接続する地図群に置き換えられている（『秘密特設地區圖一覧圖』[3] の地形圖外諸測圖による）。

(2)　台湾5万分1図

上記臨時測図部では5万分1地図の測量も行われた。この成果が台湾5万分1図である。

本図群は1895（明治28）年，山岳部分の一部を除く台湾全島を驚くべき早さで完成させた。参謀本部・北支那方面軍司令部（1979：346-463）・小林解説（2008：91-119）では，主要交通路に沿った「線路測圖」によったとしている。地図中に三角点は見当たらず，この点からも簡便な迅速測図とみて良かろう。陸地測量部の上記『秘密特設地區圖一覧圖』には，地形図外諸測図の中に記載され，全島図に準ずる規模の地図とされており，台湾全島の詳細をはじめて明らかにした地図であった。

図式は，1895（明治28）年所定の遼東半島5万分1図図式によっており，等高線間隔はおよそ20mと図郭外記事にあるが，計曲線はなく，地形の状況を示すフォームラインに近いものと考えた方が良いようである。後に刊行された地形図と比較すると，地形表現は特に山地では良くない。これは短期間の迅速測図であってみれば止むを得なかったことかも知れない。

本図群の図名，製版年紀は表Ⅲ-2-2に示した。1895（明治28）年測図で，1902・1903（明治35・36）年の製版では，その間がありすぎる。『陸地測量部沿革誌』の1896（明治29）年の項に「臺灣其ノ他ノ製版百八十七面」とあり（陸地測量部 1922：138），また1897（明治30）年の項にみえる「新領土臺灣ノ臨時測圖製版成ルニ際シ同島第一ノ高山ニ新高山ノ名ヲ賜フ…」（陸地測量部 1922：140-141）の記事から，清絵は未だしも，測図原図からの製版があったとしても想像に難くない。また後出「臺灣假製二十万分一圖」とのかかわりも，利用できる地図の形態になっていなければならなかった筈である。作製された範囲は図Ⅲ-2-1の通りで，図中の斜線の7図幅は急峻な山地で図が作製されなかった部分であり，図のある部分でも斜線にした部分は測図されなかった範囲を示し，図名のある部分の斜線は，空白部分のある地図であることを示している。したがって，「米崙山西部」，「東勢角東部」，「鳳凰山東部」などの図幅は，大部分が空白部からなっている。

表Ⅲ-2-2，図Ⅲ-2-1に示した図幅数は，図名が不明な鳳山南方の小琉球嶼を含む1図を含めて102面[4] である。ただし「臺灣假製二十万分一圖」から考えると，南東海上の離島紅頭嶼も測図されており，ほかに資料が現在見当たらないので不明だが，この島の部分として1あるいは2面あっ

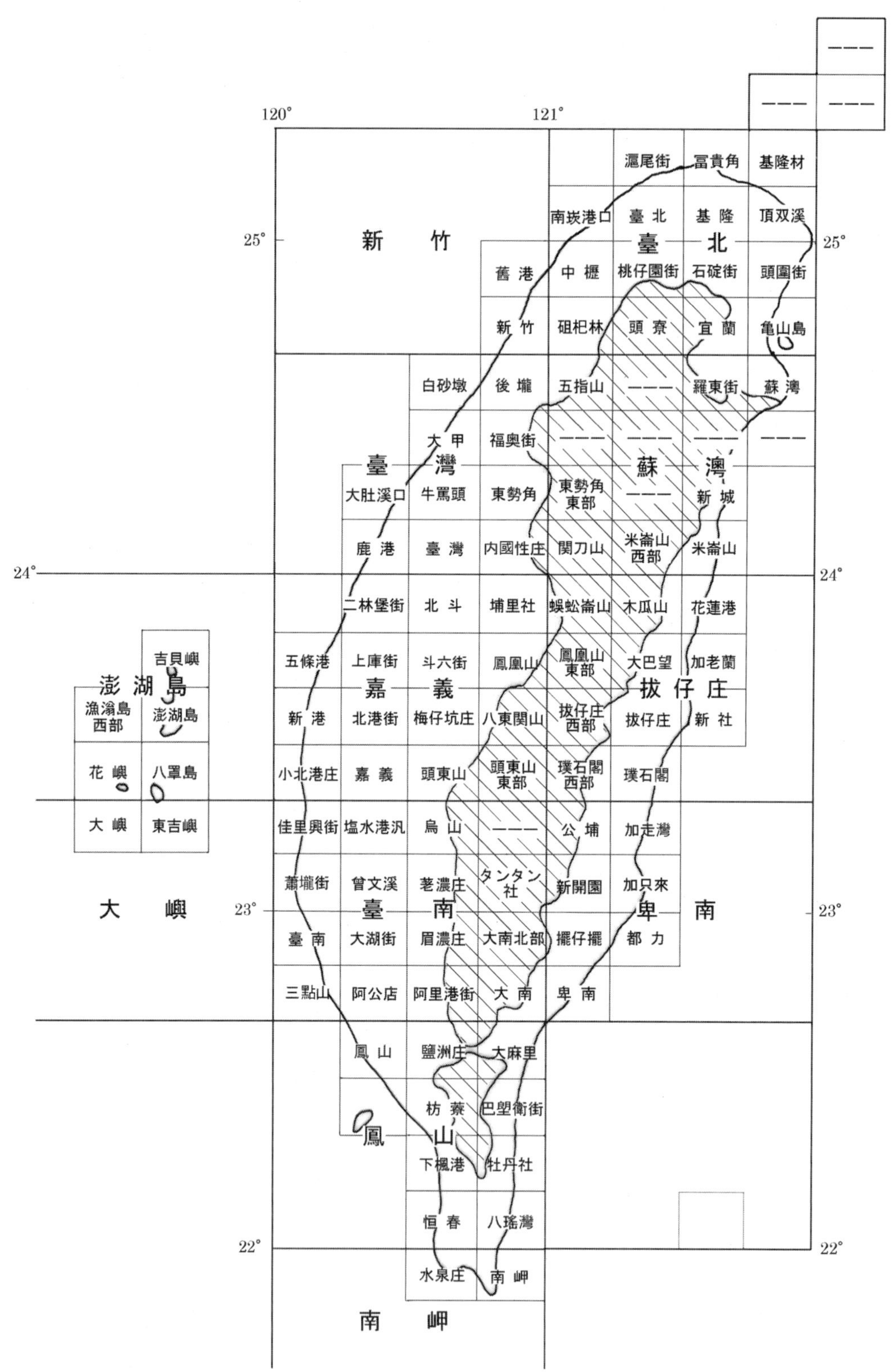


図Ⅲ-2-1　台湾５万分１図

表Ⅲ-2-2　台湾 5 万分 1 図

| 総称 | | 図名 | 製版年 | 備考 |
|---|---|---|---|---|
| 臺北 | 1 | 基隆材 | | 秘 |
| | 2 | 頂双渓 | | 秘 |
| | 3 | 頭圍街 | | |
| | 4 | 亀山島 | 1903 | |
| | 5 | 冨貴角 | | 秘 |
| | 6 | 基隆 | | 秘 |
| | 7 | 石碇街 | | 秘 |
| | 8 | 宜蘭 | 1903 | |
| | 9 | 滬尾街 | | 秘 |
| | 10 | 臺北 | | 秘 |
| | 11 | 桃仔園街 | | 秘 |
| | 12 | 頭寮 | 1902 | |
| | 14 | 南崁港口 | 1903 | |
| | 15 | 中壢 | 1903 | |
| | 16 | 樹杞林 | 1903 | |
| 蘇澚 | 1 | 蘇澚 | 1903 | |
| | 5 | 羅東街 | 1903 | |
| | 7 | 新城 | | |
| | 8 | 米崙山 | 1903 | |
| | 12 | 米崙山西部 | 1902 | |
| | 13 | 五指山 | 1903 | |
| | 15 | 東勢角東部 | 1897 製図 | |
| | 16 | 関刀山 | 1902 | |
| 拔仔庄 | 5 | 花蓮港 | 1902 | |
| | 6 | 加老蘭 | 1902 | |
| | 7 | 新社 | 1902 | |
| | 9 | 木瓜山 | | |
| | 10 | 大巴望 | 1902 | |
| | 11 | 拔仔庄 | 1902 | |
| | 12 | 璞石閣 | 1902 | |
| | 13 | 蜈蚣崙山 | 1902 | |
| | 14 | 鳳凰山東部 | 1902 | |
| | 15 | 拔仔庄西部 | 1902 | |
| | 16 | 璞石閣西部 | 1902 | |
| 卑南 | 9 | 加走灣 | 1902 | |
| | 10 | 加只來 | 1902 | |
| | 11 | 都力 | 1902 | |
| | 13 | 公埔 | 1902 | |
| | 14 | 新開園 | 1902 | |
| | 15 | 擺仔擺 | 1902 | |
| | 16 | 卑南 | 1902 | |
| 新竹 | 3 | 舊港 | 1903 | |
| | 4 | 新竹 | 1902 | |
| 臺灣 | 1 | 後壠 | 1902 | |
| | 2 | 福奥街 | 1902 | |
| | 3 | 東勢角 | 1903 | |
| | 4 | 内國性庄 | 1902 | |
| | 5 | 白砂墩 | 1903 | |
| | 6 | 大甲 | 1902 | |
| | 7 | 牛罵頭 | 1903 | |
| | 8 | 臺灣 | 1903 | |
| 臺灣 | 11 | 大肚渓口 | 1902 | |
| | 12 | 鹿港 | 1903 | |
| 嘉義 | 1 | 埔里社 | 1902 | |
| | 2 | 鳳凰山 | 1902 | |
| | 3 | 八東関山 | 1902 | |
| | 4 | 頭東山東部 | 1897 製図 | |
| | 5 | 北斗 | 1903 | |
| | 6 | 斗六街 | 1902 | |
| | 7 | 梅仔坑庄 | 1902 | |
| | 8 | 頭東山 | 1902 | |
| | 9 | 二林堡街 | 1902 | |
| | 10 | 上庫街 | 1902 | |
| | 11 | 北港街 | 1902 | |
| | 12 | 嘉義 | 1902 | |
| | 14 | 五條港 | 1902 | |
| | 15 | 新港 | 1902 | |
| | 16 | 小北港庄 | 1902 | |
| 臺南 | 2 | タンタン社 | 1902 | |
| | 3 | 大南北部 | 1902 | |
| | 4 | 大南 | 1902 | |
| | 5 | 烏山 | 1902 | |
| | 6 | 荖濃庄 | 1902 | |
| | 7 | 眉濃庄 | 1902 | |
| | 8 | 阿里港街 | | |
| | 9 | 塩水港汎 | 1902 | |
| | 10 | 曾文渓 | 1902 | |
| | 11 | 大湖街 | 1902 | |
| | 12 | 阿公店 | | |
| | 13 | 佳里興街 | 1902 | |
| | 14 | 蕭壠街 | 1902 | |
| | 15 | 臺南 | 1902 | |
| | 16 | 三點山 | | |
| 鳳山 | 1 | 大麻里 | 1902 | |
| | 2 | 巴塱衛街 | 1902 | |
| | 3 | 牡丹社 | 1902 | |
| | 4 | 八瑤灣 | 1902 | |
| | 5 | 潮洲庄 | | |
| | 6 | 枋寮 | | |
| | 7 | 下楓港 | 1902 | |
| | 8 | 恒春 | 1902 | |
| | 9 | 鳳山 | | |
| | 10 | | | |
| 南岬 | 1 | 南岬 | 1902 | 分図 七星 岩 |
| | 5 | 水泉庄 | 1902 | |
| 澎湖島 | 6 | 吉貝嶼 | | |
| | 7 | 澎湖島 | | |
| | 8 | 八罩島 | | |
| | 11 | 漁翁島西部 | | |
| | 12 | 花嶼 | 1902 | |
| 大嶼 | 5 | 東吉嶼 | 1902 | |
| | 9 | 大嶼 | | |

たかも知れない。

本図群のうち，北端の基隆要塞及淡水予定要塞近傍の「1. 基隆材」，「2. 頂双渓」，「3. 冨貴角」，「4. 基隆」，「5. 石碇街」，「6. 滬尾街」，「7. 臺北」，「8. 桃仔園街」の 8 面が，澎湖島要塞近傍の

「1. 吉貝嶼」,「2. 澎湖島」,「3. 八罩島」,「4. 漁瀚島西部」の4面が,打狗予定要塞近傍の「1. 阿公店」,「2. 鳳山」,「3. 三点山」の3面が,それぞれ1898(明治31)年以降秘図扱を受け,一般の使用は許されなかった。しかし,地図の内容から1901(明治34)年に廃版(正式な製版以前に当たる)されているが,配布済の地図は依然として秘図扱がなされていた(上記『秘密図特設地區圖一覧圖』地形圖外諸測圖)。

本図群の刊行された図は,現在までのところ実見していない。『秘密特設地區圖一覧圖』にあるので,秘図扱を受けなかった図は一般に流布した筈であるが,当時の台湾内部の政情から殆んど巷間には出回らなかったと思われる。因みに,地図の出版目録(一般への販売を目的とした)上には,一度も出てきていない。現在この地図群を所蔵している国立国会図書館本にしても,製版途中の校正刷である。しかし測図原図を仮製版したものでなく,清絵し,銅版印刷の校正刷なので,相当多量の流布を予定したかも知れない。地形図(基本図)作製まで部内用は使用されたと思われる。

### (3) 臨時土地調査局の2万分1堡図原図

台湾の植民地経営に向けて,1900(明治33)年8月,台湾総督府は臨時土地調査局を設置した(測量・地図百年史編集委員会 1970:444)。それに先立ち1899(明治32)年11月臨時土地調査局図根測量のため生徒養成所を東京に設置している(陸地測量部 1922:160)。この卒業生によって,1900(明治33)年後半から1902(明治35)年にかけて測量し,その後図化作業が行われ,3年半で地図を完成している。

本図群の測量は,すでに三角測量が用いられており,後年の地形図と比較しても極めて精度は良い。

この図群の作製について,明治初期の本州・四国・九州(以下「内地」と表現)での地図作製の反省とも思える点が反映していると考えられる。内地での地図作製では,地形図は陸軍(参謀本部・陸地測量部)が,地籍調査その他土地関連地図は内務省(地理寮→地理局),さらに大蔵省がそれぞれ担当あるいは主導し,基準点の設置も含め個別に行われた結果,両者を統合した様式での地図は,現在に至っても完成していない。台湾では地籍図作製のための基準点の設置を利用し,内地の状況を参考にして堡図原図作製が行われたと考えても良かろう(本書Ⅲ-3章およびⅣ-4章参照)。

堡図原図の作製は,上記のように1900(明治33)年に着手,1904(明治37)年には地図が調製されている。高程は基隆湾の中等潮位(平均海面)からの尺単位で示され,首(主)曲線は50尺毎,計曲線は200尺毎である。土地の利用景(地類)の界は至繊線で極めて詳細にあらわしている。集落は外形あるいは全体の周囲形を示し,右上-左下の斜線で示し,個々の家屋は表現していない。都市的集落は同じ表現で左上-右下の斜線で示し,諸官衙の位置は指示点で示し建物記号(副記号)を副えてある。

出版は1906(明治39)年台湾日日新報社であった。本図群の総面数は,1904(明治37)年調製「二万分一堡圖原圖一覧圖」(台湾臨時土地調査局,1915[大正4]年10月30日,台湾日日新報社刊,ただし3版)によると463面であった。なお軍事要塞地域で販売されなかったのがそのうち48面,ほかに北東部蘇澳南方に未測と思われる空白の図郭が9面分ある。

2万分1堡図原図は，台湾でははじめての本格的近代地図であり，リプリントは早くから刊行されている（洪ほか 1969)。ただしこれは，図を約3万8千分1に縮刷しており，さらに刊行年次を冒頭の「弁言」に記載するのみで，この図の書誌的特徴を知るのが困難である。これに対して台北の中央研究院の施添福氏によって刊行されたリプリントは本格的なもので，同氏の詳しい解説も付されている。これで2万分1堡図原図の閲覧は容易になった。ただし，要塞地帯については含まれておらず，その刊行が望まれる。

ところで台湾総督府は，1921（大正10）年10月赤色で加刷修正を行って，この地図を刊行している。修正部分は行政名，行政区画，一部の集落名である。なお出版は同じく台湾日日新報社である。この訂正版の出版の日付は，1921（大正10）年8月20日で，5版とされており，訂正年紀に先行するが，この時点に作製された5版に総督府が赤色の加刷を行ったと思われる。蕃地に当たるところも広範囲にわたって作製されている。1921（大正10）年に修正を行った後，しばらくは内務用に用いられていたものと思われる。

### (4)　5万分1蕃地地形図

陸地測量部の2万5千分1，5万分1地形図とは別途に，また臨時土地調査局の地形図とも別個に，総督府民政部警察本署の手によって，従来の既測図の空白部分に相当する地域に，5万分1の縮尺で蕃地地形図が作製された。

本図群は所謂蕃地と呼称された中央部山岳地帯を測図した地図群であり，西部の平野域，北部の台北周辺の既測図のあるところはない。測図範囲と図名，総称名はそれぞれ図Ⅲ-2-2，表Ⅲ-2-3に示す。測図年紀はすべての地図に記載されているわけではないが，記載されている年紀でみる限り，1907（明治40）年から1916（大正5）年にかけての測図であり，製版年紀は1910（明治43）年から1920（大正9）年まで，発行年は当初1923・1924（大正12・13）年である。すなわち測図，製版年紀と発行年紀とでは最大で16年もの差（例えば「叭哩沙」図幅）があり，一般に12年前後の差がみられる。蕃地地域住民の管理経営のために測量され，部内用として利用され，蕃地内の治安の平安を待って，一般図として台湾5万分1図，地形図類の補助図としての役割を持たせたものであったと考えられる。家蔵の地図中に1936（昭和11）年1月20日の出版日を持つ地図があり，値段は印刷されていないが，測図年紀に修正はなく，版を重ねて販売したものであろう。

地図の内容は，後年の基本図（地形図類）と比較すると必ずしも良くはないが，地形の大綱には支障のない程度の精度を持つ。当時峨々たる山岳地を平版測量を主体に行ったものとして，迅速測図系列の図ではあるが，台湾5万分1図よりは良い。等高線は尺を用い，首（主）曲線100尺毎計曲線500尺毎，基隆湾の中等潮位からの標高を用いている。この限りでは，総督府作製のほかの図にもみられるものであり，臨時土地調査局の堡図原図と同じである。集落の表現も同じであり，地形図類（基本図）より簡略化されている。経緯度の切り方が5万分1地形図（基本図）と同じであるため，山岳地帯の5万分1地形図（基本図）未測地区では，第二次世界大戦終結まで，それなり

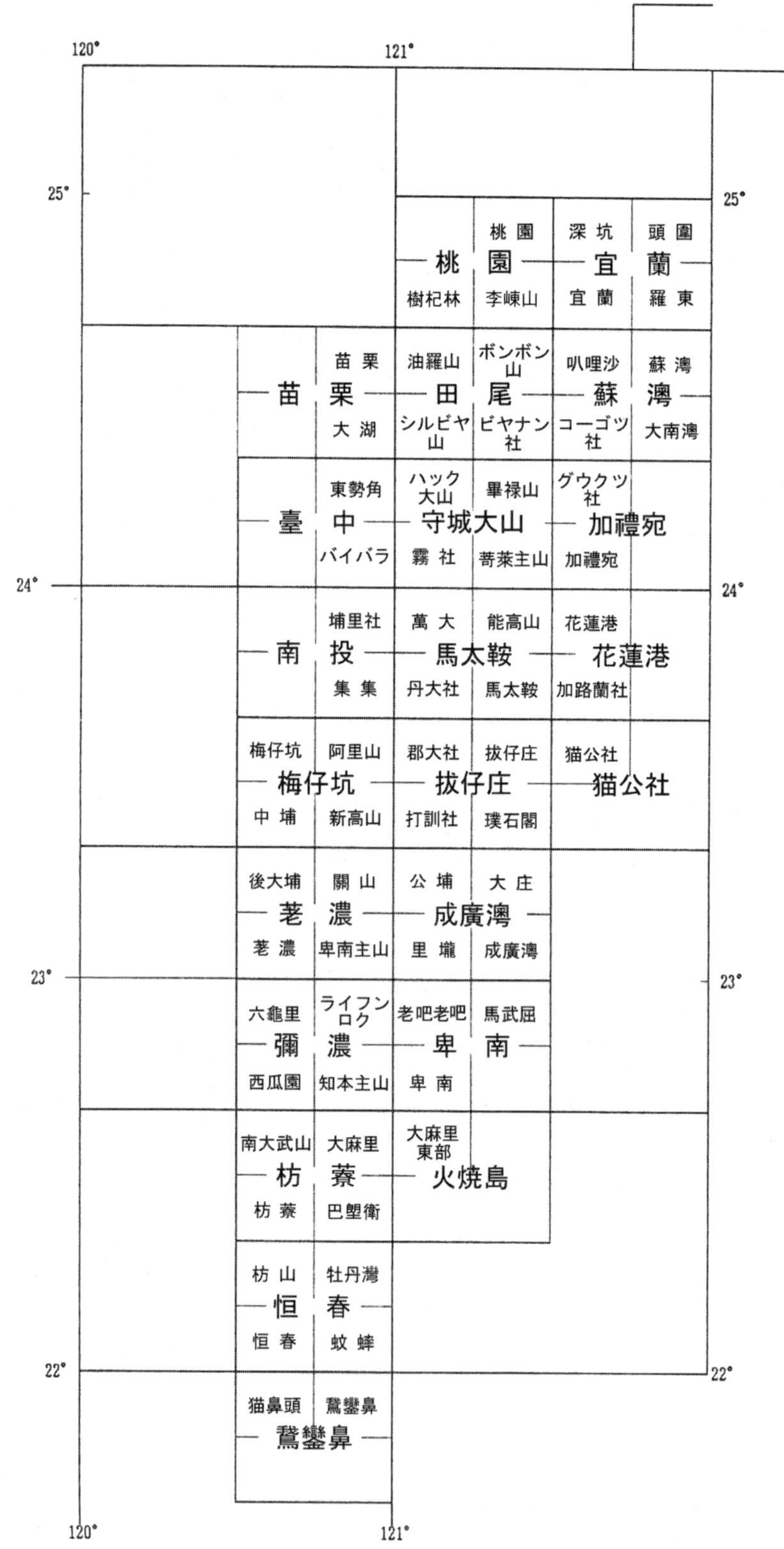


図Ⅲ-2-2 5万分1蕃地地形図

表Ⅲ-2-3　5 万分 1 蕃地地形図

| 総称 | | 図名 | 測年 | 製版年 | 発行年月 |
|---|---|---|---|---|---|
| 宜蘭 | 1 | 頭圍 | | 1913 | 1923.2 |
| | 2 | 羅東 | | 1915 | 1923.5 |
| | 3 | 深坑 | | 1915 | 1923.5 |
| | 4 | 宜蘭 | | 1914 | 1923.5 |
| 蘇澳 | 1 | 蘇澳 | | 1910 | 1924.4 |
| | 2 | 大南澳 | | 1915 | 1923.5 |
| | 3 | 叭哩沙 | 1907 | 1913 | 1923.5 |
| | 4 | コーゴツ社 | 1916 | 1916 | 1923.5 |
| 加禮宛 | 3 | グウクツ社 | | | |
| | 4 | 加禮宛 | 1913 | 1916 | 1923.5 |
| 花蓮港 | 3 | 花蓮港 | | 1914 | 1924.6 |
| | 4 | 加路蘭社 | | 1916 | 1923.6 |
| 猫公社 | 3 | 猫公社 | | 1916 | 1923.6 |
| 桃園 | 1 | 桃園 | | 1914 | 1923.5 |
| | 2 | 李崠山 | | 1918 | 1923.2 |
| | 4 | 樹杞林 | | 1915 | 1923.5 |
| 田尾 | 1 | ボンボン山 | 1912 | 1917 | 1923.5 |
| | 2 | ビヤナン社 | 1915 | 1916 | 1923.5 |
| | 3 | 油羅山 | 1912 | 1917 | 1923.2 |
| | 4 | シルビヤ山 | 1915 | 1915 | 1923.5 |
| 守城大山 | 1 | 畢禄山 | 1914 | 1916 | 1923.5 |
| | 2 | 斋莱主山 | 1914 | 1916 | 1923.6 |
| | 3 | ハック大山 | 1915 | | 1923.6 |
| | 4 | 霧社 | 1911 | 1914 | 1923.7 |
| 馬太鞍 | 1 | 能高山 | 1913 | 1916 | 1923.6 |
| | 2 | 馬太鞍 | 1911 | 1916 | 1923.6 |
| | 3 | 萬大 | | 1914 | 1923.6 |
| | 4 | 丹大社 | 1911 | 1916 | 1923.6 |
| 抜仔庄 | 1 | 抜仔庄 | 1911 | 1916 | 1923.6 |
| | 2 | 璞石閣 | 1910 | 1916 | 1923.6 |
| | 3 | 郡大社 | 1911 | 1914 | 1923.6 |
| | 4 | 打訓社 | 1911 | | 1923.6 |
| 成廣澳 | 1 | 大庄 | 1910 | 1916 | 1923.9 |
| | 2 | 成廣澳 | | 1914 | 1923.9 |
| 成廣澳 | 3 | 公埔 | | 1918 | 1924.6 |
| | 4 | 里壠 | | 1915 | 1924.6 |
| 卑南 | 1 | 馬武屈 | | 1920 | 1924.6 |
| | 3 | 老吧老吧 | | 1918 | 1924.6 |
| | 4 | 卑南 | 1910 | | 1923.1 |
| 火焼島 | 3 | 大麻里東部 | | 1914 | 1923.9 |
| 苗栗 | 1 | 苗栗 | | 1914 | 1923.5 |
| | 2 | 大湖 | | 1915 | 1923.2 |
| 臺中 | 1 | 東勢角 | | 1918 調整 | |
| | 2 | バイバラ | | 1914 | 1924.4 |
| 南投 | 1 | 埔里社 | | 1914 | 1924.4 |
| | 2 | 集集 | | 1915 | 1924.4 |
| 梅仔坑 | 1 | 阿里山 | 1910 | 1915 | 1923.6 |
| | 2 | 新高山 | 1910 | 1916 | 1923.6 |
| | 3 | 梅仔坑 | | 1915 | 1923.6 |
| | 4 | 中埔 | | 1916 | 1923.6 |
| 荖濃 | 1 | 關山 | | 1914 | 1924.7 |
| | 2 | 卑南主山 | | 1913 | 1924.6 |
| | 3 | 後大埔 | | 1913 | 1924.6 |
| | 4 | 荖濃 | | － | 1923.9 |
| 彌濃 | 1 | ライフンロク | | 1914 | 1924.7 |
| | 2 | 知本主山 | 1911 | 1913 | 1924.6 |
| | 3 | 六龜里 | 1910 | 1914 | 1923.9 |
| | 4 | 西瓜園 | | 1916 | 1923.9 |
| 枋寮 | 1 | 大麻里 | 1911 | 1914 | 1923.9 |
| | 2 | 巴塱衛 | | － | 1923.9 |
| | 3 | 南大武山 | 1910 | 1914 | 1923.9 |
| | 4 | 枋寮 | 1910 | 1914 | 1923.9 |
| 恒春 | 1 | 牡丹灣 | 1911 | 1917 | 1924.6 |
| | 2 | 蚊蟀 | | － | 1923.9 |
| | 3 | 枋山 | 1911 | 1917 | 1923.9 |
| | 4 | 恒春 | | － | 1923.9 |
| 鵞鑾鼻 | 1 | 鵞鑾鼻 | | 1918 | 1924.6 |
| | 3 | 猫鼻頭 | | 1914 | 1924.6 |

の役割を果してきていた。これは，1944（昭和 19）年製版の 20 万分 1 帝国図上でも知れる。しかし南部の「公埔」・「里壠」・「老吧老吧」・「關山」・「卑南主山」・「ライフンロク」・「知本主山」図幅は，一部あるいは相当広い部分に空白部があり，また計曲線のみで描いた略描部分もある。これらの空白部分は，台湾のすべての地形図で測量図化されなかったところということになる。

本図群の出版は，臨時土地調査局の地図と同じ台湾日日新報社で，比較的流布された地図と考えてよかろう。

### (5)　台湾 10 万分 1 図

堡図原図から編集し，1906（明治 39）年に 35 面が出版された。なお，1958（昭和 33）年 3 月地理調査所編集の『国外地図一覧図　第一巻　旧日本領』（本書Ⅲ-1 章参照）中に本図群の記載があるが，地図の配列に誤りがみられる。

## 3．基本図類

台湾の基本図測図の開始は，1906（明治39）年，台中州埔里街虎仔山一等三角点を原点として，一等三角網は1910（明治43）年からはじめ1921（大正10）年完了，二・三等三角測量は1932（昭和17）年に中止されるまで続けられた。その間3つの基線と4つの三角網が測量されたが，中央部山岳地帯には及んでいない部分がある。水準測量は，1903（明治36）年に高雄に，1904（明治37）年に基隆に，それぞれ験潮場を開設してからで，一等水準測量は1924（大正13）年には終了している。

これらの成果をもとに，地形図が測量図化されるが，第二次世界大戦終結までに，山岳部の一部はついに図化が完了しなかった。

### (1) 2万5千分1地形図

台湾における基本図測図は，2万5千1地形図で開始された。1921（大正10）年から1929（昭和4）年までの間に172面が作製された。測量・地図百年史編集委員会（1970：448）では173面が合計面数になっているが，1921・1922（大正10・11）年各19面とあるのを両者あわせて19面として合計すると173面となる。また実際に索引図を作成してみると172面だが，秘扱の離島中に1面あると思われるが，位置は不明である。測図年紀は表Ⅲ-2-4にある通りである。まず澎湖島要塞付近にはじまり，1925・1926（大正14・15）年に大部分が測量され，北西方新竹付近から基隆，台北，宜蘭と東海岸に及び，また台湾西岸の平野部を南方に向かって測図が進んでいる。図Ⅲ-2-3a・bは本図群の索引図だが，山麓部は測年が新しくなる。

秘図地域については「内邦地域地圖目録 其二」（1944製版）により図幅名，測量年が判明した（表Ⅲ-2-4）。2万5千分1地形図は，測図後，翌年あるいは翌々年測図原図を清絵せず，そのまま仮製版を行い，刊行している。これらの地図から5万分1地形図は編纂されている。なお山麓部の地形図には，平野部分のみを測図し，山地部分を未測の空白部にしたものが存在する。

これらの地図のリプリントの解説で，施（1999：23，26）は，北部および南部の一部で，日本統治期末期に空中写真による修正が行われたことにふれている。

### (2) 5万分1地形図

5万分1地形図は，台湾全島を被う基本図であった。第二次世界大戦終結まで中央部山岳の一部はついに完成しなかった。ところが，何とか空白地帯を埋めたいと，陸地測量部内では作業が進められていた。1944（昭和19）年蕃地地形図を充当し，100尺毎の等高線を約30mとして「五万分一編纂地形図」を作製した。さらに精度に問題があるとして，「五万分一地形図」として空中写真により1945（昭和20）年に測図を行い，測図原図を空白部分に充当し貼り合わせている。その際，昭和初期に刊行した地形図の空白部分に描かれていた注記の一部が，この貼り合わせにより，下敷きとなって欠落してしまったものがみられる。例えば，「新高山」図幅の新高山や北山などの注記がそれである。ただし，これらの図は外部で使用されるに至らず，この修正は陽の目をみることはなかったようである。

測図年紀については表Ⅲ-2-5の通りだが，当初2万5千分1地形図からの編纂によっており，測図年紀は，「測圖之縮圖」ということで，2万5千分1地形図のように測図年紀と発行が並行して行われていない。測図年紀と発行年紀との間が1〜2年という間隔では必ずしもなく，また数年の期間をおいた発行図には，戦時改描（軍機保護法による地物の抹消，改描）の行われた場合が多々あるようである。本図群も清絵による正式製版を行ったものはなく，測図原図あるいは修正原図を仮製版したもののみであり，図画の不鮮明なものも往々にしてある。

中央部山岳地帯は，二等三角測量（測量・地図百年史編集委員会 1970：447）網も当初はなく，平野部の完成と共に順次山間部へ測図の手がのばされていき，次第に山地の空白部分が埋められていき，当時内地の北アルプス地方で行われた地上写真測量を使用[5]しながら，1つの図幅内でも次第に全面が測図域になるように変化がみられる。「合歓山」図幅は，多測図年紀を特色とする地形図で，図幅内の完成経過が読みとれる。図Ⅲ-2-3にみるように，一応図幅名はすべて充当されたが，前述の如く未測による空白部分は，ついに最後まで正式には埋められなかった。なおその間1897（明治30）年，本邦最高の山岳として玉山が測図され，新高山と命名されたいきさつは，先に述べたところである。

表Ⅲ-2-5の測図年紀の記入されていないのは，要塞地帯のために一般には販売されなかった図幅で，備考欄に「一部白」とあるのは，販売図中，要塞地帯に当たる部分を削除した図幅である。一部削除したために，図幅名に該当する地名が削られたものについては，その図幅名も記しておいた。

澎湖島と大嶼に相当する部分は，2万5千分1地形図測図当初より秘扱であり，ほぼ5万分1地形図7面に相当する部分は，5万分1地形図はついに編纂されなかった。2万5千分1地形図で十分用図目標は達せられたと考えられ，5万分1地形図編纂は必要なかったと思われる。なお図Ⅲ-2-3a中の5万分1図名は台湾5万分1図の図名である。

なお第二次世界大戦前における最南端図幅は「七星岩」（下辺が21°40′）図幅であり，台湾地域全体を通じて，柾版用紙に図郭の左右がやっと入る図積であり，周囲に記号表を入れたり，仮製版の注記を右側に入れる余裕がなく，図郭外の上方や下方に，かろうじて整飾注記を入れていた[6]。

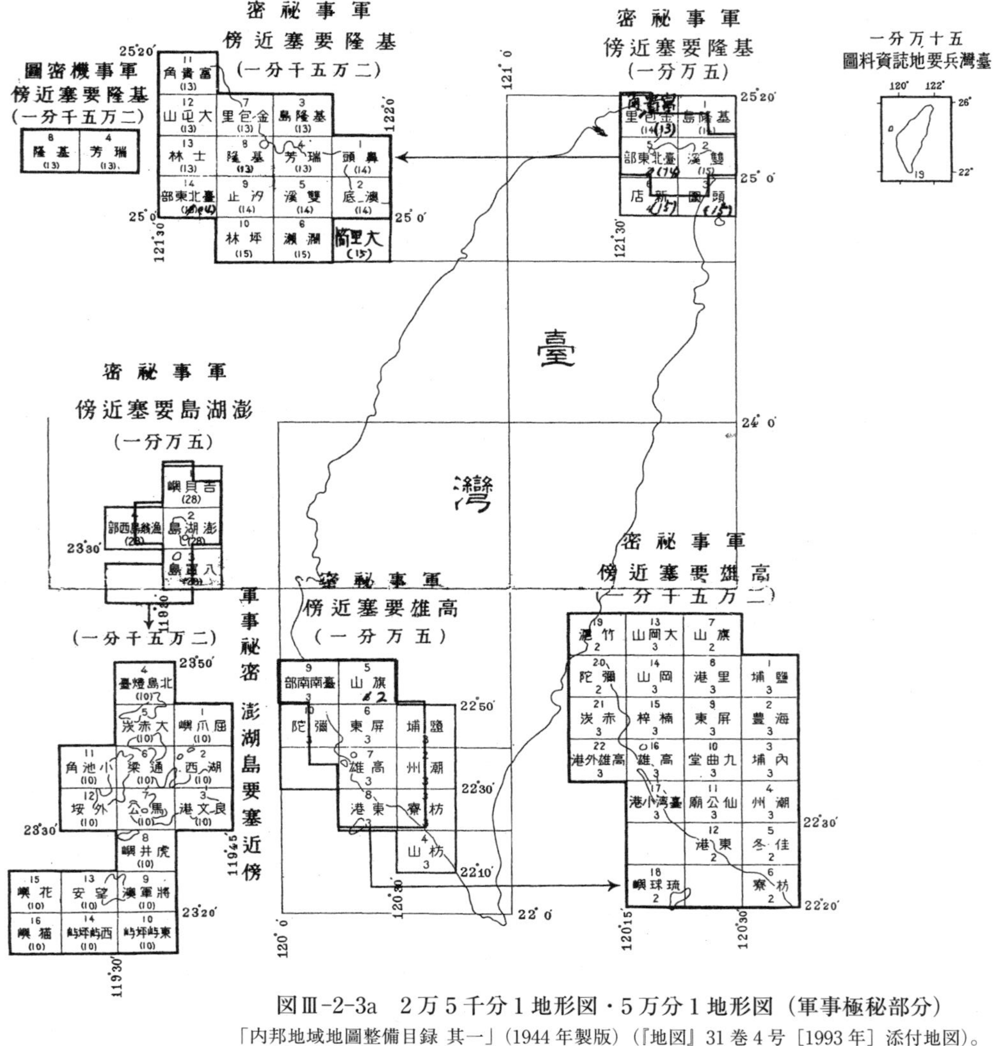


図Ⅲ-2-3a　2万5千分1地形図・5万分1地形図（軍事極秘部分）

「内邦地域地圖整備目録 其一」(1944年製版)(『地図』31巻4号［1993年］添付地図)。

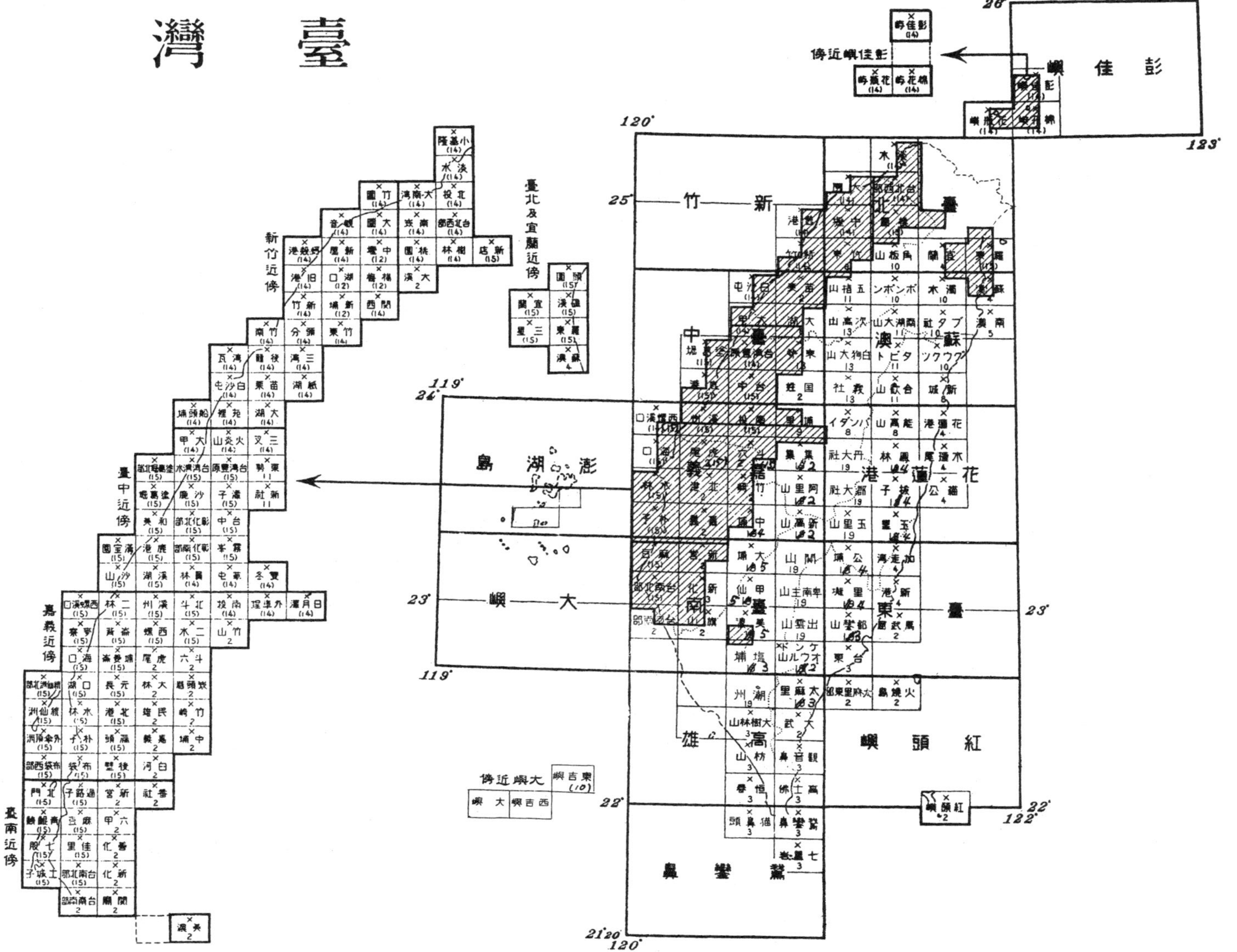


図Ⅲ-2-3b　2万5千分1地形図・5万分1地形図・20万分1帝国図（秘部分）
「内邦地域地圖整備目録 其二」（1944年製版）（『地図』31巻4号［1993年］添付地図）。

### 表Ⅲ-2-4　2万5千分1地形図

| 近傍名 | 位置 | | | 図名 | 測年 | 発行年 | 備考 |
|---|---|---|---|---|---|---|---|
| 彭佳嶼 | 1 | 彭佳嶼 | 15-3 | 彭佳嶼 | 1925 | 1927 | |
| | 2 | | 16-3 | 棉花嶼 | 1925 | 1927 | |
| | 3 | | 16西-1 | 花瓶嶼 | 1925 | 1927 | |
| 基隆要塞 | 1 | 臺北 | 2-1 | 鼻頭 | 1925 | − | |
| | 2 | | 2-2 | 澳底 | 1925 | − | |
| | 3 | | 1-4 | 基隆島 | 1924 | − | |
| | 4 | | 2-3 | 端芳 | 1924 | − | |
| | 5 | | 2-4 | 雙溪 | 1925 | − | |
| | 7 | | 5-2 | 金包里 | 1924 | − | |
| | 8 | | 6-1 | 基隆 | 1924 | − | |
| | 9 | | 6-2 | 汐止 | 1925 | − | |
| | 10 | | 7-1 | 坪林 | 1926 | − | |
| | 11 | | 5-3 | 富貴角 | 1924 | − | |
| | 12 | | 5-4 | 大屯山 | 1924 | − | |
| | 13 | | 6-3 | 士林 | 1924 | − | |
| | 14 | | 6-4 | 臺北東部 | 1925 | − | |
| 臺北及宜蘭 | 1 | 臺北 | 3-1 | 大里簡 | 1926 | 1927 | |
| | 2 | | 3-3 | 潤瀬 | 1926 | 1927 | 基6へ |
| | 3 | | 3-4 | 頭囲 | 1926 | 1927 | |
| | 4 | | 4-3 | 碓溪 | 1926 | 1927 | |
| | 5 | | 4-4 | 羅東 | 1926 | 1927 | |
| | 6 | 蘇澳 | 1-3 | 蘇澳 | 1926 | 1927 | |
| | 7 | 臺北 | 6-2 | 楓子林→汐止 | 1925 | 1927 | 基9へ |
| | 8 | | 7-1 | 坪林 | 1926 | 1927 | 基10へ |
| | 9 | | 8-1 | 宜蘭 | 1926 | 1927 | |
| | 10 | | 8-2 | 三星 | 1926 | 1927 | |
| | 11 | | 5-3 | 富貴角 | 1924 | 1927 | 基11へ |
| | 12 | | 5-4 | 大屯山 | 1924 | 1927 | 基12へ |
| | 13 | | 6-3 | 士林 | 1924 | 1927 | 基13へ |
| | 14 | | 6-4 | 臺北東部 | 1925 | 1927 | 基14へ |
| | 15 | | 7-3 | 新店 | 1926 | 1927 | |
| | 16 | | 9-1 | 小基隆 | 1925 | 1926 | |
| | 17 | | 9-2 | 淡水 | 1925 | 1926 | |
| | 18 | | 10-1 | 北投 | 1925 | 1926 | |
| | 19 | | 10-2 | 臺北西部 | 1925 | 1926 | |
| | 20 | | 11-1 | 樹林 | 1925 | 1926 | |
| | 21 | | 10-3 | 大南灣 | 1925 | 1927 | |
| | 22 | | 10-4 | 南崁 | 1925 | 1926 | |
| | 23 | | 11-3 | 桃園 | 1925 | 1926 | |
| | 24 | | 11-4 | 大溪 | 1926·27 | 1929 | |
| 新竹 | 1 | 臺北 | 14-1 | 竹園 | 1925 | 1927 | |
| | 2 | | 14-2 | 大園 | 1925 | 1927 | |
| | 3 | | 15-1 | 中壢 | 1923 | 1925 | |
| | 4 | | 15-2 | 楊梅 | 1923 | 1925 | |
| | 5 | | 16-1 | 関西 | 1925 | 1927 | |
| | 6 | | 14-4 | 観音 | 1925 | 1927 | |
| | 7 | | 15-3 | 新屋 | 1925 | 1927 | |
| | 8 | | 15-3 | 湖口 | 1923 | 1925 | |
| | 9 | | 16-3 | 新埔 | 1923 | 1925 | |
| | 10 | | 16-4 | 竹東 | 1925 | 1927 | |
| | 11 | 新竹 | 3-1 | 蚵殻港 | 1925 | 1927 | |
| | 12 | | 3-2 | 旧港 | 1925 | 1927 | |
| | 13 | | 4-1 | 新竹 | 1925 | 1927 | |
| | 14 | | 4-2 | 頭分 | 1925 | 1927 | |
| | 15 | 臺中 | 1-1 | 三灣 | 1925 | 1927 | |
| | 16 | | 1-2 | 紙湖 | 1925 | 1927 | |
| | 17 | 新竹 | 4-4 | 竹南 | 1925 | 1927 | |
| | 18 | 臺中 | 1-3 | 後龍 | 1925 | 1927 | |
| | 19 | | 1-4 | 苗栗 | 1925 | 1927 | |
| | 20 | | 2-3 | 大湖 | 1925 | 1927 | |
| | 21 | | 5-1 | 灣瓦 | 1925 | 1927 | |
| | 22 | | 5-2 | 白砂屯 | 1925 | 1927 | |
| | 23 | | 6-1 | 苑裡 | 1925 | 1927 | |
| | 24 | | 6-3 | 船頭埔 | 1925 | 1927 | |
| 臺中 | 1 | 臺中 | 2-4 | 三叉 | 1925 | 1927 | |
| | 2 | | 3-3 | 東勢 | 1925 | 1927 | |
| | 3 | | 3-4 | 新社 | 1925 | 1927 | |
| | 4 | 嘉義 | 1-3 | 雙冬 | 1925 | 1927 | |
| | 5 | 臺中 | 6-2 | 火炎山 | 1925 | 1927 | |
| | 6 | | 7-1 | 臺灣豊原 | 1926 | 1927 | |
| | 7 | | 7-2 | 潭子 | 1926 | 1927 | |
| | 8 | | 8-1 | 臺中 | 1926 | 1927 | |
| | 9 | | 8-2 | 霧峯 | 1926 | 1927 | |
| | 10 | 嘉義 | 5-1 | 草屯 | 1925 | 1927 | |
| | 11 | 臺中 | 6-4 | 大甲 | 1925 | 1927 | |
| | 12 | | 7-3 | 臺灣清水 | 1926 | 1927 | |
| | 13 | 臺中 | 7-4 | 沙鹿 | 1926 | 1927 | |
| | 14 | | 8-3 | 彰化北部 | 1926 | 1927 | |
| | 15 | | 8-4 | 彰化南部 | 1926 | 1927 | |
| | 16 | 嘉義 | 5-3 | 員林 | 1925 | 1927 | |
| | 17 | 臺中 | 11-1 | 塗葛堀北部 | 1926 | 1927 | |
| | 18 | | 11-2 | 塗葛堀 | 1926 | 1927 | |
| | 19 | | 12-1 | 和美 | 1926 | 1927 | |
| | 20 | | 12-2 | 鹿港 | 1926 | 1927 | |
| | 21 | 嘉義 | 9-1 | 溪湖 | 1926 | 1927 | |
| | 22 | 臺中 | 12-4 | 漢宝園 | 1926 | 1927 | |
| | 23 | 嘉義 | 9-3 | 沙山 | 1926 | 1927 | |
| 嘉義 | 1 | 嘉義 | 1-2 | 日月潭 | 1925 | 1927 | |
| | 2 | | 1-4 | 外車埕 | 1925 | 1927 | |
| | 3 | | 5-2 | 南投 | 1925 | 1927 | |
| | 4 | | 6-1 | 竹山 | 1927 | 1928 | |
| | 5 | | 5-4 | 北斗 | 1926 | 1927 | |
| | 6 | | 6-3 | 二水 | 1926 | 1928 | |
| | 7 | | 6-4 | 斗六 | 1927 | 1928 | |
| | 8 | | 7-3 | 崁頭厝 | 1927 | 1928 | |
| | 9 | | 7-4 | 竹崎 | 1927 | 1928 | |
| | 10 | | 8-3 | 中埔 | 1927 | 1928 | |
| | 11 | | 9-2 | 溪州 | 1926 | 1927 | |
| | 12 | | 10-1 | 西螺 | 1926 | 1928 | |
| | 13 | | 10-2 | 虎尾 | 1927 | 1928 | |
| | 14 | | 11-1 | 大林 | 1927 | 1928 | |
| | 15 | | 11-2 | 民雄 | 1927 | 1928 | |
| | 16 | | 12-1 | 嘉義 | 1927 | 1928 | |
| | 17 | | 12-2 | 白河 | 1927 | 1928 | |
| | 18 | | 9-4 | 二林 | 1926 | 1927 | |
| | 19 | | 10-3 | 崙背 | 1926 | 1927 | |
| | 20 | | 10-4 | 埔姜崙 | 1926 | 1928 | |
| | 21 | | 11-3 | 元長 | 1926 | 1928 | |
| | 22 | | 11-4 | 北港 | 1926 | 1928 | |
| | 23 | | 12-3 | 蒜頭 | 1926 | 1928 | |
| | 24 | | 12-4 | 後壁 | 1926 | 1928 | |
| | 25 | | 13-2 | 西螺溪口 | 1926 | 1927 | |
| | 26 | | 14-1 | 麥寮 | 1926 | 1927 | |
| | 27 | | 14-2 | 海口 | 1926 | 1928 | |
| | 28 | | 15-1 | 口湖 | 1926 | 1928 | |
| | 29 | | 15-2 | 水林 | 1926 | 1928 | |
| | 30 | | 16-1 | 朴子 | 1926 | 1928 | |
| | 31 | | 16-2 | 布袋 | 1926 | 1928 | |
| | 32 | | 15-3 | 統汕洲北部 | 1926 | 1928 | |
| | 33 | | 15-4 | 統汕洲 | 1926 | 1928 | |

| 近傍名 | | 位置 | | 図名 | 測年 | 発行年 | 備考 |
|---|---|---|---|---|---|---|---|
| 嘉義 | 34 | | 16-3 | 外傘頂洲 | 1926 | 1928 | |
| | 35 | | 16-4 | 布袋西部 | 1926 | 1928 | |
| 臺南 | 1 | 臺南 | 7-4 | 美濃 | 1927 | 1929 | |
| | 2 | | 9-1 | 番社 | 1927 | 1928 | |
| | 3 | | 11-2 | 旗山 | 1927 | 1929 | 高7へ |
| | 4 | | 9-3 | 新営 | 1927 | 1928 | |
| | 5 | | 9-4 | 六甲 | 1927 | 1928 | |
| | 6 | | 10-3 | 善化 | 1927 | 1928 | |
| | 7 | | 10-4 | 新化 | 1927 | 1928 | |
| | 8 | | 11-3 | 関廟 | 1927 | 1928 | |
| | 9 | | 11-4 | 大岡山 | 1927 | 1929 | 高14へ |
| | 10 | | 13-1 | 過路子 | 1926 | 1928 | |
| | 11 | | 13-2 | 麻豆 | 1926 | 1929 | |
| | 12 | | 14-1 | 佳里 | 1926 | 1928 | |
| | 13 | | 14-2 | 臺南北部 | 1926 | 1928 | |
| | 14 | | 15-1 | 臺南南部 | 1927 | 1928 | |
| | 15 | | 15-2 | 竹滬 | 1927 | 1929 | 高19へ |
| | 16 | | 13-3 | 北門 | 1926 | 1928 | |
| | 17 | | 13-4 | 青鯤鯓 | 1926 | 1928 | |
| | 18 | | 14-3 | 七股 | 1926 | 1928 | |
| | 19 | | 14-4 | 土城子 | 1926 | 1928 | |
| 高雄要塞 | 1 | 臺南 | 8-3 | 鹽埔 | 1928 | – | |
| | 2 | | 8-4 | 豊海 | 1928 | – | |
| | 3 | 高雄 | 5-3 | 内埔 | 1928 | – | |
| | 4 | | 5-4 | 湖州 | 1928 | – | |
| | 5 | | 6-3 | 佳冬 | 1927 | – | |
| | 6 | | 6-4 | 枋寮 | 1927 | – | |
| | 7 | 臺南 | 11-2 | 旗山 | 1927 | – | |
| | 8 | | 12-1 | 里港 | 1928 | – | |
| | 9 | | 12-2 | 屏東 | 1928 | – | |
| | 10 | 高雄 | 9-1 | 九曲堂 | 1928 | – | |
| | 11 | | 9-2 | 仙公廟 | 1928 | – | |
| | 12 | | 10-1 | 東港 | 1927 | – | |
| | 13 | 臺南 | 11-4 | 大岡山 | 1928 | – | |
| | 14 | | 12-3 | 岡山 | 1928 | – | |
| | 15 | | 12-4 | 楠梓 | 1928 | – | |
| | 16 | 高雄 | 9-3 | 高雄 | 1928 | – | |
| | 17 | | 9-4 | 臺灣小港 | 1928 | – | |
| | 18 | | 10-4 | 琉球嶼 | 1927 | – | |
| | 19 | 臺南 | 15-2 | 竹滬 | 1927 | – | |
| | 20 | | 16-1 | 彌陀 | 1927 | – | |
| | 21 | | 16-2 | 赤崁 | 1928 | – | |
| | 22 | 高雄 | 13-1 | 高雄外港 | 1928 | – | |
| 大嶼 | 1 | 大嶼 | 5-3 | 東吉嶼 | 1921 | 1922 | |
| | 2 | | 9-1 | 東嶼坪嶼 | 1921 | 1922 | 澎10へ |
| | 3 | | 9-2 | 西吉嶼 | 1921 | 1922 | |
| | 4 | | 9-3 | 西嶼坪嶼 | 1921 | 1922 | 澎14へ |
| | 5 | | 9-4 | 大嶼 | 1921 | 1922 | |
| | 6 | 澎湖島 | 16-2 | 花嶼 | 1921 | 1922 | 澎15へ |
| | 7 | 大嶼 | 13-1 | 猫嶼 | 1921 | 1922 | 澎16へ |
| 澎湖島要塞 | 1 | 澎湖島 | 6-2 | 屈爪嶼 | 1921 | – | |
| | 2 | | 7-1 | 西湖 | 1921 | – | |
| | 3 | | 7-2 | 良文港 | 1921 | – | |
| | 4 | | 6-3 | 北島燈臺 | 1921 | – | |
| | 5 | | 6-4 | 大赤崁 | 1921 | – | |
| | 6 | | 7-3 | 通梁 | 1921 | – | |
| | 7 | | 7-4 | 馬公 | 1921 | – | |
| | 8 | | 8-3 | 虎井嶼 | 1921 | – | |
| | 9 | | 8-4 | 将軍澳 | 1921 | – | |
| | 10 | 大嶼 | 9-1 | 東嶼坪嶼 | 1921 | – | |
| | 11 | 澎湖島 | 11-1 | 小池角 | 1921 | – | |
| | 12 | | 11-2 | 外垵 | 1921 | – | |
| | 13 | | 12-2 | 望安 | 1921 | – | |
| | 14 | 大嶼 | 9-3 | 西嶼坪嶼 | 1921 | – | |
| | 15 | 澎湖島 | 16-2 | 花嶼 | 1921 | – | |
| | 16 | 大嶼 | 13-1 | 猫嶼 | 1921 | – | |

注：「基」は基隆要塞近傍，「高」は高雄要塞近傍，「澎」は澎湖島要塞近傍を示す。

### 表Ⅲ-2-5　5万分1地形図（仮製版）

| 総称 | | 図名 | 測年 | 加測年 | 初発行年 | 備考 |
|---|---|---|---|---|---|---|
| 彭佳嶼 | 15 | 彭佳嶼 | 1925 | | 1927 | |
| | 16 | 棉花嶼 | 1925 | | | |
| | 16西 | 花瓶嶼 | 1925 | | | |
| 臺北 | 1 | 基隆島 | | | | 基隆要塞近傍1 |
| | 2 | 雙溪 | | | | 基隆要塞近傍2 |
| | 3 | 頭圍 | 1926 | | 1929 | |
| | 4 | 羅東 | 1926 | | 1930 | |
| | 5 | 金包里 | 1924 | | | 富貴角は1931年一部白 |
| | 6 | 臺北東部 | 1925 | | | 1931年は一部白 |
| | 7 | 新店 | 1926 | | 1930 | |
| | 8 | 宜蘭 | 1929 | | 1930 | |
| | 9 | 淡水 | 1925 | | 1928 | |
| | 10 | 臺北西部 | 1925 | | 1929 | |
| | 11 | 桃園 | 1926 | | 1930 | |
| | 12 | 角板山 | 1934・1935 | | 1936 | |
| | 14 | 大園 | 1925 | | 1927 | |
| | 15 | 中壢 | 1925 | | 1929 | |
| | 16 | 竹東 | 1928 | | 1929 | |
| 蘇澳 | 1 | 蘇澳 | 1929 | | 1930 | |
| | 2 | 南澳 | 1930 | – | 1932 | |

| 総称 | | 図名 | 測年 | 加測年 | 初発行年 | 備考 |
|---|---|---|---|---|---|---|
| 蘇澳 | 5 | 濁水 | 1929 | − | 1931 | |
| | 6 | ブタ社 | 1930 | 1935 | 1932 | |
| | 7 | グウクツ | 1930 | 1935 | 1932 | |
| | 8 | 新城 | 1929 | 1933（分？） | 1930 | |
| | 9 | ボンボン山 | 1935 | | 1936 | |
| | 10 | 南湖大山 | 1935・36 | 1937 | 1937 | |
| | 11 | タビト | 1935・36 | 1937 | 1937 | |
| | 12 | 合歡山 | 1931・32・33 | 1935・36 | | |
| | 13 | 五指山 | 1934・35 | 1936 | | |
| | 14 | 次高山 | 1935・36・38 | − | 1939 | |
| | 15 | 白狗大山 | 1936・38 | − | 1939 | |
| | 16 | 霧社 | 1933・38 | − | 1939 | |
| 花蓮港 | 5 | 花蓮港 | 1929 | − | 1930 | |
| | 6 | 水璉尾 | 1929 | − | 1930 | |
| | 7 | 貓公 | 1929 | − | 1930 | |
| | 9 | 能高山 | 1931・32・33 | | 1935 | 旧：木瓜山 1929 測 1930 発 |
| | 10 | 鳳林 | 1929 | | 1930 | |
| | 11 | 拔子 | 1929 | | 1930 | |
| | 12 | 玉里 | 1929 | | 1930 | |
| | 13 | バンダイ | 1933 | − | 1935 | |
| | 14 | 丹大社 | | | | |
| | 15 | 郡大社 | | | | |
| | 16 | 玉里山 | 1929 | | 1929 | |
| 臺東 | 9 | 加走湾 | 1929 | | 1930 | |
| | 10 | 新港 | 1929 | | 1930 | |
| | 11 | 馬武窟 | 1927 | | 1929 | |
| | 13 | 公埔 | 1929 | | 1930 | |
| | 14 | 里壠 | 1929 | | 1930 | |
| | 15 | 都鑾山 | 1928 | | 1929 | |
| | 16 | 臺東 | 1928 | − | 1929 | |
| 紅頭嶼 | 8 | 紅頭嶼 | 1927 | − | 1929 | |
| | 9 | 火焼島 | 1927 | − | 1929 | |
| | 13 | 太麻里東部 | 1927 | − | 1929 | |
| 新竹 | 3 | 舊港 | 1925 | − | 1929 | |
| | 4 | 新竹 | 1925 | − | 1929 | |
| 臺中 | 1 | 苗栗 | 1927 | − | 1929 | |
| | 2 | 大湖 | 1925 測縮 | 1931 | 1930 | |
| | 3 | 東勢 | 1925 | − | 1929 | |
| | 4 | 國姓 | 1927 | − | 1930 | |
| | 5 | 白沙屯 | 1925 | − | 1928 | |
| | 6 | 大甲 | 1925 | − | 1927 | |
| | 7 | 臺湾豊原 | 1925 | − | 1927 | |
| | 8 | 臺中 | 1926 | − | 1928 | |
| | 11 | 塗葛堀 | 1926 | − | 1927 | |
| | 12 | 鹿港 | 1926 | − | 1927 | |
| 嘉義 | 1 | 埔里 | 1925 | 1934 部修 | 1930 | 1937 |
| | 2 | 集集 | 1927 | | 1929 | |
| | 3 | 阿里山 | 1927 | | 1929 | |
| | 4 | 新高山 | 1927 | | 1929 | |
| | 5 | 南投 | 1926 | | 1927 | |
| | 6 | 斗六 | 1926 | | 1928 | |
| | 7 | 竹崎 | 1927 | | 1930 | |
| | 8 | 中埔 | 1929 | | 1931 | |
| | 9 | 溪州 | 1926 | | 1927 | |
| | 10 | 虎尾 | 1926 | | 1929 | |
| | 11 | 北港 | 1926 | 1927 | 1929 | |
| | 12 | 嘉義 | 1926 | 1927 | 1928 | |
| | 13 | 西螺溪口 | 1926 | | 1927 | |
| | 14 | 海口 | 1926 | | 1929 | |
| | 15 | 水林 | 1926 | | 1929 | |
| | 16 | 朴子 | 1926 | | 1929 | |

| 総称 | | 図名 | 測年 | 加測年 | 初発行年 | 備考 |
|---|---|---|---|---|---|---|
| 臺南 | 1 | 關山 | | | | |
| | 2 | 卑南主山 | | | | |
| | 3 | 出雲山 | | | | |
| | 4 | ケンドオウル山 | 1927 | | 1929 | |
| | 5 | 大埔 | 1930 | | 1931 | |
| | 6 | 甲仙 | 1930 | | 1931 | |
| | 7 | 美濃 | 1930 | | 1931 | |
| | 8 | 鹽埔 | | | | |
| | 9 | 新營 | 1927 | | 1929 | |
| | 10 | 新化 | 1927・28 | | 1929 | |
| | 11 | 旗山 | 1927 | | 1930 | 1938は一部白 |
| | 12 | 屏東 | | | | |
| | 13 | 麻豆 | 1926 | | 1928 | |
| | 14 | 臺南北部 | 1926 | | 1928 | |
| | 15 | 臺南南部 | 1927 | | 1930 | 1938発行アリ |
| | 16 | 彌陀 | | | | |
| 高雄 | 1 | 太麻里 | 1928 | | 1929 | |
| | 2 | 大武 | 1927 | | 1929 | |
| | 3 | 觀音鼻 | 1928 | | 1929 | |
| | 4 | 高士佛 | 1928 | | 1929 | |
| | 5 | 潮州 | | | | |
| | 6 | 大樹林山 | 1928 | | | 1938は一部白 |
| | 7 | 枋山 | 1928 | | 1929 | |
| | 8 | 恒春 | 1928 | | 1929 | |
| | 9 | 高雄 | 1928 | | 1930 | |
| | 10 | 東港 | | | | |
| 鵞鑾鼻 | 1 | 鵞鑾鼻 | 1928 | | 1929 | |
| | 2 | 七星岩 | 1928 | | 1929 | |
| | 5 | 猫鼻頭 | 1928 | | 1929 | |

## 4．編纂図類

台湾では，実測図よりも，各種の資料による編纂図が，数からいうとはるかに多い。ここでは，陸地測量部，台湾総督府の編纂によるもののみに限って検討する。

### (1)　10万分1概測図

澎湖島付近に，1894（明治27）年12月製版の10万分1の地図がある。海図その他からの編纂図で日清戦役用に作製された戦略用概測図と思われる。ほかの地域に作製されているかどうかは不明である。陸上の地形を茶でぼかし，水部を青にし，海図による水深が記入されている。陸地測量部の作製である。

### (2)　台湾仮製20万分1図

台湾全土を覆った，はじめての実測図による編纂図である。台湾全図としては，「台湾輯製40万分1図」があり，1896（明治29）年1月解秘されている（陸地測量部 1922：133）が，内容は定かではない。台湾仮製20万分1図が『陸地測量部沿革誌』に出てくるのは1897（明治30）年で，製図科の事績の中にまず「臺灣二十万分一製圖規程ヲ定メタリ」とあり，さらに「本年ノ成果ハ…臺灣假製二十万分一圖製面（製図か）十四面製版十四版」とある（陸地測量部 1922：147,（　）内引用者)。しかし，本図の編纂に用いられた諸図についての記載はない。

本図群と共に販売されていた経度差1度，緯度差40分の同縮尺図に，表現は異なるが，日本の全域にわたって作製され刊行されていた輯製20万分1図があった。これは，地貌表現に暈滃（けば）を用い，伊能図，迅速測図，地理局の諸図から輯集編纂された地図群で，当時日本全体を概観できる唯一の地図であった（清水 1982b)。

本図群がこの輯製20万分1図と異なった点は，前述のように実測に基づいた編纂図であり，暈滃に代わって等高線を用いたことである。この等高線は，地図上で数えるとおよそ100m間隔で示され，計曲線はない。また未測図地帯は破線のフォームラインで描かれ，未測図地帯の集落名や山岳名に，概略位置に「？」印を付して示してある。この図群の既測図地域と未測図地域の分布が，台湾5万分1図と一致し，また本図群に先行する台湾全土の地図群は，台湾5万分1図しかなく，地図の内容も一致するので，編纂原資料は台湾5万分1図であることが判明する。

図名は図Ⅲ-2-4と表Ⅲ-2-6に示した。全14面で表Ⅲ-2-6にあるのは後刷にある製版年紀で，初刷にある製版年紀はすべて1897（明治30）年，印刷年紀も同年7月5日である。製版年紀が1898（明治31）年で印刷が製版に先行する1897（明治30）年では不合理である。もっとも，陸地測量部の刊行物には屢々修正年紀などに先行する（初版のままの）発行年月日を付したものがあった。なお初版には，発行者として，岡田栄助ほか4名の名称が刷り込んである[7]。

帝国図にある彭佳嶼図幅の部分に位置する小島嶼は未測量で，該当位置に地図はなく，本図群の小紅頭嶼図幅の岩礁は，帝国図中には図幅と共に存在しなくなる。

本地図群の利用されていた期間を考えてみると，もちろん1897（明治30）年製版後7月に発行

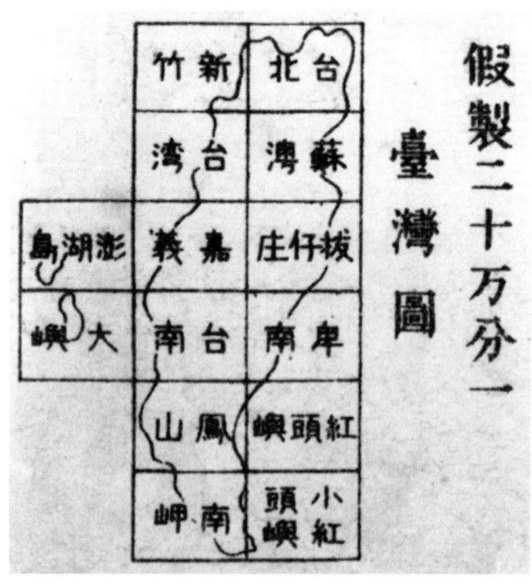


図Ⅲ-2-4　台湾假製20万分1図
「陸地測量部出版地圖区域一覧表」(1914年3月製版)。

表Ⅲ-2-6　台湾仮製20万分1図再版諸元

| 番号 | 図名 | 輯製年紀 | 製版年紀 | 印刷年紀 | 発行 |
|---|---|---|---|---|---|
| 1 | 台北 | 1897 | 1888 | 1897年7月5日 | 7月10日 |
| 2 | 蘇澇 | 1897 | 1888 | 1897年7月6日 | 7月10日 |
| 3 | 抜仔庄 | 1897 | 1888 | 1897年7月5日 | 7月10日 |
| 4 | 卑南 | 1897 | 1888 | 1897年7月6日 | 7月10日 |
| 5 | 紅頭嶼 | 1897 | 1887 | 1897年7月7日 | 7月10日 |
| 6 | 小紅頭嶼 | 1897 | 1887 | 1897年7月8日 | 7月10日 |
| 7 | 新竹 | 1897 | 1888 | 1897年7月9日 | 7月10日 |
| 8 | 台湾 | 1897 | 1888 | 1897年7月10日 | 7月10日 |
| 9 | 嘉義 | 1897 | 1888 | 1897年7月11日 | 7月10日 |
| 10 | 台南 | 1897 | 1888 | 1897年7月12日 | 7月10日 |
| 11 | 鳳山 | 1897 | 1888 | 1897年7月13日 | 7月10日 |
| 12 | 南岬 | 1897 | 1888 | 1897年7月14日 | 7月10日 |
| 13 | 澎湖島 | 1897 | 1888 | 1897年7月15日 | 7月10日 |
| 14 | 大嶼 | 1897 | 1887 | 1897年7月16日 | 7月10日 |

されているので，明治期の地図発行一覧図には記載されているが，正式測量（基本図測図）による編纂図である20万分1帝国図完成までである。その間これに代わる地図はなかった。家蔵の地図発行一覧図によると，1933（昭和8）年3月発行図には全域が刊行されており，同年9月発行図になると，蘇澳，花蓮港，新竹の3面が帝国図となり，1934（昭和9）年版では小紅頭嶼，嘉義，鳳山，澎湖島，大嶼のみが残り，1935（昭和10）年版ではすべてが帝国図に置き換えられている。古書店等で比較的目にする機会が多いのは，発行以来38年余にわたる利用期間があったからだと思われる。

### (3) 20万分1台湾蕃地図

台湾総督府民政部蕃務本署は，20万分1菊版5枚で，蕃地図を作製した。台湾仮製20万分1と比較すると，海陸の図形は格段と良くなり，丁度年代ばかりでなく，内容も20万分1帝国図との間に位置づけられる。台湾本島を覆う位置は図Ⅲ-2-5の通りである。1911（明治44）年10月製版。

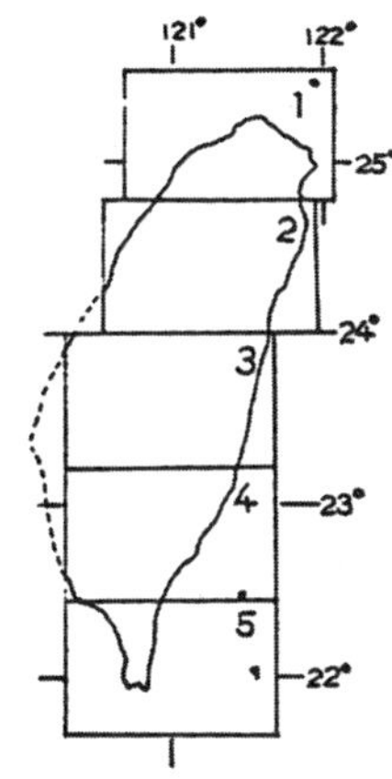

図Ⅲ-2-5　20万分1台湾蕃地図

地図中にある備考中に，「北蕃図…南蕃図を調整し…」[8]とある。この北蕃図，南蕃図については実見していないので何とも言えないが，すでに第2節で述べた諸図の一部は完成しており，この地図の編纂輯製に用いられると考えられるにもかかわらず，その原図については記載がない。本図の地形表現は等高線を用いているが，500尺毎で，第2図，第3図の中央部分は1,000尺毎で，測図が疎略であることを示している。これも総督府尺系列の図の1つであろう。

### (4) 20万分1帝国図

陸地測量部は，1932（昭和7）年から1934（昭和9）年にかけて20万分1帝国図を編纂製版した。

表Ⅲ-2-7　20万分1帝国図

| 行 | 段 | 図名 | 初版製版年 | 修正年 | 製版年 | 備考 |
|---|---|---|---|---|---|---|
| 35 | 39 | 彭佳嶼 | 1934 | | – | |
| 36 | 40 | 臺北 | 1933 | 1929 増補 | | |
| 36 | 41 | 蘇澳 | 1933 | | 1944 | 応急版 |
| 36 | 42 | 花蓮港 | 1933 | | 1944 | 応急版 |
| 36 | 43 | 臺東 | 1933 | | | |
| 36 | 44 | 紅頭嶼 | 1934 | | | |
| 37 | 40 | 新竹 | 1932 | | | |
| 37 | 41 | 臺中 | 1934 | | | |
| 37 | 42 | 嘉義 | 1934 | | 1944 | 応急版 |
| 37 | 43 | 臺南 | 1934 | | 1944 | 応急版 |
| 37 | 44 | 高雄 | 1934 | | 1944 | 応急版 |
| 37 | 45 | 鵞鑾鼻 | 1934 | | | |
| 38 | 42 | 澎湖島 | 1934 | | – | |
| 38 | 43 | 大嶼 | 1934 | | – | |

20万分1帝国図全般にわたっては別稿にゆずるが，全14面（図Ⅲ-2-3b・表Ⅲ-2-7）が完成している。しかし日本の他地域と異なるのは，全域を接合すると中央山岳部分が空白として，欠落していることで，これらの図の製版年紀までに5万分1ないし2万5千分1地形図が測図されていなかった部分である。因みに空白部分があるのは，「臺北」・「蘇澳」・「花蓮港」・「臺東」・「嘉義」・「臺南」・「高雄」と実に本島11面中7面に及んでいる。その後「臺北」図幅は1939（昭和14）年測量図化された部分を増補し補填したが，ほかの図幅はそのまま置かれ，1941（昭和16）年ほかの地形図と共に販売が中止されてしまった。もちろん要塞近傍に相当する部分は，等高線を消し，ぼかしを平調にしてある。

ところで，第二次世界大戦中の1944（昭和19）年作製の，台湾の20万分1帝国図の応急版（部外秘扱）をみる機会を得た。それによると，台湾の地形図類の歴史が，この応急版中に凝縮された感があるので，図中のダイヤグラムをまとめ略図として図Ⅲ-2-6に示す。残念ながら「臺東」図幅がないのでその部分がわからないが，1944（昭和19）年現在，見取図とある部分は，ついに地形図類の測量が行われなかったところで，5万分1蕃地地形図の空白域に相当する。また広範囲にわたって，基本図（5万分1地形図）の測図原図も完成していなかったであろうことが想像される。

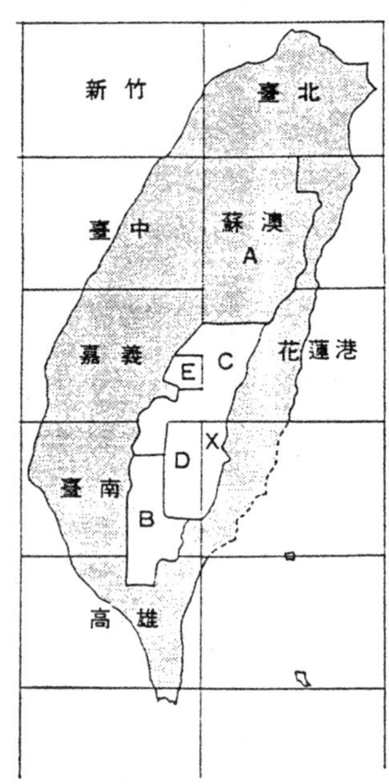


図Ⅲ-2-6　20万分1帝国図応急版による編纂資料

注：網かけは発行図既測域。A：1930（昭和5）～1938（昭和13）年測図5万分1地形図，B：1944（昭和19）年製版5万分1編纂地形図，C：台湾総督府測図5万分1蕃地地形図，D：見取図，E：30万分1台湾全図，X：欠図のため不明。

## 5．結語にかえて

台湾領有後，日本の政府機関が行った地図作製作業についての大綱はつかめたと思う。台湾の地図作製は，第二次世界大戦の波の中で，ついに全域を完全な形で覆うことは出来なかった点がその大きな特色である。また，第二次世界大戦後の台湾では，戦時体制下にあって，地図にふれることは禁句に属するという時期があったが，今日では地図の利用の自由化だけでなく研究も進み，リプリントも利用できるようになって，時代の変化を感じている。

[付記]
本稿を記すに当たり，国立国会図書館地図室の方々には種々御配慮いただいた。また一部地図情報センターの地図を利用させていただいた。記して深く感謝致します。加えて，施添福氏のリプリント解説（施 1996，1999），林春吟氏の最近の論文（林 2005）には多くの示唆を得た。さらに第二次世界大戦中の未発行図については，長岡正利氏の教示を得た。図名について，一部魏徳文氏に教示いただいた。以上の方々に感謝したい。なお，秘区域の図名については，「内邦地域地圖整備目録」（長岡 1993b 参照）によった。

注

1）日清間戦役は 1894（明治 27）年 8 月 1 日勃発，臨時測図部編成は同年 11 月 21 日である。また翌 1895（明治 28）年 2 月 3 日より順次戦地に向け出発とある。1896（明治 29）年 9 月 19 日臨時測図部解散の記事がみえる（陸地測量部 1922：122-124，137）。

2）フランス式の縮尺区分。ジヨルダンなどの指導によるもの。後にメッケルらによりドイツ式区分となり，2 万分 1 は 2 万 5 千分 1 に置き換えられる。

3）1900（明治 33）年 2 月製版，1904（明治 37）年 4 月第 3 訂正（陸地測量部刊）。

4）陸地測量部（1922：156）には，台湾 5 万分 1 図 105 面製図とあり，実際は 105 面という可能性もある。

5）地上写真測量は最初桜島の噴火による地形の変化について実施（1914［大正 3］年），実用は北アルプスの測量と台湾大湖及蘇澳地方ほかである（高木 1948：20）。

6）柾版の用紙の大きさは左右 58.0cm，緯度 21° 40′ における 5 万分 1 地形図の 15 分の経線長は 51.74cm である（但し多面体図法）。

7）発行者

東京市日本橋区金吹町 2 番地　岡田栄助
東京市麹町区永田町 1 丁目 24 番地　小和田順之助
東京市京橋区元数寄屋町 3 丁目 1 番地　河村隆実
東京市京橋区山下町 8 番地　宇都木信夫
東京市麹町区隼町 26 番地　川勝鐙太郎

年代によって氏名と人数が異なるが，内地の地図では発行所となっている。

8）第 5 号中備考に「曩ニ明治四十二年十一月北蕃図同四十三年四月南蕃図ヲ調製シ理蕃事業ノ指針タラシメンカ爾来蕃地測量ノ進捗ト蕃界探険ノ実査トニ依リ地理ノ闡明セラレタルモノ顕着ナリトス依テ更ニ蕃地図修正ノ必要ヲ認メ竝ニ本図ヲ調製セリ然レトモ尚未測未踏ノ蕃界ノ領域モ亦狭カラス従テ正鵠ヲ得サルモノナキニアラス故ニ蕃界実測ノ成功ニ伴ヒ漸次訂正ヲ加ヘ完璧ヲ他日ニ求メントス即チ本図

中毎五百尺ノ水平曲線ヲ描画シタル部分ハ実測完成ノ区域ニ属シ毎一千尺ニ止メタル部分ハ実測未済ノ区域ニ属スルモノナリ」とある。

文献

学生社　1982.『台湾五万分の一地図集成』学生社.

魏　徳文・高　傳棋・林　春吟・黄　清琦　2008.『測量臺灣 ―― 日治時期繪製臺灣相關地圖』國立臺灣歴史博物館・南天書局.

洪　敏麟・陳　漢光・廖　漢臣編　1969.『臺灣堡圖集』臺灣省文獻委員会.

小林　茂［解説］ 2008.『外邦測量沿革史　第1冊』不二出版.

参謀本部・北支那方面軍司令部編　1979.『外邦測量沿革史　自明治二十八年至同三十九年』ユニコンエンタプライズ.

清水靖夫 1982a. 臺灣の諸地形圖について. 研究紀要（立教高等学校）13：1-23.

清水靖夫 1982b. 輯製20万1図について. 三井嘉都夫教授還暦記念事業会編『環境科学の諸断面 ―― 三井教授還暦記念論文集』土木工学社.

施　添福　1996.《臺灣堡圖》日本治臺的基本圖. 臺灣總督府臨時臺灣土地調査局［調製］『臺灣堡圖』1-4. 遠流出版事業.

施　添福　1999.『日治時代二萬五千分之一臺灣地形圖使用手冊』遠流出版事業（台北).

測量・地図百年史編集委員会　1970.『測量・地図百年史』日本測量協会.

大日本帝國陸地測量部［調製］ 1999.『臺灣地形圖 ―― 日治時代二萬五千分之一』遠流出版事業（台北).

大日本帝國陸地測量部・臺灣總督府民政部警察本署編　2007.『臺灣地形圖新解 ―― 日治時期五萬分之一』上河文化.

臺灣總督府臨時臺灣土地調査局［調製］ 1996.『臺灣堡圖』遠流出版事業（台北).

高木菊三郎　1948.『陸地測量部沿革誌　終末篇』高木菊三郎.

陳　國章・呉　信政 2004. 台湾の地図事情. 地図情報 24（3）：4-7.

長岡正利　1993. 幻の昭和19年地図一覧図 ―― 陸地測量部内邦地図成果の総大成として. 地図 31（4）：41-44.

陸地測量部編　1922.『陸地測量部沿革誌』陸地測量部.

林　春吟　2005. 日本植民地期台湾における地形図に関する研究. 現代台湾研究 28：1-23.

# 第3章　日本統治機関作製にかかる朝鮮半島地形図の概要

清水靖夫

## 1．はじめに

本章は，主として旧陸地測量部・朝鮮総督府が作製した朝鮮半島（韓国では韓半島と称するが，日本での通例に従い以下朝鮮半島と呼称）の地形図類についての概要を記すものである。朝鮮半島の地形図類についての研究または関連報文はあまり多くはなく，『測量・地図百年史』（測量・地図百年史編集委員会 1970：456-461），『韓国古地名の謎』（光岡 1982）等のほか，桜井（1973，1979：555-575）の明治期の地図の解題，さらに国立国会図書館参考書誌部（1966），崔（1984）のような目録があるに過ぎなかった。しかし，学生社（1981）以後，朝鮮総督府作製（1986），南（1996），朝鮮半島地図資料研究会（1999）と地図のリプリントが刊行され，関連資料も増大している。本章では清水（1986）に改訂を加える形で朝鮮の地図類を検討したい。

朝鮮半島の5万分1地形図は，最初に韓国併合以前に日本の陸軍の手で作製され，その大半が併合後になって「略図」（第一次地形図）として市販されることになる。この初期の図に手を加えて，次に地形図（第二次地形図）が作製され，さらに土地調査事業にともなって，三角測量・地形測量後，基本図測図（第三次地形図）が完成し，これが第二次世界大戦終了まで使用された。この地形図はまた，米国陸軍地図局（Army Map Survice）が戦略用に戦中・戦後にかけて複製した地図でもあった。

5万分1の基本図測図（地形図）と同時に，2万5千分1地形図，1万分1地形図も主要地域について作製が進められた。20万分1図は本州等と異なり，総督府が小林又七[1)]に命じて編纂刊行させている。50万分1輿地図は本州等と様式を変え，台湾と同様段彩により陸地測量部の手で作製した。なお正式の地形図以前にも若干の地形図類似の地図があり，それらについても概略を記す。

なお本文は，地図作製と直接かかわりのある部分のみにとどめ，政治的軍事的部分については，あえて触れないことにした。また便宜上，漢字表記については図幅名も含め基本的には常用漢字を使用した。

## 2．朝鮮における地形図作製の経過

『陸地測量部沿革誌』中に，朝鮮の人士と関係のある記事の初出は，1896（明治29）年3月24日の条に，「朝鮮王族李埈鎔当部製図作業ヲ参観ス」（陸地測量部 1922：133）とあり，次出は，1898（明治31）年6月27日の条に「…韓人李周煥在学二年初等地形測量ノ学科ヲ卒業ス是レ外人修技所卒業ノ嚆矢トス」（陸地測量部 1922：152）とある。地図に関する文は，まず1894（明治27）年の項に，「製図科［の成果］ハ…隣邦図（二十万分一朝鮮図）三十三版等ナリ」（陸地測量部 1922：125-126，［ ］内は引用者）と製図科の業績を述べ，同年にはじまる日清戦争に際して，20万分1図を作製していたことを示している[2)]。また同年の記事としては，臨時測図部の編成も，大きな意義をもっている（陸地測量部 1922：123-124）。後述するように，臨時測図部は，朝鮮半島や中国大陸での軍用地図作製のために，特別に編成された組織である。さらにこの後になると，1897（明治30）年の項に，「製図科ニ於テハ一月六日朝鮮国五万分一図ハ遼東半島五万分一図式ニ準拠シテ製図スヘク決定シ…」（陸地測量部 1922：146）とあり，さらに翌1898（明治31）年の項に，「製図科ニ於テハ製図製版ヲ完成スル…朝鮮五万分一図十一面…」（陸地測量部 1922：156）とある。これ以後の記事は，日露戦争関係であり，1910（明治43）年の韓国併合条約までそれらしい記載はないようである。

ところが『陸地測量部沿革史（草案）』[3)] 中には，上記臨時測図部についてやや具体的な記述がみられる。多少長くなるが関係部分を再録してみる。

1895（明治28）年の項，

> 六月二十八日…班長服部歩兵大尉歩兵少佐ニ進ミ臨時測図部長ニ補セラレ…更ニ編成竝任務ヲ改定シ…朝鮮測図ニ従事スヘキ第一班乃至第四班ハ人目ヲ避クルカ為数次ニ分割シテ九月下旬ヨリ十月上旬ノ間ニ於テ順次各任地ニ到着シ諸種ノ困難ヲ排除シツツ着々事業ヲ遂行セリ

とあり，前出1896（明治29）年李埈鎔の参観の後段に

> 之ヨリ先一月十六日同国人李秉武亦之ヲ参観セリ

と続き，9月19日臨時測図部解散の記事があるが，その少し後に，

> 臨時測図部韓国方面ノ作業ハ一月以来断髪令ノ騒擾ニ次キ国王ノ露国公使館竄入ノ変アリ人心漸次不穏ニシテ邦人ヲ嫌悪シ暴民蜂起我事業ヲ妨害シ測図手中其ノ毒手ニ罹リ死者五名傷者三名ヲ出スニ及ビ一般ノ情況到底作業ヲ継続スヘカラサルヲ以テ作業ヲ中止シ五月二十日全員ヲ挙ケテ帰朝シタリ…朝鮮測図総面積五万分一四，一二二，零方里…。

とあり，外国人による国内の測量に強い排斥の動きがあり，これによって測量が継続できなくなったことが知られる。

1899（明治32）年の項には，

> 松井（利行）測量手ハ戦史編纂委員ニ随行シテ九月上旬清韓両国ニ於ケル戦跡ノ補修測図ニ従ヒ又青山（良敬）測量手他十名ハ去二十九年臨時測図部解散後ノ残業ヲ紹キ連続シテ韓国各地ノ秘密測図ニ従事スルモノ（ママ）茲二三年常ニ不安危懼ノ地ニ立チテ克ク予定任務ヲ大成シ九月十七日帰朝セリ…

と1896（明治29）年以来の継続状況を示している。さらに北清事変に関する測図の記事が付加されている。

1903（明治36）年の項には，

> 此年日露ノ風雲大ニ動キ十月七日久間（金五郎）測量手他三名測図ノ為先ツ渡韓シ同月二十九日中川（福雄）歩兵大尉，真坂（忍）野坂（喜代松）両測量師外二十二名翌三十日山岡（寅之助）歩兵大尉，原（忠貞）別府（八百衛）両測量師外十七名続々トシテ韓国秘密測図ノ途ニ上リ北韓ノ山河ハ早ク既ニ我変装測量官の手中ニ帰セリ…

と大規模な国境付近の秘密測図の情況を伝えている。

1904（明治37）年10月20日，閣議は対韓施設綱領決定ノ件を決し，1910（明治43）年8月29日には日韓併合条約が締結された。同年勅令361号により朝鮮総督府の機関として朝鮮臨時土地調査局（後に土地調査局となる）が設置され，1910（明治43）年から1915（大正4）年までの6ヶ年間で220,762㎢の測量を完了している（測量・地図百年史編集委員会 1970：456）。これは基線13ヶ所，大三角本点400点，同補点2,401点（本州等の二等三角測量相当），同点31,646点（同三等三角測量に相当），水準測量6,629㎞を行ったものである。さらに1936（昭和11）年以降陸地測量部が本州等並の一等三角測量，一等水準測量を手がけ，全域はカバーしきれなかったものの，これによって，東京原点と満州原点は測地学上連結されたのである。

基本図測図は1918（大正7）年に完成し，第二次世界大戦終了まで数次の修正測図によって内容と精度の保持がなされていた。

## 3．5万分1地形図

朝鮮の基本図は5万分1地形図（本州等と同じ）であったが，若干ずつ内容の異なる3種の5万分1図が作製されていた。第一次の地形図は通称「略図」といい，日韓併合以前に作製された地形図であり，第二次の地形図は併合後略図の修正の形で作製された地形図で内容は格段の差異があり，第三次は三角測量に位置の基準を置いた基本図である。短期間に３種類の地形図が作製されたのは，ほかの地域であまり類をみない。以下各図群について大要を記す。

### (1) 略図

「略図」については，前述の光岡（1982：7-13）が，そのための測量の背景を検討し，鉄道敷設を名目にしたとはとても思えないほど広範囲にこれが行われたと述べている。「略図」の作製過程については考慮しなければならないことが多いが，この問題に入る前に，まずその概要からみておきたい。

「略図」は，後に作製された正式の地形図と比較すると，もちろん平野部と山岳部とでは精疎の差はあるが，著しく劣るものでもない。本図群の図名と接続関係を示すと図Ⅲ-3-1のようになる。また第一次作製の略図，第二次作製の地形図，第三次作製の基本図（地形図）の図名と測図（製版）年は表Ⅲ-3-1のようになる。同一地域を横に示したので，それぞれの利用された期間が読みとれるはずである。

本図群がカバーする範囲は，朝鮮半島の大部分にわたるが，東部の沿岸地方の江原道の大部分，北東部咸鏡北道，北西部平安北道の鴨緑江沿岸，南端の済州島と一部の島嶼については，カバーされていない。この場合，東海岸の永興湾元山付近は要塞地帯であり，後の交通図（図Ⅲ-3-4参照）さえも空白部にしていたところであり，作製されたが解秘されなかったと考えてよいだろう。西海岸の甕津付近についても同じように考えられるし，釜山付近は，図Ⅲ-3-1では空白になっているが，地図は明らかに作られていた。他方，咸鏡北道については，かなり広範囲に２万分１の秘図があったことも注目される（測量・地図百年史編集委員会 1970：462）。平安北道鴨緑江沿岸についても，清国と朝鮮にまたがる地図群があった。以上のことから，日韓併合時には，朝鮮半島のほぼ全域にわたって地図はすでに準備されていたことになる。

本図群は大別して２つの部分に分けられる。その１は，経緯度図郭をもつ図であり，これが作製図の大部分を占める。図郭の経緯度標記は，後の地形図類に比較すると若干のずれがみられる（本書Ⅲ-1章の図Ⅲ-1-2および図Ⅲ-1-3参照）。その２は，北西方（主として平安北道・慈江道・両江道，かつての平安北道・咸鏡南道・同北道の一部）の図群で，経緯度図郭によらないものである。

これらの地図群は，両者とも測図・製版の年紀は空白となっており，後者の一部に後年補入したものが若干みられるだけである。つまりこれらの地図の大部分は，その測図年紀を製版時に版上で削除してしまっているのである。ただし削除漏れがあり，該当部分を明かりに翳すと紙の表面を薄く削り取っているものが若干みられ，そのうちの数枚は印刷インクの油性で半透明部分となり判読可能である。これから，「石実場」（順天10号）図幅などについては，いずれも1899（明治32）年測図であることがわかる。また，消し忘れと思われるものに大邱16号「三嘉」があり図Ⅲ-3-2に示す。なお三嘉図幅には「略図」の注記はなく，「朝鮮五万分一図」と第二次の地形図の注記になっている。本図群の測図年代については，光岡（1982：7-13）が推定しているが，第２群のものとはちがいがある。表Ⅲ-3-1作成にあたっては，わかる範囲内で発行年を記入した。

測図の状況は前出の『陸地測量部沿革史（草案)』中の文がそれに該当するほか，『外邦測量沿革史』（参謀本部・北支那方面軍司令部 1979a；小林解説 2008）には，それに関連する記録が掲載されている（長岡 1993a，本書Ⅲ-1章；南著・朴訳 2006，本書Ⅳ-1章参照)。

図Ⅲ-3-1に示した接続関係のうち第2群については大要を描いたもので，まさに「略図」の名称の通りで，図郭のゆがみが大きく，縦長・横長の図幅は，一図幅中の上方または左方の小部分に描画されているのみである。また接続も咸興北西方のように不定型なつながりをしている場合もある。この図群には，一部に製版年の記載のある地図がある。もちろん後年の付け加えだが，同じ図幅で，製版年記載のあるものとないものを比較すると，両者の間には図幅間の接続の便を考えてか，包含する範囲に数センチメートル程の位置の差異がある。

いずれにしても，「略図」は，図Ⅲ-3-3の注記にあるような精度の低い略測による図の編集によるものと考えられ，本来の測図年紀は抹消され，後年日韓併合後の発行月日として公刊されたものであることが明らかである。『陸地測量部沿革誌』の1910（明治43）年の項には，次のような記事がみられる。

> 十月九日朝鮮五万分一図中ノ大部並京城近傍千二百分一図同五千分一図成観及平壌近傍二万分一図ノ軍事機密及秘密ヲ解カル但国境ニ属スル部分ハ此ノ限ニアラス蓋シ韓国併合以来各方面ニ於ケル該地方地図ノ需要愈急ナルト其ノ大部分ヲ軍事機密若クハ秘密タラシムル必要ナキニ至レルヲ以テナリ依リテ前記諸地方ニ適当ノ修正ヲ加ヘ直ニ之ヲ発行シ朝鮮五万分一地図ト命名セリ（陸地測量部 1922：242)

以上が，刊行後民間に販売された「略図」について判明する点であるが，最近になって大阪大学卒業生の岡田（旧姓谷屋）郷子は，上記の成果をふまえ，外邦図の初刷の目録である『国外地図目録』および『国外地図一覧図』（長岡 2004，本書Ⅲ-1章参照）を用いて，この時期の図の測図年をほぼ明らかにした。それによれば，朝鮮半島中部の黄海道・京畿道から南東部の慶尚道にかけては1895（明治28）年に測図され，続く1896（明治29）年と1898（明治31）年には京畿道の南の忠清道，1899（明治32）年にはさらに南の全羅道にこれが展開したが，1900（明治33）年には一転して北東部の咸鏡道に転じ，北西の平安道は，もっとも遅く1905（明治38）年および1906（明治39）年となる（谷屋 2004，81頁の扉図を参照)。また作図された範囲も図Ⅲ-3-1に示したものより広く，特に咸鏡道については，豆満江にまで至っているのは注目される。上記第2群は，したがって，主に咸鏡道と平安道の地図になり，その測図時期は第1群に比べてかなり遅かった。

以上から，「略図」は日韓併合以前の状況を示す地形図ということになる。韓国の高麗大学の南縈佑教授はこの点に注目し，各地から図を集めて，リプリントを刊行しており（南著・朴訳 2006，本書Ⅳ-1章)，これによってその閲覧は容易になった。ただし，この時期の図には，秘図とされ，「略図」として刊行されなかったものも多く，今後は，これを探索してリプリントする意義は大きい。

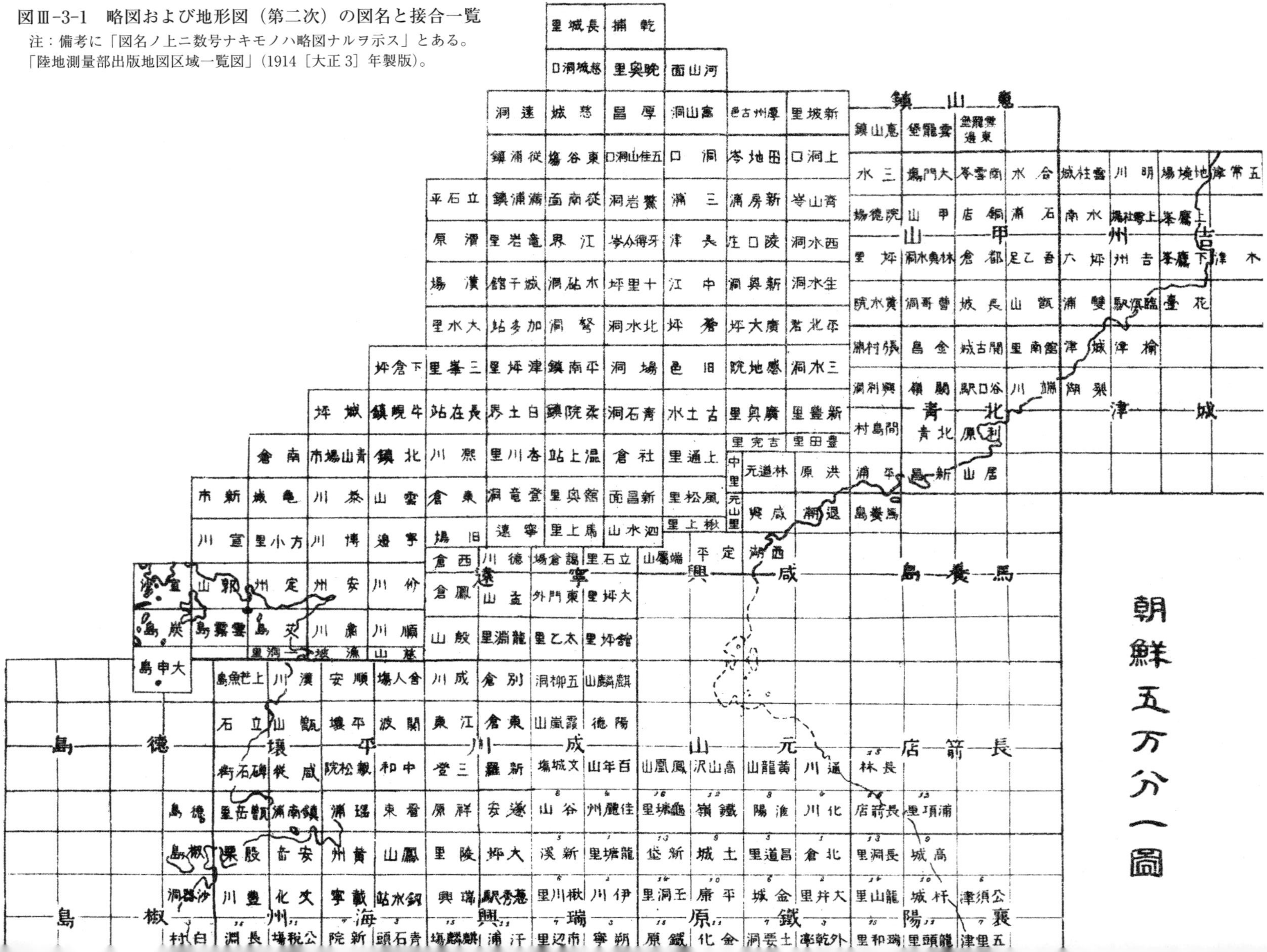

図Ⅲ-3-1　略図および地形図（第二次）の図名と接合一覧

注：備考に「図名ノ上ニ数号ナキモノハ略図ナルヲ示ス」とある。
「陸地測量部出版地図区域一覧図」（1914［大正 3］年製版）。

朝鮮五万分一圖

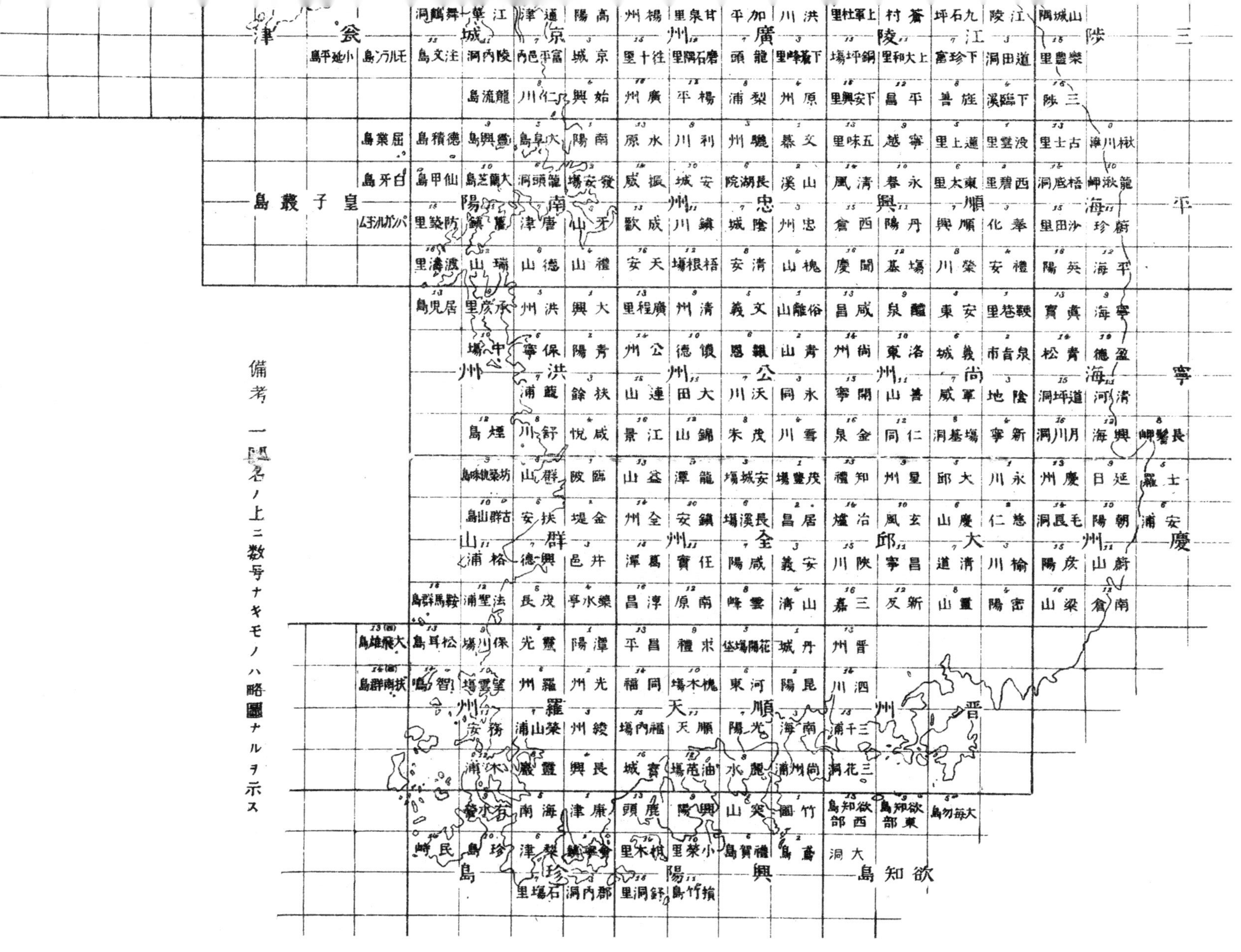
備考 一 圖名ノ上ニ数字ナキモノハ略圖ナルヲ示ス

表Ⅲ-3-1　略図および地形図の測図（製版）年紀一覧

| 図番 | 略図（第一次） | 測年 | 発行年 | 地形図（第二次） | 測年 | 発行年 | 基本図（第三次地形図） | 測年 | 発行年 | 備考 |
|---|---|---|---|---|---|---|---|---|---|---|
| | **吉州** | | | | | | **吉州** | | | |
| 1 | 五常津 | | 1912 | | | | 梨岩洞 | 1917 | 1920 | |
| 3 | 木津 | | 1912 | | | | (下鷹峰に併合) | | | |
| 5 | 地境場 | | 1912 | | | | 極洞 | 1917 | 1918 | |
| 6 | 上鷹峰 | | 1912 | | | | 七宝山 | 1917 | 1918 | |
| 7 | 下鷹峰 | | 1912 | | | | 下鷹峰 | 1917 | 1918 | |
| 8 | 花台 | | 1912 | | | | 泗浦洞 | 1917 | 1918 | |
| 9 | 明川 | | 1912 | | | | 明川 | 1917 | | |
| 10 | 上雲社場 | | 1912 | | | | 古站洞 | 1917 | 1918 | |
| 11 | 吉州 | | 1912 | | | | 吉州 | 1917 | | |
| 12 | 臨溟駅 | | 1912 | | | | 臨溟洞 | 1917 | 1918 | |
| 13 | 雲柱城 | | | | | | 雄州洞 | 1917 | 1918 | |
| 14 | 水南 | | 1912 | | | | 載徳 | 1917 | 1918 | |
| 15 | 坪六 | | 1912 | | | | 古堡 | 1917 | 1918 | |
| 16 | 双浦 | | 1912 | | | | 城津北部 | 1917 | | |
| | **城津** | | | | | | **城津** | | | |
| 9 | 楡津 | | 1912 | | | | (臨溟洞に併合) | | | |
| 13 | 城津 | | 1912 | | | | 城津 | 1917 | 1918 | |
| 14 | 梨湖 | | 1912 | | | | 竜台洞 | 1917 | 1918 | |
| | | | | **三陟** | | | **三陟** | | | |
| 14 | | | | 山城隅 | 1911 | 1913 | 山城隅 | 1915 | 1916・18 | |
| 15 | | | | 楽豊里 | 1911 | 1913 | 玉溪 | 1915 | 1916・18 | |
| 16 | | | | 三陟 | 1911 | 1913 | 三陟 | 1915 | 1917・18 | |
| | | | | **平海** | | | **蔚珍** | | | |
| 9 | | | | 楸川津 | 1910 | 1913 | 臨院津 | 1915 | 1916・18 | |
| 10 | | | | 竜湫岬 | 1910 | 1913 | 興富洞 | 1915 | 1917・18 | |
| 11 | | | | 蔚珍 | 1910 | 1913 | 蔚珍 | 1915 | 1917・18 | |
| 12 | | | | 平海 | 1910 | 1913 | 平海 | 1915 | 1917・18 | |
| 13 | | | | 古士里 | 1910 | 1913 | 古士里 | 1915 | 1917・18 | |
| 14 | | | | 梧底洞 | 1910 | 1913 | 石浦 | 1915 | 1917・18 | |
| 15 | | | | 沙田里 | 1910 | 1913 | 三斤 | 1915 | 1917・18 | |
| 16 | | | | 英陽 | 1910 | 1913 | 日月山 | 1915 | 1916・18 | |
| | **寧海** | | | **寧海** | | | **盈徳** | | | |
| 8 | | | | 長鬐岬 | 1910 | 1913 | 長鬐岬 | 1915 | 1916・17 | |
| 9 | | | | 寧海 | 1910 | 1913 | 寧海 | 1915 | 1917・18 | |
| 10 | | | | 盈徳 | 1910 | 1913 | 盈徳 | 1915 | 1916・18 | |
| 11 | | | | 清河 | 1910 | 1913 | 清河 | 1915 | 1916・18 | |
| 12 | 興海 | | 1911 | 興海 | 1910 | 1913 | 浦項 | 1915 | 1916・18 | |
| 13 | | | | 真宝 | 1910 | 1913 | 英陽 | 1915 | 1916・18 | |
| 14 | | | | 青松 | 1910 | 1913 | 青松 | 1915 | 1916・18 | |
| 15 | | | | 道坪洞 | 1910 | 1913 | 道坪洞 | 1915 | 1916・18 | |
| 16 | 箕山 | | 1911 | 月川洞 | 1910 | 1913 | 杞溪 | 1915 | 1916・18 | |
| | **慶州** | | | **慶州** | | | **慶州** | | | |
| 5 | 士羅 | | | 士羅 | | | 九竜浦 | 1915 | 1916・18 | |
| 6 | 安浦 | | | 安浦 | | | (朝陽に併合) | | | |
| 9 | 迎日 | | | 延日 | | | 延日 | 1915 | 1916・18 | |
| 10 | 大分 | | 1911 | 朝陽 | 1909 | 1912 | 朝陽 | 1914 | 1916・18 | |
| 11 | 蔚山 | | 1911 | 蔚山 | | | 蔚山 | 1914 | 1915・18 | |
| 12 | 西生 | | 1911 | 南倉 | | | 長生浦 | 1914 | 1915・18 | |
| 13 | 阿化洞 | | 1911 | 慶州 | 1910 | 1912 | 慶州 | 1915 | 1916・18 | |
| 14 | 慶州 | | 1911 | 毛良洞 | 1909 | 1912 | 毛良洞 | 1914 | 1916・18 | |
| 15 | 彦陽 | | 1911 | 彦陽 | 1909 | 1912 | 彦陽 | 1914 | 1916・18 | |
| 16 | 梁山 | | 1911 | 梁山 | | | 梁山 | 1914 | 1916・18 | |
| | **釜山** | | | **釜山** | | | **釜山** | | | |
| 9 | 伊川浦 | | 1911 | (秘扱) | | | 月内里 | 1914 | 1915 1926* | *交通図 |
| 13 | (秘扱) | | | (秘扱) | | | 東莱 | 1914 | | |
| 14 | (秘扱) | | | (秘扱) | | | 釜山 | 1916 | | |

| 図番 | 略図（第一次） | 測年 | 発行年 | 地形図（第二次） | 測年 | 発行年 | 基本図（第三次地形図） | 測年 | 発行年 | 備考 |
|---|---|---|---|---|---|---|---|---|---|---|
| | **恵山鎮** | | | | | | **恵山鎮** | | | |
| 8 | 雲籠堡東辺 | | 1912 | | | | 白沙峰 | 1916 | 1917・18 | |
| 12 | 雲籠堡 | | 1912 | | | | 甫安所里 | 1916 | 1917・18 | |
| 16 | 恵山鎮 | | 1912 | | | | 恵山鎮 | 1916 | 1917・18 | |
| | **甲山** | | | | | | **甲山** | | | |
| 1 | 合水 | | 1912 | | | | 合水 | 1917 | 1918 | |
| 2 | 石浦 | | 1912 | | | | 新福場 | 1917 | 1918 | |
| 3 | 吾乙足 | | 1912 | | | | 吾乙足里 | 1917 | 1918 | |
| 4 | 甑山 | | 1912 | | | | 堡巨里 | 1917 | 1919 | |
| 5 | 南雲嶺 | | 1912 | | | | 東興里 | 1916 | 1917・18 | |
| 6 | 銅店 | | 1912 | | | | 銅店 | 1916 | 1917・18 | |
| 7 | 都倉 | | 1912 | | | | 都倉 | 1917 | 1918 | |
| 8 | 長坡 | | 1912 | | | | 古城里 | 1917 | 1918 | |
| 9 | 大門場 | | 1912 | | | | 含井浦里 | 1916 | 1917・18 | |
| 10 | 甲山 | | 1912 | | | | 甲山 | 1916 | 1917・18 | |
| 11 | 林魚水洞 | | 1912 | | | | 新下里 | 1917 | 1918 | |
| 12 | 曹哥洞 | | 1912 | | | | 魚坪里 | 1917 | 1918 | |
| 13 | 三水 | | 1912 | | | | 仲坪里 | 1916 | 1917・18 | |
| 14 | 院徳場 | | 1912 | | | | 院徳場 | 1916 | 1917・18 | |
| 15 | 坪里 | | 1912 | | | | 上里 | 1916 | 1918 | |
| 16 | 黄水院 | | 1912 | | | | 豊山 | 1916 | 1918 | |
| | **北清** | | | | | | **北清** | | | |
| 1 | 舘南里 | | 1912 | | | | 畓洞里 | 1917 | 1919 | |
| 2 | 端川 | | 1912 | | | | 端川 | 1917 | 1918 | |
| 5 | 開古城 | | 1912 | | | | 上農里 | 1917 | 1918 | |
| 6 | 谷口駅 | | 1912 | | | | 双上里 | 1917 | | |
| 7 | 利原 | | 1912 | | | | 利原 | 1917 | | |
| 8 | 居山 | | 1912 | | | | 大晩春 | 1917 | 1918 | |
| 9 | 金昌 | | 1912 | | | | 直洞 | 1917 | 1918 | |
| 10 | 闕嶺 | | | | | | 獐興里 | 1917 | 1918 | |
| 11 | 北青 | | | | | | 北清 | 1917 | | |
| 12 | 新昌 | | | | | | 新昌 | 1917 | | |
| 13 | 張村浦 | | 1912 | | | | 厚峙嶺 | 1917 | 1918 | |
| 14 | 與利洞 | | | | | | 中里 | 1917 | 1918 | |
| 15 | 間島村 | | | | | | 方村 | 1917 | 1918 | |
| 16 | 平浦 | | | | | | 新浦 | 1917 | | |
| | **馬養島** | | | | | | **馬養島** | | | |
| 13 | 馬養島 | | | | | | 馬養島 | 1917 | 1918 | |
| | **高城** | | | **長箭店** | | | **長箭** | | | |
| 12 | 高城 | | 1911 | 浦項里 | 1911 | 1913 | 海金剛 | 1916 | 1917・18 | |
| 15 | 松島 | | 1911 | 長林 | 1911 | 1913 | 荳白里 | 1917 | 1918 | |
| 16 | 長箭店 | | 1911 | 長箭店 | 1911 | 1913 | 外金剛 | 1916 | 1918 | |
| | **襄陽** | | | **襄陽** | | | **杆城** | | | |
| 6 | | | | 公須津 | 1911 | 1913 | （杆城に併合） | | | |
| 7 | | | | 五里津 | 1911 | 1913 | 瓮津 | 1915 | 1916・18 | |
| 8 | | | | 襄陽 | 1911 | 1913 | 襄陽 | 1915 | 1917・18 | |
| 9 | 浦津 | | 1911 | 高城 | 1911 | 1913 | 高城 | 1916 | 1918 | |
| 10 | 花津浦 | | 1911 | 杆城 | 1911 | 1913 | 杆城 | 1915 | 1917・18 | |
| 11 | 杵城 | | 1911 | 竜頭里 | 1911 | 1913 | 窻巌店 | 1915 | 1917・18 | |
| 12 | | | | 右石洞 | 1911 | 1913 | 雪岳山 | 1915 | 1917・18 | |
| 13 | 金剛山 | | 1911 | 長淵里 | 1911 | 1913 | 内金剛 | 1916 | 1918 | |
| 14 | 竜山里 | | 1911 | 竜山里 | 1911 | 1913 | 伊布里 | 1916 | 1918 | |
| 15 | 間舞峯 | | 1911 | 端和里 | 1911 | 1913 | 万垈里 | 1915 | 1917・18 | |
| 16 | | | | 麟蹄 | 1911 | 1913 | 麟蹄 | 1915 | 1917・18 | |
| | | | | **江陵** | | | **江陵** | | | |
| 1 | | | | 注文津 | 1911 | 1913 | 注文津 | 1915 | 1916・18 | |
| 2 | | | | 江陵 | 1911 | 1913 | 江陵 | 1915 | 1917・18 | |
| 3 | | | | 道田洞 | 1911 | 1913 | 石屏山 | 1915 | 1917・18 | |
| 4 | | | | 下臨溪 | 1911 | 1913 | 下臨溪 | 1915 | 1917・18 | |

| 図番 | 略図（第一次） | 測年 | 発行年 | 地形図（第二次） | 測年 | 発行年 | 基本図（第三次地形図） | 測年 | 発行年 | 備考 |
|---|---|---|---|---|---|---|---|---|---|---|
| 5 | | | | 退谷里 | 1911 | 1913 | 北岔里 | 1915 | 1917·18 | |
| 6 | | | | 九石坪 | 1911 | 1913 | 五台山 | 1915 | 1917·18 | |
| 7 | | | | 下珍富 | 1911 | 1913 | 下珍富 | 1915 | 1917·18 | |
| 8 | | | | 旌善 | 1911 | 1913 | 旌善 | 1915 | 1917·18 | |
| 9 | | | | 縣里 | 1911 | 1913 | 縣里 | 1915 | 1917·18 | |
| 10 | | | | 蒼村 | 1911 | 1913 | 蒼村 | 1915 | 1917·18 | |
| 11 | | | | 上大和里 | 1911 | 1913 | 蒼洞 | 1915 | 1916·18 | |
| 12 | | | | 平昌 | 1911 | 1913 | 平昌 | 1915 | 1917·18 | |
| 13 | | | | 陰陽里 | 1911 | 1913 | 自隠里 | 1915 | 1917·18 | |
| 14 | | | | 上軍社里 | 1911 | 1913 | 豊岩里 | 1915 | 1917·18 | |
| 15 | | | | 銅坪里 | 1911 | 1913 | 甲川里 | 1915 | 1917·18 | |
| 16 | | | | 下安興里 | 1911 | 1913 | 安興里 | 1915 | 1917·18 | |
| | | | | **順興** | | | **栄州** | | | |
| 1 | | | | 波雲里 | 1911 | 1913 | 虎鳴 | 1915 | 1917·18 | |
| 2 | | | | 西碧里 | 1910 | 1913 | 西碧里 | 1915 | 1917·18 | |
| 3 | | | | 奉化 | 1910 | 1913 | 春陽 | 1915 | 1917·18 | |
| 4 | | | | 礼安 | 1910 | 1913 | 礼安 | 1915 | 1917·18 | |
| 5 | | | | 蓮上里 | 1911 | 1913 | 義林吉 | 1915 | 1917·18 | |
| 6 | | | | 東大里 | 1911 | 1913 | 玉洞 | 1915 | 1917·17 | |
| 7 | | | | 順興 | 1911 | 1913 | 乃城 | 1915 | 1917·17 | |
| 8 | | | | 栄川 | 1910 | 1913 | 栄州 | 1915 | 1916·17 | |
| 9 | | | | 寧越 | 1911 | 1913 | 寧越 | 1915 | 1917·17 | |
| 10 | | | | 永春 | 1911 | 1913 | 永春 | 1915 | 1917·18 | |
| 11 | | | | 丹陽 | 1911 | 1913 | 丹陽 | 1915 | 1917·18 | |
| 12 | 麻川 | | 1911 | 場基 | 1910 | 1913 | 赤城 | 1915 | 1916·18 | |
| 13 | | | | 五味里 | 1911 | 1913 | 神林 | 1915 | 1917·18 | |
| 14 | 中里 | | 1911 | 清風 | 1911 | 1913 | 堤川 | 1915 | 1917·18 | |
| 15 | 新堂里 | | 1911 | 西倉 | 1911 | 1913 | 黄江里 | 1915 | 1917·18 | |
| 16 | 聞慶 | | 1911 | 聞慶 | 1910 | 1913 | 聞慶 | 1915 | 1916·18 | |
| | **尚州** | | | **尚州** | | | **尚州** | | | |
| 1 | | | | 鞭巷里 | 1910 | 1913 | 鞭巷里 | 1915 | 1916·18 | |
| 2 | 次洞 | | 1911 | 泉旨市 | 1910 | 1913 | 泉旨洞 | 1915 | 1916·18 | |
| 3 | 小甘泉 | | 1911 | 陰地 | 1910 | 1913 | 九山洞 | 1915 | 1916·18 | |
| 4 | 新寧 | | 1911 | 新寧 | 1910 | 1913 | 新寧 | 1915 | 1916·18 | |
| 5 | 湖暫 | | 1911 | 安東 | 1910 | 1913 | 安東 | 1915 | 1916·18 | |
| 6 | 亀尾 | | 1911 | 義城 | 1910 | 1913 | 義城 | 1915 | 1916·18 | |
| 7 | 義城 | | 1911 | 軍威 | 1910 | 1913 | 軍威 | 1915 | 1916·18 | |
| 8 | 義興 | | 1911 | 場基洞 | 1910 | 1913 | 孝令 | 1915 | 1916·18 | |
| 9 | 竜宮 | | 1911 | 醴泉 | 1910 | 1913 | 醴泉 | 1915 | 1916·18 | |
| 10 | 水山 | | 1911 | 洛東 | 1910 | 1913 | 洛東 | 1915 | 1916·16 | |
| 11 | 善山 | | 1911 | 善山 | 1910 | 1913 | 善山 | 1915 | 1916·18 | |
| 12 | 仁同 | | 1911 | 仁同 | 1910 | 1912 | 仁同 | 1914 | 1916·18 | |
| 13 | 咸昌 | | 1911 | 咸昌 | 1910 | 1913 | 咸昌 | 1915 | 1916·18 | |
| 14 | 尚州 | | 1911 | 尚州 | | | 尚州 | 1914 | 1916·18 | |
| 15 | 甲蔵山 | | 1911 | 開寧 | 1910 | 1912 | 玉山洞 | 1914 | 1916·18 | |
| 16 | 金山 | | 1911 | 金泉 | 1910 | 1912 | 金泉 | 1915 | 1916 | |
| | **大邱** | | | **大邱** | | | **大邱** | | | |
| 1 | 永川 | | | 永川 | 1910 | 1912 | 永川 | 1915 | | |
| 2 | 慈仁 | | 1911 | 慈仁 | 1909 | 1912 | 慈仁 | 1914 | 1916·19 | |
| 3 | 楡川 | | 1911 | 楡川 | 1909 | 1912 | 楡川 | 1914 | 1916·19 | |
| 4 | 三浪津 | | 1911 | 密陽 | 1909 | 1913 | 密陽 | 1914 | 1917·17 | |
| 5 | 大邱 | | 1911 | 大邱 | 1910 | 1912 | 大邱 | 1915 | 1918·18 | |
| 6 | 慶山 | | 1911 | 慶山 | 1909 | 1912 | 慶山 | 1917 | 1918 | |
| 7 | 清道 | | | 清道 | 1909 | 1912 | 清道 | 1914 | | |
| 8 | 密陽 | | 1911 | 霊山 | 1909 | 1913 | 霊山 | 1916 | | |
| 9 | 星州 | | 1911 | 星州 | 1910 | 1912 | 倭館 | 1915 | 1918 | |
| 10 | 高霊 | | 1911 | 玄風 | 1910 | 1912 | 高霊 | 1916 | 1918 | |
| 11 | 草溪 | | 1911 | 昌寧 | 1910 | 1912 | 昌寧 | 1916 | 1918 | |
| 12 | 新及 | | 1911 | 新反 | 1910 | 1913 | 南旨 | 1917 | 1918 | |
| 13 | 智礼 | | 1911 | 知礼 | 1910 | 1912 | 知礼 | 1915 | 1918 | |

| 図番 | 略図（第一次） | 測年 | 発行年 | 地形図（第二次） | 測年 | 発行年 | 基本図（第三次地形図） | 測年 | 発行年 | 備考 |
|---|---|---|---|---|---|---|---|---|---|---|
| 14 | 加祚場 | | 1911 | 冶爐 | 1910 | 1912 | 伽耶山 | 1917 | 1918 | |
| 15 | 陜川 | | 1911 | 陜川 | 1910 | 1912 | 陜川 | 1917 | 1918 | |
| 16 | 三嘉 | 1899 | 1911 | 三嘉 | | | 三嘉 | 1916 | 1918 | |
| | **巨済島** | | | **晋州** | | | **馬山** | | | |
| 1~12 | 秘図 | | | 同左 | | | 同左 | | | |
| 13 | 安碉 | | 1911 | 晋州 | | | 晋州 | 1917 | 1918 | |
| 14 | 晋州 | | 1911 | 泗川 | 1909 | 1913 | 泗川 | 1917 | 1918 | |
| 15 | 三川里 | | 1911 | 三千浦 | 1909 | 1913 | 三千浦 | 1917 | 1918 | |
| 16 | 牧場 | | 1911 | 三花洞 | 1909 | 1913·16 | 弥助里 | 1917 | 1918 | |
| | **欲知島** | | | **欲知島** | | | **欲知島** | | | |
| 5 | | | | 大毎勿島 | 1909 | 1913·16 | 毎勿島 | 1916 | 1917·19 | |
| 9 | | | | 欲知島東部 | 1909 | 1913·16 | 欲知里東部 | 1916 | 1917 | |
| 13 | 弥助頂 | | 1911 | 欲知島西部 | 1909 | 1913·16 | 欲知里西部 | 1916 | 1917·19 | |
| | **（厚昌）** | | | | | | **厚昌** | | | |
| 4 | 新坡里 | | 1912 | | | | 新乫坡鎮 | 1916 | 1917·18 | |
| 8 | 厚州古邑* | | 1912 | | | | 松田洞 | 1916 | 1917·18 | *8·12号 |
| 11 | 河山面* | | | | | | 下仇俳 | 1916 | 1917·18 | *11·15号 |
| 12 | 富山洞* | | | | | | 厚州古邑 | 1916 | 1917·18 | *12·16号 |
| 14 | 乾浦* | | | | | | | | | 14·慈城2号 |
| 15 | 晩興里* | | | | | | | | | 15·慈城3号 |
| 16 | 厚昌* | | | | | | | | | 16·慈城4号 |
| | **（長津）** | | | | | | **長津** | | | |
| 1 | 上洞口 | | 1912 | | | | 三徳里 | 1916 | 1917·18 | |
| 2 | 青山岺 | | 1912 | | | | 青山嶺 | 1916 | 1917·18 | |
| 3 | 西水洞 | | 1912 | | | | 楊坪場 | 1916 | 1917·18 | |
| 4 | 生水洞 | | 1912 | | | | 羅興里 | 1916 | 1917·18 | |
| 5 | 田地岺* | | 1912 | | | | 堡城里 | 1916 | 1917·18 | *5·9号 |
| 6 | 新房浦* | | 1912 | | | | 院洞里 | 1916 | 1917·18 | *6·10号 |
| 7 | 陵口庄* | | 1912 | | | | 陵口里 | 1916 | 1917·18 | *7·11号 |
| 8 | 新興洞* | | 1912 | | | | 雲山里 | 1916 | 1917·18 | *8·12号 |
| 9 | 洞口* | | | | | | 南社 | 1916 | 1917·18 | *9·13号 |
| 10 | 三浦* | | | | | | 山羊里 | 1916 | 1917·18 | *10·14号 |
| 11 | 長津* | | | | | | 中江里 | 1916 | 1917·18 | *11·15号 |
| 12 | 中江* | | | | | | 蓮花山 | 1916 | 1917·18 | *12·16号 |
| 13 | 五佳山洞口* | | | | | | 新舘院 | 1916 | 1917·18 | *13·江界1号 |
| 14 | 鰲岩洞* | | | | | | 三浦里 | 1916 | 1917·18 | *14·江界2号 |
| 15 | 牙得介岺* | | | | | | 長津 | 1916 | 1917·18 | *15·江界3号 |
| 16 | 十里坪* | | | | | | 徳実里 | 1916 | 1917·18 | *16·江界4号 |
| | **洪原** | | | | | | **洪原** | | | |
| 1 | 平北君 | | 1912 | | | | 雲潭 | 1916 | 1917·18 | |
| 2 | 三水洞 | | 1912 | | | | 禁牌嶺 | 1916 | 1917·18 | |
| 3 | 新豊里 | | 1912 | | | | 新豊里 | 1916 | 1917·18 | |
| 3·4 | 豊田里 | | | | | | | | | |
| 4 | 洪原 | | | | | | 洪原 | 1916 | | |
| 5 | 広大坪* | | 1912 | | | | 広大里 | 1916 | 1917·18 | *5·9号 |
| 6 | 感地院* | | 1912 | | | | 赴戦嶺 | 1916 | 1917 | *6·10号 |
| 7 | 慶興里* | | 1912 | | | | 新興 | 1916 | 1917·18 | *7·11号 |
| 7·8 | 吉完里 | | | | | | | | | |
| 8 | 林道元 | | | | | | 元平場 | 1916 | 1918 | |
| 9 | 蒼坪* | | | | | | 袂物里 | 1916 | 1917·18 | *9·13号 |
| 10 | 旧邑* | | | | | | 下碣隅里 | 1916 | 1917·18 | *10·14号 |
| 11 | 古土水* | | | | | | 古土水 | 1916 | 1917·18 | *11·15号 |
| 12 | 中里 | | | | | | | | | |
| 12 | 上通里* | | | | | | 五老里 | 1916 | 1918 | *12·16号 |
| 13 | 北水邑* | | | | | | 旧鎮 | 1916 | 1917·18 | *13·熙川1号 |
| 14 | 場洞* | | | | | | 柳潭 | 1916 | 1917·18 | *14·熙川2号 |
| 15 | 青石洞* | | | | | | 東白山 | 1916 | 1917·18 | *15·熙川3号 |
| 16 | 社倉* | | | | | | 剣山嶺 | 1916 | 1918 | *16·熙川4号 |

| 図番 | 略図（第一次） | 測年 | 発行年 | 地形図（第二次） | 測年 | 発行年 | 基本図（第三次地形図） | 測年 | 発行年 | 備考 |
|---|---|---|---|---|---|---|---|---|---|---|
| | **咸興** | | | | | | **咸興** | | | |
| 1 | 退潮 | | | | | | 退潮 | 1917 | | |
| 5 | 咸興 | | | | | | 咸興 | 1918 | | |
| 6 | 西湖 | 1914 | 1916 | | | | 西湖津 | 1917 | 1918 | |
| 9 | 元山里 | | 1913 | | | | 地境 | 1918 | | |
| 9 | 風松里* | | 1913 | | | | | | | *9·13号北 |
| 9 | 楸里里* | | 1913 | | | | | | | *9·13号南 |
| 10 | 定平 | 1914 | 1913·16 | | | | 定平 | 1918 | | |
| 13 | 新昌面* | | 1913 | | | | 豊松里 | 1917 | 1918 | *13·寧遠1号 |
| 13 | 泗水山* | 1914 | 1913·16 | | | | | | | *14·寧遠2号 |
| 14 | 端属山 | 1914 | 1913·16 | | | | 断俗山 | 1917 | 1919 | |
| | **元山津** | | | **元山津** | | | **元山** | | | |
| 2 | 歙谷 | | 1911 | 沛川里 | 1911 | 1916 | 沛川里 | 1917 | 1921 | |
| 3 | 通川 | | 1911 | 通川 | 1911 | 1914 | 通川 | 1917 | 1918 | |
| 4 | 楸地嶺 | | 1911 | 化川 | 1911 | 1913 | 化川 | 1916 | 1917 | |
| 7 | 黄竜山 | | 1911 | 南坪洞 | 1911 | 1914 | 道納里 | 1917 | 1919 | |
| 8 | 淮陽 | | 1911 | 淮陽 | 1911 | 1913 | 淮陽 | 1917 | 1918 | |
| 11 | 高山釈 | | 1911 | 高山 | 1911 | 1914 | 釈王寺 | 1917 | 1919 | |
| 12 | 鉄嶺 | | 1911 | 鉄嶺 | 1911 | 1913 | 三防 | 1917 | 1918 | |
| 15 | 鳳凰山 | | 1911 | 芦灘洞 | 1911 | 1914 | 法洞 | 1917 | 1919 | |
| 16 | 戯竜山 | | 1911 | 亀塘里 | 1911 | 1913 | 佳麗州 | 1918 | 1919 | |
| | **鉄原** | | | **鉄原** | | | **鉄原** | | | |
| 1 | 通口県里 | | 1911 | 北倉 | 1911 | 1913 | 末輝里 | 1916 | 1917·18 | |
| 2 | 松巨里 | | 1911 | 大井原 | 1911 | 1913 | 大井里 | 1917 | 1918 | |
| 3 | 犬登 | | 1911 | 外乾率 | 1911 | 1913 | 文登 | 1915 | 1918 | |
| 4 | 清平寺 | | 1911 | 楊口 | 1911 | 1913 | 楊口 | 1915 | 1917 | |
| 5 | 昌道駅 | | 1911 | 昌道里 | 1911 | 1913 | 昌道里 | 1917 | | |
| 6 | 金城 | | 1911 | 金城 | 1911 | 1913 | 金城 | 1917 | | |
| 7 | 四方巨里 | | 1911 | 土要洞 | 1911 | 1913 | 山陽里 | 1915 | | |
| 8 | 狼川 | | 1911 | 華川 | 1911 | 1913 | 華川 | 1915 | 1917·18 | |
| 9 | 土城 | | 1911 | 土城 | 1911 | 1913 | 洗浦 | 1917 | | |
| 10 | 平康 | | 1911 | 平康 | 1911 | 1913 | 平康 | 1917 | | |
| 11 | 金化 | | 1911 | 金化 | 1911 | 1913 | 金化 | 1917 | | |
| 12 | 芝浦 | | 1911 | 豊田里 | 1911 | 1913 | 芝浦里 | 1916 | 1918 | |
| 13 | 箕山里 | | 1911 | 新垈 | 1911 | 1913 | 后坪里 | 1917 | 1919 | |
| 14 | 玉洞 | | 1911 | 玉洞里 | 1911 | 1913 | 玉洞里 | 1917 | | |
| 15 | 鉄原 | | 1911 | 鉄原 | 1911 | 1913 | 鉄原 | 1917 | 1918 | |
| 16 | 永平 | | 1911 | 漣川 | 1911 | 1913 | 漣川 | 1916 | | |
| | **広州** | | | **広州** | | | **春川** | | | |
| 1 | 富昌 | | 1911 | 都地街 | 1911 | 1913 | 内坪里 | 1915 | 1917·18 | |
| 2 | 蓮葉山 | | 1911 | 洪泉 | 1911 | 1913 | 洪川 | 1915 | 1916·18 | |
| 3 | | | | 下蒼峰里 | 1911 | 1913 | 陽徳院 | 1915 | 1917·18 | |
| 4 | 砥平東部 | | 1911 | 原州 | 1911 | 1913 | 原州 | 1915 | 1917·18 | |
| 5 | 春川 | | 1911 | 春川 | 1911 | 1913 | 春川 | 1915 | 1917·18 | |
| 6 | 楸洞 | | 1911 | 加平 | 1911 | 1913 | 加平 | 1915 | 1917·18 | |
| 7 | 広灘 | | 1911 | 竜頭 | 1911 | 1913 | 竜頭 | 1916 | 1917·18 | |
| 8 | 砥平 | | 1911 | 梨浦 | 1911 | 1913 | 梨浦 | 1916 | 1917·18 | |
| 9 | 加平 | | 1911 | 禾垈里 | 1911 | 1913 | 機山里 | 1916 | 1917·18 | |
| 10 | 美原場 | | 1911 | 甘泉里 | 1911 | 1913 | 清平川 | 1915 | 1917·18 | |
| 11 | 楊根 | | 1911 | 磨石隅里 | 1910 | 1913 | 磨石隅里 | 1916 | 1917·18 | |
| 12 | 昆地巌 | | 1911 | 楊平 | | | 奈平 | 1916 | 1917·18 | |
| 13 | 抱川 | | 1911 | 抱川 | 1911 | 1913 | 抱川 | 1916 | 1917·18 | |
| 14 | 楊州 | | 1911 | 楊州 | 1911 | 1913 | 議政府 | 1916 | 1917·18 | |
| 15 | 松坡鎮 | | 1911 | 往十里 | 1910 | 1913 | 纛村 | 1915 | | |
| 16 | 広州 | | 1911 | 広州 | | | 広州 | 1915 | 1918 | |
| | **忠州** | | | **忠州** | | | **忠州** | | | |
| 1 | 文幕 | | 1911 | 文幕 | 1911 | 1913 | 文幕 | 1915 | 1917·18 | |
| 2 | 河潭 | | 1911 | 山渓 | 1910 | 1913 | 牧渓 | 1915 | 1916·18 | |
| 3 | 忠州 | | 1911 | 忠州 | 1910 | 1913 | 忠州 | 1915 | 1916·18 | |

| 図番 | 略図（第一次） | 測年 | 発行年 | 地形図（第二次） | 測年 | 発行年 | 基本図（第三次地形図） | 測年 | 発行年 | 備考 |
|---|---|---|---|---|---|---|---|---|---|---|
| 4 | 槐山 | | 1911 | 槐山 | 1910 | 1913 | 槐山 | 1915 | 1916·18 | |
| 5 | 驪州 | | 1911 | 驪州 | 1910 | 1913 | 驪州 | 1915 | 1917·18 | |
| 6 | 陰竹 | | 1911 | 長湖院 | 1910 | 1913 | 長湖院 | 1915 | 1916·18 | |
| 7 | 陰城 | | 1911 | 陰城 | 1910 | 1912 | 陰城 | 1915 | 1916·18 | |
| 8 | 清安 | | 1911 | 清安 | 1910 | 1912 | 清安 | 1914 | 1916·18 | |
| 9 | 利川 | | 1911 | 利川 | | | 利川 | 1915 | 1916·18 | |
| 10 | 竹山 | | 1911 | 安城 | | | 安城 | 1915 | 1916·18 | |
| 11 | 鎮川 | | 1911 | 鎮川 | 1910 | 1912 | 鎮川 | 1914 | 1916·18 | |
| 12 | 悟根場 | | 1911 | 悟根場 | | | 悟根場 | 1914 | 1916·18 | |
| 13 | 水原 | | 1911 | 水原 | 1910 | 1912 | 水原 | 1914 | 1916·18 | |
| 14 | 振威 | | 1911 | 振威 | | | 烏山 | 1914 | 1916·18 | |
| 15 | 成歓 | | 1911 | 成歓 | 1910 | 1912 | 平沢 | 1914 | 1916·18 | |
| 16 | 天安 | | 1911 | 天安 | | | 天安 | 1914 | 1916·18 | |
| | **公州** | | | **公州** | | | **公州** | | | |
| 1 | 松面場 | | 1911 | 俗離山 | 1910 | 1913 | 俗離山 | 1915 | 1917·19 | |
| 2 | 化寧場 | | 1911 | 青山 | 1910 | 1913 | 青山 | 1914 | 1917·19 | |
| 3 | 黄澗 | | 1911 | 永同 | 1910 | 1912 | 永同 | 1915 | 1916 | |
| 4 | 永洞 | | 1911 | 雪川 | 1910 | 1912 | 雪川 | 1915 | 1918 | |
| 5 | 米院 | | 1911 | 文義 | | | 米院 | 1914 | 1916·19 | |
| 6 | 報恩 | | 1911 | 報恩 | 1910 | 1912 | 報恩 | 1914 | 1919 | |
| 7 | 沃川 | | 1911 | 沃川 | 1910 | 1912 | 沃川 | 1915 | 1919 | |
| 8 | 陽山 | | 1911 | 茂朱 | 1910 | 1912 | 茂朱 | 1916 | 1917 | |
| 9 | 済州 | | 1911 | 清州 | | | 清州 | 1914 | 1917 | |
| 10 | 懐徳 | | 1911 | 懐徳 | 1910 | 1912 | 儒城 | 1915 | 1919 | |
| 11 | 鎮嶺 | | 1911 | 大田 | 1910 | 1912 | 大田 | 1917 | 1919 | |
| 12 | 錦山 | | 1911 | 錦山 | 1910 | 1912 | 錦山 | 1916 | 1918 | |
| 13 | 広程 | | 1911 | 広程里 | | | 広亭里 | 1914 | 1916 | |
| 14 | 公州 | | 1911 | 公州 | 1910 | 1913 | 公州 | 1914 | 1916 | |
| 15 | 連山 | | 1911 | 連山 | 1910 | 1913 | 論山 | 1915 | 1917 | |
| 16 | 礪山 | | 1911 | 江景 | 1910 | 1913 | 江景 | 1916 | | |
| | **全州** | | | **全州** | | | **全州** | | | |
| 1 | 茂豊城 | | 1911 | 茂豊場 | 1910 | 1912 | 茂豊 | 1917 | 1918 | |
| 2 | 居昌 | | 1911 | 居昌 | 1910 | 1912 | 居昌 | 1917 | 1918 | |
| 3 | 安義 | | 1911 | 安義 | 1910 | 1912 | 安義 | 1917 | 1918 | |
| 4 | 山清 | | 1911 | 山清 | 1910 | 1912 | 山清 | 1917 | 1918 | |
| 5 | 茂朱 | | 1911 | 安城場 | 1910 | 1912 | 安城場 | 1917 | 1918 | |
| 6 | 長溪場 | | 1911 | 長溪場 | 1910 | 1912 | 長溪 | 1917 | 1918 | |
| 7 | 咸陽 | | 1911 | 咸陽 | 1910 | 1912 | 咸陽 | 1917 | 1918 | |
| 8 | 雲峰 | | 1911 | 雲峰 | 1910 | 1912 | 雲峰 | 1917 | 1918 | |
| 9 | 竜潭 | | 1911 | 竜潭 | 1910 | 1912 | 竜潭 | 1916 | 1918 | |
| 10 | 鎮安 | | 1911 | 鎮安 | 1910 | 1912 | 鎮安 | 1917 | 1918 | |
| 11 | 任実 | | 1911 | 任実 | 1910 | 1912 | 任実 | 1917 | 1918 | |
| 12 | 南原 | | 1911 | 南原 | 1910 | 1912 | 南原 | 1917 | 1918 | |
| 13 | 益山 | | 1911 | 益山 | 1910 | 1913 | 高山 | 1916 | | |
| 14 | 全州 | | 1911 | 全州 | 1910 | 1913 | 全州 | 1917 | 1919 | |
| 15 | 葛潭 | | 1911 | 葛潭 | 1910 | 1913 | 葛潭 | 1917 | 1918 | |
| 16 | 淳昌 | | 1911 | 淳昌 | 1910 | 1913 | 淳昌 | 1917 | 1918 | |
| | **順天** | | | **順天** | | | **順天** | | | |
| 1 | 丹城 | | 1911 | 丹城 | 1909 | 1912 | 丹城 | 1916 | 1918 | |
| 2 | 昆陽 | | 1911 | 昆陽 | 1909 | 1913·16 | 辰橋 | 1917 | 1918 | |
| 3 | 露梁洞 | | 1911 | 南海 | 1909 | 1913·16 | 南海 | 1917 | 1918 | |
| 4 | 南海 | | 1911 | 尚州里 | 1909 | 1913·16 | 尚州里 | 1917 | 1918 | |
| 5 | 智異山 | | 1911 | 花開場垈 | 1909 | 1912 | 花開場 | 1917 | 1918 | |
| 6 | 河東 | | 1911 | 河東 | 1909 | 1912 | 河東 | 1917 | 1918 | |
| 7 | 光陽 | | 1911 | 光陽 | 1909 | 1913·16 | 光陽 | 1917 | 1918 | |
| 8 | 麗水 | | 1911 | 麗水 | 1909 | 1913·16 | 麗水 | 1917 | 1918 | |
| 9 | 求礼 | | 1911 | 求礼 | 1909 | 1912 | 求礼 | 1917 | 1918 | |
| 10 | 石実場 | | 1911 | 槐木場 | 1909 | 1912 | 槐木里 | 1917 | 1918 | |
| 11 | 順天 | | 1911 | 順天 | 1909 | 1912 | 順天 | 1917 | 1918 | |
| 12 | 油芚場 | | 1911 | 油芚場 | 1909 | 1913·16 | 油芚里 | 1917 | 1918 | |

| 図番 | 略図（第一次） | 測年 | 発行年 | 地形図（第二次） | 測年 | 発行年 | 基本図（第三次地形図） | 測年 | 発行年 | 備考 |
|---|---|---|---|---|---|---|---|---|---|---|
| 13 | 玉果 | | 1911 | 昌平 | 1909 | 1912 | 昌平 | 1917 | 1918 | |
| 14 | 同福 | | 1911 | 同福 | 1909 | 1912 | 同福 | 1917 | 1918 | |
| 15 | 福内場 | | 1911 | 福内場 | 1909 | 1912 | 福内場 | 1917 | 1918 | |
| 16 | 宝城 | | 1911 | 宝城 | 1909 | 1912 | 宝城 | 1917 | 1918 | |
| | **興陽** | | | **興陽** | | | **高興** | | | |
| 1 | 竹圃 | | 1911 | 竹圃 | 1909 | 1913·16 | 竹圃里 | 1917 | 1917·19 | |
| 2 | 牛室浦 | | 1911 | 鳶島 | 1909 | 1913·16 | 所里島 | 1917 | 1917·19 | |
| 5 | 突山 | | 1911 | 突山 | 1909 | 1913·16 | 突山 | 1917 | 1918 | |
| 6 | | | | 礼賀里 | 1909 | 1913·16 | 外羅老島東部 | 1916 | 1917 | |
| 9 | 興陽 | | 1911 | 興陽 | 1909 | 1913·16 | 高興 | 1917 | 1918 | |
| 10 | 鉢浦鎮 | | 1911 | 小栄里 | 1909 | 1913·16 | 外羅老島 | 1917 | 1918 | |
| 11 | | | | 横竹島 | 1909 | 1913·16 | 草島 | 1917 | 1918 | |
| 13 | 竹市場 | | 1911 | 鹿頭 | 1909 | 1913·16 | 鹿頭 | 1917 | 1918 | |
| 14 | | | | 柑木里 | 1909 | 1913·16 | 居金島 | 1916 | 1918 | |
| 15 | | | | 舒洞里 | 1909 | 1913·16 | 摂島 | 1917 | 1918 | |
| | **（慈城に相当）** | | | | | | **慈城** | | | |
| 2 | （乾浦） | 前出 | | | | | 中江鎮 | 1916 | 1917 | |
| 3 | （晩興里） | 前出 | | | | | 晩興洞 | 1916 | 1917·18 | |
| 4 | （原昌） | 前出 | | | | | 小会洞 | 1916 | 1917·18 | |
| 6 | 長城里 | | 1911 | | | | 土城洞 | 1916 | 1917·18 | |
| 7 | 慈城洞口 | | 1911 | | | | 慈城洞口 | 1916 | 1917·18 | |
| 8 | 慈城 | | 1911 | | | | 慈城 | 1916 | 1917·18 | |
| 12 | 遠洞 | | 1911 | | | | 玉洞 | 1916 | 1917 | |
| | **（江界に相当）** | | | | | | **江界** | | | |
| 1 | （五佳山洞口） | 前出 | | | | | 和坪 | 1916 | 1917 | |
| 2 | （鰲岩洞） | 前出 | | | | | 院坪洞 | 1916 | 1917·18 | |
| 3 | （牙得介岑） | 前出 | | | | | 牙得嶺 | 1916 | 1917·18 | |
| 4 | （十里坪） | 前出 | | | | | 猛扶山 | 1916 | 1917·18 | |
| 5 | 東谷場 | | 1911 | | | | 従浦鎮 | 1916 | 1917 | |
| 6 | 従南面 | | 1911 | | | | 酒幕巨里 | 1916 | 1917·18 | |
| 7 | 江界 | | 1911 | | | | 江界 | 1916 | 1917·18 | |
| 8 | 水砧洞 | | 1911 | | | | 別河里 | 1916 | 1917·18 | |
| 9 | 従浦洞 | | 1911 | | | | 煙浦洞 | 1916 | 1917·18 | |
| 10 | 満浦鎮 | | 1911 | | | | 満浦鎮 | 1916 | 1917·18 | |
| 11 | 竜岩里 | | 1911 | | | | 豊竜洞 | 1916 | 1917·18 | |
| 12 | 城于舘 | | 1911 | | | | 武坪里 | 1916 | 1917·18 | |
| 14 | 立岩平 | | 1911 | | | | 高山鎮 | 1916 | 1917·18 | |
| 15 | 渭原 | | 1911 | | | | 渭原 | 1916 | 1917·18 | |
| 16 | 漢城 | | 1911 | | | | 漢城 | 1916 | 1917·18 | |
| | **（煕川に相当）** | | | | | | **煕川** | | | |
| 1 | （北水洞） | 前出 | | | | | 厚地洞 | 1916 | 1917·18 | |
| 2 | （場洞） | 前出 | | | | | 南興洞 | 1916 | 1917·18 | |
| 3 | （青石洞） | 前出 | | | | | 倉里 | 1916 | 1917·18 | |
| 4 | （社倉） | 前出 | | | | | 社倉 | 1916 | 1918 | |
| 5 | 弩洞 | | 1911 | | | | 平南鎮 | 1916 | 1917·18 | |
| 6 | 平南鎮 | | 1911 | | | | 載陽洞 | 1916 | 1917·18 | |
| 7 | 柔院鎮 | | 1911 | | | | 柔院鎮 | 1916 | 1917·18 | |
| 8 | 温上站 | | 1911 | | | | 旧倉 | 1916 | 1918 | |
| 9 | 加多站 | | 1911 | | | | 梨満洞 | 1916 | 1917·18 | |
| 10 | 津坪里 | | 1911 | | | | 白山 | 1916 | 1917·18 | |
| 11 | 白土界 | | 1911 | | | | 煕川 | 1916 | 1918 | |
| 12 | 杏川里 | | 1911 | | | | 安突 | 1916 | 1918 | |
| 13 | 大水里 | | 1911 | | | | 大水洞 | 1916 | 1917·18 | |
| 14 | 三峯里 | | 1911 | | | | 檜木洞 | 1916 | 1917·18 | |
| 15 | 長在站 | | 1911 | | | | 平院洞 | 1916 | 1917·18 | |
| 16 | 凞川 | | 1911 | | | | 館上洞 | 1916 | 1918 | |
| | **（寧遠に相当）** | | | | | | **寧遠** | | | |
| 1 | （新昌面） | 前出 | 1913 | | | | 新邑 | 1917 | 1918 | |
| 2 | （泗水山） | 前出 | 1913 | | | | | | | |

| 図番 | 略図（第一次） | 測年 | 発行年 | 地形図（第二次） | 測年 | 発行年 | 基本図（第三次地形図） | 測年 | 発行年 | 備考 |
|---|---|---|---|---|---|---|---|---|---|---|
| 2 | 立石里 | 1914 | 1913·16 | | | | 竜泉里 | 1917 | 1918 | |
| 3 | 大坪里 | 1914 | 1913·16 | | | | 大坪里 | 1917 | 1918 | |
| 4 | 舘坪里 | 1914 | 1913·16 | | | | 舘坪里 | 1917 | 1918 | |
| 5 | 舘奥里 | | 1913 | | | | 都坪里 | 1916 | 1918 | |
| 6 | 馬上里 | 1914 | 1913·16 | | | | | | | |
| 6 | 藹倉場 | 1914 | 1913·16 | | | | 寧遠 | 1916 | 1918 | |
| 7 | 東門外 | 1914 | 1913·16 | | | | 孟山 | 1916 | 1918 | |
| 8 | 太乙里 | 1914 | 1913·16 | | | | 土城 | 1916 | 1918 | |
| 9 | 登竜洞 | | 1913 | | | | 内倉 | 1916 | 1918 | |
| 10 | 寧遠 | | 1913 | | | | | | | |
| 10 | 徳川 | | | | | | 徳川 | 1916 | 1918 | |
| 11 | 孟山 | | 1911 | | | | 北倉 | 1916 | 1918 | |
| 12 | 竜淵里 | | 1913 | | | | 東倉 | 1916 | 1918 | |
| 13 | 東倉 | | 1913 | | | | 球場 | 1916 | 1918 | |
| 14 | 旧場 | | 1913 | | | | | | | |
| 14 | 西倉 | | 1913 | | | | 戛日嶺 | 1916 | 1918 | |
| 15 | 鳳倉 | | 1913 | | | | 沙屯 | 1916 | 1918 | |
| 16 | 殷山 | | 1913 | | | | 殷山 | 1916 | 1918 | |
| | **成川** | | | **成川** | | | **谷山** | | | |
| 1 | 麒麟山 | | 1911 | 石頭池 | 1911 | 1916 | 石湯池 | 1917 | 1918 | |
| 2 | 陽徳 | | 1911 | 陽徳 | 1911 | 1914 | 陽徳 | 1917 | 1918 | |
| 3 | 百年山 | | 1911 | 百年山 | 1911 | 1914 | 仙巌 | 1917 | 1919 | |
| 4 | 佳麗州 | | 1911 | 佳麗州 | 1911 | 1913 | 閑逹里 | 1918 | 1919 | |
| 5 | 五柳洞 | | 1911 | 樹徳里 | 1911 | 1916 | 破邑 | 1917 | 1918 | |
| 6 | 霞嵐山 | | 1911 | 新倉里 | 1911 | 1914 | 大同里 | 1917 | 1918 | |
| 7 | 文城陽 | | 1911 | 摩訶里 | 1911 | 1914 | 新坪 | 1917 | 1918 | |
| 8 | 谷山 | | 1911 | 谷山 | 1911 | 1913 | 谷山 | 1918 | 1919 | |
| 9 | 別倉 | 1914 | 1911·16 | | | | 別倉里 | 1918 | 1918·19 | |
| 10 | 東倉 | 1914 | 1911·16 | | | | 槍倉 | 1918 | 1919 | |
| 11 | 新羅 | 1914 | 1911·16 | | | | 栗里 | 1918 | 1919 | |
| 12 | 遂安 | 1914 | 1911·16 | | | | 遂安 | 1918 | 1919 | |
| 13 | 成川 | | 1911 | | | | 成川 | 1918 | 1919 | |
| 14 | 江東 | | 1911 | | | | 江東 | 1918 | 1919 | |
| 15 | 三登 | | 1911 | | | | 祥原 | 1918 | 1919 | |
| 16 | 祥原 | | 1911 | | | | 陵里 | 1918 | 1919 | |
| | **瑞興** | | | **瑞興** | | | **新幕** | | | |
| 1 | 梨木亭 | | 1911 | 竜塘里 | 1911 | 1913 | 文岩里 | 1918 | 1918 | |
| 2 | 伊川 | | 1911 | 伊川 | 1911 | 1913 | 伊川 | 1918 | 1919 | |
| 3 | 朔寧 | | 1911 | 朔寧 | 1911 | 1913 | 朔寧 | 1918 | 1919 | |
| 4 | 九化場 | | 1911 | 後坪新場 | 1911 | 1913 | 麻田 | 1916 | 1918 | |
| 5 | 支石場 | | 1911 | 新溪 | 1911 | 1913 | 新溪 | 1918 | 1919 | |
| 6 | 新溪 | | 1911 | 楸川里 | 1911 | 1913 | 楸川里 | 1918 | 1919 | |
| 7 | 市辺里 | | 1911 | 市辺里 | 1911 | 1913·16* | 市辺里 | 1918 | 1919 | *増補改版 |
| 8 | 両合里 | | 1911 | 両合里 | 1911 | 1913 | 両合 | 1916 | 1918 | |
| 9 | 大坪 | 1914 | 1911·16 | | | | 大坪 | 1918 | 1919 | |
| 10 | 葱秀駅 | 1914 | 1911·16 | | | | 物開里 | 1918 | 1919 | |
| 11 | 平山 | | 1911 | 汗浦 | 1911 | 1913·16* | 汗浦 | 1918 | 1919 | *増補改版 |
| 12 | 金川 | | 1911 | 金川 | 1911 | 1913 | 金川 | 1916 | 1919 | |
| 13 | 陵里 | | 1911 | | | | 燕灘 | 1918 | 1919 | |
| 14 | 瑞興 | 1914 | 1911·16 | | | | 新幕 | 1918 | 1919 | |
| 15 | 麒麟場 | | 1911 | 麒麟場 | 1911 | 1913·16* | 麒麟里 | 1918 | 1919 | *増補改版 |
| 16 | 温井院 | | 1911 | 濯纓台 | 1911 | 1913 | 温井里 | 1918 | 1919 | |
| | **漢城** | | | | | | **京城** | | | |
| 1 | 坡州 | | 1911 | 積城 | 1911 | 1913 | 汶山 | 1916 | 1917·19 | |
| 2 | 高陽 | | 1911 | 高陽 | 1911 | 1913 | 高陽 | 1916 | 1917·19 | |
| 3 | 漢城 | | 1911 | 京城 | 1910 | 1913 | 京城 | 1918 | 1919 | |
| 4 | 果川 | | 1911 | 始興 | 1910 | 1913 | 軍浦場 | 1917 | 1919 | |
| 5 | 開城 | | 1911 | 開城 | 1911 | 1913 | 開城 | 1916 | 1918 | |
| 6 | 通津邑内 | | 1911 | 通津 | 1911 | 1913 | 通津 | 1916 | 1917·18 | |
| 7 | 富平 | | 1911 | 富平邑内 | 1911 | 1913·16* | 金浦 | 1916 | | *増補改版 |

| 図番 | 略図（第一次） | 測年 | 発行年 | 地形図（第二次） | 測年 | 発行年 | 基本図（第三次地形図） | 測年 | 発行年 | 備考 |
|---|---|---|---|---|---|---|---|---|---|---|
| 8 | 済物浦 | | 1911 | 仁川 | 1910 | 1913･16* | 仁川 | 1917 | 1918 | *増補改版 |
| 9 | 豊徳 | | 1911 | 白川 | 1911 | 1913 | 白川 | 1916 | 1917･19 | |
| 10 | 江華 | | 1911 | 江華 | 1911 | 1913 | 江華 | 1916 | 1917･19 | |
| 11 | 鼎足山城 | | 1911 | 陵内洞 | 1911 | 1913･16 | 温水里 | 1916 | 1917 | *増補改版 |
| 12 | 竜流島 | 1914 | 1911･16 | 竜流島 | | | 竜游島 | 1916 | 1917･19 | |
| 13 | 延安 | | | 延安 | 1911 | 1913 | 延安 | 1916 | 1919 | |
| 14 | 喬桐島 | | 1911 | 舞鶴洞 | 1911 | 1913･16* | 舞鶴里 | 1915 | 1916･19 | *増補改版 |
| 15 | 朱汶島 | | 1911 | 注文島 | 1911 | 1913 | 注文島 | 1916 | 1917･19 | |
| | **南陽** | | | **南陽** | | | **南陽** | | | |
| 1 | 南陽 | | 1911 | 南陽 | 1910 | 1913 | 南陽 | 1914 | 1916 | |
| 2 | 発安場 | | 1911 | 発安場 | 1910 | 1913 | 発安場 | 1914 | 1916･19 | |
| 3 | 牙山 | | 1911 | 牙山 | 1910 | 1913 | 牙山 | 1914 | 1916･19 | |
| 4 | 礼山 | | 1911 | 礼山 | 1910 | 1912 | 礼山 | 1914 | 1916 | |
| 5 | 大阜島 | | 1911 | 大阜島 | 1910 | 1913 | 大阜島 | 1914 | 1916･19 | |
| 6 | 解雲峰 | | 1911 | 竜頭洞 | 1910 | 1913･16* | 長古項里 | 1914 | 1916･19 | *増補改版 |
| 7 | 唐津 | | 1911 | 唐津 | 1910 | 1913 | 唐津 | 1915 | 1916･19 | |
| 8 | 沔川 | | 1911 | 徳山 | 1910 | 1913 | 海実 | 1915 | 1916 | |
| 9 | 霊興島 | | 1911 | 霊興島 | 1910 | 1914 | 霊興島 | 1916 | 1917･19 | |
| 10 | 豊島 | | 1911 | 大蘭芝島 | 1910 | 1914 | 豊島 | 1916 | 1917･19 | |
| 11 | | | | 旧鎮 | 1910 | 1914 | 山前里 | 1915 | 1916 | |
| 12 | | | | 瑞山 | 1910 | 1914 | 瑞山 | 1915 | 1916･19 | |
| 13 | 徳積島 | | 1911 | | | | 徳積島 | 1916 | 1917･19 | |
| 14 | 仙甲島 | | 1911 | | | | 仙甲島 | 1916 | 1917 | |
| 15 | | | | 防築里 | 1910 | 1914 | 防築里 | 1915 | 1916･19 | |
| 16 | | | | 波濤里 | 1910 | 1914 | 安興 | 1915 | 1916･19 | |
| | **洪州** | | | **洪州** | | | **洪城** | | | |
| 1 | 大興 | | 1911 | 大興 | 1910 | 1913 | 大興 | 1914 | 1916･19 | |
| 2 | 定山 | | 1911 | 青陽 | 1910 | 1913 | 青陽 | 1915 | 1916･19 | |
| 3 | 扶余 | | 1911 | 扶余 | 1910 | 1913 | 扶余 | 1915 | 1917 | |
| 4 | 韓山 | | 1911 | 咸悦 | 1910 | 1913 | 咸悦 | 1918 | 1919 | |
| 5 | 洪州 | | 1911 | 洪州 | 1910 | 1913 | 洪城 | 1915 | 1916 | |
| 6 | 保寧 | | 1911 | 保寧 | 1910 | 1913 | 大川里 | 1915 | 1916 | |
| 7 | 藍浦 | | 1911 | 藍浦 | 1910 | 1913 | 藍浦 | 1915 | 1916･19 | |
| 8 | 舒川 | | 1911 | 舒川 | 1910 | 1913 | 舒川 | 1917 | | |
| 9 | | | | 承彦里 | 1910 | 1914 | 安眠島北部 | 1915 | 1916･19 | |
| 10 | 狐浦 | | 1911 | 中場 | 1910 | 1914 | 安眠島南部 | 1915 | 1916･19 | |
| 12 | 煙島 | | 1911 | 煙島 | 1910 | 1914･16 | 煙島 | 1915 | 1916･19 | |
| 13 | | | | 居児島 | | | 居児島 | 1915 | 1919 | |
| | **古阜** | | | **群山** | | | **群山** | | | |
| 1 | 万頃 | | 1911 | 臨陂 | 1910 | 1913 | 裡里 | 1916 | | |
| 2 | 外四街里 | | 1911 | 金堤 | 1910 | 1913 | 金堤 | 1917 | | |
| 3 | 井邑 | | | 井邑 | 1910 | 1913 | 井邑 | 1917 | | |
| 4 | 薬水亭 | | 1911 | 薬水亭 | 1910 | 1913 | 新興里 | 1917 | 1918 | |
| 5 | 沃溝 | | 1911 | 群山 | 1910 | 1913 | 群山 | 1916 | 1919 | |
| 6 | 吉串 | | 1911 | 扶安 | 1910 | 1913 | 扶安 | 1917 | 1918 | |
| 7 | 古阜 | | | 興徳 | 1910 | 1913 | 茁浦 | 1917 | 1918 | |
| 8 | | | | 茂長 | 1910 | 1913 | 高敞 | 1917 | 1918 | |
| 9 | | | | 防築仇味島 | 1910 | 1914･16 | 末島 | 1916 | 1917･19 | |
| 10 | | | | 古群山島 | 1910 | 1914･16 | 壮子島 | 1917 | 1918 | |
| 11 | | | | 格浦 | 1910 | 1914･16 | 蝟島 | 1917 | 1918 | |
| 12 | | | | 法聖浦 | 1910 | 1914･16 | 法聖浦 | 1917 | 1918 | |
| 16 | | | | 鞍馬群島 | 1910 | 1914･16 | 鞍馬島 | 1917 | 1918 | |
| | **羅州** | | | **羅州** | | | **木浦** | | | |
| 1 | 潭陽 | | 1911 | 潭陽 | 1909 | 1912 | 潭陽 | 1917 | | |
| 2 | 光州 | | 1911 | 光州 | 1909 | 1912 | 光州 | 1917 | | |
| 3 | 綾州 | | 1911 | 綾州 | 1909 | 1912 | 綾州 | 1917 | 1918 | |
| 4 | 長興 | | 1911 | 長興 | 1909 | 1912 | 長興 | 1917 | 1918 | |
| 5 | 霊光 | | 1911 | 霊光 | 1909 | 1912 | 霊光 | 1917 | 1918 | |
| 6 | 羅州 | | 1911 | 羅州 | 1909 | 1912 | 羅州 | 1917 | 1918 | |
| 7 | 栄山浦 | | 1911 | 栄山浦 | 1909 | 1912 | 栄山浦 | 1917 | | |

| 図番 | 略図<br>(第一次) | 測年 | 発行年 | 地形図<br>(第二次) | 測年 | 発行年 | 基本図<br>(第三次地形図) | 測年 | 発行年 | 備考 |
|---|---|---|---|---|---|---|---|---|---|---|
| 8 | 霊巌 | | 1911 | 霊巌 | 1909 | 1912 | 霊巌 | 1917 | 1918 | |
| 9 | 保川場 | | 1911 | 保川場 | 1909 | 1914･16 | 浦川里 | 1917 | 1918 | |
| 10 | 望雲 | | 1911 | 望雲場 | 1909 | 1914･16 | 望雲 | 1917 | 1918 | |
| 11 | 務安 | | 1911 | 務安 | 1909 | 1914･16 | 務安 | 1917 | | |
| 12 | 木浦港 | | 1911 | 木浦 | 1909 | 1914･16 | 木浦 | 1918 | | |
| 13 | 落月島 | | 1911 | 松耳島 | 1910 | 1914･16 | 松耳島 | 1917 | 1917 | |
| 14 | 智島 | | 1911 | 智島 | 1909 | 1914･16 | 智島 | 1917 | 1918 | |
| 15 | 智島南辺 | | 1911 | 智島南辺 | | | 慈恩島 | 1916 | | |
| | **珍島** | | | **珍島** | | | **珍島** | | | |
| 1 | 康津 | | 1911 | 康津 | 1909 | 1912 | 康津 | 1917 | 1918 | |
| 2 | 会寧鎮 | | 1911 | 会寧鎮 | 1909 | 1914･16 | 馬良里 | 1916 | 1918 | |
| 3 | | | | 郡内洞 | 1909 | 1914･16 | 莞島 | 1917 | 1918 | |
| 5 | 海南 | | 1911 | 海南 | 1909 | 1912 | 海南 | 1917 | 1918 | |
| 6 | 梨津 | | 1911 | 梨津 | 1909 | 1914･16 | 梨津 | 1917 | 1918 | |
| 7 | 桶浦 | | 1911 | 石湯里 | 1909 | 1914･16 | 蘆花島 | 1917 | 1918 | |
| 9 | 右水営 | | 1911 | 左水営 | 1909 | 1914･16 | 右水営 | 1917 | 1918 | |
| 10 | 於蘭鎮 | | 1911 | 珍島 | 1909 | 1914･16 | 珍島 | 1916 | 1918 | |
| 14 | | | | 民峙 | 1909 | 1914･16 | 仁智里 | 1917 | 1918 | |
| | **(昌城に相当)** | | | | | | **昌城** | | | |
| 2 | 下倉坪 | | 1911 | | | | 両江洞 | 1915 | 1916･18 | |
| 3 | 牛峴鎮 | | 1911 | | | | 牛峴鎮 | 1915 | 1916･18 | |
| 4 | 北鎮 | | 1911 | | | | 鷹峯 | 1915 | 1916･18 | |
| 7 | 城坪 | | 1911 | | | | 北鎮 | 1915 | 1916･18 | |
| 8 | 青山場市 | | 1911 | | | | 青山場市 | 1915 | 1916･18 | |
| 12 | 南倉 | | 1911 | | | | 竜成洞 | 1915 | 1916･18 | |
| | **(安州に相当)** | | | | | | **安州** | | | |
| 1 | 雲山 | | 1911 | | | | 雲山 | 1917 | 1919 | |
| 2 | 寧辺 | | 1911 | | | | 寧辺 | 1917 | 1919 | |
| 3 | 价川 | | 1911 | | | | 平院里 | 1917 | 1918 | |
| 4 | 順川 | | 1911 | | | | 順川 | 1917 | 1918 | |
| 4 | 慈山 | | 1911 | | | | | | | |
| 5 | 泰川 | | 1911 | | | | 古城洞 | 1917 | 1919 | |
| 6 | 博川 | | 1911 | | | | 博川 | 1917 | 1919 | |
| 7 | 安州 | | 1911 | | | | 安州 | 1917 | 1918 | |
| 8 | 粛川 | | 1911 | | | | 粛川 | 1916 | 1918 | |
| 8 | 漁坡 | | 1911 | | | | | | | |
| 9 | 亀城 | | 1911 | | | | 亀城 | 1917 | 1918 | |
| 10 | 方小里 | | 1911 | | | | 納清亭 | 1917 | 1919 | |
| 11 | 定州 | | 1911 | | | | 雲田洞 | 1917 | 1919 | |
| 12 | 艾島 | | 1911 | | | | 立石里 | 1916 | 1918 | |
| 12 | 一洞里 | | 1911 | | | | | | | |
| | **平壌** | | | | | | **平壌** | | | |
| 1 | 舎人場 | | 1911 | | | | 舎人場 | 1918 | 1919･19 | |
| 2 | 関波 | | 1911 | | | | 平壌東部 | 1917 | 1918 | |
| 3 | 中和 | | 1911 | | | | 中和 | 1916 | 1918･18 | |
| 4 | 看東 | | 1911 | | | | 黒橋 | 1918 | 1919 | |
| 5 | 順安 | | 1911 | | | | 順安 | 1916 | 1918 | |
| 6 | 平壌 | | 1911 | | | | 平壌西部 | 1917 | 1918･18 | |
| 7 | 載松院 | | 1911 | | | | 岐陽 | 1917 | 1918･18 | |
| 8 | 瑤浦 | | 1911 | | | | 兼二浦 | 1918 | 1919 | |
| 9 | 漢川 | | 1911 | | | | 漢川 | 1916 | 1917･18 | |
| 10 | 甑山 | | 1911 | | | | 甑山 | 1916 | 1917･18 | |
| 11 | 咸従 | | 1911 | | | | 江西 | 1916 | 1917･18 | |
| 12 | 鎮南浦 | | 1911 | | | | 鎮南浦 | 1918 | 1919 | |
| 13 | 上芒魚島 | | 1911 | | | | | | | |
| 14 | 立石 | | 1911 | | | | 二鴨島 | 1916 | 1916･18 | |
| 15 | 碑石街 | | 1911 | | | | 温井里 | 1916 | 1917･18 | |
| 16 | 甑岳里 | | 1911 | | | | 広梁湾西部 | 1916 | 1917･18 | |

| 図番 | 略図（第一次） | 測年 | 発行年 | 地形図（第二次） | 測年 | 発行年 | 基本図（第三次地形図） | 測年 | 発行年 | 備考 |
|---|---|---|---|---|---|---|---|---|---|---|
| | **海州** | | | **海州** | | | **海州** | | | |
| 1 | 鳳山 | | 1911 | | | | 黄州 | 1918 | | |
| 2 | 釼水站 | 1914 | 1911·16 | | | | 銀波里 | 1917 | | |
| 3 | 石橋場 | | 1911 | 青石頭 | 1911 | 1913·16* | 青石頭里 | 1918 | 1919 | *増補改版 |
| 4 | 平江 | | 1911 | 中一里 | 1911 | 1913 | 新酒幕 | 1918 | 1919 | |
| 5 | 黄州 | | 1911 | | | | 沙里院 | 1918 | | |
| 6 | 載寧 | 1914 | 1911·16 | | | | 載寧 | 1918 | | |
| 7 | | | | 新院 | 1911 | 1913·16* | 新院 | 1918 | 1919 | *増補改版 |
| 8 | | | | 海州 | 1911 | 1913 | 海州 | 1917 | 1919 | |
| 9 | 安岳 | | 1911 | | | | 安岳 | 1918 | 1919 | |
| 10 | 文化 | 1914 | 1911·16 | | | | 信川 | 1918 | 1919 | |
| 11 | | | | 公税場 | 1911 | 1913·16* | 公税里 | 1918 | 1919 | *増補改版 |
| 12 | | | | 苔灘浦 | 1911 | 1913 | 苔灘 | 1918 | 1919 | |
| 13 | 殷栗 | | 1911 | | | | 殷栗 | 1918 | 1919 | |
| 14 | 豊川 | 1914 | 1911·16 | | | | 松禾 | 1917 | 1919 | |
| 15 | | | | 長洞 | 1911 | 1913·16* | 長淵 | 1918 | 1919 | *増補改版 |
| 16 | | | | 南湖洞 | 1911 | 1913 | 南湖里 | 1918 | 1919 | |
| | **瓮津** | | | | | | **甕津** | | | |
| 1 | 青丹駅 | | 1911 | | | | 青丹 | 1918 | | |
| 2 | 竜媒島 | | 1911 | | | | 竜媒島 | 1918 | | |
| 3 | モルラン島 | | 1911 | | | | | | | |
| 5 | 小睡鴨島 | | 1911 | | | | 康翎 | 1918 | | |
| 6 | 大延平島 | | 1911 | | | | 釜浦 | 1918 | | |
| 7 | 小延平島 | | 1911 | | | | 大延坪島 | 1917 | 1919 | |
| | **皇子叢島** | | | | | | **白牙島** | | | |
| 1 | 屈業島 | | 1911 | | | | 屈業島 | 1916 | 1917·19 | |
| 2 | 白牙島 | | 1911 | | | | 白牙島 | 1916 | 1917·19 | |
| 3 | パルガルショム | | 1911 | | | | | | | |
| | | | | **（木浦西方に相当）** | | | **梅加島** | | | |
| 1 | | | | 大飛雉島** | 1910 | 1914·16 | 大飛雉島 | 1917 | 1918 | **木浦13西 |
| 2 | | | | 扶南群島** | 1910 | 1914·16 | 杖南群島 | 1917 | 1917 | **木浦14西 |
| | **（宣川に相当）** | | | | | | **宣川** | | | |
| 1 | 新市 | | | | | | 新市洞 | 1918 | 1918 | |
| 2 | 宣川 | | | | | | 宣川 | 1917 | 1919 | |
| 3 | 郭山 | | | | | | 身弥島 | 1917 | 1918 | |
| 4 | 雲霧島 | | | | | | 牛里島 | 1917 | 1918 | |
| 7 | 宣沙 | | 1911 | | | | 仙岩洞 | 1917 | 1918 | |
| 8 | 炭島 | | 1911 | | | | 大和島 | 1917 | 1918 | |
| | **徳島** | | | | | | **（平壌西方に相当）** | | | |
| 4 | 徳島 | | | | | | | | | |
| 5 | 大串島* | | 1911 | | | | | | | *番号なし |
| | **椒島** | | | **椒島** | | | **長山串** | | | |
| 1 | 椒島 | | 1911 | | | | 椒島 | 1917 | 1918 | |
| 2 | 沙器洞 | 1914 | 1911·16 | | | | 津江浦 | 1918 | 1918 | |
| 3 | | | | 白村 | 1911 | 1913·16* | 夢金浦 | 1918 | 1919 | *増補改版 |
| 4 | | | | 助泥洞 | 1911 | 1913 | 徳洞 | 1918 | 1918 | |
| 8 | | | | 背突洞 | 1911 | 1913 | 長山串 | 1918 | 1918 | |

注：第三次地形図については初測年のみ記した。発行年が2つあるものは刷色数の差。

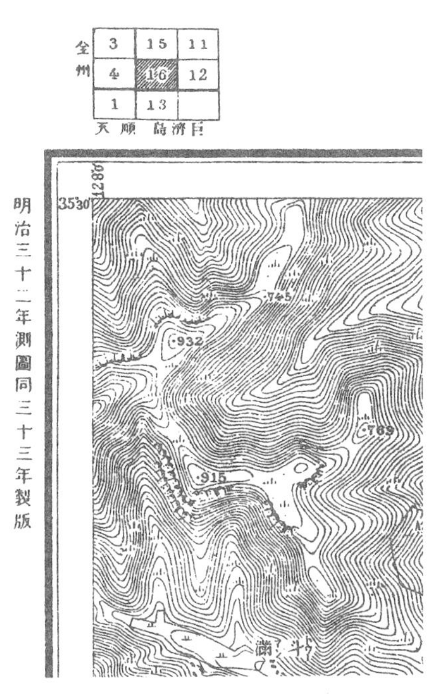


図Ⅲ-3-2 「三嘉」図幅にある測図年紀

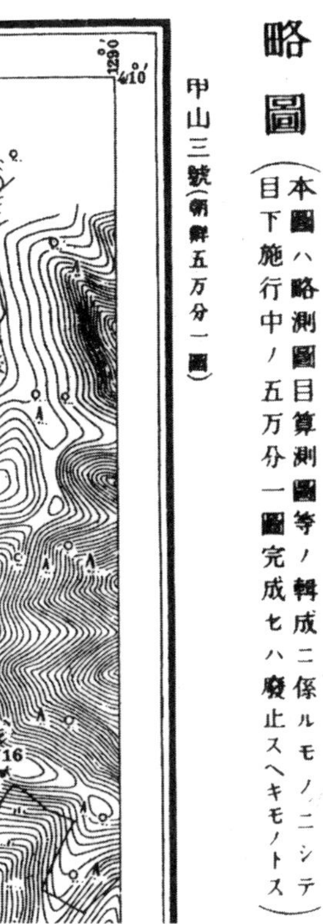


図Ⅲ-3-3　略図の注記
括弧内のコメントのないものが大部分である。

(2)　地形図（第二次）

清水（1986）では，この地図群について，日韓併合後に正式に測量したデータで上記「略図」等を修正したもので，最初に地形図の名称が用いられた地図であるとしたが，その後測量の方法について少し修正すべき点が出てきている。

本図群の測図は，1909（明治42）年から1911（明治44）年にかけてであり，発行は1913（大正2）年から1916（大正5）年である。測量図化範囲はほぼ朝鮮半島南半部全域にわたっている。しかし実見した地形図中では，測量の基準点はいずれも大三角点は見当たらず小三角点（丸の中に黒丸）のみであるので，略図と比較すると格段の内容の相異だが，略図と基本図（第三次の地形図）の中間になるものである。『陸地測量部沿革誌』1913（大正2）年の項にみられる下記の記述はそれを示すものと考えられる。

朝鮮五万分一略図（改測修正ノ分）ノ全部ヲ朝鮮総督府，同駐屯軍司令部同駐箚憲兵隊司令部及同臨時土地調査局，同鉄道管理局其ノ他ニ又其ノ関係部分ヲ各道ノ郡衙ニ寄贈ス（陸地測量部 1922：268）

略図が明治二十八年式（1895年制定）・明治三十三年式（1900年制定）の地形図図式に準じたものによっているのに対して，本図群は，（若干の変更はあるものの）明治四十二年式（1909年制定）地形図図式によっており，まだ朝鮮地形図の図式ではない。いずれも1色刷で，基本図（第三次の地形図）刊行まで使用されたはずである。刊行図の接続は図Ⅲ-3-1の通りである。

この「改測修正」がどのように行われたかについては，上記谷屋（2004）はアジア歴史資料センターが公開している資料[4)]および『外邦測量沿革史』（参謀本部・北支那方面軍司令部 1979b：前15-28，169-178；小林解説 2008：272-275，310-313）により，この主体が三角鎖測量であったことを示した。三角鎖測量は，調査地域全域を三角点網で被うものではなく，主要ルートに沿ってのみ三角測量を行うもので，応急的なものであった。

### (3)　基本図（第三次の地形図）

台湾の2万分1堡図原図と同様に，土地調査事業にともなって，地籍図作製と連携して作製された。地籍図作製に向けて朝鮮半島に三角点網が形成され，これを基礎としながら，地籍図を縮小しつつ，地形測量を行って作製された地形図である（朝鮮総督府臨時土地調査局 1918：453；小林・渡辺 2007，本書Ⅳ-3章参照）。正称は「五万分一地形図」という。1914（大正3）年から1918（大正7）年までの間に全域が完成している。各年次の測図面数は，地形図・刊行目録・その他から調べると表Ⅲ-3-2のようになる。表によると全727面で，測量・地図百年史編集委員会（1970：461）の記載にみえる722面とは5面の差がある。後者では，1916（大正5）年は199面，1917（大正6）年は283面と，表Ⅲ-3-2に示したものより，1面および2面それぞれ少なく，さらに元山付近の不明2面を加えると計5面となり，測量・地図百年史編集委員会（1970：461）にみえる面数は，要塞地域等の秘図域が除かれているものと思われる。測図は，京釜線沿線付近からはじまり，黄海道付近が最後期になる（表Ⅲ-3-3）。

当初の発行図は，一部墨1色で水部に飾り線が入った清絵図もあったが，ほとんどは2色（水部を淡青色，ただし水涯線は墨）あるいは3色（道路内を褐橙色）刷で，3色刷は間もなく姿を消すが2色刷は地形図の販売が停止されるまで続いた。海部は沿岸に濃く次第に薄くぼかした網版を用いていた。なお第二次世界大戦中の秘印付きの図は，藍版を省略した1色刷であった。図式は明治四十二年式（1909年制定）地形図図式を改変した（朝鮮）5万分1地形図用の「地形図々式」（地図上では「図式」）が用いられた（陸地測量部 1922：251-252）。

1926（大正15）年以降，秘図区域のうち，特殊な機密地区にかからない地域は，等高線・標高数字を削除し，海岸等の変地形の詳細を略した「交通図」を刊行した。山地を茶褐色で平調にぼかし，水部を淡青色（海部は沖合に向かってぼかし），ほかを墨の3色刷で，需要に応えていた。しかしながら永興湾要塞近傍の「元山府外北部」・「同南部」両図幅の東方3/4は空白で，その東方永興湾の2図幅は未発売，同じく鎮海湾要塞近傍の「釜山」・「加徳島」・「東頭末」も発売されなかった。また交通図発行時に，北方白頭山付近の満州との国境付近は解秘され，1色仮製版（一部清絵版）として発売された。1935（昭和10）年現在37面が解秘1色刷図であり，交通図は64面であった（図

Ⅲ-3-4)。

朝鮮の5万分1地形図は経緯度区画（経度差15分・緯度差10分）できちんと区切られているが，「欝陵島」図幅のみが若干南北に位置を移動させている。また南方の小島嶼中には無住の島もあり，遠隔の未測の島が若干あって付近の地形図中に位置を示す略図が挿入されている。

本図群に限らず，前2群とも，朝鮮の5万分1図の地名には，ほとんど全部にわたってルビがつけられている。ただし光岡（1982：199-203）によると，「略図」と地形図（基本図）とでは，ルビ表記に差異があるという。

本図群の著作権所有者は朝鮮総督府，印刷兼発行者は陸地測量部であるが，要塞近傍図では，陸地測量部・参謀本部の名称となり，第二次世界大戦中の秘扱図中には参謀本部のみのものもある。

5万分1地形図のうち金剛山地区の外金剛・内金剛・海金剛の地域を1図に編集し，5色刷菊判で観光スポットを加えた特殊図が作製されている。ほかに演習用図として竜山付近の軍事演習用図が菊判方眼入りで刊行されている（図Ⅲ-3-4には示していない）。

**表Ⅲ-3-2　基本図（第三次地形図）測図年別面数**

| 総図名 | 総数 | 不明 | 1914 | 1915 | 1916 | 1917 | 1918 |
|---|---|---|---|---|---|---|---|
| 慶源 | 4 | | | | | 4 | |
| 慶興 | 10 | | | | | 10 | |
| 欝陵島 | 1 | | | | | 1 | |
| 鐘城 | 3 | | | | | 3 | |
| 会寧 | 14 | | | | | 14 | |
| 羅南 | 15 | | | | | 15 | |
| 吉州 | 13 | | | | | 13 | |
| 城津 | 2 | | | | | 2 | |
| 三陟 | 3 | | | 3 | | | |
| 蔚珍 | 8 | | | 8 | | | |
| 盈徳 | 9 | | | 9 | | | |
| 慶州 | 9 | | 6 | 3 | | | |
| 釜山 | 3 | | 1 | | 2 | | |
| 白頭山 | 4 | | | | 4 | | |
| 恵山鎮 | 15 | | | | 14 | 1 | |
| 甲山 | 16 | | | | 8 | 8 | |
| 北青 | 14 | | | | | 14 | |
| 馬養島 | 1 | | | | | 1 | |
| 長箭 | 3 | | | | 2 | 1 | |
| 杆城 | 10 | | | 6 | 4 | | |
| 江陵 | 16 | | | 16 | | | |
| 栄州 | 16 | | | 16 | | | |
| 尚州 | 16 | | 3 | 13 | | | |
| 大邱 | 16 | | 4 | 4 | 4 | 4 | |
| 馬山 | 15 | | | | 11 | 4 | |
| 欲知島 | 3 | | | | 3 | | |
| 厚昌 | 7 | | | | 7 | | |
| 長津 | 16 | | | | 16 | | |
| 洪原 | 16 | | | | 16 | | |
| 咸興 | 13 | 1 | | | | 9 | 3 |
| 元山 | 15 | 1 | | | 1 | 12 | 1 |
| 鉄原 | 16 | | | 4 | 3 | 9 | |
| 春川 | 16 | | | 8 | 8 | | |
| 忠州 | 16 | | 7 | 9 | | | |
| 公州 | 16 | | 6 | 6 | 3 | 1 | |
| 全州 | 16 | | | | 1 | 15 | |
| 順天 | 16 | | | | 1 | 15 | |
| 高興 | 12 | | | | 2 | 10 | |
| 慈城 | 7 | | | | 7 | | |
| 江界 | 15 | | | | 15 | | |
| 熙川 | 16 | | | | 16 | | |
| 寧遠 | 16 | | | | 12 | 4 | |
| 谷山 | 16 | | | | | 6 | 10 |
| 新幕 | 16 | | | | 3 | | 13 |
| 京城 | 15 | | | 1 | 11 | 2 | 1 |
| 南陽 | 16 | | 6 | 6 | 4 | | |
| 洪城 | 15 | | 1 | 12 | | 1 | 1 |
| 群山 | 15 | | | | 3 | 12 | |
| 木浦 | 16 | | | | 2 | 13 | 1 |
| 珍島 | 15 | | | | 2 | 13 | |
| 済州島北部 | 7 | | | | | 5 | 2 |
| 済州島南部 | 4 | | | | | 3 | 1 |
| 楚山 | 5 | | | 3 | 2 | | |
| 昌城 | 16 | | | 15 | 1 | | |
| 安州 | 16 | | | | 2 | 14 | |
| 平壌 | 15 | | | | 8 | 3 | 4 |
| 海州 | 16 | | | | | 3 | 13 |
| 甕津 | 9 | | | | | 4 | 5 |
| 白牙島 | 2 | | | | 2 | | |
| 於青島 | 2 | | | 2 | | | |
| 梅加島 | 6 | | | | | 6 | |
| 黒山島 | 8 | | | | | 8 | |
| 義州 | 8 | | | 3 | | 3 | 2 |
| 宣川 | 12 | | | | | 12 | |
| 長山串 | 5 | | | | | 1 | 4 |
| 白翎島 | 4 | | | | | 4 | |
| 合計 | 727 | 2 | 34 | 147 | 200 | 283 | 61 |

表Ⅲ-3-3　基本図（第三次地形図）の測図・修正年紀

| 所属 | | 図名 | 測図年 | 修正年 | 鉄道補入 | 備考 |
|---|---|---|---|---|---|---|
| 慶源 | 11 | 訓戎東部 | 1917 | | | 秘扱·交通図 |
| | 12 | 新乾洞 | 1917 | | | 秘扱·交通図 |
| | 15 | 訓戎 | 1917 | | | 秘扱·交通図 |
| | 16 | 慶源 | 1917 | | | 秘扱·交通図 |
| 慶興 | 5 | 慶興 | 1917 | | | 秘扱·交通図 |
| | 6 | 古邑洞 | 1917 | | | 秘扱·交通図 古城洞（図名変更） |
| | 7 | 西水羅 | 1917 | | | 秘扱·交通図 |
| | 9 | 新阿山 | 1917 | | | 秘扱·交通図 |
| | 10 | 雄基 | 1917 | | | 秘扱·交通図 |
| | 11 | 羅津 | 1917 | | | 秘扱·交通図 |
| | 13 | 古乾原 | 1917 | | | 秘扱·交通図 |
| | 14 | 徳明 | 1917 | | | 秘扱·交通図 鹿野洞（図名変更） |
| | 15 | 新洞 | 1917 | | | 秘扱·交通図 |
| | 16 | 梨津 | 1917 | | | 秘扱·交通図 |
| 欝陵島 | 3・4 | 欝陵島 | 1917 | | | 秘扱 |
| 鐘城 | 1 | 柔遠鎮 | 1917 | | | 秘扱·交通図 |
| | 2 | 穏城 | 1917 | | | 秘扱·交通図 |
| | 3 | 鐘城 | 1917 | | | 秘扱·交通図 |
| 会寧 | 1 | 行営 | 1917 | | | 秘扱·交通図 |
| | 2 | 会寧 | 1917 | | | 秘扱·交通図 会寧東部(図名変更) |
| | 3 | 古豊山 | 1917 | | | 秘扱·交通図 豊山（図名変更） |
| | 4 | 富居 | 1917 | | | 秘扱·交通図 |
| | 5 | 行営西部 | 1917 | | | 秘扱·交通図 |
| | 6 | 雲淵洞 | 1917 | | | 秘扱·交通図 会寧西部(図名変更) |
| | 7 | 蒼坪 | 1917 | | | 秘扱·交通図 |
| | 8 | 富寧 | 1917 | | | 秘扱·交通図 |
| | 10 | 西湖洞 | 1917 | | | 交通図 |
| | 11 | 珍貨洞 | 1917 | | | 交通図 |
| | 12 | 豊山洞 | 1917 | | | 交通図 |
| | 14 | 芝草洞 | 1917 | | | 交通図 |
| | 15 | 茂山 | 1917 | | | 交通図 |
| | 16 | 上倉坪 | 1916 | | | 交通図 |
| 羅南 | 1 | 連津 | 1917 | 1935 | | 仮 |
| | 2 | 清津 | 1917 | 1935 | | 交通図 |
| | 4 | 漁大津 | 1917 | 1926・28 | | 交通図 |
| | 5 | 章興洞 | 1917 | 1935・40 | | 交通図 |
| | 6 | 羅南 | 1917 | 1935 | | 交通図 |
| | 7 | 鏡城 | 1917 | 1926・28・35 | | 交通図 |
| | 8 | 朱村後場 | 1917 | 1926・28・35 | | 交通図 |
| | 9 | 古城嶺 | 1917 | 1935 | | 交通図 |
| | 10 | 鳳坡洞 | 1917 | 1935 | | 交通図 |
| | 11 | 城町 | 1917 | | | 交通図 |
| | 12 | 宝化堡 | 1917 | 1935 | | 交通図 |
| | 13 | 四芝洞 | 1917 | 1935・38 | | 交通図 |
| | 14 | 冠帽峰 | 1917 | 1935 | | 仮 |
| | 15 | 雪嶺 | 1917 | | | 仮 |
| | 16 | 広徳洞 | 1917 | | | 仮 |
| 吉洲 | 1 | 梨岩洞 | 1917 | | | |
| | 5 | 極洞 | 1917 | 1926・35 | | |
| | 6 | 七宝山 | 1917 | | | |
| | 7 | 下鷹峰 | 1917 | | | |
| | 8 | 泗浦洞 | 1917 | | | |
| | 9 | 明川 | 1917 | 1935 | | |
| | 10 | 古站洞 | 1917 | 1926・35 | | |
| | 11 | 吉州 | 1917 | 1926・35 | | |
| | 12 | 臨溟洞 | 1917 | 1935 | | |
| | 13 | 雄州洞 | 1917 | | | |
| | 14 | 載徳 | 1917 | 1935 | | |
| | 15 | 古堡 | 1917 | 1926・35 | | |
| | 16 | 城津北部 | 1917 | 1926・35 | | |

| 所属 | | 図名 | 測図年 | 修正年 | 鉄道補入 | 備考 |
|---|---|---|---|---|---|---|
| 城津 | 13 | 城津 | 1917 | 1926・35 | | |
| | 14 | 竜台洞 | 1917 | 1926 | | |
| 三陟 | 14 | 山城隅 | 1915 | | | |
| | 15 | 玉溪 | 1915 | | | |
| | 16 | 三陟 | 1915 | | | |
| 蔚珍 | 9 | 臨院津 | 1915 | | | |
| | 10 | 興富洞 | 1915 | | | |
| | 11 | 蔚珍 | 1915 | | | |
| | 12 | 平海 | 1915 | | | |
| | 13 | 古士里 | 1915 | | | |
| | 14 | 石浦 | 1915 | 1939 | | |
| | 15 | 三斤 | 1915 | | | |
| | 16 | 日月山 | 1915 | | | |
| 盈徳 | 8 | 長鬐岬 | 1915 | 1925 | | |
| | 9 | 寧海 | 1915 | | | |
| | 10 | 盈徳 | 1915 | 1939 | | |
| | 11 | 清河 | 1915 | | | |
| | 12 | 浦項 | 1915 | 1925・36 | | |
| | 13 | 英陽 | 1915 | | | |
| | 14 | 青松 | 1915 | | | |
| | 15 | 道坪洞 | 1915 | | | |
| | 16 | 杞溪 | 1915 | | | |
| 慶州 | 5 | 九竜浦 | 1915 | 1925・36 | | |
| | 9 | 延日 | 1915 | 1925・36 | | |
| | 10 | 朝陽 | 1914 | 1925・36 | | |
| | 11 | 蔚山 | 1914 | 1925・36 | | |
| | 12 | 長生浦 | 1914 | 1925・38 | | 鎮海湾要塞1 |
| | 13 | 慶州 | 1915 | 1925・36 | | |
| | 14 | 毛良里 | 1914 | 1925・37 | | |
| | 15 | 彦陽 | 1914 | 1925・37 | | |
| | 16 | 梁山 | 1914 | 1925・37 | | 鎮海湾要塞3 |
| 釜山 | 9 | 月内里 | 1914 | 1936 | | 鎮海湾要塞2・交通図 |
| | 13 | 東萊 | 1916 | | 1936 | 鎮海湾要塞4・交通図 |
| | 14 | 釜山 | 1916 | | | 鎮海湾要塞5・販売図ナシ |
| 白頭山 | 4 | 農事洞 | 1916 | | | 交通図 |
| | 8 | 長山嶺 | 1916 | | | 交通図 |
| | 12 | 圓池 | 1916 | | | 交通図 |
| | 16 | 白頭山 | 1916 | | | 交通図 |
| 恵山鎮 | 1 | 芦坪洞 | 1916 | 1938 | | 交通図 |
| | 2 | 楡坪 | 1916 | 1938 | | 仮 |
| | 3 | 延岩 | 1916 | 1935・38 | | 仮 |
| | 4 | 山羊台 | 1917 | 1935 | | 仮 |
| | 5 | 甑山 | 1916 | | | 交通図 |
| | 6 | 郭支峯 | 1916 | | | 仮 |
| | 7 | 崔哥嶺 | 1916 | | | 仮 |
| | 8 | 白沙峯 | 1916 | | | |
| | 9 | 神武城 | 1916 | | | 交通図 |
| | 10 | 胞胎里 | 1916 | | | 仮 |
| | 11 | 普天堡 | 1916 | | | 仮 |
| | 12 | 甫安所里 | 1916 | 1938 | | |
| | 13 | 小白山 | 1916 | | | 交通図 |
| | 14 | 三浦山 | 1916 | | | 仮 |
| | 16 | 恵山鎮 | 1916 | 1938 | | |
| 甲山 | 1 | 合水 | 1917 | 1935 | | |
| | 2 | 新福場 | 1917 | 1935 | | |
| | 3 | 乭足里 | 1917 | | | |
| | 4 | 堡巨里 | 1917 | | | |
| | 5 | 東興里 | 1916 | 1938 | | |
| | 6 | 銅店 | 1916 | | | |
| | 7 | 都倉 | 1917 | | | |
| | 8 | 古城里 | 1917 | | | |
| | 9 | 含井浦里 | 1916 | 1938 | | |

| 所属 | | 図名 | 測図年 | 修正年 | 鉄道補入 | 備考 |
|---|---|---|---|---|---|---|
| | 10 | 甲山 | 1916 | 1938 | | |
| | 11 | 新下里 | 1917 | | | |
| | 12 | 魚坪里 | 1917 | | | |
| | 13 | 仲坪場 | 1916 | 1938 | | |
| | 14 | 院徳場 | 1916 | 1938 | | |
| | 15 | 上里 | 1916 | | | |
| | 15 | 豊山 | 1916 | | | |
| 北青 | 1 | 畓洞里 | 1917 | | | |
| | 2 | 端川 | 1917 | 1926・39 | | |
| | 5 | 上農里 | 1917 | | | |
| | 6 | 双上里 | 1917 | 1926 | | |
| | 7 | 利原 | 1917 | 1926・33 | | |
| | 8 | 大晩春 | 1917 | | | |
| | 9 | 直洞 | 1917 | 1938 | | |
| | 10 | 獐興里 | 1917 | | | |
| | 11 | 北青 | 1917 | 1926・33 | | |
| | 12 | 新昌 | 1917 | 1926 | | |
| | 13 | 厚峙嶺 | 1917 | | | |
| | 14 | 中里 | 1917 | | | |
| | 15 | 方村 | 1917 | | | |
| | 16 | 新浦 | 1917 | 1926 | | |
| 馬養島 | 13 | 馬養島 | 1917 | | | |
| 長箭 | 12 | 海金剛 | 1916 | 1933 | | |
| | 15 | 荳白里 | 1917 | 1933 | | |
| | 16 | 外金剛 | 1916 | 1935 | | |
| 杆城 | 7 | 瓮津 | 1915 | | | |
| | 8 | 襄陽 | 1915 | | | |
| | 9 | 高城 | 1916 | 1933 | | |
| | 10 | 杆城 | 1916 | | | |
| | 11 | 蘊巌店 | 1915 | | | |
| | 12 | 雪岳山 | 1915 | | | |
| | 13 | 内金剛 | 1917 | 1935 | | |
| | 14 | 伊布里 | 1916 | | | |
| | 15 | 万垈里 | 1915 | | | |
| | 16 | 麟蹄 | 1915 | | | |
| 江陵 | 1 | 注文津 | 1915 | 1933・39 | | |
| | 2 | 江陵 | 1915 | 1933・39 | | |
| | 3 | 石屏山 | 1915 | | | |
| | 4 | 下臨溪 | 1915 | | | |
| | 5 | 北盆里 | 1915 | | | |
| | 6 | 五台山 | 1915 | | | |
| | 7 | 下珍富 | 1915 | | | |
| | 8 | 旌善 | 1915 | | | |
| | 9 | 県里 | 1915 | | | |
| | 10 | 蒼村 | 1915 | | | |
| | 11 | 蒼洞 | 1915 | | | |
| | 12 | 平昌 | 1915 | | | |
| | 13 | 自隠里 | 1915 | | | |
| | 14 | 豊岩里 | 1915 | | | |
| | 15 | 甲川里 | 1915 | | | |
| | 16 | 安興里 | 1915 | | | |
| 栄州 | 1 | 虎鳴 | 1915 | 1939 | | |
| | 2 | 西碧里 | 1915 | 1939 | | |
| | 3 | 春陽 | 1915 | 1939 | | |
| | 4 | 礼安 | 1915 | 1939 | | |
| | 5 | 義林吉 | 1915 | 1939 | | |
| | 6 | 玉洞 | 1915 | 1939 | | |
| | 7 | 乃城 | 1915 | 1939 | | |
| | 8 | 栄州 | 1915 | 1939 | | |
| | 9 | 寧越 | 1915 | 1939 | | |
| | 10 | 永春 | 1915 | 1939 | | |
| | 11 | 丹陽 | 1915 | 1939 | | |

| 所属 | | 図名 | 測図年 | 修正年 | 鉄道補入 | 備考 |
|---|---|---|---|---|---|---|
| | 12 | 赤城 | 1915 | 1939 | | |
| | 13 | 神林 | 1915 | 1939 | | |
| | 14 | 堤川 | 1915 | 1939 | | |
| | 15 | 黄江里 | 1915 | 1939 | | |
| | 16 | 聞慶 | 1915 | 1939 | | |
| 尚州 | 1 | 鞭巷里 | 1915 | | | |
| | 2 | 泉旨洞 | 1915 | | | |
| | 3 | 九山洞 | 1915 | | | |
| | 4 | 新寧 | 1915 | 1942 | | |
| | 5 | 安東 | 1915 | 1933・39 | | |
| | 6 | 義城 | 1915 | 1939 | | |
| | 7 | 軍威 | 1915 | 1939 | | |
| | 8 | 孝令 | 1915 | 1939 | | |
| | 9 | 醴泉 | 1915 | 1933 | | |
| | 10 | 洛東 | 1915 | 1939 | | |
| | 11 | 善山 | 1915 | | | |
| | 12 | 仁同 | 1914 | 1920 | | |
| | 13 | 咸昌 | 1915 | 1933 | | |
| | 14 | 尚州 | 1914 | 1927・37 | | |
| | 15 | 玉山洞 | 1914 | 1920・27・37 | | |
| | 16 | 金泉 | 1915 | 1920・27・37 | | |
| 大邱 | 1 | 永川 | 1915 | 1925 | | |
| | 2 | 慈仁 | 1914 | 1925・37 | | |
| | 3 | 楡川 | 1914 | 1920・37 | | |
| | 4 | 密陽 | 1914 | 1920・28・37 | | |
| | 5 | 大邱 | 1915 | 1930 | | |
| | 6 | 慶山 | 1917 | 1930 | | |
| | 7 | 清道 | 1914 | 1920・29 | | |
| | 8 | 霊山 | 1916 | 1920・30 | | |
| | 9 | 倭館 | 1915 | 1930・39 | | |
| | 10 | 高霊 | 1916 | 1930 | | |
| | 11 | 昌寧 | 1916 | | | |
| | 12 | 南旨 | 1917 | | | |
| | 13 | 知礼 | 1915 | | | |
| | 14 | 伽倻山 | 1917 | | | |
| | 15 | 陜川 | 1917 | | | |
| | 16 | 三嘉 | 1916 | | | |
| 馬山 | 1 | 金海 | 1916 | | | 鎭海湾要塞 6・交通図 |
| | 2 | 加徳島 | 1916 | | | 鎭海湾要塞 7・売図ナシ |
| | 3 | 東頭末 | 1916 | | | 鎭海湾要塞 8・販売図ナシ |
| | 5 | 馬山 | 1916 | | | 鎭海湾要塞 9・交通図 |
| | 6 | 鎮海 | 1916 | | | 鎭海湾要塞 10・交通図 |
| | 7 | 巨済島 | 1916 | | | 鎭海湾要塞 11・交通図 |
| | 8 | 旧助羅 | 1916 | | | 鎭海湾要塞 12・交通図 |
| | 9 | 宜寧 | 1916 | | | 鎭海湾要塞 14・交通図 |
| | 10 | 鎮東 | 1916 | | | 鎭海湾要塞 15・交通図 |
| | 11 | 統営 | 1916 | | | 鎭海湾要塞 16・交通図 |
| | 12 | 弥勒島 | 1916 | | | 鎭海湾要塞 17 |
| | 13 | 晋州 | 1917 | 1933 | | 鎭海湾要塞 18 |
| | 14 | 泗川 | 1917 | 1936 | | 鎭海湾要塞 19 |
| | 15 | 三千浦 | 1917 | 1935 | | 鎭海湾要塞 20 |
| | 16 | 弥助里 | 1917 | 1936 | | 鎭海湾要塞 21 |
| 欲知島 | 5 | 毎勿島 | 1916 | 1936 | | 鎭海湾要塞 13 |
| | 9 | 欲知島東部 | 1916 | 1936 | | |
| | 13 | 欲知島西部 | 1916 | 1936 | | |
| 厚昌 | 4 | 新乫坡鎮 | 1916 | | | |
| | 8 | 松田洞 | 1916 | | | |
| | 11 | 下仇俳 | 1916 | | | |
| | 12 | 厚州古邑 | 1916 | | | |
| | 14 | 梨坪 | 1916 | | | |
| | 15 | 厚昌江口 | 1916 | | | |
| | 16 | 厚昌 | 1916 | | | |

| 所属 | | 図名 | 測図年 | 修正年 | 鉄道補入 | 備考 |
|---|---|---|---|---|---|---|
| 長津 | 1 | 三徳里 | 1916 | | | |
| | 2 | 青山嶺 | 1916 | | | |
| | 3 | 楊坪里 | 1916 | | | |
| | 4 | 羅興里 | 1916 | | | |
| | 5 | 堡城里 | 1916 | | | |
| | 6 | 院洞里 | 1916 | | | |
| | 7 | 陵口里 | 1916 | | | |
| | 8 | 雲山里 | 1916 | | | |
| | 9 | 南社 | 1916 | | | |
| | 10 | 山羊里 | 1916 | | | |
| | 11 | 中江里 | 1916 | | | |
| | 12 | 蓮花山 | 1916 | | | |
| | 13 | 新舘院 | 1916 | | | |
| | 14 | 三浦里 | 1916 | | | |
| | 15 | 長津 | 1916 | | | |
| | 16 | 徳実里 | 1916 | | | |
| 洪原 | 1 | 雲潭 | 1916 | | | |
| | 2 | 禁牌嶺 | 1916 | | | |
| | 3 | 新豊里 | 1916 | | | |
| | 4 | 洪原 | 1916 | 1926・33 | | |
| | 5 | 広大里 | 1916 | | | |
| | 6 | 赴戦嶺 | 1916 | 1933 | | |
| | 7 | 新興 | 1916 | 1933 | | |
| | 8 | 元平場 | 1916 | 1933 | | |
| | 9 | 袂物里 | 1916 | | | |
| | 10 | 下碣隅里 | 1916 | | | |
| | 11 | 古土水 | 1916 | 1938 | | |
| | 12 | 五老里 | 1916 | 1933 | | |
| | 13 | 旧鎮 | 1916 | | | |
| | 14 | 柳潭 | 1916 | | | |
| | 15 | 東白山 | 1916 | | | |
| | 16 | 剣山嶺 | 1916 | | | |
| 咸興 | 1 | 退潮 | 1917 | 1924・33 | | |
| | 5 | 咸興 | 1918 | 1924・33 | | |
| | 6 | 西湖津 | 1917 | 1924・33 | | |
| | 7 | 三峰里 | 1917 | | | 交通図 |
| | 9 | 地境 | 1918 | 1924・33 | | |
| | 10 | 定平 | 1918 | 1924・33 | | |
| | 11 | 播春場 | 1917 | | | 交通図 |
| | 12 | 鎮興里 | 1917 | | | 交通図 |
| | 13 | 豊松里 | 1917 | | | |
| | 14 | 断俗山 | 1917 | | | |
| | 15 | 永興 | 1917 | | | 交通図 |
| | 16 | 高原 | 1917 | | | |
| 元山 | 2 | 沛川里 | 1917 | 1933・35 | | 仮 |
| | 3 | 通川 | 1917 | 1933 | | |
| | 4 | 化川 | 1916 | | | |
| | 6 | 安辺 | 1917 | | | 交通図 |
| | 7 | 道納里 | 1917 | | | |
| | 8 | 淮陽 | 1917 | | | |
| | 9 | 元山府外北部 | 1917 | | | 交通図・地図名元山北部 |
| | 10 | 元山府外南部 | 1917 | | | 交通図・地図名元山南部 |
| | 11 | 釈王寺 | 1917 | 1928・40 | | |
| | 12 | 三防 | 1917 | 1928 | | |
| | 13 | 頭流山 | 1917 | | | 交通図 |
| | 14 | 馬転里 | 1917 | | | 交通図 |
| | 15 | 法洞 | 1917 | | | |
| | 16 | 佳麗州 | 1918 | | | |
| 鉄原 | 1 | 末輝里 | 1916 | 1933 | | |
| | 2 | 大井里 | 1917 | | | |
| | 3 | 文登 | 1915 | | | |
| | 4 | 楊口 | 1915 | | | |

| 所属 | | 図名 | 測図年 | 修正年 | 鉄道補入 | 備考 |
|---|---|---|---|---|---|---|
| | 5 | 昌道里 | 1917 | 1927・33 | | |
| | 6 | 金城 | 1917 | 1927 | | |
| | 7 | 山陽里 | 1915 | 1927 | | |
| | 8 | 華川 | 1915 | | | |
| | 9 | 洗浦 | 1917 | 1927 | | |
| | 10 | 平康 | 1917 | 1927 | | |
| | 11 | 金化 | 1917 | 1927 | | |
| | 12 | 芝浦里 | 1916 | | | |
| | 13 | 后坪里 | 1917 | | | |
| | 14 | 玉洞里 | 1917 | 1927 | | |
| | 15 | 鉄原 | 1917 | 1927・37 | | |
| | 16 | 漣川 | 1916 | 1927 | | |
| 春川 | 1 | 内坪里 | 1915 | | | |
| | 2 | 洪川 | 1915 | | | |
| | 3 | 陽徳院 | 1915 | | | |
| | 4 | 原州 | 1915 | | | |
| | 5 | 春川 | 1915 | 1925・34 | | |
| | 6 | 加平 | 1915 | 1925・39 | | |
| | 7 | 竜頭 | 1916 | | | |
| | 8 | 梨浦 | 1916 | 1939 | | |
| | 9 | 機山里 | 1916 | | | |
| | 10 | 清平川 | 1916 | 1925・39 | | |
| | 11 | 磨石隅里 | 1916 | 1925 | | |
| | 12 | 楊平 | 1916 | 1939 | | |
| | 13 | 抱川 | 1916 | 1927 | | |
| | 14 | 議政府 | 1916 | 1927 | | |
| | 15 | 纛島 | 1915 | 1925・37 | | |
| | 16 | 広州 | 1916 | 1925・37 | | |
| 忠州 | 1 | 文幕 | 1915 | | | |
| | 2 | 牧溪 | 1915 | | | |
| | 3 | 忠州 | 1915 | 1929・38 | | |
| | 4 | 槐山 | 1915 | 1937 | | |
| | 5 | 驪州 | 1915 | 1932 | | |
| | 6 | 長湖院 | 1915 | 1928 | | |
| | 7 | 陰城 | 1915 | 1929 | | |
| | 8 | 清安 | 1914 | 1929 | | |
| | 9 | 利川 | 1915 | 1932 | | |
| | 10 | 安城 | 1915 | | 1927 | |
| | 11 | 鎮川 | 1914 | 1937 | | |
| | 12 | 梧根場 | 1914 | | 1927 | |
| | 13 | 水原 | 1914 | 1919 | | |
| | 14 | 烏山 | 1914 | 1919・27・37 | | |
| | 15 | 平沢 | 1914 | 1919 | 1927 | |
| | 16 | 天安 | 1914 | 1919・28・40 | 1925 | |
| 公州 | 1 | 俗離山 | 1915 | 1937 | | |
| | 2 | 青山 | 1914 | 1937 | | |
| | 3 | 永同 | 1915 | 1920・28 | | |
| | 4 | 雪川 | 1915 | | | |
| | 5 | 米院 | 1914 | 1927 | | |
| | 6 | 報恩 | 1914 | 1928 | | |
| | 7 | 沃川 | 1915 | | | |
| | 8 | 茂朱 | 1916 | | | |
| | 9 | 清州 | 1914 | 1919・27・36 | | |
| | 10 | 儒城 | 1915 | 1936 | | |
| | 11 | 大田 | 1917 | 1936 | | |
| | 12 | 錦山 | 1916 | 1940 | | |
| | 13 | 広亭里 | 1914 | 1919・28 | | |
| | 14 | 公州 | 1914 | 1919・28・38 | | |
| | 15 | 論山 | 1915 | 1923・34 | | |
| | 16 | 江景 | 1916 | 1922・34 | | |
| 全州 | 1 | 茂豊 | 1917 | | | |
| | 2 | 居昌 | 1917 | 1940 | | |
| | 3 | 安義 | 1917 | 1940 | | |

| 所属 | | 図名 | 測図年 | 修正年 | 鉄道補入 | 備考 |
|---|---|---|---|---|---|---|
| | 4 | 山清 | 1917 | 1940 | | |
| | 5 | 安城場 | 1917 | | | |
| | 6 | 長渓 | 1917 | | | |
| | 7 | 咸陽 | 1917 | | | |
| | 8 | 雲峰 | 1917 | 1940 | | |
| | 9 | 竜潭 | 1916 | | | |
| | 10 | 鎮安 | 1917 | | 1932 | |
| | 11 | 任実 | 1917 | | 1932 | |
| | 12 | 南原 | 1917 | | 1935 | |
| | 13 | 高山 | 1917 | 1921・1934* | | *朝鮮高山（図名変更） |
| | 14 | 全州 | 1917 | 1921 | 1932 | |
| | 15 | 葛潭 | 1917 | 1934 | | |
| | 16 | 淳昌 | 1917 | 1934 | | |
| 順天 | 1 | 丹城 | 1916 | 1934 | | |
| | 2 | 辰橋 | 1917 | 1934 | | |
| | 3 | 南海 | 1917 | 1936 | | |
| | 4 | 尚州里 | 1917 | 1936 | | |
| | 5 | 花開場 | 1917 | 1934 | | |
| | 6 | 河東 | 1917 | 1934 | | |
| | 7 | 光陽 | 1917 | 1930 | | 鎮海湾要塞 28 |
| | 8 | 麗水 | 1917 | 1931 | | 鎮海湾要塞 29 |
| | 9 | 求礼 | 1917 | 1934 | 1937 | |
| | 10 | 槐木里 | 1917 | 1934 | 1937 | |
| | 11 | 順天 | 1917 | 1934 | 1937 | |
| | 12 | 油芚里 | 1917 | 1931 | | |
| | 13 | 昌平 | 1917 | 1934 | | |
| | 14 | 同福 | 1917 | 1934 | | |
| | 15 | 福内場 | 1917 | 1931 | | |
| | 16 | 宝城 | 1917 | 1931 | | |
| 高興 | 1 | 竹圃里 | 1917 | 1936 | | |
| | 2 | 所里島 | 1917 | 1936 | | |
| | 5 | 突山 | 1917 | 1936 | | |
| | 6 | 外羅老島東部 | 1916 | 1936 | | |
| | 8 | 広島及白島 | 1917 | | | 1944（昭和 19）年版に記載なし |
| | 9 | 高興 | 1917 | 1935 | | |
| | 10 | 外羅老島 | 1917 | | | |
| | 11 | 草島 | 1917 | | | |
| | 12 | 巨文島 | 1917 | | | 1944（昭和 19）年版に記載なし |
| | 13 | 鹿頭 | 1917 | 1935 | | |
| | 14 | 居金島 | 1916 | | | |
| | 15 | 摂島 | 1917 | | | |
| 慈城 | 2 | 中江鎮 | 1916 | | | |
| | 3 | 晩興洞 | 1916 | | | |
| | 4 | 小会洞 | 1916 | | | |
| | 6 | 土城洞 | 1916 | | | |
| | 7 | 慈城江口 | 1916 | | | |
| | 8 | 慈城 | 1916 | | | |
| | 12 | 玉洞 | 1916 | | | |
| 江界 | 1 | 和坪 | 1916 | | | |
| | 2 | 院坪洞 | 1916 | | | |
| | 3 | 牙得嶺 | 1916 | | | |
| | 4 | 猛扶山 | 1916 | | | |
| | 5 | 従浦鎮 | 1916 | | | |
| | 6 | 酒幕巨里 | 1916 | | | |
| | 7 | 江界 | 1916 | 1937 | | |
| | 8 | 別河里 | 1916 | 1937 | | |
| | 9 | 煙浦洞 | 1916 | | | |
| | 10 | 満浦鎮 | 1916 | 1937 | | |
| | 11 | 豊竜洞 | 1916 | 1937 | | |
| | 12 | 武坪里 | 1916 | 1937* | | *前川（図名変更） |
| | 14 | 高山鎮 | 1916 | | | |
| | 15 | 渭原 | 1916 | | | |
| | 16 | 漢陽 | 1916 | | | |

| 所属 | | 図名 | 測図年 | 修正年 | 鉄道補入 | 備考 |
|---|---|---|---|---|---|---|
| 熙川 | 1 | 厚地洞 | 1916 | | | |
| | 2 | 南興洞 | 1916 | | | |
| | 3 | 倉里 | 1916 | | | |
| | 4 | 社倉 | 1916 | | | |
| | 5 | 平南鎮 | 1916 | 1937 | | |
| | 6 | 載陽洞 | 1916 | | | |
| | 7 | 柔院鎮 | 1916 | | | |
| | 8 | 旧倉 | 1916 | | | |
| | 9 | 梨満洞 | 1916 | 1937 | | |
| | 10 | 白山 | 1916 | 1937 | | |
| | 11 | 熙川 | 1916 | 1934・37 | | |
| | 12 | 安突 | 1916 | 1934 | | |
| | 13 | 大水洞 | 1916 | | | |
| | 14 | 檜木洞 | 1916 | | | |
| | 15 | 平院洞 | 1916 | | | |
| | 16 | 館上洞 | 1916 | 1934 | | |
| 寧遠 | 1 | 新邑 | 1917 | | | |
| | 2 | 竜泉里 | 1917 | | | |
| | 3 | 大坪里 | 1917 | | | |
| | 4 | 舘坪里 | 1917 | | | |
| | 5 | 都坪里 | 1916 | | | |
| | 6 | 寧遠 | 1916 | | | |
| | 7 | 孟山 | 1916 | | | |
| | 8 | 土城 | 1916 | | | |
| | 9 | 内倉 | 1916 | | | |
| | 10 | 徳川 | 1916 | | | |
| | 11 | 北倉 | 1916 | | | |
| | 12 | 東倉 | 1916 | 1934 | | |
| | 13 | 球場 | 1916 | 1934 | | |
| | 14 | 戞日嶺 | 1916 | 1934 | | |
| | 15 | 沙屯 | 1916 | | | |
| | 16 | 殷山 | 1916 | 1934 | | |
| 谷山 | 1 | 石湯池 | 1917 | | | |
| | 2 | 陽徳 | 1917 | | | 東陽（図名変更） |
| | 3 | 仙巌 | 1917 | | | |
| | 4 | 閑達里 | 1918 | | | |
| | 5 | 破邑 | 1917 | | | 陽徳（図名変更） |
| | 6 | 大同里 | 1917 | | | |
| | 7 | 新坪 | 1917 | | | |
| | 8 | 谷山 | 1918 | 1936 | | |
| | 9 | 別倉里 | 1918 | 1934 | | |
| | 10 | 檜倉 | 1918 | | | |
| | 11 | 栗里 | 1918 | | | |
| | 12 | 遂安 | 1918 | 1936 | | |
| | 13 | 成川 | 1918 | 1936 | | |
| | 14 | 江東 | 1918 | 1936 | | |
| | 15 | 祥原 | 1918 | 1936 | | |
| | 16 | 陵里 | 1918 | 1936 | | |
| 新幕 | 1 | 文岩里 | 1918 | | | |
| | 2 | 伊川 | 1918 | 1938 | | |
| | 3 | 朔寧 | 1918 | 1938 | | |
| | 4 | 麻田 | 1916 | 1938 | | |
| | 5 | 新渓 | 1918 | 1938 | | |
| | 6 | 楸川里 | 1918 | 1938 | | |
| | 7 | 市辺里 | 1918 | 1938 | | |
| | 8 | 両合 | 1916 | 1938 | | |
| | 9 | 大坪 | 1918 | 1938 | | |
| | 10 | 物開里 | 1918 | 1938 | | |
| | 11 | 汗浦 | 1918 | 1938 | | |
| | 12 | 金川 | 1916 | 1938 | | |
| | 13 | 燕灘 | 1918 | 1938 | | |
| | 14 | 新幕 | 1918 | 1938 | | |
| | 15 | 麒麟里 | 1918 | 1938 | | |
| | 16 | 温井里 | 1918 | 1938 | | |

| 所属 | | 図名 | 測図年 | 修正年 | 鉄道補入 | 備考 |
|---|---|---|---|---|---|---|
| 京城 | 1 | 汶山 | 1916 | 1927 | | |
| | 2 | 高陽 | 1916 | 1927 | | |
| | 3 | 京城 | 1918 | 1926・37 | | |
| | 4 | 軍浦場 | 1917 | 1926・37 | | |
| | 5 | 開城 | 1916 | 1938 | | |
| | 6 | 通津 | 1916 | 1927 | | |
| | 7 | 金浦 | 1916 | 1926・37 | | |
| | 8 | 仁川 | 1917 | 1927 | | |
| | 9 | 白川 | 1916 | 1927・34 | | |
| | 10 | 江華 | 1916 | 1934 | | |
| | 11 | 温水里 | 1916 | 1937 | | |
| | 12 | 竜游島 | 1916 | | | |
| | 13 | 延安 | 1916 | 1934 | | |
| | 14 | 舞鶴里 | 1915 | 1934 | | |
| | 15 | 注文島 | 1916 | | | |
| 南陽 | 1 | 南陽 | 1914 | 1919・37 | | |
| | 2 | 発安場 | 1914 | 1937 | | |
| | 3 | 牙山 | 1914 | 1937 | | |
| | 4 | 礼山 | 1914 | 1930・41 | 1925 | |
| | 5 | 大阜島 | 1914 | | | |
| | 6 | 長古項里 | 1914 | | | |
| | 7 | 唐津 | 1915 | 1937 | | |
| | 8 | 海美 | 1915 | 1930 | 1925 | |
| | 9 | 霊興島 | 1916 | | | |
| | 10 | 豊島 | 1916 | | | |
| | 11 | 山前里 | 1915 | | | |
| | 12 | 瑞山 | 1915 | | | |
| | 13 | 徳積島 | 1916 | | | |
| | 14 | 仙甲島 | 1916 | | | |
| | 15 | 防築里 | 1915 | | | |
| | 16 | 安興 | 1915 | | | |
| 洪城 | 1 | 大興 | 1914 | 1930 | | |
| | 2 | 青陽 | 1915 | 1934 | | |
| | 3 | 扶余 | 1915 | 1922・34 | | |
| | 4 | 咸悦 | 1918 | 1923・34 | | |
| | 5 | 洪城 | 1915 | 1930 | 1925 | |
| | 6 | 大川里 | 1915 | 1930 | 1925 | |
| | 7 | 藍浦 | 1915 | 1930 | | |
| | 8 | 舒川 | 1917 | 1923・31 | | |
| | 9 | 安眠島北部 | 1915 | | | |
| | 10 | 安眠島南部 | 1915 | | | |
| | 11 | 狐島 | 1915 | | | |
| | 12 | 煙島 | 1915 | | | |
| | 13 | 居児島 | 1915 | | | |
| | 14 | 内波水島 | 1915 | | | |
| | 15 | 外烟島 | 1915 | | | |
| 群山 | 1 | 裡里 | 1916 | 1921・31・34 | | |
| | 2 | 金堤 | 1917 | 1921・34 | | |
| | 3 | 井邑 | 1917 | 1921・34 | | |
| | 4 | 新興里 | 1917 | 1921・34 | | |
| | 5 | 群山 | 1916 | 1921・31 | | |
| | 6 | 扶安 | 1917 | 1934 | | |
| | 7 | 茁浦 | 1917 | 1934 | | |
| | 8 | 高敞 | 1917 | 1934 | | |
| | 9 | 末島 | 1916 | | | |
| | 10 | 壮子島 | 1917 | | | |
| | 11 | 蝟島 | 1917 | 1934 | | |
| | 12 | 法聖浦 | 1917 | 1934 | | |
| | 13 | 十二東波島 | 1916 | | | |
| | 15 | 旺嶝島 | 1917 | | | |
| | 16 | 鞍馬島 | 1917 | | | |

| 所属 | | 図名 | 測図年 | 修正年 | 鉄道補入 | 備考 |
|---|---|---|---|---|---|---|
| 木浦 | 1 | 潭陽 | 1917 | 1921・31 | | |
| | 2 | 光州 | 1917 | 1921・31 | | |
| | 3 | 綾州 | 1917 | 1931 | | |
| | 4 | 長興 | 1917 | 1935 | | |
| | 5 | 霊光 | 1917 | 1921・31 | | |
| | 6 | 羅州 | 1917 | 1923・31・40 | | |
| | 7 | 栄山浦 | 1917 | 1922・31 | | |
| | 8 | 霊巌 | 1917 | 1935 | | |
| | 9 | 浦川里 | 1917 | 1935 | | |
| | 10 | 望雲 | 1917 | 1935 | | |
| | 11 | 務安 | 1917 | 1923・31 | | |
| | 12 | 木浦 | 1918 | 1922・31 | | |
| | 13 | 松耳島 | 1917 | | | |
| | 14 | 智島 | 1917 | | | |
| | 15 | 慈恩島 | 1916 | | | 交通図・八口浦近傍 1 |
| | 16 | 箕佐島 | 1916 | | | 交通図・八口浦近傍 2 |
| 珍島 | 1 | 康津 | 1917 | 1935 | | |
| | 2 | 馬良里 | 1916 | 1935 | | |
| | 3 | 莞島 | 1917 | | | |
| | 4 | 青山島及太郎島 | 1917 | | | |
| | 5 | 海南 | 1917 | 1935 | | |
| | 6 | 梨津 | 1917 | 1935 | | |
| | 7 | 蘆花島 | 1917 | | | |
| | 8 | 所安島 | 1917 | | | |
| | 9 | 右水営 | 1917 | 1935 | | |
| | 10 | 珍島 | 1916 | 1935 | | |
| | 11 | 魚竜島 | 1917 | | | |
| | 12 | 横干島 | 1917 | | | |
| | 13 | 荷衣島 | 1917 | | | 交通図・八口浦近傍 3 |
| | 14 | 仁智里 | 1917 | | | |
| | 15 | 下鳥島 | 1917 | | | |
| 済州島北部 | 3 | 金寧 | 1917 | | | |
| | 4 | 城山浦 | 1918 | | | |
| | 7 | 済州 | 1917 | 1943 | | |
| | 8 | 漢拏山 | 1918 | | | |
| | 9 | 楸子群島 | 1917 | | | |
| | 12 | 翰林 | 1917 | 1943 | | |
| | 16 | 飛揚島 | 1917 | | | |
| 済州島南部 | 1 | 表善 | 1917 | 1943 | | |
| | 5 | 西帰浦 | 1917 | | | |
| | 9 | 大静及馬羅島 | 1918 | | | |
| | 13 | 摹瑟浦 | 1917 | | | |
| 楚山 | 3 | 新島場 | 1916 | | | |
| | 4 | 楚山 | 1916 | | | |
| | 7 | 李雲宣里 | 1915 | | | |
| | 8 | 阿耳鎮 | 1915 | | | |
| | 12 | 忠興里 | 1915 | | | |
| 昌城 | 1 | 古場 | 1916 | | | |
| | 2 | 両江洞 | 1915 | | | |
| | 3 | 牛峴鎮 | 1915 | | | |
| | 4 | 鷹峯 | 1915 | | | |
| | 5 | 平場里 | 1915 | | | |
| | 6 | 会下洞 | 1915 | | | |
| | 7 | 北鎮 | 1915 | | | |
| | 8 | 青山場市 | 1915 | | | |
| | 9 | 碧潼 | 1915 | | | |
| | 10 | 飛来峯 | 1915 | | | |
| | 11 | 新倉 | 1915 | | | |
| | 12 | 竜成洞 | 1915 | | | |
| | 13 | 昌州 | 1915 | | | |
| | 14 | 朔州 | 1915 | | | |
| | 15 | 大舘 | 1915 | | | |
| | 16 | 塔洞 | 1915 | | | |

| 所属 | | 図名 | 測図年 | 修正年 | 鉄道補入 | 備考 |
|---|---|---|---|---|---|---|
| 安州 | 1 | 雲山 | 1917 | 1936 | | |
| | 2 | 寧辺 | 1917 | 1934 | | |
| | 3 | 平院里 | 1917 | 1934 | | |
| | 4 | 順川 | 1917 | 1928・34 | | |
| | 5 | 古城洞 | 1917 | 1936 | | |
| | 6 | 博川 | 1917 | 1934 | | |
| | 7 | 安州 | 1917 | 1934 | | |
| | 8 | 粛川 | 1916 | 1934 | | |
| | 9 | 亀城 | 1917 | 1936・39 | | |
| | 10 | 納清亭 | 1917 | | | |
| | 11 | 雲田洞 | 1917 | 1936 | | |
| | 12 | 立石里 | 1916 | 1936 | | |
| | 13 | 南市 | 1917 | 1936 | | |
| | 14 | 定州 | 1917 | 1936 | | |
| | 15 | 天台洞 | 1917 | 1936 | | |
| | 16 | 雲霧島 | 1917 | | | |
| 平壌 | 1 | 舎人場 | 1918 | 1928 | | |
| | 2 | 平壌東部 | 1917 | 1928 | | |
| | 3 | 中和 | 1916 | 1932 | | |
| | 4 | 黒橋 | 1918 | 1932 | | |
| | 5 | 順安 | 1916 | 1936 | | |
| | 6 | 平壌西部 | 1917 | 1928・38 | | |
| | 7 | 岐陽 | 1917 | 1932 | | |
| | 8 | 兼二浦 | 1918 | 1932 | | |
| | 9 | 漢川 | 1916 | 1936 | | |
| | 10 | 甑山 | 1916 | 1936 | | |
| | 11 | 江西 | 1916 | 1929 | | |
| | 12 | 鎮南浦 | 1918 | 1929 | | |
| | 14 | 二鴨島 | 1916 | | | |
| | 15 | 温井里 | 1916 | 1929 | | |
| | 16 | 広梁湾西部 | 1916 | 1929 | | |
| 海州 | 1 | 黄州 | 1918 | 1932 | 1924 | |
| | 2 | 銀波里 | 1917 | 1930 | 1924 | |
| | 3 | 青石頭里 | 1918 | 1930 | | |
| | 4 | 新酒幕 | 1918 | 1930 | | |
| | 5 | 沙里院 | 1918 | 1932 | 1924 | |
| | 6 | 載寧 | 1918 | 1930 | 1924 | |
| | 7 | 新院 | 1918 | 1930 | 1924 | |
| | 8 | 海州 | 1917 | 1930・38 | | |
| | 9 | 安岳 | 1918 | 1937 | | |
| | 10 | 信川 | 1918 | 1930 | 1924 | |
| | 11 | 公税里 | 1918 | 1937 | 1930 | |
| | 12 | 苔灘 | 1918 | 1937 | | |
| | 13 | 殷栗 | 1918 | 1937 | | |
| | 14 | 松禾 | 1917 | 1937 | | |
| | 15 | 長淵 | 1918 | 1930・37 | | |
| | 16 | 南湖里 | 1918 | 1937 | | |
| 甕津 | 1 | 青丹 | 1918 | 1934 | | 交通図 |
| | 2 | 竜媒島 | 1918 | | | 交通図 |
| | 5 | 康翎 | 1918 | | 1930 | 交通図 |
| | 6 | 釜浦 | 1918 | | | 交通図 |
| | 7 | 大延坪島 | 1917 | | | |
| | 9 | 馬山 | 1918 | | | 交通図 |
| | 10 | 竜湖島 | 1917 | | | 交通図 |
| | 13 | 甕津港 | 1917 | | | 交通図 |
| | 14 | 昌麟島 | 1917 | | | 交通図 |
| 白牙島 | 1 | 屈業島 | 1916 | | | |
| | 2 | 白牙島 | 1916 | | | |
| 於青島 | 3 | 黄島 | 1915 | | | |
| | 4 | 於青島 | 1915 | | | |

| 所属 | | 図名 | 測図年 | 修正年 | 鉄道補入 | 備考 |
|---|---|---|---|---|---|---|
| 梅加島 | 1 | 大飛雉島 | 1917 | | | |
| | 2 | 扶南群島 | 1917 | | | |
| | 3 | 慈恩島西部 | 1917 | | | 交通図・八口浦近傍4 |
| | 4 | 飛禽島 | 1917 | | | 交通図・八口浦近傍5 |
| | 12 | 大黒山島 | 1917 | | | |
| | 16 | 梅加息 | 1917 | | | |
| 黒山島 | 1 | 牛耳島 | 1917 | | | 交通図・八口浦近傍6 |
| | 2 | 内竝島 | 1917 | | | |
| | 3 | 巨次群島 | 1917 | | | |
| | 4 | 屏風島 | 1917 | | | |
| | 9 | 大黒山島南部 | 1917 | | | |
| | 10 | 下苔島 | 1917 | | | |
| | 11 | 小中関群島 | 1917 | | | |
| | 16 | 小黒山島 | 1917 | | | |
| 義州 | 2 | 清城鎮 | 1915 | | | |
| | 3 | 天摩洞 | 1915 | | | |
| | 4 | 永山市 | 1915 | 1936 | | |
| | 6 | 方山洞 | 1917 | 1938 | | |
| | 7 | 義州 | 1917 | 1920・38 | | |
| | 8 | 枇峴 | 1917 | 1938 | | |
| | 11 | 西湖洞 | 1918 | 1921 | | |
| | 12 | 新義州及安東 | 1918 | 1921 | | |
| 宣川 | 1 | 新市洞 | 1917 | 1936 | | |
| | 2 | 宣川 | 1917 | 1936 | | |
| | 3 | 身弥島 | 1917 | | | |
| | 4 | 牛里島 | 1917 | | | |
| | 5 | 車輦舘 | 1917 | 1936 | | |
| | 6 | 鉄山 | 1917 | 1936 | | |
| | 7 | 仙岩洞 | 1917 | | | |
| | 8 | 大和島 | 1917 | | | |
| | 9 | 竜岩浦 | 1917 | 1921・38 | | |
| | 10 | 水運島 | 1917 | 1938 | | |
| | 13 | 迎門崗 | 1917 | | | 図名 信個坪もあり |
| | 14 | 薪島 | 1917 | | | |
| 長山串 | 1 | 椒島 | 1917 | | | |
| | 2 | 津江浦 | 1918 | 1937 | | |
| | 3 | 夢金浦 | 1918 | 1937 | | |
| | 4 | 徳洞 | 1918 | 1937 | | |
| | 8 | 長山串 | 1918 | 1937 | | |
| 白翎島 | 1 | 麻哈島 | 1917 | | | 交通図 |
| | 2 | 小青島 | 1917 | | | 交通図 |
| | 5 | 白翎島 | 1917 | | | 交通図 |
| | 6 | 大青島 | 1917 | | | 交通図 |
| 慶興 | 12 | 大草島 | | | | 梨津に併合 |
| 咸興 | 8 | 芳久美里 | 1927 | | | 秘扱（1944［昭和19］年版のみ） |
| 元山 | 5 | 虎島半島 | 1927 | | | 秘扱（1944［昭和19］年版のみ） |
| 特殊図 | | 金剛山 | 1917 | | | 5色刷 |
| 特殊図 | | 竜山付近演習用地図 | 1918 | 1940 | | 1色刷 |

注：「仮」は仮製版。交通図は1926（大正15）年発行，仮製図は1933（昭和8）年発行。

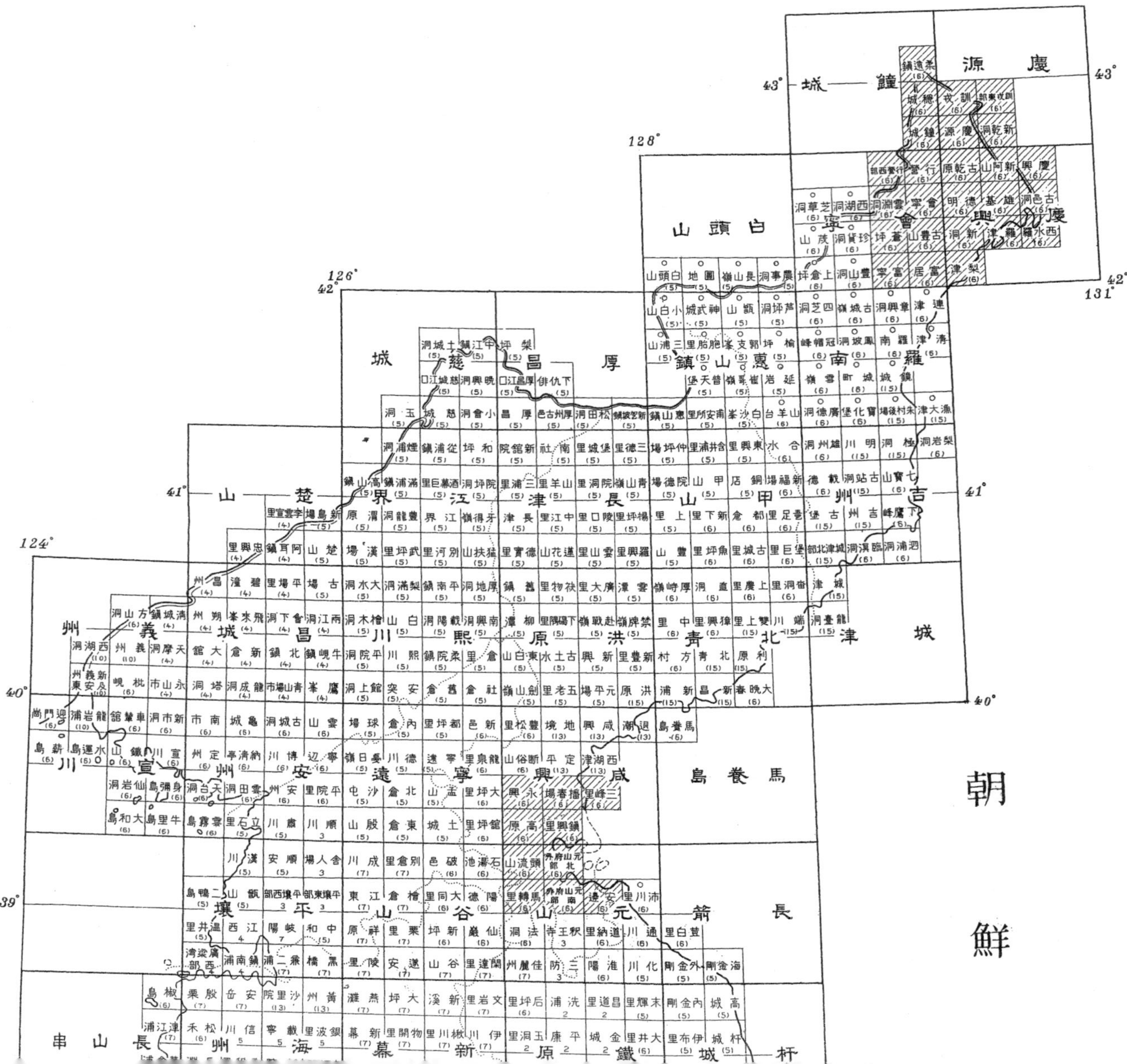

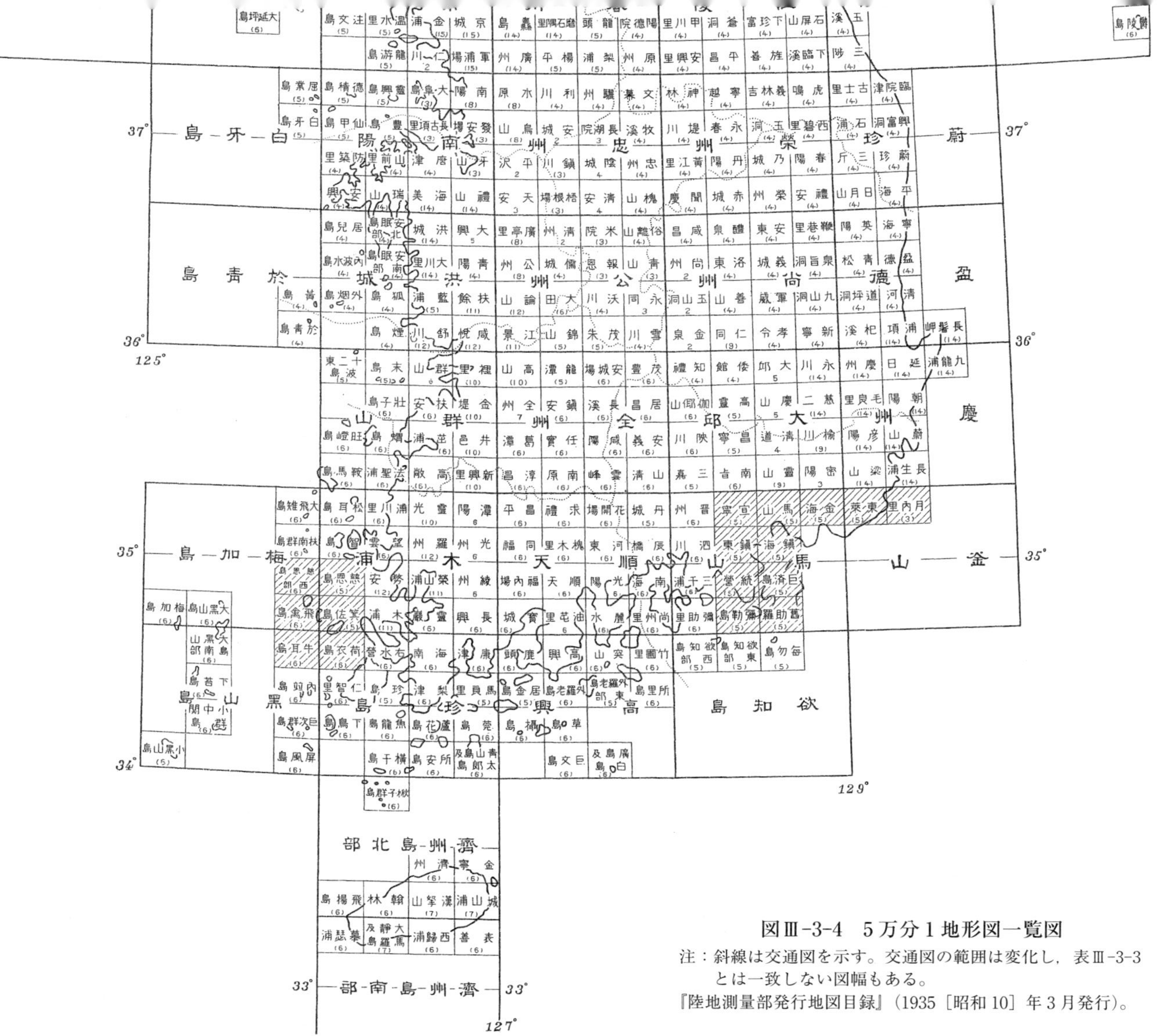

図Ⅲ-3-4　5万分1地形図一覧図

注：斜線は交通図を示す。交通図の範囲は変化し，表Ⅲ-3-3とは一致しない図幅もある。

『陸地測量部発行地図目録』(1935［昭和10］年3月発行)。

## 4．2万5千分1地形図

朝鮮における2万5千分1地形図（図Ⅲ-3-5）は，5万分1地形図（基本図）作製時に同時に行われ，1914（大正3）年から1918（大正7）年の間に計143面が測図された（測量・地図百年史編集委員会 1970：461；ただし，ここで示されている大邱地方6面はミスプリントと考えられ，正しくは9面であろう）。発売された図名と測図・修正年は表Ⅲ-3-4の通りである。本表のほかに秘扱の地域は，会寧地方9面，永興湾要塞近傍16面，鎮海湾要塞近傍21面の計46面と，京城及仁川地方の「仁川東部」・「玉貴島」・「仁川西部」の3図は仁川地方3面として秘扱図に組み入れられている。清津及羅南地方10面は1色刷仮製版だが，ほかはすべて2・3色刷（5万分1地形図と同じ）で刊行されていた。

2万5千分1地形図作製地区は，朝鮮でも政治・経済上重要な地域であり，ほとんどの地区で2ないし3回の修正測図が行われている（修正測図の大部分は2色刷）。接続一覧表を添付しなかったので，表中に，5万分1地形図の号数上での位置を示した[5)]。

基本図としての2万5千分1地形図は，以上の地域以外は作製されなかったようだが，特殊図が5面作製された。そのうち3面は5色刷の史蹟探勝用に5万分1地形図を伸図修正したもので，地貌が茶，植生が緑，集落・交通路が赤，水部が青，注記・鉄道等が黒で印刷されている。5万分1・2万5千分1地形図の地名に仮名ルビがついているが，仮名の代わりにローマ字で地名・遺蹟名に読みが付され，さらに簡単な地域説明が和文と英文で入っている。「開城」は柾判の天地を若干長くした特別判で，高麗朝～李朝初期の遺蹟が記入されている。「扶余」は柾判で百済末期の首都時代の遺蹟が記入されている。「慶州」も柾判で新羅時代のそれが入っている。ほかの2面は演習場図で，「竜山付近東部演習用地図」・「同西部演習用地図」である。菊判1色刷方眼入りで1915（大正4）年測図1926（大正15）年修正図を集成したもの（1930［昭和5］年製版・発行）で，5万分1の同演習用地図に対応する。

表Ⅲ-3-4　2万5千分1地形図の図名と測年

| 所　属 | | 図　名 | 年紀 | | | 備考 | 位置 |
|---|---|---|---|---|---|---|---|
| | | | 測図 | 修正 | | | |
| 清津及羅南近傍（10面） | 1 | 清津 | 1917 | | 1935 | 仮 | 2-3 |
| | 2 | 塩盆 | 1917 | | 1935 | 仮 | 2-4 |
| | 3 | 輸城 | 1917 | | 1935 | 仮 | 6-1 |
| | 4 | 羅南 | 1918 | | 1935 | 仮 | 6-2 |
| | 5 | 鏡城 | 1918 | | 1935 | 仮 | 7-1 |
| | 6 | 竜峴洞 | 1917 | | 1935 | 仮 | 7-2 |
| | 7 | 漁游洞 | 1917 | | 1935 | 仮 | 6-3 |
| | 8 | 梧上洞 | 1917 | | 1935 | 仮 | 6-4 |
| | 9 | 生気嶺 | 1917 | | 1935 | 仮 | 7-3 |
| | 10 | 朱乙温場 | 1917 | | 1935 | 仮 | 7-4 |
| 咸興地方（9面） | 1 | 億洞里 | 1917 | 1924 | 1933 | | 5-1 |
| | 2 | 純陵 | 1917 | 1924 | 1933 | | 5-2 |
| | 3 | 西湖津 | 1917 | 1924 | 1933 | | 6-1 |

| 所　属 | | 図　名 | 年紀 | | | | 備考 | 位置 |
|---|---|---|---|---|---|---|---|---|
| | | | 測図 | | 修正 | | | |
| | 4 | 定和陵 | 1917 | 1924 | | 1933 | | 5-3 |
| | 5 | 咸興 | 1917 | 1924 | | 1933 | | 5-4 |
| | 6 | 連浦 | 1917 | 1924 | | 1933 | | 6-3 |
| | 7 | 上間里 | 1917 | 1924 | | 1933 | | 9-1 |
| | 8 | 地境 | 1917 | 1924 | | 1933 | | 9-2 |
| | 9 | 広浦 | 1917 | 1924 | | 1933 | | 10-1 |
| 義州地方（9面） | 1 | 金剛山 | 1917 | | | 1938 | | 7-4 |
| | 2 | 館洞 | 1917 | | | 1938 | | 8-3 |
| | 3 | 枇峴 | 1917 | | | | | 8-4 |
| | 4 | 義州 | 1917 | 1921 | | 1938 | | 11-2 |
| | 5 | 白馬山 | 1917 | 1921 | | | | 12-1 |
| | 6 | 石下 | 1917 | 1921 | | | | 12-2 |
| | 7 | 新義州及安東 | 1917 | 1921 | | | | 12-3 |
| | 8 | 城外洞 | 1917 | 1921 | | | | 12-4 |
| | 9 | 竜岩浦 | 1917 | 1921 | | | | 9-3 |
| 平壌地方（9面） | 1 | 馬山里 | 1915 | 1919 | | 1937 | | 2-3 |
| | 2 | 平壌東部 | 1916 | 1919 | | 1937 | | 2-4 |
| | 3 | 柳新里 | 1916 | 1919 | | 1937 | | 3-3 |
| | 4 | 西浦 | 1915 | 1919 | | 1937 | | 6-1 |
| | 5 | 平壌西部 | 1915 | 1919 | | 1937 | | 6-2 |
| | 6 | 土城 | 1915 | 1919 | | 1937 | | 7-1 |
| | 7 | 長峴場 | 1915 | 1919 | | 1937 | | 6-3 |
| | 8 | 院場 | 1915 | 1919 | | 1937 | | 6-4 |
| | 9 | 大平 | 1915 | 1919 | | 1937 | | 7-3 |
| 鎮南浦地方（4面） | 1 | 佳洞 | 1916 | 1919 | | 1938 | | 12-1 |
| | 2 | 鎮南浦 | 1916 | 1919 | | 1929 | | 12-2 |
| | 3 | 広梁湾 | 1916 | 1919 | | 1938 | | 12-3 |
| | 4 | 徳洞里 | 1916 | 1919 | | 1938 | | 12-4 |
| 大邱地方（9面） | 1 | 百安洞 | 1915 | 1918 | | 1930 | | 5-1 |
| | 2 | 東村 | 1914 | 1918 | | 1930 | | 5-2 |
| | 3 | 慶山 | 1914 | 1918 | | 1930 | | 6-1 |
| | 4 | 漆谷 | 1915 | 1918 | | 1930 | | 5-3 |
| | 5 | 大邱 | 1914 | 1918 | | 1930 | | 5-4 |
| | 6 | 竜溪洞 | 1914 | 1918 | | 1930 | | 6-3 |
| | 7 | 倭館 | 1915 | 1918 | | 1930 | | 9-1 |
| | 8 | 県内洞 | 1914 | 1918 | | 1930 | | 9-2 |
| | 9 | 川内洞 | 1914 | 1918 | | 1930 | | 10-1 |
| 京城及仁川地方（13面） | 1 | 牛耳洞 | 1915 | 1918 | | 1937 | | 15-3 |
| | 2 | 纛島 | 1915 | 1918 | | 1937 | | 15-4 |
| | 3 | 新院里 | 1915 | 1918 | 1926 | 1937 | | 16-3 |
| | 4 | 板橋 | 1914 | 1918 | | 1937 | | 16-4 |
| | 5 | 北漢山 | 1915 | 1918 | | 1937 | | 3-1 |
| | 6 | 京城 | 1914 | 1918 | 1926 | 1937 | | 3-2 |
| | 7 | 冠岳山 | 1914 | 1918 | | 1937 | | 4-1 |
| | 8 | 軍浦場 | 1914 | 1918 | | 1937 | | 4-2 |
| | 9 | 杏州 | 1915 | 1918 | 1926 | 1937 | | 3-3 |
| | 10 | 陽川 | 1915 | 1918 | 1926 | 1937 | | 3-4 |
| | 11 | 素砂 | 1914 | 1918 | 1926 | 1937 | | 4-3 |
| | 12 | 君子山 | 1914 | 1918 | 1927 | 1937 | | 4-4 |
| | 13 | 金浦 | 1915 | 1918 | 1927 | 1937 | | 7-1 |
| | 14 | 富平 | 1915 | 1918 | | 1937 | | 7-2 |
| | 15 | 仁川東部 | 1916 | 1918 | 1927 | 1937 | 秘扱 | 8-1 |
| | 16 | 玉貴島 | 1916 | 1918 | 1927 | 1937 | 秘扱 | 8-2 |
| | 17 | 永宗島 | 1916 | 1918 | | 1937 | | 7-4 |
| | 18 | 仁川西部 | 1917 | 1918 | 1927 | 1937 | 秘扱 | 8-3 |
| 大田地方（12面） | 1 | 懐仁 | 1914 | 1918 | | | | 6-3 |
| | 2 | 増若 | 1914 | 1918 | | | | 6-4 |
| | 3 | 沿川 | 1914 | 1918 | 1928 | | | 7-3 |
| | 4 | 西大山 | 1915 | 1918 | 1928 | | | 7-4 |

| 所属 | | 図名 | 年紀 | | | | 備考 | 位置 |
|---|---|---|---|---|---|---|---|---|
| | | | 測図 | | 修正 | | | |
| | 5 | 新灘津 | 1914 | 1918 | | 1936 | | 10-1 |
| | 6 | 懐徳 | 1915 | 1918 | 1928 | 1936 | | 10-2 |
| | 7 | 大田 | 1914 | 1918 | 1928 | 1936 | | 11-1 |
| | 8 | 上所里 | 1915 | 1918 | | 1936 | | 11-2 |
| | 9 | 大平里 | 1914 | 1918 | | 1936 | | 10-3 |
| | 10 | 儒城 | 1914 | 1918 | | 1936 | | 10-4 |
| | 11 | 鎮岺 | 1916 | 1918 | | 1936 | | 11-3 |
| | 12 | 新暘里 | 1915 | 1918 | | 1936 | | 11-4 |
| 群山地方（11 面） | 1 | 竜安 | 1916 | 1923 | | 1934 | | 4-1 |
| | 2 | 咸悦 | 1916 | 1922 | | 1934 | | 4-2 |
| | 3 | 裡里 | 1916 | 1921 | | 1934 | | 1-1 |
| | 4 | 木川浦 | 1916 | 1921 | | 1934 | | 1-2 |
| | 5 | 新場里 | 1916 | 1922 | | 1934 | | 4-3 |
| | 6 | 羅浦 | 1916 | 1923 | | 1934 | | 4-4 |
| | 7 | 臨陂 | 1916 | 1921 | | 1934 | | 1-3 |
| | 8 | 万頃 | 1916 | 1921 | | 1934 | | 1-4 |
| | 9 | 舒川 | 1916 | 1923 | | 1931 | | 8-2 |
| | 10 | 群山 | 1916 | 1921 | | 1931 | | 9-1 |
| | 11 | 五谷里 | 1916 | 1921 | | 1931 | | 9-2 |
| 木浦地方（6 面） | 1 | 三郷 | 1916 | 1922 | | 1931 | | 11-2 |
| | 2 | 木浦 | 1917 | 1923 | | 1931 | | 12-1 |
| | 3 | 三浦里 | 1917 | 1922 | | 1931 | | 12-2 |
| | 4 | 押海島 | 1916 | 1922 | | 1931 | | 11-4 |
| | 5 | 論達山 | 1916 | 1923 | | 1931 | | 12-3 |
| | 6 | 馬山里 | 1917 | 1922 | | 1931 | | 12-4 |
| 特殊図 | | 開城 | 1916 | | | | 5万分1を伸図編集 5色刷 | |
| | | 扶余 | 1915 | | | | 5万分1を伸図編集 5色刷 | |
| | | 慶州 | 1915 | 1925 | | | 5万分1を伸図編集 5色刷 | |

注：「仮」は仮製版 1 色刷。

## 5．1 万分 1 地形図

朝鮮の 1 万分 1 地形図は主要都市の大部分にわたり，当初 45 都市，第二次世界大戦末期には 63 都市に及んでいた（朝鮮総督府作製 1986）。これは本州等と比較しても驚くべきことで，当時本州等では 6 大都市と一部の演習地のみであったが，朝鮮では地方政治の中心地はもちろんのこと，歴史的都市・軍事的都市の人口 1 万人以下の都市にまで及んでいる（図Ⅲ-3-5）。これは日韓併合後政治的な思惑もあろうが，民間の都市地図作製の未発達にもよるところが大きい。

1 万分 1 地形図作製の時期は 2 時期に分かれる。その 1 は 5 万分 1 地形図測量時に同時に行われたもので，1915（大正 4）年から 1917（大正 6）年に 43 地区，1919・1920（大正 8・9）年に各 1 地区が作製され，当初の 45 都市になる。その 2 は，1929（昭和 4）年から 1938（昭和 13）年にかけ 19 地区が作製されており，地方都市に及んでいる（表Ⅲ-3-5・表Ⅲ-3-6）。

当初は，道路・集落：赤，水部・水田：青，地貌：茶，植生（森林等）：緑，注記・鉄道・地類記号：墨の 5 色刷で，「京城」の菊判 2 枚，「平壌」の四六変型判，「鎮南浦」・「釜山」・「馬山」の菊判以外はすべて柾判であった。市街地の拡大，周辺部の都市化とのかかわりから，次第に図積を柾判から菊判，あるいは四六判，2 面から 4 面へと大きくし，周辺部を包含するようになってきている。色彩は，第2回修正（主として1919［大正8］年～1922［大正11］年）以降，植生（森林等）の緑の特殊網版を廃し等高線を緑にした4色刷となり，大部分はこのまま第二次世界大戦終了まで継続している。4色刷図の中には赤版の集落に文字がそのまま重なって印刷されているものと，文字の下に赤版がなく白くなっているものがある。前者は白描家屋に版上で万線を伏せ込んだものであり，後者は銅原版上ですでに家屋の暈滃（万線）が描かれ，原版は1色で出来上がり，印刷の過程で色版毎に分版したものであろう。本州等の1万分1地形図はほとんどこれであった。なお「京城」4面は4色刷のほかに1色刷も販売されていた。

5万分1地形図の秘図区域でも，1万分1地形図は発行された。もちろん主要軍事施設は抹消ないし改描されているが，これに代わる都市図の少ないことと，民間図の要塞司令部の認許の問題もあったのであろうか，都市は正確に表現されている。ただし等高線は外され平調の緑のぼかし（5色刷では茶のぼかし，一部では山地の形に近いぼかしをしているものもあるが，平調とみた方が良いようである）とし，前述のように標高数字をすべて省き，図郭の経緯度数値もすべて省いてある。これらの図では，銅原版上にも等高線はない。軍内部用に等高線版を別版で作製していたかどうかは不明である。

昭和に入ってからの測図分はすべて1ないし2色刷で刊行された。これは5万分1地形図と同じく水部に青色を加刷したもので，測図原図をそのまま製版（仮製版）して刊行した1色刷も10余面にのぼる。

表Ⅲ-3-5には，1万分1地形図の諸元を記載したが，整理番号は，一応1932（昭和7）年の陸地測量部発行地図目録ならびに1944（昭和19）年「内邦地域地図整備目録」（長岡 1993b 参照）によった。「仁川」は昭和に入り秘扱に組み入れられて一般の目録上からは抹消されてしまうが，昭和初期の修正図は発売されていた。

表Ⅲ-3-5　1万分1朝鮮地形図測年表

| 整理番号 | | 図名 | 測年 | | | | | | | | 備考 |
|---|---|---|---|---|---|---|---|---|---|---|---|
| 1932 | 1944 | | | | | | | | | | |
| 1 | 1 | 会寧 | 1917測 | 柾5S | 1920修 | 柾4S | | | 1935修 | 柾1N | |
| 2 | 2 | 清津 | 1917測 | 柾5S | 1920修 | 柾4S | 1926修 | 柾4S | 1935修 | 菊2N | |
| 3 | 3 | 羅南 | 1917測 | 柾5S | 1920修 | 柾4S | 1926修 | 柾4S | 1935修 | 菊2N | |
| 4 | 4 | 鏡城 | 1917測 | 柾5S | 1920修 | 柾4S | 1926修 | 柾4S | 1935修 | 柾2N | |
| 5 | 5 | 城津 | 1917測 | 柾5C | 1920修 | 柾4C | 1926修 | 柾4C | 1935修 | 柾2C | |
| | 6 | 北青 | | | | | | | 1933測 | 柾1C | |
| 6 | 7 | 咸興 | 1917測 | 柾5C | 1920修 | 柾4C | 1924修 | 柾4C | 1933修 | 菊4C | |
| | 8 | 興南 | | | | | | | 1935測 | 菊1C | |
| 7 | 9 | 元山 | 1917測 | 柾5S | 1920修 | 柾4S | 1928修補 | 柾4S | | | |
| 8 | 10 | 義州 | 1917測 | 柾5C | 1921修 | 柾4C | | | 1934修 | 柾4C | |
| 9 | | 新義州 | 1915測 | 柾5C | 1921修 | 柾4C | | | | | |
| | 11 | 新義州及安東 | | | | | 1930修 | 四六 4C | | | |
| | 12 | 定州 | | | | | | | 1936測 | 柾・仮2C | |
| | 13 | 宣川 | | | | | | | 1936測 | 柾2C | |
| | 14 | 新安州 | | | | | | | 1934測 | 柾2C | |

| 整理番号 1932 | 整理番号 1944 | 図名 | 測年 | | | | | | | | 備考 |
|---|---|---|---|---|---|---|---|---|---|---|---|
| | 15 | 安州 | | | | | | | 1934測 | 柾2C | |
| 10 | 16 | 平壌 | 1915測 | 四六変 5C | 1922修 | 四六 4C×2 | | | 1932修 | 四六 4C×2 | 東・西 |
| 11 | 17 | 鎮南浦 | 1915測 | 菊5C | 1919修 | 菊4C | 1929修 | 菊4C | | | |
| | 18 | 兼二浦 | | | | | | | 1932測 | 柾・仮1C | |
| | 19 | 黄州 | | | | | | | 1932測 | 柾・仮1C | |
| | 20 | 沙里院 | | | | | 1929測 | 柾1C | | | |
| 12 | 21 | 海州 | 1916測 | 柾5C | 1919修 | 柾4C | 1929修 | 柾4C | 1938修 | 菊4C | 1929二修及補測 |
| 13 | 22 | 鉄原 | 1917測 | 柾5C | 1920修 | 柾4C | 1927修 | 柾4C | 1937修 | 柾4C | |
| | 23 | 江陵 | | | | | | | 1933測 | 柾・仮1C | |
| 14 | 24 | 春川 | 1917測 | 柾5C | | | 1925修 | 柾4C | 1934修 | 柾4C | |
| 15 | 25 | 開城 | 1916測 | 柾5C | 1919修 | 柾4C | 1929修 | 柾4C | 1938修 | 柾4C | |
| 16 | 26 | 京城 | 1915測 | 菊・南北 5C×2 | 1921修 | 菊4C ×4 | | | 1937修 | 菊4C ×4 | ×4は東北部 東南部 ×4は西北部 西南部 |
| | | | 1915測 | 1C×2 | 1921修 | 1C×4 | | | 1937修 | 1C×4 | 同上 |
| 17 | 27 | 永登浦 | 1917測 | 柾5C | | | 1929修 | 菊4C | 1936修 | 菊4C | 後, 柾 南北 2面 |
| 18 | 秘 | 仁川 | 1916測 | 柾5C | 1919修 | 柾4C | 1929修 | 菊4C | | | |
| | 28 | 三陟 | | | | | | | 1938測 | 柾2C | |
| 19 | 29 | 水原 | 1917測 | 柾5C | 1919修 | 柾4C | | | 1932修 | 柾4C | |
| | 30 | 天安 | | | | | | | 1930測 | 柾・仮1C | |
| 20 | 31 | 忠州 | 1916測 | 柾5C | 1919修 | 柾4C | | | 1938修 | 柾4C | |
| 33 | 32 | 浦項 | 1917測 | 柾5C | | | 1925修 | 柾4C | 1936修 | 柾2C | |
| 30 | 33 | 安東 | 1917測 | 柾5C | 1920修 | 柾4C | | | 1934修 | 柾4C | |
| 29 | 34 | 尚州 | 1917測 | 柾5C | 1919修 | 柾4C | 1927修 | 柾4C | 1937修 | 柾4C | |
| 31 | 35 | 金泉 | 1917測 | 柾5C | 1920修 | 柾4C | 1927修 | 柾4C | 1937修 | 柾2C | |
| 22 | 36 | 清州 | 1917測 | 柾5C | 1919修 | 柾4C | 1929修 | 菊4C | 1936修 | 柾4C | |
| 21 | 37 | 鳥致院 | 1916測 | 柾5C | 1919修 | 柾4C | 1927修 | 柾4C | 1938修 | 柾2C | |
| 24 | 38 | 大田 | 1917測 | 柾5C | 1919修 | 柾4C | 1928修 | 柾4C | 1936修 | 柾4C | |
| 23 | 39 | 公州 | | | 1919測 | 柾4C | 1928修 | 柾4C | 1938修 | 柾4C | |
| 25 | 40 | 江景 | 1916測 | 柾5C | 1919修 | 柾4C | | | 1932修 | 柾4C | |
| 27 | 41 | 群山 | 1916測 | 柾5C | 1919修 | 柾4C | | | 1931修 | 菊4C | |
| 26 | 42 | 裡里 | 1916測 | 柾5C | 1919修 | 柾4C | | | 1931修 | 柾4C | |
| 28 | 43 | 全州 | 1916測 | 柾5C | 1921修 | 柾4C | | | 1932修 | 菊4C | |
| | 44 | 井州 | | | | | | | 1932測 | 柾・仮1C | |
| 32 | 45 | 大邱 | 1917測 | 柾5C | 1925修 | 柾4C | 1930修 | 菊4C | 1937修 | 菊2C | |
| 36 | 46 | 密陽 | | | 1920測 | 柾4C | | | 1937朱 | 柾4C | |
| 34 | 47 | 慶州 | 1916測 | 柾5C | 1919修 | 柾4C | 1925修 | 柾4C | 1936修 | 柾2C | |
| 35 | 48 | 蔚山 | 1917測 | 柾5S | 1920修 | 柾4S | | | 1938修 | 柾4S | |
| 37 | 49 | 釜山 | 1916測 | 菊5S×2 | 1919修 | 菊4S ×2 | 1928修 | 菊4S ×2 | 1936修 | 菊4S ×2 | 南・北 |
| 38 | 50 | 鎮海 | 1916測 | 柾5S | | | | | 1928修 | 柾4S | |
| 39 | 51 | 馬山 | 1916測 | 菊5S | 1919修 | 菊4S | | | 1930修 | 菊4S | |
| 40 | 52 | 統営 | 1916測 | 柾5S | 1919修 | 柾4S | | | 1933修 | 柾4S | |
| 41 | 53 | 晋州 | 1917測 | 柾5C | 1919修 | 柾4C | | | 1933修 | 柾4C | |
| | 54 | 南原 | | | | | | | 1938測 | 柾・仮2C | |
| | 55 | 順天 | | | | | | | 1935測 | 柾・仮1C | |
| | 56 | 松江里 | | | | | | | 1933測 | 柾・仮1C | |
| 42 | 57 | 光州 | 1917測 | 柾5C | 1921修 | 柾4C | | | 1933修 | 菊4C | |
| 43 | 58 | 羅州 | 1917測 | 柾5C | 1923修 | 柾4C | | | 1931修 | 柾4C | |
| 44 | 59 | 栄山浦 | 1917測 | 柾5C | 1922修 | 柾4C | | | 1931修 | 柾4C | |
| 45 | 60 | 木浦 | 1917測 | 柾5C | 1919修 | 柾4C | | | 1932修 | 菊4C | |
| | 61 | 恵山鎮 | | | | | | | 1937測 | 柾・仮2C | |
| | 62 | 江界 | | | | | | | 1937測 | 柾・仮2C | |
| | 63 | 金堤 | | | | | | | 1937測 | 柾・仮2C | |

注：「柾」は柾判，「菊」は菊判，「四六」は四六判，「変」は変型判，「C」は等高線，「S」はぼかし，「N」は地貌表現なし，「仮」は仮製版，「測」は測図，「修」は修正測図，「×2」「×4」は2面1組，「4面1組」を示す。C，S，Nの前の数字は色数を示す。

表Ⅲ-3-6　朝鮮１万分１地形図年度別地区数

| 初測年 | 地区数 | 初測年 | 地区数 |
|---|---|---|---|
| 1915 | 4 | 1932 | 3 |
| 1916 | 14 | 1933 | 3 |
| 1917 | 25 | 1934 | 2 |
| 1919 | 1 | 1935 | 2 |
| 1920 | 1 | 1936 | 2 |
| 1929 | 1 | 1937 | 3 |
| 1930 | 1 | 1938 | 2 |

## 6．小縮尺編纂図

朝鮮半島の小縮尺の縮纂図は，５万分１地形図をもとに縮纂した編纂図と，実測図によらない編纂図がある。以下概略について記す。

### (1)　朝鮮 20 万分１図

朝鮮半島の 20 万分１図は，本州等と異なり，直接陸地測量部がかかわっていない。朝鮮総督府が小林又七に命じ，従来の 20 万分１帝国図に準じた形で５万分１地形図から編纂させた。1918（大正 7）年臨時土地調査局が編纂・製版，1921（大正 10）年発行であった。一部の地図に 1928（昭和 3）年，1937・1938（昭和 12・13）年に修補が施されている。投影法は従来同様扇型多面体図法である。等高線間隔は 100m，淡赤褐色，水部は淡青色，道路・駅・副記号が赤，集落・鉄道・注記を墨にした４色刷で，薄手の紙に印刷され，全体に淡色の感じの地図である。作業用の白地図の役目も果していた感がある。一図内に秘図地域が含まれる図幅では，図幅全面の等高線を削除し，山岳地帯に平調に近い緑色のぼかしを施している。またぼかしも等高線も印刷されていない３色刷で販売されたものもある。編纂および修正年次を表Ⅲ-3-7，一覧図を図Ⅲ-3-5a に示している。

第二次世界大戦勃発後は参謀本部の管理するところとなり，販売は停止され，全部を等高線図とし，従来赤で示されていた副記号・道路等を緑にして印刷し，ほとんど部外秘扱（一部軍事極秘から部外秘に変更）で利用されていた。この図は同型式で道別の地図も作られ，道別図は同型式で 50 万分１の縮尺でも作製された。なおこの 20 万分１図は，朝鮮総督府の発行物ということで，陸地測量部の地図一覧図・地図一覧表には記載されていない。

### (2)　50 万分１輿地図・帝国図

陸地測量部によって朝鮮 20 万分１図から編纂作製された。内地の 50 万分１輿地図が緑色のけば（暈滃）であるのに対して，等高線と段彩[6] を用いた８色刷（段彩４色，水部青２色，道路・灯台：赤，等高線・鉄道・集落・注記：墨）で，台湾と同じ様式で作製された。要塞地帯は等高線を削り段彩を平調にぼかしてある。朝鮮半島北辺は満州 50 万分１図が被う。地貌は段彩と異なり，黄褐色の等高線を用い，水部を青，ほかを墨の３色刷となっている。また図名も若干差異がある（表Ⅲ-3-8a）。

# 朝鮮

(朝鮮總督府臨時土地調査局測圖)

●印ハ一万分一圖ノ位置ヲ示ス
(傍ノ數字ハ兵圖名ノ索引ナリ)

°印ハ二万五千分一及五万分一圖ノ一色刷ノミヲ出版ス

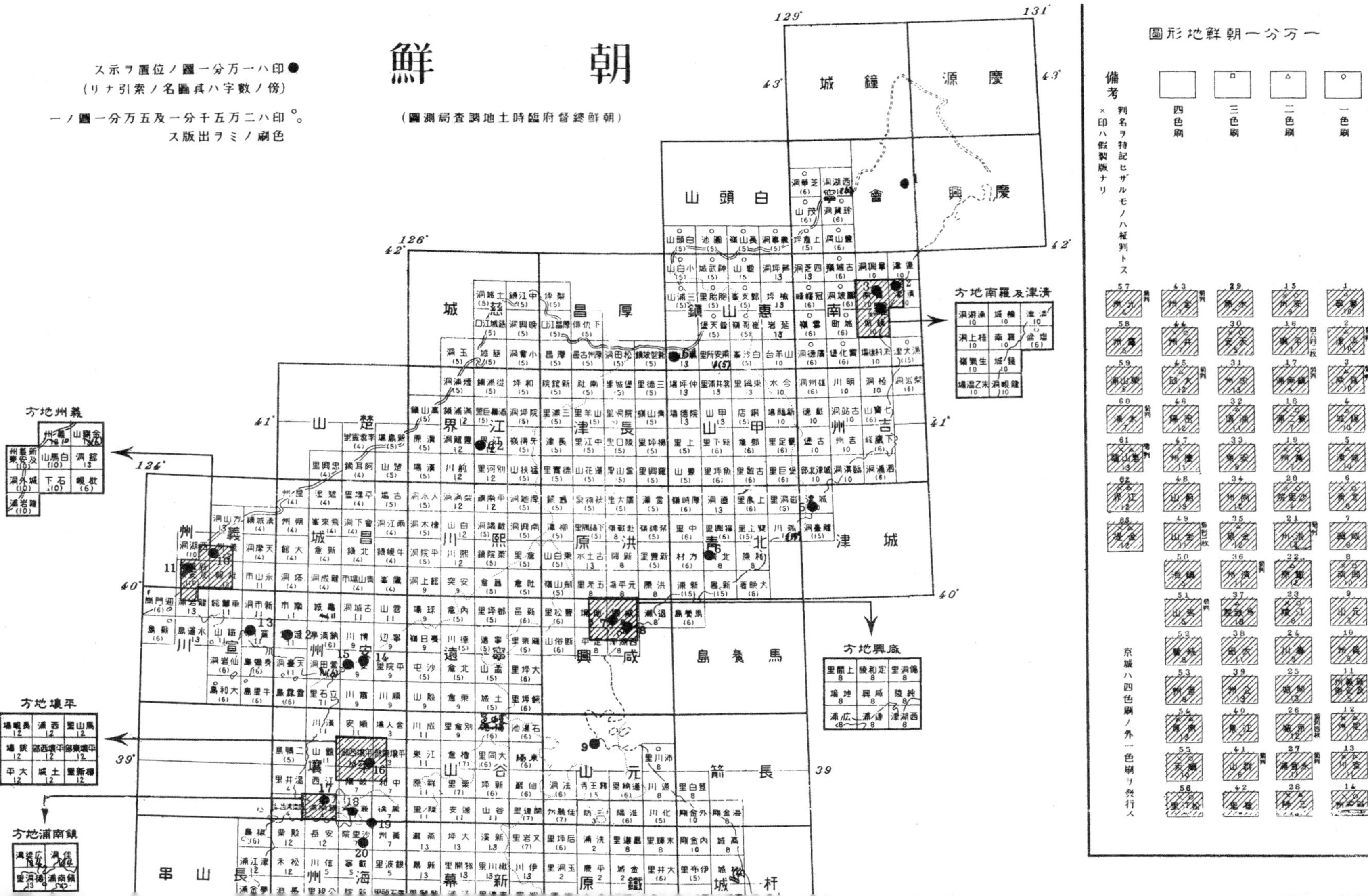

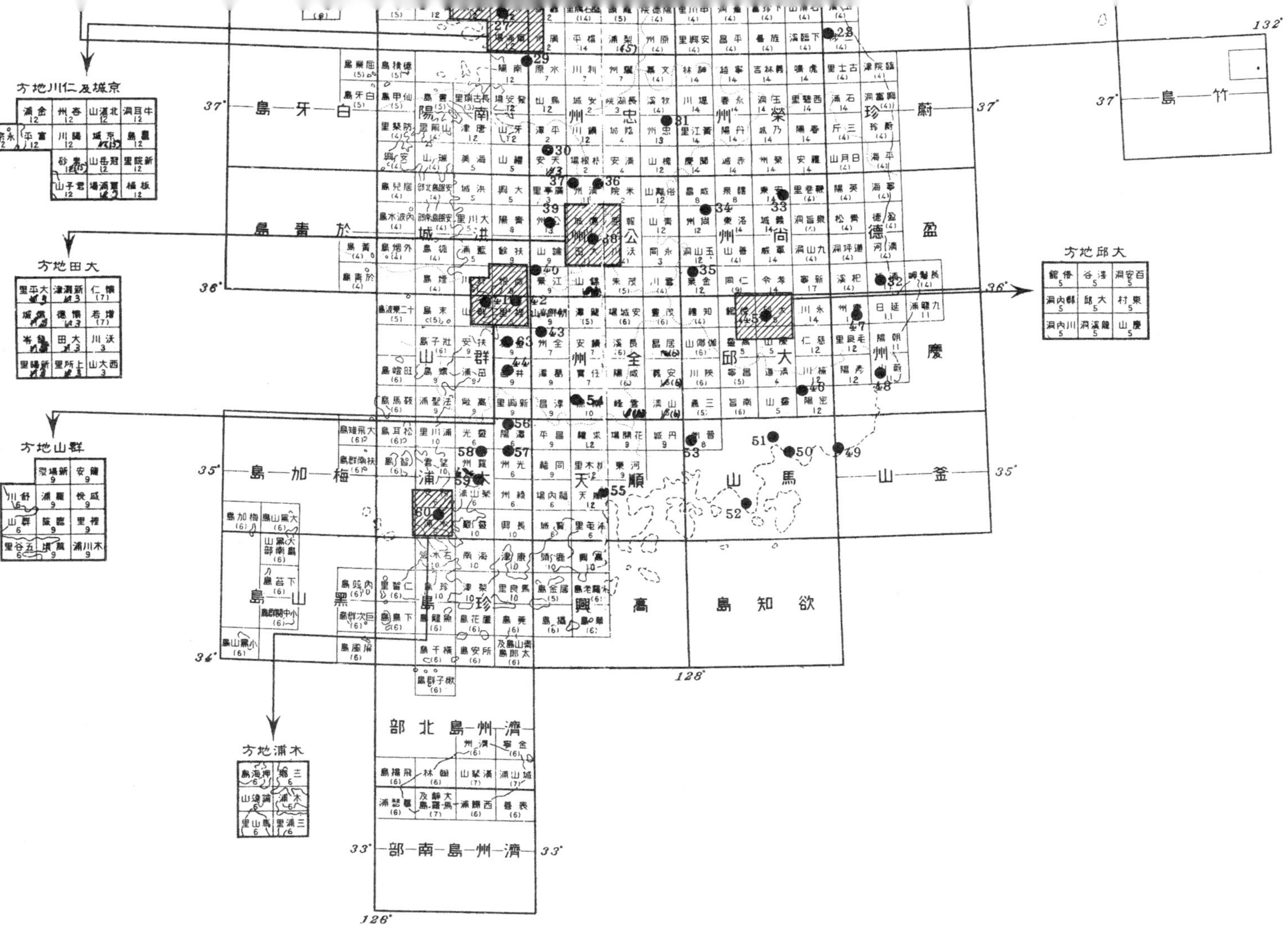


図Ⅲ-3-5a　20万分1・5万分1・2万5千分1・1万分1地形図一覧（a：秘扱部分）

「内邦地域地図整備目録」(1944［昭和19］年製版)（『地図』31巻4号［1993年］添付地図)。

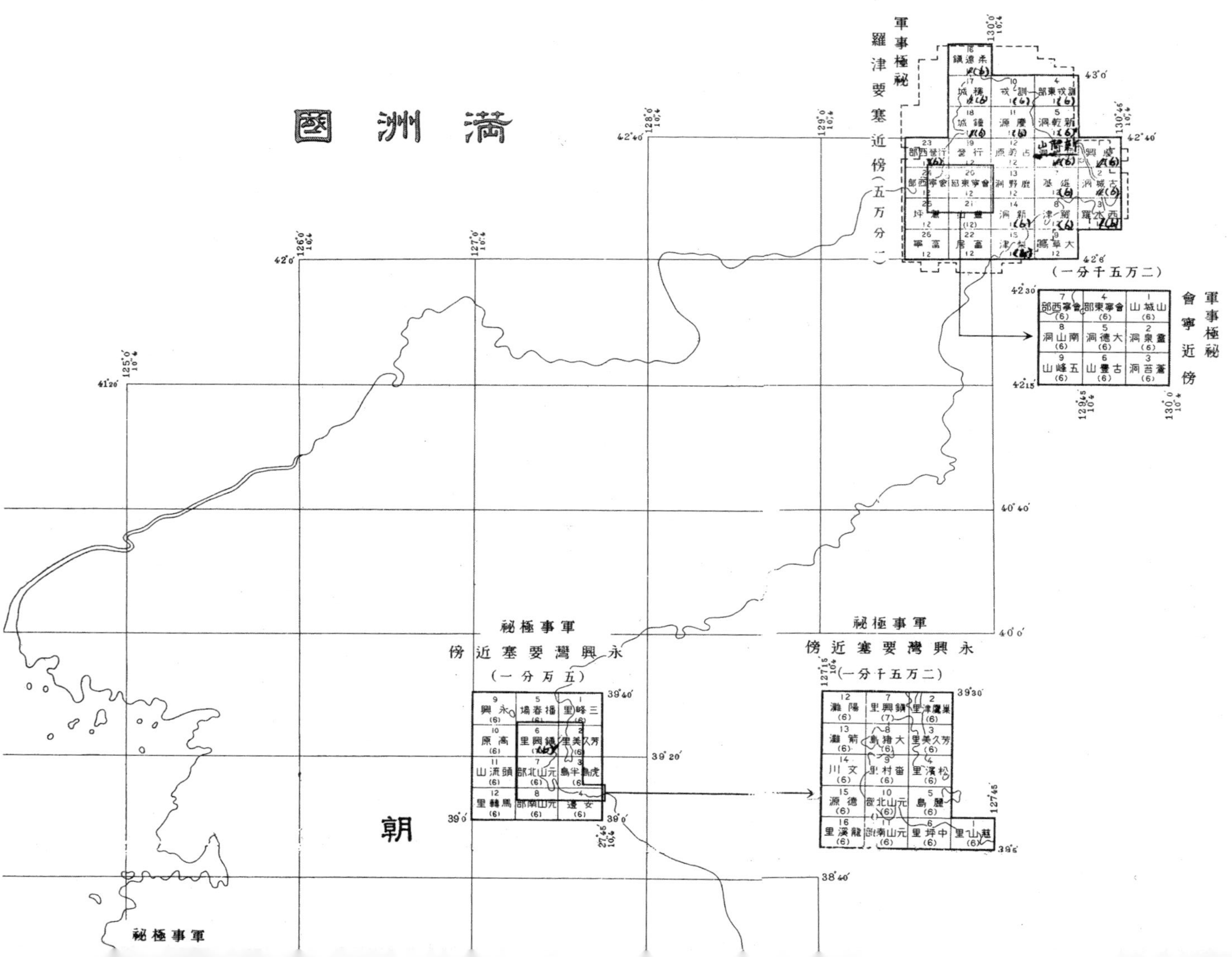

滿洲國
軍事極秘
羅津要塞近傍（五万分一）
（二万五千分一）
軍事極秘
會寧近傍
軍事極秘
永興灣要塞近傍
（五万分一）
軍事極秘
永興灣要塞近傍
（二万五千分一）
朝
軍事極秘

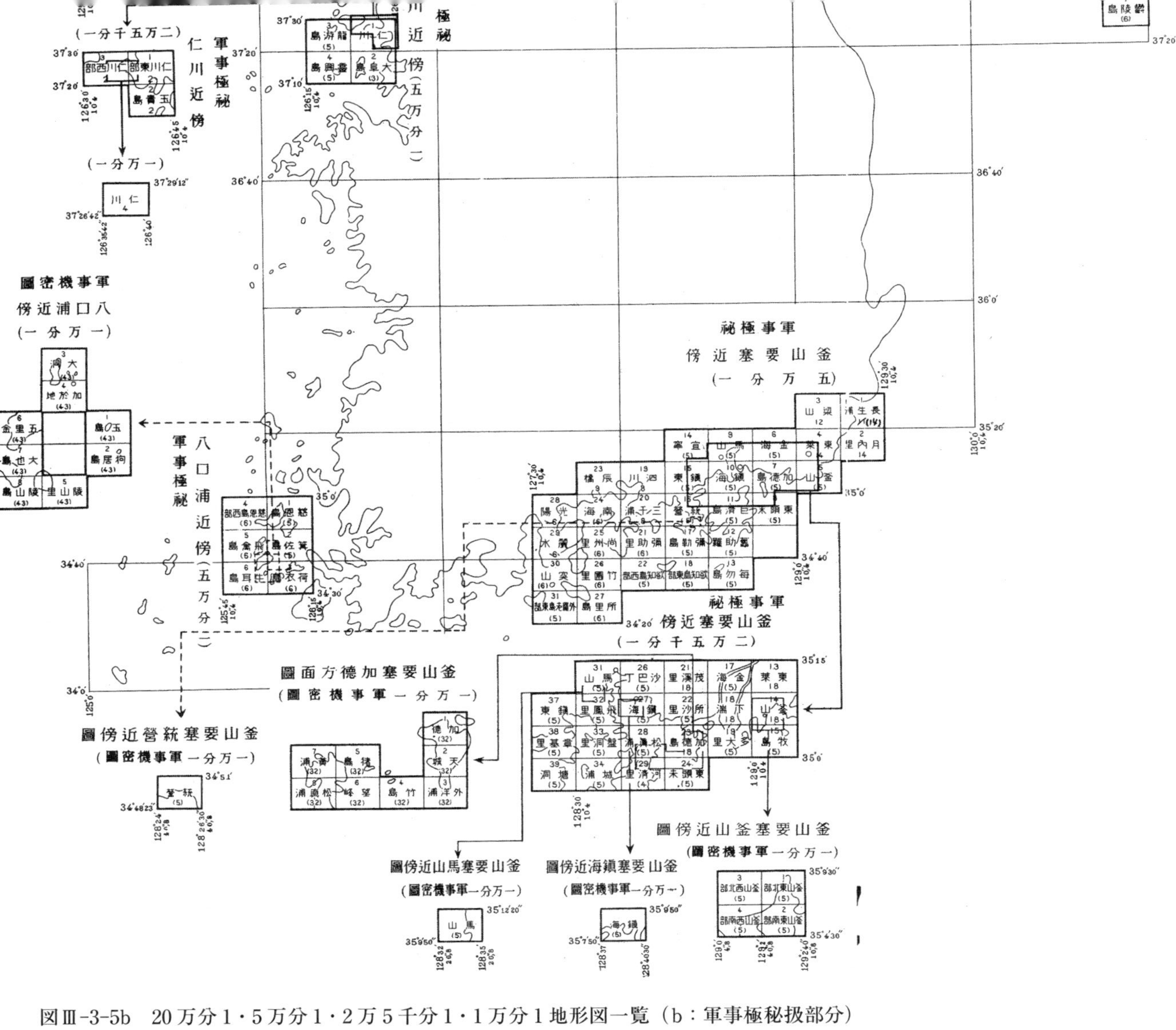


図Ⅲ-3-5b　20万分1・5万分1・2万5千分1・1万分1地形図一覧（b：軍事極秘扱部分）

「内邦地域地図整備目録」(1944［昭和19］年製版)（『地図』31巻4号［1993年］添付地図)。

表Ⅲ-3-7　朝鮮20万分1図　図歴表

| 行 | 段 | 100万分1国際図 | 図名 | 編纂製版年 | 修補年 |
|---|---|---|---|---|---|
| 27 | 13 | NK52- 8 | 慶源 | 1918版 | |
| | 14 | 9 | 慶興 | 1918版 | 1928修 |
| | 21 | NJ52-10 | 鬱陵島 | 1918版 | 1937修 |
| 28 | 13 | NK52-14 | 鐘城 | 1918版 | |
| | 14 | 15 | 会寧 | 1918版 | 1928修 |
| | 15 | 16 | 羅南 | 1918版 | 1928修 |
| | 16 | 17 | 吉州 | 1918版 | 1937修 |
| | 17 | 18 | 城津 | 1918版 | 1938修 |
| | 21 | NJ52-16 | 三陟 | 1918版 | |
| | 22 | 17 | 蔚珍 | 1918版 | 1928修 1938修 |
| | 23 | 18 | 盈徳 | 1918版 | |
| | 24 | NI52-13 | 慶州 | 1918版 | 1928修 1937修 |
| | 25 | 14 | 釜山 | 1918版 | 1937修 |
| 29 | 14 | NK52-21 | 白頭山 | 1918版 | |
| | 15 | 22 | 恵山鎮 | 1918版 | |
| | 16 | 23 | 甲山 | 1918版 | |
| | 17 | 24 | 北青 | 1918版 | 1928修 |
| | 19 | NJ52-20 | 長箭 | 1918版 | 1928修 1937修 |
| | 20 | 21 | 杆城 | 1918版 | 1937修 |
| | 21 | 22 | 江陵 | 1918版 | |
| | 22 | 23 | 栄州 | 1918版 | 1928修 |
| | 23 | 24 | 尚州 | 1918版 | |
| | 24 | NI52-19 | 大邱 | 1918版 | 1928修 |
| | 25 | 20 | 馬山 | 1918版 | 1928修 |
| | 26 | 21 | 欲知島 | 1918版 | |
| 30 | 15 | NK52-28 | 厚昌 | 1918版 | 1928修 |
| | 16 | 29 | 長津 | 1918版 | 1928修 |
| | 17 | 30 | 洪原 | 1918版 | |
| | 18 | NJ52-25 | 咸興 | 1918版 | 1938修 |
| | 19 | 26 | 元山 | 1918版 | 1928修 1938修 |
| | 20 | 27 | 鐵原 | 1918版 | 1928修 |
| | 21 | 28 | 春川 | 1918版 | 1928修 |
| | 22 | 29 | 忠州 | 1918版 | 1928修 |
| | 23 | 30 | 公州 | 1918版 | |
| | 24 | NI52-25 | 全州 | 1918版 | |
| | 25 | 26 | 順天 | 1918版 | 1928修 1938修 |
| | 26 | 27 | 高興 | 1918版 | 1937修 |
| 31 | 15 | NK52-34 | 慈城 | 1918版 | |
| | 16 | 35 | 江界 | 1918版 | |
| | 17 | 36 | 熙川 | 1918版 | 1937修 |
| | 18 | NJ52-31 | 寧遠 | 1918版 | |
| | 19 | 32 | 谷山 | 1918版 | |
| | 20 | 33 | 新幕 | 1918版 | |
| | 21 | 34 | 京城 | 1918版 | 1928修 1937修 |
| | 22 | 35 | 南陽 | 1918版 | 1937修 |
| | 23 | 36 | 洪城 | 1918版 | 1928修 1938修 |
| | 24 | NI52-31 | 群山 | 1918版 | 1928修 1938修 |
| | 25 | 32 | 木浦 | 1918版 | 1928修 |
| | 26 | 33 | 珍島 | 1918版 | 1937修 |
| | 27 | 34 | 済州島北部 | 1918版 | |
| | 28 | 35 | 済州島南部 | 1918版 | |
| 32 | 16 | NK51- 5 | 楚山 | 1918版 | |
| | 17 | 6 | 昌城 | 1918版 | 1928修 |
| | 18 | NJ51- 1 | 安州 | 1918版 | 1937修 |
| | 19 | 2 | 平壌 | 1918版 | 1928修 1937修 |
| | 20 | 3 | 海州 | 1918版 | 1928修 |
| | 21 | 4 | 甕津 | 1918版 | |
| | 22 | 5 | 白牙島 | 1918版 | |
| | 23 | 6 | 於青島 | 1918版 | 1937修 |
| | 25 | NI51- 2 | 梅加島 | 1918版 | |
| | 26 | 3 | 黒山島 | 1918版 | |

| 行 | 段 | 100万分1国際図 | 図名 | 編纂製版年 | 修補年 |
|---|---|---|---|---|---|
| 33 | 17 | NK51-12 | 義州 | 1918版 | |
| | 18 | NJ51- 7 | 宣川 | 1918版 | |
| | 20 | 9 | 長山串 | 1918版 | |
| | 21 | 10 | 白翎島 | 1918版 | |

注：朝鮮20万分1図には図番号が記載されていないので，便宜的に次の整理番号を付した。「行段」は20万分1帝国図の行と段による図番号に倣ったもの，100万分1国際図は20万分1地勢図の図番号に倣ったもの，「馬養島」は作製されなかったようなので削除した（NJ52-19）。
国立国会図書館の資料，お茶の水女子大学の資料，拙蔵の資料によった。

### (3)　100万分1東亜輿地図・仮製東亜輿地図

日清戦争の際，概観の広域図として従来から参謀本部内部に蒐集された資料により編纂されたのが仮製東亜輿地図であった。この地図から，さらにアジア大陸に向かって目を向けた小縮尺図群が東亜輿地図であった（表Ⅲ-3-8b・c）。当初は記憶測図によって作製するなど，主権のあるまた緊張関係の強い外国内での地図製作であったが，後には諸民間情報も確度の高いものは取り入れ，外交ルートから入る地図による修正も行われたようである。地貌の表現は．仮製東亜輿地図は灰緑色のぼかしによる4色刷，東亜輿地図は当初青灰色のぼかしにしていたが，修正後はこれを緑色のぼかし（暈渲）に変更，交通路を赤，水部を青，ほかを墨にした4色刷で，第二次世界大戦時まで利用された。

### (4)　万国100万分1図（100万分1万国図）

万国図は本州等と異なり，製版年次が遅く，第二次世界大戦終了までに全部は完成しなかった。50万分1輿地図その他実測の地図類からの編纂で，等高線・段彩併用，注記をすべてローマ字化した万国図記号（諸元は世界共通）による多色刷図であった。しかし，あまり普及しなかったようである。第二次世界大戦中以降合衆国のA.M.S.（Army Map Survice），一部英国のG.S.G.S.（Geographical Section, General Staff）によってこれらの地図が複製され，未成地区は編纂され，東アジア地域の戦略に使用された。第二次世界大戦後は解禁となり，一部販売もされたが一般の需要は少なかったようである（表Ⅲ-3-8d）。

### (5)　その他の編纂図

300万分1航空図などさらに小縮尺の図も若干あるが，朝鮮地区のみの地図ではなく，以上述べてきたものも，それぞれの地図シリーズ中の朝鮮地区を占めるものである。

## 7．その他の地形図類

以上のような，縮尺体系の上に乗る地図群とは別個に若干の地形図類が作製されているが，そのほとんどは秘図であり，陽の目を見ぬままに失われてしまったものが多い。主として記録等によっ

表Ⅲ-3-8　小縮尺編纂図の編纂年紀

a：50万分1輿地図・帝国図

| | | | | | | | |
|---|---|---|---|---|---|---|---|
| 11行 | 6段 | 浦潮斯徳[1] | 1932版 | | | | |
| 〃 | 6段 | 琿春[2] | | 1936版 | 1942修 | 壱〇ワ | 五〇三 |
| 〃 | 9段 | 欝陵島 | | 1938版 | 1939修 | オ | 五〇四 |
| 12行 | 6段 | 白頭山[2] | 1932版 | 1936版 | 1942修[4] | 壱壱ワ | 五〇一 |
| 〃 | 7段 | 城津 | | 1936版 | | | 五〇二 |
| 〃 | 8段 | 咸興 | | 1934版 | 1935修 | オ | 五〇一 |
| 〃 | 9段 | 忠州 | | 1934版 | 1935修 | | 五〇二 |
| 〃 | 10段 | 釜山 | | 1934版 | 1941修 | ル | 五〇一 |
| 〃 | 11段 | 厳原 | | 1929版 | 1939修 | | 五〇二 |
| 13行 | 6段 | 海龍城[2] | 1932版 | 1936版 | 1942修[5] | ワ | 五〇三 |
| 〃 | 7段 | 懐仁[2] | 1932版 | 1936版 | 1942修[6] | | 五〇四 |
| 〃 | 8段 | 平壌 | | 1935版 | 1941修 | オ | 五〇三 |
| 〃 | 9段 | 京城 | 1934版 | 1936版 | 1941修 | | 五〇四 |
| 〃 | 10段 | 群山 | | 1933版(1934版) | | ル | 五〇三 |
| 〃 | 11段 | 木浦 | | 1935版 | 1941修 | | 五〇四 |
| 14行 | 7段 | 遼陽[2] | | 1932版 | 1936修改版 | 壱弐ワ | 五〇一 |
| 〃 | 8段 | 大孤山[2] | | 1932版 | 1940修 | | 五〇二 |
| 〃 | 9段 | 山東高角[3] | | 1938版 | 1938修 | オ | 五〇一 |

b：100万分1東亜輿地図

| | | | | | | | | |
|---|---|---|---|---|---|---|---|---|
| 西1行北2段北 | 浦潮斯徳 | 1896図 | 1897版 | 1904修 | 1915鉄 | 1939版 | | |
| 〃　〃　南 | 図們江口 | 1896図 | 1896版 | 1904版 | | | | 浦潮斯徳に併合 |
| 〃　北1段北 | 欝陵島 | 1897図 | 1897版 | | | | | |
| 西2行北2段北 | 吉林 | 1898図 | 1904版 | | | | | |
| 〃　〃　南 | 白頭山 | 1903図* | 1904版* | 1920鉄* | 1926版 | 1931鉄 | | *印：鏡城 |
| 〃　北1段北 | 京城 | 1903図 | 1903版 | 1909修 | 1921鉄 | 1931版 | | |
| 〃　〃　南 | 釜山 | 1904図 | 1904版 | 1909修 | 1920鉄 | 1931版 | | |
| 〃　南1段北 | 長崎 | 1896図 | 1897版 | 1908修 | | | | |
| 西3行北2段南 | 奉天 | 1903図 | 1904版 | 1909修 | 1915版 | 1926版 | 1931鉄 | |
| 〃　北1段北 | 旅順 | 1903図 | 1904版 | 1909修 | 1918版 | 1926版 | 1931鉄 | |

c：100万分1仮製東亜輿地図

| | | | | |
|---|---|---|---|---|
| 西2行北2段北 | 吉州 | 1894図 | 1894版 | 鏡城・白頭山に相当 |
| 〃　北1段北 | 漢城 | 1894図 | 1894版 | 京城に相当 |
| 〃　〃　南 | 釜山 | 1894図 | 1894版 | |
| 〃　南1段北 | 長崎 | 1894図 | 1894版 | |
| 西3行北2段南 | 奉天府 | 1894図 | 1894版 | 奉天に相当 |
| 〃　北1段北 | 芝罘 | 1894図 | 1894版 | 旅順に相当 |

d：100万分1万国図

| 100万分の1万国図 | | | （AMS） | |
|---|---|---|---|---|
| NK-52 | 清津 | 1939版 | Vladivostok | 1944・52・67版 |
| NJ-52 | 京城 | 1935版 | Seoul | 1952版 |
| NI-52 | 長崎 | 1933版 | Nagasaki | 1945・53・67版 |
| NK-51 | | | Shen-Yang | 1952版 |
| NJ-51 | 旅順 | 1935版 | Lü-Shun | 1952・67版 |
| NI-51 | | | Nan-Tūng | 1956版 |

注：「版」は製版，「図」は製図，「修」は修正，「鉄」は鉄道補入を示す。
1）琿春と同位置。2）満州50万分1。3）東亜50万分1。4）満州50万分1は延吉。
5）満州50万分1は通化。6）満州50万分1は輯安。

て以下列挙してみたい。

(1)　1万分1図

正式図以前に作製された地図が若干あり，詳細は不明だが，1944（昭和19）年の上記「内邦地域地図整備目録」（長岡 1993b 参照）に以下の図群が掲載されている。

一方は，釜山要塞加徳方面図で，釜山と鎮海の中間の島嶼部分について8面あり，1899（明治32）年測図の軍事機密図である。他方は，八口浦近傍図で，木浦西方の島嶼部分について8面あり，1910（明治43）年測図のやはり軍事機密図である。両図群とも解秘されないまま第二次世界大戦の終戦となった。測図年を考えると，すでに使用には耐えなかったであろうが，周囲の要塞地帯とのかかわりで秘扱のままおかれたものと思われる。

(2)　2万分1図

朝鮮北端の豆満江口から咸鏡北道北部，中国の吉林省東端，ロシア沿海州南西端を含む比較的広範囲にわたって，5万分1地形図に先立ち，2万分1の縮尺で171面が作製されていた（図Ⅲ-3-6・表Ⅲ-3-9）。測図は1906（明治39）年と1907（明治40）年で，図郭に緯度経度の表示はない。当初，図們江口会寧近傍として1～171の図番号がつけられた（測量・地図百年史編集委員会 1970：461；ただしこの引用箇所では，139面とされている）。その後，西側の32面を除き139面が羅津要塞近傍，軍事極秘として秘扱図に組み入れられた。秘扱組み入れの時期は不明だが，この地域の5万分1地形図は測量当初より秘扱を受けていたので，作製後まもなく秘扱図に組み入れられたものと思われる。1944（昭和19）年の上記「内邦地域地図整備目録」（長岡 1993b 参照）にあるので，解秘されないまま第二次世界大戦終結を迎えている。この図群の全貌は，防衛研究所，米国ウィスコンシン大学ミルウォーキー校ゴルダ・メイアー図書館アメリカ地理学協会（American Geographical Society）文庫所蔵図を複製刊行した『朝鮮半島地図集成，五千分の一，二万分の一，二万五千分の一』（朝鮮半島地図資料研究会 1999）によって，ほぼ全貌が判明した。

一方，鴨緑江の下流両岸には，「戦術用満洲地形図」が，1914（大正3）年発行されている。東西43㎝，南北30㎝（内図郭）で等高線間隔10m，略図的だが土地利用形の界（地類界）など比較的適確に表現されている。本図群の発行者は，四谷区の前田岩太郎（干城堂）である。図郭外下辺に，「本図ハ専ラ満洲ノ地形ニ於ケル戦術研究者ノ便ニ供スル為日露戦史，日清戦史，日露戦史講授録，露軍ノ行動，東亜輿地図其他各種ノ地図ヲ参照シ編纂シタルモノニシテ実測シタルモノニアラス」と注記があるが，それにしても精度はそれほど悪くはなさそうである。満州地区が主体だが，どの位の範囲が作製されているかは不明である。内務省交付の日付が1914（大正3）年12月17日と記され，国立国会図書館に所蔵されている。

(3)　5千分1図

北方の咸鏡北道の羅津要塞近傍の南端近くの羅津湾岸西側，丘陵上の軍馬補充部雄基支部を中心

表Ⅲ-3-9　2万分1迅速測図（豆満江口及會寧近傍→羅津要塞近傍）

| No. | 図名 | 測図年 | No. | 図名 | 測図年 | No. | 図名 | 測図年 |
|---|---|---|---|---|---|---|---|---|
| 1 | 獐足登東部 | 1906 | 58 | 獐頂嶺 | 1906 | 115 | 山洞 | 1907 |
| 2 | 古邑東部 | 1906 | 59 | 檜木洞 | 1906 | 116 | 念通峰 | 1907 |
| 3 | 開拓 | 1906 | 60 | 沙坪 | 1906 | 117 | 和龍谷 | 1907 |
| 4 | 鹿坪 | 1906 | 61 | 新洞 | 1906 | 118 | 湖川街 | 1907 |
| 5 | 豆満江口 | 1906 | 62 | 梨津 | 1906 | 119 | 下客洞 | 1907 |
| 6 | 黒頂子東部 | 1906 | 63 | 馬河子 | 1906 | 120 | 高嶺鎭 | 1907 |
| 7 | 獐足登 | 1906 | 64 | 涼泉水屯 | 1906 | 121 | 洪京洞 | 1907 |
| 8 | 狐樹亭 | 1906 | 65 | 穏城 | 1906 | 122 | 會寧 | 1907 |
| 9 | 古邑 | 1906 | 66 | 月下洞 | 1906 | 123 | 鴻山洞 | 1907 |
| 10 | 上臥峯 | 1906 | 67 | 味末嶺 | 1906 | 124 | 古豊山 | 1907 |
| 11 | 造山里 | 1906 | 68 | 被石浦嶺 | 1906 | 125 | 上面社 | 1907 |
| 12 | 西水羅 | 1906 | 69 | 細峰嶺 | 1906 | 126 | 武陵坮 | 1907 |
| 13 | 黒頂子 | 1906 | 70 | 立巖 | 1906 | 127 | 富寧 | 1907 |
| 14 | 九沙坪 | 1906 | 71 | 上倉坪 | 1906 | 128 | 富寧南部 | 1907 |
| 15 | 慶興 | 1906 | 72 | 遠嶺 | 1906 | 129 | 念通峰西方 | 1906 |
| 16 | 新倉嶺 | 1906 | 73 | 寒泉隅 | 1906 | 130 | 局子嶺 | 1906 |
| 17 | 上所 | 1906 | 74 | 節洞 | 1906 | 131 | 萬眞洞 | 1906 |
| 18 | 雄尚洞 | 1906 | 75 | 葛布嶺 | 1906 | 132 | 聚田洞 | 1907 |
| 19 | 赤嶋 | 1906 | 76 | 最峙崗 | 1906 | 133 | 椓田 | 1907 |
| 20 | 卵嶋 | 1906 | 77 | 櫟山 | 1906 | 134 | 甫乙堡鎭 | 1907 |
| 21 | 上内洞 | 1906 | 78 | 仲坪 | 1906 | 135 | 仲坪洞 | 1907 |
| 22 | 琿春 | 1906 | 79 | 沙津 | 1906 | 136 | 榛田 | 1907 |
| 23 | 漢徳河子 | 1906 | 80 | 大洞 | 1906 | 137 | 上峴洞 | 1907 |
| 24 | 沙藪木 | 1906 | 81 | 柔遠鎭 | 1906 | 138 | 廢茂山 | 1907 |
| 25 | 破皮洞 | 1906 | 82 | 三距里 | 1906 | 139 | 大舞袖洞 | 1907 |
| 26 | 新阿山 | 1906 | 83 | 永達鎭 | 1906 | 140 | 白金洞北部 | 1907 |
| 27 | 阿吾地 | 1906 | 84 | 北蒼坪 | 1906 | 141 | 白金洞 | 1907 |
| 28 | 太平 | 1906 | 85 | 深浦 | 1906 | 142 | 下射地 | 1907 |
| 29 | 檜嶺 | 1906 | 86 | 長浦 | 1906 | 143 | 新豊山 | 1907 |
| 30 | 雄基 | 1906 | 87 | 上小白嶺 | 1906 | 144 | 東大川洞 | 1907 |
| 31 | 關洞 | 1906 | 88 | 行營 | 1906 | 145 | 葛浦 | 1907 |
| 32 | 鷲津 | 1906 | 89 | 洛生 | 1907 | 146 | 上蕨坪 | 1907 |
| 33 | 三安洞東方 | 1906 | 90 | 柯洞 | 1907 | 147 | 居巣洞 | 1907 |
| 34 | 訓戎北方 | 1906 | 91 | 覔舎洞 | 1907 | 148 | 墻未洞 | 1907 |
| 35 | 訓戎 | 1906 | 92 | 馬位坪 | 1907 | 149 | 東京徳 | 1907 |
| 36 | 城後土 | 1906 | 93 | 崔間嶺 | 1907 | 150 | 廣大巖 | 1907 |
| 37 | 江差子 | 1906 | 94 | 寺頂 | 1907 | 151 | 豊石洞 | 1907 |
| 38 | 新乾原 | 1906 | 95 | 間農司 | 1907 | 152 | 賓士洞 | 1907 |
| 39 | 次洞 | 1906 | 96 | 富居 | 1907 | 153 | 豊山洞 | 1907 |
| 40 | 三方 | 1906 | 97 | 安山北方 | 1907 | 154 | 五峰所 | 1907 |
| 41 | 泉屯地 | 1906 | 98 | 安山 | 1907 | 155 | 墻未洞西部 | 1907 |
| 42 | 高山洞 | 1906 | 99 | 江陽洞 | 1907 | 156 | 上廣浦 | 1907 |
| 43 | 黄勾基 | 1906 | 100 | 馬派 | 1907 | 157 | 芝草坪 | 1907 |
| 44 | 地境 | 1906 | 101 | 潼關鎭 | 1907 | 158 | 梁永鎭 | 1907 |
| 45 | 羅津湾 | 1906 | 102 | 鐘城 | 1907 | 159 | 茂山 | 1907 |
| 46 | 大草嶋 | 1906 | 103 | 防垣鎭 | 1907 | 160 | 四所 | 1907 |
| 47 | 三安洞北方 | 1906 | 104 | 柯島 | 1907 | 161 | 二所 | 1907 |
| 48 | 三安洞 | 1906 | 105 | 浦頂 | 1907 | 162 | 芝草坪西部 | 1907 |
| 49 | 美錢 | 1906 | 106 | 司乙嶺 | 1907 | 163 | 新興洞 | 1907 |
| 50 | 黄坡鎭 | 1906 | 107 | 鳳儀底 | 1907 | 164 | 鹵洞口 | 1907 |
| 51 | 慶原 | 1906 | 108 | 獨徳 | 1907 | 165 | 上覆沙坪 | 1907 |
| 52 | 安原 | 1906 | 109 | 小鳳儀洞於口 | 1907 | 166 | 蒼坪 | 1907 |
| 53 | 金恵洞 | 1906 | 110 | 小鴻雁洞 | 1907 | 167 | 六道坪 | 1907 |
| 54 | 古乾原 | 1906 | 111 | 上白沙峰 | 1907 | 168 | （図名不詳） | |
| 55 | 徳明洞 | 1906 | 112 | 最賢洞 | 1907 | 169 | 三下江口 | 1907 |
| 56 | 沙灘 | 1906 | 113 | 毛道尾 | 1907 | 170 | 紅其許 | 1907 |
| 57 | 金洞松 | 1906 | 114 | 楡墟 | 1907 | 171 | 上六所 | 1907 |

注：No.139までが羅津要塞近傍。

1944（昭和19）年地図整備目録，小林教授資料，朝鮮半島地図資料研究会（1999）により作成。

| | | | | | | | | | | | | | | | | |
|---|---|---|---|---|---|---|---|---|---|---|---|---|---|---|---|---|
| | | | | | | | | 97 | 80 | 63 | 47 | | | | | |
| | | | | | | | 113 | 98 | 81 | 64 | 48 | 33 | | | | |
| | | | | | | | 114 | 99 | 82 | 65 | 49 | 34 | 21 | | | |
| | | | | | | | 115 | 100 | 83 | 66 | 50 | 35 | 22 | | | |
| | | | | | | 129 | 116 | 101 | 84 | 67 | 51 | 36 | 23 | | | |
| | | | | | | 130 | 117 | 102 | 85 | 68 | 52 | 37 | 24 | | | |
| | | | | | | 131 | 118 | 103 | 86 | 69 | 53 | 38 | 25 | 13 | 6 | |
| | | | | | | | 119 | 104 | 87 | 70 | 54 | 39 | 26 | 14 | 7 | 1 |
| | | | | | 140 | 132 | 120 | 105 | 88 | 71 | 55 | 40 | 27 | 15 | 8 | |
| | | | 155 | 148 | 141 | 133 | 121 | 106 | 89 | 72 | 56 | 41 | 28 | 16 | 9 | 2 |
| | | | 156 | 149 | 142 | 134 | 122 | 107 | 90 | 73 | 57 | 42 | 29 | 17 | 10 | 3 |
| | | 162 | 157 | 150 | 143 | 135 | 123 | 108 | 91 | 74 | 58 | 43 | 30 | 18 | 11 | 4 |
| | | 163 | 158 | 151 | 144 | 136 | 124 | 109 | 92 | 75 | 59 | 44 | 31 | 19 | 12 | 5 |
| | 167 | 164 | 159 | 152 | 145 | 137 | 125 | 110 | 93 | 76 | 60 | 45 | 32 | 20 | | |
| 170 | 168 | 165 | 160 | 153 | 146 | 138 | 126 | 111 | 94 | 77 | 61 | 46 | | | | |
| 171 | 169 | 166 | 161 | 154 | 147 | 139 | 127 | 112 | 95 | 78 | 62 | | | | | |
| | | | | | | | 128 | | 96 | 79 | | | | | | |

**図Ⅲ-3-6　2万分1迅速測図接続関係図（豆満江口及會寧近傍→羅津要塞近傍）**
図中太枠内が羅津要塞近傍に指定された図幅（軍事極秘）。
内邦地域地図整備目録（1944［昭和19］年製版），小林教授資料，朝鮮半島地図資料研究会（1999）により作成。

とする地域で，清津から雄基に向かう道路に沿い，10面の地図が1932（昭和7）年朝鮮軍司令部の撮影・製図，陸地測量部の印刷により作製されていた。図郭の大きさはほぼ38.5 × 48.3㎝，柾判に収まる。図郭の縦線は真北に対し西方に58度傾けてある。図郭外注記に「本図ハ戦場空中写真測量要領ニ依リ製図セルモノナリ」とある。図群南西端に幅11㎝ほどの「撮影欠」の注記の部分があり，そこは等高線を欠いている。なお等高線間隔は10 m，現地調査を欠くため全体にラフな感がある。なおこの図群は，羅津要塞近傍図（朝鮮半島地図資料研究会［1999］の複製図）に収められている。

## 8．おわりにあたって

本小文は，地域別の地図誌の一部として，朝鮮半島の地域に過去に刊行された地形図類について取りあげた清水（1986）を，その後に得た資料によって改訂増補したものである。現在も調査ができない部分も多く，図歴表にも欠落が多い。また表示以外の地図も相当数あるものと思われる。将来さらに補充されるべきであろう。

[付記]
本小文を記すにあたり，各方面の方々に御世話になった。特に国立国会図書館地図室の田中藤吉郎氏・鈴木純子氏・野上成勇氏，桐朋学園の大沼一雄氏には資料の面でお世話になった。芳賀啓氏（元・柏書房，現・之潮）には資料の所在・本文作成の細部にわたりお骨折をいただいた。共々感謝する次第である。

注

1）小林又七（川流堂）は麹町区隼町に所在。陸地測量部の地図の総卸元と関係諸団体（主として陸軍関係）の委託地図作製および外邦地図の作製と販売を行い，朝鮮ばかりでなく，外邦諸都市に支店・出張所もあった。

2）この点については，山近・渡辺（2008）および小林ほか（2008）を参照。

3）『陸地測量部沿革史（草案)』のタイトルは「沿革史」となっており，「沿革誌」の誤記かどうか不明。自明治初年至明治 21 年 5 月と自明治 21 年 5 月至基本測図完了の 2 分冊で，日本地図資料協会（大日本測量株式会社資料調査部）が高木菊三郎旧蔵の写本を転写したもの。

4）「朝鮮及満州の測図継続の件」（密大日記 4 冊の内 2，1914［大正 3］年，Ref. C03022359000，防衛庁防衛研究所）。

5）例えば京城及仁川地方（共 18 面）6 号「京城」には“3-2”と注記されている。3 は「京城」（20 万分 1）の 3 号，つまり 5 万分 1「京城」を示し，次の番号は，その 5 万分 1 図を 4 分割した部位を示す。-1 は右上，-2 は右下，-3 は左上，-4 は左下に相当する。

6）等高線は 100，200，(300)，400，(500)，700，1,000，1,500，2,000，2,500，3,000m である。（　）内は補助曲線を示す。彩画は 0～100m を緑ベタ，100～200m は緑交叉万線，200～400m は黄，400～1,000m は薄茶，1,000～1,500m は茶交叉万線，1,500～2,000m は茶，2,000m 以上は白となっている。

文献

学生社　1981.『朝鮮半島五万分の一地図集成』学生社.

国立国会図書館参考書誌部編　1966.『国立国会図書館所蔵地図目録（台湾・朝鮮の部)』国立国会図書館.

小林　茂［解説］ 2008.『外邦測量沿革史　草稿　第 1 冊』不二出版.

小林　茂・山近久美子・渡辺理絵　2008.　初期外邦図の作製過程と特色.　2008 年人文地理学会大会研究発表要旨：42-43.

小林茂・渡辺理絵　2007.　近代東アジアの土地調査事業と地図作製 ── 地籍図作製と地形図作製の統合を中心に.　片山　剛編『近代東アジア土地調査事業研究ニューズレター第 2 号』4-14.　大阪大学文学研究科.

崔　書勉編　1984.『韓国・北朝鮮地図解題事典』国書刊行会.

桜井義之　1973.　明治期刊行「朝鮮地図」の解題.　韓 2（5）：115-131.

桜井義之　1979.『朝鮮研究文献誌 ── 明治・大正編』龍溪書舎.

参謀本部・北支那方面軍司令部編 1979a.『外邦測量沿革史　草稿　自明治二十八年至同三十九年断片記事』ユニコンエンタプライズ.

参謀本部・北支那方面軍司令部編 1979b.『外邦測量沿革史　草稿　明治四十一年度記事』ユニコンエンタプライズ.

清水靖夫　1986.『日本統治機関作製にかかる朝鮮半島地形図の概要 ──「一万分一朝鮮地形図集成」解題』柏書房.

測量・地図百年史編集委員会編　1970.『測量・地図百年史』日本測量協会.

谷屋郷子　2004.『朝鮮半島の外邦図の作製過程』大阪大学文学部卒業論文.
朝鮮総督府［作製］ 1986.『一万分一朝鮮地形図集成』柏書房.
朝鮮総督府臨時土地調査局　1918.『朝鮮土地調査事業報告書』朝鮮総督府臨時土地調査局.
朝鮮半島地図資料研究会編　1999.『朝鮮半島地図集成，五千分の一，二万分の一，二万五千分の一』科学書院.
長岡正利　1993a. 陸地測量部外邦測量の記録──陸地測量部・参謀本部　外邦図一覧図. 地図 31 (4)：12-25.（本書Ⅲ-1章）
長岡正利　1993b. 幻の昭和 19 年地図一覧図──陸地測量部内邦地図成果の総大成として. 地図 31 (4)：41-44.
長岡正利　2004. 外邦図作製の記録としての各種一覧図と，地理調査所における外邦図の扱い. 外邦図研究ニューズレター2：17-25.（本書Ⅲ-1章）
南　縈佑編　1996.『旧韓末韓半島地形図』図書出版成地文化社.
南　縈佑著・朴　澤龍訳　2006.『旧韓末韓半島地形図』解説. 外邦図研究ニューズレター4：89-109.（本書Ⅳ-1章）
光岡雅彦　1982.『韓国古地名の謎──「秘図」にひめられた古地名を解読する』学生社.
山近久美子・渡辺理絵　2008. アメリカ議会図書館所蔵の日本軍将校による 1880 年代の外邦測量原図. 日本国際地図学会平成 20 年度定期大会発表論文・資料集：10-13.
陸地測量部編　1922.『陸地測量部沿革誌』陸地測量部.

# 第4章　樺太の地形図類について

清水靖夫

## 1．はじめに

樺太は，日露戦争（1904・05［明治37・38］年）後，日本の領土となり，第二次世界大戦終結（1945［昭和20］年）にともない日本の領土でなくなった。日本の領土であったころの，いわゆる南樺太の面積は33,455㎢であった。

従来，樺太の地図については，測量史中にわずかの記載があるのみであった（測量・地図百年史編集委員会 1970：451-455）。目録では国立国会図書館参考書誌部（1967）および北海道大学附属図書館（1981）があり，さらに『樺太5万分の1地図』（陸地測量部製作 1983），近年になって『樺太二万五千分の一地図集成』（樺太地図資料研究会 2000）といったリプリントが刊行されるようになった。また最近では，樺太における空中写真測量にも関心がよせられている（小林ほか 2004，本書Ⅳ-2章参照）。ここでは，樺太にどのような過程で地形図類が作製されたかについて明らかにしてみたい。

## 2．仮製樺太南部5万分1

日露戦争後，ポーツマス条約によりまず国境画定の測量が行われ，天測により4点で位置を確定した（1905［明治38］年）（測量・地図百年史編集委員会 1970：451-452）。

1907（明治40）年，樺太境界劃定委員[1]と陸地測量部の名称で，国境地域，敷香川沿岸，敷香・真縫間の海岸線と安別・北名好間の海岸線，海馬島の26面[2]の略測図が行われた。1909（明治42）年，残りの沿岸部全域と轟峠・逢坂などの東西交通路，落合・豊原以東の全域にわたって，臨時測図部[3]によって略測図が行われた。なお「西能登呂岬」は1910（明治43）年測図となっている。いずれの地図も1911（明治44）年に製版され，同年4月から6月にかけて，10日印刷，15日発行とされ，著作権所有印刷兼発行者として陸地測量部の名前で発行された。本図の図名等は，図Ⅲ-4-1と表Ⅲ-4-1の通りである。また本図群によって測図された地域は，おおよそ図Ⅲ-4-1に示した

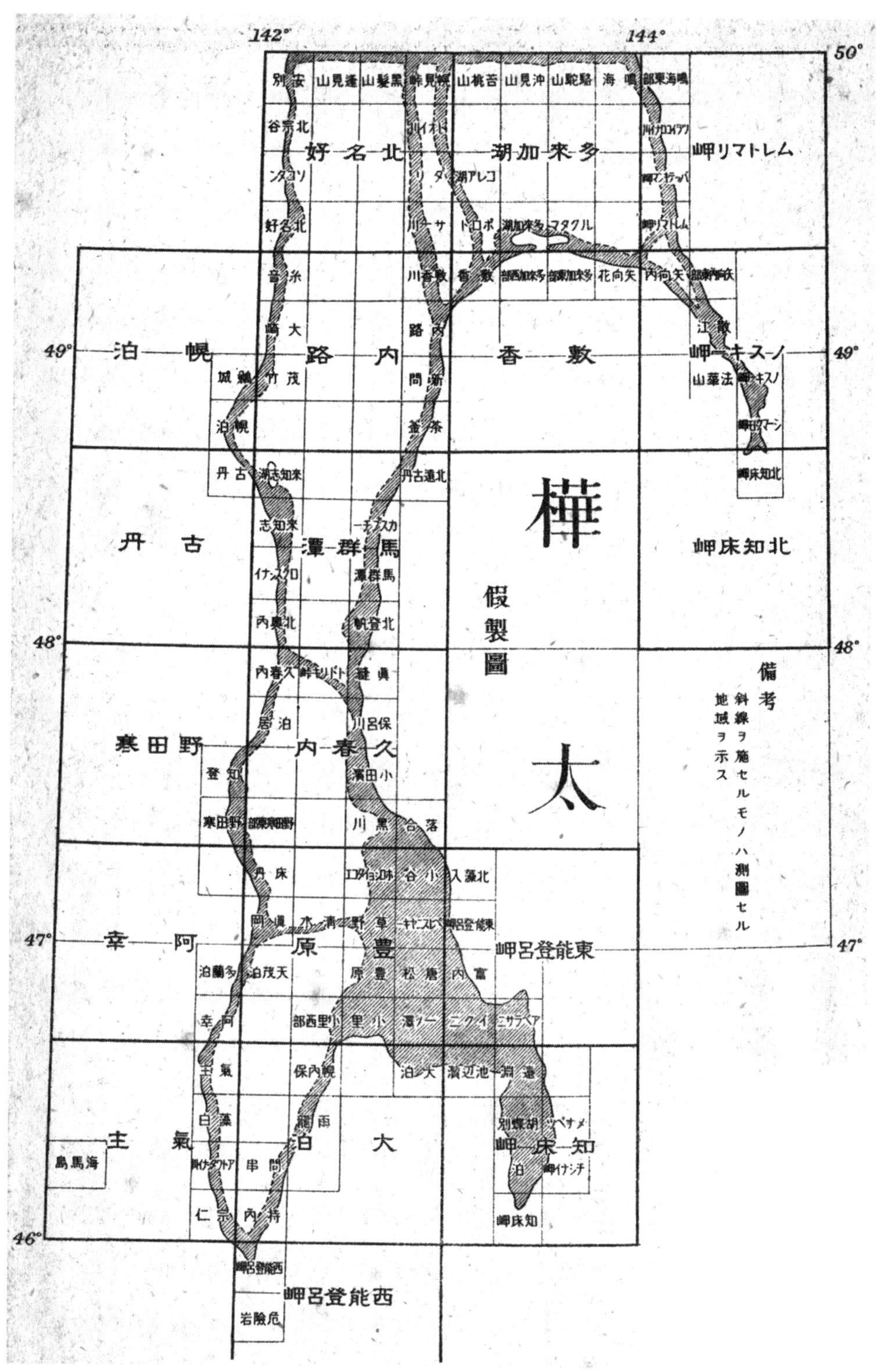


図Ⅲ-4-1　仮製樺太南部５万分１　作製区域一覧図

「陸地測量部發行地圖區域一覧表」(1925［大正 14］年 11 月改版)。

## 表Ⅲ-4-1　仮製樺太南部５万分１　図名・測図年紀一覧

| 番号 | 図名 | 測図年 | 修正年 | 初版発行年月 | 備考 |
|---|---|---|---|---|---|
| | **ムレトマリ岬** | | | | |
| 13 | 鳴海東部 | 1909 | | 1911.4 | |
| 14 | ツライコロナイ川 | 1909 | | 1911.4 | |
| 15 | バッテキシマ岬 | 1909 | | 1911.4 | |
| 16 | ムレトマリ岬 | 1909 | | 1911.4 | |
| | **ノスキー岬** | | | | |
| 7 | ノスキー岬 | 1909 | | 1911.4 | |
| 8 | シーマクトモ岬 | 1909 | | 1911.4 | |
| 9 | 矢向内東部 | 1909 | | 1911.4 | |
| 10 | 散江 | 1909 | | 1911.4 | |
| 11 | 法華山 | 1909 | | 1911.4 | |
| 13 | 矢向内 | 1909 | | 1911.4 | |
| | **北知床岬** | | | | |
| 5 | 北知床岬 | 1909 | | 1911.4 | |
| | **多来加湖** | | | | |
| 1 | 鳴海 | 1907 | | 1911.4 | 境 |
| 5 | 駱駝山 | 1907 | | 1911.4 | 境 |
| 8 | ルクタマ | 1909 | | 1911.4 | |
| 9 | 沖見山 | 1907 | | 1911.4 | 境 |
| 12 | 多来加湖 | 1909 | | 1911.4 | |
| 13 | 苔桃山 | 1907 | | 1911.4 | 境 |
| 15 | コレア湖 | 1907 | | 1911.4 | 境 |
| 16 | ボロト | 1907 | | 1911.4 | 境 |
| | **敷香** | | | | |
| 1 | 矢向花 | 1909 | | 1911.4 | |
| 5 | 多来加東部 | 1909 | | 1911.4 | |
| 9 | 多来加西部 | 1909 | | 1911.4 | |
| 13 | 敷香 | 1907 | 1922 | 1911.4 | 境 |
| | **東能登呂岬** | | | | |
| 12 | アベラサニ | 1909 | | 1911.7 | |
| 13 | 北藻入 | 1909 | | 1911.7 | |
| 14 | 東能登呂岬 | 1909 | | 1911.7 | |
| 15 | 富内 | 1909 | | 1911.7 | |
| 16 | イクニ | 1909 | | 1911.7 | |
| | **知床岬** | | | | |
| 6 | メナベツ | 1909 | | 1911.7 | |
| 7 | チシナイ岬 | 1909 | | 1911.7 | |
| 9 | 遠淵 | 1909 | | 1911.7 | |
| 10 | 胡蝶別 | 1909 | | 1911.7 | |
| 11 | 泊 | 1909 | | 1911.7 | |
| 12 | 知床岬 | 1909 | | 1911.7 | |
| 13 | 池辺濆 | 1909 | | 1911.7 | |
| | **北名好** | | | | |
| 1 | 幌見峠 | 1907 | 1922 | 1911.5 | 境 |
| 2 | トオイ川 | 1907 | | 1911.5 | 境 |
| 3 | ダリ | 1907 | | 1911.5 | 境 |
| 4 | サー川 | 1907 | 1922 | 1911.5 | 境 |
| 5 | 黒髪山 | 1907 | | 1911.5 | 境 |
| 9 | 逢見山 | 1907 | | 1911.5 | 境 |
| 13 | 安別 | 1907 | 1922 | 1911.5 | 境 |
| 14 | 北宗谷 | 1907 | 1922 | 1911.5 | 境 |
| 15 | ソコタン | 1907 | | 1911.5 | 境 |
| | 西棚丹 | 1907 | 1922 | | 境 改名 |
| 16 | 北名好 | 1907 | 1922 | 1911.5 | 境 |
| | **内路** | | | | |
| 1 | 敷香川 | 1907 | 1922 | 1911.5 | 境 |
| 2 | 内路 | 1907 | 1922 | 1911.5 | 境 |
| 3 | 新問 | 1907 | 1922 | 1911.5 | 境 |
| 4 | 茶釜 | 1907 | 1922 | 1911.5 | 境 |
| 13 | 糸音 | 1909 | 1922 | 1911.5 | |
| 14 | 大崎 | 1909 | 1922 | 1911.5 | |
| 15 | 茂竹 | 1909 | 1922 | 1911.5 | |
| | **馬群潭** | | | | |
| 1 | 北遠古丹 | 1907 | 1922 | 1911.5 | 境 |
| 6 | カスプチー | 1907 | | 1911.5 | 境 |
| | **馬群潭（続き）** | | | | |
| | 樫保 | 1907 | 1922 | | 境 改名 |
| 7 | 馬群潭 | 1907 | 1922 | 1911.5 | 境 |
| 8 | 北登帆 | 1907 | 1922 | 1911.5 | 境 |
| 13 | 来知志湖 | 1909 | 1922 | 1911.5 | |
| 14 | 来知志 | 1909 | 1922 | 1911.5 | |
| 15 | ロクスンナイ | 1909 | 1922 | 1911.5 | |
| 16 | 北奥内 | 1909 | 1922 | 1911.5 | |
| | **久春内** | | | | |
| 4 | 落合 | 1909 | 1922 | 1911.6 | |
| 5 | 真縫 | 1909 | 1922 | 1911.6 | |
| 6 | 保呂川 | 1909 | 1922 | 1911.6 | |
| 7 | 小田寒 | 1909 | 1922 | 1911.6 | |
| 8 | 黒川 | 1909 | 1922 | 1911.6 | |
| 9 | トドリキ峠 | 1909 | | 1911.6 | |
| | 轟峠 | 1909 | 1922 | | 改名 |
| 13 | 久春内 | 1909 | 1922 | 1911.6 | |
| 14 | 泊居 | 1909 | | 1911.6 | |
| 16 | 野田寒東部 | 1909 | 1922 | 1911.6 | |
| | **豊原** | | | | |
| 1 | 小谷 | 1909 | | 1911.6 | |
| 2 | ベルズニヤキー | 1909 | | 1911.6 | |
| | 富岡 | 1909 | | 1911.6 | 改名 |
| 3 | 唐松 | 1909 | | 1911.6 | |
| 4 | 一ノ沢 | 1909 | | 1911.6 | |
| 5 | ボロショイタコエ | 1909 | | 1911.6 | |
| | 大谷 | 1909 | | 1911.6 | 改名 |
| 6 | 草野 | 1909 | | 1911.6 | |
| 7 | 豊原 | 1909 | | 1911.6 | |
| 8 | 小里 | 1909 | | 1911.6 | |
| | 留多賀 | 1909 | | 1911.6 | 改名 |
| 10 | 清水 | 1909 | | 1911.6 | |
| | 逢坂 | 1909 | | 1911.6 | 改名 |
| 12 | 小里西部 | 1909 | | 1911.6 | |
| 13 | 床丹 | 1909 | | 1911.6 | |
| 14 | 真岡 | 1909 | | 1911.6 | |
| | 樺太真岡 | 1909 | | 1911.6 | 改名 |
| 15 | 天茂泊 | 1909 | | 1911.6 | |
| | **大泊** | | | | |
| 1 | 大泊 | 1909 | | 1911.7 | |
| 9 | 幌内保 | 1909 | | 1911.7 | |
| 10 | 雨龍 | 1909 | | 1911.7 | |
| 15 | 問串 | 1909 | | 1911.7 | |
| 16 | 持内 | 1909 | | 1911.7 | |
| | 内砂 | 1909 | | 1911.7 | 改名 |
| | **西能登呂岬** | | | | |
| 13 | 西能登呂岬 | 1909 | | 1911.7 | |
| 14 | 危険岩 | 1909 | | | |
| | **幌泊**（恵須取 西方） | | | | |
| 3 | 鵜城 | 1909 | 1922 | 1911.5 | |
| 4 | 幌泊 | 1909 | 1922 | | |
| | **古丹**（知取 西方） | | | | |
| 1 | 古丹 | 1909 | 1922 | 1911.5 | |
| | **野田寒**（泊居 西方） | | | | |
| 3 | 知登 | 1909 | 1922 | 1911.6 | |
| 4 | 野田寒 | 1909 | | 1911.6 | |
| | **阿幸**（豊原 西方） | | | | |
| 3 | 多蘭泊 | 1909 | | 1911.6 | |
| 4 | 阿幸 | 1909 | | 1911.6 | |
| | **気主** | | | | |
| 1 | 気主 | 1909 | | 1911.7 | |
| 2 | 藻白 | 1909 | | 1911.7 | |
| 3 | アトワタンナイ川 | 1909 | | 1911.7 | |
| 4 | 宗仁 | 1909 | | 1911.7 | |
| 15 | 海馬島 | 1907 | | 1911.7 | 境 |

注：発行年月は初版のもの。「境」は樺太境界劃定委員。

通りである。緯度が内地よりも高いために1図幅の経度差15分の幅が狭くなるので，各所で図郭線を切って，東西方向の延伸が行われている。これは後の写真測量要図・地形図でも同様である。本図の図式は，図郭外右側下方に「圖式ハ明治三十三年式地形圖圖式ニ準ス」とし「該圖式ニ掲ケサル記号ハ本圖ノ欄外ニ於テ之ヲ示ス」とあり，地図毎に多少の差はあるが，偃松(はいまつ)はほとんどにみられる。「鳴海」図幅（図Ⅲ-4-2）には，偃松のほか林空・国界・国界標本・焼木林があり，「小里」図幅には「跋渉シ得サル湿地」がある。いずれにしろ若干の天測点をもとに行った略測図であり，内容の精度は高くない。しかし当時として，広範囲にわたり迅速に行われた測図の成果としては，十分満足すべきものであったと思われる。

本図群の最初の発行年は前述の如く1911（明治44）年4月であり，逐次刊行されたようである[4)]。その間，全101面中41面以上が1922（大正11）年修正測図が行われ，1927・28（昭和2・3）年に刊行市販された。図Ⅲ-4-1に示した如く沿岸部と主要路線を示した地図にすぎないが，日本北辺の，当時としては軍事的に重要なところでもあり，後の地形図完成後秘扱のために販売されなかった地区も，本図群は当初全域があったために所蔵者も多く，広く利用されたものと思われる。地形図完成に先立つ1922（大正11）年の修正は，行政区画・行政名（村界・村名），集落名の日本名化（カラフトアイヌ語あるいはロシア語からの），交通路についてのみであり，測図域は拡大されていない。また修正年紀は，1922（大正11）年に併記して，「明治四十四年製版大正十五年修正」とあり，1926

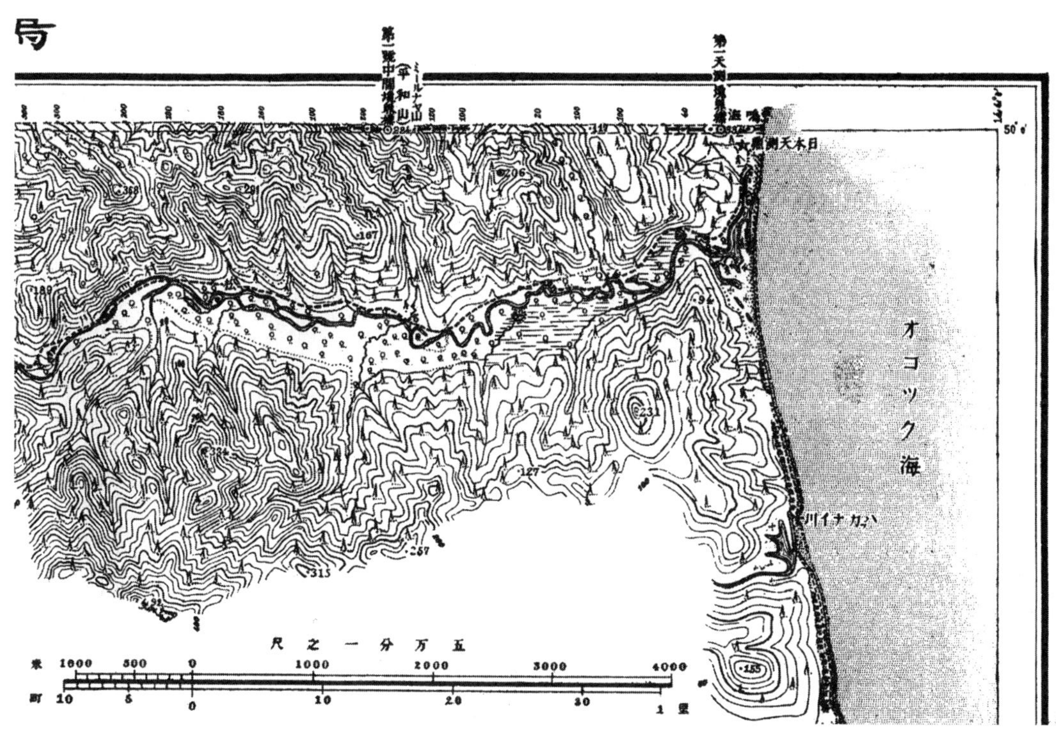


図Ⅲ-4-2　仮製樺太南部5万分1「鳴海」（一部）
注：東端に日本側で行った天測点がある。原図×0.8。

(大正 15) 年に修正製版の意と思われる。下方の発行者には，臨時測図部と陸地測量部の間に「薩哈嗹州派遣軍司令部」[5] の文字が入っている。この時，図名についても日本語化が進んだ。

1927 (昭和 2) 年 9 月の陸地測量部出版地図区域一覧図によると，南端の「持内」・「宗仁」・「西能登呂岬」・「危険岩」・「知床岬」が秘図に組み入れられ，一覧図上から消え，更に 1932 (昭和 7) 年 5 月には北辺の 12 面が消されている。

本図群の販売は，基本図 (地形図) の完成と共に逐次姿を消す。そのはじめは，1929 (昭和 4) 年の地形図の刊行 (4 面) で，以後順次地形図に置き換えられ，1934 (昭和 9) 年以降公式な目録には記載されなくなった [6]。しかし，在庫のある間は購入は可能であったであろう。

## 3．2万5千分1樺太空中写真測量要図

樺太の 2 万 5 千分 1 の基本図については，従来から資料がなく，唯一の公開されている記録は，『測量・地図百年史』(測量・地図百年史編集委員会 1970) 中のもののみであった [7]。

これに対し，2 万 5 千分 1 樺太空中写真要図は，作製の経過がいくつかの資料から追跡できる。樺太庁の今見林業課技師が発案した森林空中写真の撮影から発展したもので，1930 (昭和 5) 年以降に森林調査のために陸軍下志津飛行学校が撮影した空中写真をもとにしている (樺太林業史編纂会 1960：139，214)。地図作製の依頼は拓務省から陸軍省に 1931 (昭和 6) 年 1 月に提出された (アジア歴史資料センター資料，Ref. C01006506200)。空中写真の撮影は，1930 (昭和 5) 年のほか，1931 (昭和 6) 年，1934 (昭和 9) 年に実施された。1930 (昭和 5) 年は，北緯 50 度線以南の樺太の中北部の，68 万 6 千ヘクタールを，1931 (昭和 6) 年は同中部および北西部の 99 万 2 千ヘクタールを，1934 年は同北東部の 65 万ヘクタールを対象とした (板井 1935；樺太林業史編纂会 1960：214-215)。

本図群は，正式の地形図，基本図測図に先立って作製された暫定的な地形図であり，明治期の迅速測図に対応するものと言える。精度は地形図にははるかに及ばないが，仮製樺太南部 5 万分 1 に比較すると格段の相異がある。

その作製範囲は，以上を反映して北緯 47° 20′ 以北の全域で，南樺太全域の 7 割近くの地区になる。本図群は一部 (北辺部分) を除いて，1931～1932 (昭和 11～12) 年には民間の地図一覧図中に樺太庁発行図として掲載されたことがあるが (図Ⅲ-4-3)，詳細は明らかにされていなかった。清水 (1983) は，入手あるいは閲覧できた図から一覧図を作製し，うち 17 面ほどの図名を不明としたが，ウィスコンシン大学ミルウォーキー校のゴルダ・メイアー図書館 AGS (American Geographical Society) 文庫所蔵図による『樺太二万五千分の一地図集成』(樺太地図資料研究会 2000) によって，その全容が判明した。全 349 枚に達し [8]，その詳細は，上記集成に付された「一覧表・目次」添付の「樺太二万五千分の一索引図 (Ⅰ) [原図作成・松田譲]」に示されている。

本図群は，20 万分 1 帝国図の図郭を東西に二分し，それぞれに近傍名を付し，右上が 1 号，左下を 32 号として 1～32 号と番号を与え，海部等で欠番があっても番号をつめず，図の位置がわか

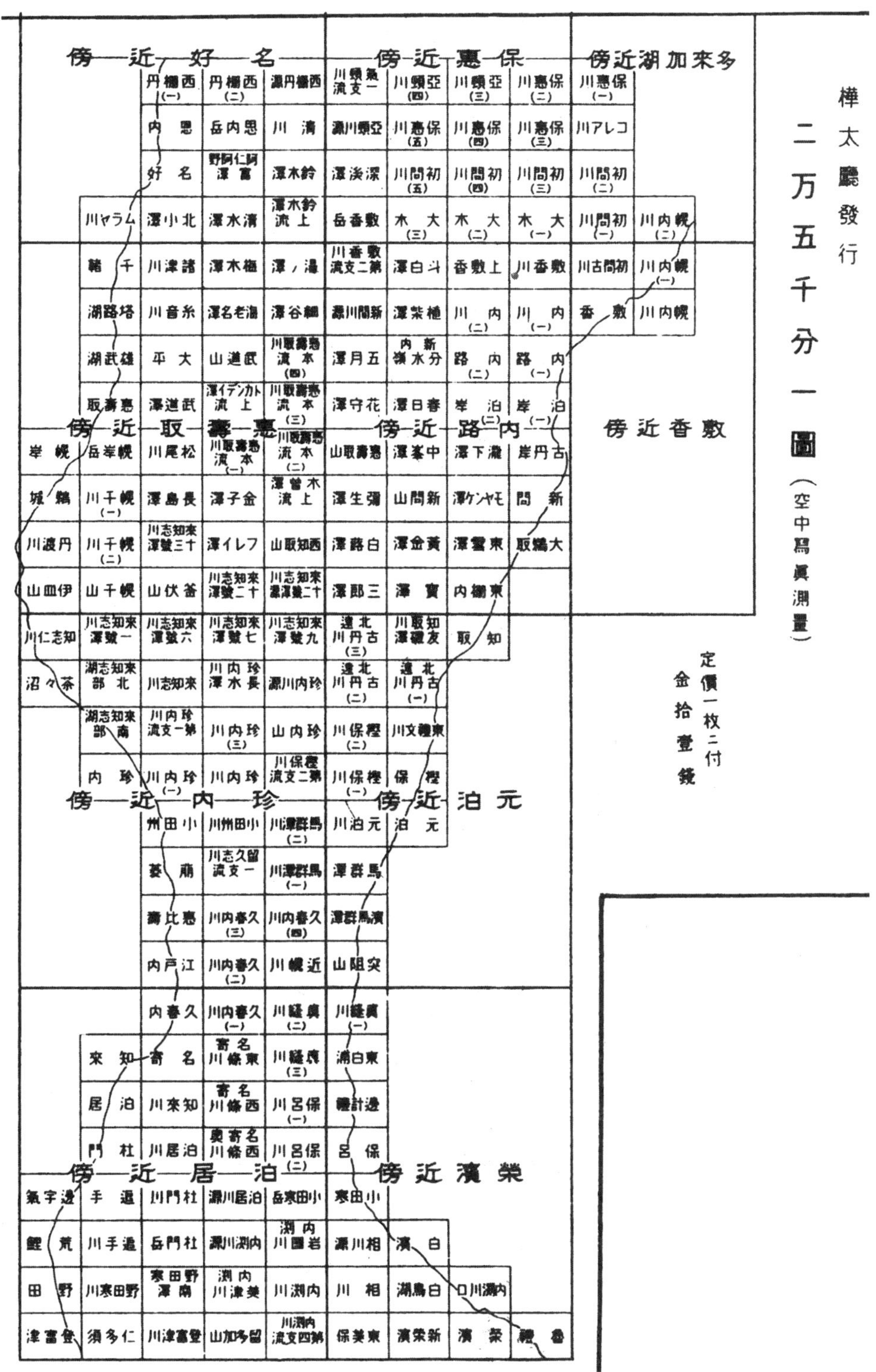


図Ⅲ-4-3　樺太庁発行2万5千分1図（空中写真測量）（市販部分）

「陸地測量部發行地圖區域一覧表」（1937［昭和12］年4月調）。

るようになっている（地図中には共何面としてどの範囲が作製されているか示されている）。著作権所有兼発行者は樺太庁，印刷者は陸地測量部。ただし北方の国境に近い部分の軍事極秘の図幅は，陸地測量部と参謀本部になっている。測図年紀は地形図と異なり写真の撮影年で示され，例えば「半田沢（三）」では「昭和六年陸軍航空本部撮影同八年製版」となっており，撮影年に遅れること1〜2年の製版年，製版年と同じか1年遅れて発行年がある。1930（昭和5）年撮影・1931（昭和6）年製版・1932（昭和7）年11月発行分が最も早く，1934（昭和9）年撮影・1935（昭和10）年製版・1936（昭和11）年11月発行分が最も遅い。もっとも1936（昭和11）年11月発行分はいずれも軍事極秘中にある。

本図群の精度があまり高くはないと前述したが，それは，一部の図の図郭外右側下方に「本圖ハ速ニ一般ノ需要ニ供スル為メ空中写真ヲ以テ調製セルモノニシテ正式ノ地形測量圖完成ノ上ハ廢止スヘキモノナリ」の注がある。その具体的作製法については，同じく左側「符号」の下に

一，本圖ハ約一万五千分一ニ撮影セシ空中写真ヲ地物ニヨリ聚成シ三角點及臨時ニ設置セル基準點ニヨリテ經緯度ノ通過點ヲ求メ二万五千分一ニ変歪修正セルモノナリ
一，水平曲線ノ等距離ハ約二十米突ヲ基準トセルモ大部分目測ニ依リ挿入セルタメ真値ヲ有セサルモノアリ
一，真高ハ本斗港ノ中等潮位ヨリ起算シ米突ヲ以テ示ス
但標高数字中米突位ニ止メタルモノハ気壓計ノ測定ニ依ル

と注記され，大局的には正しいが細部にわたっては必ずしもよくないことを記している。このような記載のうち後二者については，この空中写真測量にたずさわったと考えられる板井（1935：47-48）が，つぎのように書いている。

昭和五（1930）年度の撮影に際しては，各基準點の高さ不明のため等高線は専ら目測により記入した。昭和六（1931）年度に於ては各基準點の高さを「アネロイド」高度計或は實測線の高低角に依つて測定し或は三等三角點所在地域に於てはその高さを基準とし實體鏡によつて地況を判讀，大略の等高線を記入した。更に昭和九（1934）年度に於ては各基準點の高さを正確に實測し「バーエンドストラウド」實體鏡によつて各地點の標高差を判讀測定，これを實測基準點間に挿入して等高線を決定したのである。（カッコ内引用者）

これからすれば，水準測量が初期には間に合わず，初期のものの等高線の精度が低くならざるをえなかったわけである。なお，板井（1935：46）には，空中写真の撮影年次を示す地図が示されていることを付記しておきたい。

以上については写真による後述5万分1図にも当てはまる。また雲によって写真の撮影（陸軍航空本部）の妨げられたところは，そのまま空白になっている。

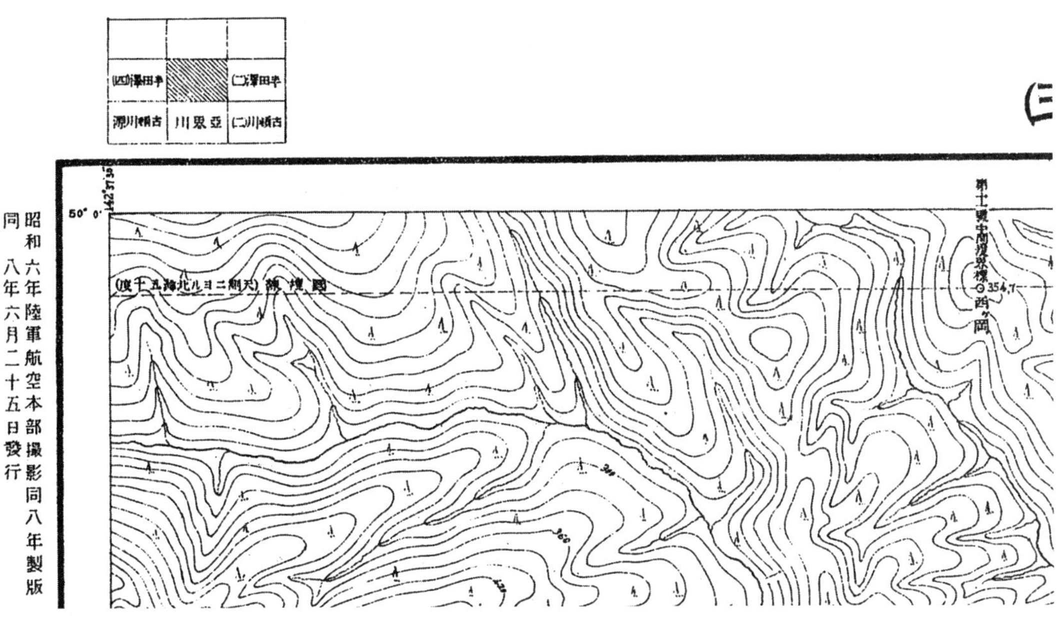


図Ⅲ-4-4　2万5千分1樺太空中写真測量要図「半田澤（三）」（一部）

注：原図×0.8。

暫定・応急的な地図とは言っても昭和に入ってからのものであり，四周の図郭線にはすべて経緯度数値が与えられており，等高線にも数値はある。図式は「陸地測量部発行地形圖々式ニ準ス」とあり，大正六年式地形図図式のうち必要部分が使用されている。図Ⅲ-4-4は本図群北端「半田澤(三)」の一部である。これによると天測による北緯50°が国境となり，地理緯度と350mほど差があることが示されている。

本図群は，正式地形図完成と共に廃止された筈だが，拙蔵品の一部の紙質は第二次大戦末期の紙であり，部内的には大戦末期まで用いられていたようである。

## 4．5万分1樺太空中写真測量要図

本図群は，2万5千分1樺太空中写真測量要図を縮小編集（編纂）して作製した5万分1図で，注記は，2万5千分1図と全く同じであり，図郭外右側下には「本図ハ正式ノ地形測量圖完成ノ上ハ廢止スヘキモノナリ」と簡単に記している。著作権所有者が樺太庁，印刷兼発行者が陸地測量部となり，陸地測量部の刊行物であることが謳われているのが，2万5千分1図との差異である。といっても，2万5千分1図も実質的には陸地測量部が管理していた筈であった。高木（1948：67）は，1934（昭和9）年の条で「五万分一樺太空中写真要図「恵須取」「名好」「敷香」号等二十五面を完成せり…翌十年六月之を出版することゝせり」と述べており，判明している図の範囲を図Ⅲ-4-5に示している。この中で販売されたのは，敷香号中の「敷香」，恵須取号の17面と名好号の南半分の７面であった。いずれも，地形図完成後は廃止されたが，販売店では一時並行して売られていたようである。後に名好号部分は秘図として販売図から外されている。沿岸部の地物については比較的よいようだが，山間部の等高線は，作図者の技量もあろうがあまり精度のよくない部分もあり，その例を示すと図Ⅲ-4-6のようになる。製図・製版印刷は，２万５千分１に比較すると格段によくなっている。

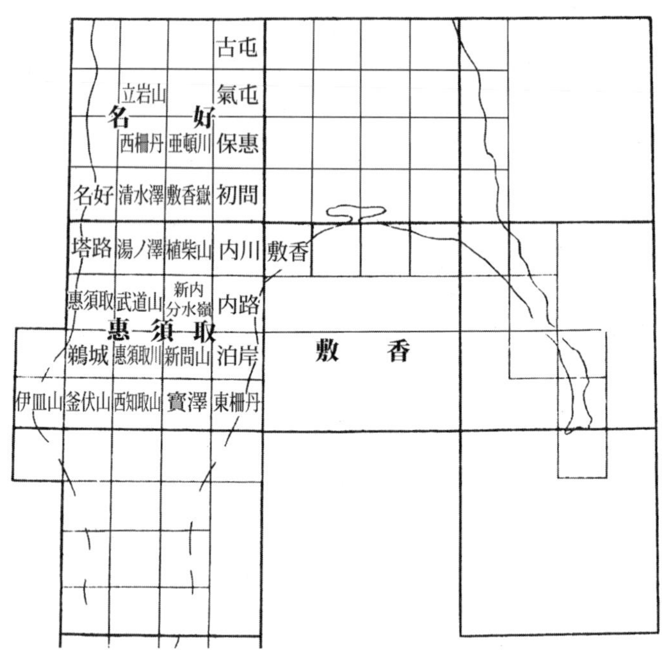


図Ⅲ-4-5　５万分１樺太空中写真測量要図の発行区域

「陸地測量部發行地圖區域一覧表」(1941［昭和16］年２月調) をもとに作成。

表Ⅲ-4-2　５万分１樺太空中写真測量要図の発行年

| 番号 | 図名 | 製版年 | 発行年 | 番号 | 図名 | 製版年 | 発行年 |
|---|---|---|---|---|---|---|---|
| | **敷香** | | | | **恵須取** | | |
| 13 | 敷香 | 1934 | 1935.6 | 1 | 内川 | 1934 | 1935.6 |
| | **名好** | | | 2 | 内路 | 1934 | 1935.6 |
| 1 | 古屯 | 1934 | 1935.6 | 3 | 泊岸 | 1934 | 1935.6 |
| 2 | 氣屯 | 1934 | 1935.6 | 4 | 東柵丹 | 1934 | 1935.6 |
| 3 | 保恵 | 1934 | 1935.6 | 5 | 植柴山 | 1934 | 1935.6 |
| 4 | 初問 | 1934 | 1935.6 | 6 | 新内分水嶺 | 1934 | 1935.6 |
| 5 | | | | 7 | 新問山 | 1934 | 1935.6 |
| 6 | | | | 8 | 寶澤 | 1934 | 1935.6 |
| 7 | 亜頓川 | 1934 | 1935.6 | 9 | 湯ノ澤 | 1934 | 1935.6 |
| 8 | 敷香嶽 | 1934 | 1935.6 | 10 | 武道山 | 1934 | 1935.6 |
| 9 | | | | 11 | 恵須取川 | 1934 | 1935.6 |
| 10 | 立岩山 | 1934 | 1935.6 | 12 | 西知取山 | 1934 | 1935.6 |
| 11 | 西柵丹 | 1934 | 1935.6 | 13 | 塔路 | 1934 | 1935.6 |
| 12 | 清水澤 | 1934 | 1935.6 | 14 | 恵須取 | 1934 | 1935.6 |
| 15 | (西柵丹に含む) | | | 15 | 鵜城 | 1934 | 1935.6 |
| 16 | 名好 | 1934 | 1935.6 | 16 | 釜伏山 | 1934 | 1935.6 |
| | | | | 16西 | 伊皿山 | 1934 | 1935.6 |

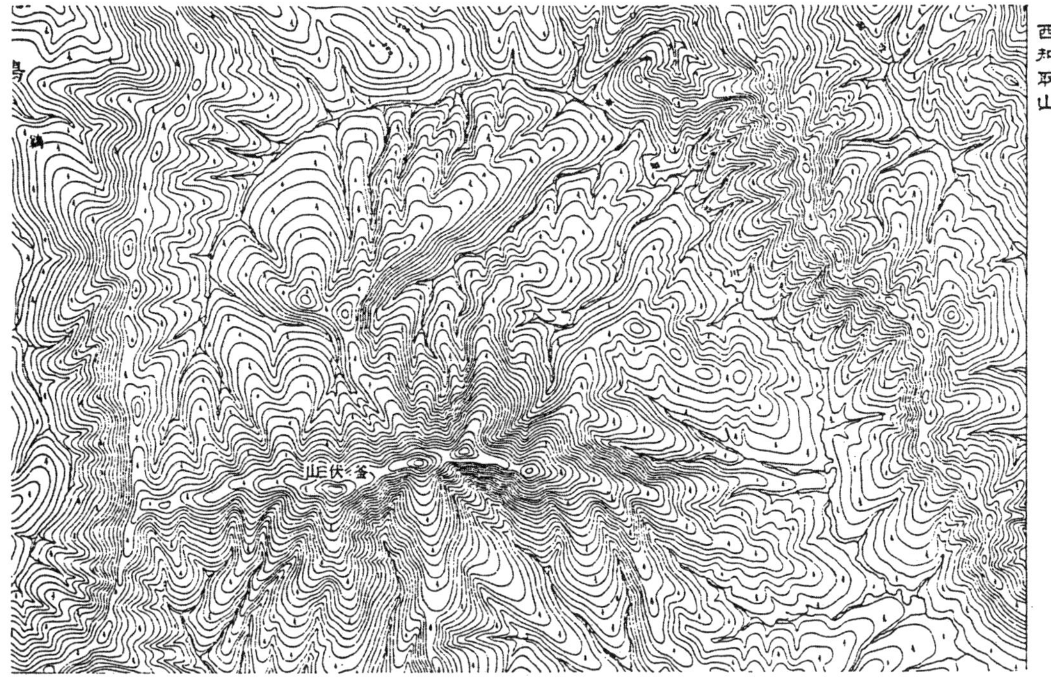


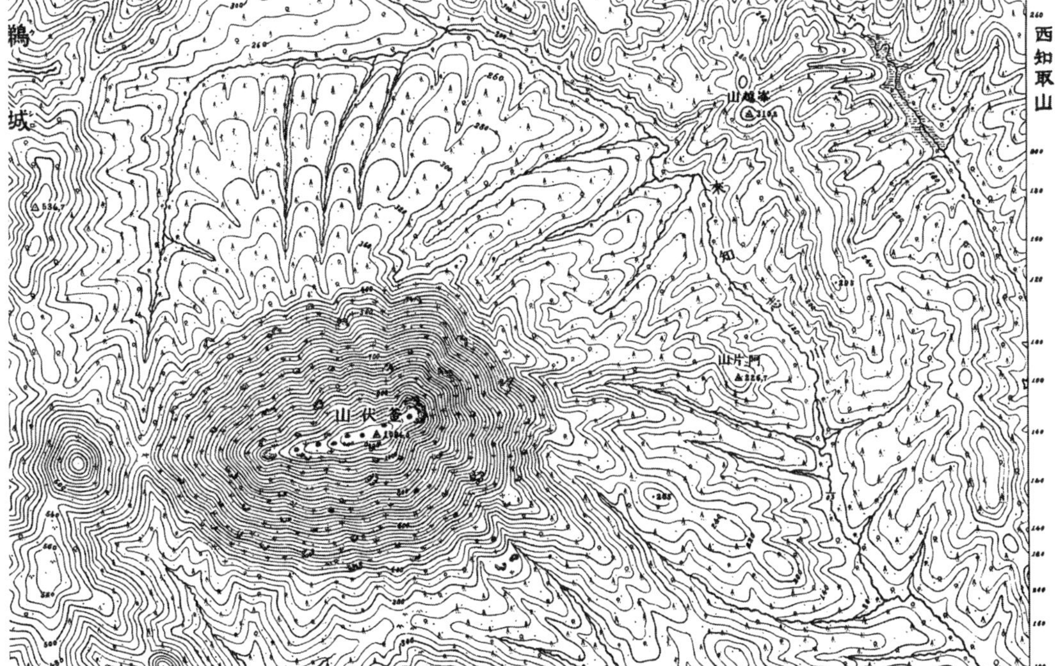


図Ⅲ-4-6　空中写真測量要図と地形図との比較　「釜伏山」図幅の釜伏山付近

上：樺太空中写真測量要図（1934［昭和 9］年製版），下：地形図（1935［昭和 10］年測図）。原図× 0.7。

## 5．5万分1地形図

### (1) 発行まで

樺太の正式測量は，領有後10余年後の1921（大正10）年，一等三角点の選点の着手にはじまる。1923～1924（大正12～13）年には宗豊三角網，1926～1927（大正15～昭和2）年には豊敷三角網，1927～1930（昭和2～5）年には国境三角網と全く未測の地で，気候も寒冷であり，低湿地はツンドラで，焼木や枯木の多い内地とは異なった環境の中で測量が行われ，二・三等三角測量は，1937（昭和12）年までに完了した。水準測量は，1922（大正11）年より1929（昭和4）年の間に一等水準測量が完了している（測量・地図百年史編集委員会 1970：452-454；陸地測量部 1930：4，12-13，20，25，31，36，39-40，45および巻末の「一等三角測量一覧圖，樺太」など）。

### (2) 地形図

5万分1地形図は，1928（昭和3）年大泊付近の測図からはじまり，1941（昭和16）年北東部沿岸地方を最後に全域の測図が完了している。その間の各年次の測図面数は表Ⅲ-4-3の通りである。表Ⅲ-4-3中，「百年史」として示した測量・地図百年史編集委員会（1970：455）の示す数値は，「原図名簿による」とされている。他方地形図中の測年注記や図歴表（日本国際地図学会地図史専門部会1975：38-40）に拠るものを「地形図から」としている。両者を比較すると若干の差異が出る。総面数の136面は現在面数で，先に述べた北辺の地であるために，内地の地形図と比較すると同じ15分幅でも左右が短いため，東西方向の延伸は多数みられ，原簿上は延伸部分も一図幅と看做したところからきていると思われる。また一図幅が2ヶ年にわたって測図，例えば「神坂」図幅は西半部のみの地図で，東半部には1933（昭和8）年測量予定と注記され，1932（昭和7）年その部分が測量されると「富内湖」と図名が変更されている，同様の図が4面ある。そんなところが差異の生じた

表Ⅲ-4-3　5万分1地形図測年別の面数

| 測図年 | 百年史 | 地形図から | 備　考 |
|---|---|---|---|
| 1928 | 5 | 4 | |
| 1929 | 6 | 10 | 3面は1932年補測 |
| 1930 | 10 | 10 | |
| 1931 | 13 | 13 | |
| 1932 | 17 | 13 | 1面は1933年補測 |
| 1933 | 9 | 8 | |
| 1934 | 13 | 13 | |
| 1935 | 10 | 11 | |
| 1936 | 7 | 6 | |
| 1937 | 9 | 9 | |
| 1938 | 5 | 5 | |
| 1939 | 8 | 8 | |
| 1940 | 8 | 7 | |
| 1941 | 19 | 19 | |
| 計 | 139 | 136 | |

「百年史」は『測量・地図百年史』，「地形図から」は地形図と図歴表から。

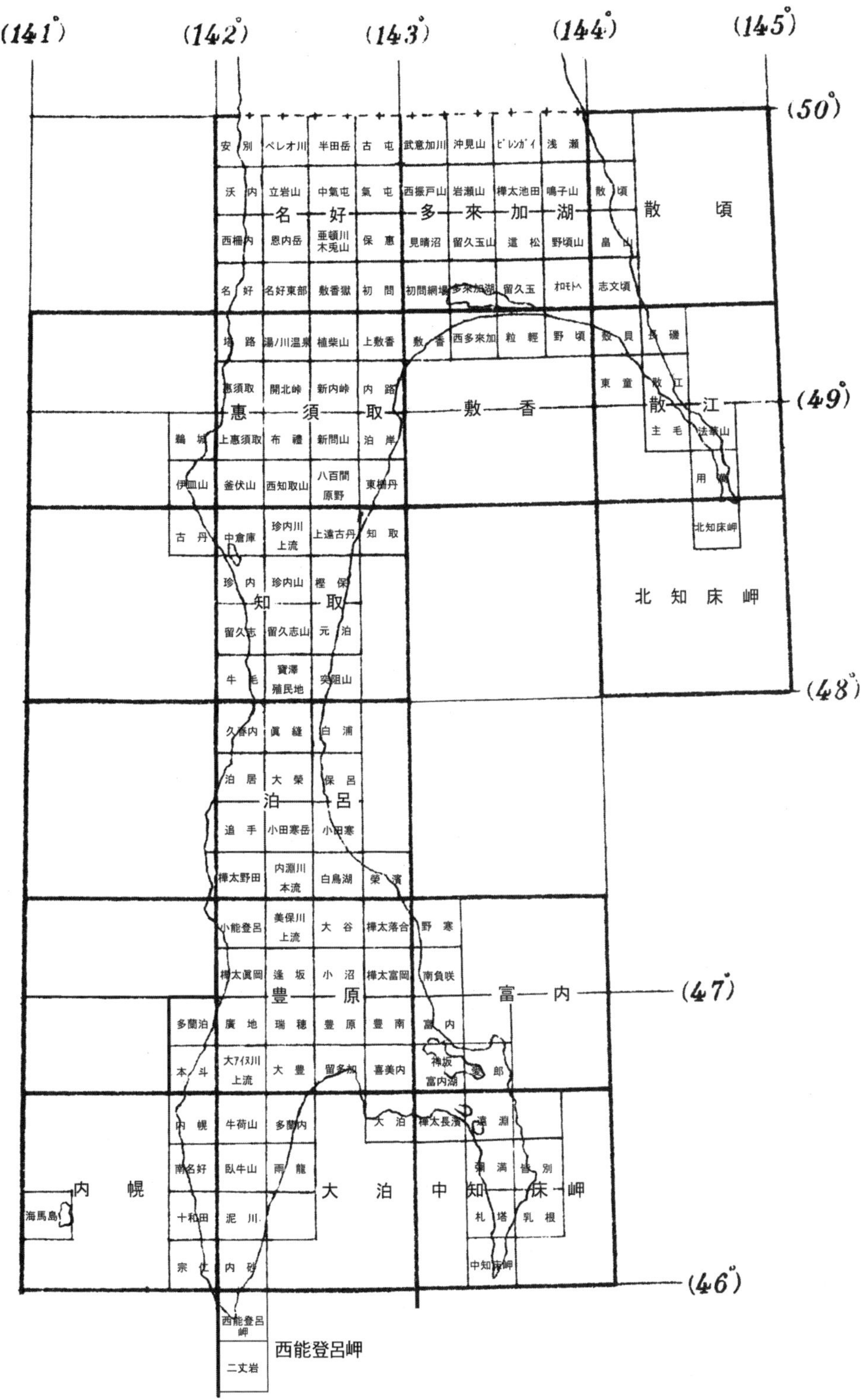


図Ⅲ-4-7　5万分1地形図図名

ところと思われ，当時の年次予算との関係があって故意に年次を変更したところがあったかも知れないが，現在は知るよしもない。図Ⅲ-4-7は樺太に作られた基本図（正式地形図）の全図名である。また表Ⅲ-4-4は測図年紀と修正年紀を示す，なお本表中にはないが，1941（昭和16）年以降戦時体制下に応急的な修正が行われ，軍事施設（飛行場など）が補描された地図が若干ある。

本図群中，当初より秘扱で販売されなかったのは，南端部の「中知床岬」・「内砂」・「西能登呂岬」・「二丈岩」・「宗仁」の声間要塞（後，樺太南部）近傍の諸図で，1944（昭和19）年製版の一覧表（参謀本部刊）では「乳根」・「札塔」・「泥川」・「十和田」が秘扱に入り，同年の陸地測量部の「内邦地域地圖整備目録（其一）」（長岡［1993］参照）では，中知床岬号の「樺太長濱」を除く全部，大泊号全部，内幌号全部，豊原号「喜美内」図幅，恵須取号北半部，敷香・散江・北知床岬・多來加湖，名好各号全部が空白化されている。もちろん，1941（昭和16）年以降，一般人の地形図購入は不可能であったが，部内においても利用の枠は著しく狭ばめられていたことになる。

本図群は，すべて測図原図から直接製版した仮製版であったが，図面は比較的奇麗であった。図式は大正六年式地形図図式，高さの基準は本斗港（海馬島は宇須湾）の中等潮位（平均海面）から起算で，北海道からの渡海水準測量は行われなかった。

『樺太5万分の1地図』（陸地測量部製作 1983）は，これらを集成してリプリントするが，北部および南部の一部（26図幅）については，地図が入手できず，上記仮製樺太南部5万分1をかわりに入れている。また，北部の10図福については，両者とも入手できず，示されていない。

表Ⅲ-4-4　5万分1地形図　測図・修正年紀

| 号数 | 図名 | 測図年 | 号数 | 図名 | 測図年 |
|---|---|---|---|---|---|
| | **散頃** | | 11 | 留久玉山 | 1941 |
| 14 | 散頃 | 1940 | 12 | 多来加湖 | 1941 |
| 15 | 畠山 | 1941 | 13 | 武意加川 | 1938 |
| 16 | 志文頃 | 1941 | 14 | 西振戸山 | 1939 |
| | **散江** | | 15 | 見晴沼 | 1940 |
| 7 | 法華山 | 1941 | 16 | 初問網場 | 1940 |
| 8 | 用萬 | 1941 | | **敷香** | |
| 9 | 長磯 | 1941 | 1 | 野頃 | 1941 |
| 10 | 散江 | 1941 | 5 | 粒輕 | 1941 |
| 11 | 主毛 | 1941 | 9 | 西多来加 | 1941 |
| 13 | 殻貝 | 1941 | 13 | 敷香 | 1938 |
| 14 | 東童 | 1941 | | **富内** | |
| | **北知床岬** | | 12 | 愛郎 | 1932 |
| 5 | 北知床岬 | 1941 | 13 | 野寒 | 1929 |
| | **多来加湖** | | 14 | 南負咲 | 1929 |
| 1 | 浅瀬 | 1940 | 15 | 富内 | 1929･32 |
| 2 | 鳴子山 | 1940 | 16 | 神坂　富内湖[1] | 1929･32 |
| 3 | 野頃山 | 1941 | | **中知床岬** | |
| 4 | オロモトヘ | 1941 | 6 | 皆別 | 1932 |
| 5 | ピレンガイ | 1940 | 7 | 乳根 | 1932 |
| 6 | 樺太池田 | 1939 | 9 | 遠淵 | 1932 |
| 7 | 這松 | 1941 | 10 | 彌滿 | 1932 |
| 8 | 留久玉 | 1941 | 11 | 札塔 | 1932 |
| 9 | 沖見山 | 1940 | 12 | 中知床岬 | 1932 |
| 10 | 岩瀬山 | 1939 | 13 | 樺太長濱 | 1929･32, 1932部修 |

| 号数 | 図名 | 測図年 |
|---|---|---|
| | **名好** | |
| 1 | 古屯 | 1938･40部修 |
| 2 | 氣屯 | 1938･40部修 |
| 3 | 保惠 | 1939 |
| 4 | 初問 | 1939 |
| 5 | 半田岳 | 1938 |
| 6 | 中氣屯 | 1939 |
| 7 | 木兎山 | 1939 |
| 8 | 敷香嶽 | 1939 |
| 9 | ベレオ川 | 1937 |
| 10 | 立岩山 | 1937 |
| 11 | 恩内岳 | 1937 |
| 12 | 名好東部 | 1937 |
| 13 | 安別 | 1937 |
| 14 | 沃内 | 1937 |
| 15 | 西柵丹 | 1937 |
| 16 | 名好 | 1937 |
| | **惠須取** | |
| 1 | 上敷香 | 1936 |
| 2 | 内路 | 1935, 1936鉄 |
| 3 | 泊岸[2)] | 1935, 1936鉄 |
| 4 | 東柵丹 | 1935 |
| 5 | 植柴山 | 1936 |
| 6 | 新内峠 | 1936, 1939部修 |
| 7 | 新問山 | 1935 |
| 8 | 八百間原野 | 1935 |
| 9 | 湯ノ川温泉 | 1937 |
| 10 | 開北峠 | 1936, 1939鉄 |
| 11 | 布禮 | 1935 |
| 12 | 西知取山 | 1935 |
| 13 | 塔路 | 1936 |
| 14 | 惠須取 | 1936 |
| 15 | 上惠須取 | 1935 |
| 16 | 釜伏山 | 1935 |
| 15西 | 鵜城 | 1935 |
| 16西 | 伊皿山 | 1935 |
| | **知取** | |
| 1 | 知取 | 1934 |
| 5 | 上遠古丹 | 1934 |
| 6 | 樫保 | 1934 |
| 7 | 元泊 | 1934 |
| 8 | 突阻山 | 1933 |
| 9 | 珍内川上流 | 1934 |
| 10 | 珍内山 | 1934 |
| 11 | 留久志山 | 1934 |
| 12 | 寶澤殖民地 | 1934 |
| 13 | 中倉庫 | 1934 |
| 14 | 珍内 | 1934 |
| 15 | 留久志 | 1934 |
| 16 | 牛毛 | 1934 |
| 13西 | 古丹 | 1934 |
| | **泊居** | |
| 4 | 榮濱 | 1932 |
| 5 | 白浦 | 1933 |
| 6 | 保呂 | 1933 |
| 7 | 小田寒 | 1933 |
| 8 | 白鳥湖 | 1932 |
| 9 | 眞縫 | 1933 |
| 10 | 大榮 | 1933 |
| 11 | 小田寒岳 | 1932･33 |
| 12 | 内淵川本流 | 1932 |
| 13 | 久春内 | 1933, 1939鉄 |
| 14 | 泊居 | 1933, 1939鉄 |
| 15 | 追手 | 1932 |
| 16 | 樺太野田 | 1932 |
| | **豊原** | |
| 1 | 樺太落合 | 1929 |
| 2 | 樺太富岡 | 1929 |
| 3 | 豊南 | 1928･29 |
| 4 | 喜美内 | 1928 |
| 5 | 大谷 | 1929, 1932部修 |
| 6 | 小沼 | 1929, 1932部修 |
| 7 | 豊原 | 1928 |
| 8 | 留多加[3)] | 1928 |
| 9 | 美保川上流 | 1930 |
| 10 | 逢坂 | 1930 |
| 11 | 瑞穂 | 1930 |
| 12 | 大豊 | 1930 |
| 13 | 小能登呂 | 1930 |
| 14 | 樺太眞岡 | 1930 |
| 15 | 廣地 | 1930 |
| 16 | 大アイヌ川上流 | 1930 |
| 15西 | 多蘭泊 | 1930 |
| 16西 | 本斗 | 1930 |
| | **大泊** | |
| 1 | 大泊 | 1928, 1930鉄 |
| 9 | 多蘭内 | 1931 |
| 10 | 雨龍 | 1931 |
| 13 | 牛荷山 | 1931 |
| 14 | 臥牛山 | 1931 |
| 15 | 泥川 | 1931 |
| 16 | 内砂 | 1931 |
| | **西能登呂岬** | |
| 13 | 西能登呂岬 | 1931 |
| 14 | 二丈岩 | 1931 |
| | **内幌** | |
| 1 | 内幌 | 1931 |
| 2 | 南名好 | 1931 |
| 3 | 十和田 | 1931 |
| 4 | 宗仁 | 1931 |
| 15 | 海馬島 | 1931 |

注：1）は旧「神坂」，2）は旧「新問」，3）は旧「留多賀」。「部修」は部分修正，「鉄」は鉄道補入。

## 6．1万分1図地形図類

南樺太の1万分1地形図類は，公式の刊行物や地図一覧図等には未見である。残されている1万分1豊原近傍6面から考えると，1909（明治42）年仮製樺太南部5万分1図作製時に作製された。柾判6面で豊原市街とその周辺を示したもので，周辺は未測の白部となっている。市街地の表現はよいが，図郭に経緯度数値の表示はなく，迅速測図類似の地図である。なお，1958（昭和33）年3月，地理調査所が編集した『国外地図一覧図　第一巻　旧日本領』（本書Ⅲ-1章参照）には，豊原6面のほかベレスキヤキー5面と補足図1面，滝ノ沢2面，ソロウェーヨフカ5面が表示されているが，詳細は不明である。正式の1万分1地形図は作製されなかったようである。

## 7．5千分1図

樺太南西端，5万分の1地形図の内幌，南名好，十和田の範囲に，5千分1図が1943（昭和18）年に四六判で26面以上作製された。1943（昭和18）年5月，大日本航空株式会社航測所が図化，陸地測量部が製版し，同年同月参謀本部が発行している。取り扱いは軍事極秘，地形表現は等高線ではなく，尾根筋を実線，谷筋を破線で細かく表現しているが，標高数字はない。また図郭に経緯度表示も記載がない。この大きな縮尺と表現法から，作製目的や使用目的はみえてこないが，要塞地帯での作製でもあり，単なる林業用ではなさそうである。軍事施設建設のための計画用図と考えてもよいかも知れない。

## 8．北樺太の2万5千分1図

1867（慶應3）年，樺太は日露共有地とされた（日露間樺太島仮規則）が，1875（明治8）年樺太・千島交換条約で，日本は樺太を放棄している。1905（明治38）年，日露戦争後のポーツマス条約で，日本は北緯50度以南の地を領有し，あわせて沿海州沿岸地の漁業権を得ている。ロシア（旧ソ連）領の北緯50度以北の北樺太については，シベリア出兵中におきた「尼港事件」（1920［大正9］年）などを契機に，日本はその石油資源の採掘権を獲得し，北樺太石油会社による開発がはじまった。この経過は『北樺太石油コンセッション 1925-1944』（村上 2004）にくわしい。この国策会社に対するソ連官憲の国内法を盾にした妨害からすると，以下に述べる地図がどこまで利用に耐えたか関心がもたれる。

北樺太の2万5千分1図（地形図）は，いずれも1940（昭和15）年の関東軍測量隊による写真測量により，1941（昭和16）年8月に陸地測量部が製版印刷している。ただし現地調査を行った形跡は地図にはみられない。

地図が作製された地域は，地図上では「蘇領極東地方」と書かれており，現在判明の面数は『樺

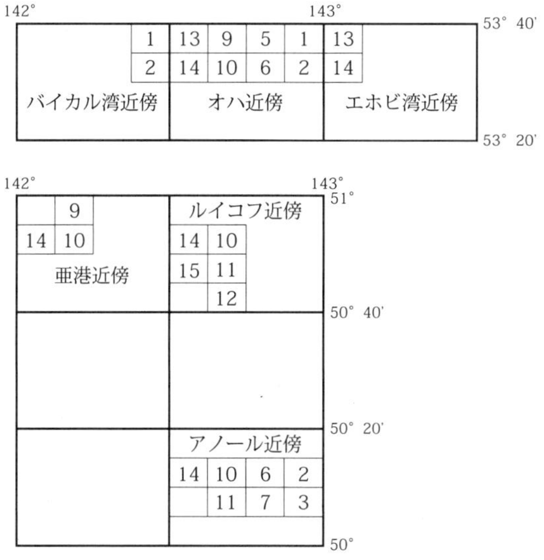


図Ⅲ-4-8　北樺太２万５千分１図　位置概略図

表Ⅲ-4-5　北樺太２万５千分１図

| | | | |
|---|---|---|---|
| オハ周辺 | エホビ湾近傍 | 13 | ネウギツ湖 |
| | | 14 | ウルクタ |
| | オハ近傍 | 1 | オハ北部 |
| | | 2 | オハ |
| | | 5 | ルグリ河東方 |
| | | 6 | オハ西方 |
| | | 9 | ルグリ河 |
| | | 10 | ルグリ河南方 |
| | | 13 | ルグリ河西方 |
| | | 14 | モスカリウォ東方 |
| | バイカル湾近傍 | 1 | ワォトーフタ岬 |
| | | 2 | モスカリウォ |
| 亜港周辺 | ルイコフ近傍 | 10 | デルビンスコエ |
| | | 11 | ツイモノ農業試験場 |
| | | 12 | ルイコフ |
| | | 14 | デルビンスコエ西方 |
| | | 15 | ニジウニイ・アルムタン |
| | 亜港近傍 | 9 | ベルワーヤ アルコーワ |
| | | 10 | 亜港 |
| | | 14 | ドゥエ |
| アノール付近 | アノール近傍 | 2 | カザールスコエ |
| | | 3 | カザールスコエ南方 |
| | | 6 | アノール東方 |
| | | 7 | アブラーモフカ |
| | | 10 | アノール |
| | | 11 | アノール南方 |
| | | 14 | アノール西方 |

注：施番は北東から南西に1～16（1→4，5→8，9→12，13→16）。

太二万五千分の一地図集成』（樺太地図資料研究会 2000）による。北樺太北端近くのオハ油田周辺12面，西海岸の亜港（アレキサンドロフスク）周辺3面，さらに東に連続する2面分の空白をおいて内陸に5面（ルイコフ近傍），そして北樺太の南端北緯50度に近いアノール付近に7面作製している（図Ⅲ-4-8，表Ⅲ-4-5）。

なお，オハ周辺，亜港周辺には1万分1図が同じように空中写真測量によって作製されており，他にも沿海州，尼港（ニコライエフスク）付近等をはじめ数ヵ所について作製されている。

## 9．編纂図類

多くの編纂図が作製されている。当初ロシアの資料から編纂した20万分1などもあり，大本営陸軍幕僚と陸地測量部は1904（明治37）年10月（製版）約80万分1で樺太全図（582㎜×1290㎜）を作製，日露戦役用に供し，100万分1東亜輿地図も「尼古來斯克」・「亜歴山」・「多來加湾」・「宗谷岬」を1909（明治42）年以降刊行している。また樺太空中写真測量要図4面を集成して10万分1図を作製したという（測量・地図百年史編集委員会 1970：454）。ここでは正式測図以降の編纂図若干について記す。

### (1) 20万分1帝国図

地形図の完成にともない，南部から作製され，図Ⅲ-4-9に示す図名で作製されたが，図名下の数字は製版年紀で，ついに「恵須取」図幅までの8面しか完成しなかった。「西能登呂岬」は「宗谷」

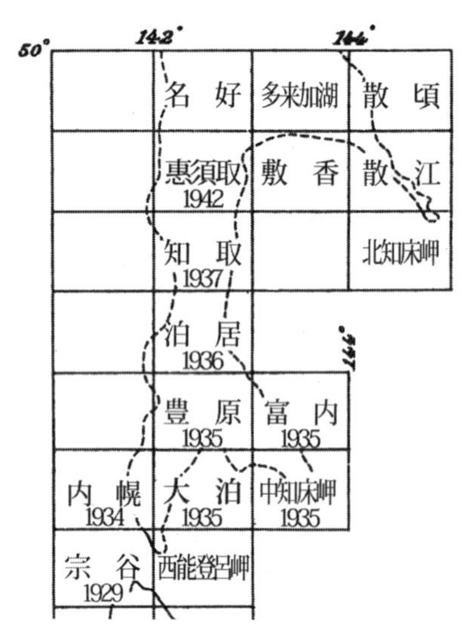


図Ⅲ-4-9　20万分1帝国図

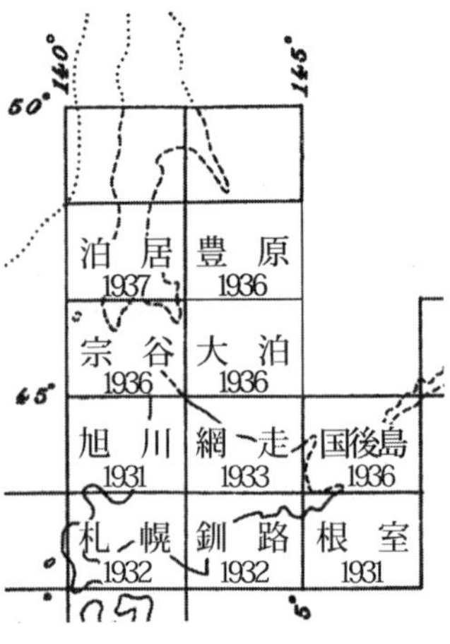

図Ⅲ-4-10　50万分1輿地図

注：数字は製版年紀。西能登呂岬は宗谷に包含。
陸地測量部（1933）の「附録第三，陸地測量部發行地圖區域一覧圖」を加工して作成。

が延伸して包含した。5万分1地形図の秘図に相当する部分は，等高線を抹消してある。いずれも山を緑のぼかし（暈渲）と等高線，水部を青，都市を赤，地物・注記を墨の4色刷であった。

(2) 50万分1輿地図

後に帝国図と改称されるが，1936・37（昭和11・12）年にかけて，20万分1帝国図の完成域に製版が完了している。図名と製版年は図Ⅲ-4-10に示す。山地を緑色のけば（暈滃），水部を青，都市を赤，地物・注記を墨の4色刷の美しい図で，秘図地域はけばを止め，緑色で平調にぼかしてある。北半部分は作製されなかった。

(3) 100万分1万国図（国際図）

1891（明治24）年のペンクの提唱以来，日本は1909（明治42）年イギリス政府からの要請によって参加，1913（大正2）年には「東京」図幅を完戒，世界共通の規格による地図として，この地においても「OTOMARI（大泊）」(44°N～48°N × 138°E～144°E）は1935（昭和10）年編纂，1936（昭和11）年発行されたが，その北方の「SHIKUKA（敷香）」と北東方の「KAIHYOTO（海豹島）」は編集途中で，1945（昭和20）年までには完成しなかった。

## 10. むすびにかえて

南樺太が日本に領有されていたのは，千島・樺太交換条約以前は別として，日露戦争から第二次世界大戦終結までの40年間にすぎない。わずかの期間ではあったが，地図作りが行われ，いくつもの種類が年代と共に作製され消えていった。もちろん，樺太庁，他の官庁，民間の地図作製者によるものも数多く刊行あるいは部内用に作製されている（北海道大学附属図書館 1981：135-147)。

本稿は地形図類にのみ関して，地図作製史の一環として記したものである。樺太特有の異なった方式による地図が重層的に同一個所に作製され，地域の変貌を把握することも可能である。日本領から離れ，早60年以上の年月が経過している。資料の失われたものも多かろうが，ここでは主に残されている地図を手がかりに構成した。

[付記]

本稿を記すに当たり，中村宗敏氏，国立国会図書館地図室の田中藤吉郎・鈴木純子・野上成勇の諸氏に種々御世話になった。感謝の意を表したい。また本稿は清水（1983）に加筆したものである（とくに1万分1図，5千分1図，北樺太の地形図について)。

注

1）測量・地図百年史編集委員会（1970：454）では「国境画定委員会」としている。

2）測量・地図百年史編集委員会（1970：454）によれば25面となっている。

3）日露戦争に際して戦地に派遣されたのは，第二次臨時測図部で，対露宣戦詔勅（1904［明治 37］年 2 月 10 日）のあと同年 5 月 11 日に編成命令が下された（陸地測量部 1922：182-186）。

4）陸地測量部（1922：249）の 1911（明治 44）年 3 月 18 日の項に「假製樺太西部五万分一圖製版逐次成リタルヲ之ヲ普通圖トシテ発行」とある。なお西部は南部の誤植と思われる。

5）薩哈嗹州派遣軍は，シベリア出兵時に，北部樺太の占領と軍政のために 1920（大正 9）年に編成され，1925（大正 14）年に復員した。

6）高木（1948：74）の 1935（昭和 10）年 7 月 13 日の項に「出版図中左記（略五種数十面）地図は在庫品の尽くるに随い其発行を停止す」とあり，該当するものと思われる。

7）測量・地図百年史編集委員会（1970：454）では「2 万 5 千分 1 測図は，国境付近の空中写真測量要図 131 面約 1 万 3,000㎢が，昭和 8（1933）年から同 11（1936）年に作製されているが，これは応急的なものであって，2 万 5 千分 1 基本測図は 5 万分 1 基本測図の完了した昭和 17（1942）年に，国境の要衝である古屯の市街地付近から着手され上敷香にむかって 18（1943）年まで実施された。（中略）当時はすでに戦局不利のきざしがあり，国境付近は緊張した状態であった。これらの 2 万 5 千分 1 基本図の整備は確実な資料がないので，詳細は明らかでない」（カッコ内引用者）とあり，大きく 2 期に分けられる。

8）この数値は，測量・地図百年史編集委員会（1970：454）の示すものと大きくちがうことになる（注 7 参照）。

文献

坂井英夫　1935. 航空寫眞に依る樺太の森林調査に就て. 日本林学会誌 17（6）：457-468.

樺太地図資料研究会編　2000.『樺太二万五千分の一地図集成』科学書院.

樺太林業史編纂会編　1960.『樺太林業史』農林出版.

国立国会図書館参考書誌部編　1967.『国立国会図書館所蔵地図目録（北海道・樺太南部・千島列島の部）』国立国会図書館.

小林　茂・渡辺理絵・鳴海邦匡　2004. アジア太平洋地域における旧日本軍の空中写真による地図作製. 待兼山論叢（日本学篇）38：1-24.（本書Ⅳ-2 章）

清水靖夫　1983. 樺太の地形図類について. 研究紀要（立教高等学校）14：1-21.

測量・地図百年史編集委員会　1970.『測量・地図百年史』日本測量協会.

高木菊三郎　1948.『陸地測量部沿革誌　終末篇』高木菊三郎.

長岡正利　1993. 幻の昭和 19 年地図一覧図——陸地測量部内邦地図成果の総大成として. 地図 31（4）：41-44.

日本国際地図学会地図史専門部会　1975. 地形図類図歴表 4. 地図 13（4）：38-40.

北海道大学附属図書館編　1981.『北海道関係地図・図類目録——北方地域図および日本図等も含む』北海道大学附属図書館.

村上　隆　2004.『北樺太石油コンセッション 1925-1944』北海道大学図書刊行会.

陸地測量部　1922.『陸地測量部沿革誌』陸地測量部.

陸地測量部　1930.『陸地測量部沿革誌　終篇』陸地測量部.

陸地測量部　1933.『陸地測量部發行地圖目録』（1933［昭和 8］年 9 月末日現在）陸地測量部.

陸地測量部［製作］　1983.『樺太 5 万分の 1 地図』国書刊行会.

# 第5章　北方領土・千島列島の地形図類

清水靖夫

本章では，現在，ロシアによる占領により，日本の施政の及んでいない北方領土とその他の千島列島（以下千島列島と総称）の地形図について概略を示したい。千島列島は，北からのロシア，南からの日本の勢力が出会うところで，1855（安政元）年の日露和親条約では，南千島の択捉島と中千島の得撫島との間に境界が引かれた。一方樺太も類似の状態であったが，1875（明治8）年，樺太・千島交換条約で，樺太を放棄し，千島列島の北端の占守島までを日本領とした。

## 1．5万分1地形図

千島列島の測図は，1912（明治45）年よりはじめられている（陸地測量部 1922：261）。これは，本州北部の一部地域よりも早く，東北地方の仙台周辺が1901〜1908（明治34〜41）年と，主要都市は明治後期だが，長野・秋田が1912（大正元）年，宮古や角館は1916（大正5）年と，関東・東海地方を除く本州中部以北は，多くが大正期に入ってからである。測図年からみると，北・中千島の方が本州北部より早く，1912（大正元）年から1917（大正6）年までに終了している。当時の日本北辺の国際状況から測図が急がれたようである（測量・地図百年史編集委員会 1970：322-323）。

北海道では，1915（大正4）年から基本図測図が開始され，1924（大正13）年までに284面が完了している。南千島・色丹島は北海道本島東部と同じく1922（大正11）年であった。なお，沖縄本島那覇の測図は1921（大正10）年で，北・中千島より遅い。

千島列島102面（測量・地図百年史編集委員会［1970］には，103面とある）と北海道本島284面の測図年別の面数を示すと，表Ⅲ-5-1のようになる。北・中千島（1912［大正元］〜1917［大正6］年）と南千島（1922［大正11］年）の測図年の間に4年間の間

表Ⅲ-5-1　千島列島と北海道本島の測図年次別面数

| 年　紀 | 北・中千島 | 南千島 | 北海道本島 | 計 |
|---|---|---|---|---|
| 1912（大正 1） | 3 | | | 3[2] |
| 1913（大正 2） | 9 | | | 9 |
| 1914（大正 3） | 9 | | | 9 |
| 1915（大正 4） | 20 | | 8 | 28 |
| 1916（大正 5） | 14 | | 17.5 | 31.5[1] |
| 1917（大正 6） | 5 | | 53.5 | 58.5[1] |
| 1918（大正 7） | | | 2 | 2[3] |
| 1919（大正 8） | | | 29 | 29 |
| 1920（大正 9） | | | 47 | 47 |
| 1921（大正10） | | | 11.5 | 11.5[1] |
| 1922（大正11） | | 42 | 32.5 | 74.5[1] |
| 1923（大正12） | | | 44.5 | 44.5[1] |
| 1924（大正13） | | | 38.5 | 38.5[1] |
| 計 | 60 | 42 | 284 | 386 |

1）面数の「.5」は測図が2ヶ年にわたるもの。
2）志林規島の測年は1914（大正3）年として算入。
3）1918(大正7)年以降この地域は準基本測図となった。

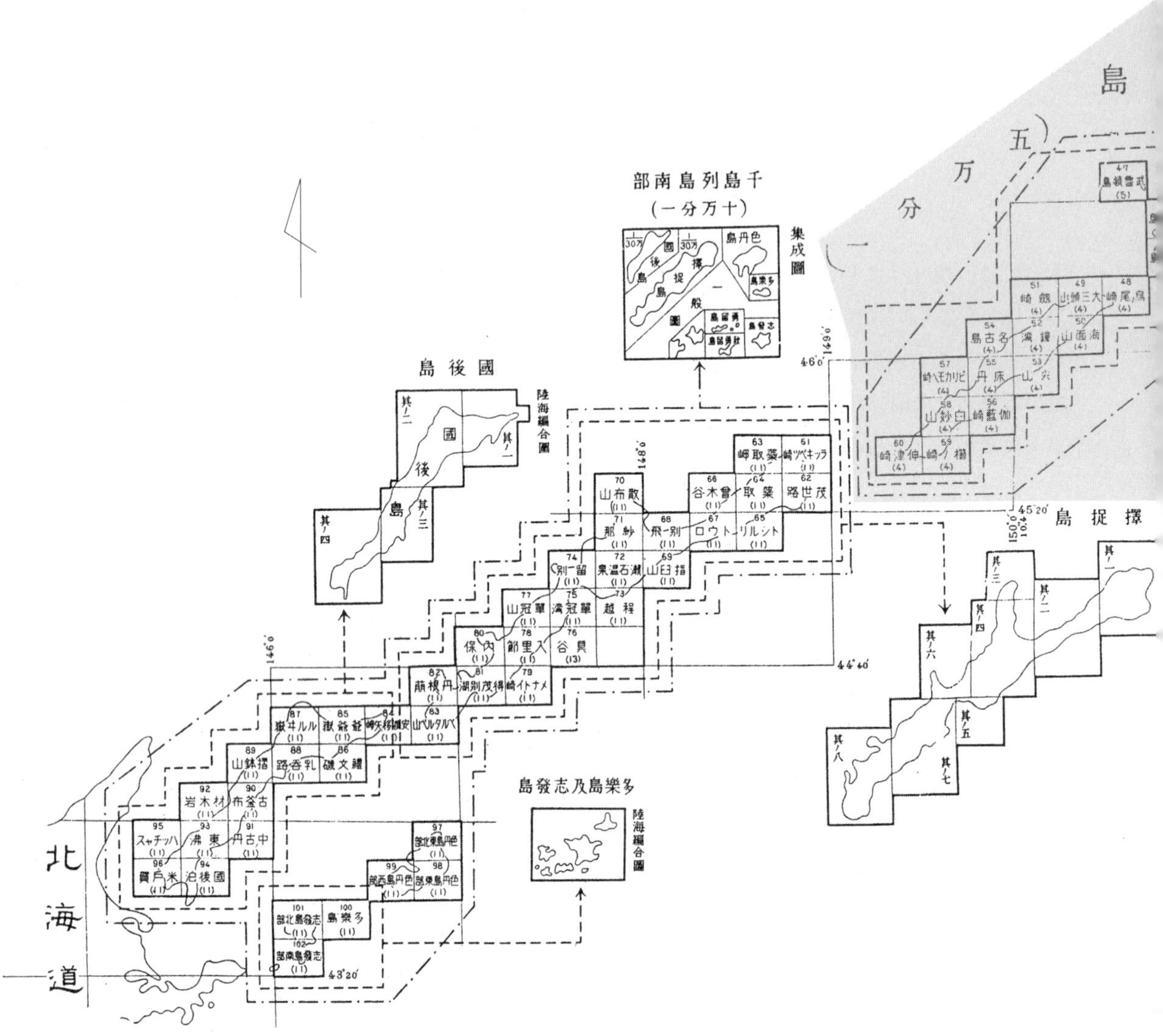

千島列島南部
(十万分一)

一般圖 集成圖
$\frac{1}{30万}$ 擇捉島 國後島 色丹島 多樂島 志發島

國後島 陸海編合圖
其ノ一 其ノ二 其ノ三 其ノ四

擇捉島
其ノ一 其ノ二 其ノ三 其ノ四 其ノ五 其ノ六 其ノ七 其ノ八

多樂島及志發島 陸海編合圖

北海道

一分万五

146°0′ 148°0′ 149°0′ 150°0′ 46°0′ 45°20′ 44°40′ 43°20′

61 ラッキベツ崎 (11)
62 茂世路 (11)
63 蘂取岬 (11)
64 蘂取 (11)
65 トシルリ (11)
66 曾木谷 (11)
67 トウロ (11)
68 別飛 (11)
69 指臼山 (11)
70 散布山 (11)
71 紗那 (11)
72 瀬石温泉 (11)
73 程越 (11)
74 留別 (11)
75 單冠灣 (11)
76 具谷 (13)
77 單冠山 (11)
78 入里節 (11)
79 メナトイ崎 (11)
80 内保 (11)
81 得茂別湖 (11)
82 丹根萠 (11)
83 ベルタルベ山 (11)
84 安渡移矢岬 (11)
85 爺爺嶽 (11)
86 禮文磯 (11)
87 ルルイ嶽 (11)
88 乳呑路 (11)
89 擂鉢山 (11)
90 古釜布 (11)
91 中古丹 (11)
92 材木岩 (11)
93 東沸 (11)
94 國後泊 (11)
95 ハッチャス (11)
96 米戸貫 (11)
97 色丹島北東部 (11)
98 色丹島東部 (11)
99 色丹島西部 (11)
100 多樂島 (11)
101 志發島北部 (11)
102 志發島南部 (11)

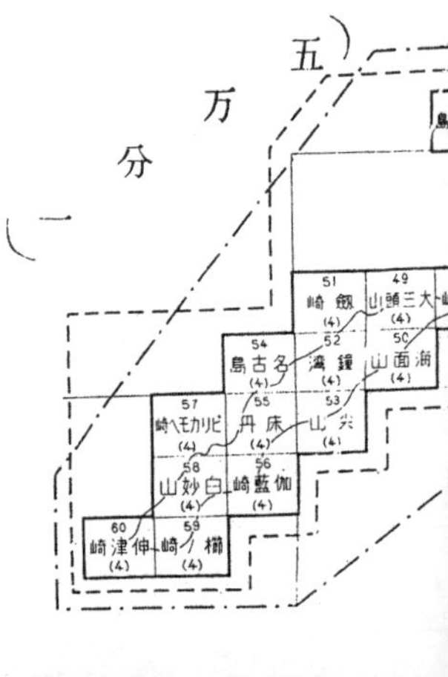

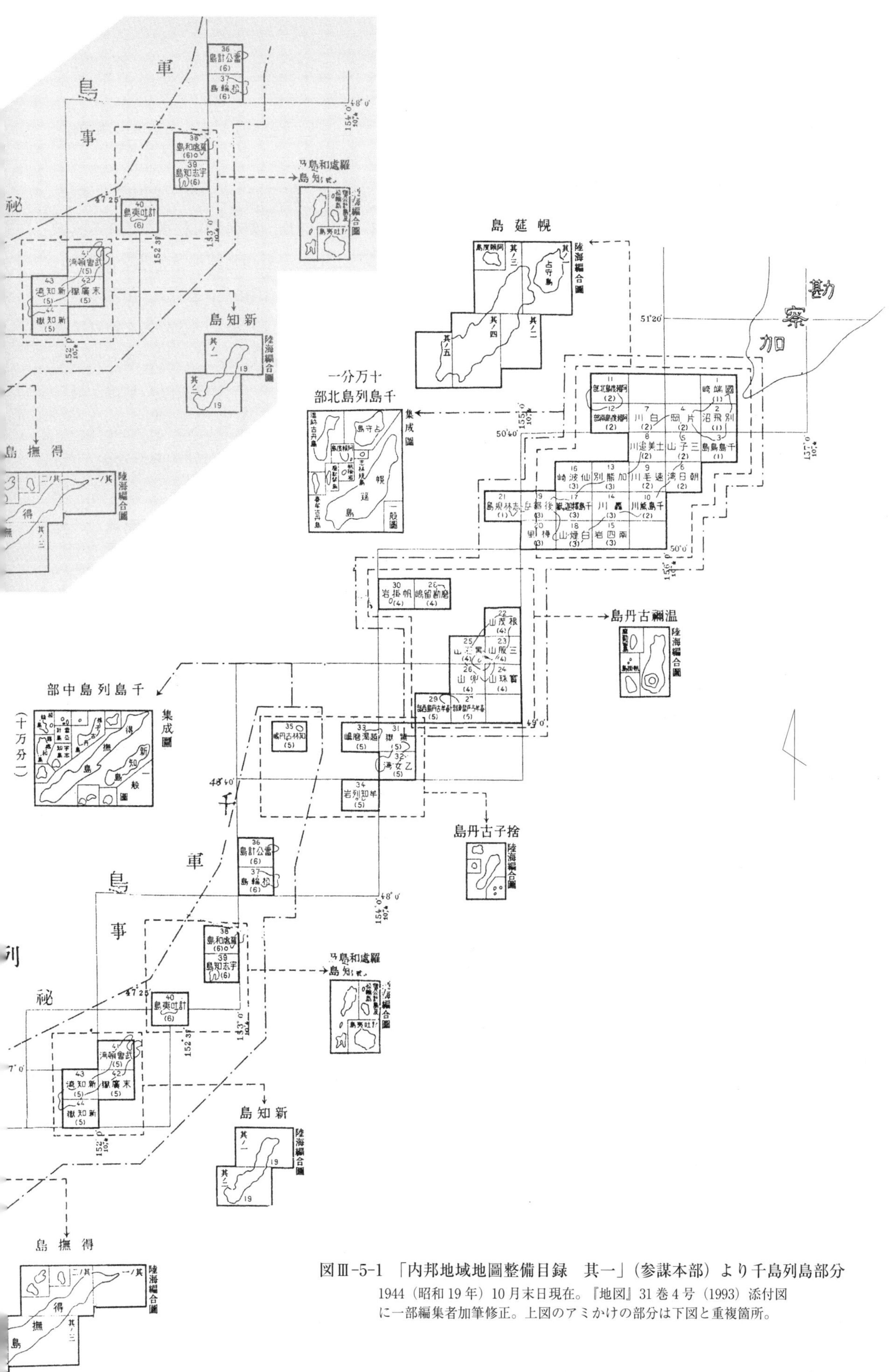


図Ⅲ-5-1 「内邦地域地圖整備目録　其一」（参謀本部）より千島列島部分

1944（昭和19年）10月末日現在。『地図』31巻4号（1993）添付図に一部編集者加筆修正。上図のアミかけの部分は下図と重複箇所。

隙がある。測量・地図百年史編集委員会（1970：321-322）によると，北海道本島での基本図測図が，準基本測図に切り替えられたためだとされている。

千島列島の地形図の秘扱いは，南千島で早くから進み，択捉島，国後島，色丹島，歯舞の島々は，測図とともに目録では破線で島々を示し，昭和に入ると北方の占守島，幌筵島も秘扱いとなる。恩禰色丹島から得撫島までの島々は1936（昭和11）年に秘扱いとして一般用地図目録から姿を消す。

1991（平成3）年，本来的な日本の領土の一部として南千島の択捉島，国後島，色丹島，歯舞の島々の地形図が国土地理院から刊行された。1922（大正11）年の測図以来はじめて一般の人々の目に触れる図幅群である。1991（平成3）年の資料修正（行政名・行政区画）にくわえ，さらに翌1992（平成4）年にも資料修正が行われた。これは，人工衛星からの画像を使い，主要な道路，集落，飛行場などを補入している。もちろん現地調査は行われていないが，ほぼ現況を示していると思われる。この42面は，現在購入が可能である。なお千島列島では2万5千分1地形図はつくられなかった。また，2001（平成13）年になって，上記大正期の5万分1地形図のほか，後述の20万分1図，陸海編合図などが，千島列島地図資料研究会（2001）によってリプリントが作製され，容易にこの時期の地図が参照できるようになった。

## 2．陸海編合図ほか

第二次世界大戦後期になると，日本列島の太平洋岸のほとんどすべての島嶼については，四六判ないし菊判の地図用紙に収まるように，集成図化が行われた。島嶼の周辺の海部は海図からの水深データも記入し，現地作戦用の「陸海編合圖」として，参謀本部・陸地測量部により1944（昭和19）年に製版し印刷された。千島列島のそれぞれの島嶼の陸海編合図の面数を表Ⅲ-5-2に示した。

また，5万分の1地形図を10万分の1に縮製集合し，千島列島を3面にまとめ，「千島列島北部」，「千島列島中部」，「千島列島南部」がおなじく1944（昭和19）年製版で作製された。いずれも一般の人々の目に触れることはなかった。

表Ⅲ-5-2　千島列島の陸海編合図

| 図　　名 | 面　数 |
|---|---|
| 幌筵島 | 1～5 |
| 恩禰古丹島 | 1 |
| 捨子古丹島 | 1 |
| 羅處和島及宇志知島 | 1 |
| 新知島 | 1～2 |
| 得撫島 | 1～4 |
| 択捉島 | 1～8 |
| 国後島 | 1～4 |
| 色丹島 | 1 |
| 多楽島及志発島 | 1 |
| 計 | 28 |

## 3．20万分1図類

現在の20万分1地勢図の前身，20万分1帝国図は5万分1地形図からの編集（編纂）によるものだが，帝国図に先立ち，諸資料から「輯製二十万分一圖」が編集（輯製）された。本州中部では，1885（明治18）年から編集がはじまったが，千島列島では1890（明治23）年から1893（明治26）年にかけて編集され刊行された。いわゆる内地での需要は当然のこととして，北海道には明治20年代には開拓使以来の「二十万分一北海道實測切圖」があり，これは「北海道假製五万分一」図の母体にもなった地図であり，表現は異なっても，使用に耐える地図が存在していた（国立国会図書館参考書誌部 1967：4-8；北海道大学附属図書館 1981：203-208，212を参照）。陸地測量部は，いわゆる内地の「輯製二十万分一圖」と同じ表現方法の，地形をケバ（暈滃）で表現したものを，全国一律にあえて作製したものと考えられる。北海道，千島とも残存数が少ないのは，後年秘扱い地域だったことにより，ほとんど需要がなかったと考えた方が良さそうである。

千島列島では，5万分1地形図の完成とともに，1930（昭和5）年以降20万分1帝国図の編集がはじめられた。刊行当初から，地形は美しい緑のぼかし（暈渲）であったが，5万分1地形図が秘扱い地域であったため，等高線は外されていた。1937（昭和12）年以降，緑のぼかしは地形に関係なく平調な緑色濃淡に変えられた。

千島列島最北端の占守島を基準に，「輯製二十万一圖」が作製されてから，緯度差40分ごとに1段，2段…と南へ，経度差1度ごとに西へ1行，2行…と20万分1の図郭が決められた。地形図類が北（上）から南（下）へ施番されているのは，これに由来する。

なお，現在南千島地域には「30万分1集成図 北方四島」が刊行されている。

文献

千島列島地図資料研究会編　2001.『千島列島地図集成 ── 百万分の一，二十万分の一，五万分の一，五万分の一（陸海編合図）』科学書院.

国立国会図書館参考書誌部編　1967.『国立国会図書館所蔵地図目録（北海道・樺太南部・千島列島の部）』国立国会図書館.

測量・地図百年史編集委員会　1970.『測量・地図百年史』日本測量協会.

北海道大学附属図書館編　1981.『北海道関係地図・図類目録 ── 北方地域図および日本図等も含む』北海道大学附属図書館.

陸地測量部　1922.『陸地測量部沿革誌』陸地測量部.

# 第Ⅳ部

# 外邦図の作製過程

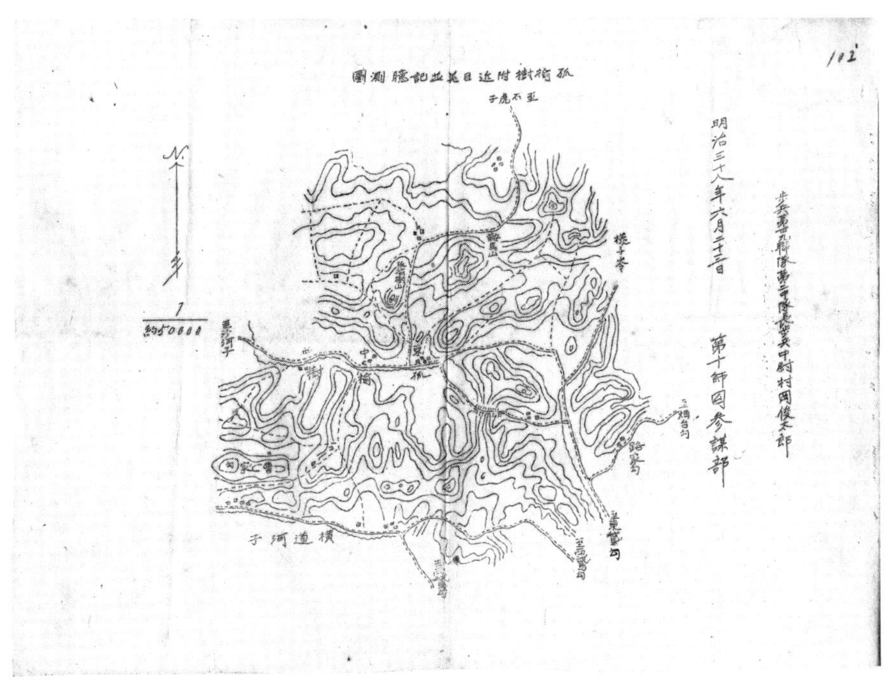

**孤楡樹附近目算並記臆測圖（約５万分１）**

第十師団第三十九聯隊第二中隊長歩兵中尉村岡俊太郎，1905（明治 38）年 6 月 23 日作製。原図× 0.35。

本図は戦場で作られた「目算測図」および「記憶測図」による偵察図である。日露戦争時，第十師団の捜索部隊（参謀本部『明治卅七八年日露戦史 第十巻』，1914 年，57 頁）に所属していた作製者が孤楡樹附近を偵察して作製されたと考えられる。測図方法は，現場での目測および部隊に戻って記憶を呼び起こして描く方法である。そのため，主な集落と道路の種類など最小限の情報のみを表記している。（金　美英）

# 第1章　植民地化以前の韓半島における日本の軍用秘図作製

南　縈佑

## 1．序論——地図の意味——

地図の歴史は，人類の最も貴重な文化遺産として認められている文字よりも古いものである。自己の文字もない未開の民族であっても，彼らは地図を持っている。未開と言われる民族も，生活を維持するためには自分が生活している土地に関する地理情報が必要である。それらを文字の代わりに記号や絵画で表現したのが地図の始まりであると言えよう（織田 1973：16-18)。古代の狩猟民らは，初めて着いた土地で良い狩場を見つけたら，それを子々孫々に伝えるために岩に描き込んだ。その石版には新しい土地が描かれ続け，やがて彼らの世界観を詳細に表現する地図が完成する。

このように，地図には人々に必要な様々な情報が描き込まれることとなり，彼らの生活観や世界観が描き込まれ，価値観や人生観が記録されると言っても過言ではない。原始的な地図であったとしても，それには住民達の全てが含まれていると考えられ，地図は地域住民のプライバシーとともにプライドに関わる存在でもあり得る。このような観点から私たちは，古山子 金正浩（推定 1804-1866）の「大東輿地圖」(1861 年）を高く評価する。しかし，金正浩の地図は現代的な観点からみると，正確さに欠けた前近代的な古地図である。

しかし地図の価値は，必ずしも精巧さや正確さによるものではない。仮に，測量・投影・製図・印刷などの技術的水準が高い地図であっても，利用者の目的によってはその価値が異なることもあり得る。特に，古地図研究家と現代地図研究家との間で，私たちはむしろ極端な差異を見つけることができる。古地図研究家の関心は，地図そのものより地図を通じて歴史を掘り出すか，古地図を収集して時代考証することに集中する。反面，現代地図研究家の関心は，官製地図の製作技術，表現法，読図教育に集まる。今日，そのような相違点にもかかわらず，古地図研究家と現代地図研究

［解説］ 本稿のもとになったのは，南 縈佑教授が1996年に刊行された地図集，『舊韓末韓半島地形圖』（成地文化社）の解説文（原文は韓文）である。南教授の許可をえて，これを日本語に翻訳し，外邦図研究ニューズレター4号（2006年3月刊）の89-108頁に掲載したものを，さらに南教授に推敲していただき，タイトルもあらためたものが本稿である。なお，外邦図研究ニューズレターに掲載したものの翻訳作業には，当時大阪大学人文地理学教室に博士後期課程院生として在学した，中国吉林省出身の留学生，朴澤龍君があたったことを付記し，同君に感謝したい。

家との間で1つの共通点を見つけることができる。それはいわば，古地図を未発達の低度な地図として決め付けていることである。もし現代の「科学的な」地図を唯一の基準にするならば，即ち科学性を唯一の評価基準とすれば，それは正解かも知れない。しかし，地図の価値は科学性のみにあるのではない。距離と方位が歪曲していても，地図製作の目的によっては「非科学的な」地図が立派で価値のある地図になることがある。

一国の地図は当国家の必要によって製作されるのが普通である。もし，自国の地図がよその国によって製作されるとしたら，その国の自尊心は間違いなく傷つけられる。それは上述したように，地図には当国民の生活観・世界観・価値観などが描かれているからである。

今までは，日本が日清戦争とロシアの南進政策に備え，1895年に三組の臨時測量班が韓半島（朝鮮半島）に派遣され，縮尺5万分の1の地図を刊行しようと計ったが，暗礁に乗り上げ，1896年に測量事業は一旦中止され，一組だけが残り，1900年まで予定を変更して縮尺20万分の1の地図を完成したとされてきた（国立建設研究所 1972）。しかし，事実はそれ以前から，日本陸軍参謀本部所属の諜報員が韓半島に派遣され，地図製作のための情報収集を長年にわたって隠密に行い（『参謀本部歴史草案』[広瀬 2001]），それを土台に1890年代に入ってから本格的な準備作業に着手し，1906年まで地形図を刊行するための測量事業を完了していた。この地形図を「軍用秘図」と呼ぶ。この名称は，日本帝国の陸軍参謀本部が軍事用として秘密裏に製作した地図という意味である。この地図の本来の名称は「朝鮮略圖」または第一次地形図とする（清水 1986，本書Ⅲ-3章）が，本稿では軍用秘図と呼ぶことにする。

## 2．軍用秘図の製作

### (1)　軍事地図の必要性

測量局（1884-1888年）および陸地測量部（1888-1945年）は，参謀本部内の独立機構でありながら他の部署との協調を得て，一般地図と軍事地図を製作しながらその技術を蓄積していった（稲葉 1967：555-567）。その当時に製作された基本図は日本国内のみを対象とした地形図であった。日本は19世紀末，世界やアジアの情勢が緊迫化し，1873年，維新政府に不満を抱えた士族らが征韓論を主張するようになると，韓半島政策に強硬策を取り入れ始めた。

その頃から，参謀本部の前身であった「第六局」は最初の海外諜報活動を開始し，雲揚号事件（江華島事件ともいう；1875年9月）を起こしながら測量活動を強行した。韓国地図学史上，直測時代とも言える1787年以後に製作された韓半島地図としては，イギリス海軍省の朝鮮海図をはじめドイツのシーボルトの朝鮮図などがあるが，これらは正確さに欠けている（南 1992）。しかし，1875年11月に陸軍参謀局から発刊された「朝鮮全圖」のような，筆者が『朝鮮日報』紙（1991年7月3日）で言及したように比較的正確なものもある。この地図は韓国の古地図とイギリス・アメリカ・フランスなどで刊行された諸海図を総合し，咸鏡道出身の金仁承の協力を得て製作されたのである

（南 1995）。

海軍とは違って陸軍の地図製作は測量に制約があるため，実地測量による地図の刊行は不可能であった。ソウルや釜山などの主要都市は，1883 年以降から部分図として発刊が始まった。地形図は，1890 年代に入ってから約 20 年間をかけた参謀本部の派遣将校らの諜報活動に負ったところが大きかった。

他国を侵略するためには，必ず地図が必要である。地図から得た情報を基に軍事作戦を練ることができるからである。それだけでなく，植民地経営にとっても地図は不可欠な存在であった。

### (2)　軍用秘図の作製と測図時期の隠蔽

軍用秘図には測量時期を知るための測図時期が記載されていない。測図とは測量を意味する当時の用語である。地形図に測図年代を明記することは地図製作の基本であるにもかかわらず，記載されていないということだ。しかし，地図の右側下端に「図式は明治 28（1895）年式地形図の図式に準ずる」と記載されており，大体の測図時期は予測できる。

本地形図の原図と原版はすでになくなったと思われ，複写版が現在，日本の国立国会図書館の地図室に所蔵されている。原版と原図は戦中に失われたと推定されているのみで，今までその所在は不明である。ただ，その一部がアメリカの Clark 大学に所蔵されている（Nam 1995）。当時，製作された 484 枚の図幅のうち 39 枚が失われ，445 枚が現存している。

地形図には測図年度に加え，製版・印刷・発行年度を明記するのが一般的である。しかし，前述したように測図または製版年代は記載されず，印刷および発行年度のみを記した。445 枚の図幅のうち最も早いのが，1911 年 3 月 10 日印刷，同年 3 月 15 日に発行されたもので，遅く製作されたのが 1916 年 4 月 25 日印刷，同年 4 月 30 日発行と記載されている。

すでに上で言及したように，日本は地形図を発行しながらも軍用秘図の測図年代を明らかにしていなかった。日本で地形図が初めて極秘文書扱いされたのが，太平洋戦争が勃発した 1941 年のことである（中野 1967）。ここで私はその点に疑惑を感じ，謎を解く気持ちで究明を試みた。

この地図が 1910 年に臨時公開されたことを『陸地測量部沿革誌』（陸地測量部 1922：242）で確認できる。なぜよりによって 1910 年に公開されていたのか？ その理由は，韓日併合によって強制的に韓国の主権を奪ったからである。韓国はもはや主権国家ではないとし，軍用秘図を公開しても問題にはならないと判断したに違いない。用意周到な参謀本部が，何の対策もなしに，地図測量のような主権侵害の事実を自認するような証拠を残すことはなかった。即ち，発行年度は残すにしても，測図年代は削除したと考えられる。発行年度は最も早いもので韓日併合後の 1911 年になっているため，瑕疵がないと彼らは判断したのだろう。しかし，日帝はミスを図式で露出してしまった（Nam 1997）。

この地図の多くは「明治 28 年式」の図式によるものだが，遅く刊行されたのは「明治 33 年式」の図式に準じている。それぞれ 1895 年と 1900 年に該当する。日本地形図の図式変遷は，フランスとドイツの図式を模倣した「明治 13 年式」と「明治 18 年式」をはじめ，「明治 28 年式」→「明治

33 年式」→「明治 42 年式」→「大正 6 年式」に改良されていった。これらを西暦に変えると各 1880, 1885, 1895, 1900, 1909, 1917 年に該当する。軍部が，地図製作事業を握った後に採択した「明治 13 年式」と，5 年後に変更され「明治 18 年式」として通用するフランス式およびドイツ式図式は，日本の地形がフランスないしドイツと相違しており，地図体系と水準点設定に難点が続出したため「明治 28 年式」に変えられた[1)]（陸地測量部 1922：125, 146-147）。

上述したように，図式の変遷過程が分かれば測図時期も推定可能になる。仮に，当時刊行された地形図の中で図式が「明治 28 年式」であれば，その図の測図時期は 1895～1900 年の間で，図式が「明治 33 年式」であれば測図時期は 1900～1909 年の間となる。軍用秘図は，計 484 枚の図幅のうち忠清道「成歓駅」図幅が最初に測量されたと考えられる。この図幅の測図年度が「明治 27（1894）年」と記載されているからである。しかし「成歓駅」図幅は，早速，1896 年に測図した「成歓」図幅に代替された。元の測図年度が 1894 年だとすれば，当然その地形図は「明治 18 年式」の図式によって製作されたはずである。上述したように「18 年式」はドイツ式の図式であるため，日本の地図体系とは合わなかっただろう。このような理由から，「成歓駅」図幅が「成歓」図幅によって即時代替されたのではないかと推定できる。

以上から見ると，軍用秘図の図式の多くが「明治 28 年式」に従ったとすれば，製図は遅くても 1900 年以前に行われていたことは明らかである。『陸地測量部沿革誌』には，1898 年 6 月に韓国人研修生である李周煥が，初めて測量技師養成所であった修技所を卒業したとの記事があり（陸地測量部 1922：152），1897 年 1 月には「韓半島の地形図は，5 万分の 1 縮尺である遼東半島の地形図と同一図式によって製作することにする」という記事も見られる（陸地測量部 1922：146）。

軍用秘図の測図年度は全ての図幅から故意に削除された。しかし，参謀本部は決定的なミスを犯してしまった。そのミスとは，慶尚南道「三嘉」図幅の測図年代を削除できなかったことである。この図葉の左側上段には「明治三十二年測圖」と記載されている（清水 1986，本書Ⅲ-3 章；南 1992）。

筆者は，1991 年 7 月と 1994 年 2 月に日本の国立国会図書館およびアメリカ Clark 大学図書館に所蔵されている軍用秘図の存在を確認し，意外な成果を得た。それは，陸軍参謀本部陸地測量部の保存用地図を入手したことである。私は，軍用秘図が 1910 年に臨時公開された時に，公開用と保存用とに分けられていたことを後になって気付いた。保存用地図の右側上段には「秘」または「軍事機密」の印が押され，左側上段の測年代は削除されないまま表記が残っている。これにより筆者は，日帝の測量侵略の事実についての動かぬ証拠を確認したことになる。

## 3．軍用秘図の内容と製作方法

### (1)　軍用秘図の内容

軍用秘図は 1895～1906 年の 11 年間にわたって測量されたものである。このうちの大部分の図幅については1895～1899年の間に測量された（南 2007）。この時期は韓日併合の11～15年前に当たる。日本帝国は当時，独立主権国家であったわが国に対して，陸軍参謀本部が中心となって不法行為を犯したのである。このような事実について，比較的親韓学者に分類される人さえも，当時の韓国がいくら弱小国家であったとしても，主権国家に対する組織的な測量は不可能だろうと推定している。

「略圖」または「朝鮮略圖」と呼ばれる軍用秘図は，前述したように484枚の図幅から構成されている（図Ⅳ-1-1）。これらには咸鏡北道・平安北道・江原道の一部および済州島と釜山・元山等が欠落しており，韓半島の全体は覆われてはいないが，主要部はほぼ含まれている。現在，国内で流布あるいは所蔵されている日帝時代の第三次地形図は，韓日併合後に刊行されたもので，計722枚の図幅がある。即ち，軍用秘図は韓半島の約61％に相当する地域を測量して作られた地形図であることが分かる。

軍用秘図は，特に京義線・京釜線・湖南線・京原線の鉄道敷設の予定地を，100㎞の幅を持って，韓半島を南北に貫通している。そして南海岸一帯の島嶼地方が漏れなく集録され，北部地方の森林地帯と鉱産地帯が含まれている。一方，軍事拠点として指定された釜山・元山のような主要都市は

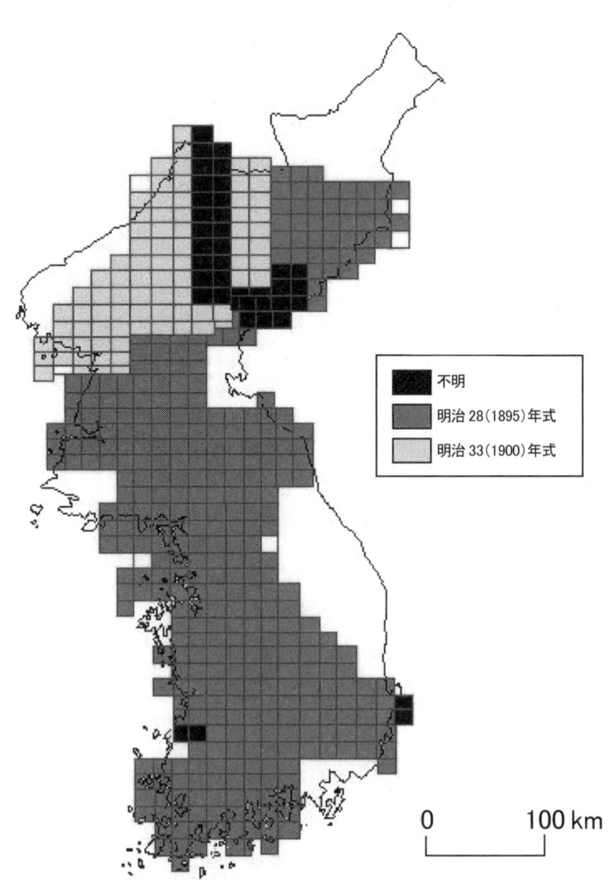


図Ⅳ-1-1　軍用秘図（「朝鮮略圖」）の刊行区域とその図式

抜け落ちているが，元来の精密略図で代替された。京釜鉄道株式会社が発行した『韓国京城全図』（京釜鉄道 1903）が，1890年代後半に測量された内容を基に作られたと推定すると，精密な略図で代替された上述の地図は最も精密で，縮尺が8千分の1～1万分の1であったはずだ。

軍用秘図は，間諜隊が隠密で迅速に測量したものであるため，正確さでは劣っているが，わが国の古代の地名・言語・歴史の一断面を解明できる資料を提供する。この地形図の地名は訓読名・古訓読名・古借字名で表記されたところが多い。朝鮮末期までわが国の地名は，漢字表記が多く音読主義だったため，純粋な韓語地名を知ることはできなかった。もちろん，民間において韓国の固有地名が使用されていたかも知れないが，残っている記録はないと分かっている。例えば，ソウルの韓江にある「バムソム」の場合，金正浩の大東輿地図と日帝下の朝鮮総督府の地形図では「ユルトウ」と記載されている。しかし，軍用秘図では，漢字で「栗島」と表記し，その隣に日本語で「バムソム」と注記されている。このように，軍用秘図の地名は，当時の国内で公式に使用された漢字地名と並行して，日本語の外来語表記文字であるカタカナで注記されており，研究上の価値が高い。それらは，漢字を現代の韓国語発音で表記したものが大部分であるが，本地図の地名を分析したことがある光岡（1982）によると，記載された地名のうち約20%が古訓または古借字名で表記されているという。

韓日併合後，土地調査事業（1910～1918年）を始めてから，韓半島には新道および鉄道が敷設され，橋梁やダムが建設された。海岸では干拓事業が行われ，農村では農地改良事業が始まった。こうして国土は大きく姿を変えた。しかし，軍用秘図には，変わる前の国土がまさに処女時代の姿のように描かれており，韓半島の本来の姿を知ることができる。ただ平壌付近の図幅には，京義線鉄道が描写されている事実を確認できる。京義線は1900年，韓国政府の鉄道自力経営方針に従い，鉄道院を設置し，1902年に着工した。ロシアに宣戦布告した日本は，軍需品の輸送に必要な鉄道を確保するために，1904年2月に臨時軍用鉄道監部を組織し，同年3月に起工式を行った。平壌付近を通過する京義線は1905年1月に竣工した。ここで私たちは1つの疑問を感じる。平壌一帯の地形図の「看東」図幅の場合，図式（明治28年式）から1895～1900年の間に測量されたことが分かる。しかし，その時期には鉄道が敷設されていなかったので，結局1911年に鉄道を記入して発行した第二次地形図と判断するしかない。

### (2)　軍用秘図の作製方法

一般的に地図製作の技術とは，具体的には測図法・図式・製版の3つを意味する。これによって陸軍参謀本部陸地測量部の組織は三角課・地形課・製図課から編成された。これらの中で三角課は大三角網を設定し，二等・三等三角点および水準点を定め，測量前に一枚の図幅に図根点の位置を決定する業務を任された。約2㎞の間隔で設定された図根点の最も近い所に，地形図に記入すべき物体があれば，アリダードと呼ばれる機械を使って平板上に記入する（中野 1966）。

地形課は，三角課から作業済みの図葉を受け取って，表記と標高を記入する作業を担当した部署である。製図課は地形課から受け取った資料をまとめ，原図を作り，銅版と鉛版を作る業務を任された。製図の際に最も重要なのは，地図の表現方式とも言える図式の決定にある。地図とは地面の絵であると同時に，地面そのままの表現ではなく，定められた記号で表現されたものなので，図式と記号については事前に知識を積んでおかなければならない。

明治維新以降，北海道の測量事業を展開した日本は，地図製作のノウハウを築いていた。日本は，1884 年には迅速図（第一師管地方二万分一迅速測図）と仮製図（京阪地方仮製二万分一地形図）を製作し，短期間で地図を製作できる能力を育てた。日本政府内に測量局が設置されるとともに，測量技師を育成する修技所が発足した。ここで多くの測量技師が生まれたことは言うまでもない。今では製図技術が発達し，航空写真や衛星写真によって地図を作るが，当時は平板測量に依存した。

軍用秘図を略図と呼んでいるのは，短期間で迅速かつ隠密に作られた迅速図であるからだ。

スケッチに依存する目測図は，方位線の決定状況によって誤差度を減らすことができる。このために測量士たちは猛訓練を受けざるを得なかった。観測地点から目標物が離れれば離れるほど若干の方向誤差が累積し，大きな誤差を発生させるからである。距離の正確な測量が不可能な場合，歩測によるか，それも困難な場合は目測で測量したはずである。

目測によって地図を製作する際には，山岳地帯で多くの誤差が発生する。特に，標高と山地斜面の測量で難関に遭遇する。高度計や傾斜計を使用できない場合，三角測量でも可能だが，隠密な測量しかできないスパイの身分では不可能なことだ。距離は目測でもある程度可能であるが，高度に対する目測は極めて困難である。

軍用秘図の測図は，測量士が渓谷口に位置する 200～300m の山頂に登って鳥瞰しながら地形を描写する目測術によったものと推定できる。この地形図を綿密に分析してみると，渓谷の入り口部分と主要道路の位置関係は比較的正確であるが，谷の奥の部分は誤差が多く，歪曲されていることが分かる。また，地形図には図根点と見られる地点に標高が記載されている。それはもちろん，正式な水準測量によるものではなく，略式目算測図で算出されたものである。高度は簡単な斜角儀と水平目測距離によって算出されたのだが，一枚の図幅に 20 個ほどの標準点を設定したのは，相対的な正確さを期したためである。

## 4．諜報体系の確立と間諜隊の活躍

### (1)　諜報体系の確立

日帝は韓国との外交・軍事的関係が緊張するにつれ，対朝鮮処理方針を決定し，1872 年 9 月に外務省の花房義質（1842-1917）を韓国に派遣した（歴史学研究会 1991）。彼の随行員であった北村重頼中佐と別府晋介少佐は，陸軍参謀局の支持を受けて諜報活動を開始した（図Ⅳ-1-2）。当時，韓国内での外国人活動は禁止されていたため，彼らは韓国人に偽装して三南地方を偵察し，帰国後に結果報告をした。この二人の将校による諜報活動が，文献上で現れた最初の諜報活動の記録である（村上 1981）。

| 階級 | 名前 | 1872　74　76　78　80　82　84　86　88　90　92　94年 |
|---|---|---|
| 中佐 | 北村重頼 | 三南地方 |
| 少佐 | 別府晋介 | 三南地方 |
| 中尉 | 益満邦介 | ソウル |
| 少尉 | 海津三雄 | ソウル　ソウル　釜山　元山　ソウル |
| 中尉 | 堀本礼蔵 | ソウル |
| 中尉 | 水野勝毅ほか | ソウル |
| 少佐 | 杉山直矢ほか | ソウル |
| 中尉 | 磯林真三 | ソウル |
| 少尉 | 渡辺　述 | 釜山 |
| 中尉 | 岡泰　郷 | 元山 |
| 少佐 | 野田時敏ほか | ソウル |
| 中尉 | 大平正脩 | 釜山 |
| ? | 平井　直 | ? |
| 中尉 | 三浦自孝 | 釜山　ソウル |
| 少尉 | 柄田鑑次郎 | 釜山 |
| 大尉 | 柴山尚則 | ソウル |
| 大尉 | 渡辺鉄太郎 | ソウル |
| 中将 | 川上操六 | ? |
| 大尉 | 倉辻明俊 | 全域 |
| 証左 | 福島安正 | ソウル　ソウル |

図Ⅳ-1-2　参謀本部将校の韓国滞在期間および活動地域（1872～1894年）
村上（1981）の第2図に加筆。

諜報将校らは韓国だけでなく，満州にも池上四郎少佐ほか2名が派遣され，地理・風俗・政治・経済・軍事などの調査を命令された。彼らは商人に変装し，遼東地方一帯を踏査しながら資料を収集した。特に彼らが注目したのは，遼河の結氷と解氷状態を綿密に調査することにあった。

参謀組織が「第六局」に改称された1873年には，鳥尾小彌太少将（1847-1905，のち中将）が主張した「長白山国防第一線説」に即して，美代清元中尉を清国に派遣した。その翌年にも，参謀局は大原里賢大尉をはじめ8名の諜報員を清国に派遣し，隣国に対する本格的な諜報活動を開始した。そして海津三雄少尉は1877年開港場の交渉の際，韓国に派遣される花房代理公使に随行しながら，韓半島の状況探索を命令された。『参謀本部歴史草案』には，これが韓国に対する諜報活動命令の始まりと記載されている（広瀬 2001：第1巻 46-47）。海津少尉の韓国滞在期間が予想より長くなったのは，漢城・釜山・元山等の要衝地に密遣され，諜報収集を急いでいたからである。1878年には数回をかけて，日本海軍の軍艦天城号が韓半島各地の海岸を回り，開港場を物色した。

その当時，関東局は堀江芳介大佐（1845-1902，のち少将）が指揮し，関西局は桂太郎中佐（1847-1913，のち大将，陸軍大臣，首相）が担当していた。その中で，桂は参謀組織の発祥地であるドイツに留学し，約6年間にわたって参謀組織を勉強した参謀活動の中心人物だった。翌年の1879年4月，花房代理公使は開港場交渉のため，再びソウルに来て8月末に協定書に調印した。その際，上に名前を挙げた海津少尉は韓国に派遣され，兵要地誌，即ち軍隊が必要とする地理書の資料収集活動を遂行していた。彼は情報収集に加え，地図製作にも熱を上げた。海津の諜報活動の一部は，日本の内閣文庫と米国ワシントンの議会図書館に所蔵されている，漢城から済物浦までの「自漢城至済物浦略図」を通じて知ることができる（山近・渡辺 2008 参照）。

参謀本部が設立された後，隣国に対する諜報体系を確立するために，1880 年 2 月には語学留学生 10 名が韓国に派遣された。続いて 11 月には，堀本礼蔵中尉がソウルに派遣され，研修生を指揮監督した。参謀本部は韓半島での諜報活動のためには，韓国語の習得が必要であると思ったのである。これは海津が活動舞台をソウルから釜山に移した後である。

堀本は 1882 年に発生した壬午軍乱の渦中で死亡した。彼の空席を埋めるために参謀本部は水野勝毅中尉，松岡利治中尉らを韓国に派遣した。参謀本部は彼ら将校を韓国政府の官吏に採用されるように工作を広げた。官吏の身分を取得すれば，思いのままに全国を歩き回りながら情報収集ができるからであった。しかしその工作は失敗に終わった。

1882 年 8 月，花房公使の諜報活動強化策として，瀬戸重雄大尉，伊藤裕義中尉，磯林真三中尉らは，将校 2 名の関西局要員を帯同してソウルに到着した（京城居留民團役所 1912）。彼らは韓国内の情勢が緊張すると，清国との軍事的衝突が予想されるので，日本軍を動員してソウルと平壌を占領すべきであるとする報告書を参謀本部に上申した。その頃，韓国に派遣された軍隊は，警部電信保護名目のソウルの 2 中隊，釜山の 1 中隊，元山の 1 中隊に過ぎなかった。200～300 名程度の兵士で清国と戦うことや，都市を占領することは不可能であったはずである。済物浦条約と韓日守護条約が，日帝によって強圧的に締結されるによって，派遣将校たちの諜報活動は一層しやすくなった。即ち，条約の締結される以前には許可されていなかった韓半島の旅行が自由になったのはもちろん，旅券所持者は地方官が護衛してくれるとの規定まで伴う外交特権が付与された。これらの事実は，要するに地図測量事業も容易になったことを意味する。

### (2) 間諜隊の活躍

韓半島で暗躍する間諜隊は，何よりも地図作製が最も重要な任務だった。海津は韓半島の道路地図を作製し，1882 年からソウルで諜報活動をしていた水野・松岡たちは，現地踏査と目測で縮尺 4 万分の 1 の「朝鮮京城圖」を完成した。壬午軍乱直後には実際測量が可能になり，1883 年には縮尺 1 万分の 1 の「朝鮮国京城之略図」と縮尺 2 万分の 1 の「漢城近傍図」が作製された（櫻井 1979：564）。これら地図の縮尺から見て大変詳細な地図であることが分かる。また，壬午軍乱直後に短期間派遣された瀬戸口大尉を含む将校団は，日本へ帰任して日本軍のソウル侵入の方策を提出した。

将校団の中で磯林中尉は，公使館職員資格で再びソウルに派遣された。渡辺述少尉は釜山に派遣され，釜山で暗躍していた海津は元山へ活動の舞台を移した。その当時の主な諜報活動は，ソウルをはじめとする各開港場に根拠地を置き，磯林・渡辺・海津の主導の下で成り立っていたと推定できる。彼らは，1882 年 12 月から国内旅行に外交特権が付与されると，場所を移しながら諜報活動を展開する計画を立てた。しかしそのような計画は，韓国農民たちの反発と韓国政府の抵抗で暗礁に乗り上げ，1883 年 3 月に磯林だけが実行に移すことができた。日帝の測量侵略に対するわが民族の抵抗に関しては後述する。

元山に駐在していた海津少尉が帰国することによって，1884年5月に彼の後任として岡泰郷中尉が赴任した。しかし，彼らに付与された任務は従来とは違っていたと推定できる。なぜならば1883年からは，軍事情報の探知に専念しろとの命令が参謀本部から下達されたからである。その当時から，韓半島に派遣された諜報員の成果としては，参謀本部測量局にて1884年10月～1885年1月に，石版印刷で発行した縮尺10万分の1の「漢城近傍之図」，「釜山近傍之図」，「元山近傍之図」が数えられる。ここで漢城近傍とはソウルをはじめ楊州・水原府・江華府・仁川府・南陽府で，釜山近傍とは釜山浦をはじめ蔚山府および密陽府・霊山県・漆原県・鎮海県と統営で，元山近傍とは元山港をはじめ松田港・淮陽府・永興府および高原郡・陽徳県を含む範囲である。

磯林の後任として情報業務の最古参となった海津は，1885年2月に再びソウルへ活動舞台を移した。渡辺の後任として釜山に赴任した大平正脩中尉は，数ヶ月で疾病のため死亡した。結局，その年の8月に三浦自孝中尉がその後を継いだ。参謀本部から命令を受けた3名の派遣将校は，1886年の春から全国各地を回りながら情報を収集した（図Ⅳ-1-3）。三浦と岡は語学研修生出身である軍属2名を帯同した。しかし1887年春から三浦が海津の後を継いでソウルの駐在将校となり，釜山では柄田鑑次郎少尉が任命され，彼らは各自が全国を歩き回りながら情報収集に没頭した。特に，三浦と柄田はそれぞれソウルと釜山を出発し，全国を調査した。彼らの2年間にわたった諜報活動は，主に西海岸の精密調査に焦点が置かれた。

1887年まで行われた参謀本部の韓国に対する諜報活動は，軍事用地理書である『朝鮮地誌略』の刊行準備と地図製作に目的があった。その後も，諜報活動は柴山尚則大尉，渡辺鉄太郎大尉，福島安正少佐（1852-1919，のち大将）に引き継がれ，日清戦争に至るまで継続された。その他の韓国駐在将校は未だに明らかにされていない（村上 1981）。

参謀本部次長である川上操六中将（1848-1899，のち大将，参謀総長）が1892年5月から韓半島と清国の視察に出かけた。彼の指示に従って，駐釜山日本総領事は1893年8月，鉄道局の専門技師で構成された測量班に，京釜線鉄道敷設の予定コースの測量を命じた。1882年から日本人の旅行が自由になったとは言え，測量は公開的に行うことはできなかったのである。

その当時，専門技師だった仙谷貢は，他の国をこっそり測量することは良心が許さないと拒否したことがある。良心的な日本青年もいたが，大勢はそうでなかった。

倉辻明俊は2名の随行員を連れて，1893年9月から8ヵ月間にわたる長期間の諜報活動に入った。彼の任務は日清戦争に備えた最後の準備作戦であったと見られる。彼ら一行はソウルを出発し，開城と平壌を通って義州に入ってから，鴨緑江をわたって満州の九連城に着いた（図Ⅳ-1-4）。このコースは，日清戦争勃発時の日本軍第一陣の進攻コースと一致する。彼らは再び義州に戻り，鴨緑江を遡って渭原，満浦を経由して満州に入り，広開土王碑を見学してから韓半島に戻った。彼らの行跡は，参謀本部の陵碑に対する関心が高かったことを反映するものと見られる。その外の地域における偵察は，1875年に陸軍参謀本部が作製した地図などを修正する目的で行われたのだろう。その証拠として，倉辻を補助した2名の随行員が専門的な測量官であったことに加え，参謀本部陸

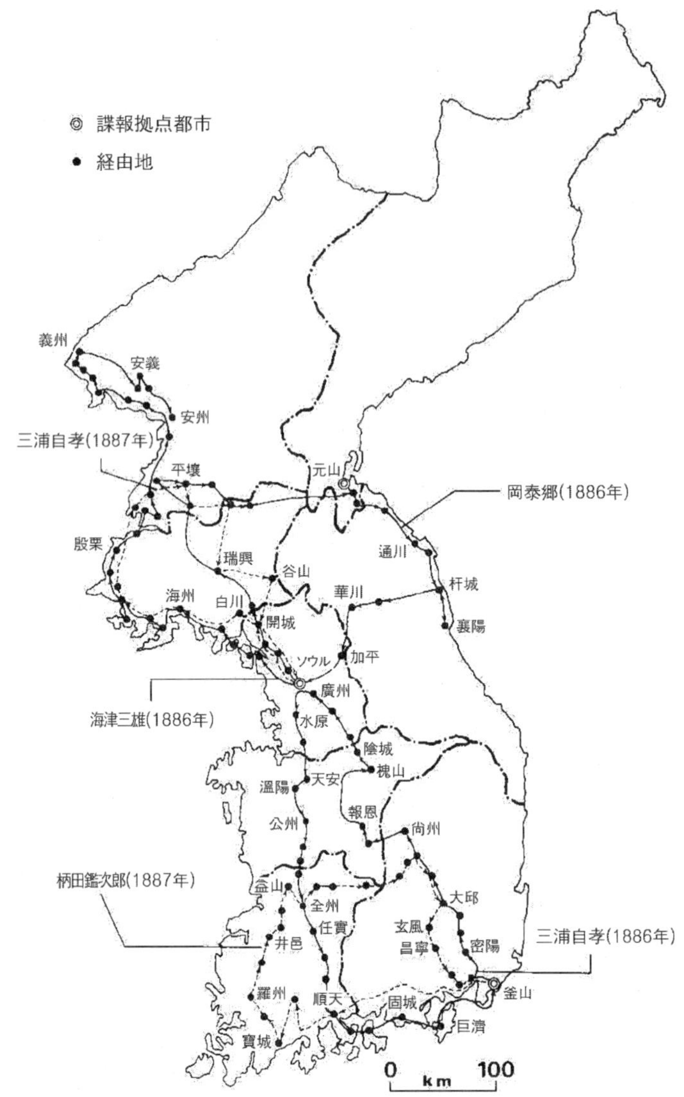


図Ⅳ-1-3 参謀本部将校の軍事偵察ルート（1886～1887 年）
村上（1981）の第 3 図を改変。

地測量部が外国における地図作製を重視した時期と一致することが挙げられる。

彼らは諜報活動を中断せず，再び鴨緑江を遡って亜徳嶺を越えて咸境道に入り，白頭山と北雪嶺を越えようと謀ったが猛雪のために断念し，南雪嶺を越えて吉州と鏡城を通って東海岸に着いた。一行はそこでも諜報活動を中断せず，今回は内陸に入り茂山から豆満江に沿って，慶興を経由し元山まで南下した。このような諜報経路は，まさに韓国と満州間の国境を察するためと見られる。ソウルに戻った倉辻一行は，仁川を経由し，京畿道・忠清道・全羅道・慶尚道を巡回してから釜山に到着した。彼らは再び，東海岸一帯を偵察する目的で東海岸に沿って元山へ向かった（東亜同文会 1968：307-310）。

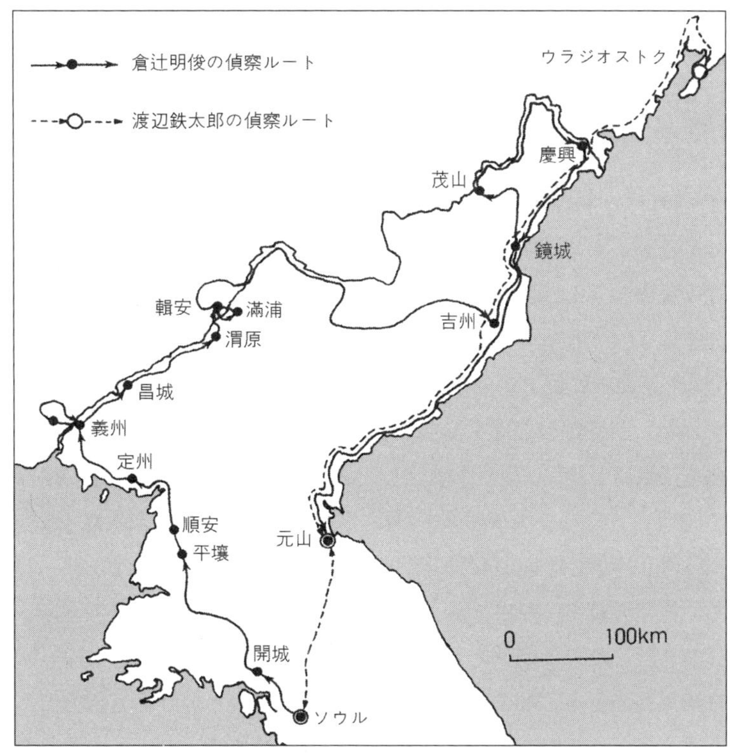


図Ⅳ-1-4　倉辻と渡辺の軍事偵察ルート（1893〜1894年）

一方，公使館の渡辺鉄太郎は1894年4月にソウルを出発し，元山経由でウラジオストクに潜入して諜報活動に入った（図Ⅳ-1-4）。彼はまた巨済島－釜山－ソウル等のコースを回りながら諜報活動を行った。伊知地幸介少佐は当年5月に東学の乱（甲午農民戦争）の実状を調査するために派遣され，また公使館の武官の主管下に9名の測量士が，地図作製のための資料収集を目的として動員された。1894年は，つまり軍用秘図の測量が始まった時期に該当する。このような一連の諜報作戦は，戦争の準備を急ぐ日帝の意図を顕にしたものでもある。

これまで，私は参謀本部間諜隊の偵察ルートを追跡してみた。これで私は，軍用秘図で主要拠点都市と咸境道・江原道などの一部が抜け落ちた理由をある程度分かるようになった。即ち，主要都市は詳細地図で代替されており，咸鏡道と平安道の一部地域は間諜隊の調査によって，別途に地図が用意されてあったことを意味すると推定できる。しかし，江原道は戦略的に不要不急な所であって，間諜隊の偵察ルートからも除外されていることから，後で測量する意図であったことが窺える。

## 5．測量侵略に対する韓国民の抵抗

### (1)　測量侵略の沿革

19世紀末に執行された日本の測量侵略に関する研究は，資料の制約で活発ではなかったが，全くなかったわけではない（李 1989）。日本の測量侵略は外務省と軍部によって主導された。軍部の場合，陸軍は参謀本部が主導し，海軍は水路局が中心となっていた。内陸と海岸地方の測量が，陸軍と海軍の役割分担によって推進されていたと考えられる。

日本は1875年9月，海軍艦艇雲揚号を韓半島の近海へ派遣して航路測量を謀った。雲揚号が江華島沿岸に接近すると，草芝鎮の警備をしていた守備兵が銃を発砲した。彼らは待っていたかのように応戦しながら草芝鎮に上陸し，砲台を破壊し，守備兵を殺害した。これが有名な雲揚号（江華島）事件である。この時期までは，日本軍部はまだ江華島の軍事情報をあまり持っていなかったようである。このようにして，1888年11月に陸軍参謀本部が発刊した『朝鮮地誌略』によれば，江華部の邑治項目のうち，城壁の高さ・厚さ・長さなどが比較的詳細に記録されており，東門と南門の間の警備状況が把握されていたことが分かる。

雲揚号事件は日本外務省と軍部側の指示によって，海路調査という名目のもと，混乱を起こさせて門戸開放を強要するという計略で執行された故意的な挑発であった。この事件を意図的に起こした日本は，朝鮮が清国の属国という理由で，まず清国にその責任を問わせた。ヨーロッパ列強の侵略に苦しんでいた清国は，問題が大きくなることを憂慮し，閔氏政権に対し条約締結に応じるよう勧告した。日本は1876年に軍艦2艘，輸送船3艘に約400人の兵力を江華島甲串へ上陸させ，協商を強要した。右議政朴珪寿をはじめとする朝廷の首脳部は，門戸開放の準備が整っていないと思っていたが，何よりも軍事侵略をまぬがれるために条約締結に応じた。この江華島条約は，一方的で不平等な内容の英日条約を模倣した，韓国最初の近代的国際条約である。

1876年2月26日江華島条約は，韓国側の判中枢府事の申櫶，都総府副総管の尹滋承，日本側の陸軍中将兼開拓長官の黒田清隆（1840-1900，のち首相），議官の井上馨（1835-1915，のち外相など）との間で締結された。この条約の第7条に，日本は朝鮮の沿海・島嶼・岩礁などを自由に測量し，海図を作製できると明記した。韓半島沿岸が航海に危険なら入らなければ良いものを，彼らは安全通商のために測量すべきであると固執したのである。ここで私たちは，雲揚号が測量を口実に軍事的侵略を行っていたという記録を再吟味する必要がある。

条約の締結時に韓国側の代表であった申櫶（1810-1889）は，刑曹・兵曹・工曹判書を経た武官であり，外交官でもあった。ソウル大学奎章閣に所蔵されている『申櫶文集』の中の「大東方輿圖序」によると，申櫶が古山子 金正浩に資料を提供し，地図製作を依頼したという記録が見られる。誰よりも地図の重要性をよく知っている申櫶が，日本に測量を許可する内容の江華島条約第7条について，何の異議も提議しなかったことは疑わしいことであると李の研究は指摘している（李 1989：9)。結果的に，雲揚号が測量を言い立てて喧嘩を売ってきて，それをきっかけに締結された条約で測量の自由が許されたことは，侵略をするために測量を先行していたことを反証するものである。

外国と締結した条約のうち，測量を許可した事件は他にもある。1883年11月26日に締結された韓徳修好条約がそれである。この条約の第8条第4号に，朝鮮国政府は朝鮮海岸の測量に従事するドイツの海軍軍艦に対して，可能な全ての便利を提供するべきであると明示されている。李鎭昊の研究（李 1993）によると，1799年から1910年まで侵略と探索のために韓半島沿岸を測量した回数は計41件に達する。この期間中，国別の測量侵略回数は日本が28回と最も多く，アメリカとイギリスが各4回，ロシアとフランスが各2回，ドイツが1回であった。多くの列強国が韓国を窺っていたということだ。その中で日本の侵略意図が最も露骨で，多い時で229人にも達する測量隊員が大規模に出動した場合もあった。軍用秘図の測量が真最中の1895年のことである（図Ⅳ-1-5）。

韓半島に対する外国の侵略は，1799年のイギリス船舶プロビデンス号による元山の測量をはじめ，

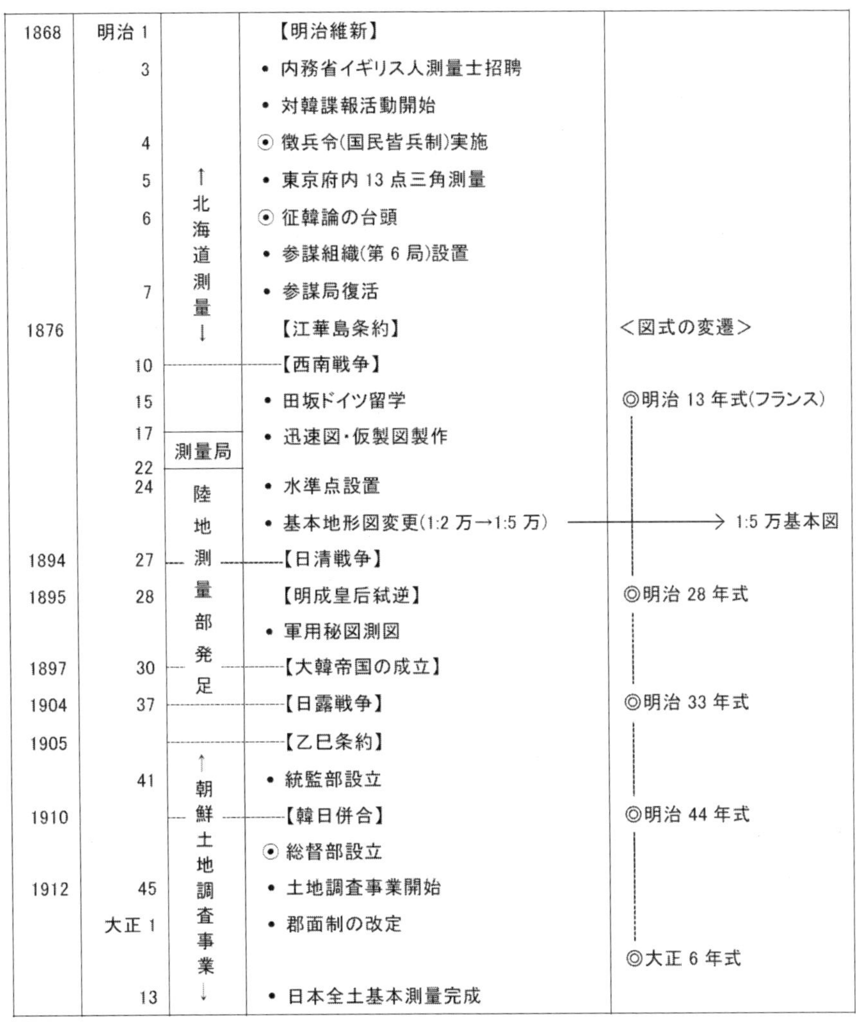

1868　明治1　【明治維新】
3　• 内務省イギリス人測量士招聘
• 対韓諜報活動開始
4　⊙ 徴兵令(国民皆兵制)実施
5　• 東京府内13点三角測量
6　⊙ 征韓論の台頭
• 参謀組織(第6局)設置
7　• 参謀局復活
↑北海道測量↓
1876　【江華島条約】
<図式の変遷>
10　【西南戦争】
15　• 田坂ドイツ留学
◎明治13年式(フランス)
17　• 迅速図・仮製図製作
測量局
22
24　• 水準点設置
• 基本地形図変更(1:2万→1:5万)
1:5万基本図
陸地測量部発足
1894　27　【日清戦争】
1895　28　【明成皇后弑逆】
◎明治28年式
• 軍用秘図測図
1897　30　【大韓帝国の成立】
1904　37　【日露戦争】
◎明治33年式
1905　【乙巳条約】
41　• 統監部設立
↑朝鮮土地調査事業↓
1910　【韓日併合】
◎明治44年式
⊙ 総督部設立
1912　45　• 土地調査事業開始
大正1　• 郡面制の改定
◎大正6年式
13　• 日本全土基本測量完成

図Ⅳ-1-5　陸地測量部の年表

1854年のロシア海軍プチャーチン中将による東海岸の測量，1845年のイギリス船サマラン号による南海岸一帯の測量，1866年アメリカ商船（ジェネラル）シャーマン号と1867年のアメリカ軍艦ワチュセット号による大同江の測量，1891年のアメリカ軍艦による江華海峡の測量など数え切れないほど頻繁であった。しかし，日本の露骨な測量侵略は他の国とは次元を別にしたものであった。参謀本部間諜隊の活躍状況は，すでに前で紹介した通りであるが，特に駐釜山総領事の室田義文の行跡が注目を引く。彼は本国の外務大臣に，後日に必ず京釜線鉄道の建設時期が来るので，事前にコース踏査を実施する必要があると説明し，了承を求めた。鉄道局長の推薦を受けた鉄道技師，河野天端は，1892年8月に測量班を組織して踏査に入った。彼らは釜山を出発し，着手から約2ヶ月を経て調査を完了した。10月には報告書と線路敷設の予定地図を完成し，外務省および参謀本部に提出した（朝鮮鉄道史編纂委員会 1937）。

1891年，井上馨参謀が韓国視察の名目で夏に来韓して鉄道敷設問題を論議した。彼は室田釜山総領事と鉄道敷設のための測量事業について妙策を熟議した。彼らは，外務特判閔種黙に会って鳥を狩猟すると騙し，しめ縄を打ち，旗を刺しておきたいと言った。多くの韓国人は彼らのずるい術策に騙され，鳥狩り場と言われた場所には行かず，測量していることには気付かなかった。閔種黙が日本人は本当に鳥の狩猟をしていたのか，他の陰謀を企んでいたのかについて確認したとの記録はない。彼は兵曹判書・礼曹判書・外務大臣・度支部大臣・農商工府大臣などを歴任しており，韓日併合時には男爵称号を授与された。測量事業に親日派と協助者らが，自分の意志または他意で動員されたが，参謀本部の韓国における測量事業は多くの難関に遭遇した。

参謀本部は韓国だけでなく清国にも諜報員を派遣した。しかし，彼らは直接に諜報を収集せず，現地住民を抱き込んで利用する場合が多かった。これらの事実は，清国に比べ韓国での諜報活動が難しかったことを示唆する。1884年12月4日，甲申政変が発生すると，急遽ソウルに向かっていた磯林中尉と語学研修生3人が韓国人に殴られて死亡する事件が起こった。初代の駐ソウルの将校であった堀本に続いて，第二代目将校であった磯林が韓国人によって殺害されたことは，抗日運動史に意義をもたせるほどの事件であった。日本の不法な測量に対し，わが農民たちがどのように抵抗したかを考察してみる。

(2)　韓国民の抵抗

上述したように，日帝の測量侵略に対して韓国民は座視せず抵抗した。日本で刊行された『外邦測量沿革史』（参謀本部・北支那方面軍司令部 1979；小林解説 2008）には，韓国人が日本測量隊に猛烈に抵抗した報告が記載されている。これによると，軍用秘図の測量が始まった1894年から朝鮮地形図の測量が完了した1933年まで，測量犠牲者は戦死28，惨死16，傷害死1，即死14，溺死6，病死57人の計127人で，そのうち56人は韓国人の抵抗を受け殺害された（李 1989：19）。特に，軍用秘図の測量が本格化した1895年の抵抗が猛烈であった。たとえ学識のない農民にしても，測量自体を侵略と思った人が多かったのである。

そのようにして，測量隊員らは測量事業の遂行と自己の身辺保護のため，変装をしなければならないほどであった。彼らは，まず金正浩の大東輿地図を見て，韓半島の各地域の地勢を概略的に把握した後，薬売りに変装し，太鼓やアコーディオンを持って，番号を呼びながら目測と歩測で秘密裏に測量した（李・洪 1956）。地図を製作するに当たって，測量は日本人測量技術者を動員すれば良かったが，地名を把握するためには必ず韓国人が必要であった。測量はこっそりできても，地名は現地住民に聞く必要があった。それが理由で，1880年頃には語学研修生を韓国へ派遣して韓国語を習得させたが，短期間で語学を完成できなかった。元々発音が下手な日本人にとって韓国語会話はとても難しかっただろう。

参謀本部陸地測量部は1895年，韓半島に派遣された測量隊員たちに以下のような訓令を下した（参謀本部・北支那方面軍司令部 1979：104-105；小林解説 2008：28-29）。

1．今回の測量事業は，公然と実施できない性質のものなので極秘に測量するべきであり，測量班員以外は誰を問わず測量事実を一切口外してはいけない。
2．測量の途中，もし韓国人に発覚されたら，個人的な営利目的で行ったことであると虚偽の自白をするべきである。かりそめにも指揮系統の幹部の名前を出すことはあってはならず，陸軍参謀本部とは一切関係のないことにするべきである。秘密を守るためには，証拠となり得る書類はもちろん，陸地測量部または測量との文字が書かれた装備は絶対に携帯してはいけない。
3．韓国に滞在中，韓国人と論争または抗争などを決して行ってはいけない。もし自身を暴行しようとする者に出会った場合は，逃走することを最優先する。
4．諜報（測量）行為を隠蔽するためには韓服を着て偽装することもかまわない。

以上の訓令内容を見ても，参謀本部がいかに測量作業を隠蔽するために注意を払っていたかが窺える。しかし，ここで見逃してはならないのは，測量隊が行く所で現地の官吏たちが郡守の指示に従って便宜を提供したことだ。このような事実は，上述した閔種黙の逸話や咸興事件などからも見ることができる。農民は測量侵略に抵抗したのに対し，官庁は庇護したのである。

わが国の朝廷は，国内に入って来た日本人たちが何をしているのかに対して監視をおろそかにし，測量の事実を認知していたとしても，その目的が何であったかを調査もしなかったようである。1896年3月24日に王族だった李埈鎔が陸地測量部を訪ね，製図作業を参観したとの記録から見て（陸地測量部 1922：133），朝廷では，測量侵略がどのような結果を招くか，はっきり認識していなかったようである。測量事実を知っていたとしたら，日本政府に対し抗議するのはもちろん，わが朝廷も測量の必要性を認識し，すぐに地図製作に着手すべきであった。今日を生きる私たちは，日帝の測量侵略史を読みながら切ない気持ちを隠せない。

## 6．結語

従来，日帝が1917年を前後として製作した5万分の1地形図が，わが国の最初の近代的な地図とされてきた。しかし，これは実は第三次地形図である。19世紀末に日帝の軍事情報機関である参謀本部によって作られた事実が，私が日本とアメリカで入手した地形図から確認された。この地形図は，公開用には朝鮮略図，保存用には軍事機密図と記載されているが，私はこれを軍用秘図と呼ぶことにした。なぜならば，この地形図は軍事用として隠密に測量された地図だからである。

軍用秘図が測量された期間は，1895～1906年まで約12年間が所要された。私が見た地図が，目測で迅速に製作された目測迅速図だとしても，その測量期間があまりも短いことに注目し，詳細な内幕を追跡してみた。その結果，地図作製を主管した日帝参謀本部は，1872年から諜報活動を開始し，主要部の測量事業に突入した。1876年に締結された江華島条約により，日本は韓半島の沿海・都市・暗礁などを測量し，海図を作製できる権利を強要した。しかし，その条約のどこにおいても韓半島の内陸を測量できる権利は付与されていなかった。

1889年，参謀本部内に陸地測量部が発足し，測量技術者を養成する修技所も設置され，図式を整備するなど軍用秘図の製作準備は日帝参謀本部の意図のままに進行した。1894年から始まった測量事業には，200～300人の参謀本部要員で構成された間諜隊と，50～60人の韓国人で構成された補助員らが動員された。測量隊は測量事実を隠蔽するために様々な偽装術を使ったが，全国各地で現地住民の激しい抵抗を受け，相互に多くの死傷者を出した。

軍用秘図には発行年度が1911年と記載されているが，当然表記されるべき測図年度が削除されている。1910年，韓日併合が締結された年に，臨時公開の直前になって参謀本部が韓国に対する測量侵略を隠蔽するため，故意に原版から削除したものである。この事実は筆者が1991年と1994年に日本の国立国会図書館とアメリカのClark大学図書館で入手した，445図葉の公開用地図と23図葉の保存用地図から確認された。日帝は参謀組織が設置されるにつれ，韓国に対する諜報活動を開始し，地図製作の基礎を築き上げ，1894年から実際的な測量作業に突入したのであった。結局，日帝は約20年間の事前工作作業を終え，12年にわたって測量事業を秘密に進めたことになる。日帝参謀本部が主導した一連の工作は，全てが韓日併合以前に執行されたものである。全て植民地経営の準備段階として行われた諜報活動と測量侵略は，隣国に対する主権侵害であり，国際法違反であることは参謀本部も自ら認知していた。

最後に，本地形図の公開で，わが国の地名・歴史・言語などを研究するに当たって役立つことはもちろん，国土の景観復元，即ち開発前の処女時代の姿に関心を持つ人々の景観研究にも役に立てることを期待する。

注

1）陸地測量部（1922：146-147）では，「朝鮮國五万分一圖ハ遼東半島五万分一圖式ニ準據シテ製圖スヘク決定シ」（1897年1月）と述べている。これは，陸地測量部（1922：125）でいう「（明治）二十七年式圖式」と考えられる。なお，「明治27年式図式」は「明治28年式図式」と同一とされている（測量・地図百年史編集委員会1970：219）。（訳注）

文献

京釜鉄道　1903.『韓国京城全図』京釜鉄道.
稲葉正夫編　1967.『大本営』みすず書房（現代史資料37）.
織田武雄　1973.『地図の歴史』講談社.
京城居留民團役所　1912.『京城発達史』京城居留民團役所.
国立建設研究所　1972.『韓国地図小史』国立建設研究所（韓国語）.
小林　茂［解説］2008.『外邦測量沿革史　草稿　第1冊』不二出版.
櫻井義之　1979.『朝鮮研究文献誌　明治大正編』龍溪書舍.
参謀本部・北支那方面軍司令部編　1979.『外邦測量沿革史　草稿　自明治二十八年至同三十九年断片記事』ユニコンエンタプライズ.
清水靖夫　1986.『日本統治機関作製にかかる朝鮮半島地形図の概要――「一万分一朝鮮地形図集成」解題』柏書房.（本書Ⅲ-3章）
測量・地図百年史編集委員会編　1970.『測量・地図百年史』日本測量協会.
朝鮮鉄道史編纂委員会　1937.『朝鮮鉄道史　第1巻』朝鮮総督府鉄道局.
東亜同文会編　1968.『対支回顧録（下）』原書房.
中野尊正　1966. 日本の地図学100年のあゆみ. 地図14：1-6.
中野尊正　1967. 日本の地図の近代化（明治以後）. 中野尊正編『地図学』54-66. 朝倉書店.
南　縈佑　1992. 日本参謀本部間諜隊による兵要朝鮮地誌および韓国近代地図の作成過程. 文化歴史地理4：77-96（韓国語）.
南　縈佑　1995. 日帝参謀本部の間諜隊による韓国近代地図の作成過程. 殉国49：10-21（韓国語）.
南　縈佑　2007. 旧韓末と日帝強占期の韓半島地図製作. 韓国地図学会誌7（1）：19-29（韓国語）.
広瀬順晧編　2001.『参謀本部歴史草案』ゆまに書房.
光岡雅彦　1982.『韓国古地図の謎――「秘図」にひめられた古地名を解読する』学生社.
村上勝彦　1981. 隣邦軍事密偵と兵要地誌（解説）. 陸軍参謀本部編『朝鮮地誌略1』3-48. 龍溪書舍.
山近久美子・渡辺理絵　2008. アメリカ議会図書館所蔵の日本軍将校による1880年代の外邦測量原図. 日本国際地図学会平成20年度定期大会発表論文・資料集：10-13.
李　智昊・洪　始煥　1956.『地図の研究』ウルユ文化社（韓国語）.
李　鎭昊　1989.『大韓帝国地籍および測量史』土地（韓国語）.
李　鎭昊　1993. 日帝の韓半島測量侵略. リョントサラン創刊号：147-183（韓国語）.
陸地測量部編　1922.『陸地測量部沿革誌』陸地測量部.
歴史学研究会編　1991.『新版　日本史年表』岩波書店.
Nam, Y-W. 1995. Japanese military surveys of the Korean Peninsula, 1870-1899, *Journal of Education* 20：145-154.
Nam, Y-W. 1997. Japanese military surveys of the Korean Peninsula in the Meiji Era. In *New Directions in the Study of Meiji Japan,* eds. H. Hardacre and A. L. Kern, 335-342. Leiden：Brill.

# 第2章　アジア太平洋地域における旧日本軍および関係機関の空中写真による地図作製

小林　茂・渡辺理絵・鳴海邦匡

## 1．はじめに

2002年夏に久武哲也氏と今里悟之氏により，アメリカの諸機関における外邦図の所蔵調査が行われた（今里・久武 2003，Ⅱ-3章）。これに際し，アメリカ議会図書館（ワシントン）では，大量の外邦図とともに日本軍撮影と考えられる空中写真が所蔵されていることがあきらかになった。日本軍がとくに第二次世界大戦前からさかんに空中写真を撮影し，地図を作製していたことは知られているが（西尾 1969：127-159；測量・地図百年史編集委員会 1970：439-495；高橋 1978b；小島 1991など），その現物の残存についてはほとんど情報がなく注目された。また景観の記録として，空中写真には地図以上にすぐれた点が多く，2003年夏には，長澤良太氏と今里氏がこの空中写真のかなりの部分（723枚，中国安徽省・江蘇省）をスキャンして帰国し（今里ほか 2004，本書Ⅱ-4章），現在までこのほとんどについて撮影場所の標定が終了している（長澤ほか 2004，本書Ⅱ-4章）。

以上の作業に関連して，日本軍の空中写真を使用した地図作製の概要についての知見がもとめられた。しかし，この方面でのまとまった著作はほとんどなく，船越（1989）も指摘するように，第二次世界大戦の敗戦による資料の消滅のためその概観をえるのは容易ではない。

このような状況のなかで，日本軍による空中写真の撮影，さらにはそれを利用した地図作製の概要にアプローチするには，当面外邦図のなかにみられる，空中写真によって作製された地図を集成し，その目録を作製するとともに，図化された地域を図示する作業がもっとも効果的と判断された。以下では，この作業の概要と結果について報告し，日本軍およびそれに関連した機関が行った空中写真による地図作製にアプローチしたい。

なお，アメリカでは，議会図書館以外に，国立公文書館に約37,000枚の中国・東南アジア・太平洋の島嶼の日本軍撮影空中写真（1933-1945年撮影）が所蔵されていることが，そのホームページより判明している[1)]。また，日本地図センターの永井信夫氏・小林政能氏により，その一部（ニューアイルランド島南端部）について調査が行われており（永井・小林 2006），上記の作業はこの空中写真を考えるうえでも意義をもつと考えられる。

## 2．空中写真を利用して作製された地図に関連する資料

空中写真によって作製された地図の集成作業には，現在大阪大学文学研究科人文地理学教室が所蔵する関係地図152点にくわえ，『東北大学所蔵外邦図目録』（東北大学大学院理学研究科地理学教室 2003），『京都大学総合博物館収蔵外邦図目録』（京都大学総合博物館・京都大学大学院文学研究科地理学教室 2005），『お茶の水女子大学所蔵外邦図目録』（お茶の水女子大学文教育学部地理学教室 2007），さらに国土地理院蔵の『国外地図目録』・『国外地図一覧図』，『国立国会図書館所蔵地図目録』（国立国会図書館参考書誌部 1966，1967，1982，1983，1984；国立国会図書館専門資料部 1991）を利用した。以下，まずこれらの資料の特色について述べる。

大阪大学人文地理学教室が所蔵する旧日本軍作製の地図は，大きく2つに大別され，一方は兵要地誌図（小林 2003），他方は空中写真によって作製された図（渡辺 2005）で，いずれも2002年以降に古書として購入したものである。後者がカバーする地域は中国，フィリピン，ボルネオ，ハルマヘラ，ニューギニア，インドにわたる。多くは第二次世界大戦参戦後のものであるが，それ以前のものとしては，旧満州（2万5千分の1，1935年製版），黄河沿岸（5万分の1，1938年撮影，1939年発行），陝西省（10万分の1，1939・40年発行），上海近傍（2万5千分の1，1932年撮影，1937年発行）などがある。

他方『東北大学所蔵外邦図目録』に記載された地図は，終戦直後に参謀本部から東北大学に運びだされたものである（田村 2000，本書Ⅴ-5章；岡本 2008）。お茶の水女子大学所蔵・京都大学総合博物館収蔵の外邦図の大部分も終戦直後に参謀本部からもちだされた点は同様であるが，いったん資源科学研究所に保管され，さらに整理のうえ，その一部がお茶の水女子大学や京都大学文学部地理学教室に移管されたものである。この経過については浅井（1999），中野（2004），三井（2004）のほか久武（2005，本書Ⅱ-1章）を参照されたい。上記3機関所蔵の外邦図の大部分の出所は同じ参謀本部であり，しかも東北大学の重複図と京都大学の複写図の交換が行われており，コレクションの内容は基本的に類似している。しかしお茶の水女子大学・京都大学博物館所蔵の外邦図については，他に由来する外邦図（おもに旧植民地の地図と海図）もふくまれており，これら3コレクションは，相互に類似しながらもそれぞれに特色をもっている（宮澤ほか 2007）。

国土地理院所蔵の『国外地図目録』・『国外地図一覧図』（1953年3月）の成立の事情，様式などについては，本書Ⅲ-1章を参照していただきたい。1953年ごろに地理調査所（現国土地理院）に所蔵されていた外邦図のリストで，各4冊からなり，カーボンコピーにより5組作製された。各4冊のうち第1巻は「旧日本領」にあてられており，樺太・朝鮮半島・台湾・ミクロネシアがこれにふくまれる（目録は1～293頁）。第2巻は「北方」で，シベリアや旧満州（目録は294～727頁），第3巻は「支那」で，台湾や第2巻であつかわれた部分をのぞいた中国となる（目録は728～1176頁）。さらに第4巻は「南方」で東南アジアや南太平洋をカバーする（目録は1177～1575頁）。1頁あたりの記載点数は20で，これに総頁数を乗じて総点数をラフに見積もると，3万点に達することとな

るが，1955年ごろに地理調査所にあった外邦図は約2万3千点とされている（長岡 2004，本書Ⅲ-1章）。これは，東北大学や京都大学総合博物館，さらにお茶の水女子大学所蔵の外邦図を大きくうわまわり，外邦図のリストとしてはもっとも充実していることが確実である。

その書誌的情報の記載項目は①図番号，②図名，③測図編集年紀，④測図出版機関，⑤版種，⑥色数，⑦保有者となっており，図の種別と縮尺は各ページの右下に記入されている。小さなスペースにかなりの項目を示しているが，細部については限界があることを意識しておく必要がある。なお，『国外地図目録』・『国外地図一覧図』に記載されている外邦図の現物は，自衛隊中央地理隊（現・中央情報隊）に保管されており，その総数はやはり約2万3千点という（本書Ⅴ-4章）。

国立国会図書館の地図目録は地域別になっており，外邦図は各地域の他の地図とともに示されている。ただし，その識別は容易である。書誌的情報は，冊子の大きさもあってかぎられており（本書Ⅱ-2章参照），空中写真によることを示す注記が付されなかった場合もあると考えられるが，他にみられない図を掲載する場合もあり，参照することとした。なお国立国会図書館の地図目録は2006年以降入力がすすめられ，地図についてもOPACによる検索が可能となった（本書Ⅱ-2章参照）。現在検索できるものをみると，書誌的情報の項目が増加しており，これを使用すればさらに多くの空中写真測量によって作製された地図が発見できると考えられる。

旧日本軍の空中写真による地図作製に関する資料は，このほかアジア歴史資料センターがインターネットを通じて公開している旧日本軍関係の資料にも散見する。これらもあわせて参照することとする。

## 3．空中写真によってつくられた地図の仮集成目録とその図化範囲

表Ⅳ-3-1ならびに図Ⅳ-3-1が，上記の資料を集成して作製した目録とその図化範囲である。この場合，表Ⅳ-3-1では，上記資料のなかで，「空中写真要図」など，空中写真測量によって作製されたことが明記されたものを載録している。また図Ⅳ-3-1で，図化の範囲に付随した説明の最初にみられる「5万」などの数字は，縮尺の分母を示している。またカッコ内の数字は西暦である。空中写真によって作製された図は，地域によっては重複してつくられているケースもみられ，その多くの場合は縮尺がちがうことを付記しておきたい。

さらに，表Ⅳ-3-1ならびに図Ⅳ-3-1は，現在までに把握されたこの種の地図を全部記載しているわけではない。大阪大学人文地理学教室所蔵の「空中寫眞測量要圖（圖化満航）」という表題をもつ図（中国大陸，全12点，支那派遣軍参謀部，1943年調製）は大縮尺（1万～1万5千分の1）で描く範囲がせまく，図化された地点の特定が困難なため，記載するのをあきらめることとなった。なお，この「満航」は満州航空株式会社の略で，国策会社として旧日本軍の空中写真による地図作製に大きな役割をはたした（西尾 1969：132-135；満州航空史話編纂委員会 1972；小島 1991など）。

さて，表Ⅳ-3-1からあきらかなように，ひとつの図群が複数の目録に記載されている例はむし

ろすくない。また大阪大学人文地理学教室所蔵の図あるいは京都大学総合博物館収蔵の図が『国外地図目録』・『国外地図一覧図』に記載されていない場合もみとめられ，いずれの目録も網羅的でないことがあきらかである。また『国外地図目録』と『国外地図一覧図』の記載内容が一致しないと考えられる場合もあり，予察的な作業とはいえ，この種の地図の全容の把握の困難さを予想させる。現物との照合がもとめられるところである。なお，その成立の経過から，とくに京都大学総合博物館収蔵の外邦図の大部分は，お茶の水女子大学所蔵の外邦図に重なり，空中写真測量によって作製された図についても同様と考えられるが，それに一致しないものがあるのは，目録作成時の書誌的情報の載録に差があったからと考えられる。

縮尺からみると，2万5千分の1から10万分の1のものが多く，空中写真からは地形図レベルの比較的大縮尺図が主として作製されたことがあきらかである。なかには50万分の1というケースもあるが，これは図の一部のみが空中写真によって作製されたものである。なお，図の一部のみが空中写真によるものは，大阪大学人文地理学教室所蔵の中国の10万分の1図（1942年測量）のなかにもみられる。

作製時期は，第二次世界大戦中がほとんどであるが，それ以前のものもみとめられる。これに関連して，高木菊三郎は，その著書『外邦兵要地図整備誌』（1941年）のなかで日本軍の初期の空中写真測量にふれ，外邦図についてもみじかいながら貴重な記述を残している（高木著・藤原編 1992：281-282）。以下これを表Ⅳ-3-1と照合してみたい。

まず1928年の山東出兵にともなう，膠濟鉄道沿線の2万5千分の1地形図の作製は，外邦図における空中写真測量の最初で，画期的な意義をもったと位置づけている。それまでの国内における空中写真による地図作製の経験を，はじめて外邦図に適用したものといえよう[2)]。これについては，アジア歴史資料センターが公開している資料がくわしくふれているので，あとで検討したい。

つぎは1932年の上海事変（第一次）に際して作製された上海近傍の「戰用空中寫眞測量圖」（2万5千分の1）である。膠濟鉄道沿線の場合と同様，軍事的緊張関係が契機になっているのは注目される。大阪大学人文地理学教室が一部所蔵する上海近傍図については，写真の撮影が1932年であるのに対し，製版が1937年となっている。おそらくこれは，第二次上海事変（1937年）になってさらに必要が生じ，新たに製版したものであろう（本書1頁の扉図参照）。

こののち1937年になって，南京の占領にともない，日本軍は中国側の参謀本部・陸地測量總局で大量の中国製軍用図を捕獲した。高木菊三郎はやはり『外邦兵要地図整備誌』のなかで，他の捕獲図もくわえ，とくにこの捕獲図についてくわしく紹介している（高木著・藤原編 1992：201-240）。日本軍はこれを整理して複写し，ひろく利用することになった。その場合，これに欠落する地区や改測の必要な地区については，「空中寫眞測量ニ依ル應急的戰用地圖」（10万分の1図など）を併用したという。名称からして，空中写真が各地で撮影されたことがうかがえるが，これに相当する地図は，表Ⅳ-3-1ではあきらかでない。

なお，上記捕獲図に関連して高木菊三郎は，そのなかに空中写真により作製された地図があることにふれている。中国側では各省の首都や重要地域について1万分の1の地図を整備しており，民

図Ⅳ-2-1　旧日本軍が空中写真によって作製した地図の図示範囲

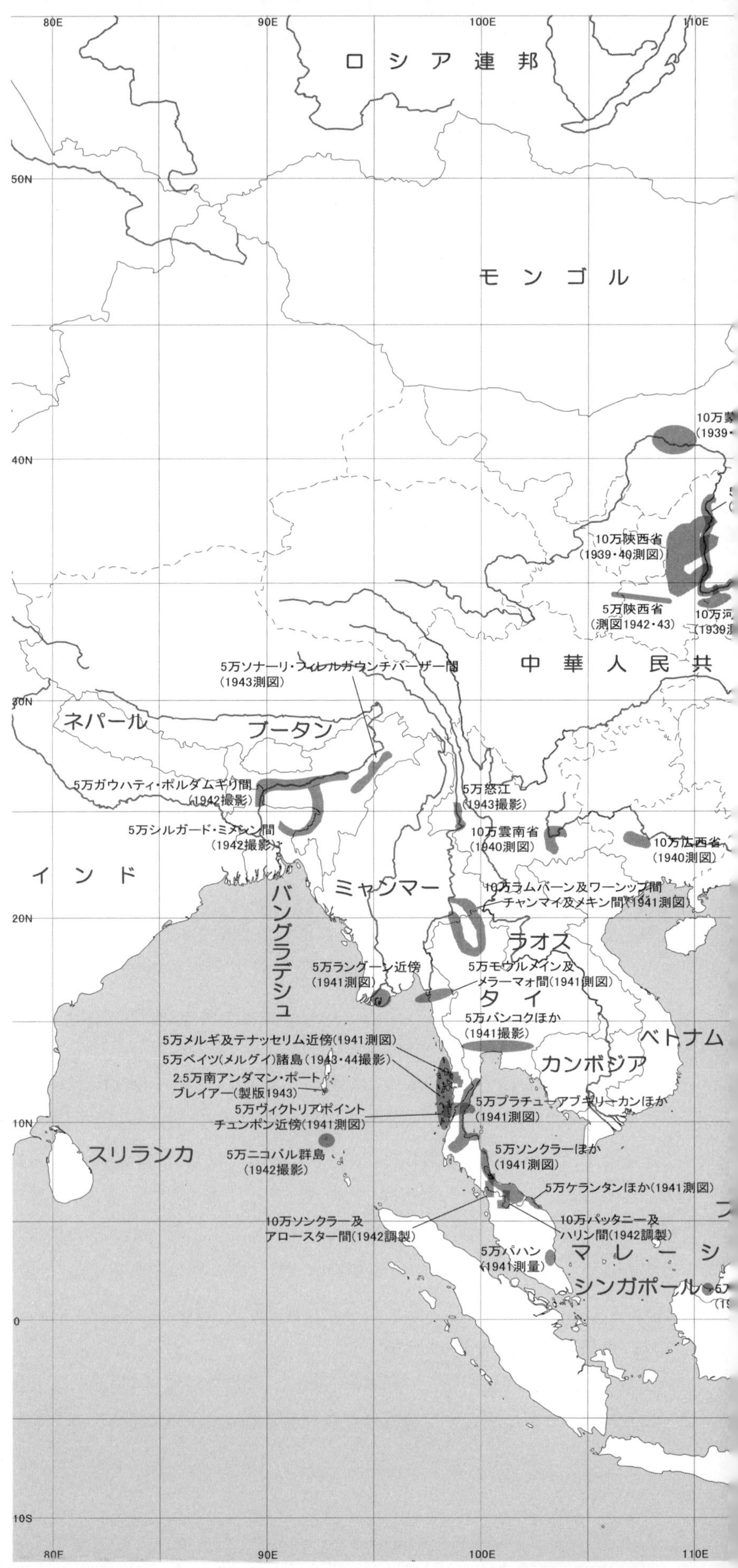

120E
130E
140E
150E
160E
50N
40N
30N
20N
10N
0
10S
2.5万同江附近
(1934測図)
2.5万樺太
(1930～1934測図)
5万樺太
(1936～1941測図)
2.5万虎林附近
(1935測図)
10万延吉
(1939測量)
10万海龍
(1937・38測量)
朝鮮民主主義
人民共和国
2.5万膠済鉄道
(1928測図)
大韓民国
日　本
・徐州・信陽・盧州
5万南京(1940・41撮影)
2.5万上海近傍西北部・上海近傍南部
上海近傍・上海東部(1932撮影)
5万中支那
(1938測図)
10万呂宋島(1941調製)
フィリピン
ドール島
1930撮影)
5万フィリッピン
(1944複製)
5万タクロバン近傍
(1944複製)
10万フィリッピン
(1944複製)
5万カガヤン近傍
(1944測量)
ルネオ
5万ダバオ近傍
(1944測量)
10万セントアンドレウ諸島
(1944製版)
10万スール群島
(1944測図)
10万タラウド諸島
(1944製版)
10万サンギヘ諸島
(1944調製)
10万モロタイ島(1944測図)
10万ハルマヘラ島
(1944測図)
10万アドミラルティ諸島
(1943撮影)
10万西部パプア
(1943撮影)
10万東部パプア
(1943撮影)
10万ビスマルク群島
(1943撮影)
50万パプア
(1935一部撮影)
ンドネシア
パプアニューギニア
3.52万ブーゲンビル島
(1944製版)
10万アル諸島
(1943調製)
10万タニンバル諸島
(1943撮影)
5万クムシ河
(1942撮影)
3.5万ニューブリテン島
(製版1943)
1.84万ニューブリテン島
(製版1944)

国22～23年（1933～1934年）になると，南京・西安その他江蘇省や浙江省の一部について，このための空中写真測量を実施していたという[3)]（高木著・藤原編 1992：227）。中国大陸の外邦図のなかには，そうした図を元図としていると考えられる例が少数ながらあり，今後検討が必要である[4)]。

1940・41年の「蒙彊十万分一空中寫眞測量要圖」以降は，陸地測量部の地図作製の体制がかわり（1941年4月）（測量・地図百年史編集委員会 1970：53），「集成」その他の作業を第2課（旧「地形課」）で行い，製版その他は第3課（旧「製圖課」）で行うようになったという。これによって「蒙彊地方」のほか,「北中支」などの「空中寫眞測量要圖」が整備されるようになった。また，1939年，1940年には「五万分一北支那空中寫眞測量要圖」の一部，さらに「黄河沿岸空中寫眞要圖」が整備されるようになる。このうち後者は表Ⅳ-3-1・図Ⅳ-3-1に掲載している「黄河沿岸」（5万分の1）と同様と考えてよいであろう。

以上のように第二次世界大戦参戦前については，空中写真による外邦図の作製は，中国地域を主体とするが，開始後は東南アジア，太平洋地域に大きく展開する。これを考えるに際して重要なのは，すでに指摘されているように，オランダ領東インドの主要部などのように該当地域に地図ができていた場合にはこれを入手し，一部改変して印刷して利用している点であろう。空中写真による地図作製は，こうした既存の地図が入手できた地域以外のアジア太平洋地域にひろく展開されたことが，図Ⅳ-3-1からもうかがえる。

この種の地図のなかには，特定の地区での軍事活動のためにつくられたことが明確なものもみとめられる。中国雲南省の怒江（5万分の1，1943年撮影）は，いわゆる「援蒋ルート」を遮断する作戦に関係し，これを作製した部隊の略号のうち「威」は，南方軍を示している[5)]（秦 1991：501）。

つぎに製作者をみると，陸地測量部が多いが，出先の部隊が作製している場合もすくなくない。これらは，空中写真による地図作製が恒常化すると，出先の部隊でもその機能をもつようになっていたことを示すと考えられ，その組織や陸地測量部との関係が注目される。なお，アジア歴史資料センターが公開している上記南方軍関係の資料のなかには，「南方軍直轄測量機関設置に関する意見送付の件」（1942年7月）（Ref. C01000808800，昭和17年『陸亜密大日記 第53号 1/2』防衛省防衛研究所），「南方軍命令 3航軍の空中写真偵察に関する件」（1942年11月）（Ref. C01000905300，昭和17年『陸亜密大日記　第60号　1/3』防衛省防衛研究所）があり，そうした推定をうらづけている（田中2005，本書Ⅳ-5章を参照）。

表Ⅳ-3-1　旧日本軍が空中写真によって作製した地図の一覧

| 地　域 | 図幅名・図幅群名 | 縮 尺 | 撮 影 年 月 | 製版年月日 | 製 作 者 | 枚数 | 典　拠 | 備　　考 |
|---|---|---|---|---|---|---|---|---|
| サハリン | 樺太 | 1:25000 | 測図<br>1930-1934年 | 発行 1933 - 1935年 | 陸地測量部・樺太庁 | 349 | 樺太地図資料研究会（2000） | 『旧日本領』40-54頁・附図 1-11（295）。ただし，空中写真要図との注記はなく，一部は1942年測図。 |
| | 樺太 | 1:50000 | 測図<br>1936-1941年 | 1937年～ | 陸地測量部・樺太庁 | 19 | 国会 | |
| 中国 | 同江 | 1:25000 | 測図1934年 | 製版1935年 | 陸地測量部・参謀本部 | 6 | 大阪大 | 国境要図 |
| | 虎林 | 1:25000 | 測図1935年 | 製版1935年 | 陸地測量部・参謀本部 | 3 | 大阪大 | 国境要図 |
| | 延吉（満州） | 1:100000 | 測量1939年 | 製版1939年／発行1940年 | 陸地測量部 | 2 | 京都大 | |
| | 海龍（満州） | 1:100000 | 測量<br>1937・38年 | 製版<br>1938・39年／発行1940年 | 陸地測量部 | 3 | 京都大 | |
| | 蒙彊五原（満州） | 1:100000 | 撮影測量<br>1939・40年 | 発行1940年 | 陸地測量部・参謀本部 | 4 | 京都大・東北大 | |
| | 黄河沿岸 | 1:50000 | 撮影<br>1938年4月 | 発行<br>1939年12月 | 陸地測量部・参謀本部 | 6 | 大阪大 | 『支那』993-995頁・附図 3-59-19（33） |
| | 膠済鉄道 | 1:25000 | 測図1928年 | | 山東派遣第三師団司令部 | 45 | 『支那』<br>1144-1146頁・附図 3-63-6 | |
| | 開封（北支那） | 1:100000 | 撮影1942年8月／測量1942年11月 | | 北支那方面参謀本部測量班 | 11 | 大阪大 | 『支那』818頁に「開封付近」と題する地図がある。ただし，1911年測図編集。 |
| | 信陽（北支那） | 1:100000 | 撮影1942年8月／測量1942年11月 | | 北支那方面参謀本部測量班 | 1 | 大阪大 | |
| | 徐州（北支那） | 1:100000 | 撮影1942年8月／測量1942年11月 | | 北支那方面参謀本部測量班 | 4 | 大阪大 | |
| | 廬州（北支那） | 1:100000 | 撮影1942年8月／測量1942年11月 | | 北支那方面参謀本部測量班 | 1 | 大阪大 | |
| | 陝西省（宣川） | 1:100000 | 測図1939年 | | 測図出版機関：陸地測量部 | 5 | 大阪大 | 『支那』816頁・附図 3-50-5（15） |
| | 陝西省<br>（西安北方） | 1:100000 | 測図1940年 | | 測図出版機関：陸地測量部 | 8 | 『支那』817頁・附図 3-50-6 | |
| | 陝西省<br>（咸陽－鳳縣，宝鶏－天水） | 1:50000 | 測図<br>1942・43年 | | 北支那方面軍参謀部測量班 | 18 | 国会 | |
| | 河南省 | 1:100000 | 測図1939年 | | 測図出版機関：陸地測量部 | 15 | 『支那』816頁・附図 3-50-7 | |
| | 南京 | 1:50000 | 撮影<br>1940・41年／測量1942年 | 発行1943年 | 測量：陸地測量部／製版印刷：参謀本部 | 4 | 京都大・東北大・お茶大 | 花園鎮・太平・自來橋・淵渓。 |
| | 蕪湖 | 1:50000 | 撮影1939年3・12月／測量1940・41年 | 発行 1941 年 2・3月 | 陸地測量部・参謀本部 | 2 | 大阪大・東北大・お茶大 | |
| | 上海近傍西北部 | 1:25000 | 撮影1932年／測量1937年 | 製版1932年11月／発行1932年11月5日 | 陸地測量部・参謀本部 | 21 | 京都大・国会 | 『支那』1158-1159頁・附図 3-63-11（24），大阪大（3） |
| | 上海近傍南部 | 1:25000 | 撮影1932年／測量1937年 | 製版1932年11月／発行1932年11月25日 | 陸地測量部・参謀本部 | 32 | 京都大・国会 | 『支那』1155-1158頁・附図 3-63-11（53），大阪大（5） |

| 地　域 | 図幅名・図幅群名 | 縮 尺 | 撮 影 年 月 | 製版年月日 | 製 作 者 | 枚数 | 典 拠 | 備　考 |
|---|---|---|---|---|---|---|---|---|
| | 上海近傍 | 1:25000 | 測図1932年 | 製版・発行1932年 | 測量：上海派遣軍司令部／製版印刷：陸地測量部・参謀本部 | 25 | 京都大・東北大・国会 | 『支那』1154-1155頁・附図3-63-11「上海近傍東部」(23)，お茶大(2) |
| | 上海近傍東部 | 1:25000 | 撮影1932年／測量1937年 | 製版発行1932年 | 陸地測量部・参謀本部 | 8 | 京都大・東北大・国会 | |
| | 中支那 | 1:50000 | 撮影1938年3-11月／測量1941年 | | 陸地測量部・参謀本部 | 1 | 大阪大 | |
| | 怒江（雲南省） | 1:50000 | 撮影1943年／測図1944年 | 製版1944年 | 威第1160部隊 | 7 | 大阪大 | |
| | 雲南省 | 1:100000 | 測図1940年 | | 測図出版機関：陸地測量部 | 12 | 『支那』831頁・附図3-51-37 | お茶大（10） |
| | 広西省 | 1:100000 | 測図1940年 | | 測図出版機関：陸地測量部 | 3 | 『支那』831頁・附図3-51-36 | |
| 東インド | ソナーリ・フィレルガウンチバーザー間 | 1:50000 | 測図1943年 | | 測図出版機関：陸地測量部 | 11 | 『南方』1264頁・附図4-67-19 | |
| | ガウハティ・ポルダムギリ間 | 1:50000 | 撮影1942年9月／測図1943年 | 発行1943年1月 | 陸地測量部・参謀本部 | 15 | 大阪大 | 『南方』1264-65頁・附図4-67-19（15） |
| | シルガード・ミメシン間 | 1:50000 | 撮影1942年／測量1942・43年 | 発行1943年1月 | 陸地測量部・参謀本部 | 31 | 大阪大 | 『南方』1265-66頁・附図4-67-19（31） |
| | 南アンダマン・ポートブレイアー | 1:25000 | | 製版1943年 | 参謀本部 | 1 | 国会 | |
| インド及ビルマ | ラングーン近傍 | 1:50000 | 測図1941年 | | 陸地測量部 | 8 | 『南方』1267頁・附図4-67-20 | |
| タイ | ラムバーン及ワーンップ間 | 1:100000 | 測図1941年 | | 陸地測量部 | 14 | 『南方』1323-1324頁・附図4-68-4 | ただし，『南方』には5万分1と記載。 |
| | チャンマイ及メキン間 | 1:100000 | 測図1941年 | | 陸地測量部 | 5 | 『南方』1324頁・附図4-68-4 | ただし，『南方』には5万分1と記載。 |
| | モウルメイン及メラーマオ間 | 1:50000 | 測図1941年 | | 陸地測量部 | 11 | 『南方』1323頁・附図4-67-20 | |
| | ビクトリアポイント及チュムポーン | 1:50000 | 測図1941年 | | 陸地測量部 | 10 | 『南方』1324頁・附図4-68-4 | |
| | プラチューアブギリーカンほか | 1:50000 | 測図1941年 | | 陸地測量部 | 5 | 『南方』1321頁・附図4-68-4 | |
| | ラーツブリー | 1:50000 | 測図1941年 | | 陸地測量部 | 3 | 『南方』1321頁・附図4-68-4 | 範囲図の「5万バンコクほか」に該当。 |
| | カンチョンブリー | 1:50000 | 測図1941年 | | 陸地測量部 | 4 | 『南方』1321頁・附図4-68-4 | |
| | ワットタナーナーコン | 1:50000 | 測図1941年 | | 陸地測量部 | 6 | 『南方』1321-1322頁・附図4-68-4 | |
| | バンコク | 1:50000 | 測図1941年 | | 陸地測量部 | 1 | 『南方』1322頁・附図4-68-4 | |
| | ナコーンシータムラート | 1:50000 | 測図1941年 | | 陸地測量部 | 3 | 『南方』1321頁・附図4-68-4 | 範囲図の「5万ソンクラーほか」に該当。 |
| | バークバナン | 1:50000 | 測図1941年 | | 陸地測量部 | 4 | 『南方』1322頁・附図4-68-4 | |
| | サトーン | 1:50000 | 測図1941年 | | 陸地測量部 | 2 | 『南方』1322頁・附図4-68-4 | |
| | ソンクラー | 1:50000 | 測図1941年 | | 陸地測量部 | 8 | 『南方』1322-1323頁・附図4-68-4 | |

| 地　域 | 図幅名·図幅群名 | 縮 尺 | 撮 影 年 月 | 製版年月日 | 製 作 者 | 枚数 | 典　拠 | 備　　考 |
|---|---|---|---|---|---|---|---|---|
| | バッタニー | 1:50000 | 測図1941年 | | 陸地測量部 | 8 | 『南方』1322頁·附図 4-68-4 | |
| | ソンクラー及アロースター間 | 1:100000 | 調製1942年 | | 調製：陸地測量部 | 4 | 附図 4-70-2 | 『南方』にはなし。 |
| | パッタニー及ハリン間 | 1:100000 | 調製1942年 | | 調製：陸地測量部 | 4 | 附図 4-70-2 | 『南方』にはなし。 |
| マレー | ケランタン | 1:50000 | 測量1941年 | | 陸地測量部 | 6 | 『南方』1352頁·附図 4-70-2 | 範囲図の「５万ケランタンほか」に該当。 |
| | トレンガヌ | 1:50000 | 測量1941年 | | 陸地測量部 | 5 | 『南方』1352頁·附図 4-70-2 | |
| | パハン | 1:50000 | 測量1941年 | | 陸地測量部 | 5 | 『南方』1352頁·附図 4-70-2 | |
| | メルギ及テナッセリム近傍 | 1:50000 | 測図1941年 | | 陸地測量部 | 12 | 『南方』1268頁·附図 4-67-21 | |
| | ベイツ（メルグイ）諸島 | 1:50000 | 撮影1943・44年／測図1944年 | | 陸地測量部 | 46 | 京都大・お茶大 | |
| 南インド | ニコバル群島 | 1:50000 | 撮影測量1942年 | | 岡第1601部隊撮影 | 1 | 京都大・大阪大 | |
| フィリピン | 呂宋島 | 1:100000 | 調製1941年 | | 陸地測量部・下志津飛行学校撮影 | 18 | 『南方』1370頁·附図 4-71-7 | お茶大（4） |
| | コレヒドール島 | 1:10000 | 撮影1930年 | | 陸地測量部 | 5 | 附図 4-71-7 | 『南方』にはなし。 |
| | スール群島 | 1:100000 | 測図1944年 | | 威第1160部隊空中写真測図を複製 | 3 | 『南方』1371頁·附図 4-71-8 | |
| | フィリッピン | 1:50000 | 複製1944年 | | 威第15885・1160・1373部隊の空中写真測図を複製 | 41 | 『南方』1359-1361頁・附図 4-72-1 | |
| | タクロバン | 1:50000 | 複製1944年 | | 威第15885部隊の空中写真測図を複製 | 3 | 京都大 | 『南方』1366頁・附図 4-72-5（5） |
| | フィリッピン | 1:100000 | 複製1944年 | | 威第15885・1160部隊の空中写真測図を複製・参謀本部 | 46 | 『南方』1368-1371頁・附図 4-72-6 | お茶大（7） |
| | カガヤン近傍 | 1:50000 | 測量1944年 | | 尚武1600部隊・威15885部隊 | 2 | 大阪大 | 『南方』1358頁（1），京都大（1） |
| | タバオ近傍 | 1:50000 | 測量1944年 | | —— | 6 | 京都大 | 『南方』1358頁・附図 4-72-1（8） |
| | コレヒドール島（其２） | 1:4800 | 撮影1930年／測量1942年 | | 陸地測量部・参謀本部 | 1 | お茶大 | |
| ボルネオ | ボルネオ | 1:100000 | 撮影1944年 | | 威第1160部隊の空中写真測図を複製 | 24 | 大阪大 | 『南方』1480頁・附図4-81-5，『南方』には30枚・附図には31枚ある。お茶大（22）・国会（21） |
| | ミリー附近 | 1:50000 | 記載なし | | 記載なし | 2 | 附図4-80-2 | 『南方』にはなし。 |
| | クチン近傍 | 1:50000 | 測量1941年 | | 参謀本部 | 11 | 『南方』1476頁·附図 4-80-2 | 附図には「クチン附近」となっている。 |
| セレベス・モルカ | ハルマヘラ島 | 1:100000 | 測図1944年 | | 陸地測量部 | 8 | 『南方』1507頁·附図 4-82-3 | |
| | モロタイ島 | 1:100000 | 測図1944年 | | 測量：威1160・15885部隊／製版：参謀本部 | 1 | 京都大・東北大・お茶大 | |

| 地　域 | 図幅名･図幅群名 | 縮 尺 | 撮 影 年 月 | 製版年月日 | 製 作 者 | 枚数 | 典 拠 | 備　　考 |
|---|---|---|---|---|---|---|---|---|
| インドネシア | サンギヘ諸島集成図 | 1:100000 | 調製1944年 | | | 1 | お茶大 | |
| パプア | ビスマルク群島 | 1:100000 | 測図1944年 | | 陸地測量部 | 62 | 『南方』1514－1517頁・附図4-84-1・2・5 | |
| | ビスマルク群島 | 1:35000 | | 製版1943年 | 参謀本部 | 6 | 東北大 | |
| | ビスマルク群島 | 1:18400 | | 製版1943年 | 参謀本部 | 2 | 東北大 | |
| | 東部パプア | 1:100000 | 測図1943年 | | 参謀本部 | 6 | 大阪大 | 『南方』1517-1520頁・附図4-83-6（66） |
| | 西部パプア | 1:100000 | 撮影1943年 | 製版1943年 | 参謀本部 | 74 | 京都大 | 『南方』1520-1525頁・附図4-84-5（88），東北大（15） |
| | アドミラルティ諸島 | 1:100000 | 撮影1943年／測図1944年 | | 参謀本部／空中写真測図：陸地測量部 | 7 | 京都大 | |
| | ニューブリテン島 | 1:35000 | 製版1943年 | | 参謀本部 | 6 | 国会 | |
| | ニューブリテン島 | 1:18400 | 製版1944年 | | 参謀本部 | 2 | 国会 | |
| | パプア | 1:500000 | 撮影一部1935年 | 製版1943年 | 参謀本部 | 6 | 京都大 | |
| | クムシ河 | 1:50000 | 撮影図化1942年 | 発行1942年 | 陸地測量部・参謀本部 | 4 | 東北大・お茶大 | 附図4-83-15（5），附図には「クムシ河及ブナ」と記されている。 |
| | ニューギニア | 1:50000 | 撮影図化1942年 | 発行1942年 | 陸地測量部・参謀本部 | 1 | お茶大 | |
| パプア周辺 | タラウド諸島 | 1:100000 | 撮影1944年 | 製版1944年 | 参謀本部 | 1 | 大阪大・お茶大 | 集成図。 |
| | ブーゲンビル島 | 1:35200 | | 製版1944年 | 参謀本部 | 1 | 京都大・東北大 | |
| | タニンバル諸島 | 1:100000 | 調製1943年 | | 岡1371部隊 | 11 | 東北大 | 附図4-83-へ（9）。『南方』にはなし。 |
| | アル諸島 | 1:100000 | 調製1943年 | | 岡1371部隊 | 7 | 附図4-83-へ | 『南方』にはなし。 |
| | セントアンドレウ諸島 | 1:100000 | 撮影1944年4月 | 製版1944年 | 参謀本部 | 1 | 大阪大 | 集成図 |

注：『旧日本領』：国外地図目録第一巻旧日本領。『支那』：国外地図目録第三巻支那。『南方』：国外地図目録第四巻南方。附図1は国外地図目録第一巻旧日本領の附図を，附図3は国外地図目録第三巻支那の附図を，附図4は国外地図目録第四巻南方の附図をしめす。たとえば，附図3-70-5とあらわされている場合，国外地図目録第三巻支那の附図70頁の5の地図に該当することを意味する。地域は，国外地図目録に記載されている地域名によっているため，各大学が個々に所蔵している地図の地域は便宜的に付記している。したがって，現在の地域区分とはかならずしも一致しない。典拠については，実在が確認できる所蔵先を優先にし，複数の機関が同地図を所蔵している場合は，備考に併記した。各所蔵先の（　）内の数字は，当該機関が所蔵する枚数，あるいは『支那』『南方』に記載されている枚数をあらわす。

## 4．膠済鉄道沿線2万5千分の1地形図と樺太2万5千分の1地形図

上記のように，アジア歴史資料センターが公開している旧日本軍の資料のなかには，初期の空中写真による地図作製の例として，膠済鉄道沿線の2万5千分の1地形図および樺太2万5千分の1地形図の作製に関連した資料がある。以下ではさらにこれらを参照しながら，その経過，主体などについて検討してみたい。

まず前者に関する資料は，「山東空中写真迅速製図作業実施記事送付の件」（Ref. C01003939900,

昭和5年『密大日記』第4冊，防衛庁防衛研究所）である。原題も「山東空中寫眞迅速製圖作業實施記事」となっており，陸地測量部が1929年4月に陸軍省に提出したものである。時期からして，この記録は山東出兵（第二次）の機会を利用したものであったことがあきらかである。

さてこの「第一，緒言」では，まず1928年10月に陸地測量部員の一部により「臨時測量班」を編成し，山東に派遣して第三師団に属しながら膠濟鉄道沿線の緯度経度測量をするとともに，空中写真測量の図根点（測量点）の設置を行い，同時に「臨時派遣飛行隊」が同鉄道両側の約20支里（約10キロメートル）の写真撮影を行って，その成果を同年12月末までに入手したとある。さらにこの測量と空中写真の成果をうけて，早急に地形図を作製して山東派遣軍に提供するとともに，地図の補正と注記の記入を行い，「戰用圖」の正確な「修正資料」をえるために，陸地測量部「製圖科」で1929年1月以来「迅速製圖作業」を行ったとしている。この実施記事は，そのうち製図作業の報告を主とするが，末尾では最終的な印刷にもふれている。したがって，空中写真測量により，迅速に地形図を作製するテストケースの報告として意義をもつものと考えられる。

つづく「第二，製圖資料ノ受領」では，1928年12月28日に下志津飛行学校の臨時派遣飛行隊の小野大尉より空中写真の「原版番號簿」を1冊，「空中寫眞印畫紙」を50包，さらに空中写真のフィルムを49巻うけとったとしている。陸軍の下志津飛行学校は，1921年に陸軍航空学校の分校として開設され，1924年に独立した偵察を専門とする飛行学校で（河内山ほか 1986a, b，1987；船越 1992），初期の空中写真撮影に大きな役割をはたした（高木著・藤原編 1992：280）。

他方，陸地測量部三角科からは，上記空中写真のモザイク（ただし鉄道沿線のみ）にくわえ，「圖根點成果表」をうけとっている。当然のことながら図根点の現地での測量は陸地測量部のなかでも三角科が担当し，製図にいたる初期作業も同様であったことになるが，同時にこの実施記事の報告主体は陸地測量部のなかでも地形科，さらに製図科であったことを示している。なお「附表第六」には，使用した写真のナンバーが示されている。これをカウントして集計すると，3,960枚に達する。これに上記三角科からうけとったモザイクに使用されたもの（数量不明）をあわせれば，4千枚をかなりこえるものとなろう。

ところで，上記空中写真の撮影状況が注目されるが，「第六，各部作業ノ状況及所見」の「其一，圖郭ノ展開及「モザイク」の製作」の「四，「モザイク」の梯尺」では，「本空中寫眞ハ「レンズ」焦點距離點二五糎高度約二千五百米ニシテ約一萬分一ニ撮影シアリ」と飛行高度と空中写真の縮尺を示している。ただし，縮尺は場所により一定せず，最小が10,245分の1，最大が9,681分の1になっていた。

もう一点注目すべきは，「其三　圖絵作業」の「（イ）作業實施ノ爲細部ノ規定」の「a図式」にみられる記載で，「地貌，鐵道沿線ハ臨時測量班ノ測定ニ據リ他ハ既製十萬分一圖ヨリ標高ノ取リ得ルモノヲ取リ目測ニヨリ十米等距離ノ水平曲線ヲ描畫ス」として，標高については既製の図をたよっていたことがわかる。ただし「獨立標高点，臨時測量班ニテ測定セル圖根點ヲ適宜採用シテ圖上ニ示ス」としている。

さらに「附表第五 二万五千分一山東空中寫眞迅速製圖一覧表」（ただし実際は図Ⅳ-3-2のような図）

では45枚の図の名称，図郭の緯度経度等を示している。この枚数は，表Ⅳ-3-1の枚数（国土地理院蔵『国外地図一覧図』による）に一致する。なお，これらの地図の印刷は，1929年1月29日より2月1日にかけて行われ，各100部，計4,500部が作製された。経緯度観測や図根点の設置から地図作製にまで半年以内に終了しており，テストケースの役割を充分はたしたと考えられる。

山東出兵に際しては，ほかでも試験的な計画が実行されていた。第三師団（名古屋）は，1928年5月に動員が命令され，当初は第六師団の済南進出で手薄になった山東半島東部の保安・警備活動を担当し，8月以降，翌1929年5月まで，帰還した第六師団にかわって膠済鉄道沿線を中心に山東半島全体の警備につくことになった。その間1928年10月より1929年の4月まで，各種のテストケース的な軍事研究・実験を行い，その経緯や結果は「第三師団特種研究記事」（福島編・解説2005）に報告されている（福島 2005）。これからすれば，上記空中写真測量による地図作製もその一環と位置づけられる可能性がある。

ここでさらに注目されるのは，上記「第三師団特種研究記事」第六編に「航空」があり，飛行機の軍事的利用を多面的に論じ，その第三章を「航空及偵察」としていることである（全6頁）。ただしその第二節第四款「偵察」（2頁）の大部分は，乗員による観察について述べており，写真の利用ついては，つぎのような文章があるだけである。

> 寫眞ハ特ニ價値大ナリ即チ垂直寫眞ニ依リテ地圖ト現地トノ差異ニ依ル過誤ヲ防キ斜寫眞ヲ用ヒテ地點ノ標定ヲ正確明瞭ニスル事ハ常ニ其必要ヲ認メラル／又地形單調ナル平地ニシテ色調ノ變化少キ所ノ寫眞ハ陽畫ニ於テモ青空カ海面ヲ撮影セシカノ如クニシテ標定の基準物ナク何處ノ土地ナルヤモ判斷ニ苦シミ特ニ連續寫眞ノ接續ニハ困難ヲ感スルコトアリ（福島編・解説2005：364）

偵察において，空中写真にはまず精度の低い地図を補正する役割があたえられており，その本格的利用にむけた模索段階であったことがうかがえる。

つぎに樺太2万5千分の1地形図にうつりたい。「航空写真地形図化に関する件」（アジア歴史資料センター資料，Ref. C01006506200，『大日記乙輯昭和6年』防衛省防衛研究所）と題する資料で，原題は「航空寫眞地形圖化ニ關シ依頼ノ件」で，拓務次官堀切善次郎より陸軍次官杉山元にあてられたものである（1931年1月13日付）。この文書はみじかく，以下まず本文を紹介したい。

> 曩ニ貴省ノ御配慮ヲ得下志津陸軍飛行學校飛行機ニ依リ施行致候樺太森林調査ニ資スル航空寫眞撮影ハ豫期以上ノ成績ヲ収メ候處利用上之ニ依リ簡単ナル地形圖ヲ作製スルノ必要ニ迫ラレ候得共樺太廳ニハ之ニ關スル諸設備並技術者無之誠ニ遺憾ノ次第ニ有之候ニ付テハ左記程度ノモノ作製方陸地測量部ヲ煩度旨申越候ニ付可然御配慮相煩度此段及御依頼候也
>
> 追而本件作製ニ要スル諸費用ハ樺太廳ニ於テ負擔可致候ニ付申添候

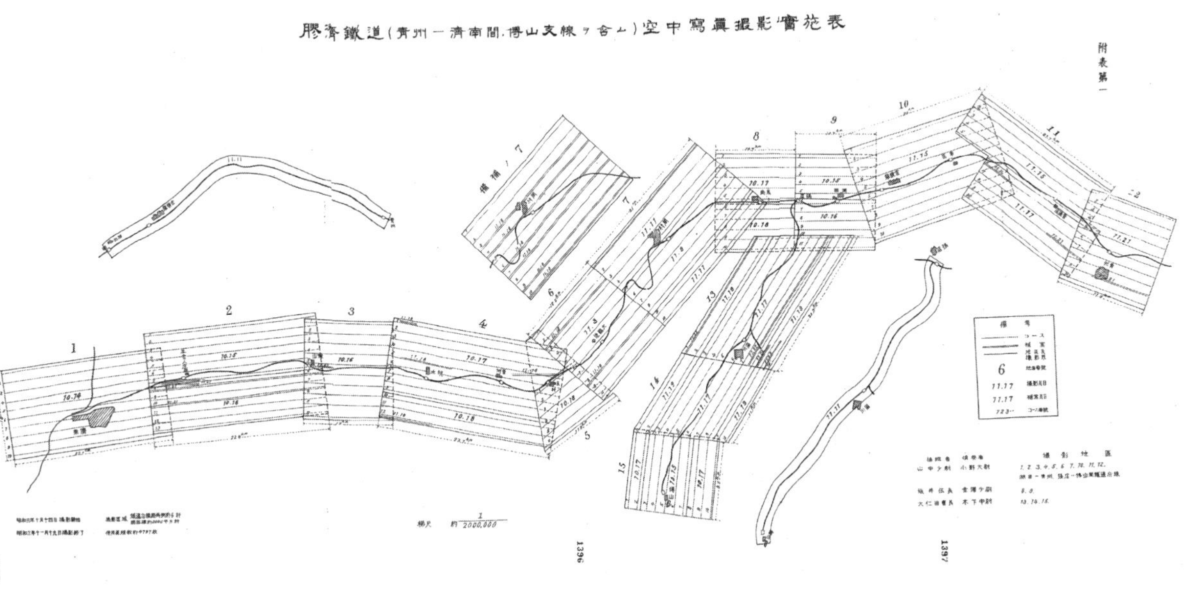


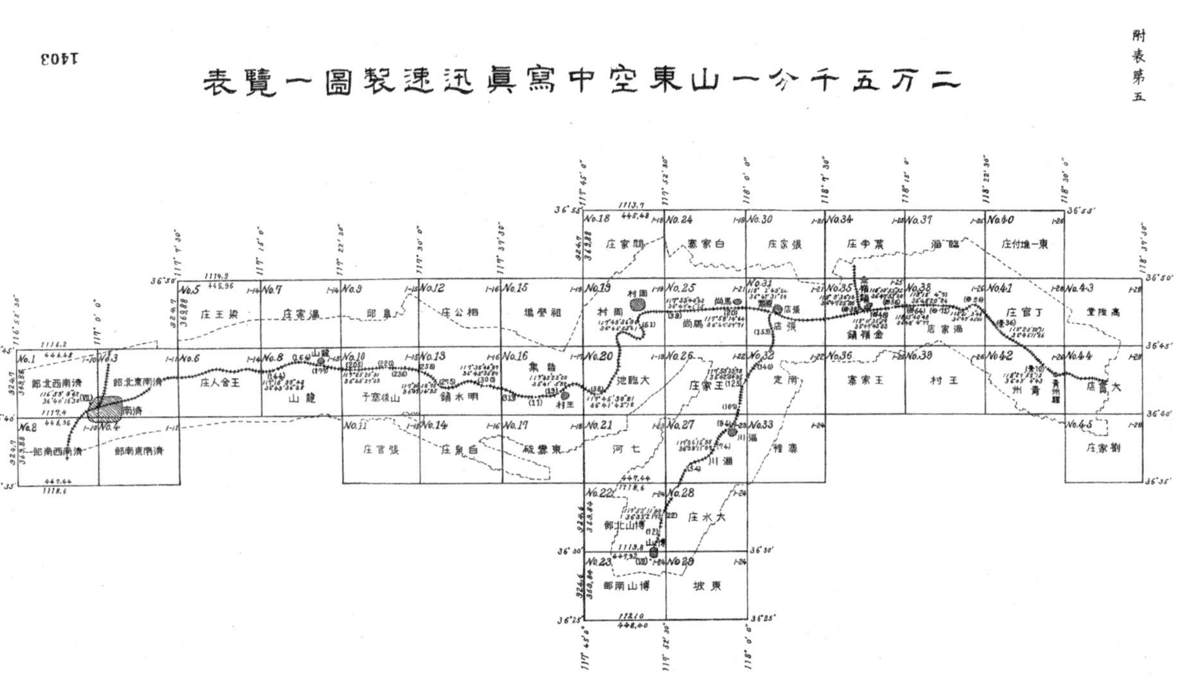


図Ⅳ-2-2 「膠濟鐵道（青州－濟南間，博山支線ヲ含ム）空中寫眞撮影實施表」（上）と「二万五千分一山東空中寫眞迅速製圖一覽表」（下）

「山東空中写真迅速製図作業実施記事送付の件」より引用。

記

樺太林相寫眞梯尺一萬五千分ノ一面積六十八万一千「ヘクタール」ノ聚成寫眞及ブックヲ提供シ復寫伸縮等ヲ加ヘ二萬五千分ノ一トシ圖絵ヲ加ヘ轉寫製版，印刷スルコト（原文のまま，引用者）

下志津飛行学校が撮影した樺太の空中写真を利用するに際し，図化が不可欠であるが，樺太庁にはその能力がなく，陸地測量部に依頼するというものである。この依頼に対し，陸軍側の添書は「異存」なしと回答したとしている。この場合は，行政用の地図が，陸軍によって作製されたことになる。空中写真関係の民間企業が成長しておらず（西尾 1969：130-132），他に依頼することができなかったことがこれに関与しているとみてよいであろう。

空中写真による森林調査は，それに参加したと考えられる板井（1935），さらに樺太林業史編纂会（1960：214-215）によれば，1930，1931，1934年に実施された。1930年は，北緯50度線以南の樺太の中北部の，上記引用とほぼ同じ686千ヘクタールを対象とし，下志津飛行学校の近藤少佐が指揮した。1931年は同中部および北西部の992千ヘクタールを対象として，中島大佐が指揮をとり，下志津飛行学校が主体となって，所沢飛行学校および飛行第四連隊の応援をえた。1934年は同北東部の650千ヘクタールが対象となり，下志津飛行学校の近藤少佐が指揮した。図Ⅳ-3-1にもあらわれているように，南部は写真撮影の対象とならなかった。撮影に使われた飛行機は各年度4機で，季節は6月〜8月であった。カメラはイーストマン社製のフェアチャイルド自動写真機（K8型，焦点距離25センチ）を使用した。また空中写真の縮尺は，上記資料と同様の1万5千分の1で，撮影高度は3,750メートルであった。

科学書院によって復刊された樺太2万5千分の1地形図（原図は主としてウィスコンシン大学ミルウォーキー校所蔵）の測図年は1930年，1931年，1934年となっており（樺太地図資料研究会 2000），以上の記述に一致する。なお，『地図をつくる ―― 陸軍測量隊秘話』にみられる高橋三郎の手記（1936年6月以降の作業を記述）（高橋 1978a）は，これに関連する測量作業の実情を示している。

以上，アジア歴史資料センターが公開している資料を中心に，初期の空中写真による外邦図作製を検討した。空中写真は，初期から軍事用だけでなく，行政用にも撮影され，その役割は急速に拡大していくことになった。ただし，その利用には軍の関与がつよく，こうした発展を追跡するにはあらたな取り組みが必要と考えられる。

## 5．むすびにかえて

以上，アジア太平洋地域における日本軍の空中写真による地図作製について，大阪大学人文地理学教室所蔵図，東北大学理学研究科地理学教室，京都大学総合博物館，お茶の水女子大学地理学教室の外邦図目録，さらに国土地理院所蔵の『国外地図目録』・『国外地図一覧図』ならびに『国立国会図書館所蔵地図目録』によって概観し，その一部についてはアジア歴史資料センターの公開資料によって検討した。その結果，この種の地図の検索にとって，さらに目録の書誌的情報の整備が必要なことがあきらかになった。表Ⅳ-3-1および図Ⅳ-3-1は，そうした作業によってさらに増補改訂すべきものである。また空中写真による地図作製が，初期から軍事用・行政用の地図にひろがっていたことも明確になり，その展開が注目されることとなった（小島 1991：41-73）。

他方，冒頭でふれたアメリカ議会図書館で発見された日本軍撮影と考えられる空中写真の位置づけということになると，さらに検討すべきことがすくなくない。これらの空中写真は，撮影が連続的で，一定の地域をカバーしており，特定の地点の偵察用というより，地図作製を意識したものと思われるが，筆者らが参照した目録には，該当地域の空中写真による地図はあらわれず，地図化が行われなかった可能性が高い。これから，空中写真の撮影には，偵察のほか，地図作製を意図しながらもそこまでいたらなかった場合も想定する必要があろう。今西錦司らの大興安嶺探検の際に（1942年），満州航空の技術者が携行した空中写真（吉良 1952；小島 1991：68-72）はこうした場合と推定されるが，さらに確認作業が必要である。

他方，本章の作業によって特色があきらかになりはじめた，地図作製に用いられた空中写真は，日本軍の撮影した空中写真の一部にすぎず，かつて存在したはずのものは膨大な数にのぼったと推定される。

[付記]

『国外地図目録』・『国外地図一覧図』の閲覧ならびに写真撮影に際し，便宜をはかっていただいた国土地理院地理情報部情報管理課ならびに空中写真測量による地図の検索に際し，目録のファイルを提供していただいた，東北大学，京都大学，お茶の水女子大学の関係の皆様に感謝します。

注

1）http://www.archives.gov/publications/general_info_leaflets/26.html（2008年12月1日確認）。なお，同ホームページによれば，アメリカ国立公文書館にはドイツ軍から接収した120万枚の空中写真も所蔵されている。

2）陸地測量部（1930：47）は，これに関連して「空中寫眞ヲ利用シテ行フ基本及修正測圖ノ實施研究ハ著々進捗シ本年度（1928［昭和3］年）ニアリテハ之ヲ常時測量シタル東京市西部及其近郊地域ノ修正ニ實用シテ其成果極メテ良好ナルモノアリ又準戰時測量タル山東派遣班之レカ實用ノ好機ヲ得テ其成果亦見ルヘキモノアリタルハ正ニ我測量及地図作製界ニ一大劃期時代ヲ齎ラセルモノト謂フヲ得ヘシ」（カッコ内引用者）と述べている。

3）大阪大学文学研究科東洋史学教室の片山剛教授らは，台湾の国史館でこの一部と考えられる「一萬分一南京城廂附近圖」（全12図幅，航空撮影・製版・印刷とも1932年で参謀本部陸地測量総局による）を発見するとともに，中央研究院近代史研究所档案館では，1946年12月をややさかのぼる時期に撮影された空中写真による1万分の1地形図56枚を確認している（大坪・片山 2007）。

4）福建省の5万分の1地形図のなかに，民国23（1934）年航測調査あるいは民国23・25（1934・36）年航測調査としているものがある（国立国会図書館参考書誌部 1991：66-67；京都大学総合博物館・京都大学大学院文学研究科地理学教室 2005：60-61）。

5）ただし，この場合につくられた図は，戦況の変化により，現場の部隊に送ることができなかったと考えられる（小林・渡辺・鳴海 2005)。

文献

浅井辰郎　1999. 琉球列島の地形図はどんな経緯でお茶の水女子大学に入ったか. 清水靖夫・浅井辰郎・小林　茂・安里　進『大正昭和琉球諸島地形図集成　解題』23-26. 柏書房.

板井英夫　1935. 航空寫眞に依る樺太の森林調査に就て. 日本林学会誌 17（6）: 457-468.

今里悟之・長澤良太・久武哲也　2004. アメリカ議会図書館所蔵の旧日本軍撮影・中国空中写真の概況. 外邦図研究ニューズレター2：78-80.（本書Ⅱ-4 章）

今里悟之・久武哲也　2003. 在アメリカ外邦図の所蔵状況 ── 議会図書館・AGS Golda Meir 図書館・ハワイ大学ハミルトン図書館の調査から. 外邦図研究ニュースレター1：33-36.（本書Ⅱ-3 章）

大坪慶之・片山　剛　2007. 台湾収集の地形図および地籍図について ── その分析・活用と資料的価値. 片山　剛編『近代東アジア土地調査事業研究ニューズレター2』121-140. 大阪大学文学研究科.

岡本次郎　2008. 外邦図の東北大学への搬入経緯をめぐって. 外邦図研究ニューズレター5：39-48.

お茶の水女子大学文教育学部地理学教室　2007.『お茶の水女子大学所蔵外邦図目録』お茶の水女子大学文教育学部地理学教室.

樺太地図資料研究会編　2000.『樺太二万五千分の一地図集成』科学書院.

樺太林業史編纂会　1960.『樺太林業史』農林出版.

京都大学総合博物館・京都大学大学院文学研究科地理学教室　2005.『京都大学総合博物館収蔵外邦図目録』京都大学総合博物館・京都大学大学院文学研究科地理学教室.

吉良龍夫　1952. 探検の歴史（2）. 今西錦司編『大興安嶺探検 ── 1942 年探検隊報告』30-43. 毎日新聞社.（1975 年，講談社より復刊）.

河内山譲ほか　1986a. 座談会・下志津陸軍飛行学校物語（1）陸軍偵察飛行隊回顧. 偕行 431：6-19.

河内山譲ほか　1986b. 座談会・下志津陸軍飛行学校物語（2）偵察飛行隊の戦闘. 偕行 432：21-28.

河内山譲ほか　1987. 座談会・下志津陸軍飛行学校物語（3）偵察飛行隊の戦闘. 偕行 433：4-14.

国立国会図書館参考書誌部　1966.『国立国会図書館所蔵地図目録（台湾・朝鮮半島の部）』国立国会図書館.

国立国会図書館参考書誌部　1967.『国立国会図書館所蔵地図目録（北海道・樺太南部・千島列島の部）』国立国会図書館.

国立国会図書館参考書誌部　1982.『国立国会図書館所蔵地図目録〔外国地図の部〕（Ⅰ）』国立国会図書館.

国立国会図書館参考書誌部　1983.『国立国会図書館所蔵地図目録〔外国地図の部〕（Ⅱ）』国立国会図書館.

国立国会図書館参考書誌部　1984.『国立国会図書館所蔵地図目録〔外国地図の部〕（Ⅲ）』国立国会図書館.

国立国会図書館専門資料部　1991.『国立国会図書館所蔵地図目録〔外国地図の部〕（Ⅷ）』国立国会図書館.

小島宗治　1991.『航空測量私話 ── 空と写真と戦いと』私家版.

小林　茂　2003.「兵要地誌図」（大阪大学文学研究科人文地理学教室所蔵）目録. 外邦図研究ニュースレター1：43-46.

小林　茂・渡辺理絵・鳴海邦匡　2005. 戦場における日本軍の地図作製. 中村和郎編『地図からの発想』32-33. 古今書院.

測量・地図百年史編集委員会編　1970.『測量・地図百年史』日本測量協会.

高木菊三郎著・藤原　彰編　1992.『外邦兵要地図整備誌』不二出版.

高橋三郎　1978a. 白夜の北緯四九度線. 岡田喜雄編『地図をつくる ── 陸軍測量隊秘話』25-31. 新人物

往来社.
高橋三郎　1978b. 満州での写真測量. 岡田喜雄編『地図をつくる —— 陸軍測量隊秘話』140-145. 新人物往来社.
田中宏巳　2005. 敗戦にともなう地図資料の行方. 外邦図研究ニューズレター3：83-92.（本書Ⅳ-5章）
田村俊和　2000. 東北大学理学部自然史標本館所蔵の外邦図. 地図情報20（3）：7-10.（本書Ⅴ-5章）
東北大学大学院理学研究科地理学教室　2003.『東北大学所蔵外邦図目録』東北大学大学院理学研究科地理学教室.
永井信夫・小林政能　2006. 米国国立公文書館で確認した日本軍撮影空中写真について. 外邦図研究ニューズレター4：15.
長岡正利　2004. 外邦図作成の記録としての各種一覧図と，地理調査所における外邦図の扱い. 外邦図研究ニューズレター2：17-23.（本書Ⅲ-1章）
長澤良太・今里悟之・渡辺理絵　2004. 旧日本軍撮影の空中写真の特徴とその利用可能性. 日本地理学会発表要旨集66：66.（本書Ⅱ-4章）
中野尊正　2004. 外邦図と私とのかかわり. 外邦図研究ニューズレター2：50-53.
西尾元充　1969.『空中写真の世界』中央公論社（中公新書186).
秦　郁彦編　1991.『日本陸海軍総合事典』東京大学出版会.
久武哲也　2005. 日本および海外の諸機関における外邦図の所在状況と系譜関係. 地図情報25（3）：7-11.（本書Ⅱ-1章）
福島幸宏　2005. 解説. 福島幸宏編・解説『山東出兵時における「第三師団特種研究記事」』1-16. 不二出版.
福島幸宏編・解説　2005.『山東出兵時における「第三師団特種研究記事」』不二出版.
船越昭生　1989. 戦前日本空中写真抄史. 武久義彦編『空中写真による歴史的景観の分析手法の体系化に関する基礎的研究』66-68. 奈良女子大学文学部地理学教室.
船越昭生　1992. 続・戦前日本空中写真抄史. 武久義彦編『空中写真判読を中心とする歴史的景観の分析手法の確立』48-54. 奈良女子大学文学部地理学教室.
満洲航空史話編纂委員会編　1972.『満洲航空史話』満州航空史話編纂委員会.
三井嘉都夫　2004. 私と外邦図. 外邦図研究ニューズレター2：46-49.
宮澤　仁・高槻幸枝・大浦瑞代・田宮兵衛・水野　勲　2007. お茶の水女子大学所蔵外邦図コレクションの全体像. お茶の水地理47：1-14.
陸地測量部　1930.『陸地測量部沿革誌　終篇』陸地測量部.
渡辺理絵　2005.「空中写真要図」（大阪大学文学研究科人文地理学教室蔵）目録. 外邦図ニューズレター3：125-131.

# 第3章　近代東アジアの土地調査事業と地図作製

## ── 地籍図作製と地形図作製の統合を中心に ──

小林　茂・渡辺理絵

近代的測量による精度の高い地図は，近代社会には必要不可欠なものであり，その成立に歩調をあわせて作製されてきた。国境や行政区画の確定だけでなく，軍事用・民間用の汎用図である地形図として，さらには土地の登記や土地税の徴収の基礎となる地籍図として，それぞれの用途にあわせて整備されてきている。

外邦図は軍事的利用とわかちがたくむすびついているが，それをややはなれて，広い意味での外邦図を近代地図として考える場合，まず検討が必要なのは，台湾・朝鮮半島・関東州といった植民地における地籍図・地形図の整備となる。のちにくわしく述べるように，日本は植民地でも近代的土地所有の確立をめざし，それにむけて大規模な土地調査事業を行い，地籍図を作製するだけでなく，地形図もこれにくわえて作製されることになった。近代地図を構成する主要な地図群が，あわせて整備されたのである。

この種の地図に関連して注目されるのは，以上のような日本の植民地における地図作製が，隣接地域，とくに中国における地図作製と密接な関係のなかで展開している点である。とくに日本本土における地租改正事業や植民地における土地調査事業に対する中国側の関心（笹川 2002：24-25, 32-40；小林・渡辺 2006）には，注目すべきものがある。日本およびその植民地における土地調査事業や地図作製は，同様に近代国家への道を歩んでいた他の地域の類似事業との関係においても評価される必要があろう。以下では土地調査事業と密接に関係しつつ展開された日本の植民地における地図作製に焦点をあわせて，広い視野から検討をくわえ，今後への見通しを示すこととしたい。日本は本土における地租改正事業の経験をふまえ，植民地ではより体系的な地図作製をめざした。またこうした地図作製は，とくに中国にも採用されていったと考えられ，ひとつの技術移転として評価できるという仮説を展開してみたい。

以下ではまず，地籍図の作製と地形図の作製との関係について簡単に検討したあと，日本本土の地租改正，沖縄県での土地整理事業，台湾・朝鮮半島・関東州における土地調査事業について概要を紹介し，さらに中国における土地調査事業と地図作製について概観をこころみる。なお，日本本土および植民地における土地調査事業については，すでに宮嶋（1994）が展望をこころみており，興味ぶかいが，以下では地図作製に焦点を絞り，概要をみていくこととする。

## 1．地籍図・地形図・三角測量

一般に土地所有に関連する地籍図と，汎用性の高い地形図は，それぞれ別の種類の地図と考えられている。まず両者の縮尺は大きくちがい，地籍図は数百分の 1〜3 千分の 1 程度になるのに対し，地形図は 2 万分の 1〜10 万分の 1 程度が多い。また地籍図では，土地の地目や所有の境界がおもな記載内容であるのに対し，地形図では交通路や水系，等高線による地形の表現や土地利用の表示がおもなものとなる。その作製においても，世界の多くの国や地域で，地籍図は財政当局が担当し，地形図は軍が担当するという場合が少なくない（Jack 1929）。日本本土でも，直接作製にたずさわらなかったとはいえ，前者については基本的に大蔵省が監督し，後者については陸軍に所属する陸地測量部が直接作製を担当した。

これに対して，地籍図と地形図を相互に関連するものとして作製した例がみられる。フランス併合後のコルシカでは，大縮尺で作製された地籍図（10,800 分の 1）を縮小して地形図（10 万分の 1）を作製した（1810 年）（Kain and Baigent 1992：221-224）。類似の例は，フランス統治下のオランダ（1811-1813 年），さらにフランス統治に影響されたベルギー（1846-1854 年）でもみられた（Kain and Baigent 1992：234-235）。これらでは，いずれの例でも三角測量にもとづいて地籍測量の図根点（測量のもとになる点）が決定されており，多数の地籍図を接合しつつ縮小して地形図の縮尺にあわせることが容易に行えるようになっていた点は注目される。

地図作製という観点からするならば，大縮尺の地籍図を縮小して地形図を作製するという方法は，地をはうような細部測量作業のくりかえしを省く合理的なものと考えられる。しかし両者の作製目的が異なり，また担当する官庁がちがうことは，その実現を困難にしていた。また，この実施のためには三角測量の普及も必要であった。地籍図そのものは複雑な技術をともなわない平板測量で可能ではあるが，それを接合し地形図とするには，三角測量で精密に測量された，高い密度の図根点の設定が必要であった。19 世紀初頭のフランス本土でも，三角測量による図根点をもとにした地籍図の作製が規定されたが，そのための器具や経験の不足のため，これは実現されなかったという（Kain and Baigent 1992：228-233）。この点で興味ぶかいのは，実現するのは 1930 年頃以降となるが，陸地測量部（Ordnance Survey）が地形図だけでなく地籍図に適した大縮尺の地図（今日では 2,500 分の 1 および 1,250 分の 1）を提供し，地籍当局（Department of Land Registry）がそれを使用するようになっているイギリスの場合である（Seymour 1980：250；小荒井 2006）。重複した測量を避ける制度として注目される。

以上のようにみてくると，三角測量を基盤にした，地籍図作製と地形図作製の統合の実現のためには，技術的，組織的，制度的な障害を克服する必要があったことがあきらかである。日本の旧植民地におけるこの実現は，そうした点からすると，それなりの構想と努力が必要であったことが知られてくる。以下では，この点を念頭において，その実現過程を簡単にみていくこととしたい。

## 2．沖縄県の土地整理事業と地図作製

日本の植民地では，初期より土地所有の近代化にむけて土地調査事業が積極的に推進された。台湾では臨時台湾土地調査局（1898-1905年），朝鮮では朝鮮総督府臨時土地調査局（1910-1918年），さらに関東州でも関東庁臨時土地調査部（1914-1924年）によってそれぞれ実施され，土地台帳や地籍図とともに地形図が整備された。この点からすると，いずれの土地調査事業も一貫した構想で実施されたように思われるが，初期をみるとむしろこの構想は徐々に形成され，実現されたという感が強い。これを考えるに際しては，これら植民地における土地調査事業に先行して行われた，沖縄県における土地整理事業についてまずみておく必要がある。

沖縄県における土地整理事業は，1898年7月に「臨時沖縄県土地整理事務局官制」が公布され，同30日付で同事務局が沖縄県庁に設置されたことにはじまるが，これにいたるまでには長い準備期間があり，その間にさまざまな調査が行われた（田里 1979，1989）。ここで注目されるのは，最終的な計画案以前においては，「土地整理」ではなく「地租改正」という用語がつかわれ，地図作製にあたっても「丈量縄・磁針・間竿・角度器・標旗・梵天・板分間器」といった近世的な用具（この点については，鳴海［2007］を参照）が予定されていた点である（「地租改正費取調書」，沖縄農地制度資料集成編集委員会 1997：100）。測量という点では，明治初期における日本本土の地租改正の段階にあたるものしか考えられていなかったわけである。

沖縄県の土地整理事業において，近代的測量が行われるようになったのは，1895年7月に沖縄県諸制度改正方案取調委員に大蔵省主税局長であった目賀田種太郎（1853-1926）が任命されたことが大きな意義をもっていると考えられる。目賀田は1885年から1889年頃にかけて，日本本土で実施された「地押調査」を指導した際，地籍図の精度が充分でないことを痛感した（松本 1938：250-251）。地押調査では，地籍測量にあたっては平板測量の適用が規定されていたが，それは充分に徹底されず，既存の地籍図の手直しでおわったところも少なくないとされる（野村 2006）。目賀田家文書第四冊に収録された，1890年頃の作製と考えられる「地租将来施設趣意書」や「地籍図調製ノ議」には，このような地籍調査の問題点をうけて，陸軍（陸地測量部）の設置した四等三角点を図根点とした地籍測量を提案するような文章がみられる（近代諸家文書集成4，1987，ゆまに書房，第4リール）。さらに「地籍図調製ノ議」では，そのために四等三角点に石製の標柱を置くことまでも提案しているほどである。沖縄県諸制度改正方案取調委員に任命された目賀田が，三角測量により図根点を設定し，それにもとづく平板測量による地籍測量の実現をつよく意識していたことは確実である（小林・鳴海 2007）。

ただし土地整理事業が開始された時点では，陸地測量部による本格的な測量作業は沖縄県でまだ開始されていなかった。沖縄県での三角測量は，ようやく1912年になって開始されたのである（測量・地図百年史編集委員会 1970：67）。このため，臨時沖縄県土地調査事務局では，陸地測量部の支援をえながら，1899年4月より独自の三角測量を開始している。この場合の三角測量は，正式の

ものというより，簡易な平面三角測量であった（「沖縄県土地整理紀要」，琉球政府 1968：611，668）。これは，沖縄県の島々がそれぞれ小面積であることにより採用されたものであろう。

当時の沖縄県の行政組織の弱さにくわえ，このような専門的な技術が必要なこともあって，沖縄県の土地整理事業は基本的に国家機関によって実施された。この点は，日本本土の地租改正や地押調査と大きく性格がちがっている。地租改正や地押調査の場合，関係当局の指導があったにせよ，測量をふくめた地籍図作製は基本的に地方の行政機関，さらには農民の手によるものであったわけである。これに関連してさらに重要なのは，沖縄県の土地整理事業では，そうした測量作業にたずさわる技術者を養成した点である。1898年12月に「助手養成所」を設置し，陸地測量部より技師・技手をまねいて，見習い生の教育を1900年3月まで実施した。このような測量技術者の教育は，台湾や朝鮮半島，関東州でも行われていく。

沖縄県の土地整理事業の技術的側面でもうひとつ注目すべき点は，土地面積の計測を地籍図の原図上で行うようになったという点であろう。それまでの調査では，土地面積の計測は，土地区画を方形のものとして行う「十字法」のほか，正確を期する場合には，小さな三角形に分割して行う「三斜法」が広く取り入れられていたが，いずれも現場での測量であった。沖縄県の土地整理事業では，耕地等については図上で三斜法を適用し，山林原野については「面積測定器」（プラニメーター）を利用することとしている。これは，計測にたえる正確さを地籍図がもつようになったことと対応するわけである。

このように，沖縄県の土地整理事業では，技術的には日本本土の地租改正や地押調査と大きくちがうものが採用され，以後の植民地での土地調査事業のモデルになっていくと考えられるが，他方それにあわせて地形図が作製されることはなかった。上記目賀田家文書の「地籍図調製ノ議」では，精密に測量された三角点をもとに地籍図ならびに「軍用地圖」（陸地測量部による地形図）をともに整備していくことを主張しており，地形図の作製も意識されていたと考えられるが，これが実現されなかったのは，何らかの事情があったと推測される。1884年の陸軍への測量一元化（測量・地図百年史編集委員会 1970：37，41）が関与している可能性もある。

## 3．日本の植民地における土地調査事業の展開と地図作製

つづく台湾における土地調査事業は，以上のような沖縄県の土地整理事業を全面的に参考にしたと考えられる。沖縄県に派遣されていた財務官僚（祝辰巳［1865-1908］・赤堀廉蔵）が台湾総督府にうつるだけでなく，赤堀の場合は1899年5月に沖縄県の事業の視察を行っており，これに際して三角測量の必要性を知り，その概要を報告した（江 1974：135）。臨時台湾土地調査局の設置は，1898年9月と臨時沖縄県土地整理事務局よりもわずか2ヵ月おくれたにすぎないが，三角測量の開始はさらにおくれて1900年7月頃になった（江 1974：137）のはこのためである。またこれにむけて，東京で二期にわけて訓練生を募集して技術の習得を行わせた。台湾における三角測量では，日

本本土の三等三角測量を導入し，より精密な本格的測量はのちにもちこされることになった。

こうした三角測量の導入に関連して，関連文書（「臨時臺灣土地調査費増額理由」）では，地籍図の精度が向上するだけでなく，地形図の作製が可能になることが指摘されているのは注目される（アジア経済研究所蔵マイクロフィルム『臺灣土地調査始末稿本』第1篇，第7巻）。またこれにあわせてか，土地面積の図上計測にプラニメーターの使用がはじめられていくのも興味ぶかい（江 1974：186）。

三角測量による図根点をもとにした地籍測量による庄図（おもに1,200分の1）を縮小し，さらに水準測量や地形測量を行って地形図（2万分の1）が作製された。この地形図は，それが表示している地区にちなんで「堡圖」とよばれている。台湾で堡図を作製する意志決定がどのように行われたか，という点に関連して，目賀田種太郎が1901年に当時台湾総督府税務課長であった宮尾舜治（1868-1937）に地図をつくるよう勧めたという（松本 1938：253）点は興味ぶかい。ここで作製を勧めている地図は，基本的に地形図をさしている。他方，堡図作製のための作業は，水準測量が1902年11月から，地形測量が1903年9月から開始されており（江 1974：142），時期的にも符合するので，これが土地調査事業にともなう地形図作製の発端になった可能性は否定できない。

朝鮮半島の土地調査事業にうつろう。ここでもまた目賀田種太郎が登場する。目賀田は，大蔵省勤務ののち韓国財政顧問として京城に赴任して1904～1907年の間在任する。その間韓国の財政の近代化をめざすとともに，あきらかに朝鮮の土地調査事業の準備を意識しつつ測量学校（量地學校）を各地に設置したほか，三角測量をふくむ測量規定の制定に着手した（松本 1938：498-499）。このような経過もあってか，朝鮮半島の土地調査事業では，当初から三角測量の導入が規定されていた。またこの場合，沖縄県や台湾とちがい，日本本土の三角点網と連結する大三角測量をふくむ本格的なものであったことも留意される（朝鮮總督府臨時土地調査局 1918：197-199）。朝鮮半島では，日本は秘密測量をふくむ地図作製を長期間経験しており，臨時測図部がほぼ全土の地形図を作製するとともに（岡田・小林 2006），その過程で一部について三角鎖測量を実現していた（小林解説 2008：310-313）。また上記のような経過のなかで，土地調査事業前に，すでに韓国政府によって小三角測量が実施されていた（朝鮮總督府臨時土地調査局 1918：198）。精度の高い測量は，この点からも実施が要請されていたと考えられる。

ただし地形図の作製は当初予定されておらず，事業開始後しばらくして付帯的な事業として実施することにした点は注目される（宮嶋 1991：445-448）。これが予算獲得のための便法であったかどうかもふくめ，検討が必要と思われる。

朝鮮半島における土地調査事業に関連してもうひとつ注目しておくべきは，沖縄県・台湾における事業がつよく意識されているだけでなく，それらに従事した官僚や技術者が活躍したことである。沖縄県で活動し，朝鮮半島の土地調査事業に関与したと考えられる官僚としては，俵孫一や川上常郎がいる（浅井 2004：93）。とくに沖縄県における地価設定について重要な役割をはたしたと考えられる川上（「地価査定の方針（川上事務官の談話）」[1902年12月15日，17日新聞記事]，琉球政府 1967：444-451）は，朝鮮では統監府書記官から韓国政府に傭聘され，1909年には土地調査事業の全体を計画するともいえる『土地調査綱要』を提出し，そのなかで地形図作製を力説した（宮嶋

1991：396-397)。その背景には，沖縄県における経験があったとみてよいであろう。

このような幹部以外でも，沖縄の土地整理や台湾の土地調査に従事し，この方面の経験のある者が優先的に採用された（朝鮮総督府臨時土地調査局 1918：489-490)。これを反映して，台湾の土地調査事業関係者の記念組織の雑誌『臺灣土地調査紀念會記事』（臺灣土地調査紀念會 1906-1923）には，1910年以降になると，その会員名簿に朝鮮の土地調査局に勤務する技術者や事務官がしばしばみられる。このなかには関東都督府に勤務する者もあり，関東州の土地調査事業との関係をうかがわせる。これらは，官僚レベルだけでなく，現場の技術者や事務官を通しても，沖縄県や台湾での経験がうけつがれたことを示している。

関東州における土地調査事業は，1914年にはじまった。ここでも三角測量は当初より予定されていたが，地形図作製は1918年以降の「第二期」になってから開始された（「關東州土地調査事業概要」，關東廳臨時土地調査部 1923：附録)。この結果，地籍図（1,200分の1，一部については600分の1）と地形図（2万5千分の1および一部について1万分の1）が作製されたが，土地税の徴収という点では失敗したとされている点は興味ぶかい（江夏 1987)。これには中国本土の土地権利関係の複雑さが関与しており，台湾のようなフロンティアとのちがいを感じさせる。

関東州における行政長官には，中村是公（1867-1927）のような台湾の土地調査事業の中心人物や上記の宮尾舜治が就任している（中村は1907年4月～1908年5月，宮尾は1917年7月～1919年4月に在任)。土地調査事業の実施時期からみて，宮尾の役割が注目されるが，ただし『宮尾舜治傳』はとくにそれに言及していない（黒谷 1939)。

以上のようにみてくると，土地調査事業における地図作製では目賀田種太郎の役割が大きいことが知られてくる。目賀田はベルギーとフランスにおける類似の事業に関心をもっていたとされており（松本 1938：168，253-255)，その政策との関係を検討する必要が大きい。地図作製をややはなれるが，この点は1884年12月の「地租ニ關スル諸帳簿様式」の布達にみられ，目賀田は当時関税局長であった中野健明（1844-1898）に依頼して入手した，ベルギーの「カダストル」様式によって，土地台帳の様式を決定したという（松本 1938：187)。これは，1889年の「土地臺帳規則」の公布，さらに地券の廃止につながることとなる。

以上のようにみてくると，沖縄県の土地整理事業以降の経緯はまた，目賀田の構想の実現とみることができる。この場合，それができたのは植民地であり，総督府や都督府という，独自の権限をもった官庁であったからこそ，地籍図の作製と地形図の作製という事業を統合して行われることになったと考えられる。また技術的にもそれを可能にする基盤がそろう時期でもあった。

このプロセスはまた，ここではまだ充分に示すことはできなかったとはいえ，土地調査の経験の蓄積という点でも意義のあるものであったと考えられる。川上常郎のような官僚レベルの担当者の活動だけでなく，現場の事務官や測量技術者においても，沖縄県・台湾から，朝鮮半島・関東州へと，ノウハウが継承され，蓄積されていった。

さらに無視できないのは，沖縄県における「助手養成所」，朝鮮半島における「量地學校」や「臨時土地調査局職員養成所」（朝鮮總督府臨時土地調査局 1918：490-496)，関東州における「職員講習所」

表Ⅳ-3-1　各地の土地調査事業の時期と地籍図・地形図の縮尺

| 地域 | 時期 | 地形図作成の開始年 | 縮尺 | |
|---|---|---|---|---|
| | | | 地籍図 | 地形図 |
| 沖縄 | 1898-1903 | – | 1/1,200 | – |
| 台湾 | 1898-1905 | 1902 | 1/1,200 | 1/2万 |
| 朝鮮 | 1910-1918 | 1913 | 1/1,200 | 1/5万 |
| 関東州 | 1914-1924 | 1918 | 1/1,200 | 1/2.5万 |

(關東廳 1926：917) の設置や台湾における現地雇員の訓練 (江 1974：160-161) である。これらによって測量や製図技術者が養成され，さらに実務を経験することにより，技術移転が急速に進んだ可能性がある。現地の若者の雇用は，経費の節約だけでなく，現場の環境への順応や，現地事情の熟知といった点でも意義は大きかった (朝鮮總督府臨時土地調査局 1918：490-491)。

そして何よりも，できあがった地形図は，地籍図とならんで各地域の最初の本格的近代地図となったわけである。これらは今日では学術的価値があり，それぞれの地域でリプリントが刊行されている (臺灣總督府臨時臺灣土地調査局 1996；梁解説 1985)。

ところで，沖縄県以下，関東州までの土地調査事業を簡単に比較してみると，表Ⅳ-4-1のようになる。ここで作製された地形図の縮尺がちがうのは，それぞれの時期に日本本土で標準的であった縮尺を採用したからと考えられる。今後はそれぞれの地形図の図式 (図の仕様) をふくめて検討する必要がある。また，関東州での土地調査事業が小面積の割に長期間かかっているのは，予算の問題のほかに，土地権利関係の複雑さが反映されているとみてよいであろう。

## 4．中国における三角測量と土地調査事業

つぎに中国における三角測量と土地調査事業についてみていきたい。まだ充分な検討を行っていないが，清末になると，全国の三角測量が計画されていたことは確実である。両江総督であった端方 (1861-1911) の上奏文「奏爲報明南洋測繪學堂兼地形測量辦理大概情形并開辦三角測量日本期恭摺仰祈」(1908年) (沈 1967：1483-1489) によれば，1908年4月，陸軍は三角測量および製図は中央で行い，各省は地形測量にとどめるという方針を転換して，各省ごとに基点を設置し，三角測量・地形測量を実施するよう通達したという。また端方は，南洋測繪學堂・江南測繪學堂の学生や卒業生にくわえ日本の技術者を招聘して，1907年より南京周辺の江蘇省の三角測量を行わせたという (渡辺・小林 2005)。地図の現物にあたる必要があるが，この結果は『江蘇省志 測絵志』が紹介する同地域の2万5千分の1図や2万分の1図にあたるとみてよいであろう (江蘇省地方志編纂委員会 1999：89-92, 348-349)。

辛亥革命後になると，北洋政府は参謀本部に第六局を設置して，軍用地図の作製にむけて「十年速測計劃」をたてたが，これは各省中心のものだったようである。三角測量をふくむこの方面での本格的計画は，1929年の「全國陸地測量十年計劃」となる (《中国測絵史》編集委員会 1995：227-

229)。

他方，地籍測量との関係では，1915年に設立された経界局が重要である。経界局では経界評議委員会がつくられ，そこで立案された計画では土地測量を「三角測量と地形測量」にすることになっていたという（笹川 2002：24)。またこの経界評議委員会のメンバーは日本への留学経験のあるものが多数を占めており，しかも渡辺・小林（2007）に紹介しているように，日本の陸地測量部の地図作製技術教育機関である修技所の卒業生が，全30名中7名を占めていた。とくに当時の職名からみて，技術系の委員（6名）は全員が修技所の卒業生であった点は興味ぶかい。

経界局についてとくに注目されるのは，日本本土・沖縄県・台湾・朝鮮・ベトナム・フランス・ドイツ・香港・アメリカ・関東州の地籍調査事業の調査を行い，報告書を刊行している点である（経界局編訳所 1915；程 1915；小林・渡辺 2006)。上記のような「三角測量と地形測量」という構想は，こうした調査のなかから発生してきたものであろう。この場合，とくに日本の植民地における土地調査事業の調査が大きな意義をもったと考えられる。また上記の調査に際し，朝鮮と関東州に派遣された殷承瓛（1877-1946，当時陸軍中将・経界評議委員会委員）は，上記修技所の卒業生であったことも留意される。

このような経界局の事業は，財政的問題や試験的に調査を実施した地域の住民の反発によって，短期間で挫折することになった。しかし，この基本的な考えは，のちにも踏襲されていったと考えられる。日中戦争開始の前年に構想された軍や関係省庁の連携による「完成全國軍用圖・地籍圖測量計劃綱要」(1936年)（台北，國史館蔵，目録統一編号：062，案巻編号：750-1)（《中国測絵史》編集委員会 1995：229-30も参照）では，全国の三角測量とともに，軍用の地形図と地籍図の作製の統合を企画している。また空中写真の体系的利用もねらうものであった。

またこの一方で，これ以前から三角測量と地籍測量を統合しつつ行っていた江蘇省のような例もみられ（陳 1936：地政)，こうした考えが地方レベルにまで浸透していたことがあきらかである。ただしこのような土地調査事業は，日中戦争によって大きな打撃をうけ，中断を余儀なくされるとともに，日本軍が侵攻した地域では地籍図や測量機器類の奥地への運び込みも行われた（笹川 2002：290-292)。

以上，沖縄県，台湾・朝鮮半島・関東州さらに清末～民国期の中国と，土地調査事業における地図作製についてみてきた。参照できた資料や文献はまだ限られており，この長く複雑な過程のごく一部について，表面をなぞったにすぎない。ただし沖縄県で三角測量が地籍図作製に統合され，台湾ではこれに地形図作製がくわわり，徐々に合理的な近代地図作製が実現していったことは，何とか追跡できたように思われる。また民国期の中国では，日本の植民地における実現を参考に，こうした近代地図作製の手順が初期から意識され，徐々に実現されていくプロセスがうかがわれた。

このような過程の背景のひとつとして，海外における土地調査事業に関心をよせていた官僚の調査研究活動（宮嶋 1990）があることはいうまでもない。また，そうした調査研究活動の成果を，日本本土や植民地での現実にあわせて展開した目賀田種太郎のような人物がいたこともあきらかである。その構想は川上常郎のような植民地官僚ともいえる人びとによって実施にうつされるだけでなく，現場の事務官や技術者によっても他に移植され，東アジアの土地調査事業の大きな流れをつくっていったと考えられる。

この流れの中国への波及の経過については，まだ不明な点が多く，ようやく手がかりがえられた段階にすぎないが，経界局による調査だけでなく，中国人留学生や日本人教習（渡辺・小林 2004）などさまざまなルートがあったと考えられる。台湾の土地調査事業で働いた測量技術者，御厨健次郎が，1908年頃には広東陸軍測絵学堂の教習となっていること（臺灣土地調査紀念會 1908：30）は，現場から現場へのルートもあったことを示唆するように思われる。中国における土地調査事業の展開とともに，こうした人びとの軌跡を追跡することも意義あることであろう。

冒頭でも述べたように，筆者らは日本がアジア太平洋地域で作製してきた地図の研究を行ってきた。そこにまずあらわれてくるのは，秘密測量や戦場での地図の奪取，さらにはその複製といった軍事に密接に関係する資料である。しかし，植民地に目を転じることによって，土地調査事業というもうひとつの大きなプロセスが視野にはいり，この研究をすすめることになった。巨大組織であった日本軍の活動を反映して，軍事用の地図は膨大であるが，地籍図はその性格からして，さらに膨大であり，現在も機能しているものも少なくない。今回の概観をもとに，さらに細部を検討していきたい。

文献

浅井良純　2004．韓国併合前後における日本人官僚について――文官高等試験合格者を中心に．朝鮮学報 193：75-110.

江夏由樹　1987．関東都督府，及び関東庁の土地調査事業について――伝統的土地慣習法を廃棄する試みとその失敗．一橋論叢 97（3）：367-384.

岡田郷子・小林　茂　2006．植民地期以前の朝鮮半島における日本の軍用地図作製．2006年人文地理学会大会研究発表要旨：30-31.

沖縄農地制度資料集成編集委員会編　1997．『戦前期の沖縄農地制度資料――沖縄県土地整理事業関係』沖縄県農林水産部.

關東廳編　1926．『關東廳施政二十年史』（1974年，原書房刊）.

關東廳臨時土地調査部編　1923．『關東州事情 上巻』滿蒙文化協会.

黒谷了太郎編　1939．『宮尾舜治傳』故宮尾舜治氏傳記編纂會.

經界局編譯所編　1915．『各國經界紀要』經界局編譯所.

小荒井衛　2006．欧州（英仏独）における空間情報施策の概要．国土地理院時報 110：119-128.

江蘇省地方志編纂委員会編　1999．『江蘇省志 測絵志』北京：方志出版社.

江　丙坤　1974．『台湾地租改正の研究――日本領有初期土地調査事業の本質』東京大学出版会.

小林　茂［解説］　2008．『外邦測量沿革史 草稿 第1冊』不二出版.

小林　茂・鳴海邦匡　2007．沖縄県における土地整理事業の準備過程．待兼山論叢（日本学篇）41：1-24.

小林　茂・渡辺理絵　2006．東アジアの土地調査事業における広東省土地調査冊の位置づけに関するノート．近代東アジア土地調査事業研究ニューズレター（大阪大学文学研究科片山剛研究室）1：14-23.

笹川裕史　2002．『中華民国期農村土地行政史の研究――国家－農村社会間関係の構造と変容』汲古書院.

測量・地図百年史編集委員会編　1970.『測量・地図百年史』日本測量協会.
臺灣土地調査紀念會　1906-1923.『臺灣土地調査紀念會記事』臺灣土地調査紀念會.
臺灣總督府臨時臺灣土地調査局調製　1996.『臺灣堡圖』遠流出版事業.
田里　修　1979. 沖縄県における地租改正の特色. 沖縄文化 15（2）：27-43.
田里　修　1989. 明治二九年沖縄県地租改正に関する一考察──二八年地租改正案. 沖縄文化研究 15：37-59.
《中国測絵史》編集委員会編　1995.『中国測絵史 第二巻 明代－民国』北京：測絵出版社.
朝鮮總督府臨時土地調査局　1918.『朝鮮土地調査事業報告書』朝鮮總督府臨時土地調査局.
沈　雲龍主編　1967.『端忠敏公奏稿』台北：文海出版社（近代中国史料叢刊第 10 輯 94）.
陳　果夫主編　1936.『江蘇省政述要』台北：文海出版社（近代中国史料叢刊続編第 97 輯 969）.
程　家潁　1915.『臺灣土地制度考査報告書』(中央研究院傅斯年図書館蔵).
鳴海邦匡　2007.『近世日本の地図と測量──村と「廻り検地」』九州大学出版会.
野村暲作　2006. 地押調査と公図（上）（下）. 登記研究 699：123-148，700：103-118.
松本重威編　1938.『男爵目賀田種太郎』故目賀田男爵傳記編纂会.
宮嶋博史　1990. 比較史的視点からみた朝鮮土地調査事業──エジプトとの比較. 中村　哲・梶村秀樹・安　秉直・李　大根編『朝鮮近代の経済構造』71-100. 日本評論社.
宮嶋博史　1991.『朝鮮土地調査事業史の研究』汲古書院.
宮嶋博史　1994. 東アジアにおける近代的土地改革──旧日本帝国支配地域を中心に. 中村　哲編『東アジア資本主義の形成──比較史の視点から』168-188. 青木書店.
梁　泰鎮［解説］ 1985.『近世韓国五万分之一地形圖』ソウル：景仁文化社.
琉球政府編　1967.『沖縄県史 第 16 巻 資料編 6 新聞集成（政治経済 1)』琉球政府.
琉球政府編　1968.『沖縄県史 第 21 巻 資料編 11 旧慣調査資料』琉球政府.
渡辺理絵・小林　茂　2004. 日本－中国間の地図作製技術の移転に関する資料について. 地図 42（3）：13-28.
渡辺理絵・小林　茂　2005. 20 世紀初頭における日本－中国間の測量技術の移転──三角測量を中心として. Newsletter（平成 16 年度～18 年度科学研究費基盤研究（A）(1)「東アジアとその周辺における伝統的地理思考の近代地理学の導入による変容過程」国際日本文化研究センター）4：55-62.
渡辺理絵・小林　茂　2007. 陸地測量部修技所に在学した清国留学生の名簿に関するノート. 近代東アジア土地調査事業研究ニューズレター（大阪大学文学研究科片山剛研究室）2：102-114.
Jack, E. M. 1929. National surveys. *Nature* 124：487-491.
Kain, R. J. P. and Baigent, E. 1992. *The Cadastral Map in the Service of the State: A History of Property Mapping.* Chicago: University of Chicago Press.
Seymour, W. A. ed. 1980. *A History of Ordnance Survey.* Folkestone: Dawson.

# 第4章　日本の兵要地誌に関する一研究

## ――中国地域を中心に――

源　昌久

## 1．はじめに

「外邦図」をテーマとして扱っているこの書に，なぜ「兵要地誌（理）」をとり上げるのかという問いに対する回答からまず述べてみたい。外邦図の作成目的は，軍事上の戦略・作戦のツールとして役立つことにある。兵要地誌（理）も同様の機能を持つ。軍事行動の地理的側面において，外邦図と兵要地誌とは両輪の役割を果している。したがって，兵要地誌（理）を本書の一章として問題にするのである。

筆者は，今回，いわゆる日中十五年戦争（1931-1945年；満洲事変，日中戦争［支那事変］，太平洋戦争［大東亜戦争］の総称）において陸軍が関与した兵要地誌類に関する目録を作成し，若干の分析を試みた。これまで空白に近かった兵要地誌作成・編纂のメカニズムに対して書誌学的視点からひとつの研究素材を提供した。兵要地誌作成・編纂に従事した研究者の知識（知の遺産）は，現在の地理学界にどのように受け止められているのかという点についても検討を加えた。

アジア歴史資料センター（以下,「アジ歴」と略す）のデータ・ベース（DB）[1]に検索キーワード「兵要地誌」を入力すると639件（2008年9月5日現在）の結果がヒットした。対象資料の本文先頭から300文字程度が入力されたデータから，検索語を調査するシステムからこれらの結果は得られる。ヒットした結果が全て兵要地誌自体ではなく，「兵要地誌調査業務」に関する命令までも含まれている。今回の作業では，兵要地誌目録を作成するにあたり，駒沢大学図書館，防衛省防衛研究所図書館，国立国会図書館の3館の蔵書に限定して調査を試みた。駒沢大学図書館では冊子体目録，防衛省防衛研究所図書館ではカード目録（後に館内のみのOPACも），国立国会図書館では外部にも公開されている目録DBを活用し，資料を検索した。アジ歴のDBを利用しての『陸満密大日記』等に合綴されている兵要地誌類についての調査結果の一部は源（2004）に掲載されている。他の図書館等に関する調査は後日に期したい。また，兵要地誌（理）中に付されている兵要地図および独立している一枚ものの兵要地誌図・兵要地誌資料図についても研究成果を後日に発表する予定である。

なお，本稿では資料名などについて常用漢字で表記した。

## 2．「兵要地誌」の大要

### (1) 語義

はじめに，兵要地誌あるいは兵要地理の語義について述べてみよう。「兵要」は中国（漢）語彙で，語義は「軍事の枢要」であり，中国の古典中で使用されている（諸橋 1956：85）。後に日本文に入り同義に使われたと思われる。さらに，兵要に地誌（理）が複合して兵要地誌（理）が生じたと推測される。わが国において，兵要地誌（理）の語彙としての初出例を確定することは出来なかった。初期の使用例として，『兵要日本地理小誌』全3巻（[中根淑著]　陸軍兵学寮発行 1873年1月刊行）（以下，書誌的事項においての［　］記号の使用は，補記を意味する。第4節（2）の⑦の2）を参照）がある。本書は広い読者層に親しまれたが，序にて，「此書本陸軍諸士ノ為ニ設ク」[2]と記されている。このことから著者は，当初，本書を軍人向きに執筆したのであろうと推し量る。タイトルに表記されているように，内容は兵要地誌（内乱を想定しているのか）である。兵要地誌（理）は英語でMilitary Geographyである。兵要地誌の同義語として戦争地理が考えられる[3]。小川・太田（1937：3）は，「一般に戦争を地理学上より論ずる分科を戦争地理学と呼ぶべきで，…」とし，戦争地理学（広義軍事地理学；Polemogeography；Kriegsgeographie）を，一．陸戦地理学（狭義軍事地理学；Military G.；Landkriegsg.）と二．海戦地理学（Naval G.；Seekriegsg.）に分けて説明を行っている。

### (2) 兵要地誌（理）の3タイプ

研究対象へのアプローチの仕方から兵要地誌（理）を3タイプに分類してみよう[4]。①総合的あるいは系統的に兵要地誌（理）に関する理論，戦略等を考察するタイプで，Systematic Military Geographyと呼称されるものである。②兵要地誌（理）に関する事項の内，特定の主題に焦点を決めて研究を行うタイプで，Topical Military Geographyと呼称されるものである。例えば，衛生兵要地誌。③兵要地誌（理）の研究を特定の軍事地域に応用するタイプで，Regional Military Geographyと呼称されるスタイルであり，地域研究の一種と考えられる。②と③との混成型もある。

兵要地誌（理）は，基本的に戦略・作戦と結び付き，事前の準備・用意の役目を果たす応用地理学といえよう[5]。

防衛研修所戦史室では，「作戦・軍事上の見地から，必要な地形・地勢・気象・人文・産業産物などに関する調査及び研究を行った資料を書類としたもの」と解説している（防衛庁防衛研修所戦史室 1980：384）。

### (3) 兵要地誌（理）作成法

わが国における兵要地誌（理）を作成（軍では「調製」の語を使用）する仕方は，情報源（データ）の入手法によって3タイプに分けられる。

第一に，国防および用兵事項を扱う陸軍の軍令統轄機関・参謀本部等に既刊の関係資料を集め，それらを利用し，編纂して作成された兵要地誌がある。既刊の文献の種類には，現地軍の報告，兵要地誌，兵要地図類がある。例えば，本タイプの例として，第4節（3）における No.23-A，No.50。

第二に，担当兵が現地調査を実施した結果の記録，つまり現地報告書（兵要調査資料）タイプのものがある。これは基礎（兵要）資料としてオリジナリティを多く含む。『○○兵要地誌調査報告』『○○兵要地誌資料』等と呼称されている。例えば，本タイプの例として，第4節（3）における No.20，No.45。源（2004：213-216）にも同様のタイプの例を掲載している。

第三に，第一と第二のタイプの混成した地誌がある。既刊の資料に最新の現地報告を加えて作成したもの。例えば，本タイプの例として，第4節（3）における No.26，No.57。

現地において情報を入手する方法として，現地調査・実地踏査をはじめとして，駐在武官室・工作機関の活用（例えば，国境の航空写真撮影），外務省の公館や各商社への軍人の「モグリ」込みによる調査（例えば，上陸予定地附近の状況探査）等があげられる（杉田 1958：4-5）。

(4) 調査マニュアルの存在

わが国の兵要地誌（理）について作成用調査マニュアルは，筆者の調査した範囲（図書館・DB を利用）では以下の7点をみいだした（調製年順に記載）。下記の書誌的事項は，著者　タイトル　出版地　出版者　出版年　頁数　書誌的注解の順に記載している。

①関東軍司令部[著]『関東軍兵要地誌資料調査規程』［新京］［関東軍司令部］ 1936年2月刊，［序］［1頁］ 目次［1頁］ ［本文］第1頁－第6頁　附表［1頁］

第一総則の三に「調査ハ軍司令部，軍司令官隷下部隊，同特務機関並軍政部顧問部之ヲ担任ス」（関東軍司令部 1936：2）と記されている。本規定により，関東軍において兵要地誌類の調査・作成に関わるシステムとして関東軍司令部，隷下部隊，特務機関および軍政部顧問部の4つのグループが存在していたことが判明した。これらの各々の組織の解説は源（2004：204-206）に記載してある。

②関東軍参謀部[著]『関東軍兵要地誌調査参考書』［出版地不明］［関東軍参謀部］ 1936年6月1日刊，目次第1頁－第4頁 ［本文］第1頁－第53頁　附表第54頁－第98頁（11表）（表表紙に「秘『取扱注意』」と印刷）

内容（目次の見出しによる）は，第一編　総則，第二編　報告要領，第三編　調査要領，第四編　兵要地理調査要目，附表である。これらの各々の章の解説は源（2004：207-208）に記載してある。

③関東軍司令部[著]『昭和十三年度関東軍兵要地誌調査計画』［新京］［関東軍司令部］ 1938年2月22日刊，（表表紙によると紙数48枚，附表15枚）（表表紙に「軍事極秘　一連番号第四号」と印刷）

内容（目次の見出しによる）は，第一　調査方針，第二　調査要領，第三　主要調査事項，第四　調査細部ノ計画，第五　報告，附表である。これらの各々の章の解説は源（2004：207）に記載してある。

④北支那方面軍司令部[著]『昭和十五年度北支那方面軍兵要地誌調査計画』［出版地不明］［出版者不明］ 1940 年 2 月 2 日刊，［6]頁　[附表]［4]枚　(マイクロフィルム資料　『旧陸海軍関係文書目録』[6] T［文献番号］976）（表表紙に「軍事極秘」の捺印）

本計画（マニュアル）は，昭和十五年度北支那方面軍兵要地誌調査計画を実施するために作成された。方針，調査要目，調査要領の 3 項目に分けて解説を行っている。方針について，「調査ノ重点ヲ今次事変［支那事変］処理ニ直接必要ナル諸調査ニ指向シ併セテ将来ノ対西北作戦準備ノ為ノ諸調査ヲ行フ」としている。附表において，各部隊が担任すべき調査事項を詳細に列挙している。

本資料は，アジ歴の DB 中，JACAR（Ref. C01005877900）（件名標題：陸軍機密書類進達の件）においても参照できる。

⑤大本営陸軍部[著]『兵要地理資源調査報告例規』［東京］大本営陸軍部　1944 年 5 月刊，例言［1 頁］　目次第 1 頁－第 3 頁　[本文]第 1 頁－第 86 頁　附図［2]図　附表［8]枚　（表表紙に「極秘」と印刷）（偕成文庫蔵）

内容（目次の見出しによる）は，第一篇　総則，第二篇　兵要地理，第三篇　兵要資源及経済状態，第四篇　占領地統治資料である。これらの各々の篇の解説は源（2005：48-49）に記載している。

本書Ⅵ-1，Ⅵ-2 章において言及されている渡辺正情報将校の所蔵資料との関連については源（2005：45-49）に掲載してある。

⑥大本営陸軍部[著]『兵要地理調査参考諸元表（其ノ一)』［東京］大本営陸軍部　1945 年 5 月刊，29 表　（表表紙に「極秘」と印刷）

1944，45 年頃，米軍による本土上陸にたいする防御のために国内（本土）の兵要地誌の必要性が感じられた。本表は，そのための兵要地理調査用基礎的諸元を収録している（本資料に付されている手書きメモおよび前言を参照）。

内容（構成）は，航空作戦，対上陸作戦，地上作戦の 3 項目である。各項目の内を細分して，表形式で解説を行っている。

本マニュアルの陸軍での具体的使用例が久武（2005：11，本書Ⅳ-1 章）により記されているので以下に引用しておこう（佐藤久から小林茂宛私信）。

> 昭和二十（一九四五）年四月三十日の「第一次会合」[筆者注：「兵要地理調査研究会」］以後，「第二次会合」は行われず，五月以降に報告書を作成するためのマニュアルともいうべき『兵要地理調査参考諸元表（其ノ一)』（昭和二十年五月）大本営陸軍部（極秘冊子）が各委員に配布されたという。

⑦石井部隊　村上少佐[著]『教育資料　兵要地誌調査研究上ノ着眼』［出版地不明］［出版者不明］［出版年不明］ 3 頁　謄写版（手書き）（表表紙に「秘」の捺印）

内容（構成）は，1. 地形地質，2. 河川　湖沼　湿地，3. 気象，4. 宿営給養，5. 給水，6. 住民地の6項目を設定し，各項目に説明を付している。

上記以外にも，多数のマニュアルが作成・刊行されたと思われる。それらについては，後日，見出して，発表してみたい。また，マニュアルに関する根拠法および雛形についても調査しなければならない。

## 3．作成（編纂）組織およびその変遷

(1) 中央機関

最初に，中央機関における兵要地誌作成（編纂）組織の変遷をみてみよう。

1873年3月23日，陸軍省職制並条例により，陸軍省の外局であった「参謀局ヲ第六局ト改称ス」（堀内・平山 1986：29）とし，ここに第六局が設置された。その任務は，「第六局　陸軍文庫　測量地図　絵図彫刻　兵史並兵家政誌蒐輯…一兵史蒐輯並ニ出版ノ事　以上主管［筆者注：文庫の主管］之ニ任ス…一日本並ニ外国ノ兵家政誌ニ関スル書籍ノ採集ノ事…」（内閣記録局 1977：394-395）であった。局内に陸軍文庫を併設した。この「文庫」はCollectionではなくLibraryの意味である。前述の第六局（陸軍文庫）が近代日本における兵要地誌作成（編纂）機関の始まりではなかろうか。第2節（1）において記載した『兵要日本地理小誌』の再刻（版）である『兵要日本地理小誌　改訂』（1875年7月）の出版者名が陸軍文庫（初版は陸軍兵学寮）であることからもうかがえる。1874年2月22日の陸軍省への達において，「其省中第六局被廃参謀局被置候條此旨相達事候　但陸軍文庫ノ儀ハ同局中ノ一部ト可相心得事」（内閣記録局 1977：398）と記され，第六局を廃して，参謀局を設置し，参謀局が陸軍文庫を管理することになった。

以後，明治・大正中期まで兵要地誌作成（編纂）機関は変遷を経て，1920年8月，参謀本部第二部第五課[7]（欧米課），および第六課（支那課）が担当することになる（1916年5月～1920年8月においては第二部第五課が行う。通称，兵要地誌)。第五課は第1班（ロシア），第2班（英国），第3班（米国），第4班（ドイツ），第5班（フランス），第六課は第6班（支那情報），第7班（兵要地誌）から構成された（秦 1991：480)。ただし，第1班から第6班における兵要地誌作成の詳細は不明である。1936年6月，管掌内容の変更が行われ，第二部第五課はソ連情報（欧米課から分離新設），第六課は欧米情報，第七課は中国（支那）情報を担当し終戦を迎えた（秦 1991：481)。第二部第五課の班区分は軍情，兵要地誌，第10班（文書諜報）で，第七課の班区分は支那班と兵要地誌である（日本近代史料研究会 1971：382)[8]。

前記の参謀本部の系列とは異なる大本営陸軍部参謀部[9]の系列が存在する。1937年11月20日，大本営陸軍部が設置された。参謀本部職員の大多数は，大本営陸軍部の職員を併任した（秦 1991：499)。業務分担も両機関で共通するものが多くみられる。

1937年以降終戦まで，大本営陸軍部においての兵要地誌作成（編纂）は，第二部第五課，第六課，

第七課が担当した。「大本営陸軍部参謀部担任業務区分表」によると，第二部第五課の担任業務は「対蘇作戦情報ニ関スル事項…兵要地理ノ調査及情勢判断ニ関スル事項」，第二部第六課の担任業務は「対英米作戦情報ニ関スル事項…兵要地理ノ調査及情勢判断ニ関スル事項」，第二部第七課の担任業務は「対支作戦情報ニ関スル事項…兵要地理ノ調査及情勢判断ニ関スル事項　測量，地図調製，兵要気象調査ノ一般ニ関スル事項」（大本営陸軍部 1943）と記されている。この記載から各課が各担当地域を分けて，兵要地誌を作成（編纂）していたことがわかる（前記の参謀本部第五課および第六課参照）。

中央機関における兵要地誌作成（編纂）組織は，上記の他，陸軍省調査班（第4節のNo.12参照）がある。しかし，本組織に関しての詳細は，現時点において不明である。

なお，次項でのべる現地の組織で作成された『○○兵要地誌調査報告』『○○兵要地誌資料』等の文献（データ）が中央機関へ送られ，兵要地誌（理）概説の参考資料として活用されている例が多数見られる。

### (2) 現地における作成組織

前述（1）において述べた作成システムが中央とするならば，周辺である現地と称すべきところで兵要地誌を作成する組織があった。1937年，日中戦争以降，戦域および作戦実施予定域である現地において兵要地誌が現地軍によって作成されはじめられた（神谷 1995：104）。第4節の目録においても，1938，39年頃から北支那方面軍，その他の現地部隊がかかわった兵要地誌類が目立つ。現地軍の内でも（参謀部）兵要地誌班あるいは軍医（部）が携わっていることが多い。

関東軍における兵要地誌類の作成組織については源（2004：204-206）に発表してある。

### (3) 兵要地誌作成（編纂）作業に従事した学徒・研究者

兵要地誌作成（編纂）作業に従事した地理学徒は，上記（1）・(2）の両ケースにおいても多数，存在していたであろう。このような状況を渡辺（1960：148）は，「各地に従軍した学徒の中には，現地で兵要地誌班に徴用されて地域調査した者が多かった」と述べている。

地理学および関連分野の研究者が兵要地誌作成（編纂）作業に従事した例をみてみよう。筆者は，日中十五年戦争等にかかわった地理学者を収載している『続・地理学を学ぶ』[10)]（正井・竹内 1999）を調査した。その結果，5名の兵要地誌作成（編纂）作業に従事した地理学者を検索した。以下，該当部分を本書の記載順に取りあげてみよう。

①米倉二郎（1909-2002）

――どのようなお仕事［筆者注：シンガポールにおいて］をなさっておられましたか。

**米倉**　参謀二課の調査っていうんですが，…（正井・竹内 1999：18-19）

『南方軍総司令部参謀部兵要地誌班回顧録――岡さのへち会記念文集』中にも，当時，米倉が兵要地誌作成に従事していた様子を自ら記述している（神谷 1995：129-138）。『南方軍…』の記述から対談中の「参謀二課」は，正式には「南方軍総司令部参謀部第二課」（後に，兵要地誌班）であることがわかる。

②吉崎恵次（1914-）

──それからは？

**吉崎**　それで東京に来て。参謀本部の第二部第六課の兵要地誌班に着任しました。…（正井・竹内 1999：120）

前記の対談は，1945年当時の状況である。従って，本節（1）から「参謀本部の第二部第六課」は，欧米情報の担当ということになる。

③千葉徳爾（1916-2001）

**竹内**　戦地での観察のことをふつうは余り書いておられないのですが，千葉先生はものすごく多いですね。先生の禿げ山に関する関心は始めはやはり興安嶺ですか。

**千葉**　兵用（ママ）地誌調査隊長として興安嶺を歩いたとき山の南側と北側で植生が違い，地形も違うと気がついたわけです。…（正井・竹内 1999：178）

千葉は，以前に執筆した『はげ山の研究』中で，「顧みれば第二次世界大戦中に軍務の傍，大興安嶺の一角で…」（千葉 1991：1）とのべている。これらの記述から千葉は，中国東北部の現地軍において兵要地誌作成に携わっていたことがわかる。なお，千葉の発言は，戦中の兵要地誌作成調査における知の遺産が現在に連続している地理学史上の実例として貴重である。

④町田　貞（1918-2001）

**町田**　私どものクラスだけが海軍水路部，それから市ヶ谷の陸軍参謀本部に行きました。…

（略）

──…現地へ行ってですか。

**町田**　海図と陸地測量部の地形図を使いました。そこの場所に何個師団の兵隊さんを何日間養うことができるかも考えないといけないでしょう。全体の地理的なことも考えましたけど。他に兵用（ママ）地誌を編纂していました。

（略）

──参謀のほうに手伝いに行かれた期間はどれくらいですか。

**町田**　海軍と陸軍と併せて二年くらいでしょうかね。…（正井・竹内 1999：282-283）

町田は海軍と参謀本部第二部に所属していたのではなかろうか。第二部の何課かは確定できない。

⑤有末武夫（1919-）

――勤労動員はどちらに。

**有末**　地理の専門ということで参謀本部へ遣られたんです。参謀本部に兵用地理科というのがありました。…その頃はもう国内で戦争をすることが前提になっていて，それで吹上浜・薩摩半島・大隅半島などの海岸の兵用地理を書かされました。

――参謀本部の陸地測量部ですか。

**有末**　まったく別の第二部の兵用地理科というところです。…（正井・竹内 1999：325）

有末は1944年4月以降，勤労動員されている。有末の述べている参謀本部第二部の「兵用地理科」が当時の第五課または第七課の兵要地誌（班）あるいはその他の組織かは判断できない。

人類学・民族学等の分野で活躍した国分直一（1908-2005）の略年譜によると，彼は台湾において台北師範学校本科教授として任用され，1945年3月20日，警備召集の令状を受け，「［1945年］七月から八月のはじめにかけて兵要地誌の作成を部隊長から命ぜられる。身分は二等兵であったが，民族学的知識を利用しようとしたものであろう」（国分直一博士古希記念論集編纂委員会 1980：776）と記されている。国分は現地部隊において兵要地誌を作成したケースである。前述の他に多数の研究者が兵要地誌作成（編纂）作業にかかわったことと想像できる。

## 4．日本の兵要地誌目録（1926-1945年）――中国地域を中心に――

ここに掲載した兵要地誌および関連資料類は，つぎの規則に従って目録に作成された。

(1) 収録の範囲

①期間

1926年1月から1945年8月までに刊行（調製）されたものに限った。

②対象とした資料

原則として，中国（旧・満洲を含む）・蒙古を記述対象地域にしている兵要地誌および関連資料類で日本語によって記されたものとした。

③所在調査の範囲

所在調査の範囲は，駒沢大学図書館，防衛省防衛研究所図書館，国立国会図書館に限定した。

### (2) 記述法

本目録は，兵要地誌および関連資料類をタイトルの読みの五十音順に排列した。なお，排列上の地名の読み方は，中国語読みが一般化しているものを除き日本語読みに従った。

①書誌的事項の記載順序

タイトル　責任表示　出版地　出版者　出版年月（版表示）　頁（丁）数　大きさ　シリーズ名　所蔵機関名　対象地域　表表紙上に記された機密度に関する語句の順に記入した。

構成は次の通りである。

文献番号（以下，No.と略す）　**タイトル**　責任表示

出版地　出版者　出版年月日（版表示）

頁（丁）数；大きさ　（シリーズ名）

〈所蔵機関〉　対象地域　（機密度に関する語句）

注記

内容

②タイトル

原則として標題紙（表表紙）によって記載した。

③頁数の記入法

ノンブルのある場合にはそれに従い，第何頁（丁）から第何頁（丁）までを示す。序文等でノンブルのない場合にはその総頁（丁）数を記した。独立した附図・附表は，できる限り記録した。

④所蔵機関名の略称

駒沢大学図書館は駒大図，防衛省防衛研究所図書館は防衛図，国立国会図書館は国会図とする。

⑤対象地域

北支那，中支那，南支那，満洲・蒙古，その他に５分類する。なお，北支那は河北省，山東省，河南省，山西省，陝西省，甘粛省。中支那は江蘇省，安徽省，江西省，湖北省，湖南省，四川省。南支那は浙江省，福建省，広東省，広西省，貴州省，雲南省。その他の項は新疆省，青海省，西康省，一部旧ソビエット社会主義共和国連邦および２対象地域以上に重なる場合に使用する。

⑥機密度（重要度）について

刊行機関は，軍ないし軍関連機関の秘密保持のために資料の機密度を対象文献に表記している場合もある。そのため，表表紙に「軍事秘密」等の記載がみられるケースもみられる。それらの記載事項を記す。

⑦その他

１）使用漢字は，原則として「現行の日本語」を使用した。

２）［　］記号は筆者が必要と思われる語・数を補記した場合に使用した。（　）記号は説明，その他付加的に記す場合に使用した。

３）文献の内容を知るために，必要と思われた目次等は，（内容）の項に記した。

４）目録中の注は，当該箇所の右肩に i）ii）…と付して番号を記入し，各文献の書誌的事項の終

わりに解説した。

5）No.の右肩に「*」を付してある資料は，第5節において書誌的注解を行っている。

(3) 目録

No.1　**胃石患者の多発に就て**ⅰ）　包頭陸軍病院厚和分院（陸軍軍医少佐　堀江信吉，陸軍軍医中尉　三邊　謙）ⅱ）

［出版地不明（以下，n.p.と略す）］［出版者不明（以下，s.n.と略す）］［194-］

1冊；26cm　（蒙古兵用(ママ)衛生地誌調査第2報）

〈防衛図〉　満洲・蒙古

謄写版（手書き）

写真を随所に貼付。

ⅰ）見返し（きき紙）に「満蒙史料経歴書」を貼付。「満蒙史料経歴書」には本文献が満蒙資料（［故］磐井文雄氏と松崎陽氏の旧蔵資料で，1961年2月6日，防衛庁防衛研修所戦史室に寄贈された資料）のひとつである旨が記されている。

ⅱ）堀江，三邊両名は緒言による。

No.2*　**陰山山脈北方地区兵要衛生**［調査報告］ⅰ）ⅱ）　（陸軍軍医大尉）村上武夫

［n.p.］［s.n.］　1939年9月

［序］［半］丁　概況［半］丁　目次［1］丁　［本文］第1丁（オ）－第28丁（ウ）　［図表］［18］枚；28cm

〈防衛図〉　満洲・蒙古

謄写版（手書き）

ⅰ）内題（序）には「調査報告」が付されている。

ⅱ）見返し（きき紙）に「満蒙史料経歴書」を貼付。

No.3*　**烏蘭察布盟事情**ⅰ）　包頭陸軍病院厚和分院

［n.p.］［s.n.］［1940］ⅱ）

目次［3］頁　序［2］　［口絵解説］［1］頁　［口絵］［1］頁　［本文］第1頁－第68頁；26cm　（蒙古兵用(ママ)衛生地誌調査第1報）

〈防衛図〉　満洲・蒙古　（「秘」）

謄写版（手書き）

写真を随所に貼付。

（内容）目次ⅲ）

第四章　交通

馬　牛　駱駄（ママ）[駝]　羊

第五章　人情風俗

衣服其他　人情　食滋と栄養　包

第六章　旅行地区疾病分布状態

第七章　多発疾患の原因関係

性病　ロイマチスムス　歯牙疾患　皮膚病　トラコーマ　栄養不良　伝染病疾患の存否

第八章　獣病と人体関係　羊蠅と眼蠅疸症

第九章　人口問題

第十章　利用し得べき物資

自然の草木　有用物資　薪炭　獣肉　米穀

第十一章　交易に就て

第十二章　将来戦と烏盟

i）見返し（きき紙）に「満蒙史料経歴書」を貼付。

ii）本文中にみられた「皇紀二千六百年夏 蒙古草原にて」（口絵裏）の語句から推定する。

iii）各節の記載については，節見出し語のみを列挙する。以下，同様。

No.4* **運城案内**　牛島部隊本部編

[n.p.]　[s.n.]　1938年12月

悠久[の語][1]頁　序[1]頁　[口絵][1]頁　[献辞][2]頁　目次[4]頁　[本文]第1頁－第50頁；26cm

〈防衛図〉　北支那

謄写版（手書き）

No.5* **雲南省兵要地誌概説**[i]　大本営陸軍部

[東京]　大本営陸軍部　1940年7月20日

目次第1頁－第8頁　[本文]第1頁－61頁　附図[11]図[ii]　附表[6]枚；22cm

〈駒大図〉〈防衛図〉〈国会図〉　南支那　（「軍事秘密」の印刷上に白紙片を貼付し，抹消している。）

（内容）目次[iii]

第一章　用兵的観察

第二章　地勢ノ概要

第三章　河川，湖沼，湿地

第四章　主要自動車道

第五章　鉄道

第六章　水運

第七章　通信

第八章　航空

第九章　気象，衛生

第十章　主要都市

第十一章　土著種族

第十二章　宿営，給養

第十三章　度量衡

附図目次[11図]

附表目次[6表]

i）防衛図所蔵本の表表紙には「一復史料」の捺印がある（見返し（きき紙）に「史料経歴書A」[筆者命名]あり）。「一復史料」とは陸海軍省の廃止につき，1945年12月1日，設置された第一復員省（1946年6月15日廃止）に移管された史料である。「史料経歴書A」とは1959年4月1日付で防衛庁防衛研修所戦史室長名にて作成された文書を示し，内容は，「本史料は大東亜戦争終結による陸海軍省廃止（昭和二十年十一月三十日）後から昭和二十九年十一月頃迄の間における日本政府側の復員並に残務処理機関において大東亜戦争関連の史実調査に従事した当事者が作成したものの一つであって，昭和三十年九月一日付，厚生省引揚局発刊の「援発第一〇五〇号，旧陸海軍関係資料の引継依頼について（回答）」なる文書を以て，防衛庁に移管されその保管責任が防衛庁防衛研修所戦史室に指定されたものである。…」と記されている。

ⅱ）附図については，小林ほか（2006：81）を参照。

ⅲ）節の細目は略す。

No.5-A＊　**雲南省兵要地誌概説**ⅰ）　参謀本部

［東京］　参謀本部　1943年4年15日

緒言[1]頁　目次第1頁－第6頁　［本文]第1頁－第70頁　挿図[8]図　挿表[5]枚　附図（袋入り）[25]図ⅱ）；21cm

〈防衛図3冊〉　南支那　（「軍事秘密」）

（内容）目次

第一章　用兵的観察

　要旨　作戦路ノ状況

第二章　地形

　地形ノ概要　山地　河川・湖沼

第三章　交通，通信

　交通ノ概要　道路　鉄道　水運　通信

第四章　気象

第五章　航空

第六章　衛生

　人衛生　馬衛生

第七章　宿営及給養

　宿営　給養

挿図

挿表

附録

附図

ⅰ）防衛図所蔵本（請求記号：支那－兵要地誌－42）の表表紙には「一復史料」の捺印がある（見返し（きき紙）に「史料経歴書Ｂ」［筆者命名］あり）。

「史料経歴書Ｂ」とは1958年5月付で防衛庁防衛研修所戦史室長名にて作成された文書を示し，内容は，「本史料（あるいは図書）は大東亜戦争終結以前，陸軍または海軍諸機関が保管していたもののひとつであって，第一または第二復員機関が引き続き保管，昭和三十年九月一日付厚生省引揚援護局発刊の「援発第一〇五〇号」によって防衛庁に移管，当戦史室の所蔵に帰したものである。…」と記されている。

防衛図所蔵本（請求記号：支那－兵要地誌－44）の表表紙には「返還史料」の捺印がある（見返し（きき紙）に「史料経歴書Ａ」あり）。また，「Printed books with maps, “Outline of Military Geography of YUNNAN SHENG”, Army General Headquarters, 1943. “Military Secret”.（6 copies）」を記載した紙片が付されている。

ⅱ）挿図および附図については，小林ほか（2006：81-82）を参照。

No.5-B* **雲南省兵要地誌概説「補修資料」**i） 波集団司令部ii）

［n.p.］［s.n.］ 1943年10月

1冊（ノンブルなし）；25cm

〈防衛図〉 南支那 （「極秘」）

謄写版（手書き）

i）「史料経歴書C」（筆者命名；本資料名は「史料経歴票」とのみ記されている）が綴じ込まれている。「史料経歴書C」とは1960年6月20日付で防衛庁防衛研修所戦史室長名にて作成された文書を示す。文書には以下のことが記されている。史料は，1945年8月の終戦に伴い第一復員省（局）史実調査部（資料整理部）において作成あるいは収集されたものである。しかし，占領軍の没収を避けるために部長・服部卓四郎（大佐）が自宅等に本史料を保管した。1960年4月30日，服部（大佐）の死亡に伴い遺族の申し出により同年6月，本史料は戦史室に移管された。

ii）「波」は通称号（兵団文字符）であり，波集団は支那派遣軍第23軍を示す。

No.6 **欧亜航空公司飛行時刻表（兵要地誌資料）**i）ii） 支那駐屯軍司令部

［n.p.］ 支那駐屯軍司令部 1936年6年20日

［配布先］［1］頁 表1枚；25cm （支調第65号）

〈防衛図〉 その他

上記資料と下記資料とが合綴されている。

**昭和十年秋季実施綏遠省特別調査報告 第五号 新綏長途自動車会社ニ就テ** 支那駐屯軍司令部

［n.p.］ 支那駐屯軍司令部 1936年6月15日

1冊；25cm （支調第70号）

〈防衛図〉 満洲・蒙古

i）表表紙に「南満洲鉄道株式会社東京支社□□□」の捺印あり。

ii）「史料経歴票」を見返し（きき紙）に貼付。「史料経歴票」とは「昭和33年4月米政府返還旧日本軍記録文書等史料経歴票」（防衛庁防衛研修所戦史室）を示す。内容は，表題，整理番号等の記入欄から構成されている。しかし，史料の入手経路（内容は印刷済み）以外は空欄である。なお，入手経路について，「本資料は大東亜戦争中米軍が直接戦場で鹵獲し，又は内地進駐後，陸海軍諸機関から押収した記録文書であって，長くワシントン郊外フランコニヤ等の記録保管所に保管されていたが，米国務省に対する日本政府の返還要求に応じ，…」と記されている。

No.7* **海南島概説** 大本営陸軍部

［東京］ 大本営陸軍部 1944年12月8日

緒言［1］頁 目次第1頁－第2頁 ［本文］第1頁－第28頁 附表［1］枚（海南島ノ鉄鉱概況表） 附図（袋入り）［1］図（海南島近傍兵要地誌図 五十万分ノ一）；21cm

〈防衛図〉 南支那 （「軍事秘密」）

No.8＊　**河南省兵要地誌概説**ⅰ）　参謀本部
［東京］　参謀本部　1938年6月16日
目次第1頁－第4頁　［本文］第1頁－第48頁　附表[6]枚　附図[21]図　［写真集］第1頁－第20頁；22cm
〈駒大図〉〈防衛図5冊〉　北支那　(「軍事秘密」)
(内容）目次

| | |
|---|---|
| 第一章　用兵的観察 | 電信　電話　郵便 |
| 第二章　地形 | 第五章　気象 |
| 地形ノ概要　山地・平地　道路　河川　湖 | 第六章　衛生 |
| 沼・湿地　森林　家屋 | 第七章　宿営，給養 |
| 第三章　交通 | 概要　宿営　給養　主要都市　金融　度量衡 |
| 鉄道　地方運搬材料　水運　航空 | 附表[6表] |
| 第四章　通信 | 附図[16図] |

ⅰ）防衛図所蔵本（請求記号：支那－兵要地誌－3・4）の表表紙には「一復史料」の捺印がある（見返し（きき紙）に「史料経歴書A」あり)。

No.8-A＊　**河南省兵要地誌概説**　大本営陸軍部
［東京］　大本営陸軍部　1944年2月4日
緒言[1頁]　目次第1頁－第4頁　［本文］第1頁－第53頁　附録　附表(袋入り)[3]枚　附図（袋入り）[12]図；21cm
〈防衛図〉　北支那　(「軍事秘密」)

No.9＊　**広西省兵要地誌概説**ⅰ）　大本営陸軍部
［東京］　大本営陸軍部　1944年2月1日
緒言[1]頁　目次第1頁－第3頁　［本文］第1頁－第40頁　附録（賓陽会戦及南寧攻略戦ニ於ケル兵要地理的体験事項）第1頁－第17頁　附表[13]枚　附図[2]図　附図(袋入り)[25]図ⅱ）；21cm
〈駒大図〉〈防衛図2冊〉　南支那　(「軍事秘密」)

ⅰ）防衛図所蔵本の内1冊（請求記号：支那－兵要地誌－39）の表表紙には「返還史料」の捺印がある（見返し（きき紙）に「史料経歴票」あり)。また，「Printed books with maps, …, 1944. “Military Secret”. (9 copies)」を記載した紙片が付してある。

ⅱ）附図については，小林ほか（2006：86）を参照。

No.10＊　**贛湘地方（江西省　湖南省）兵要地誌概説**ⅰ）　参謀本部
［東京］　参謀本部　1938年7月10日
目次第1頁－第7頁　［本文］第1頁－第37頁　附表[3]枚　附図[15]図ⅱ）；22cm

〈駒大図〉〈防衛図３冊〉　中支那　（「軍事秘密」）

ｉ）防衛図所蔵本の内２冊（請求記号：支那－兵要地誌－13・14）の表表紙には「一復史料」の捺印がある（各々の見返し（きき紙）に「史料経歴書Ａ」あり）。

ⅱ）表表紙に「附図　拾七枚」と記されているが，正しくは上記の通り15図である。

No.11　**甘粛省事情**[i]　参謀本部

［東京］　参謀本部　1943年11月4日

緒言[1]頁　目次第１頁－第７頁　［本文]第１頁－第62頁　附表[5]枚　附図[28]図[ii]；23cm

〈駒大図〉〈防衛図〉　支那

（内容）目次

第一章　概説

第二章　地形及地質

　地勢　山地及平地　河川　地質　森林

　灌漑

第三章　交通

　要旨　鉄道　自動車　地方運搬材料　水運

第四章　航空及通信

　航空　通信

第五章　気象

第六章　衛生

　人衛生　家畜衛生　給水

第七章　資源及経済

　要旨　資源　工業　経済

第八章　主要都市

第九章　民族，宗教及教育

　民族　宗教　教育

第十章　行政

　要旨　行政　司法

附表

附図

ｉ）防衛図所蔵本の表表紙には「一復史料」の捺印がある（見返し（きき紙）に「史料経歴書Ａ」あり）。

ⅱ）附図については，小林ほか（2006：83-84）を参照。

No.12　**間島の概況**[i]　陸軍省調査班

［東京］　［陸軍省調査班］　1932年３月１日

目次第１頁－第２頁　［本文]第１頁－第21頁　附表[1]枚；18cm

〈国会図〉　満洲・蒙古

ｉ）本資料は国会図所蔵のものであり，『満洲事変の邦人私的発展に及したる影響に就て』他と合綴されている。

No.13*　**広東省兵要地誌概説**[i]　参謀本部

［東京］　参謀本部　1937年11月30日

目次第１頁－第８頁　［本文]第１頁－第38頁　附図[19]図　附表[13]枚；22cm

〈防衛図４冊〉　南支那　（「軍事秘密」）

ｉ）防衛図所蔵本の内，２冊（請求記号：支那－兵要地誌－７・12）の表表紙には「一復史料」の捺印がある（見返し（きき紙）に「史料経歴書Ｂ」貼付）。

No.13-A＊　**広東省兵要地誌概説**ⅰ）　参謀本部
［東京］　参謀本部　1938年9月30日（第3版）
目次第1頁－第8頁　［本文］第1頁－第38頁　附図［19］図　附表［13］枚；22cm
〈駒大図〉〈防衛図4冊〉　南支那　（「軍事秘密」）
ⅰ）防衛図所蔵本の内，2冊（請求記号：支那－兵要地誌－6・8）の表表紙には「一復史料」の捺印がある（見返し（きき紙）に「史料経歴書Ｂ」貼付）。

No.13-B＊　**広東省兵要地誌概説**ⅰ）　大本営陸軍部
［東京］　大本営陸軍部　1944年2月1日
緒言第1頁－第3頁　目次第1頁－第4頁　［本文］第1頁－第74頁　附図（袋入り）［12］図；21cm
〈駒大図〉〈防衛図2冊〉　南支那　（「軍事秘密」）
（内容）目次ⅱ）

第一章　用兵的観察
第二章　地形及地質
第三章　気象
第四章　交通，通信及航空
第五章　衛生
第六章　宿営及給養
第七章　住民地及住民
第八章　産業
附録（翁英作戦ニ於ケル兵要地理的体験事項）
附図

ⅰ）防衛図所蔵本の内1冊（請求記号：支那－兵要地誌－40）の表表紙には「一復史料」の捺印がある（見返し（きき紙）に「史料経歴書Ｂ」あり）。
ⅱ）節の細目は略す。

No.14＊　**外蒙古兵要衛生誌**　［陸軍省］ⅰ）
［東京］　陸軍省　1942年5月
目次第1頁－第3頁　［本文］第1頁－第100頁　附図［4］図；18cm
〈防衛図〉　満洲・蒙古　（「部外秘」）
（内容）目次

第一章　地理的概況
　位置及面積　地勢
第二章　気象
　要旨　気温　雨及湿度
第三章　交通
　陸運　水運　空運
第四章　人口及住民
　人口及密度　住民　習俗
第五章　行政機構
　沿革　行政区画　行政組織
第六章　衛生，医事
　衛生行政　医師及其ノ他ノ医療従事者
　医育並ニ教育機関　医療施設　保健衛生施設
第七章　疾病ノ概況

第八章　衛生材料
第九章　有害動物
第十章　給水
第十一章　宿営
第十二章　食料品ノ概況
　要旨　農産　畜産　水産
第十三章　主要都市概況
　東部地区　中部地区　西部地区

　i）責任表示は記載されていないが，印刷者から推測する。

No.15＊　**貴州省兵要地誌概説**　参謀本部
［東京］　参謀本部　1943年4月15日
緒言[1]頁　目次第1頁－第6頁　［本文]第1頁－第39頁　挿図[5]図　挿表[6]枚　附録第1頁－第7頁　附図（袋入り）[13]図；21cm
〈防衛図〉　南支那　（「軍事秘密」）
（内容）目次 i）
第一章　用兵的観察
　貴州省ノ価値　作戦路ノ状況
第二章　地形
　地形ノ概要　地質　山地　河川
第三章　交通，通信
　交通ノ概要　自動車道　鉄道（未設）
　水運　交通機関　通信
第四章　航空
第五章　気象
第六章　衛生
　人衛生　馬衛生
第七章　宿営及給養
　人口密度　住民地　宿営地　現物物資ノ概況
挿図
挿表
附録
附図

　i）節の細目（款）は略す。

No.16＊　**北満洲東部（吉林省　延吉道　依蘭道）兵要地誌**　参謀本部
［東京］　参謀本部　1929年5月
緒言[1]頁　目次第1頁－第17頁　［本文]第1頁－第402頁　［附表][8]枚　［附図][18]図；22cm
　（北満洲兵要地誌細論[其三]）
〈国会図〉　満洲・蒙古　（「秘」を抹消して「軍事秘密」を捺印）

No.17＊　**極東「ソ」領河川攻撃並工作ニ関スル地誌的参考資料　其ノ一　「アムール」河系** i）　石井部隊兵要地誌班 ii）
[n.p.]　[s.n.]　1939年5月21日
［本文]第1丁(オ)－第9丁(ウ)　［附表]；26cm
〈防衛図〉　満洲・蒙古　（「秘」）
謄写版（手書き）

i）外表表紙裏に「満蒙史料経歴書」が貼付されている。

ii）軍医・石井四郎（1892-1955）の部隊であると思われる。石井は，1933年から細菌兵器の研究を行い，関東軍防疫給水部（秘匿名は満洲七三一部隊。1941年，ハルピン郊外の平房に本部新設）で中国人，朝鮮人，モンゴル人等を使って日本軍による人体実験を行った。戦後，実行者達は，そのデータを米軍に提供することにより戦犯免責になった。なお，本稿の目録中No.17以外で，石井部隊はNo.18・19（合綴資料）・36・54の著者である。また，第2節（4）の⑦も同部隊の著作である。

No.18＊　**極東「ソ」領兵要衛生地誌草案 西部地区**i）ii）　石井部隊兵要地誌班

［平房］［石井部隊］ 1939年4日

［序］［半］丁　目次［半］丁　［本文］第2丁（オ）－第9丁（ウ）　［表］［2］枚　［表（井水及河水について）］［1枚］ ［本文］第14丁（オ）－第34丁（ウ）；26cm

〈防衛図〉 満洲・蒙古　（「秘」）

謄写版（手書き）

i）外表表紙裏に「満蒙史料経歴書」が貼付されている。

ii）表表紙（後年に作成され，付されている）に記載されているタイトルは，「極東「ソ」領兵要地誌草案　西部地区」である。

No.19　**極東「ソ」領北部地区作戦ニ対スル地誌的並同衛生的着眼事項**i）　石井部隊兵要地誌班

［平房］［石井部隊］ 1939年5月

［本文］第1丁（オ）－第3丁（ウ）；25cm

〈防衛図〉 満洲・蒙古　（「秘」）

謄写版（手書き）

i）外表表紙裏に「満蒙史料経歴書」が貼付されている。

本資料は上記文献と下記文献の合綴されたものである。

**極東「ソ」領東部地区作戦ニ対スル地誌的並同衛生的着眼事項**　石井部隊

［平房］［石井部隊］ 1939年4月21日

［本文］第1丁（オ）－第5丁（ウ）；25cm

〈防衛図〉 満洲・蒙古　（「秘」）

謄写版（手書き）

No.20＊　**九月以降ニ於ケル黄河氾濫ノ変化ニ就テ（兵要地誌資料）**　北支那方面軍司令部

［n.p.］［s.n.］ 1938年10月25日

配布先［半］丁　［本文］第1丁（オ）－第3丁（ウ）　［附図］［2］図；25cm（方軍地資第38号）

〈防衛図〉 北支那　（「秘」）

No.21* **黄河氾濫関係資料綴** i）

本資料綴は4文献を合綴している。各々について書誌的事項を記す。

①**黄河氾濫其後ノ変化ニ就テ（兵要地誌資料）** 北支那方面軍司令部

［n.p.］［s.n.］ 1938年9月25日

1冊；26cm （方軍地資第33号）

〈防衛図〉 北支那 （「秘」）

②**黄河氾濫対策ニ関スル研究** 甲集団参謀部第二課 ii）

［n.p.］［s.n.］ 1938年9月27日

1冊；26cm （方軍地資第34号）

〈防衛図〉 北支那 （「極秘」）

③**九月以降ニ於ケル黄河氾濫ノ変化ニ就テ（兵要地誌資料）**

No.20と同じ。

〈防衛図〉 北支那 （「秘」）

④**黄河決潰口偵察報告（主トシテ三劉砦）** 杉山部隊参謀部第二課

［n.p.］［s.n.］ 1939年2月10日

1冊；26cm （方軍地資第5号）

〈防衛図〉 北支那

i）このタイトルは外表表紙による。外表表紙裏に「原本史料経歴票」が貼付されている。「原本史料経歴票」は，防衛庁防衛研修所戦史室で作成されたものである。その内容は，表題，戦史室が入手した経緯，史料批判上参考となる事項（史料作成，記述，口述者の当時または史料内容当時の官職氏名等），表題以外の参考事項，その他の記入欄から構成されている表である。

ii）甲集団は北支那方面軍の称号。

No.22* **黄河兵要地誌概説** i） 参謀本部

［東京］ 参謀本部 1937年10月15日

緒言第1頁 目次第1頁－第4頁 ［本文］第1頁－第38頁 附図[6]図 附録附図[8]図；22cm

〈駒大図〉〈防衛図6冊〉 北支那 （「軍事秘密」）

i）防衛図所蔵本の内4冊（請求記号：支那－兵要地誌－ 23・24・67・68）の表表紙には「一復史料」の捺印がある（見返し（きき紙）に「史料経歴書A」あり）。

No.23* **江西省兵要地誌概説（改正増補－交通，物資）** 漢口軍連絡部

［n.p.］［s.n.］ 1943年7月10日

[記]第1頁 目次第2頁 ［本文]第3丁(オ)－第106丁(ウ)・[9丁半]；25cm （漢連情資第35号）

〈防衛図〉 中支那 （「極秘」）

No.23-A＊　**江西省兵要地誌概説**ⅰ）　大本営陸軍部

［東京］　大本営陸軍部　1943年12月8日

緒言第1頁－第3頁　目次第1頁－第4頁　［本文（含挿図[9]図・挿表[28]枚）］第1頁－第59頁　附録第61頁－第76頁　附図（袋入り）[28]図ⅱ）；15cm

〈駒大図〉〈防衛図2冊〉　中支那　（「軍事秘密」）

（内容）目次ⅲ）

| | |
|---|---|
| 第一章　用兵的観察 | 第六章　通信 |
| 　要旨　主要作戦路　編制装備 | 第七章　衛生 |
| 第二章　地形及地質 | 第八章　宿営及給養 |
| 第三章　気象 | 第九章　住民地及住民 |
| 第四章　航空 | 　住民地　住民 |
| 第五章　交通 | 附録（江西省主要作戦ニ於ケル兵要地誌的体験） |
| 　道路　鉄道　水運 | 附図 |

ⅰ）防衛図所蔵本の内1冊（請求記号：支那－兵要地誌－47）の表表紙には「返還史料」の捺印がある（見返し（きき紙）に「史料経歴書A」あり）。また，「Printed books with maps, ..., 1943. “Military Secret”. (8 copies)」を記載した紙片が付してある。

ⅱ）挿図および附図については，小林ほか（2006：84）を参照。

ⅲ）節の細目（款）は略す。

No.24＊　**湖南省兵要地誌概説**ⅰ）　参謀本部

［東京］　参謀本部　1943年8月25日

緒言第1頁－第2頁　目次第1頁－第4頁　［本文］第1頁－第44頁　附録（第一次長沙作戦行動地域兵要写真集）　附図（袋入り）[14]図；21cm

〈駒大図〉〈防衛図2冊〉　中支那　（「軍事秘密」）

ⅰ）防衛図所蔵本の内1冊（請求記号：支那－兵要地誌－37）の表表紙には「返還史料」の捺印がある（見返し（きき紙）に「史料経歴票」あり）。また，「Printed books with maps, ..., 1943. “Military Secret”. (6 copies)」を記載した紙片が付してある。

No.25　**湖北省兵要地誌概説**　参謀本部

［東京］　参謀本部　1938年9月10日

目次第1頁－第7頁　［本文］第1頁－第63頁　写真[14]頁（23葉）　附図[8]図；22cm

〈防衛図2冊〉　中支那　（「軍事秘密」）

（内容）目次ⅰ）

| | |
|---|---|
| 第一章　用兵的観察 | 山地及平地　道路　河川・湖沼及湿地 |
| 第二章　地形一般ノ概況 | 軍事施設　主要都市 |

第三章　宿営，給養
第四章　森林
第五章　輸送力
　陸上輸送　水運　航空路
第六章　通信
　電信　電話
第七章　気象，衛生
　気象　衛生
附録第一　湖北省民ノ特性

i ）節の細目（款）は略す。

No.26 * **山西省東南部兵要地誌概況** i ）　杉山部隊本部
［n.p.］［s.n.］ 1939 年 5 月 20 日
配布区分［半］丁　目次［1 丁半］［本文］第 1 丁（オ）－第 24 丁（ウ）　附図［9］図；26cm　（方軍地資第 20 号）
〈防衛図〉　北支那　（「極秘」）
i ）表表紙に李王　垠（1897-1970）の花押あり。

No.27 * **山東省兵要地誌概説** i ）　参謀本部
［東京］　参謀本部　1937 年 3 月 31 日
序第 1 頁　目次第 1 頁　［本文］第 1 頁－第 19 頁；22cm
〈駒大図〉〈防衛図 4 冊〉　北支那　（「秘規則適用」）
i ）防衛図蔵本の内 3 冊（請求記号：支那－兵要地誌－ 20・89・127）の表表紙には「一復史料」の捺印がある（見返し（きき紙）に「史料経歴書 A」あり）。

No.27-A * **山東省兵要地誌概説** i ）　参謀本部
［東京］　参謀本部　1937 年 3 月 31 日
目次第 1 頁　［本文］第 1 頁－第 12 頁；23cm
〈駒大図〉　北支那　（「秘」）
i ）本資料は折り本形態である。

No.28 * **山東省北部（高苑，蒲台附近）兵要地誌概説** i ）　甲集団参謀部
［n.p.］［s.n.］［1942 年 7 月 20 日］
配布先［半］丁　目次［2］丁　［本文］第 1 丁（オ）－第 51 丁（オ）　（附図・附表 ii ））；26cm　（方軍参二調資第 15 号）
〈防衛図〉　北支那　（「極秘」）
謄写版（手書き）
i ）見返し（きき紙）に「史料経歴票」が貼付されている。
ii ）本資料は，目次に記載されている附図・附表を欠いている。

No.29＊　**四川省兵要地誌概説** i）　参謀本部
［東京］　参謀本部　1942年7月8日
緒言[1]頁　目次第1頁－第6頁　[本文]第1頁－第49頁　附図[21]図　附表[20]枚；21cm
〈駒大図〉〈防衛図3冊〉　南支那　（「軍事秘密」）

i）防衛図所蔵本の内1冊（請求記号：支那－兵要地誌－50）の表表紙には「Printed books with maps, ..., 1942. “Military Secret”. (5 copies)」を記載した紙片が付してある。見返し（きき紙）に「史料経歴票」を貼付してある。

No.30　**上海及南京附近兵要地誌概説**　参謀本部
［東京］　参謀本部　1937年8月16日
序[1]頁　目次第1頁　[本文]第1頁－第24頁　附図[2]図 i）；21cm
〈駒大図〉〈防衛図〉　中支那　（「秘規則適用」を抹消して，「軍事秘密」を捺印）

i）本文中に折り込み地図1図があるので，この1図を加えて，本書の表表紙には「附図参枚」と記載してある。

No.31＊　**青海省事情**　参謀本部
［東京］　参謀本部　1943年11月
緒言[1]頁　目次第1頁－第3頁　[本文]第1頁－第24頁　附図(袋入り)[9]図；21cm
〈防衛図〉　その他　（「秘」）
（内容）目次

第一章　総説
第二章　地勢
　要旨　山地　河川湖沼　柴達木盆地
第三章　交通
　要旨　陸運　水運
第四章　航空及通信
第五章　気象
第六章　衛生
　人衛生　獣衛生　給水
第七章　主要都市
第八章　資源
第九章　統治資料
　住民　教育及文化　行政　経済
附図

No.32＊　**西康省事情**　参謀本部
［東京］　参謀本部　1943年6月8日
緒言[1]頁　目次第1頁－第3頁　[本文]第1頁－第16頁　挿表[4]枚　附表[5]枚　附図(袋入り)[8]図 i）；21cm
〈駒大図〉〈防衛図2冊〉　その他　（「秘」）

i）附図については，小林ほか（2006：82-83）を参照。

No.33＊　**西北支那兵要衛生地誌**[i]　大本営陸軍部

［東京］　大本営陸軍部　1944年3月

緒言[1]頁　目次第1頁－第3頁　[本文]第1頁－第29頁　附図[4]図；21cm

〈防衛図〉　その他　（「部外秘」）

（内容）目次

第一章　概説
第二章　地理的概要
第三章　気象
　要旨　各地ノ気象状況
第四章　住民ノ概況
　要旨　住民ノ分布　風俗習慣
第五章　衛生及医事
　要旨　衛生行政　衛生施設
　陝甘寧辺区（中京地区）衛生概況
第六章　疾病ノ概況
　要旨　疾病ノ発生状況
第七章　有害動物
第八章　宿営及給養
　要旨　地域別宿営及給養状況
第九章　給水
　要旨　地域別給水状況
第十章　患者収療ノ参考
附録（西北支那旅行記抜萃）
附図

i）本文献において示している西北支那の範囲は，陝西省，甘粛省，寧夏省，青海省，新疆省の5省である。

No.34＊　**浙江省兵要地誌概説**　参謀本部

［東京］　参謀本部　1929年3月

緒言[1]頁　[写真][2]頁　目次第1頁－第22頁　[本文]第1頁－第448頁　附表[3]枚[i]　附図[9]図；21cm

〈防衛図〉〈国会図〉　南支那　（「秘」を抹消して「軍事秘密」）

（内容）目次[ii]

第一篇　総論
　第一章　地勢ノ概要
　第二章　作戦上ニ於ケル浙江省ノ価値
　第三章　浙江省ノ水路
　第四章　浙江省ノ陸路
　第五章　浙江省ノ海岸及港湾
　第六章　宿営，給養
　第七章　気候，風土
第二篇　各論
　第一章　地形
　第二章　宿営及給養
　第三章　輸送力
　第四章　通信
　第五章　気象，衛生
附録
附表［3表］
附図［9図］

i）目次に記載されている「附表第三……」は見当たらなかった。

ii）節以下は略す。

No.35＊　**陝西省兵要地誌概説**ⅰ）　参謀本部

［東京］　参謀本部　1938 年 5 月 31 日

目次第 1 頁－第 4 頁　［本文］第 1 頁－第 36 頁　附図［9］図　附表［22］枚；22cm

〈駒大図〉〈防衛図 4 冊〉　北支那　（「軍事秘密」）

ⅰ）防衛図所蔵本の内 3 冊（請求記号：支那－兵要地誌－ 17・19・72）の表表紙には「一復史料」の捺印がある（見返し（きき紙）に「史料経歴書 A」あり）。

No.35-A＊　**陝西省兵要地誌略説**ⅰ）　甲集団参謀部

［n.p.］　［s.n.］　1942 年 6 月 1 日

［序］［1］頁　目次［3 頁］　［本文］第 1 頁－第 43 頁；26cm　（方軍参二調資第 9 号；作戦資料 1 輯）

〈防衛図〉　北支那　（「軍事極秘」）

（内容）目次ⅱ）

第一，用兵的観察

第二，四安平地ノ特異点

第三，作戦路

第四，河川

第五，天候気象

第六，衛生

第七，編制装備上特ニ考慮スベキ諸件

第八，附録

第九，附図ⅲ）

ⅰ）見返し（きき紙）に「史料経歴票」が貼付されている。

ⅱ）節以下は略す。

ⅲ）防衛図所蔵本中に附図は見当たらない。

No.36＊　**対「ソ」作戦上特ニ顧慮スヘキ主要戦疫ニ関スル地誌学的観察**ⅰ）　石井部隊［陸軍軍医少佐　村上　隆］ⅱ）

［平房］　［石井部隊］　1939 年 6 月 10 日

［序］［半］丁　目次［1］丁　［本文］第 1 丁（オ）－第 30 丁（ウ）　附録［11 丁半］；26cm

〈防衛図〉　満洲・蒙古　（「秘」）

謄写版（手書き），一部タイプ印刷

（内容）目次

第一　腸チフス

第二　発疹チフス

第三　細菌性赤痢

第四　痘瘡

第五　ペスト

第六　脾脱疽（炭疽病）

第七　馬鼻疽

第八　回帰熱

第九　マラリア

附録（「主要伝染病ノ「ソ」連邦ニ於ケル呼称」他 6 件）

ⅰ）見返し（きき紙）に「満蒙史料経歴書」を貼付。

ⅱ）序文の記名による。

No.37　**中支那兵要獣医衛生誌**ⅰ）　参謀本部

［東京］　参謀本部　1941 年 2 月 20 日

目次第 1 頁－第 24 頁　［本文］第 1 頁－第 545 頁　附図［4］図　［附表］［20］枚；21cm

〈防衛図〉　その他ⅱ）（「軍事秘密」）

（内容）目次ⅲ）

第一章　中支那ノ地域，面積並ニ人口

第二章　中支那ニ於ケル地形ノ概要

第三章　中支那ノ気象

第四章　支那ニ於ケル馬史

第五章　支那馬

第六章　驢及騾

第七章　牛

第八章　羊豚及家禽

第九章　中支那ニ於ケル地方獣疫並ニ其ノ防疫

第十章　中支那派遣軍発生病馬ニ関スル諸統計

第十一章　中支那陸軍獣医関係法規

第十二章　中支那ニ於ケル馬糧

第十三章　中支那ニ於ケル飲馬水及燃料

第十四章　中支那ニ於ケル製塩業

第十五章　中支那ニ於ケル獣医資材

第十六章　中支那ニ於ケル人畜共通ノ疾病

第十七章　中支那ニ於ケル食肉衛生

第十八章　中支那ニ於ケル畜産加工業

第十九章　中支那ニ於ケル有害（毒）動植物

ⅰ）見返し（きき紙）に「史料経歴書Ｂ」を貼付してある。

ⅱ）本資料における中支那の範囲は，筆者の対象地域区分（第 4 節（2）の⑤）に貴州省，河南省を加えた 9 省を示している。

ⅲ）節以下を略す。

No.37-A　**中支那兵要獣医衛生誌別冊**ⅰ）　参謀本部

［東京］　参謀本部　1941 年 2 月 20 日

目次［3］頁　附図［39］図；21cm

〈防衛図〉　その他　（「軍事秘密」）

ⅰ）見返し（きき紙）に「史料経歴書Ｂ」を貼付してある。

No.38　**中支・南支兵要地誌資料**ⅰ）　第十一軍参謀部

本資料は 8 種（内，1 点は図のみ）の文献・図を合綴したものである。各々について書誌的事項を記す。

①**税警旅南昌東北地区現有工事図**　斎藤部隊報告（呂集団参謀部複写ⅱ））

［n.p.］　［s.n.］　［1938 年 9 月 4 日］

7 図；26cm

〈防衛図〉　その他

出所：敵将校ノ遺棄屍体ヨリ押収

**②俘虜訊問ノ結果得タル情報**　斎藤部隊報告（呂集団参謀部複写）
［n.p.］［s.n.］ 1938年1月6日
［本文］[3丁］［図］[4]枚；26cm
〈防衛図〉 その他 （「極秘」）
**③鄱陽湖ノ水路状況**　伊集団司令部（呂集団参謀部複写）
［n.p.］［s.n.］ 1938年7月27日
［参考文献リスト］[半]丁　目次第1丁(オ) ［図］[10]枚　附録（鄱陽湖（自湖口至南昌）航路ニ就テ）第11丁(オ)－第21丁(ウ) ［図］[10]枚；26cm
〈防衛図〉 その他 （「秘」）
複写：1939年1月31日
**④中支那気象之参考（除航空気象）**　陸軍砲工学校気象部調査（呂集団参謀部抜萃複写）
［n.p.］［s.n.］ 1939年2月
目次[1]丁 ［本文（表のみ）][8]丁 ［折り込み表][2]枚；26cm
〈防衛図〉 中支那 （「秘」）
**⑤江西省鄱陽湖流域之気象**　臨時野戦気象隊（呂集団参謀部複製）
［n.p.］［s.n.］ 1939年1月
［本文（表のみ）][5]丁；26cm
〈防衛図〉 中支那 （「秘」）
**⑥昭和十四年二月及至六月　徳安・南昌日出日没月齢表**　高畠部隊（呂集団参謀部複製）
［n.p.］［s.n.］ 1939年2月
［本文（表を含み）][2]丁 ［折り込み表][4]枚；26cm
〈防衛図〉 中支那 （「秘」）
**⑦情報追録**　呂集団参謀部
［n.p.］［s.n.］ 1939年2月
［本文]第1頁－第8頁；26cm
〈防衛図〉 中支那 （「軍事極秘」）
**⑧（兵要地理）**
［n.p.］［s.n.］［193?］
［本文][1]頁 ［図][2]枚；26cm
〈防衛図〉 中支那

i）このタイトルは外表表紙による。
ii）第11軍（支那派遣軍）を示す。

No.39* **長江下流地方兵要地誌抜萃（江蘇省，安徽省）**　参謀本部
［東京］ 参謀本部　1928年6月

目次第1頁－第10頁　[本文]第1頁－第144頁　附図[8]図；15cm
〈駒大図〉　中支那　(「秘」)

No.40　**直隷省兵要地誌概説**　参謀本部
[東京]　参謀本部　1927年3月
目次第1頁－第23頁　[本文]第1頁－第1136頁　附録第1137頁－第1172頁　附図・附表[多数]；23cm
〈国会図〉　北支那　(「秘」)

No.41＊　**東粤地方（汕頭附近）兵要地誌**[i]　参謀本部
[東京]　参謀本部　1939年5月30日
緒言[1]頁　目次第1頁－第9頁　[本文]第1頁－第135頁　附図[10]図；22cm
〈駒大図〉〈防衛図2冊〉　南支那　(「軍事秘密」)

i）防衛図所蔵本の内，1冊（請求記号：支那－兵要地誌－75）の表表紙には「Printed books with maps, …, 1939. “Military Secret”. (9 copies)」を記載した紙片が付してある。見返し（きき紙）に「史料経歴書A」を貼付してある。

No.42　**東部ソ満国境作戦地方兵要地誌**　其ノ一－七[i]
[n.p.]　[s.n.]　[1933-?][ii]
1冊；28cm
〈防衛図〉　満洲・蒙古
謄写版（手書き）

i）このタイトルは外表表紙による。なお，内表紙に「返還史料」の捺印がある。

ii）出版年は外表表紙に鉛筆書きしてあるメモを参考に推定する。

No.43　**洮南・昂々渓・札蘭屯西方地区兵要地誌資料**[i]
[n.p.]　[s.n.]　[1928-?][ii]
目次[1]丁　[本文]第1丁(オ)－第35丁(オ)　附録第1丁(オ)－第10丁（ママ）(オ)　附第10丁（ママ）(オ)－第14丁(オ)　附表[8]枚；27cm
〈防衛図〉　満洲・蒙古
謄写版（手書き）

i）表表紙には「返還史料」の捺印がある（見返し（きき紙）に「史料経歴票」あり）。また，「本書ハ中村□太郎少佐の報告？（文中に「？」が記載されている）ならん　田口」のペン書きメモあり。

ii）出版年は，附表第一に「民国……」と記されている点を参考にして推定する。

No.44＊　**内蒙古西蘇尼特附近兵要衛生蒙古人生活状態調査資料** i）　駐蒙軍軍医部
［n.p.］［s.n.］ 1939年8月
［序］［半］丁　目次［1丁半］［本文］第1丁（オ）－第167丁（ウ）；26cm
〈防衛図〉 満洲・蒙古 （「軍事秘密」）
写真を随所に貼付。
（内容）目次 ii）

緒言
総論
第一章　地文
第二章　人文
第三章　給水
第四章　宿営給與
第五章　衛生
第六章　患者ノ収療
第七章　獣疫生物
第八章　蒙古軍ノ衛生指導
第九章　蒙古人ノ体力検査（附蒙古人ノ体格）
第十章　徳化兵要衛生
第十一章　土木魯台兵要衛生

i）外表紙裏に「満蒙史料経歴書」が貼付されている。
ii）節以下を略す。

No.45＊　**内蒙古具子廟附近兵要衛生蒙古人生活状態調査資料**　戊集団軍医部 i）
［n.p.］［s.n.］ 1939年10月
［序］［半］丁　配布区分表　目次［2］丁　［本文］第1丁（オ）－第69丁（オ）　附表［17］枚；27cm （内蒙古調査資料其3）
〈防衛図〉 満洲・蒙古 （「軍事秘密」）
目次　本文　附表
謄写版（手書き）
（内容）目次 ii）

第一章　内蒙古具子廟附近ニ於ケル風俗習慣
第二章　蒙古人ノ被服ニ就テ
第三章　具子廟附近ニ於ケル漢商ニ就テ
第四章　蒙古軍（第二十五団）調査
第五章　包及方錐形天幕保温能力検査及燃料試験
第六章　喇嘛医ニ就テ及ヒ之カ対策
第七章　具子廟以北地区ニ於ケル兵要衛生地誌
第八章　内蒙作戦ニ於ケル衛生勤務（設想）殊ニ傷病者収療勤務ニ就テ（附給水勤務）
第九章　燃料ニ就テ　炊爨試験成績
第十章　西蘇尼特—具子廟道路ノ概況
附表

i）戊集団は駐蒙軍を示す。
ii）節以下を略す。

No.46＊　**熱河省兵要地誌**　参謀本部
［東京］ 参謀本部　1932年3月

[正誤表]　緒言[1]頁　目次第1頁－第15頁　[本文]第1頁－第163頁　附表[20]枚　附図[41]図；23cm

〈国会図〉　満洲・蒙古　(「秘」)

(内容) 目次

第一編　総論（章名を略す）　　　　　　　　　通信網　作戦上ノ参考資料

第二編　各論（章名のみを列記）　　　　　　附表[20表]

　地形　宿営・給養　輸送力　気象・衛生　　　附図[41図]

No.47　**鄱陽湖周辺敵情兵要地誌綴** i）ii）

本資料は8種（内，1点は図のみ）の文献・図を合綴したものである。各々について書誌的事項を記す。

①**九江盧山附近南昌（□水）作戦時**　清水部隊（呂集団参謀部複写）

[n.p.]　[s.n.]　[1939?] iii）

7図；26cm

〈防衛図〉　中支那

②**俘虜訊問ノ結果得タル情報**

No.38の②と同じ。

③**鄱陽湖ノ水路状況**　伊集団司令部（呂集団参謀部複写）

No.38の③と同じ。

④**中支那気象之参考（除航空気象）**　陸軍工学校気象部調査（呂集団参謀部抜萃複写）

No.38の④と同じ。

⑤**江西省鄱陽湖流域之気象**　臨時野戦気象隊（呂集団参謀部複製）

No.38の⑤と同じ。

⑥**昭和十四年二月及至六月　徳安・南昌日出日没月齢表**　高畠部隊（呂集団参謀部複製）

No.38の⑥と同じ。

⑦**情報追録**　呂集団参謀部

No.38の⑦と同じ。

⑧**（兵要地理）**

No.38の⑧と同じ。

複製資料

i）このタイトルは外表表紙による。

ii）内見返し（きき紙）に「複製資料経歴票」が貼付されている。「複製資料経歴票」は，防衛庁防衛研修所戦史室で作成されたものである。その内容は，表題，戦史室が複製した経緯，資料評価上参考となる事項，資料についての所見，その他の記入欄から構成されている表である。

iii）出版年は外表表紙の記載から推定する。

No.48＊　**福建省兵要地誌**　参謀本部
［東京］　参謀本部　1935年6月26日
福建省兵要地誌正誤表　緒言[1]頁　目次第1頁－第21頁　[本文]第1頁－第282頁　附図[12]図；23cm
〈防衛図〉　南支那　(「秘規則適用」)

No.49　**平漢沿線兵要地誌概説（第一巻）**　参謀本部
［東京］　参謀本部　1937年8月
序[1]頁　目次[1]頁　[本文]第1頁－第20頁　附図[1]図；23cm
〈駒大図〉〈防衛図〉　北支那　(「軍事秘密」)

No.50＊　**平津地方（河北省北部）兵要地誌概説**　参謀本部
［東京］　参謀本部　1937年8月20日
序[1]頁　目次[1]頁　[本文]第1頁－第31頁　附図[1]図 i)；23cm
〈駒大図〉〈防衛図〉　北支那　(「軍事秘密」)
　i）附図については，小林ほか（2006：81）を参照。

No.51＊　**北支の河川運輸と支那の河川**　旭組河川運輸部 i)
天津　三宅冨一　1939年4月15日
[本文]第1丁(オ)－第297丁(ウ)；26cm
〈防衛図2冊〉　北支那　(「秘」)
(複製資料)
　i）防衛図所蔵本（請求記号：支那－兵要地誌－83）の見返し（きき紙）には「複製資料経歴票」が貼付されている。防衛図所蔵本（請求記号：支那－兵要地誌－84）には「原本史料経歴票」が綴じられている。

No.52＊　**北支兵要衛生概要**　［陸軍省］i)
［東京］　陸軍省　1937年8月
[序][1]頁　目次第1頁－第10頁　[本文（附表2枚を含む)]第1頁－第225頁　附図（本文中の附図2図を含む）[4]枚；18cm
〈防衛図〉　その他 ii)　(「(取扱注意)」)
　i）責任表示は記載されていないが，印刷者から推測する。
　ii）タイトル中では「北支」を記載しているが，本書の対象地域は蒙古の一部も含む。

No.53　**北海南寧附近兵要地誌概説** i)　参謀本部
［東京］　参謀本部　1939年6月1日

目次第1頁－第5頁　[本文]第1頁－第39頁　挿図[1]図　附表[2]枚　附図[8]図　附録第1第43頁－第45頁　附録附図[7]図　附録第2(図)第46頁　附録第3(写真)第47頁－第54頁　附録第4第55頁－第61頁　挿図[9]図；23cm

〈防衛図2冊〉　南支那　(「軍事秘密」)

i）防衛図所蔵本の内1冊（請求記号：支那－兵要地誌－21）は，目次等が抜けている（落丁本)。

No.54＊　**満洲里兵要地誌資料**i）　石井部隊

[平房]　[石井部隊]　1939年5月

[本文]第1丁(オ)－第3丁(オ)　附録第3丁(ウ)－第4丁(ウ)　[附図（満洲里市街要図　縮尺1：約10000)][1]図；26cm

〈防衛図〉　満洲・蒙古　(「秘」)

謄写版（手書き）

i）見返し（きき紙）に「満蒙史料経歴書」を貼付。

No.55＊　**満蒙兵要地誌概説**　参謀本部

[東京]　参謀本部　1931年3月

満蒙兵要地誌概説正誤表　緒言[1]頁　[写真]第1頁－第3頁　目次第1頁－第5頁　[本文]第1頁－第98頁　附図[7]図　附表[3]枚　附録（満洲及東部内蒙古地形一般図　1図　縮尺1：250万)；22cm

〈駒大図〉　満洲・蒙古　(「秘」)

No.56＊　**南支那兵要地誌軍用資源概説**　参謀本部

[東京]　参謀本部　1933年10月20日

緒言[1]頁　[写真][2]頁　目次第1頁－第17頁　[本文]第1頁－第251頁　[附表][2]枚　附図[7]図　挿図[6]図；21cm

〈防衛図〉　南支那　(「秘規則適用」)

(内容）目次i）

第一篇　総論
第二篇　地形ノ概要
第三篇　宿営，給養ノ概要
第四篇　主要都市
第五篇　輸送ノ概要
第六篇　航空
第七篇　要塞
第八篇　気象
第九篇　衛生
第十篇　編成，装備
第十一篇　人文上ノ特性
第十二篇　資源ノ概要
附表，附図

i）章以下を略す。

No.57* **洛陽－西安間兵要地誌概説**　多田部隊参謀部
［n.p.］［s.n.］ 1940年8月31日
［配布区分等］［1］頁　目次［1］頁i）［本文］第1頁－第11頁　附表第12頁；25cm （方軍調資第45号）
〈防衛図〉 北支那 （「軍事極秘」）
各頁は折り畳形式である。
i）目次には附図，写真等の存在が記載されているが，それらは防衛図所蔵本には含まれていない。

No.58* **自隴海鉄道（主トシテ帰徳以東）至揚子江下流（主トシテ南京以東）間兵要地誌概説**i） 参謀本部
［東京］ 参謀本部 1937年10月20日
目次第1頁 ［本文］第1頁－第30頁 附図［10］図 ［附表］［1］枚；23cm
〈駒大図〉〈防衛図3冊〉 その他 （「軍事秘密」）
i）防衛図所蔵本の内2冊の表表紙には「一復史料」の捺印がある（見返し（きき紙）に「史料経歴書B」あり）。

## 5．書誌的注解

ここでは第4節のNo.の右肩に「*」を付した資料について，対象地域の重要性（兵要地誌的意味），参考資料，調査法を中心に兵要地誌目録の書誌的注解を行った。

**No.2**：本書における調査の目的は，「次期作戦準備ノ為師団担任地域内ノ兵要衛生調査ヲ実施スルニ在リ」（概況）と記されている。調査要領は，「将来軍ノ主要作戦路タルヘキ道路附近二粁以内ノ実状ノ見聞並地方諸機関ニ於ケル従来ノ調査事項トヲ相総合参照記載セリ」（概況）と述べられている。

「満蒙史料経歴書」には，「この史料は，満蒙史料（別冊目録参照）のひとつである」（筆者下線）と書かれているが，筆者は前記目録を見出すことができなかった。

**No.3**：本書の著者は，「私は出来うるだけ常日頃，…此の一編を作ってみた」（序）の記述とラスト・ページに捺印されている氏名から陸軍軍医少佐 堀江信吉と考えてよいであろう。

**No.4**：本書は，「乾隆二十八年［1763年］刊刻ニ依ル解州安邑県運城志ヲ参照シ…」（序），かつ，北支事変直前の事実に基づき張金曜他によって記された著作を杉本輜重兵中尉が翻訳したものである。

**No.5**：雲南省の兵要地理上の価値について，「支那奥地ニ対スル政治的，経済的進入路トシテ爾他ノ方面ニ比較スベクモアラザルモ主要ナル領域ヲ失ヒ且沿岸ヲ封鎖セラレ纔カニ奥地ニ餘喘ヲ保チツツアル蒋政権ニ対シテハ最モ主要ナル最後的輸血路タリ…又本省ハ四川ニ退避セル蒋政権ノ複廊タリ」(第1頁)と記している。日本軍は,この地域を蒋介石政権との関連上,重要とみなした。

**No.5-A**:本書は,No.5の「増補改訂セルモノ」(緒言)である。本書作成のための参考資料として,『西南援蒋路概説』(1942年3月,参謀本部調製),『雲南省兵要地誌概説』(1942年9月,印度支那防衛司令部調製)他をあげている(緒言)。

**No.5-B**:本書の作成経緯について,「本補修資料ハ昭和十八[1943]年四月参謀本部調製雲南省兵要地誌概説ヲ基礎トシ…」(緒言)と記している。この記述から本書はNo.5-Aを基礎にしていることがわかる。参考資料として,『雲南省気象概況』(1943年4月,北部警備司令部調製),『支那省別全誌(雲南省)』(1942年8月15日)他6点をあげている(緒言)。

No.5-Aの第三章の道路,通信,第五章の航空を主に補修している。

**No.7**:本書の作成経緯について,「本書ハ最近軍司令部ヨリ入手セル資料及既往ノ現地軍提出諸資料等ニ基キ主トシテ兵要地誌的見地ヨリ海南島ノ概況ニ関シ説明セルモノナリ」(緒言)と述べている。本島の兵要地理上の価値について,「南支那海方面ヨリスル香港方面及支那大陸進攻ノ拠点ヲ形成スルト共ニ仏印ノ政戦略的動向決定ニ大ナル影響ヲ与フルニ恰適ナル地理的位置ヲ占メルハ注目ヲ要ス」(第1頁)と記している。戦争遂行上,本島は重要資源である鉄鉱の産出地としての価値をも有している。

**No.8**:本書の成立経緯について,「本書ハ大正九[1920]年調製河南省兵要地誌ヲ基礎トシ新資料ニ依リ若干ノ修正ヲ加エタルモノナリ」(見返し(きき紙))と記している。河南省の兵要地理上の価値について,本省を貫流する黄河は一大障碍であり,山東方面からの攻勢および防勢作戦上,側面掩護の作用をする。また,河南方面の作戦上,兵站補給路として利用できるとしている(第1頁)。

**No.8-A**:本書は,『河南省兵要地誌概説補修資料』(1943年8月,甲集団参謀部調製)および『予南作戦地域兵要地誌資料』(1941年6月,呂集団参謀部調製)に基づきNo.8を増補改訂したものである(緒言)。

**No.9**:本書作成のための参考資料として,『広西省兵要地誌概説』(1943年11月,南方軍総司令部調製),『広西省兵要地誌概説』(1942年9月,北部仏印警備司令部調製)「其ノ他現地軍提出諸資料並ニ諸文献等」他を列記する(緒言)。

本書は,広西省の兵要地理上の価値について,「南支那防衛ノ要域ヲ成ス」(第1頁)とし,「緬甸「ルート」ト相並ンデ仏印方面ヨリスル重要援蒋路ヲ形成」(第1頁)する地域でもあるとしている。

**No.10**:贛湘地方の兵要地理上の価値について,「本地方ハ政治的,軍事的ニ意義大ナルノミナラス経済的ニモ極メテ重要ナル位置ヲ占ム即チ本地方ハ各地物資集散地トシテノミナラス…産米量最モ豊富ナルノミナラス…特殊鉱物ハ列強ノ垂涎措力サル所ノモノナリトス」(第2頁)と記されている。

**No.13**:本省の兵要地理上の価値について,「広東省ハ支那ノ南方門戸タル香港及広東等ヲ擁シ連結成レル粤漢[筆者注:粤は広東省の旧省名。粤漢鉄道は広東―武昌間。ただし,未設部分あり]及広九鉄道[筆者注:本線は広東-九龍間]ニ依リ尠クモ長江以南ヲ傘下ニ収ムルノ態勢ニ在リ」(第1頁)

と述べている。

本書の附図には詳細な説明（赤字）を記入されているものが大部分である。例えば，附図第11「広州平地地形細部要図」では主要な自動車道を太赤線で示し，地域を詳しく赤字で記述している。

**No.13-A**：本書の内容はNo.13と同じ。

**No.13-B**：本書はNo.13の増補改訂版である。本書編纂のための参考資料として，『北海南寧附近兵要地誌概説』（1939年6月，参謀本部調製），『南支方面五十万分ノ一兵要誌図』（1943年6月，支那派遣軍総司令部調製）『南方支那自動車道路網図』（1942年9月，波集団司令部調製）他17点の兵要地誌・地図および関係資料があげられている（緒言）。

**No.14**：本書の成立経緯について，「本誌ハ関東軍ノ調査報告及其ノ他ノ文献資料ヨリ編纂セルモノナリ」（見返し（きき紙））と記している。

**No.15**：本書の成立経緯についてみると，「本書ハ主トシテ左記資料ニ基キ大正五年当部調製貴州事情ヲ改訂編纂セルモノナリ」（緒言）と記され，『貴州事情』（筆者未見）が底本となっていることがわかる。なお，編纂のための参考資料として，『貴州省兵要地誌概説資料』（1942年7月，支那派遣軍総司令部調製），『貴州省兵要地誌概説（補修編）』（1942年7月，波集団司令部調製），その他現地軍提供資料があげられている（緒言）。

本省の兵要地理上の価値について，「［支那］事変後重慶政権ノ頓ニ重視スル所トナリ南京，武漢方面ヨリ軍需工場及軍事教育機関等ノ一部ノ移転若クハ新設ヲ見タルノミナラズ特ニ蒋政権西遷以後ハ交通建設大イニ促進セラレ…西南援蒋路ノ骨幹ヲ構成スルニ至レリ」（第1頁－第2頁）と記している。

**No.16**：本書は，『北満洲兵要地誌』（筆者未見）の細部の事項を再編集したものであると記されている（緒言）。北満洲兵要地誌細論（シリーズ）は，其1が小白山山脈以西，興安嶺山脈以東の北満洲中央部，其2が興安嶺山脈以西，其3（本書）が小白山山脈以東の地域を分担している（緒言）。

**No.17**：本資料の対象地域（「アムール」河系）に関する兵要地誌的重要性について，「極東「ソ」領ノ大動脈ヲナシ交通運輸経済住民ノ生活等ニ対シ極メテ重代ナル役割ヲ演シアリ」（第1丁［オ］）と記している。

**No.18**：本書の対象地域について，「本誌ニ掲クル極東「ソ」領西部地区トハ「チタ」洲並「ブリヤート」蒙古自治共和国ヲ含ム」（［序］）と記されている。この対象地域の兵要地理上の価値について，「特ニ海拉爾［ハイラル］，札賚（ママ）［來］諾爾［チャライノール］，満洲里［マンチョウリー］正面地区ハ「ソ」軍カ満領ニ対シ積極的進入作戦ヲ企図シアル方面ナリ」（第2丁［オ］）と述べている。

**No.20**：本資料は，「本文ハ昭和十三［1938］年九月二十五日調製「黄河氾濫其後ノ変化ニ就テ」以降十月二十日迄ニ得タル第一線諸部隊ノ報告並当部幕僚見聞一括整理セルモノナリ」（見返し（きき紙））と記され，No.21①の続編であることがわかる。

**No.21**：「原本史料経歴票」中の史料批判上参考となる事項において，本資料は「黄河氾濫の実情調査資料。氾濫対策ニ（ママ）関スル（ママ）軍及ビ（ママ）満鉄関係者ノ（ママ）研究などの資料綴りであり，兵要地誌研究，作戦，治安対策上の基礎資料として参考とする価値あり」と記されている。

**No.22**：附録附図は，全て「○○付近偵察要図」（1931 年 6 月 7 日）で，おそらく，昭和初期に偵察を軍が実際に実行した結果得た資料に基づき作成されたのではないか。

**No.23**：本書作成のための参考資料として，『江西省経済概要』，『支那水運論』，『重慶政府ノ戦時交通政策並建設状況』他が列挙されている。なお，本書は No.23-A の改正増補版ではない。

**No.23-A**：本書作成のための参考資料として，『江西省兵要地誌概説』（1925 年 7 月，参謀本部調製），『江西省兵要地誌補修資料』（1943 年 9 月，支那派遣軍総司令部調製），『南昌作戦ニ於ケル兵要地誌概況』（1940 年 1 月，呂集団司令部調製）他 20 余点の兵要地誌・地図および関係資料が列挙されている。

本省の兵要地理上の価値について，「重慶政権抗戦ノ現段階ニ於テハ西南支那諸省ノ北方外廓防衛地帯トシテ或ハ我ガ揚子江兵站線ニ対スル反抗基地トシテ或ハ又在支米空軍ノ対日反抗ノ為ノ前進基地トシテ…」（第 1 頁）と記され，軍事上の重要性が認められる。さらに，経済上の有用性についても述べている（第 1 頁）。

附録（江西省主要作戦ニ於ケル兵要地誌的体験）において，南昌攻略作戦（1939 年 3 月下旬～同年 4 月中旬），贛湘会戦（1939 年 9 月上旬～同年 10 月下旬），浙贛作戦（1942 年 5 月下旬～同年 8 月下旬）に関する報告を収録している。

**No.24**：本書編纂のための参考資料として，『湖南省兵要地誌』（1925 年 2 月，参謀本部調製），『湖南省兵要地誌』（1941 年 6 月，支那派遣軍総司令部調製），『第一次長沙作戦ニ於ケル西部第九戦区方面兵要地誌概況』（1941 年 11 月，呂集団司令部調製）他 15 余点の兵要地誌・地図および関係資料が列挙されている。

本省の兵要地理上の価値について，「重慶政権ノ抗戦現段階ニ於テハ四川省ト相並ンデ最重要資源地就中穀倉地帯トシテ重大ナル価値ヲ有ス」（第 1 頁），「北，中，南及奥地支那ヲ結ブ重要交通幹線ヲ通ジ交通上ハ勿論軍事，政治，経済上ニ於ケル本省ノ価値大ナルモノアリ」（第 2 頁），「本省ハ同［在支米］空軍ノ対日反抗ニ為ノ主要基地ト化セリ」（第 2 頁）と述べている。

**No.26**：本資料の成立経緯についてみると，「昭和五［1930］年九月一日補修参謀本部発行『山西省兵要地誌』ヲ骨子トシ既往ノ偵察報告並事変後得タル諸情報ヲ総合作業セルモノナリ」（配布区分）と記されている。なお，配布区分から推定すると，本書は 310 部刊行された様子である。なお，「配布区分」に「一，本作業担当者　一般　陸軍歩兵中尉　木場貞博　資源　陸軍主計中尉田口泉三」とも記されている。

**No.27**：本省の兵要地理上の価値について，「山東省ハ支那ニ於ケル南北経済中枢ノ中間ニ位シ津浦線［筆者注：天津—浦口間の鉄道］ヲ遮断シ隴海線［筆者注：海州－潼関（予定として蘭州）間の鉄道］ヲ制シ易キヲ以テ其領有ハ華北地方作戦軍ト相俟テ其戦果ヲ確実ナラシメ致命的打撃ヲ与フルヲ得ヘシ膠済線［筆者注：濟南—青島の鉄道］延長セラレ京漢線［筆者注：北平（北京）－漢口（武漢）間の鉄道］ニ連絡シ得ルニ至レハ特ニ然リ」（第 1 頁）とし，交通路としての重要性を強調している。

**No.27-A**：本文献は，見出しに若干の相違はあるが，No.27 の内容と同一である。

**No.28**：配布先（リスト）から推定すると，本書は 100 部刊行された様子である。

**No.29**：本書の成立経緯について，「一，本書ハ主トシテ現地軍報告ヲ資料トシ大正五［1916］年二月十日調製参謀本部「四川事情」ヲ改訂セルモノナリ」さらに,「二,本書ハ参謀本部調整「四川附近五十万分一兵要地誌図」ト併用スベシ」(緒言) と記されている。

本省の兵要地理上の価値について,「山獄地帯ニ依リ天嶮ヲ繞ラシアルヲ以テ要塞ナリ且古来天府ノ地ト称セラルル物資豊富ナル大盆地ヲ擁ス…長期抗戦ヲ呼号シアル所ナリ」(第1頁) と述べている。

2008年5月12日に四川省においてマグニチュード8の大地震が発生した (四川大地震)。震源地 (汶川) は成都の北西約90kmで,本書が対象としている地域の一部である。「四川盆地ノ用兵的価値」として「成都平地ハ農産豊ニシテ軍用糧秣取得ノ価値多ク又萬縣附近ノ確保ハ長江ヲ啓開シテ湖南ニ通ズルノ利アリ」(第4頁－第5頁) と記されている。国民政府の蒋介石がこもった重慶 (市) (当時,四川省内) への西北援蒋路 (ソ連－中国) に当地は重なっているように見受けられる。

**No.31**：編纂のための参考資料として,『青海省概況』(1942年1月,北支那方面軍開封情報所調製),『青海省事情　其ノ一乃至其ノ五』(1942年,駐蒙軍司令部調製),『西北支那兵要地誌調査資料 (甘粛,青海之部)』(1942年8月,華北交通株式会社調製),『青海省資料』(1941年12月,支那派遣軍上海機関調製) があげられている (緒言)。

本省は1928年,甘粛省から独立して一省となった。本省の兵要地理上の価値について,僻遠の位置にあるが,「印度ト西北支那トヲ結ブ新援蒋路ノ可能性」(第2頁) を有しているので注視しなければいけないと述べている。

**No.32**：本書作成のための参考資料として,『西康省兵要地誌概況』(1943年3月,支那派遣軍総司令部調製),『靖亜調査資料』および現地軍提出資料等が記されている (緒言)。

本省の兵要地理上の価値について,「大東亜戦争ノ進展ニ伴ヒ相次デ失陥セル米英ヨリノ援蒋路ヲ新ニ本省ヲ経テ直接印度ニ求メントシテ夫々地上及空中ヲ通ズル中印「ルート」ノ建設ニ勉メアリテ其ノ地位ト価値ヲ茲ニ一変セリ」(第1頁－第2頁) と記し,当時の新しい戦況の変化に対応して,中印「ルート」との関係上,本省を重要視している。

本書の第五・八・九・十・十一章は,挿表・附表を参照することを指示してあるのみで,解説文を付していない。

**No.33**：本書編纂のための参考資料として,『支那西北兵要衛生地誌』(1943年8月,甲集団参謀部調製),『支那西北兵要給水地誌概説』(1943年8月,甲集団参謀部調製),『陝西省兵要地誌概説』(1942年2月,参謀本部調製),『甘粛省兵要地誌概説』(1943年3月,甲集団参謀部調製),『新疆省事情』(1943年6月,参謀本部調製)『寧夏省伊克昭盟兵要地誌概説』(1943年3月,参謀本部調製) があげられている (緒言)。

西北支那の兵要地理上の価値について,古来未開の地域であったが,「支那事変勃発 [1937年] 以来西北「ルート」ノ価値増大セルト本地方ガ重慶政権ノ重要抗戦培養基地タルベキトニ鑑ミ近時著シク内外ノ関心ヲ昂ムルニ到レリ」(第4頁) と述べている

**No.34**：本書の成立経緯について,「昭和三 [1928] 年度末迄ニ蒐集セル資料,同三年秋本省ニ旅行セル当部々員ノ報告等ニヨリ明治四十五 [1912] 年調製浙江省兵要地誌ヲ改編セルモノトス」(緒言)

と記されている。

本省の兵要地理上の価値について，「北部浙江即チ杭州以北ノ平野ハ所謂上海ヲ中心トスル江南資源ノ産出地ニシテ経済的ニ重要位置ヲ占ムルノミナラス長江作戦遂行上主力軍ノ行動ヲ容易ナラシムル」（第2頁－第3頁）とし，長江作戦上，重要地であると述べている。

なお，『浙江省兵要地誌概説』（1954年6月17日－8月13日，謄写版，手書き）が防衛図に所蔵されている。

**No.35**：本省の兵要地理上の価値について，「支那本土ノ略々中央ニ位シ恰モ南北両支那ノ政治的経済的分水嶺ヲ成スノ観アリ」（第1頁）さらに，「最近航空機ノ発達ニ依リ本省ニ航空基地ヲ求メント全支ヲ制スルニ足ルヘク其価値タルヤ真ニ偉大ナルモノアリ」（第1頁）と記している。

**No.35-A**：本書の内容が摘録（略説）につき，詳細は次の書物を参照することを指示し，『陝西省兵要地誌概説』（1939年7月，杉山部隊調製），『陝西省兵要地誌概説』（1942年2月，参謀本部調製），『川陝省境兵要地誌概説』（1942年3月，甲集団調製），『陝西省五十万分一兵要地誌図』をあげている（序）。さらに，巻末に「占拠地域外作戦既調査資料目録」（対象期間：1937年-1942年2月）が付され，20余点の兵要地誌・地図および関係資料が列挙されている（第40頁－第43頁）。

**No.36**：本資料は，旧ソビエット社会主義共和国連邦内の急性伝染病に関する報告等であるが，筆者は日本軍の軍陣防疫の参考として本目録で取り上げた。

**No.39**：本書の対象地域である南京（江蘇省）の兵要地理上の価値について，「中支ニ於ケル心臓ヲ形成シ長江作戦軍カ第一ニ目指スヘキ重要地点ナリ」（第1頁）と指摘している。安徽省については，「古来所謂中原ノ地タル河南，陝西方面ト支那ノ宝庫ト目サルル江蘇，浙江方面トノ中間ニ位シテ常ニ争奪ノ焦点トナリ支那兵要地誌上重大ナル価値ヲ認メラレタル地ナリ」（第75頁）と記している。

**No.41**：東粤は，広東の別名である。本書の対象地域は，潮州と汕頭つまり潮汕地方である。本書の成立経緯について，「本書ハ昭和八年台湾軍調製資料ヲ主体トシ日支事変勃発前マテニ得タル資料ニヨリ修正ヲ加ヘタルモノナリ」（緒言）と記されている。

潮汕地方の兵要地理上の価値について，「汕頭ハ之カ心臓部ニシテ支那東南海岸屈指ノ良港タルヲ以テ之カ占領ハ台湾海峡ノ防衛ヲ容易ニシ…」（第1頁），「潮汕地方ハ南洋華僑ノ主要ナル出身地ニシテ其数ハ二百四十万ニ及ヒ華僑中一大勢力ヲ有シアリ故ニ本地方獲得ハ対蔣経済封鎖ヲ更ニ効果的ナラシメ蔣政権壊滅ヲ促進スルノミナラス対華僑工作ヲ強化セシメ得テ日支事変解決ニ一歩ヲ進メ得ルモノトス」（第1頁）と述べている。なお，華僑については本文中に一章（第135頁）を設けて言及している。

**No.44**：本資料の成立経緯について，「本調査資料ハ張家口陸軍病院附陸軍軍医中尉吉村松雄ヲ現地ニ派遣数ヶ月間実地調査セシメタルモノニシテ兵要衛生上好個ノ参考資料タルモノト認ム」（緒言）と記されている。本資料は，参考文献・資料を編纂するのではなく，実地調査上で得られたデータに基づき作成された例である。

西蘇尼特地域の兵要地理上の価値について，「純蒙古地帯ニシテ将来戦ニ於ケル軍事上万般ノ拠点トシテ戦術上ノ意義極メテ重大ナルモノ」（第1丁［オ］）と述べている。

**No.45**：本資料の成立経緯について，「本調査資料ハ昭和十四［1939］年度ニ於テ張家口陸軍病院附軍医中尉吉村松雄，同島田千尋ヲシテ現地ニ派遣実地調査セシメタルモノニシテ兵要衛生上好個ノ参考資料タルモノト認ム」（序）と記されている。

配布区分表によると，北支那方面軍軍医部8部，第二十六師団軍医部10部，他に18部が病院等に配布された。

**No.46**：本省の兵要地理上の価値について，「本省ハ満洲ノ西南部ニ位置シ支那本部並察哈爾ヲ経テ外蒙古ニ対スル連接部ヲ為シアルカ故ニ同方面ニ対スル軍事的将又戦略的ニ一種ノ障壁地トシ若ハ緩衝地帯トシテ重要ナル価値ヲ有ス」（第3頁）とし，さらに，「平津地方領有ノ為…戦略上著意ヲ要スヘキ方面ナリ」（第3頁）と記している。

第六章において，具体的に外蒙古と北支那の二方面への作戦が解説されている。

**No.48**：本省の兵要地理上の価値について，「本省ハ我台湾ノ対岸ニ位シ其沿岸ハ幾多良好ナル港湾ニ富ムヲ以テ台湾海峡ノ制扼上極メテ重要ナル価値ヲ有スルト共ニ若シ是等港湾ノ一ト雖之ヲ第三国ノ手ニ落ルニ於テハ我国防ニ甚大ナル影響ヲ与フルモノニシテ本省ノ価値ハ実ニ軍事上ニ存スト謂フヘシ」（第1頁）と述べている。

**No.50**：本書の対象地域の範囲は，主として河北省内の保定，滄縣を連なる線以北である。平津地方の兵要地理上の価値について，「支那ニ於ケル北部政治経済ノ中心地ニシテ政，戦両略上絶代ナル価値ヲ有ス」（第1頁）と述べている。

**No.51**：本書の資料的価値について，複製資料経歴票および原本資料経歴書中で「旭組河川運輸部が支那事変中に製作した，いわば支那の河川（運輸上の観点）一覧である。戦史研究の一資料の価値はある」と記されている。

**No.52**：本書の成立経緯について，「本誌ハ衛生勤務ノ参考トシテ昭和三［1928］乃至昭和十一［1936］年ノ調査ニ基キ急遽編纂セルモノナリ」（［序］）と記されている。

**No.54**：満洲里の兵要地理上の価値について，「北満鉄西部線ノ最終端ヲナシ欧亜連絡ノ咽頭ニ当ルト共ニ外蒙古方面ニ対スル交通上ノ要衝ヲ占メ戦略的要点ナリ」（第1丁［オ］）と述べらている。

**No.55**：兵要地誌書編纂の目的について本書は，「本書ノ目的ハ国軍将校ノ為兵要地誌研究ノ一資料ト為シ併セテ以テ軍隊練成ノ参考タラシムニアリ」（緒言）と記している。兵要地誌書一般が将校・軍人に対する教育的な場で活用されていた側面を有していたのではなかろうか。

本書は，1931年以前の満洲・蒙古という空間を兵要地誌的視点から概観し，当時の貴重なデータを多数記載しているように見受けられる。例えば，附図第五「満洲及烏蘇里地方飛行場分布一覧図」は近代戦における飛行機の使用を考慮してか，「始ント工事ヲ要セス飛行場ニ適スルモノ」をもマッピングしている。近年，『中国館蔵満鉄資料連合目録』（満鉄資料編輯出版委員会編，2007年刊筆者未見）の刊行にみられるように，満鉄（南満洲鉄道）関連への関心が高まってきている。本書は満鉄の敷設地域を対象としている。この点でも貴重な資（史）料といえよう。

**No.56**：本書の目的について，「国軍将校ヲシテ平時ヨリ南支那ノ兵要地理，軍用資源及一般社会状態ヲ研究セシメ以軍隊練成ノ参考タラシムルニ在リ」（緒言）と述べ，前述と同様な趣旨を述べている。

**No.57**：本書の成立経緯について，「本概説ハ陝西省並ニ河南省兵要地誌概説ヲ基礎トシ最近ノ諸報告ヲ参考トシテ整理セルモノ」（[配布区分等]）と記されている。

洛陽－西安間の兵要地理上の価値として，「日支事変［筆者注：日中戦争］間該当区域ハ敵前線ノ抗戦背後ノ補給線トナリ重要ナル役割ヲ演ジツヽアリ」（第1頁）と記されている。なお，配布区分から推定すると，本書は300部刊行された様子である。

**No.58**：隴海鉄道（主トシテ帰徳以東）－揚子江下流（主トシテ南京以東）間の兵要地理上の価値として，「戦略上ヨリ観察スルニ隴海線ニ沿ヒ一軍ヲ西進セシムレハ黄河以北ノ敵ノ補給ノ動脈ヲ絶チ其退路ヲ遮断シ北方作戦軍ト相俟ツテ是ヲ黄河以北ニ於テ殲滅スルコトヲ得ヘク若シ之ヲ逸シタル場合ニ於テモ隴海沿線ニ於ケル再度ノ抵抗ヲ断念セシムルコトヲ得ヘシ更ニ上海方面作戦軍ト策応シ南京ニ向ヒ作戦スルコトヲ得」（第1頁）と述べ，さらに，経済的観点からも重要性を指摘している。

## 6．第4節の検討

### (1) 調製者別の分析

本目録が取り上げた合計67種の資料の内，合綴資料No.6・12・19・21・38・47の内No.12以外の5種は，各々のデータの重複，書誌事項の不明な点が散見すること等から分析のための集計に加えない（以下，本節においては同様の扱い）。

調製者を中央機関（参謀本部，大本営，陸軍省），現地軍・部隊（No.15を含む），調製者不明の3項目に分類してみた。項目別に集計をすると，中央機関42種（全体の67.7%，%値は小数点第二位を四捨五入），現地軍・部隊18種（29.5%），調製者不明2種（3.2%）となった。この結果では，対象期間内の兵要地誌は陸軍の中央機関において編纂されたものが，大半を占めている。「各部隊兵要地誌関係報告資料」[11]（対象年：1936年），「兵要地誌資料目録　自四月十五日至六月十五日」[12]（対象年：1940年），「占拠地域外作戦既調査資料目録」（No.35-A）を調査すると，現地の軍・部隊が作成した兵要地誌・地図をはじめ，兵要地誌調査資料，兵要地誌報告，視察記録等の現地調査に基づく資料が多数記載されている（これらの資料は，終戦直後に処分されたのであろうか）。なお，関東軍参謀部作成の兵要地誌資料目録（月報）の検討については源（2004：208-213）に掲載してある。

拙稿の集計上の数字だけで調製者の全貌を知ることはできない。

### (2) 年次別タイトル数の分析

本目録が取り上げた合計67種の資料の内，合綴資料5種および刊行年の不確かなNo.1・42・43の小計8種を除き集計した。結果は表Ⅳ-5-1の通りである。

本表をみると，1926年から1936年までに9種，1937年から1945年までに50種が刊行されたことがわかる。兵要地誌作成年次の変化は，蘆溝橋事件（日中戦争の端緒）が勃発した1937年直後から急激に増加している様子を示し，戦況を反映しているといえよう。1943-44年の間における刊行数の増加した原因は判明しない。

### (3) 対象地域別タイトル数の分析

本目録が取り上げた合計67種の資料の内，合綴資料5種を除き集計した。結果は表Ⅳ-5-2の通りである。

地域におけるタイトル数と戦況との関係を検討したが，筆者は傾向を見出せなかった。

### (4) 機密度に関する分析

兵要地誌および関係資料の表表紙に印刷あるいは捺印されている秘密の程度（機密度）を表現する語句について検討してみよう。

兵要地誌は軍事上，書類扱いになっている。『陸軍成規類聚』によると，陸軍の軍事上の秘密書類は，「陸軍軍事機密書類」,「陸軍軍事極秘書類」,「陸軍軍事秘密書類」に分類されている[13)]。また，寺田（1992：45）は，機密度に関するランク付けの分類として，「軍機」,「軍極秘」,「極秘」,「秘」,「部外秘」の5段階を示している。この二つの記述を参考にして，対象としている兵要地誌に使用された機密度に関する語句を整理してみよう。機密度の高いレベル順に「軍事極秘」,「極秘」,「軍事秘密」,「秘」・「秘規則適用」,「部外秘」,「(取扱注意)」であろう[14)]。各レベルに分類される資

表Ⅳ-4-1　年次別タイトル数

| 年次 | 数（種） | 年次 | 数（種） |
|---|---|---|---|
| 1926 | 0 | 1936 | 0 |
| 1927 | 1 | 1937 | 9 |
| 1928 | 1 | 1938 | 7 |
| 1929 | 2 | 1939 | 11 |
| 1930 | 0 | 1940 | 3 |
| 1931 | 1 | 1941 | 2 |
| 1932 | 2 | 1942 | 4 |
| 1933 | 1 | 1943 | 9 |
| 1934 | 0 | 1944 | 5 |
| 1935 | 1 | 1945 | 0 |
| 合計 | | | 59 |

表Ⅳ-4-2　対象地域別タイトル数

| 対象地域 | タイトル数 | 比率（%） |
|---|---|---|
| 北　支 | 17 | 27.4 |
| 中　支 | 7 | 11.3 |
| 南　支 | 15 | 24.2 |
| 満　豪 | 16 | 25.8 |
| その他 | 7 | 11.3 |
| 合　計 | 62 | 100.0 |

表Ⅳ-4-3　機密度別タイトル数

| 機密度 | 頻度（種） |
|---|---|
| 軍事極秘 | 1 |
| 極　秘 | 5 |
| 軍事秘密 | 26 |
| 秘 | 13 |
| 秘規則適用 | 4 |
| 部外秘 | 2 |
| (取扱注意) | 1 |
| 合　計 | 52 |

料数（合計67種から合綴資料5種および無記載の資料10種を除き52種）は表Ⅳ-5-3の通りである。

機密度を表記した全資料中，「軍事秘密」レベルの資料が半分を占めている。

(5) 主題（衛生）に関する分析

本目録で対象とした兵要地誌の内，第2節（2）で述べたタイプ②および②と③との混成型つまり地域単位で主題を扱う地誌について調べてみよう。

本目録にみられる主な特定の主題は衛生である。衛生の内容は大別すると，人衛生と獣（医）衛生あるいは馬衛生に二分される。両方共に特定の軍事地域の兵要地誌においても言及されている。

戦役時，兵士の死没原因は，敵側の攻撃によるものだけではなく，多くの割合を戦病死が占めている。陸軍の死没者数の統計によると，日清戦争（1894-1895年）時13,488人，内戦病死者数11,894人（88.18%），日露戦争（1904-1905年）時84,435人，内戦病死者数23,093人（27.35%），シベリア出兵（1918-1922年）時3,116人，内戦病死者数1,717人（55.1%）[15]。このような数字から，陸軍は，進攻作戦の実施に際し，兵士の衛生（環境）に配慮をしなければならなかった。

本目録中，人衛生を主題にしている文献は，No.1・2・3・14・18・33・36・44・45・52の10種である。獣衛生を主題にしている文献は，No.37・37-Aの2種である。資料数12種の全体（合計67種から合綴資料5種を除き62種）に対する比率は19.35%である。

(6) 内容・構成に関する分析

本稿第2節（2）で示したタイプ③の兵要地誌の内容・構成は，原則的に用兵的観察（総説），地形および地質，交通および道路，通信，航空，気象，衛生，宿営および給養（人馬の生存に必要な物資を供給すること），住民地および住民（教育，宗教，風俗等），主要都市からなり，著者等はそれらについて解説を試みている。自然・人文地理学および関連分野の項目以外である度量衡，産業等についても言及している文献もみられる。これらのすべての項目は，軍事作戦を現地で遂行するために必要な予備知識である。そのため，地形を記述する際，単に地形学的視点から地勢を述べるだけではなく，戦略上，対象地域が馬，車両の行進に可能な土地か否か，あるいは，上陸可能な地点を有しているか否か等の問題を著者等は論じている。一見，度量衡は，軍事作戦と無関係に思える。しかし，軍隊は物資調達のために各地の度量衡システムを知らなければならない[16]。

本文中の地図・表と同様に，本文から独立した多数の附図・附表（各々を袋に入れている場合もある）が有用な役割を果たしている。本文の内容を理解する手段と同時に，軍事戦略行動を行う上でも重要なツールであったと思われる。一例として，No.24の「附図　第二　湖南省主要作戦路概見図」（袋に「軍事秘密」と印刷）を取り上げ，解説してみよう。本図は，本文の主要作戦路を理解するのに役立つように作製された附図（4色刷り図）である。縮尺は「1/100万」。作戦路を記載し，図中に「破壊道路ハ駄馬ヲ通ズ」，「巾1.5m以下　中央敷石アリ」等の戦略上の注記が付されている。

［付記］

本章の内容は，源（2000）を増補改訂したものである。兵要地誌（原物）を提供して下さった古屋俊助氏（甲府市在住）に感謝したい。

注

1）http://www.jacar.go.jp/。「兵要地理」をキーワードにして検索すると59件の結果がヒットした（2008年9月5日現在）。

2）［中根］（1873）の第2丁（オ）。本書の再刻（版）である『兵要日本地理小誌』改訂（1875年7月）では，「陸軍諸士」が「陸軍軍人」に変えられている。

3）もり（1995：174）によると，分類項目名「兵要地誌」は「戦争地理」と同義語（類語）として扱われている。

4）Peltier and Pearcy（1966：18-19）を参考にする。

5）兵要地誌を戦略における事前の準備・用意に使用した実話を記している著作として辻（1967）があげられる。辻　政信（1902－？）は，本書において1939年5月，ノモンハンの特性を知るために兵要地誌を勉強したことを記述している（辻 1967：68-77）。

6）本目録は，終戦後にアメリカ軍に押収され，アメリカにおいて編集・マイクロフィルム化された目録 "*Checklist of microfilm reproductions of selected archives of the Japanese army, navy, and other government agencies, 1868-1945.*" の日本語版（軍事史研究会［編］，19－，174頁）である。

7）所属部課名は，部内では通し番号による課番号が付されていた。しかし，分掌任務に基づく通称（例えば，欧米課）がより通俗であった。班名も同様である（日本近代史料研究会 1971：382）。

8）日本近代史料研究会（1971：383-385）の「参謀本部の主要班長一覧」によれば，1915年1月1日から1938年1月1日までの「兵要地誌班」（独立）を担当する班長名が記載されている。

9）大本営は，戦時あるいは事変に際して設けられる最高統帥機関である。大本営の編成は，大本営陸軍部と大本営海軍部とからなる。日中十五年戦争時には，1937年11月，支那事変（日中戦争）の拡大に伴い設置された。

10）本書の正編である『地理学を学ぶ』の中で，竹内は，「対話の世界が，それ自体独自の世界を形成しているということは，対話における発言を文書資料の補完物と考えたり，あるいは，対話における発言を，文書資料などによって確認したり，訂正したりすることは，さしあたって避けなければならないということを意味する」（竹内・正井 1986：346）と述べていることを付記しておく。

11）本資料は，前掲6）の目録に記載されているT1016「資料月報　第24号」の中に収録される。

12）本資料は，前掲6）の目録に記載されているT976「昭和15年度北支那方面軍兵要地誌調査計画」の中に収録される。

13）陸軍大臣官房（1941）の第17類文書　報告46。

14）海軍においては，機密度のレベルにより文書の表紙の色が決められていた。軍機は紫色，軍極秘・極秘は赤，秘はピンク，部外秘は白（寺田 1992：45）。しかし，筆者の調査の範囲内では，陸軍は軍事秘密に赤・白・ピンク，秘に赤・ピンク等を使用している。従って，規則性を見出すことはできなかった。

15）原・安岡（1997）の附表498。

16）軍における度量衡の知識の必要性について，No.8の著者は，「支那ニハ国定度量衡ヲ有スルモ旧来ノ習慣ニ依リ各地各様ニシテ殆ト拠ル所ナシ然レトモ物資蒐集ニ際シテハ各地ノ習慣ヲ顧慮シ秤量ニ留意スルコト肝要ナリ」（第47頁）と記し，各地の伝統的計量法を例示している。

## 文献

小川琢治・太田喜久雄　1937.『戦争地理学』地人書館（地理学講座　修正版）.

神谷　誠編　1995.『南方軍総司令部参謀部兵要地誌班回顧録 —— 岡さのへち会記念文集』創栄出版（制作）.

関東軍司令部　1936.『関東軍兵要地誌資料調査規程』関東軍司令部.

軍事史研究会［編］ 19－.『旧日本陸海軍関係文書』軍事史研究会.

国分直一博士古稀記念論集編纂委員会編　1980.『日本民族文化とその周辺　歴史・民族編』新日本教育図書.

小林　茂・源　昌久・渡辺理絵　2006. 古屋俊助氏寄贈『兵要地誌』類所収の地図に関する目録. 外邦図研究ニューズレター4：77-86.

杉田一夫　1958.『南方作戦兵要地誌資料収集』（口述資（史）料につき出版者, 出版地未記載. 防衛図所蔵［請求記号：南西－全般－35］）.

大本営陸軍部　1943.『大本営陸軍部幕僚業務分担規定』大本営陸軍部.

竹内啓一・正井泰夫編　1986.『地理学を学ぶ』古今書院.

千葉徳爾　1991.『はげ山の研究』増補改訂 そしえて.

辻　政信　1967.『ノモンハン』原書房.

寺田近雄　1992.『日本軍隊用語集』立風書房.

内閣記録局編　1977.『法規分類大全　第46巻　兵制門2』原書房（覆刻原本1890年刊）.

［中根　淑］ 1873.『兵要日本地理小誌1』陸軍兵学寮.

中根　淑　1875.『兵要日本地理小誌1』改訂 陸軍文庫（筆者未見；筆者蔵書本は1876年1月翻刻免許）.

日本近代史料研究会編　1971.『日本陸海軍の制度・組織・人事』東京大学出版会.

秦　郁彦編　1991.『日本陸海軍総合事典』東京大学出版会.

原　剛・安岡昭男編　1997.『日本陸海軍事典』新人物往来社.

久武哲也　2005.『兵要地理調査研究会』について. 渡辺正氏所蔵資料集編集委員会編『終戦前後の参謀本部と陸地測量部 —— 渡辺正氏所蔵資料集』5-19. 大阪大学文学研究科人文地理学教室.

防衛庁防衛研修所戦史部　1980.『陸海軍年表 —— 付兵語・用語の解説』朝雲新聞社（戦史叢書）.

堀内文次郎・平山　正　1986. 陸軍省沿革史. 文献資料刊行会編『明治前期官庁沿革誌集成　2』1-78. 柏書房（覆刻原本1905年刊）.

正井泰夫・竹内啓一編　1999.『続・地理学を学ぶ』古今書院.

源　昌久　2000. わが国の兵要地誌に関する一研究 —— 書誌学的研究. 空間・社会・地理思想　5：37-61.

源　昌久　2004. 関東軍の兵要地誌類作成過程に関する一考察. 淑徳大学社会学部研究紀要　38：203-218.

源　昌久　2005. 兵要地誌類関係資料の解題. 渡辺正氏所蔵資料集編集委員会編『終戦前後の参謀本部と陸地測量部 —— 渡辺正氏所蔵資料集』44-51. 大阪大学文学研究科人文地理学教室.

もり・きよし原編　1995.『日本十進分類法』新訂9版（本表編）日本図書館協会.

諸橋徹次　1956.『大漢和辞典　巻2』大修館書店.

陸軍大臣官房編　1941.『陸軍成規類聚　第6巻』第30版 川流堂.

渡辺　光　1960. 日本の地理学の戦後の動向. 地学雑誌　718：145-152.

Peltier, L. C. and Pearcy, G. E. 1966. *Military geography*. Princeton, N. J.: Van Nostrand.

# 第5章　南西太平洋方面における地図資料

田中宏巳

## 1．はじめに

満州事変後，大陸での活動を逞しくした日本陸軍は，中国本土の地図情報をも積極的に収集した。中国での活動は，国民政府ばかりでなく米英等との対立を深め，次第に国際政治の中で孤立化し，経済的破綻へと追い込まれた。ついには資源を求めて南方資源地帯と呼んだ東南アジアへと進出し，太平洋戦争に至った。地図情報では，長い植民地支配が行われた地域では宗主国作製の地図を利用できたが，やがて戦場がニューギニア及びソロモン諸島へと東進すると，信頼に足る地図がなく，手探りで戦闘を行わざるを得なくなった。本章では，同じ南方の戦場でも，社会経済的に発展した地域と未開発地との間に大きな格差があり，東進するにつれ日本軍が苦悩した実情を取り上げる。

## 2．開戦当初の南方資源地帯での地図情報収集活動

開戦目的となった南方資源地帯への進出は，マレー半島及び蘭領印度における天然資源の獲得を目指したものである。この一帯を担当したのが寺内寿一大将の率いる南方軍である。緒戦のマレー作戦が予想以上の速度で進展し，その後のマレー半島地域ではマレー系とインド系の対立があったものの，反日運動がさほど強くなかったため，南方軍は比較的短時間に軍政の基礎を固めることができた。

降伏したイギリス軍が残した多数の地図を接収した南方軍は，軍政の資料として，また爾後の作戦資料として，英文を日本語に変えた上で印刷した地図を各部隊に供給した。現存する南方軍の威15885部隊・威1160部隊・威1373部隊の名称が入ったマレー方面地図がこれに該当するとみられる。だがこれらの地図は，イギリスの度量衡であるヤードポンド法に基づいており，当然この面の不便があった。そこで南方軍は，これをメートル法に換算する作業に着手したが，度量衡の変更は予想以上に時間がかかり，1945（昭和20）年の敗戦までこの作業が続けられたものの，終了しなかったと伝えられている。

このほかにもイギリスが行った三角測量，天文測量，水準測量，地形測量，地租測量，験潮等のデータ，5万分の1をはじめとする各縮尺図原版等を接収した。1943（昭和18）年5月にシンガポールで編成された南方軍第一測量隊は，これらデータの整理と精度の点検，英文からの和訳につとめる一方，新しい地図の作製にも取り組んでいる[1)]。接収したデータに基づき作戦用要図の作製も行ったといわれるが，現存する要図のうち，どれがこれに相当するのか明らかでない。

戦地と本土との交通が確保されていた開戦初頭ということもあり，イギリスが作製した地図や一部の測量資料は東京の陸地測量部に持ち込まれ，同部の有する南方方面の地図情報は著しく増加した。陸地測量部の刊行地図には，仏印地理局，印度支那総督府地理局，馬来連邦及び海峡植民地測量局，フィリピン交通部，蘭印測量局，蘭領印度測量局，ジャカルタ測量局，バタヴィヤ測量局等の作製にかかる地図を基にしたものが多い。こうしたことから破竹の勢いであった緒戦において，マレー半島だけでなく，フィリピン，蘭領印度，仏領インドシナでも多数の地図を接収したが，これらを基にした地図作製が各地に展開した部隊で行われたことをうかがわせる。

南方軍隷下の測量機関では，第十一野戦測量隊について若干付言しておきたい。同隊は仙台で編成の後にシンガポールに渡り，はじめにマレーにあったイギリス測量機関の測量データや地図類の調査を行った。ついで蘭領印度のジャカルタに移動して，同様に調査を行った。同隊には地図作製に関する伝聞はないが，敗戦をジャカルタで迎えており，それまでデータ整理しかしなかったとは考えにくい。部隊が必要とする作戦用要図や軍政に必要な地方単位の地図を作製していても何ら不思議ではない。蘭領インドの社会経済の把握に役立ったといわれる。

ジャワでは，オランダが作製した各種地図の原図，5万分の1多色刷用硝子原版全部，印刷されたばかりの各地地図を無傷で接収している。現地ではこれらの押収地図を基にして，各部隊の任務に合わせた要図をはじめ各種の地図を作製している。ジャワの軍政監部測量局がオランダ測量局作製の地図を基に軍政用図，里程図，鉄道図，航路図等を作製し，またジャカルタの治1602部隊印刷班・治1601部隊印刷班・治集団印刷班[2)]が蘭領印度各地の地図を作製したのはその一例である。軍の地図は作戦を目的に作製されるものが多く，正確な測量データに基づいて作製されるに越したことはない。だが戦地によっては，測量データに基づく地図がないまま，航空写真や偵察部隊の踏破情報だけで作戦用要図が作製される例が幾らでもあった。このような意味で，英蘭の厳密な測量に基づく地図の接収は，測量及び地図作製の負担と，地図のない場合に起こりうるリスクとを著しく軽減した点で大きな価値を有していた。

## 3．ニューギニアにおける地図情報の収集

### (1) 東部ニューギニア方面

開戦前の計画を越えて戦線を広げはじめると，前述のように地図の不足が戦況に影響を与えはじめた。英蘭の植民地とはいっても，東西ニューギニアやソロモン諸島についてはほとんど開拓の手

が入らず，それ故，信頼に足る地図もなかった。1930年代に東ニューギニアで砂金が発見され，奥地に入ったオーストラリア人が周囲の地図を作ったのが，最も新しい地図であったといわれる。

ニューギニア戦を指揮した第十八軍参謀長の吉原矩中将が，ニューギニアに赴く際に「新に作戦軍が編成された場合には通常作戦資料として，兵要地誌，地図等既に蒐集された諸資料が交附されるのが例である。だが今回は若干の押収図位いしかなく，軍司令部において然り，況んや，第一線兵団以下においておや」（吉原 1955：10–11）と述べている情況であり，何も地図情報を持たされずに最前線に送られた部隊が少なくなかった。十分に調査し成算を立てる準備を省略し，勢いだけで闇雲に突っ走ろうとした実情をよく伝えている。

陸地測量部の鈴川清は，前出（注1）のメモランダム「陸地測量部の資料」の中で，「南方方面特に諸島の作戦用地図は，平時の準備殆どなく必要に基き応急的に編纂製図せるを以て確度は不十分にて，戦場に於ける使用者は現地に合致せざるものが多くあった為，随分困惑せるものと思う」と述べている。戦闘に最低限必要なのは，山，川，湖沼，道路，部落等に関する方角と距離，傾斜度を教えてくれる等高線の概略が記入された局部的な要図である。高い精度に越したことはないが，方角や距離がある程度正確であれば，あとは指揮官の勘と判断でどうにか解決された。しかし鈴川が「かゝる際，現地に於て敵の使用中の地図を入手する事は頗る効果的で又，空中写真の要は痛切に感せらるゝ所であった」と述べているとおり，事前に地図情報が入手されているか，航空偵察により地理情報が取得されていれば，作戦に際しての余裕はまったく違っていたにちがいない。

1942（昭和17）年12月までガナルカナル島戦とニューギニアのポートモレスビー攻略戦を指揮した第十七軍の写真印刷班，それを引き継いだ第八方面軍写真印刷班は，ガダルカナル島，ボーゲンビル島，ニューブリテン島，ニューアイルランド島，ニューギニア島の全島地図の作製に着手し，また入手できたこれらの島の一部地図の複製を急いでいる。全島地図の作製とは，接収した地図情報と，空白部分を空中写真で得られた情報とを組み合わせたものらしいが，地図も縮尺が異なるものが多かったため，精度は高いとはいえなかった。空中写真も，偵察機に搭載された写真機では能力不足である上に，偵察機が本来の任務に忙しく，地図作製用の飛行の確保がむずかしかった上に，密雲に遮られることが多く，必要な撮影がなかなかできなかった。それにもかかわらず，ニューギニアを除く各島の50万分の1図の作製を終えている。ところが皮肉にも，空中写真を撮ることができなかったニューギニアが主戦場になり，日・米豪軍の陸上部隊及び航空隊による激しい消耗戦が展開された。

ニューギニアの空中撮影を行ったのは，1943（昭和18）年4月に満州からラバウルに派遣された関東軍第一航空写真隊である。ガダルカナル島敗退及びポートモレスビー攻略作戦失敗後，ニューギニアにおいて守勢から攻勢に転換する陸軍中央の方針に基づき，まず第十八軍麾下の3個師団，1個航空師団のニューギニア派遣が行われた。その直後に，本格的な地図作製のために満州から航空写真隊が派遣されることになった。作戦以前に準備しておくべき地図作製が，作戦準備と並行か若しくは後追いのかたちで進められていた。

第八方面軍の写真印刷班の要請で関東軍第一航空写真隊がラバウルに到着したのは，3個師団及び1個飛行師団のニューギニア進出のあとであった。同隊は写真撮影隊，航空輸送隊，写真作業隊等5部門に所属する約240人から構成され，周辺地域を撮影して地図作製の資料を得ることを目的に，写真撮影機に改造された6機の九七式重爆と同数のMC輸送機，6台のツアイス社（ドイツ）製20センチ航空写真機を所有したが（防衛庁防衛研修所戦史室 1967：206-207），おそらく太平洋戦争中に航空写真の撮影に従事した部隊としては最大のものであろう。なお構成員の大部分は満洲航空株式会社の社員で，隊長は柴田秀雄少佐であった。航空写真隊は，1943（昭和18）年3月下旬に奉天を出発，4月上旬にラバウルに到着し，翌月から任務に従事した。

戦時下では，測量に必要な多くの時間と労力を確保するのが困難である上に，相手の攻撃を受ける危険がつねにつきまとう。航空写真撮影には，一定の高度と速度の飛行が必要だが，制空権を失いつつある中でこうした条件を確保するのは困難を極めたにちがいない。さいわい精鋭の第六航空師団が進出したばかりで，戦力的には米豪軍の航空戦力に引けを取らなかったために，ニューギニア北岸の要衝であるマダン，ハンサ湾，ウェワク，アイタペ，ホーランディア方面の撮影が成功裏に行われた。しかし米豪軍航空隊が制空権を固めつつあったサラモア，ラエ，フィンシュハーヘン等の第一線地域の撮影には手が付けられなかった。

航空写真を地図化する作業に入る前後の5月29日に，同班は測量印刷班に名称を変更している。名称の変更は，捕獲地図を撮影して日本語を挿入する作業から，航空写真を地図化する作業への業務の中心を移す必要性から行われたものかもしれない。現存する陸地測量部地図の中に，ラバウルに司令部を置いた第八方面軍の通称である「剛」部隊の写真印刷部・1371部隊・0414部隊が作製したニューブリテン，ラバウル各地，ニューギニア地域の地図があり，いずれも名称変更前後の作製だが，この中には測量印刷班作製の地図が見当たらない。その理由は明らかではないが，現地で使用されるだけで，東京に送られなかったためかもしれない。

1943（昭和18）年は日米の海軍が不活発であった時期で，ことに日本海軍の不振は目にあまるものがあり，日本軍と米豪軍の戦闘は両陸軍の間で行われ，ニューギニアを主戦場とし，ボーゲンヴィル等ソロモン諸島の一部でも展開された。米陸軍航空機の跳梁はますます激しくなり，ラバウルとニューギニアの連絡も困難になり，ラバウルで作製された地図の前線部隊への持ち込みも容易ではなくなった。ニューギニアの東部から西部へ圧迫され続けた日本軍が使用した地図に関する記録はほとんどないが，1943（昭和18）年末から1944（昭和19）年3月頃にかけて，第十八軍はマダンからウェワクへの大移動を実施している。途中にセピック川の大湿地帯があるが，4～500キロを迷うことなく踏破に成功し，かなり正確な地図情報を持参していたことをうかがわせる。

後退する日本兵が作戦に関する機密書類を持ち歩いているのを米軍が知ったのは，米海兵隊が戦ったガダルカナルでなく，米豪陸軍が戦ったニューギニアであった。マッカーサーは，少ない兵力の損耗を押さえるため，日本軍の動き，配置，兵力に関する情報を出来るかぎり収集し，弱点を見つけてはたたく手法を採用したが，これが飛び石作戦の起源である。マッカーサーの下で，日本兵が残した文書類を解読し，情報として各部隊に流す機関が，ATIS（連合軍翻訳通訳局 Allied Translator and Interpreter Section）である。日系二世や日本語を解するヨーロッパ系米人で構成されたATISは，はじめオーストラリアのブリスベーンに設置され，戦線から送られてきた，戦死した日本兵の衣服や背嚢，塹壕や指揮所跡，墜落日本機などの捜索で発見された文書類を解読する一方，捕虜に対する尋問を行い，多くの貴重な資料を得た。資料には部隊業務，将兵の履歴，編成や装備，作戦計画，行動予定等のほか，作戦地域の地図や要図があり，マッカーサー軍の作戦を著しく有利にしたといわれる。現場での資料蒐集の意義が認識されるにしたがい，ATISの所属員も最前線に出て資料の蒐集に当たり，捕獲される文書や地図類が急増した。

オーストラリア戦争記念館に所蔵されるAWM82資料群の一半は，ATISがニューギニア戦線において接収した文書類である。この中にある地図は，地図から起こした要図は別として，すでに日本国内で印刷されたものに限られており，測量及び航空写真に基づく地図はほとんどないといってよい（田中 2000）。これをもって，関東軍第一航空写真隊の航空写真を基にして作製された地図がニューギニアの各部隊に行き渡っていなかった証左とするのは強引な解釈であろう。第十八軍の動きを見ると，地図情報に基づいて行動しているのは間違いなく，地図が残らなかったことと，地図が使われたこととは，必ずしも結びつかないこともありうる。

(2)　西部ニューギニア方面

西部ニューギニアのマノクワリに司令部を置く第二軍の写真印刷班は，蘭領印度の測量局が作製した西部ニューギニア，ビアク島，ヌンホル島，ハルマヘラ島の地図を複製した。さらに西部ニューギニアを空撮し，これに基づく10万分1の図を作製している。米軍機が跳梁する東部ニューギニアに比べ，西部ニューギニアは比較的安全であり，精密な航空写真が撮影できたと思われる。例外は西部ニューギニア・ヘルビング湾内にあるヌンホル島要図で，島が平坦で小さい上に，まだ西部ニューギニアが戦闘圏外にあったことにも助けられ，現地部隊が実地踏査まで行って正確なデータをとって作製している。

## 4．まとめ

このように開戦時の計画になかったソロモン諸島やニューギニア方面への進出は，事前の準備不足も手伝って地図資料の不足という事態を招いた。そのため大急ぎで専門の部隊を呼び寄せて航空写真の撮影と地図作製に取り掛かったが，米豪軍の予想外の反攻に直面し，ある程度の成果を上げたものの，全面的に成功したとはいいにくい。敗戦後の1945（昭和20）年11月8日，参謀部が米戦略爆撃調査団に提出した「日本陸軍情報ニ関スル報告」（「連合軍司令部ノ質問ニ対スル回答文書綴」防衛研究所蔵）の「空中写真」項目に，

空中写真ノ利用ハ大ニ努メタルトコロナルモ航空兵力の劣勢ト制空権ノ関係上頗ル遺憾ノ点（ママ）多カリキ，然レトモ米軍第一戦航空基地ノ状況ハ空中写真ニ依リ各方面共正確ニ知リ得タリ，又

予想作戦地及地図ナキ地域ノ地図作製ノ為大ナル努力ヲ払ヒタルモ十分目的ヲ達成セリトハ認メ難シ

と記されているように，航空写真による地図作製が思うように進展しなかったこと，米軍の最前線の飛行場については空中写真に成功していること，等を率直に認めている。

陸地をめぐる戦闘の作戦計画を立案する場合，地図の準備は必需品いや不可欠な条件であった。だが南西太平洋方面で展開された島嶼戦は，海岸線がわかる地図があれば十分な海軍と，内陸部の詳細がわかる地図を必要とする陸軍という，地図に対する要求がまったく異なる両者が相接する戦場であった。この方面での戦闘は海軍の強いリーダーシップの下ではじめられたが，海軍は陸軍の地図問題など無視して戦線を広げた。そのしわ寄せを受けた陸軍は，あらゆる手段によって地図の取得につとめたが，必要な地図を揃えることができず，多くの将兵を失うとともに，米豪軍の圧力に押されて次第に後退を余儀なくされた。

注

1）鈴川清のメモランダム「陸地測量部の資料」（防衛研究所史料閲覧室所蔵）による。

2）「治」（おさむ）は1941年11月に編成された部隊でジャワに駐留し，ジャカルタで終戦をむかえた（秦 1991：502）。

文献

田中宏巳編　2000.『オーストラリア国立戦争記念館所蔵旧陸海軍資料目録』緑蔭書房.
秦　郁彦編　1991.『日本陸海軍総合事典』東京大学出版会.
防衛庁防衛研修所戦史室　1967.『東部ニューギニア方面陸軍航空作戦』朝雲新聞社（戦史叢書 7).
吉原　矩　1955.『南十字星 ── 東部ニューギニア戦の追憶』東部ニューギニア会.

# 第Ⅴ部

# 終戦前後の陸地測量部と水路部

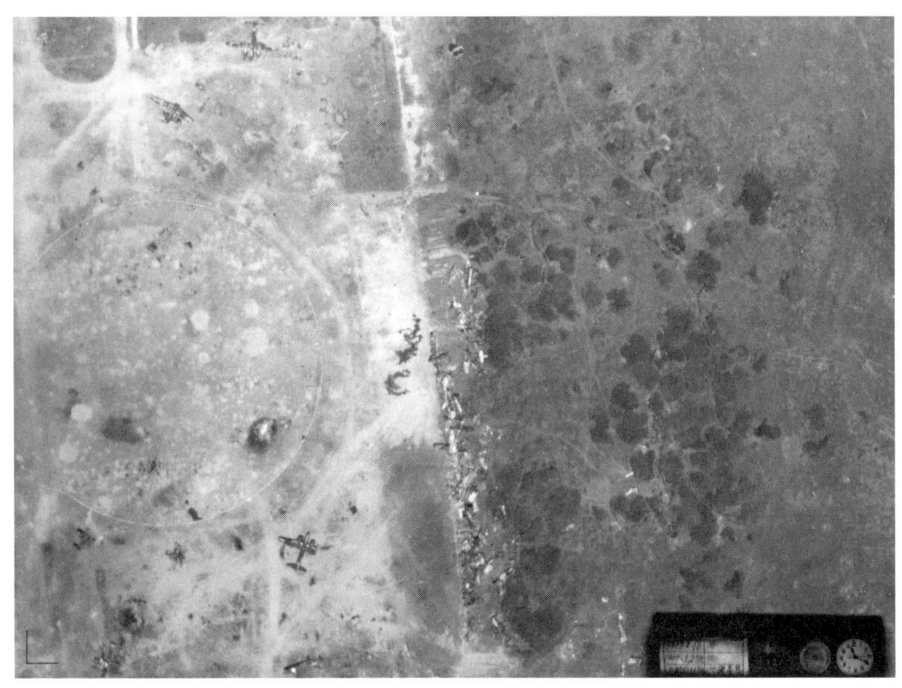

**硫黄島の空中写真（部分）**

終戦直後，参謀本部から外邦図等が東北大学や資源科学研究所へ搬出された。この硫黄島の空中写真は，東北大学ルートの担い手の1人であった岡本次郎氏（北海道教育大学名誉教授）が，搬出作業の合間に廃棄物の中からみつけた82枚セットの中の1枚である。破壊された飛行機がみえる。この経緯の詳細は，岡本次郎「外邦図の東北大学への搬入経緯をめぐって」（外邦図研究ニューズレター5号，39-48頁，2008年）を参照されたい。（波江彰彦）

# 第1章　終戦前後の陸地測量部

塚田建次郎・富澤　章

## 1．終戦直後の地図焼却

**塚田（野）**：おてもとにコピーがあります『東京地図研究社 40 年史』は1年半前に，東京地図研究社が会社になって 40 年を記念して発刊しました。また塚田建次郎会長の記憶がいろいろあるうちにまとめたものです。私も，陸測の見習いのときに勉強を教えてもらいながら，実技もして給料がもらえるというシステムだったというのは，はじめて知りました。そういうトリビアな質問でももちろんけっこうです。金窪さん，何かご質問がありそうですけど。

**金窪**：終戦の頃のお話を伺います。終戦の日は，富澤さんは波田（長野県東筑摩郡波田村［当時］，陸地測量部の総務課と第三課三班［製版］および四班［印刷］が疎開）にいらっしゃいましたよね。そこで玉音をお聞きになって，大前部長（大前憲三郎陸地測量部長，当時少将，「陸地測量部職員表」

---

［解説］　本編は第5回外邦図研究会（お茶の水女子大学文教育学部1号館 711 室，2004 年6月 19 日）で行われた，終戦前後の陸地測量部に関する塚田建次郎・富澤章両氏と研究会メンバーとの質疑応答を記録としてまとめたものである。両氏は，ともに 1934 年に技術見習いとなられて以来，陸地測量部で地図の製図や製版の業務に従事され，戦後も地理調査所に勤務された。塚田氏はその後地理調査所を退職されて，地図製図業（のち東京地図研究社）を開業されるが，富澤氏はさらに国土地理院に勤務された。

はじめは講演のような形式を検討したが，両氏は 80 歳を越えられる高齢で，研究会のメンバーの質問に対し応答をいただくというかたちで進めることになった。当日は，塚田建次郎氏の青年時代を記述し，富澤章氏も登場する，『東京地図研究社 40 年史』（東京地図研究社 40 年史編集委員会 2002）の 10-11 頁および 18-34 頁のコピーを参加者に配布するほか，各種資料から「塚田建次郎氏年譜」（判明する範囲で富澤氏についても記載）も作成して配布した。表Ⅴ-1-1 がこれにあたる。

また富澤氏は，「昭和十九年十一月一日調」と注記された「陸地測量部職員表」，「昭和二〇，二，二五　第三課第二班」と注記された「昭和二十年度作業部署表」，さらに「昭和二十四年十一月十五日現在」と注記された「地理調査所職員表」を持参して下さった。このうち「陸地測量部職員表」は当時の陸地測量部の構成，「昭和二十年度作業部署表」は外邦図の製版業務を示すものとして大変貴重で，資料として『外邦図研究ニューズレター』3号（外邦図研究グループ 2005）の 25-32 頁に掲載させていただいた。

以下に登場する質問者のうち，金窪敏知・小林茂・清水靖夫・鈴木純子・長岡正利・田村俊和・源昌久の7氏はいずれも本書の執筆者でもあり，紹介を省きたい。渡辺信孝氏（東北大学地理学教室 OB）は『東北大学所蔵外邦図目録』（東北大学大学院理学研究科地理学教室 2003）の編集に尽力された。塚田野野子氏（株式会社東京地図研究社代表取締役社長）には当日の司会を務めていただいた。

なお，富澤章氏は，2005 年4月 10 日に逝去された（享年 84 歳）。この記録以外にも，まだお聞きすべきことがあったが，ご冥福をお祈りしたい。

図V-1-1　塚田建次郎氏（右）と富澤章氏（左）
第5回外邦図研究会。

を参照）からいろいろと終戦のときの話を聞かれたと思うんですけども。実は先日，国土地理院の技術研究発表会がありましたときに，金澤敬さん（元・建設大学校地図科長）にお会いしたんですよ。富澤さんと同期でいらっしゃる。そしたら，金澤さんから非常に貴重なお話をそのとき伺ったんです。ちょうど（1945［昭和20］年）8月13日に金澤さんは波田から上京されて，大本営の参謀本部に行きまして，本土決戦の地図を調製する，大本営の渡辺参謀（渡辺正氏，当時少佐）という人に会ったということです。実はその渡辺参謀はご健在で（外邦図研究グループ 2004：6），今外邦図研究会で，この渡辺さんが持っておられる貴重な資料を整理して公表しようということで，私もお手伝いをさせていただいています（その後，資料の一部とその解説などを収録した渡辺正氏所蔵資料集編集委員会［2005］を刊行）。実は8月14日の夜行で，金澤さんは東京から松本，波田に帰るときにたまたま渡辺さんと同じ汽車になったというんですね。おそらく，渡辺参謀は終戦の直前に，すでに終戦になるということを梅津参謀総長から直接聞いていらっしゃいますからね。終戦の後処理といいますか，特に地図とか原版等の処理問題について，おそらく当時の陸地測量部の幹部と打ち合わせのために，またはその戦後処理のために，松本へ行かれたんだろうと，ご本人にこれからお伺いしようと思って用意しているところです。そして大前部長は事前に渡辺参謀から終戦の詔勅のことなども内容を聞いておられたんじゃないかと。そして職員を集めて玉音放送を聞いたときに訓辞をされたんだと，私はそういうふうに想像しているんですけれど。そのへんについて何かお心当たり等がございましたらお伺いしたいと思うんですが。

**富澤**：だいたい今，金窪さんが言われた通りだろうと思うんです。私はそのときは波田におりまして。終戦のことがありましてから，9月までに地図をみんな焼けという，焼却の命令が下りまして，私が真っ先にやりまして，波田の小学校の庭に穴を掘りまして，外邦図を真っ先に焼いたわけです。それが15日以後です。15日はそういうことをしないで，今は記憶が定かではないですが，16日から1週間ぐらいは朝から晩まで焼いていました。

**塚田**：私はその頃，民間の大きな印刷会社4つほどに，監督のため10人くらいずつで行かされていたんです。陸地測量部が地図の印刷を外注していたわけです。それがどこだったか名前を忘れちゃったんですが，15日は，そういうところへ行っていました。3日ぐらい経ってからまた長野県の梓（長野県南安曇郡梓村［当時］）に帰ったんです。

**塚田（野）**：2年くらい前に聞いた話によると，凸版印刷の工場に行っていて，工場で終戦の放送を聞いて，そのときにもうすでに工場でも焼きはじめた。

**塚田**：そうです。

**金窪**：今私たちが整理をしている渡辺さんの資料によりますと，8月15日付で参謀総長名で極秘の書類等の焼却命令が，通牒というかたちで出ています（渡辺正氏所蔵資料集編集委員会 2005：73)。具体的なことはなくて，一般的なかたちで重要な文書を焼却しろという。続いて8月19日付で，同じく参謀本部から，これは総務課長名ですね（渡辺正氏所蔵資料集編集委員会 2005：73-74)。15日にそういう通牒を出したけれども，その通牒の内容如何に関わらず次のようなかたちで処理をしろということで。今度ははっきりと相手先を参謀本部と各部隊官衙，陸地測量部，民間会社というふうに分けまして，それぞれ原図とか原版とかいろいろな機械器具，印刷された地図，それも外邦図・内邦図，縮尺別に分けまして，具体的にこれは焼却しろ，これは秘匿しろ，初刷りは秘匿しろ，これはそのままでよろしいという，そういうかたちの表欄になったものがついていまして，そういう通牒が出たんですね。それに付随しまして，すでに焼却してしまったものについてはやむを得ないという但し書きがついています。そういった指定にもとづいて，現地では焼却処分が行われたと思われます。ですから早いものは8月16日かそこらの時点で焼却がはじまったし，多少遅れたものは2回目の通牒の内容に従って処理がされたのだろうと。

**富澤**：今焼いた話をしましたけれど。その時分に私は陸地測量部第三課の1班にいまして，外邦図・内邦図問わず最終試刷りを保管していたわけです。最終試刷りと初刷りですね。最終試刷りも初刷りも一番最初に焼きはじめました。

**塚田（野）**：富澤さん。何からはじめに焼くというか，処分しろっていう命令っていうのは，さっき金窪さんがおっしゃったように文書か何かであったんですか。

**富澤**：いえ，そういう文書は全然見てません。

**塚田（野）**：じゃあ，口頭で。

**富澤**：ええ，口頭で。当時の第三課課長馬瀬口中佐殿（「陸地測量部職員表」1944年11月参照[1)]）のほうから焼くようにと言われて，それで焼きました。

**小林**：焼いた地図はどの地域の外邦図だったんでしょうか。

**富澤**：それはいろいろ入っています。要するに，支那方面から南方方面の図まで。最終試刷りは1班で全部保管することになっていましたから。地域によっては別に分けてなく，要するに内邦図関係と外邦図関係と大雑把に分けてありました。箱を作りまして，箱のなかに折り畳んでみんな入っていたんです。

## 2．地図の製版過程について

**金窪**：最終試刷りと初刷りとの違いはどこにあるんですか。

**富澤**：最終試刷りは，原図そのものが参謀本部から陸地測量部総務を経て，製図課の1班のほうにまわってくるわけです。1班のほうでは，製図をやってそれから写真，製版，印刷という命令を各部署に出すわけですね。そして1回刷り上がると1班でそれを校正するわけです。

**金窪**：それは校正機で刷るわけですね。

**富澤**：ええ，一番最初は校正機を使います。それで全部チェックしまして，ルビ等の間違い，あるいは汚れといったものを全部ひっぱり出しまして，これを訂正しろ，汚れを消せ，これはこうする，と全部指示を出して試刷りを出すわけです。それによって製版にいって直すわけです。そして最後にもう1回また試刷りを，直しが多ければ2回も3回も出すわけです。

**金窪**：いずれにしろ，一番最後には校正刷りで刷られたものが最終試刷りですね。

**富澤**：そうです。

**金窪**：初刷りというのは本機にかけて一番最初にまわってきたものが初刷りというわけですね。要するに校正機で刷ったものと，輪転機で刷ったものの違いだと。時期的には，最終試刷りが先で，初刷りがあとだと。そういうかたちの解釈でよろしいでしょうか。

**富澤**：ええ，だいたいそれ。まあ，多少違うところはありますが。その線でいいです。

**金窪**：少部数の場合には校正機だけでやることもあるだろうと思うんです。

**富澤**：ええ，そうです。それから初刷りのほかに定数刷りというのもありまして，定数刷りというのは「秘」扱いではないやつ。あるいはこれは内邦図が主体ですけども，内邦図はだいたい「秘」扱い以上。「秘」扱いとか「極秘」，「軍事秘密」，「軍事極秘」，「軍事機密」とありましたから。その，「秘」扱いでないものについては，定数刷りを何十部か刷りまして，それを各大学の図書館なり国会図書館なりに配布したものです。それを定数刷りと言ってたわけです。

## 3．軍事機密・軍事極秘・軍事秘密・極秘・秘について

**小林**：今，「秘」とか「極秘」とかいろんな種類があると言われましたけれども，それについて順に説明していただけませんか。地図に「極秘」とか「秘」とか書いてあるんですけれど，どんな意味があるのか。

**富澤**：それが僕らは詳しいことはわからないんですが，参謀本部のほうから全部指定されて来ますからね。大雑把に言えば，「軍事機密」というのは国内での要塞地帯ですね。東京の近くで言えば横須賀とか，そういった軍港のまわりの図を「軍事機密」とし，一般にはもちろん出ませんでしょう。一般には「機密」の施設や要塞のところだけを白抜きで抜いてある，主な幹線道路だけ1本入れといて，あるいは川とかだけを入れておいてぼかしてある。

**塚田（野）**：じゃあ，海岸線とかも描かなかったりするのですか。

**富澤**：いえ，海岸線は入ってます。建物とかそこに砲台があるとか，そういうのは全部抜いちゃった。

**塚田（野）**：軍事的な地物は全然入れない。軍事基地とかそういう場所。

**富澤**：「軍事機密」はそういう場所だけですね。その次は「軍事極秘」なんですね。「軍事極秘」は

参謀本部のほうからも指定されて，この図は「軍事極秘」，この図は「軍事秘密」。「軍事機密」が一番重い。その次に「軍事極秘」ですね。それから「軍事秘密」，それから「極秘」，それから「秘」。その５段階ですね。

**小林**：たとえば軍事極秘だと，どういう条件がついているんでしょうか。１枚１枚図を識別するようなナンバーがついているということはあるのでしょうか。

**富澤**：いえいえ，右肩のところに「軍事極秘」，「軍事機密」ってみんな入っているわけです。

**清水**：清水でございますが，「極秘」の図にはヒテンバンゴウ，「秘　天　第何号」という赤い朱印を折った表紙に押してあったように思いますが。何かそれについてご記憶ありませんか（この質問については，坂戸［2002：13］を参照)。

**富澤**：それについてはちょっと覚えがないですね。僕らは陸測のなかの作業に従事していましたので。それはおそらく，陸測から外へ出す図について押印したのじゃないですかね。

**清水**：もう１つよろしいでしょうか。極秘の図の上に赤い筋を入れた図がずいぶんございますけど，あれは強調するためでしょうか。あるいは入ってないものと入ったものの差がございますでしょうか。

**富澤**：そのような図についてはよくわかりません。

**清水**：はい。ありがとうございます。

**金窪**：清水さんね，改描図の場合には定価のところが，丸か括弧かになっていましてね，そこで改描されているかどうかを区別した。

**小林**：今，お茶大が所蔵されている図を持ってきていただきましたが，たとえばここに「極秘」と右上に書いてあります。また「部外秘」というのもありますが，これらはどういう扱いになるのでしょうか。

**富澤**：「部外秘」というのは，「秘」と入っているそれよりさらに１ランク下。地理調査所（発言のまま）のなかでは普通に通用できるけれども，外に出す場合は「秘」扱いになる。

## 4．民間会社への地図印刷の外注

**渡辺**：東北大学 OB の渡辺といいます。民間工場に印刷に出された際，たとえば大日本印刷なら中国についてとか，凸版印刷ならインドについてとか，工場ごとにそれぞれ特徴的な印刷とかありますでしょうか。地域ごとですとか，年代ごとに別々とかというのはありましたでしょうか。

**塚田**：そこのところはよくわかりません。

**富澤**：僕の記憶では，そういう区別はしていなかったです。毎回出す，こっちに手が空いてそうなら次のゾーンを出す，いうのもありましたけど，印刷になりますと地域ごとに違うわけじゃありませんので，そういう区別はなかったと思うんです。

**塚田（野）**：富澤さん。じゃあ，印刷を外注しはじめたというのは，最初の頃から外注，というか民間のほうに印刷は任せていたんですか。

**富澤**：いつからですかね。僕が1班に行ったときは，生徒を終わって（陸地測量部修技所を修了して）すぐに行ったんですから，（昭和）19（1944）年7月。

**塚田（野）**：じゃあ，もうかなり戦闘が。

**清水**：『測量・地図百年史』（測量・地図百年史編集委員会 1970）の地図，写真のところ（258-259頁）に，「昭和16年，富士フィルムに特別注文して大判の全紙判乾板を入手し，次のような外邦図の製版を行った」と出ていまして，そのあとに「『多色印刷地図迅速複製ニ関スル研究委員会』を設置した」とあります。それから部外から「六桜社」，今のコニカのことですね，「富士フィルム，共同印刷，大日本印刷，凸版印刷，精版印刷，中田印刷，光村原色版印刷，大西写真工芸所，京都写真工業」と10社が関わっていたと書いてあります。今，4つの大きな印刷会社というと，たとえば共同印刷，大日本印刷，凸版印刷，あるいは精版印刷，中田印刷，光村原色印刷というところかと思うんです。特に4つの大きなっていうのは。

**塚田**：大日本，それから凸版印刷，共同，光村です。

**清水**：地図の右下に小さなロゴマークが入っています。印刷したところの。凸版印刷だと「凸」の字だとか。大日本だと「㊅」ですね。それはそのときの印刷屋さんの責任ということですね。

**塚田**：印刷はみんな民間会社に出しちゃって，陸測はほとんどやってなかったろ。

**富澤**：いや，やってはいたんだね…。

**金窪**：印刷を民間会社に外注されたときに，いわゆる三宅坂の直営工場では印刷はやられていなかったのでしょうか。

**富澤**：やっていましたよ。

**金窪**：やってたのですね。昭和20（1945）年になるともう波田に疎開されていますね。

**富澤**：その時分にはもうやめています。

**金窪**：『測量・地図百年史』によりますと，（1945［昭和20］年）5月24日から25日にかけての空襲で，新宿の駅も焼けて貴重な資料が貨車ごと焼けてしまった（54頁）。それから三宅坂庁舎の廊下に並べてあった，たぶん20万（分の1）の地勢図，帝国図だと思いますが，その原版も灰燼に帰したということが書いてあります（348頁）。そういう原版は結局東京に置いておいて，外注用に使われたんでしょうね。

**富澤**：いや，その時分は5万も2万5千，それから20万も原版は銅板です。それで銅板も焼けたわけです。実際には長野松本まで持っていく予定だったんです。それで梱包して出しておいたのを焼かれちゃったんです。

**金窪**：焼けたのは20万だけですか。それとも5万とか。

**富澤**：いや，5万やなんかもだいぶん焼けました。ですがそれ以外，残っているのは現在残っているやつですね。

**金窪**：戦後復刻で地形図とか地勢図が出ましたけれど，そのときに20万は完全に銅原版が焼けてしまったので，印刷された図から複製したように作ったわけですが，ほかの地形図はかなり原版が残されていたものもあったわけですね。全部焼けたわけではないのですか。

**富澤**：20万はほとんど焼けて，5万，2万5千は多少残ってますね。全部で何百版かは残ったはずです。

## 5．多色刷り図の複製印刷技術

**長岡**：長岡と申します。印刷の話になりましたのでお尋ねします。外邦図には非常にきれいな多色刷りのものがありますけれど（イギリスやオランダがインドやジャワについて刊行していた多色刷りの地図を一部改変してやはり多色で印刷した外邦図を指す），あの印刷技術について私は昔から大変気になっています。何故かと言いますと，原図として持ってきたのは多色刷り印刷のものですけれど，それからどのようにしてあの色分解がなされたのでしょうか。たとえば，黒を抽出するのは非常に簡単ですけれども，ああいったきれいな図から赤とか黄色とかですね，そういった色を抽出する技術はいったいどうされていたのか。いかなるフィルター処理をしても黒は必ず出てしまうんですけども。たとえば赤の版なら，赤の版から赤を抽出して，そこについでについてくる黒を除去するのはどういう仕組みだったのかですね。もしわかったらちょっと教えてください。

**富澤**：陸地測量部でやっていたのはゴム抜き法ですね。たとえば多色刷りの図がありますね。これを写真に撮って製版します。で，印刷版にしたときに色版だけ版を作る。そして色版ごとにこれは墨版，これは赤版，これは藍版としてそれ以外のやつはゴムで止めちゃうわけです。

**長岡**：ということは，たとえば赤の版を作るにはフィルター操作で赤を抽出するんですが，そこのところに必ず黒の色がついてきますけど，その黒は全部不透明塗料を塗って止めてしまうという意味ですか。

**塚田（野）**：ゴムでオペーク（フィルムに不透明塗料を塗って消す）する感じですか。

**富澤**：ゴムでみんなオペークしてしまうんです。その色以外を。

**長岡**：ということは大変な努力を。大変な手間がかかりますね。

**富澤**：陸地測量部では削描という係があって，そういうところで一切色を分ける。

**長岡**：もちろん，やればできることはわかりますが，大変な労力と手間がかかりますね。

**富澤**：それはもう慣れていますからね。

**塚田（野）**：ひとつ作るのにたとえばどれくらいの期間，かかるものですか。

**富澤**：それはもう内容によるわけです。要するに色刷りがいっぱいあれば時間がかかる。

**長岡**：たとえば，インド測量局の25万分の1なんていうのは非常にきれいな図で，非常にきれいな状態で複製していますけれど，1枚どれぐらい時間がかかったんでしょうか。あまりに膨大な外邦図に対していったいどれぐらいの作業を，人員日数を要したのか，ちょっと想像できない世界のような気がいたします。

**富澤**：削描の専門家ではないので，時間的にはよくわからないんですけど。それでも慣れますと，道路は赤と，鉄道は何というふうな，中身まで全部分けるとそうとうな時間がかかるわけですね。

**渡辺**：インドの場合はだいたい5色ぐらい使っているんですけれど，5色ぐらいでしたら何日くらいになりますでしょうか。

**富澤**：だからその分け方ですね。たとえばなかの図葉まで細かく分ければ，それはそうとう日数がかかるわけです。たとえばそのうちの道路と鉄道と河川となんていう分け方でしたら，それほど時間はかからない。

**塚田**：地形の違い方っていうのはひどいですからね。山の多いところと平地の多いところと，うんと違っているわけです。

## 6．「秘」押印をめぐる組織について

**小林**：お茶大所蔵の図ですが，これは「秘」という朱印が押してあるんですけれど，こういうものは陸地測量部があとから押すということはなかったんでしょうか。

**富澤**：ありました。たとえば新たに印刷した場合はこのまま印刷しちゃいますけれど，手持ちの図であとからそういう分類になったものはあとから判を押してある。

**小林**：それはどういう部署がやるのでしょうか。

**富澤**：それはうちの部署でやりましたかねえ。印刷というか。実際やっているところは私は見てませんから。

**小林**：こういうふうに朱で「秘」が押してあるのは，最初は「秘」じゃなかったのにあとから「秘」にした図だというふうに理解してよろしいですね。

**清水**：ちょっとよろしゅうございますか。今の「秘」のことですが，昭和16（1941）年に一般への販売が全面的に禁止されますが。その後は全て「秘」を押したんでございましょうか。というのは，紙が悪くなって刷ってある地図には全部「秘」がついています。どんな図であっても。従来「秘」扱いされてない場所でも。ということは16年の一般への地図の販売禁止以降は，全て「秘」扱いのために，秘という文字をつけたかどうかということなんですが。そのへんはご記憶でしょうか。

**富澤**：ちょっと記憶にないですね。

**清水**：はい，ありがとうございます。

**金窪**：実は私は昭和17（1942）年に中学に入ったんですけれども。その夏休みに5万分の1地形図を使っているんですよ。学校で一括して購入しまして。軍の「機密」扱いではない地域，私の場合は東京の西南部でしたが。そのときは別に「秘」というハンコは押されないで。学校でまとめて購入ができたんじゃないかなと思います。

**長岡**：「秘密」関連が出ておりますので，関連してひとこと質問します。「戦地においては軍事極秘」というのがときどきあります。私が昔聞いた話では，戦闘地域では地図がなくなることもあるの

で，そういう場合に責任を少し落とすために，「戦地においては何とか」などという分類があると聞いたんですが。それについてはいかがでしょうか。

**富澤**：あったみたいですね。ちょっと詳しくは知らないんです。

## 7．塚田・富澤両氏と外邦図との関わりについて

**小林**：お2人とも外邦図をたくさんご自分で描かれたというご記憶はあるのでしょうか。

**富澤**：兵要地誌図っていうのがありますね。あれを一時期作りました。

**小林**：あれは色刷りのきれいなやつが多いですよね。

**富澤**：だいたい赤と青が入っています。ところどころ文字でこの橋はどうのこうの，この山はどうのこうの，この川はどうのこうの，と説明がしてある。その説明書きを全部写真植字機で打ちまして，それを新たに貼ったわけですね。

**小林**：写真植字で打ってあるやつと，手書きのもありますけども。

**富澤**：参謀本部から持ってきた元の原図は全部手書きです。それを陸測に持ってきて，植字で打ちました。そのうち間に合わなくなって手書きにしたのもあると思います。

**清水**：今，植字とお話ございましたが，植字の場合に，書き文字ではなくて製図の文字ではなくて，たとえば印刷機からとる，当時は写真植字はまだなかったと思いますので。印刷機のきよ（清）刷りをとって貼ったりということは一般的に行われたんでございましょうか。それとも文字は原則的には書き文字，あるいはほかから持ってくるとかは。

**富澤**：私が覚えているのは写真植字で，写真植字機を使います。当時石井写真植字研究所というのが王子にありまして，そこへ半年だったですか，私が実際習いに行きました。植字を覚えて，石井写真植字研究所から植字機を買いまして，陸地測量部のなかで打っていました。1つは機械を買うときに向こうから1人雇いまして，その人が専門に打っていく。私も折を見て打ちましたけれど。というふうに写真植字機のほうをメインにしました。

**清水**：ということは，写真植字機がすでにもう昭和10年代の終わり頃には入っていたということですね。

**富澤**：ええ，あります。

**源**：兵要地誌図についてちょっとお尋ねします。今，文字が手書きのと手書きじゃないのというお話があり，私もそれが非常に疑問に思っているところです。お話を聞いて，参謀本部で作られている兵要地誌図は写真植字のものが多いというふうに解釈しています。現地のたとえば関東軍なんかの，現地で作られている兵要地誌図も多数あるんですけれど，それはほとんど手書きが多いんですよね。ですから余裕がもう現地じゃなかったのかなというふうに私は解釈しております。参謀本部のほうは余裕があるから，きれいに作れるのかなあというふうに私は解釈したんです。そのへんはいかがなものでしょうか。

**富澤**：はい，それでいいと思います。だいたい参謀本部からまわってきたものは，陸地測量部で全部やったわけです。それから現地調達で，現地で写真測量班というのがあちこちにあったわけです。そこでやったのはおそらく手書きだろうと思います。

**小林**：それに関連した質問ですが，関東軍とかそういうものの作った地図を印刷することは，陸地測量部ではなかったんですか。

**富澤**：印刷する場合，外地から送られてきたものを印刷することはありましたけれど。現地では写真測量班でやりましたが，大量印刷はできないですから。簡単なものについて現地でも少し印刷したかもわかりません。

**小林**：そうすると，複雑な印刷は陸地測量部で基本的にやったというふうに理解してよいでしょうか。

**富澤**：その写真測量班も，支那では南京に本部があるとか，そういうところにいくと多少は印刷もできたかもわからない。満州には関東軍が機械を持ち込んでいたのではないでしょうか。

## 8．塚田・富澤両氏の陸地測量部内での職掌

**小林**：「年譜」（表V-1-1）には，昭和10（1935）年に塚田会長が見習い期間を終えられまして，陸地測量部製図科工手として金澤敬さんとともに「曲線屋」となると書いてありますが，「曲線屋」って何ですか。

**塚田**：山を描くのを曲線屋っていうんです。

**小林**：等高線を描くということですか。

**塚田**：そうです。「注記屋」っていうのが文字を書いた。それから「平面屋」っていうのもあります。それは道路だとかそういうものを全部平線を描くのが「平面屋」。「曲線屋」っていうのが山を描くのが「曲線屋」。金澤敬と私は，「曲線屋」に。だから，製図の下手なやつは「曲線屋」にまわされる，ということで私はまわされたんです。

**塚田（野）**：じゃあもう烏口だけ使ってですか。

**塚田**：回転烏口。それでずっと描いていったんです。だから回転烏口を（自分の思うところで）止めるようになるのは半年ほどかかった。

**長岡**：関連してですけど。そうすると「文字屋」さんと「平面屋」さんと「曲線屋」さんですね。清絵製図（せいかいせいず）は3人の分担で作るんでしょうか。私は1枚をお1人が作るのだと思ったんですけど。

**塚田**：いや，戦後はどうか知りませんけど，その時代は注記屋が文字を書いたんですよね。平面屋が平面を描きます。それが終わると曲線屋が曲線を描いたんです。

**長岡**：一種の流れ作業でやったんですね。

**塚田**：そうです。で，金澤敬と私はちょうど陸地測量部に入ったのが同じだったんです。2人で曲線屋にまわされて，やってました。

**富澤**：塚田会長が曲線屋をやってる時分に私は銅板屋をやってたんです。

表V-1-1　塚田建次郎氏年譜（陸地測量部時代を中心に）

| | |
|---|---|
| 1920（大正 9）年1月10日 | 茨城県下館市に生まれる。 |
| 1932（昭和 7）年 | 秋，王子小学校高等科転入。 |
| 1934（昭和 9）年 | 春，陸地測量部技術見習いの試験に合格（25期生）。<br>• 同期に乾賢二（のち国土地理院地図編集課長），富澤章（のち国土地理院製版課長），金澤敬（のち建設大学校地図科長）など。 |
| 1935（昭和10）年3月 | 見習い期間を終わる。 |
| 4月 | 陸地測量部製図科工手として，金澤敬とともに「曲線屋」となる。 |
| 1936（昭和11）年4月 | 上野中学（夜間）3年甲組（画家，葦名芳夫が担任）に編入。下川正司と同級。 |
| 1937（昭和12）年4月 | 製図科の第2班から第5班に移動し，中国・ロシアの地図の製図作業にあたる。 |
| 1939（昭和14）年 | 上野中学を卒業。 |
| 1941（昭和16）年 | 中央大学商学部（夜学）に入学。<br>• 陸地測量部の機構改革：三角科→第一課，地形科→第二課，製図科→第三課（製図・写真製版・印刷） |
| 7月25日頃 | 召集令状来る。水戸の工兵隊に。 |
| 1944（昭和19）年4月 | 陸地測量部修技所，51期生となる（杉並区の明治大学）。 |
| 1945（昭和20）年2月 | 修技所を修了。陸軍技手として第三課2班に配属。太平洋沿岸の修正図の作製に従事（マルタ作業）。 |
| 4月 | 陸地測量部疎開のため，長野県波田村で準備。<br>• 第三課2班は長野県梓村の梓国民学校で，下川正司とともに勤務。作戦図の製図にあたる。<br>• 富澤章は，第三課1班に属し波田国民学校で製図・写真製版関係の仕事に従事。本土決戦用の太平洋沿岸の地図作製を行う。<br>※波田国民学校（現東筑摩郡波田町）：総務課・第三課の製版と印刷<br>梓国民学校（現松本市）：第三課製図関係<br>塩尻国民学校（現塩尻市）：第一課と第二課<br>温明国民学校（現安曇野市）：教育部（元修技所）<br>安曇国民学校（現松本市）：大量の荷物<br>岐阜県高山の大井家 |
| 8月15日 | 凸版印刷の板橋工場に出張中終戦を知る。<br>• 地図の焼却に従事。<br>• 富澤章は波田国民学校で，東南アジアで押収した地図の複製，満州・中国関係の外邦図の焼却に従事。<br>• 下川正司は梓国民学校で蒙古5万分の1図の原図，田辺茂喜は本土決戦洋のマルタの地図，乱数表，将校名簿，文官名簿などを焼却。<br>• 焼却を終わってまもなく中止の命令がきた。<br>安曇国民学校に地図の原版である銅板があったが，日本側に確保。 |
| 8月31日 | 陸地測量部の解体。 |
| 9月1日 | 地理調査所（岩沢忠恭所長，12月より武藤勝彦所長）が発足し，事務取扱を嘱託される。<br>• 出勤しても仕事がない状態が続く。<br>※米軍来訪：9月25日，10月12日，11月1日より1ヵ月，12月1日から20日。<br>※安曇国民学校には，9月25日，米軍視察。10月19日，米軍視察団。11月13日，米人来校。12月5日，米進駐軍来校。<br>※12月，地理調査所の官制・分課規程が制定される。嘱託から技手に（27日）。 |
| 1946（昭和21）年 | 標石調査に従事。 |
| 4月 | 地理調査所は，千葉県稲毛の陸軍戦車学校跡地に移転。 |
| 5月 | 日本測地基準点標石調査作業の開始。秋田・青森に出張，その後夏は北海道へ。12月以降は九州。 |
| 1947（昭和22）年4月 | 製図班に戻る。地形図の「応急修正作業」に従事。 |
| 1949（昭和24）年8月 | 地理調査所を辞職し，出版関係の仕事に従事。 |
| 1958（昭和33）年3月 | 地図製図業を創業。 |

注：敬称略。2005（平成17）年2月19日改訂，2008（平成20）年11月28日修正。
資料：東京地図研究社40年史編集委員会（2002），塚田ほか（1996），測量・地図百年史編集委員会（1970）をもとに作成。

**長岡**：銅板彫刻ですか。

**富澤**：銅板彫刻は，注記から平面から曲線から，1人でみんなやるんです。そのへんがちょっと違います。

**金窪**：その場合の注記は左文字になるわけですね。

**富澤**：一番最初はですね，オフセット印刷がなかったものですから，直刷りが大半で。ですから文字は全部左文字。途中からオフセット印刷に変わりましたので，今度は右彫りになりました。

## 9．陸地測量部内部の分掌について

**小林**：「年譜」によりますと，塚田会長は，昭和12（1937）年から「製図科の第2班から第5班に移動し，中国・ロシアの地図の製図作業にあたる」ということですが，この第2班と第5班というのは何ですか。

**塚田**：第2班っていうのが日本の基本図ですね。基本図の地形図。ところが時代がああいう状態になり，戦争が激しくなってきて。それで中国の地図とか，外国の地図ですね，そういうのをやるっていうので第5班があったんです。この第5班に製図屋が何人か移動させられたわけです。

**小林**：ロシアの地図っていうと，どうやって測量しているわけですか。

**塚田**：いやいや，測量じゃないですよ。ロシアが作った地図を複製していたんです。そのために第5班ができたんです。

**小林**：その場合は，たとえば地名の書いてあるのをカタカナに直すというふうなこともされたわけですか。

**塚田**：それはちょっと忘れてしまいましたが，とにかくその時代にロシアの地図を使うのにね，必要なことは全部やらされたんです。

**小林**：そしたら，今風に言えばコピーをするという感じなんですか。ロシアの地図を。

**塚田**：まあ，複製ですね。ロシアばかりでなしに南方の地図も。基本的に日本の地図でない地図を第5班が作らされた。

**塚田（野）**：でも，第5班のなかでも，さっき言っていた注記を書いて，平面を描いて，曲線を描くという，そういう流れなんですか。

**塚田**：いや，何でもやらされたんです，第5班は。

**富澤**：昔の組織として，製図科は1班から7班まであったわけです。1班が企画から検査，2班が一般の製図，3班が製版担当ですね，製版のなかには写真も入っていました。4班が銅板，5班が外邦図関係の製図，6班が印刷，7班は地図の払い下げ担当と。7班があった。それが今度1班2班3班という新編成になったときに，1班と7班が一緒になって1班，2班と5班が2班。3班と4班が3班となりました。要するに写真から製版から銅販までが3班，6班は4班と改名しただけで変わらず印刷担当です。

**小林**：それになったときは，富澤さんは何班になられたわけですか。

**富澤**：私は最初３班になって，それから１班のほうに変わりました。

**塚田（野）**：辞令か何かお持ちなんですか。

**塚田**：持ってないです。

**富澤**：「前歴報告書」という書類を書かされましてね。

**塚田（野）**：地理調査所に入った頃からの履歴ですか。

**富澤**：いえいえ，陸地測量部からです。いつ内務省の地理調査所になって，それから建設院地理調査所（1948［昭和 23］年１月），さらに建設省（同年７月）と順に書いています。

**金窪**：その来歴に関係してなんですが。陸地測量部が廃止されて解体しますね。それが昭和 20（1945）年の８月 30 日なのか 31 日なのか。あるいは地理調査所の発足が９月１日なのでしょうか。

**富澤**：陸地測量部の廃止が 31 日で，地理調査所の発足が９月１日ですね，私の「前歴報告書」を見ても，20 年の９月１日に「地理調査所事務取扱を嘱託す」とあり，嘱託になったわけです。

**金窪**：その前に「辞令ヲ用イズシテ」というものがありましたが，それはいつですか。

**富澤**：それは８月 31 日です。「昭和 20 年陸地機密第 369 号ニヨリ辞令ヲ用イズシテ退官セシム」とあります。

**塚田**：終戦のあとですね。その際解雇された人数は非常に多かった。３分の１ぐらいしか残らなかったと思います。製図のほうの女子職員はほとんど採用にならなかった。

## 10. 終戦後の標石調査について

**小林**：第二次大戦後の，戦争が終わってからの標石調査に従事されたということですけれど，この標石調査っていうのは何をやる仕事ですか。

**塚田**：三角点・水準点を調査した。

**小林**：現状を調査するんですか。

**富澤**：ええ。全国にある三角点・水準点の調査を全部やった。

**小林**：それを報告書みたいに。どんなことを書くのですか。

**富澤**：そこへ行く道，位置から，どこ（目標物）まで何メートルとか。

**塚田**：これはですね，アメリカの命令でやらされたんです。私なんかは最初は東北，三角点・水準点の調査。それから北海道の三角点・水準点の調査。それから九州の調査。そういうことをずっとやらされておりまして。戦後ですよ。

**小林**：それは何のためにそんな調査をやったかがよく理解できないんですが。

**塚田**：三角点と水準点が測量の基準になるからですよね。

**富澤**：現在どうなっているか，現状調査をやったんです。

**塚田**：山の上まで。ただ，北海道なんかの場合は 500 メートルまで，これ以上のところは調査しなかった。それは北海道ばかりではなくほかでもそうだった。平地にある三角点・水準点。地図に載っているものですよね。それの調査をやらされた。

**小林**：そうすると，なくなっているのもけっこうあるわけですか。

**塚田**：ありましたよ。

**富澤**：その場合は亡失の届を出すわけです。その三角点は現在ない。これは現在こういう状態になってある。1枚のカードに全部書きました。

**金窪**：標石は戦時中あまり維持管理が行われていなかったので，現状がよくわからなかったんです。場所によってはたとえば宅地に入ってしまったり，あるいはこれは大事なものだからとわざわざ抜いて床の間に飾ったり，そんなこともあったんです。ですから米軍が入ってきて，日本の国土を復旧するための基準点の調査を全国一斉にやらなければいけないという。復旧測量ですかね，そういった名目ではじめたわけです。

**塚田**：水準点というのは，1キロ半，いや2キロごとにずっと置いてあった。で，そういうのを調査させられた。

**田村**：それは米軍の指令ということですけれど，何か日本のほうからそういうことをしたほうがいいというような，建議のようなことがあって，それが連合軍の指令になったのか。全くはじめから連合軍のほうから出たアイデアなのか。どちらでしょう。

**塚田**：それはよくわかりませんが，アメリカの指令によってやったような気がします。こういうことをやれと言われて。

**長岡**：補足よろしいでしょうか。敗戦直後の米軍の一連の指令作業ですけど，たまたまおてもとにあると思いますが，『外邦図ニューズレター』2号の22-23頁に，私が前に紹介したときに補足的に米軍指令作業の話をしまして，項目だけですけどそこに書いてあります。昭和21（1946）年の1月に米軍の指令作業で，「基準点標石調査・復旧」をしておりまして，その後すぐに地名調査をやっているんですね。地名調査で地名カードを作っておりまして，これもあまり見せないですけど，現在も国土地理院に置いてありまして，貴重な昭和21（1946）年の地名データとなっております。その後，米軍は国土の実態を早く把握しないといけないということで，80万分の1の土地利用図調査とか一連の調査が次々に行われました。昭和28（1953）年になりますと，日米相互での取り決めが行われ，お互いにデータを交換とかその手のことをしました。それから米軍は一方的に地図を作っていたのですが，昭和34（1959）年になりますと，覚書をもちまして日米共同作製で5万分の1を一緒に作りはじめました。そのときに先ほどの基準点とか地名データを使ってやっています。そういった経緯がありましたのでご紹介いたします。

## 11. 昭和20年頃のマルタ作業について

**清水**：ちょっと教えていただきたいんですが，塚田会長の年譜に昭和20（1945）年の2月のところに「マルタ作業に従事した」と書いてございますが，マルタ（終戦直前の本土作戦用地図で，太平洋沿岸について作製された。清水［2005］を参照）が津軽海峡から九州までの太平洋側は一応確認したんですが，北海道についてはいかがだったんですか。

**富澤**：北海道はやらなかったんですね。千島については陸海編合図（1944［昭和 19］年頃に当時の日本の領域の島嶼部を中心に作製された地図で，陸域は地形図，海域は海図を使って集成している。清水［2005］を参照）がございますね。当初，島々は陸海編合図がずっとあり，南西諸島もそうなんです。陸についての部分はちょうど津軽海峡から九州の大隅海峡までマルタがございますね。

**清水**：ありがとうございます。

## 12. 陸海編合図と地図整備一覧図について

**小林**：この間大阪大学にあります陸海編合図を見ておりましたら，サイパン島のものがありました。陸海編合図というのは日本本土だけではないんですか。今，たまたまお茶大にある千島列島の陸海編合図を出していただきました。

**富澤**：陸海編合図はですね，海図と陸図がたまたま両方あるというところについて，両方一緒にした図です。ですから，陸海編合図という図は，海図と陸図が揃っているものです。最後にお見せしようと思っていたのですが，これは「内邦地域地圖整備目録」（1944［昭和 19］年に製版された，当時の日本の領域に関する各種秘密地図一覧図）です。こういった図を終戦の 1 年前に作ったわけです。私はたまたまこの「其二」だけを持っているのですが，一連のものは国際地図学会で持っていると思います。

図Ⅴ-1-2 「内邦地域地圖整備目録」を使って説明する富澤氏と塚田氏

第 5 回外邦図研究会。

**長岡**：所蔵は地図学会ではありませんが，地理院で昔そのシリーズを見つけました。「其一」から「其三」までと「地勢圖及輿地圖整備目録」・「航空圖整備目録」と計 5 点ありまして，「其一」と「其二」を複製しまして，今たまたまそれがここにあります（長岡［1993］，および，『地図』31 巻 4 号附録図を参照）。

**富澤**：これは内邦図の「其二」というやつですね。

**清水**：雑誌『地図』の付録につきましたのは同じもので，「其一」「其二」の両面印刷で，とても助かっております。それから「其一」に，陸海編合図が全て載っております。それで念のために私も関係があると思いまして，陸海編合図の一覧図をプリントアウトしてきました。ここから小笠原がちょっと違いますが，小笠原は別個に陸海編合図が，島々にこういうのも載っております。1つ伺ってみたいのが，ほかは全部あるんですが，色丹島の記載がないんですね。ところが色丹島は国会図書館にありましたですね。たしか作製者は参謀本部になってなかったような気がして。

**鈴木**：私も大昔のことですから薄れているんですけど。戦時中のものではなかったような気がします。

**清水**：色丹島は国会図書館にあるのがたしか…。

**鈴木**：あとから戦後に。原図がどこかにあってそれを，市役所だったと思います。

**富澤**：国会図書館には相当数の地図が行っているわけですか。

**清水**：その一覧図に色丹島だけ千島じゃないんです。作られてないものですから。ちょっと気になってまして。そのほかは南西諸島まで陸海編合図が全部できてるんです。

**塚田**：20万のものもあるのですね。

**小林**：この間，水路部も作っていたという話がありましたが，水路部の図とはどういう関係になるんですか。

**富澤**：水路部も陸地を入れた図を作っていますね。

**小林**：それは特に分担があったわけですか。わからないですか。

**富澤**：わからないですね。

**富澤**：こうした一覧図には外邦図関係があったはずなんです。それが地図学会にはないんですか。

**長岡**：地理院にありまして，当時原版を復元修正して，地図学会誌にその1とその2を両面コピーしてつけました。現物は地理院にあるということと，当時私もいろいろ探したんですけど，当時はそこにしか，ボロボロのものしかありませんで。富澤さんがお持ちの一覧図は，日本にあるたぶん2枚目です。大学関係でもないようでして，国会図書館にもないんです。非常に貴重なものだと思います。それから（昭和）16（1941）年版というのがありまして，16年版一覧図はけっこうお持ちの方もいらっしゃると思います。

**富澤**：これは（昭和）19（1944）年版。

**長岡**：19年版は本当に貴重ですね。

## 13. 写真植字機の導入について

**ヤザワ**：ヤザワと申しますが。富澤先生が，写真測量を教わったっておっしゃっていましたね。私は，ある会社の社長さんから，森澤の社長さんと一緒に，軍部の要望で，大陸で写真植字機をお作りになったという話を個人的にお聞きしたことがあります。そうすると富澤先生がおそらく森澤さんの関係のほうから植字の指導を受けられになったんじゃないかなと思って，お尋ねしました（この質問者のヤザワ氏については，連絡先の記録がなく，質問の内容を充分確認できなかった。この質問に出てくる，大陸に駐屯していた日本軍の地図作製機関は関東軍測量隊と考えられる。その後

1940［昭和15］年から関東軍測量隊に勤務された大森八四郎氏より連絡があり，同測量隊での写植機の導入は1940［昭和15］年9月以降ということであった）。

**富澤**：石井さんと森澤さんが2人一緒にいてあとに分かれちゃったんです（石井茂吉・森澤信夫は，写真植字機を発明した人物として知られる。両氏は，星製薬に入社し，森澤はその社の印刷部主任を務めていた。石井は米穀商の家に生まれ，その資金力を背景に1926［大正15］年石井写真植字機研究所を設立する。この研究所があとに写研となり，日本の印刷・出版界をリードすることとなる。両氏は，のちに訣別するが，森澤は「株式会社モリサワ写真植字機製作所」を設立する。現在の株式会社モリサワである［モリサワのウェブサイト内「モリサワの歴史」より］）。私が石井さんのところに行ったときには分かれたあとですから。研究所のほうに行って，毎日あそこ通って習いに行ったわけです。陸地測量部で購入をしたのも，石井さんのほうからです。

**長岡**：戦争でだんだん忙しくなった時代の，地図印刷の外注についてお伺いします。先ほどもお話がありましたように，大手の印刷会社4社に印刷を発注したというのは，よく考えると製図とか製版も大変な仕事になったと思います。外注がありました時代で，製図とか製版の仕事は陸地測量部のどこでやっていたのでしょうか。あるいは，製図・製版を含めて外注なさったのでしょうか。これまでものに書いてあった記憶がありませんのでお伺いしたいのですが。

**富澤**：製版までは陸地測量部でやりましたかね。で，亜鉛版を貸し出したと思います。

**塚田（野）**：忙しくなってきたときっていうのは，職員も増やしたり臨時の職員とかも増やしたりしたんですか。

**富澤**：それは徴用で。町なら町で印刷やっている，あるいは製図をやっている人を徴員として採用したりしました。

**金窪**：『測量・地図百年史』54頁には，終戦時の「陸地測量部編成人員」として，「将校高等官84名，下士判任官290名，生徒125名，雇傭人524名，その他招集軍人・徴用工等が多数配置された」とあります。かなりの人がいたんですね。

**富澤**：それはいつのですか。日付がわかりますか。

**金窪**：『測量・地図百年史』に載っていて，松本市郊外の疎開先にいた陸地測量部の編成人員。そういうことです。だから本部と一課，二課，三課，教育部を全部足した人員だと思うんですけれど。

## 14. 岐阜県高山への印刷機搬出計画について

**小林**：もう1つ聞きたかったのは，岐阜県高山の大井家というところに印刷機を動かしたという話が出てきますが，これの顛末を少しお話いただけますか。

**富澤**：大井淳君というのは私の同期生です。陸測の生徒の50期です。松本へ疎開したときに松本だけでは心許ないので高山にも印刷工場を造ろうという話が持ち上がってですね。大井君の里が，高山のほうに土地も持っているし。高山では名が通っているらしいので。また大井君は当時の陸地測量部の主計課の上のほうの人と親戚関係だったものですから，そちらのほうから話が出たんです。それで高山へ持っていったらどうかとなったようです。一部運びはじめたというか運ぼうとしたところで終わりになっちゃったんです。

**金窪**：渡辺さんの資料によりますと，（1945［昭和20］年）8月19日付の總務課長名の通牒には，そのなかに松本地区と信州地区と飛驒地区とのことについて書いてあるんです（渡辺正氏所蔵資料編集委員会 2005：73-74）。そこにいくつかの施設等があってそれをどういうかたちで処理しようという内容がありますね。飛驒地区っていうのは当然高山工場のことです。高山に実際工場ははじまってない状況ですけども，地図の一部は高山に移してあったのかもしれません。

**富澤**：ええ，そのへんの細かいところは私もわからないんですけど，一部移したかもしれない…。

**金窪**：峠を越えて（関係者が高山まで）視察に何回か行かれてますよね。で，大井さんのご親戚の持ち山の工事をはじめたら，地下水が出て結局駄目になったとか。それで実家の方にご迷惑をかけたとか。森さんの手記にありますね。（陸地測量部修技所の）50期生が持っています。

**富澤**：そうですね。

**金窪**：浅野無学さんあたりが編集委員になってまとめられていますよね。

**小林**：それからもう1つですね。「年譜」の（1945［昭和20］年）8月15日のところでですね，信濃毎日新聞の連載（塚田ほか［1996］，1月11日掲載）に下川正司さんと田辺茂喜さんの話が出てきて，梓小学校かと思いますが，そこで将校名簿，乱数表，文官名簿，本土決戦用のマルタの地図などを焼却したとありますが，乱数表とか将校名簿とかこういうものも陸測で印刷していたわけでしょうか。

**富澤**：それはちょっとわからないですね。

**小林**：去年の11月の研究会（第4回外邦図研究会，2003［平成15］年11月8・9日，駒澤大学）で水路部に勤めておられた方から，海軍が使う暗号表を水路部で印刷しており，これには鉛の表紙がついていて，船が沈むと暗号表も沈むようになっていたという話をお聞きしました（坂戸 2004，本書V-3章参照）。こういう乱数表なんていうのはあんまりご覧になったことは。

**塚田・富澤**：ないですね。

## 15. アメリカ軍の地図接収について

**小林**：それともう1つ気になっていることをお尋ねします。我々の仲間が海外調査をして，アメリカではいろいろな機関が外邦図を持っていることがわかっています。現在アメリカにあるようなものはいつ頃接収されたんでしょうか。どういう機会にどこから持っていったのかということが皆目わかっていないんですけど。何かそういうことでご存じのことがあれば，教えていただきたい。

**富澤**：わかりませんけれどね。（1945［昭和20］年）9月1日以降の時点で，ちょいちょいアメリカ軍の人間が来てましたからね。波田のほうにもしょっちゅう。それから戦後は地図局（米極東軍地図局，後述）ができましたよね。そこに元陸測の人間が行って，地図を描いたり，図を整理したりいろいろやっていましたから。そういうときに集めて持って帰ったのかも。いずれかでしょうね。

**長岡**：ちょっと補足よろしいでしょうか。『外邦図ニューズレター』2号に佐藤侊（さかえ）さんに聞いた話を私が前回ご紹介したのをまとめています（長岡 2004，本書Ⅲ-1章）。20頁の上のところに，昭和22（1947）年の連合国による命令がありまして，日本国内にある外邦図の原版から各50部を印刷して引き渡し，その後原版は「磨消」さるべし，とあります。ですから，原版が残っていたのものについては50部を敗戦後に日本側が印刷してアメリカ側に引き渡すということに命令上ではなっておりますから，その手のものがかなり出まわっているんじゃないかと私は思います。ただ，これもこういう書類が残っているというだけで，本当にこうなったかどうか全く今となってはわかりません。

**小林**：これでいうと新しく印刷したということになりますよね。

**長岡**：実は国後・択捉などの地図が，地理院にあったのはみんな新しく印刷されたものでした。歯舞，色丹島については，戦後の（地図）用紙による地図はない。戦前作製の地図に対して，一時期復帰の話があった際（安保条約前）に印刷を前提に整飾欄を修正したものがある。それを使って出したのだと思います。戦後の地図用紙でした。

**小林**：でも，これだけでも，たくさんの種類を印刷することになりますよね。

**長岡**：残っていた分も持っていったと思います。残っていた分は各隊などで焼却したり，そうとう混乱もあったようですので，よくわかりませんけれども。

**清水**：それと関係あるかはわかりませんけども，私が大学生のときですから，昭和30年代の最初の頃に，千島の地図が見たいと言いましたら，防衛庁の地誌班で先輩だった方が来るんだったら見に来いというので見せていただきました。そのときにも秘密の「秘」の字が，陸地測量部の「秘」の字は示偏で明朝だったんですよね，ところが防衛庁にあった千島の図はゴシックでございました。等線体で書いてありました。これは当時の地図じゃないって言いましたら，防衛庁の人はそんなはずはないとおっしゃったのですが。今の話とつなぎ合わせると，複製したものかなと，そんなことに思い当たりました。

**小林**：それだけの印刷をしたということは，印刷に従事なさった方がいらっしゃる可能性はあるわけですよね。たとえばどんな方に聞いたらわかりそうですか。

**長岡**：伊勢丹あたりのことを知っている人。

**富澤**：僕の友達なんかも何人かいましたけどね。もういないか。

**金窪**：森本さんか高松さんあたりはご存じないでしょうか。

**塚田**：どうですかね。元気だとよいのですが。

**長岡**：AMS（米極東陸軍地図局 Army Map Service Far East の略称。1951［昭和26］年サンフランシスコ平和条約締結後，米極東陸軍64工兵大隊は，新宿伊勢丹ビルから北区十条の旧日本陸軍施設に移り，このとき組織も変わって米極東陸軍地図局となった）が王子に移るときに『伊勢丹から王子へ』という立派な冊子を作りました。そこに全部職員名簿があります。

**小林**：そろそろ2時間近く経ちますけれど，今回は夢のようなことが実現いたしまして誠にありがとうございました。

注

1）富澤章氏提供「陸地測量部職員表」(1944年）と「昭和二十年度作業部署表」(1945年)，外邦図研究ニューズレター3：25-32（2004)。

文献

外邦図研究グループ　2005.『外邦図研究ニューズレター3』大阪大学大学院文学研究科人文地理学教室.

坂戸直輝　2002.　海図に関する昭和の技術小史──水路部とともに歩んだ60年（1).　地図（日本国際地図学会）40（2)：12-30.

坂戸直輝　2004.　第二次世界大戦中の機密図誌（海図・航空図)(1).　外邦図研究ニューズレター2：58-73.（本書V-3章）

清水靖夫　2005.　第二次世界大戦末期の内邦諸図について.　外邦図研究ニューズレター3：52-60.

測量・地図百年史編集委員会編　1970.『測量・地図百年史』日本測量協会.

塚田建次郎・富澤　章・田辺茂喜・西原重男・下川正司・神山信夫　1996.　続・占領下の告白『地理調査所』物語6-10　座談会　波田時代のこと.　信濃毎日新聞　1月5日～23日.

東京地図研究社40年史編集委員会編　2002.『東京地図研究社40年史』東京地図研究社.

東北大学大学院理学研究科地理学教室　2003.『東北大学所蔵外邦図目録』東北大学大学院理学研究科地理学教室.

長岡正利　1993.　幻の昭和19年地図一覧図──陸地測量部地図成果の総大成として.　地図（日本国際地図学会）31（4)：41-44.

長岡正利　2004.　外邦図の記録としての各種一覧図と，地理調査所における外邦図の扱い.　外邦図研究ニューズレター2：17-23.（本書Ⅲ-1章）

渡辺正氏所蔵資料集編集委員会編　2005.『終戦前後の参謀本部と陸地測量部──渡辺正氏所蔵資料集』大阪大学文学研究科人文地理学教室.

# 第2章　終戦前後の地図と空中写真，見聞談

佐藤　久

## 1．陸地測量部に嘱託兼務

「陸地測量部から空中写真の解読を手伝える地理学者が欲しいと云って来ていますが，良かったら覗いてみてはどうですか」のお勧めを，教室主任の辻村太郎先生（1890-1983）から戴いたのが，修学年限半年短縮措置で学部を2年半で卒業させられた，1943（昭和18）年も末の御用納めに近い頃でした。中学時代に，国鉄建設事務所の記念行事で，実体鏡下の立体像（下田線［伊東線伊東以南の旧名］建設に採用された空中写真測量用写真）に動転したことがあり，大学入学後は，科学雑誌の木本氏房（きもとうぢふさ）大佐の解説[1]や武田通治（たけだみちぢ）陸軍技師の啓蒙的訳出書（シュヴィデフスキー 1939）[2]なども拝読ずみで，裸眼（肉眼）実体視も独習。この年の前半に参加したニューギニア調査団[3]では利用し損ねたものの，関心が一段と高まってもいた折でしたから，翌御用始めの早々に三宅坂[4]へ出掛けました。

衛兵に用件を伝え，出迎えの方に案内されたのが，たぶんは別館の二階。南面で明るさ一杯の，第二課写真判読班の部屋でした。窓を背にしたデスクに班長の武田技師。このときの印象が強かったためか，後の世にはよく，武田氏の肩書を第二課長と間違えて話したり書いたりしたものです。実際は，軍の機関なので，課長以上の地位は「軍人」に占められていましたが，彼らも何故か，軍

---

**［解説］**　佐藤久氏（東京大学名誉教授）には，第4回外邦図研究会（駒澤大学246会館，2003年11月8日）以後たびたび貴重なコメントをいただき，第6回外邦図研究会（日本地図センター，2004年11月27日）では，「地図と空中写真，見聞談：敗戦時とその前後」と題する同氏の講演が実現した。これを記録する同氏の原稿は，『外邦図研究ニューズレター』3号61-71頁（2005年3月）と4号45-68頁（2006年3月）に掲載された。

その内容は大きく分けて，①東亜研究所での地図関係の調査業務（1941-1942年），②ニューギニア資源調査（1943年），③陸地測量部での写真判読作業（1944年），④兵要地理調査研究会に関連した会合（1945年），⑤終戦直前に予想されていた米軍上陸戦にそなえての調査活動（1945年），⑥終戦前後の陸地測量部における資料焼却（1945年），⑦終戦後の日本写真測量学会の創設と，きわめて内容豊富である。また貴重な戦中の空中写真なども紹介された。本書には，このうち外邦図にとくに深く関係すると考えられる，③陸地測量部での写真判読作業以下，⑦終戦後の日本写真測量学会の創設までを収録した。収録に当たっては，『外邦図研究ニューズレター』4号に掲載した文章をもとに，著者の補筆・訂正をくわえた。

終戦前後に，東京帝国大学理学部地理学教室の大学院特別研究生として，教室外の各種の活動に参加した経験を回想する本章は，当時の地図と空中写真に関連する業務について，多くのことを示唆している。

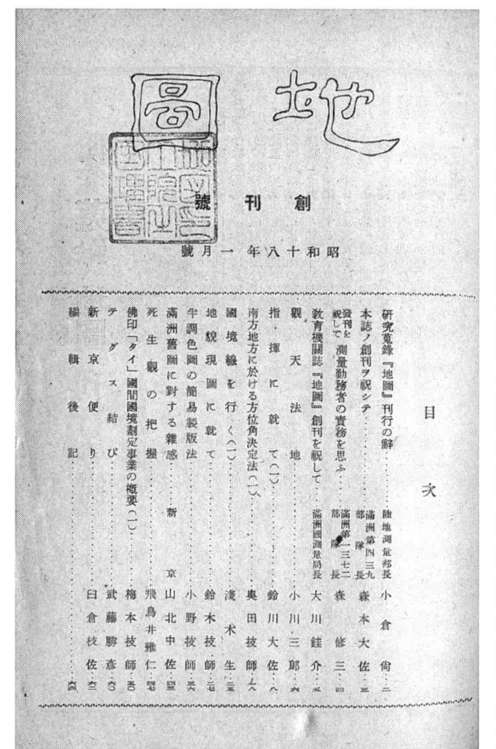

地圖

創刊號

昭和十八年一月號

目次



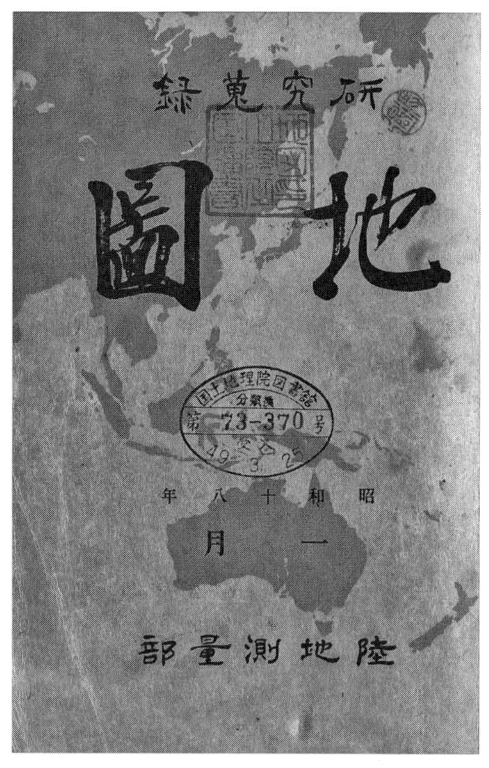





図V-2-1　『研究蒐録 地圖』（創刊号）の表紙（地紋は二色刷）と目次

国土地理院所蔵。

服よりも背広姿のほうが多かった，ような気がします。

この時，私の仕事の内容と，週に何日勤務出来るか，などを相談し，角部屋（かど）の総務課で武藤勝彦（かつひこ）技師（後の第二代地理調査所所長，1895-1966）に紹介されました。帰り際に『研究蒐録 地圖』（図V-2-1）を戴きました。今のA5判相当の大きさで68頁。内容的には，後の『地理調査所時報』の前身にあたる冊子です。表紙に「昭和十八年 二月 陸地測量部」とあり，口絵には，後に富士山の撮影家として有名になった岡田紅陽（こうよう）氏（1895-1972）の「新高山」[5]と，前年末に分光カメラで撮影された天然色写真，桜田堀越えの「陸地測量部」が載っています。カラー写真印刷の曙光期で，3色3枚のフィルターで撮り分けたネガによる3色プラス墨版の4色網版印刷[6]です。

頂戴した『地圖』には号数がなく，編集後記で通算2号と知り，出来たら1号も，とねだりましたが，1942（昭和17）年発刊の創刊号（市販一般誌に倣い，18年1月号として刊行）は，すでに品切れで残念。3号が出た1944（昭和19）年秋には，武田氏が外地に出向された後で，後任の班長からは頂戴出来ませんでした。『地圖』が「部外秘」扱いの冊子だったから，でしょうか？

なお，同2号誌の第三表紙（裏表紙裏）に「委員及連絡主任者」なる22名の名簿があり，そこには，外地部隊名と所属個人名が並んでいます[7]。各部隊の具体的な所在地は不明ながら，これらには，測量隊または陸測［陸地測量部の略称］部員が所属し，空中写真の撮影乃至は図化作業にあたっていたと考えても，大きな間違いはないように思います。また，民間会社の建前なので此処には出ていませんが，半官・半民の国策会社，満州航空株式会社（満航）の「写真処」[8] も，日中戦争の初期から偵察撮影に参画していました。

金窪敏知氏がお持ちの資料によれば，私は1944（昭和19）年5月に陸地測量部の嘱託に発令されているそうです。辞令も戴いた記憶も残っていませんが，実際には，同年1月中旬から出勤し，教室でセミナリー（ゼミ）のある月曜を除き，火・木の終日及び金・土の午前中と，各週のほぼ半分を，陸測に振り充てた時間割が残っています。その頃の陸測では，昼に給食（なる用語は，まだなかった）があり，各人に食パン半斤（はんぎん）が特配されました。民間では米の配給が痩せ細り，半ばは甘藷・小麦粉，果ては大豆糟（かす）などの代用食。一升瓶での悲しい家庭精白がはやり，電気製パン器・煙草紙巻器などが発明・発売されたのも，この頃です[9]。

半斤とはいえ，大人の一食分にも相当する量の食パンは，またとなく貴重な品でしたが，金曜・土曜の午前を陸測勤務としたのは，食パンに釣られてと云うよりも，金曜の午後は教室の会議や会合，半ドンの土曜午後にも，毎月各1回，日本地理学会の常務評議員会と例会（研究発表会）が開かれる決まりがあった，からです。大学・学会の仕事はとかく「午後〜夜」型なので，時には他の曜日でも，午前陸測・午後教室と，掛け持ちしたものでした。

陸測ではその頃，作戦・占領地域の拡大につれて空中写真図化・既製図修正などの作業量も膨大となり，出征や外地派遣で減少する一方のベテラン部員の穴を埋めるべく，高等小学校（小学校高等科）卒業程度の少年らが動員され，大部屋で，地類区分や実体鏡下の等高線描画などに従っていました。20名ほどもいたでしょうか。教育部・養成所の生徒らだったのかも知れません。そうした初心者への教材をも兼ねて，写真上の地形・地物を正しく読むための手引，「判読資料」を整備したい。これが武田班長の考えで，私も大いに張り切ったのです。収集済みの写真には，ジャワ派遣軍の押収物らしい四万分一写真（正しくは印画の上手なコピー）も20枚か30枚ほどもあって，うち数枚には，蘭印石油会社の主導で実施された植生・地質判読（Photo-geology）の証跡，白インクの記号と境界線とが描かれていました。C. Trollの有名な論文（Troll 1939）にも引かれた，その原資料です。また，日本軍撮影（開戦前）のマレー半島東岸の一部や，隆起珊瑚小環礁ビアク島の断片的な数枚，さらにはなぜか，サンギヘ諸島（セレベス島北方の小火山群島）なども含まれていました。

当時，仏印（現，ベトナム・ラオス）との国境地帯や雲南などの辺境を対象としては，なおも中国製十万分一図（地形・地物が隣接図と全くつながらない無責任な代物も少なくなかった）の修正・補足作業が続いていたようで，それら地域の写真を手に取れる機会は，ほぼ全くありませんでしたが，華北・華中に関しては，かなりな量の使用済み写真と標定図とが，判読班の戸棚に収まっていました。これらの中から，私らの知識・常識で読める限りの「資料」を選択して写真対（つい）（実体視出来る一組の写真）の形に切り取り，簡単な説明と共にブック（「○○地方空中写真判読資料」）に纏める。これが与えられた仕事の主な内容で，標定図から所要のコース・ナンバーを指定すれば，ほしい写真を焼増しして貰える由でしたが，在庫（？）品の判読処理だけで，もう手一杯の状態。

一方，図化作業現場からの質問・宿題もあって（これらへの対応が，「判読班」本来の役目だったのかも知れない），地誌的知識と勉強の不足を痛感させられもしました。類推による，正確に言えば「当て推量（あてずっぽう）」での誤判読も幾つかあり，中でも，塩田を養魚池と見立てた件では，最も痛い思いをしました。黄河下流のデルタ海岸で，それぞれが隅に小屋を持つ池状の水面が多数連続密集して分布する写真を持ち込まれ，全く見当もつかず，形や規模に違いはあるものの，台湾の西岸や大陸の南支那海沿岸でよく見られる「養魚池」の類かも知れない，と判断，いや憶測して，ハテナマーク付きながらもその旨を回答したのですが，後日，「あれは塩田ではありませんか？」と，これは，華北在勤経験をお持ちの方からの連絡。こだわるほどの沽券があるでなし，正直に「不明」と答えれば済むものを，現地を知らずに「盲判（メクラハンドク）」読とは，僭越にしてお作法にも背く行為，と，深く恥じ入ったことでした。

もっとも，こんな藪睨み的ミスばかりでもなく，等高線描画の「旧来の陋習（？）」を破って感謝されたこともあります。学部学生のころ，表紙に陸地測量部か参謀本部かの文字がある測量と地図作成の『教程』を目にする機会がありました（今も所有の筈ながら所在不明）。その中に，地形線（地性線）に関して，用語は忘れましたが「三方分岐（三分岐？）の法則」が述べられていました。どんな複雑な地形でも，山線（凸線：等高線はこれに直交）は三分岐の複合に解体できる（から，そのようにして等高線を描くべし！），と云うものです。ところが，教程に忠実なあまりか，中国で広東・広西・雲南・貴州など，また南方の占領地域にはとくに多い，石灰岩地帯の筍（たけのこ）や団子のような形の山地には，「等高線を描けない！」との悲鳴が上がったのでした。眼下に光学的立体像が見えているにも拘わらず，無意識的にも，地形線を引かなくては，と，苦心苦悩の末なのでしょう。「石灰岩などの溶蝕地形には，三分岐の法則は通用しない場合がある。立体像の見えるがままに等高線を引いて構わないし，そうすべきです」と回答して呪縛（とは大袈裟！）を解き，安心と喜びの声が返って来たのでした。土地利用にも，例えば「浮稲（うきいね）栽培地」のように，季節に応じて姿を変え，乾田・湿田・沼田の何れにも該当しないが，また何れにも相当する地類は，どう表現したら良いか，などと，南方地域の写真図化作業では，判読の守備範囲を超える課題にも出逢ったものです。

「判読資料」への素材が多いうえに，現場からの質問や依頼もあり，やがて隔日勤務ではさばき切れなくなって，宿題お持ち帰りの日々が増えました。そこで，武田班長に助手の採用をお願いし，後期生の山崎喜陽（きよう）君[10)]をアルバイターに雇って貰い，判読班に地理屋不在の時間が少なくなるよう，二人の勤務をなるべく交互の時間帯にと調整しました。年度が替わって間もない，4月末か5月初旬のことです。

当時，判読班の戸棚にあった写真のほとんどは，「ツァイスの十サンチ広角」（RMK10/18型[11)]）で撮影されたものでした。十サンチとは焦点距離が10cmの意味で，4,000mの高度から，7.2km四方の四万分一写真が撮れます。十万分一地形図の修正や迅速作図には充分な縮尺でしょう。搭載レンズは，f6.3（基準），画角94°で，画面対角線の長さは25cmを超えますが，凸・凹＋凹・凸の単純なレンズ構成にも拘わらず，四隅を除くと，判読用にも十分満足出来るシャープな像を結び，隅部（ぐうぶ）の甘さも，規定の撮影重複率が保たれている限りは問題にもならない，程度でした。

図V-2-2　タイ南東岸チャンタブリ水上飛行場の空中写真

注：上が南。操縦者鷲見曹長，偵察者江崎中尉（同飛行場を撮影した空中写真の別葉に記入）。半月状の部分が飛行場で水面上に作られ，沢山の小舟が接岸している。弦に当たる直線部分が滑走路で，弧状部は誘導路。

1932（昭和7）年生まれの同じく「ツァイスの二十サンチ」（RMK20/30型）には，より大縮尺な写真を，または，より高い高度からより広い範囲を撮影出来る利点がありますが，当時の陸測でその印画を目にしたことは，ほとんどありません。ただ満航では，森林・地籍・塩田などの台帳整備に，この「二十サンチ広角」による大縮尺図を活用していた由です。また，当時多数存在した筈の，一号自動航空写真機[12]またはK-8によると判断される18cm × 24cm（「大キャビネ」判に相当）の写真は，なぜかごく少数を目にしたのみでした。

なお，後記の特殊事情で入手した写真の中に，13cm × 18cm（実画面寸法は12.7cm × 17.8cm）の垂直写真が数枚あります。画面外縁部の書込みによれば，開戦の約1ヵ月前に大室部隊が撮影した偵察写真らしく，重複度が小さくて図化には不適。操縦・撮影の人名や「バッタンバン」「チャンタブリ水上飛行場」（図V-2-2）などの地名・施設名に加え，H. 5,000 － F. 0.4の文字も見えるので，焦点距離40cmのレンズ（民間では，焦点距離にはmmまたは小文字のfを使い，大文字のFは明るさを指す）が使われているようです。それまでは陸測でこのサイズの写真を目にしたことがなく，詳細不明[13]ながら，f:0.4m，飛行高度5,000mとしての縮尺は一万二千五百分一。撮影された滑走路の長さが僅かに250mしかない計算になるので，ちょっと不審でもあるのですが…。

1944（昭和19）年の4月には，勤労動員や旅行制限の実施など，切迫した空気が広がり，東大理学部でも翌月から，空襲・防火対策の宿直と休日日直とを始めました。当番は若手の助教授・専任講師・助手以下特研生にまで及びましたが，何度か発令された警戒警報がいつも空報で，夏休み前には，前期生必修の野外巡検を2泊3日で実施，などの余裕もありました。

ただ，一般には秘匿されましたが，6月に北九州が空襲を受けていました。中国の非占領地域からの飛来，と推定されたものです。防空演習は，日中戦争の頃からしばしば行われましたけれど，灯火管制やバケツリレーの訓練をも含めて，云わば戦意高揚のお祭り。国民の防空意識が真に高まるのは，1942（昭和17）年4月18日（土）の京浜・中京・阪神地区への本土初空襲[14]以降，と言えるでしょう。しかし，見当違いな行過ぎもあり，夜間の屋外喫煙禁止もさることながら，白壁に月光反射防止の墨や泥を塗らせる，などに至っては笑止。また，強制か流行か，建造物へのカムフラージュ（迷彩）塗装も随所で行われましたが，武田氏はかねてから，軍需工場などに迷彩を施すのは愚の骨頂，と主張していました。もしも敵に空中写真を撮影されれば，その実体視観察にあたり，却って建物の重要性を教えるようなもの，だったからです。

迷彩とは別の意味ながら，天然色写真[15]が利用出来れば，判読の実効性も大幅に向上するのだが，と，よく語り合ったものです。ハリウッドで，それまでの人工着色物とは違う真正天然色映画を，作るとか作ったとかの噂は，開戦前から伝わっていたことでした。色付きでなくとも，せめて赤外写真との対比が出来れば，とか，フィルターを淡黄色・橙赤色と交互に転換して撮影するメカを考案しては，とか，いろいろな夢物語も交わしましたが，結局，当面の任務は与えられた写真で可能な限りの仕事をすること！と。これはまあ，状況からの当然の帰結でもありました。それでも，フィルター効果の野外検証をしようと，登戸付近まで泊まりがけで出掛けたりもしたのです。

6月にはまた，米軍が圧倒的な戦力でサイパン島に上陸。狙いは本土攻撃への飛行場構築，と伝わりましたが，それでもなお，2,500km以上も離れたマリアナから日本本土まで，爆弾を抱えて往復できる足の長い爆撃機が完成していたとは，想像だにしませんでした。しかし，僅か三ヵ月ほどの後に事態は急変。B29少数（1～2）機による偵察飛行が日常化して，昼夜を分かたず警戒警報や空襲警報の発令。昼の飛来では，四発の大形機が小豆（あずき）粒大にしか見えませんでしたから，日本の戦闘機の上昇能力をはるかに超える，8,000mかそれ以上の，高々度飛行だったのでしょう。黒く，時に銀色に輝く機体が，大空の半ばにも及ぶ長い長い筋雲を曳き，悠然と飛んで行くのを，ただ眺めるばかりの放心と無力感。私のみならず，皇国不敗を信じる右翼や青少年らを除く国民大衆にとって，B29こそは日米の技術と資源量の隔たりを教える，まさに「実物見本」だったのです。「飛行機雲」なる現象を見，用語を知ったのも，これが初めてでした。

戦後，民間にも利用を許された縮尺四万分一（または一万六千分一）の『米軍写真』は，占領当初にB24（欧州戦線で活躍した四発の重爆撃機）を使って撮影されたもので，トポゴンを模倣したメトロゴンレンズ付きのK-17型カメラ，撮影高度6,000mの由（武田 1979）ですから，戦中の偵察用には，焦点距離20～40cm，またはそれ以上の，長焦点レンズも使われたと思われます。

秋口に武田班長の姿が見えなくなり，南方へ出張，と聞きましたが，坪川家恒（つぼかわいえつね）新班長の着任で，単なる出張ではないと知りました。戦後に伺ったところでは，出向先は仏印のベトナムであった由。任務の内容は，片鱗だに話されませんでした。

## 2．空襲の本格化と二つの講演会

1944（昭和19）年10月頃からは，偵察飛行の機数や頻度が増し，やがて爆撃も開始。当初は，偵察に来たついでに爆弾も落とそう程度の，高空からの小規模な盲爆（もうばく）で，被害も小範囲に止まっていましたが，大晦日夜から翌未明にかけての盛り場をねらった間欠的焼夷弾攻撃のように，嫌がらせ的（？）威力誇示もあり，さらに，「敵機約九〇来襲」の2月19日以降には，数十機の集団で，と本格化。その戦法も，数百メートルの低空からの絨毯爆撃，爆弾・焼夷弾の無差別集中投下へと変わりました。日本軍の反撃力は大幅に低下していて，高射砲は無力，戦闘機の数も敵機の数分の一。果敢な体当たりも届かず，空しく撃墜される姿に歯噛みしたものです[16)]。

この間，1945（昭和20）年1月27日（土）午後には，上野の学士院で「太平洋学術研究委員会」の講演会が開かれ，石橋五郎（1877-1946）・辻村太郎・長谷部言人（ことんど）（1882-1969）の三先生が予定されていました。辻村先生の演題は「風食三稜石の分布」で，サンプル運搬係として私がお供。会場は，座席数30～40ほどの講義室のような部屋で，東面する広いガラス窓の上部は，ステンドグラスで飾られていました。辻村・長谷部両先生のお話が終わり，石橋先生が立ち上がられかけた，ちょうどその時，轟音とともに窓ガラスが部屋中に飛散。2時を回って間もない頃，だったと思います。先んじて空襲警報のサイレンが聞こえていましたが，毎度のこと，と無視したもの。これで石橋先生の講演はお流れ，講演会も散会。帰途に，上野駅にでも被弾か？と大陸橋（両大師橋）に回ってみると，京浜東北線に沿う公園側石垣の下部が，数メートルほどの幅と高さで抉（えぐ）れていました。もしも十メートルも北に，石垣の上面にでも落ちれば，講演や聴講の先生方も，恐らくは大勢が被災死傷。ただ，手帳のメモは爆撃に触れず，犬ハ昔カラ犬デ，狼ヲ飼ヒ馴ラシタモノトハ考ヘラレヌ，と，長谷部先生のお言葉だけ。古人類遺跡に併存・発掘される獣骨の解剖学的所見が，講演の主題だったようです。

この後，恐らく2月中（または下）旬頃に，もうひとつの講演会が，市ヶ谷の参謀本部で開かれました。経緯不明ながら，十年以上も前から陸軍予科士官学校教授でもあった，当時，文部省図書監修官の渡辺光（あきら）陸測・資源科学研究所嘱託（1904-1984）が，多田文男（ふみお）東京帝大助教授兼資源科学研究所所員（1900-1978）を語らって推進・実現したものと，私は憶測しています[17) 18)]。お二人は，1944（昭和19）年末に丸ノ内ホテルで開催された，外務省「中国調査会」設立準備の地理の委員でもありました（渡辺正氏所蔵資料集編集委員会 2005：113）が，渡辺光先生の性格と情報網とから，こんな手緩いことをやっている段階ではない，と判断・行動されたものと思われます。講演内容には，本土防衛に地理学の知識が有用なことを参謀らに悟らせよう，の意図が，おのずと強く反映していました。

演者は，地理学界の双璧，東京文理科大学（筑波大学の前身）教授田中啓爾（けいじ）（1885-1975）・東京帝国大学教授辻村太郎のお二人で，田中先生には町田貞（てい）氏（1918-2001）他1名ほどが，辻村先生には私がお供しました。メモを怠って日時不明になりましたが，穏やかに晴れた晩冬の午後で，会場は

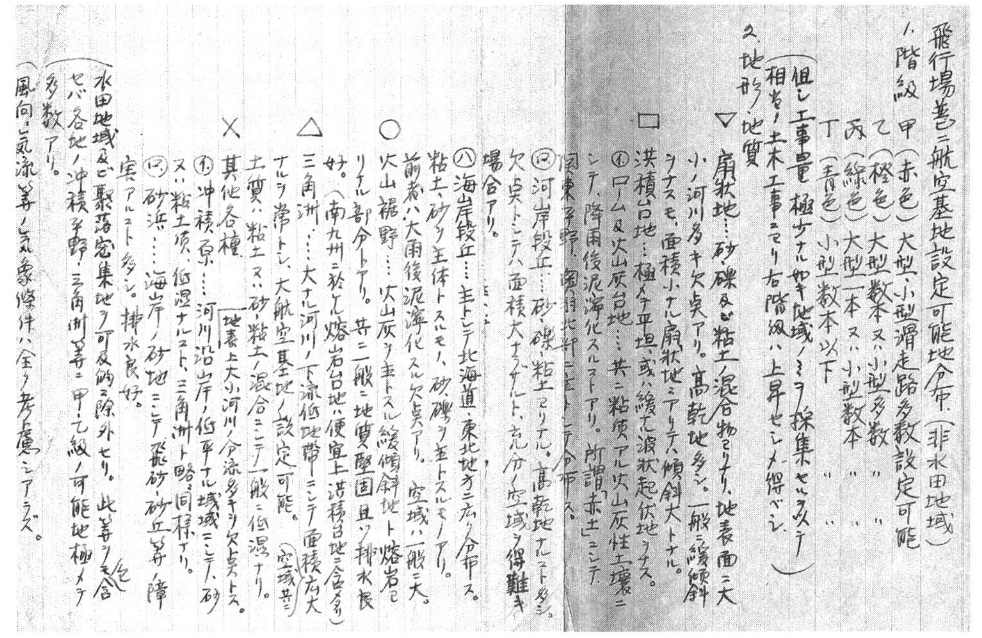
飛行場並ニ航空基地設定可能地分布（非水田地域）
1．階級　甲（赤色）大型・小型滑走路多数設定可能
乙（橙色）大型数本又ハ小型多数　〃　〃
丙（緑色）大型一本又ハ小型数本　〃　〃
丁（青色）小型数本以下　〃　〃
（但シ工事量極少ナル如キ地域ノミヲ採集セルヲ以テ
相当ノ土木工事ニヨリ右階級ハ上昇セシメ得ベシ）
2．地形ノ地質
▽ 扇状地……砂・礫及ビ粘土ノ混合物ヨリナリ，地表面ニ大
小ノ河川多キ欠点アリ。高乾地多シ。一般ニ緩傾斜
ヲナスモ，面積小ナル扇状地ニアリテハ傾斜大トナル。
□ 洪積台地…極メテ平坦，或ハ緩ナル波状起伏地ヲナス。
㋑ローム及火山灰台地……共ニ粘質アル火山灰性土壌ニ
シテ，降雨後泥濘化スルコトアリ。所謂「赤土」ニシテ
関東平野，関東北部ニ主トシテ分布ス。
㋺ 河岸段丘……砂，礫，粘土ヨリナル。高乾地ナルコト多シ。
欠点トシテハ面積大ナラザルト，充分ノ空域ヲ得難キ
場合アリ。
㋩ 海岸段丘……主トシテ北海道・東北地方ニ広ク分布ス。
粘土，砂ヲ主体トスルモノ，砂，礫ヲ主トスルモノアリ。
前者ハ大雨後泥濘化スル欠点アリ。空域ハ一般ニ大。
○ 火山裾野……火山灰ヲ主トスル緩傾斜地ト熔岩ヨ
リナル部分トアリ。共ニ一般ニ地質堅固且ツ排水良
好。（南九州ニ於ケル熔岩台地ハ便宜上洪積台地ニ含メタリ）
△ 三角洲……大ナル河川ノ下流低地帯ニシテ面積広大
ナルヲ常トシ，大航空基地ノ設定可能。（空域共ニ）
土質ハ粘土又ハ砂，粘土ノ混合ニシテ一般ニ低湿ナリ。
× 其他各種　地表上大小河川ノ合流多キヲ欠点トス。
㋑ 沖積原……河川沿岸ノ低平ナル地域ニシテ，砂
又ハ粘土質，低湿ナルコト，三角洲ト略ゞ同様ナリ。
㋺ 砂浜……海岸ノ砂地ニシテ飛砂・砂丘等ノ障
害アルコト多シ。排水良好。
（水田地域及ビ聚落密集地ヲ可及的ニ除外セリ。此等ヲモ含
セバ各地ノ沖積平野・三角洲等ニ甲・乙級ノ可能地極メテ
多数アリ。
（風向・気流等ノ気象條件ハ全ク考慮ニアラズ。

**図V-2-3　「飛行場並ビニ航空基地設定可能地分布（非水田地域）」**

注：1945年5月末～6月初め頃執筆。「兵要地理調査研究会」の研究テーマ「本土航空基地適地判断」への報告用素稿。この文書に加え，20万分の1図に記号を書きこんで提出した。注17ならびに本書VI-1章も参照。

参謀本部の講堂（将校集会所の由），聴衆は，参謀肩章を付けた30名内外でした。田中先生の講演は，長年の御研究の成果の一端，盆地と海岸を結ぶ『塩の道』に関するもので，本土決戦に際してはそれらの間道を活用すべし，との要旨であったと思います。日本地理学会の大会でも何度かお聞きしたお声ながら，此処では張扇（はりおおぎ）が欲しくなるような名調子で，立て板に水。思わず，「講義はいつもあんなんですか？」と町田さんに伺うと，笑顔半分で「ええ，大体は…」。一方，辻村先生のお話は『飛行場立地と地形』と題し，西太平洋の島嶼を中心に，その他地域の地形にも及ぶものでしたが，この年度には「戦争地理学」と題する講話とゼミを折衷したような駒（単位外）が開設されていましたから，そこで耳慣れた素材でもありました。後日，若い参謀将校から「とても有益有用なお話を承り…」と挨拶され，嬉しくもくすぐったく感じた記憶が残っています。

3月10日「陸軍記念日」未明の，東京東半部（所謂「下町」区域）に対する爆弾・焼夷弾攻撃こそは，本格的広域無差別都市攻撃（非戦闘員殺戮）の始まりでした。原爆投下も，この思惟・精神の延長線上にあるものでしょう。その頃は陸測も疎開の準備などで浮足立ち，登庁しても仕事にならず，週に4日は大学に詰めていました。9日（金）は教室の暗室で青写真用の薬品を調合していましたが，春何番どころでない烈風が吹き荒んで廊下のガラス窓を鳴らし，日が落ちても収まらず。深夜の空襲警報発令にも，それまでになく不吉な予感を覚えたのでした。当時，私は，東武東上線の練馬駅近くに住んでいましたが，此処は武蔵野台地の東端に近く，深夜から払暁にわたる「下町大空襲」は，外周への環状焼夷弾投下（爆撃対象範囲の特定と逃げ道の遮断）による開始から，中心

に三段のキノコ雲が重なる終焉まで，その終始に，目を奪われ時を忘れました。

魔の夜も明けた10日は宿直当番で，ほとんど不眠のまま大学へ向かいましたが，山手線駒込駅の北側にあった市電車庫が全焼していて，架線も切れぎれ。19番線（王子駅～駒込駅～本郷［農学部前～東大正門前～赤門前］～神田駅～日本橋～新橋駅）は当然，不通。火照りや燻りが残る焼野原の彼方に，揺らめく安田講堂の時計台を望み見ながら，学生ら数人と岩槻街道（本郷通り）を歩きました。以前から学内には，「大学と西片・弥生の学者町は攻撃されない」噂がありましたけれど，沿道の被災地と非被災地とが，ほぼその通りに分かれているのが却って不気味。手帳には，「未明B29一三〇機来襲，本郷以東焼野原トナル。懐徳館，歯科病室等焼失ス。罹災者百二十万，死者六万」とあります。関東大震災にも比肩する被害ですが，数字は当座の大本営発表でしょう。地理学教室のある理学部二号館は大学敷地の南西端に位置し，その東側の，広い和風庭園に囲まれた木造三階建の明治洋館が懐徳館で，大学の迎賓館になっていました。二号館の屋上にも油脂焼夷弾のジュラルミン筒[19]が何本も転がっていましたから，木造であれば当然焼失の運命。投弾限界が計画よりも少し北側にずれた，のかも知れません。なお戦後，時を経て，元懐徳館の敷地跡には，総長公舎（新迎賓館）と理学部資料館（東大博物館の前身）が建てられました。

手帳にはこの後，12日：未明名古屋一三〇機，14日：大阪九〇機，17日：神戸六〇機，18日：九州艦載機一，四〇〇機，などとありますが，19日の，機数もなしの「名古屋来襲」以後は，ずっと空白。250キロ弾の爆風で我が家が小破し，焼夷弾では隣家まで焼かれた4月20日も，被災地が山手線の西側にまで広がった5月27日「海軍記念日」の大空襲にも，全く触れるところがありません。されるがままの蹂躙に，根も愛想も尽き果てていた，のでしょうか。

## 3．教室と陸地測量部の「疎開」

高齢者などの自由疎開[20]は1942（昭和17）年頃からですが，次いで学童の「集団疎開」が規模を拡大。爆弾が落ちだした1944（昭和19）年の末ごろからは，大学・官庁も疎開を検討し始めていました。地理学教室でも，鉄骨三階建の二階にあるから爆弾が落ちても大丈夫，などと根拠の薄い楽観論を3月の大空襲で反省し，取り敢えずはと，貴重図書を山中湖に近い木内家の別荘に疎開発送。また6月に入って，前期生と和書の一部を，長野県諏訪郡茅野町（茅野市）北郊，玉川村 荒神の寺坊に疎開させました。1944（昭和19）年10月に入学のクラスで，後の，お茶の水女子大学教授浅海重夫（あさみしげお），国土地理院院長高崎正義（まさよし），東大教養学部教授西川治（おさむ）ら諸氏のタマゴ時代です。助手と大学院の特研生とが，一週間乃至十日の交替で出張して実習・巡検などを行う計画はありました（実施もした！）が，この学期の「講義」はお預けです。皮肉にもこの頃には，四大工業地帯への大規模空襲は終結して，対象は地方都市に移っていました。

一方，陸地測量部は，参本（さんぼん）［参謀本部の略称］のお膝下だけに，下町大空襲以前から二段構えの計画を練っていたようで，私も3月19日に登庁し判読写真類を整理・梱包。月末か4月初めには，世田谷の「明治大学予科和泉校舎を接収して移転」の通知が来て，二度ほども訪問しましたが，ここは仮の宿り，落ち行く先は信州路！とかで，ろくに解梱もせず，存在意義のなくなった判読班の，存続か廃止かさえも曖昧。業務出張用にと，学割証にも似た軍務旅行証明書（正式名は忘失）数枚を頂戴しただけで戻りました。1944（昭和19）年度から旅客列車の削減と旅行制限が強まり，乗車区間100km以上の長距離乗車券の購入には区長または警察署長の「旅行証明」[21] が必要で，しかも，乗車時には長い長い行列（上野発夜行列車の例では，改札口から駅正面玄関を出て南下。広小路で山手・京浜線ガードをくぐり，右へ坂道を上って科学博物館の横手に達する，のが常態であった）と，手間暇が掛かるようになっていたのです。軍の証明書のお蔭で切符入手は楽になりましたけれど，青切符（二等乗車券）で料金倍額（1945［昭和20］年度からは3倍）には閉口。兵卒以外の軍人・軍属には“品位保持”が必要，とかの理屈で，三等車（今の普通車）には乗らない建前があったのです。もっとも，建前はタテマエ。旅費支給があるでなし，背広に中折帽[22] の若造にはこちらが相応！と，購入後に「駅長窓口」で赤切符に変更手続。無駄金は使いませんでした。

なお手帳には，「フィルム所要ノ分借出器材班ニテ披見ノコト」の文字も見えます。図化作業済みのフィルムは，器材班にとっては処置すらも手数な厄介物，だったのでしょう。数ヵ月後には，地域は何処でも適当に，ロールの数本も借り出して置けば良かった！と後悔する事態に。また「安曇郡穂高村」や「明科町穂高」とは別に，玉川村の疎開先と並べて「安曇郡明盛村温明国民学校気付」とあり，当時の地形図で調べても，駅や道路との関係位置が記憶に合致しているので，第6回外邦図研究会で話した「判読班の疎開先は穂高村」は大間違い，と，はっきりしました[23]。

疎開先訪問の初回は，記録がなく不明確ですが，4月末か5月上旬。学生を送り出した次週くらいに，新宿発着で玉川村から陸測へと回りました。この時は諏訪湖の南の入笠山(にゅうがさやま)に巡検し，杖突峠の茶屋でありついたトコロテンに学生諸君が大喜び。諏訪盆地が寒天の産地である（地人相関論的教材にもなっていた）と確認出来たからでも，勿論ダイエットでもなく，「地方」でさえ，それほど食糧事情が悪くなっていたのです。

約一週間後に訪れた陸測では，武田班長時代から判読資料の作成・編纂用にと整理した写真・関係地図の類を持ち帰る予定でしたが，移転早々（？）で業務再開には程遠く，まだ，何処に何があるかも分からない状態。たまたま，私が陸測に足を運んだ当初から廃棄処分扱いになっていた代物で，撮影重複率の不足・過剰などから使用出来なかった写真十数枚を発見し，鞄に入れました。お役所仕事とは云え，何でこんなものまでも運んで来たか？と，半ば呆れながら…。撮影場所も地名も詳しくは不明ながら，華中の十サンチ広角写真と，一号自動によるらしい18cm × 24cmの，これは恐らく，マレー半島の北部。前述の18cm × 13cmの偵察写真も，この中にありました。

次回の訪問は7月の予定でしたが，後記の事情で約1ヵ月遅れの8月2日に，各駅停車新宿発23時00分の夜行で出発し，陸測に先行。これは手帳にも明記。今はほとんど姿を消した夜の長距離鈍行(どんこう)列車も，学生らの貧乏旅行には大いに活用されていたもので，戦前は乗客も少ないことから，クロス席ベンチシートの通路側を持ち上げて足駄や缶詰の缶を支(か)い，快適な（？）ベッドに変貌させる術も横行（巡回の車掌には叱られる）していました。

メモには，判読資料・論文・山崎印鑑・米塩[24]・毛布・フィールド用品（地図・ハンマー・クリノメーター・写真機・スケッチ帳）とあるので，当時の調査行には，毛布までも持参したようです。小学校の宿直室にでも借宿したのでしょう。判読資料・論文とは，2ヵ月後に迫る特研Ⅰ期（新制大学院の修士課程に相当）修了に備えたフォトジェオロジイ（Photo-geology）の書きかけ原稿。さしずめ修論で，その充足に使える写真を探すことが，正直に云って，今回の陸測訪問の主目的でした。印鑑は，アルバイトを継続出来なくなった山崎君への，未払分給与を代理受領するためのもの。また米塩とは，自分用の飯米と，食い気盛りの学生らへの差入食品の意味。米を持参しなくては，旅宿にも泊めて貰えない時代でした。

松本駅着は，翌朝7時半頃。大町行電車（松本～信濃大町は旧信濃鉄道で，早くから電化されていた）に乗り，たぶん10時前に到着した筈の陸測では，校庭で数人が焚火をしていました。近付いて見れば，驚いたことに，径3～4メートルほども掘った大穴に，ロールのままのフィルムと書類や地図の類とを，一緒くたに放り込んでいます。当時の写真用フィルムは易燃性ながら，コーティングされたゼラチン膜が燃焼の継続を妨げるらしく，洋紙・地図紙の類が，助燃剤の役をも担っているのでした。舎内では，焼却するものとしないものとの選別・仕分け作業。もちろん，平常業務など，出来よう筈も雰囲気もありません。分類を見ていると，中国や南方諸地域の使用済み写真ネガと成果品が焼却対象，の模様でした。渡辺 正氏によれば，地図・書類などの焼却命令は8月15日以前には出していない（第4回外邦図研究会での御発言）由ですが，「独断専行」は関東軍以来（？）の御家芸。そうでなくとも，使用済みで不要になったフィルム・地図類は，担当部局の判断と権限で処置出来たでしょうから，この時期での焼却処分も，あながち軍律違反ではなかったろうと思います。

当日午後か翌日かに，再び焚火を訪れ，泡立ちながらじりじり燃えるフィルムのロールを，無力感を道連れに，勿体なや！と眺めていると，横に置かれた予備軍の中に，やはりロールした地図の束が見えました。何気なく拡げると，かねて馴染みの仲（写真コースの標定図を画くのに，専ら使用されていた）だった東亜五十万分一図。そこでつい，焚火見張番の何方かに，これ，戴いて行っても構いませんネ，と。

ダメ，とは聞こえませんでしたから，この千載一遇の五円也を尊重[25]。

崩壊寸前の陸測には，二泊だけでの退散，だったようです。玉川村では，さっそくお土産の「五十万図」を披露して読図の実習。翌6日（月），広島への「特殊爆弾」投下を知ったのは新聞紙上，と永らく思っていたのですが，第一報はたぶん，お寺のラジオだったのでしょう。9日には霧ヶ峰に登り，大学航空連盟（？）のグライダー訓練をも眺めた記憶がありますが，グライダーは別の時，だったかも知れません。上諏訪に降り，汽車で茅野へ戻る途中の他客が拡げた新聞で，ソ連参戦（8日）の卑劣を知ったのでは？などとも。

「特殊爆弾」とは原子爆弾！と，これはすぐに推測出来ました。日本でも理化学研究所の仁科博士らを中心に研究を進めていることが，かなり広く知られていました（但し地学者の間には，資源量から見て日本には無理，の声もあった）し，また，「マッチ箱大」のウランの塊で東京全部（現在の環七通り付近までの，当時の密集市街地の範囲）が吹っ飛ぶ，などの解説記事も目にしたものでしたから。

いずれにしても，これで万事終結。当節ならば電話で教室と相談，の事態ながら，なお勇ましい「本土決戦」の声もあるし，何よりも，急いで焼跡に帰っても宿さえ無いだろうと，疎開は当分継続[26]に合議一決。私もさらに数日を玉川村に滞在し，13日（月）の，例によって夜行各停に乗りました。長野始発，新宿着定時は4時半頃で，少々早すぎるが…，と思ったのが，「甲府に空襲中」とかで長坂～韮崎間に何度も緊急停車。新宿には2時間程も延着して，好都合な時間帯に。後日の調べでは，終戦前夜の不運な被災都市は熊谷かどこかで，不運に差はないものの，甲府の被爆焼失は数日前，だったようです。夜中なのに艦載機でも来襲していたのでしょうか？[27]

翌15日（水）の「玉音放送」は，よく聞き取れなかった，の声が多かったようですが，埼玉のアンテナにも近い我が家の手製受信機では，ポータブル録音機の雑音は混じるものの，天皇のお言葉は，はっきりと聞こえました。ただ，「これが宮中での話し方？」と，遅きに失したポツダム宣言受諾の内容よりも，耳慣れない発音とアクセントに気を奪われたものです。それに，いまさらの悔しさ，よりは，これで今夜から服を脱いで眠れる！の安堵感。市民はこの半年余，夜中いつでも飛び出せるように，衣服を纏ったまま寝に就いていたのでした。

これから十日ほども経って，小諸在の岩村田に疎開中の親戚を見舞ったついでの25日（土）に，最後の「陸測訪問」。看板が「内務省地理調査所」に変わる一週間前でした[28]。

そんな時期になっても，校庭での「焼却処分」はなお継続中で，フィルムが減ったせい（？）なのか，火炎は勢いを増し，天に冲していました。これが最後の資料漁り！と，がらんどうに近い部屋を探り，新聞見開きよりもやや大きい厚紙布張りの畳紙（たとう）を発見。これには，徳本（とくごう）峠付近からCⅢBで撮影した槍穂高連峰の地上写真測量用写真とその図化成果品など，日本の写真測量の揺籃期を記念・記録する，貴重な文化財が収められているのです[29]。

「これも処分するんですか？」「そうなるでしょうね」「では，戴いて参ります！」

要するに，陸測にさえ存在しなければ，誰もが責任を負わずに済むのです。でも，真っ先に灰になった外国や占領地の複製の写真や地図[30]はともかく，この時期になお，国内産品（？）までをも煙にしようとは…。戦国時代の「落城」の気分，だったのでしょうか。

大きくて重い「畳紙」を抱えての，気忙しい蜻蛉（とんぼ）返り。この日，小諸を発ったのが払暁。帰りは篠ノ井駅を深夜の信越線各停，直江津発上野行（軽井沢～横川間の急坂も，アプト式ラックレールでつながっていた）。往復各2回の中間乗換えと，同じく長い待合わせ時間。昔は我慢強かったことでした。山手線が走りだす時間帯に上野駅に着く夜の鈍行は，これより2時間近く手前にも1本あるのですが，米原始発なので多客だろう，と敬遠。然し，誰もが同じ発想をするらしくて，直江津仕立ての列車でも，また土曜日なのに，車内には入れようもない鮨詰め超満員（1944～1946［昭和19～21］年頃には，窓から乗降する身軽な客も少なくなかった。車窓はまた，幼児のおトイレでもあった）。家族を疎開先に訪ね日曜を避けて帰京，の人も多かったのでしょう。汚れたデッキに腰を下ろし，ステップに足，手摺に縋っての忍耐，約7時間。居眠りで転落しないようにと，後ろの人が肩口を押さえてくれていました。見知らずながら，共に同士の敗戦国民。

この前か後か，記憶も曖昧になりましたが，まだ9月には入っていなかったと思います。参謀本部から教室に電話があり，応対されたのは木内先生（木内信蔵，1910–1993）だったでしょうか。居合わせた院生・学生ら数名と共に，放出地形図を頂戴に参上しました。外邦図の棚もあったようですが，どれでも好きなようにとのことで，教室としての方針も立たないままに，旧要塞地帯の「秘」図などを取り出し，またタクシーも儘ならない時代，めいめいに持てるだけを抱えて戻りました。全部で 300 枚前後はあったでしょう。一括して写真暗室の隅の木炭置場に隠した，と云うのは，大学・研究所の地図類は接収対象，との噂があったからです。その後しばらくして，地階のドライエリアにある陸水学実験室に移しましたが，いつの間にやら行方不明に。多田先生の指示で「資源研」に運んだ，と聞いたのは，一，二年ほども経ってから，でした。

## 4．二つの徒花（あだばな）

空襲本格化から敗戦までの間に，私が関与した軍関係の仕事が二つありました。先行は参謀本部での『第一次兵要地理調査研究会合』。これは前出注 17 にある渡辺氏資料に詳しく[31]，また，参加地理学者の選考に関しては，注 18 に述べたところです。

この研究会では，またその「報告」を纏めながらも，もはや今の段階になってこんなことを…と，掛声のみが勇ましい「本土決戦」の前途が暗く見えたものでした。でも，暗く見えた，などとは，まだ一縷の希望を残していたものかも知れません。

文字通りのお先真っ暗は，6 月の半ば過ぎ，千葉市にあった陸軍歩兵学校で，兵卒の牛蒡剣（ごぼう）[32]の鞘が割竹で作られているのを目にした時でした。日本刀の鞘も本来は木製ですし，理屈から言えば剣鞘が金属である必要性は低いでしょう。然し竹鞘の短剣は，鉄不足もここまで及んだかと，悲しくも哀れでした。訓練以外には使う必要のなかった刀身も，竹光（たけみつ）だったかも知れません。砲車・戦車を置き去りに「転進」し，艦船を惜しみなく沈めての 3 年余。国中から鍋釜や鉄柵やが消え，ダイアや鋼玉の類は研摩材に変身（とは大嘘！の飛語も絶えなかった）。働くべき兵器工場を失った動員学徒らは，和紙とコンニャク糊での風船作り[33]や松根油（しょうこんゆ）（代替機関燃料）採取に精を出すしかなく，家庭には蓖麻（ヒマ）栽培（ヒマシ油を潤滑油に）を奨励，工場でも木製飛行機（電探に捕捉されない新兵器！）の試作，と云う窮迫度ですから，いまさら驚く方が阿呆だったのでしょう。

歩兵学校への出張は，同校教官角田（すみた）大尉からの，地理学教室主任教授への依頼状によるもので，玉川村から戻ったばかりの私と，次級特研生の吉川虎雄氏とが，偵察を命じられました。

歩兵学校としての判断か，角田大尉ら一部のそれなのかは尋（たず）ね損ねましたが，米軍の上陸企図地点を九十九里浜乃至房総半島と想定し，その対策を研究するのが目的でした。後年，渡辺正氏は信濃毎日新聞社の記者に，「相模湾が有力…という私ら（参謀本部情報第二部兵要地理班）の判断も」「当時の地理学者を」「一週間に一回集めて」開いた「本土作戦研究委員会の研究成果の一つだった」と語っておられます（渡辺正氏所蔵資料集編集委員会 2005：120）。この「本土作戦云々会」とは，前述の「兵要地理調査研究会合」を指すものとしか推測され得ませんが，「上陸適地判断」は，重要課題になってはいたものの，短時間，しかも「一回だけの研究会」では充分な討議も出来ず，まして，会としての結論を得るなどには至らなかった，と記憶します。

相模湾一帯の砂丘は，九十九里浜ほか日本の一般的な海岸砂丘とは違い，海岸線に斜行して分布するのが特色（かつては，東海道本線の車窓からも観察出来た）で，潟湖跡の湿沼地も少なく，重車両の上陸・通過は容易。加えて海が深く，艦船の接近にも好都合です。まあ，誰が見ても関東随一の上陸戦適地。しかし，戦争・戦術には騙し合いの面もあるので，ここを選ぶか否かは，地形・地理とは別個の問題。研究会が成果として提出できるのは作戦の「基礎資料」に過ぎず，より以上の判断は，戦争の専門家が行うべきこと。歩兵学校または角田大尉らの予想が渡辺少佐らの判断と違っていた裏にも，それなりの理由があった筈です。また，米軍が正攻法で臨もうと考えていたとしても，それははや，横綱と幕下の相撲。陸・海・空の悉くに非力化した日本軍の戦力を見通した結果，だったのでしょう。「米兵を含む百万の命を救った」などの原爆投下擁護論は，強引極まりない後付けの理屈に過ぎません。

熾烈な艦砲射撃と空爆で敵陣を壊滅した後に上陸する米軍を，員数・装備共に劣勢な日本軍が阻止することは到底不可能。そこで，歩兵学校案は窮余の奇策。上陸予想地付近に無数の「拠点」，つまりは密閉型蛸壷[34]を作って潜居し，上陸した敵の通過後に一斉蜂起して腹背から挟み撃ちにしよう，との，まさに楠木正成流。サイパン・沖縄・硫黄島での経験と教訓を受けての立案，のようでしたが，「拠点」に持ち込める武器はせいぜい機関銃くらいでしょうから，婦女子の竹槍よりはマシの程度。だいいち，戦力化可能な人員が，在郷軍人や我々学生[35]を総動員したとしても，はたして，国内にどれほど残っているものなのか。

円匙（スコップ）で掘れる程度の固さで崩れ難く，しかも上部の遮蔽が見破られ難い場所となれば，第一の候補地は下総台地の林の中。ところが，拠点案最大の問題は，潜む人間とその排泄物の臭気を敵に嗅ぎ付けられないための手立て，なんだそうでした。米軍は多数の軍用犬を連れて来る，由で，石灰洞の多い南方戦線では，それもしごく当然の策でしょう。そんな「拠点戦術」に初めは，マトモなのか？と耳を信じ難い気分でしたが，「節を抜いた竹を木に添わせて立て，臭気を上空に排出する方法なども考えてはみたが…」と聞くに及んで，やはり本気なんだ，と得心。正気の沙汰では愚かしくとも，この期に及んでは，もはや，ヤルシカナイ！のでした。万事は遅播きながら，出来るだけの協力をしよう，と決心。

そこで，まずは地形と微気候，とくに風向・風力との関係の研究。と云っても，これはなかなかの難題です。野外実験が手っ取り早い，と，稲毛や木更津海岸に出掛けて，地形や地表高に応じて変わる風の測定を試みることにしました。手帳やノート，模式図などによれば，掘削可能地域分布図，植生ト地質トノ関係，断面（穴）・写景図ヲ作ル，試掘適地選定，などの宿題があり，また，温度計・自記風向風速計などの観測機器のほかに，長さ50cmの細長い紙片を50cm間隔で3ヵ所に付けた長さ2mの割竹20本を用意し，兵卒数名を使役して，面的・立体的な調査に役立てようと計画，したりもしています。

この野外実験は6月下旬頃に実施の予定でしたが，やがてドイツが分割占領され，相手もあろうにソ連に和平仲介を依頼したことまでも漏れましたから，さすがに歩兵学校も戦意喪失。7月下旬の房総半島の大貫（おおぬき）海岸合宿では，角田大尉[36]・土屋中尉，以下数名の下士官らとの，専ら雀卓を囲んでの夜更かし，だけが記憶に残っています。

手元に，カドミウムイエローの表紙に「昭和二十年五月 大本営陸軍部」，また「極秘」とも印刷された，B6版ほどの小冊子があります。

参本での「兵要地理調査研究会合」の折に，参考資料にと配布（五月とあるので会合後に送付？）された『兵要地理調査参考諸元表（其ノ一）』（図Ⅴ-2-4）で，内容は，航空作戦・対上陸作戦・地上作戦からなり，それぞれがまた3部，各2枚から5枚の図表の集成で，全部では29表。正誤表付きの速成冊子ですが，主として米軍の，兵器の性能と作戦傾向，飛行場・泊地・渡河点その他の設定規模・所要時間や，機動力・工事力，それらと気象・土地条件との関係の，欧州戦線をも含む従来例，などが盛られています[37]（図Ⅴ-2-5）。

これらの表を覗くだけでも，本土決戦などとは蟷螂（とうろう）（カマキリ）の斧，と自明。「天皇陛下の御国である日本（ニッポン）を，我が国と呼ぶ非国民ら」（蓑田胸喜：『原理日本』誌所載文中の文言，1932～3［昭和7～8］年頃）などと極右の狂気が罷り通った世相も，日清・日露戦役の勝利を，独力で，精神力で克（か）ち取ったような幻想・錯覚ばかりを植え付けた，「国民教育」が培ったもの，だったのでしょう。

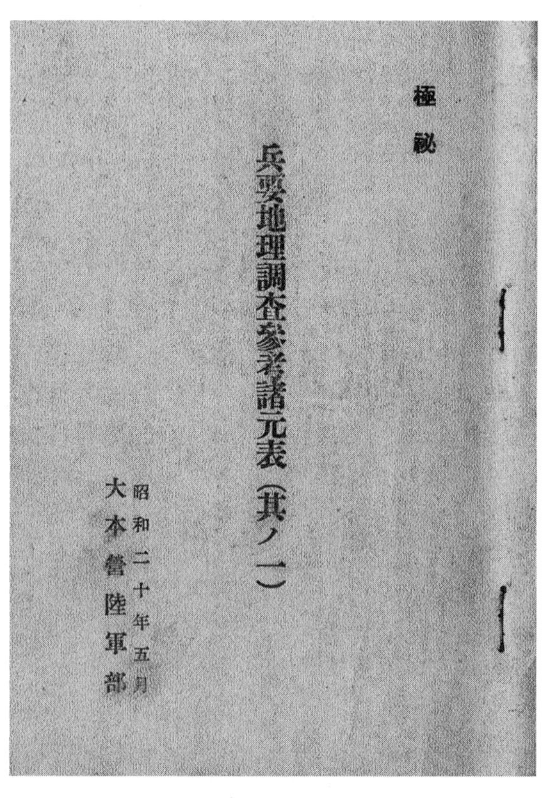


図Ⅴ-2-4 『兵要地理調査参考諸元表（其ノ一）』
（1945［昭和20］年5月，大本営陸軍部）

（第六表）

米・「ソ」主要現用機航續性能表

| 國別 | 機種 | | 名稱 | 航續距離 最大 | 航續距離 正規 | 速度 最大 | 速度 巡航 |
|---|---|---|---|---|---|---|---|
| 米國 | 陸上機 | 遠戰 | 「ノースアメリカン」 P——51 （ムスタング） | 3,500 | 1,800 | 650k/8,300m | |
| | | 同上 | 「リパブリック」 P——47 （サンダーボルト） | 2,500 | 1,300 | 650k/8,900m | |
| | | 遠戰若クハ遠偵 | 「ロッキード」 P——38 （ライトニング） | 2,600 | 1,400 | 635k/8,000m | 380 |
| | | 遠爆 | 「ボーイング」 B——29 （スーパーフオートレス） | 8,600 （爆彈3瓩積） | 4,500 （爆彈8瓩積） | 590k/9,500m | 450 |
| | | 重爆 | 「コンソリデーテット」 B——24 （リベレーター） | 5,800 （無爆） | 3,200 | 500k/7,300m | 370 |
| | | 中爆 | 「ノースアメリカン」 B——25 （ミツチエル） | 5,180 | 2,780 | 500k/4,500m | 360 |
| | | 遠爆 | B——32 | | | | |
| | 艦載機 | 戰闘 | 「グラマン」 F6 F—5 （ヘルキヤツト） | 2,400 | 1,800 | 650k/6,000m | |
| | | 同上 | 「グラマン」 E7 F （トムキヤツト） | 2,400 | 1,300 | 710k/6,400m | |
| | | 同上 | 「ヴオートシコルスキー」 F4 u—2 （コルセア） | 1,500 | | 590k/8,000m | |
| | | 同上 | 「グラマン」 F4 F—3 （ワイルドキヤツト） | 1,800 | 1,400 | 530k/6,000m | |
| | | 急爆 | 「カーチス」 SB2 C—3 （ヘルダイバー） | 1,545 | | 450k/1,300m | |
| | | 同上 | 「ダグラス」 SB D—3 （ドーントレス） | 1,500 | | 465k/2,000m | |
| | | 同上 | 「ブリュースタ1」 SB2 A—1 （バツカニーア） | 1,500 | | 480 | |
| | | 雷撃（急爆） | 「グラマン」 TB F—1 （アヴエンジヤー） | 2,300 | | 435k/2,290m | |
| 「ソ」聯 | 戰闘機 | | МиЛ—3 ミグ | 1,000 | | 590 | 450 |
| | 同上 | | ЛА—5 エリ・アー | 1,000 | | 600 | 450 |
| | 同上 | | ЯК—3 ヤー・カー | 750 | | 620 | |
| | 襲撃機 | | ИЛ—2 イー・エリ | 1,350 | | 470〜500 | 350 |
| | 爆撃機（急爆） | | ПЕ—2 ペー・イエー | 1,500〜1,800 | | 524 | 428 |
| | 同上（急爆兼遠偵） | | ИЕ—3 ペー・イエー | 2,000〜2,500 | | 500 | 400 |
| | 同上（爆撃兼雷撃） | | ИЛ—4 イー・エリ | 3,600 | 2,600 | 455k/6,800m | 300 |
| | 同上（遠爆） | | TB—7 テー・ベー | 3,500〜4,500 | | 400 | 300 |
| 備考 | | | 「ソ」聯ニ於テハ以上ノ外　米國製ノP—38、P—51、P—63、B—24、B—25、等ヲ使用シアリ | | | | |

図V-2-5　米・「ソ」主要現用機航続性能表

注：『兵要地理調査参考諸元表（其ノ一）』の第六表[38]。

# 5．日本写真測量学会（第一次）の創設・始末記

三宅坂時代の陸地測量部で，武田技師と3回か4回，写真測量の学会を作れないものか，と話し合ったことがありました。武田さんは，かなりの数の会員を集めないと難しかろうと考え，私は，研究者がもっと自由に空中写真を使えるようにシバリを緩めるのが先決，と主張。物理学会のような大学会を見ておられる方と，会員数が数百（当時）の小学会に巣食っている者との，感覚や想定の違いもあるのですが，果ては水掛論，と云うよりも，共に嘆息に終わるのがきまりでした。

看板を削り直した旧陸測が，千葉市黒砂町の戦車学校廠舎跡に移ったとの連絡は，元第一課の篠(しの)邦彦(くにひこ)技師か，或いは判読班で御一緒した生田目(なまため)常茂(つねしげ)さんからでも，戴いたものだったでしょうか。1946（昭和21）年も初夏を迎えた頃で，ナント辺鄙なところ，と思いながら，高くて太い木柱だけの素っ気ない門を通りました。看板も「内務省地理調査所」。それがまた，内務省の廃止により，翌年頃には「建設院地理調査所」と再度変更され，野暮ったく見えたりもしたのでした。開所と共に移られた渡辺光・岡山俊雄の両先生は，初訪問の「黒砂地理調」には，まだお姿がなかったような気がしますが，それ以前に，「来ませんか？…でも，無理だろうね！」と，誘われたような，そうでもないようなお言葉があったので，或いは，あえて意識的に失礼した，ものだったかも知れません。地理調では専ら，国内の空中写真の棚を見せて戴きました。何課か「部課」の覚えは失いましたが，断片的な「燃やし残り」ではなく，かなり纏まってありましたけれど，まだ「米軍写真」貸与の時期ではないので，二十サンチ広角か何かの，防衛戦向け大判写真だったろうか，とも思います。フィルムか印画かが，何処かに残っていたのでしょう。その説明も伺った筈ながら，もはやすべてが曖昧模糊。

その後，三度目ほどの訪問時に，抑留先から帰国されて間もない武田氏に逢いました。ほぼ2年振りでの再会。それからは，教室が夏休みで暇だったこともあり，足しげくの黒砂通い。黒砂町と云っても，写真を見る以外に役所に用はなく，オンボロ廠舎内の武田氏宅で，時には退庁後の篠・園部(そのべ) 蔀(しとみ)・生田目氏他を交えての，雑談と相談。食糧難の時代と云うに，夕食の御心配も何度か。場を篠さんのお宅に移して，のこともありました。

戦中のハイテンションの名残でしょうか，難はラッシュ時以外は半時間に1本と気長な総武線電車の運転間隔と稲毛駅までの夜道の遠さだけ，としか感じませんでした。

こうして1947（昭和22）年5月，地理調査所東京支所（千代田区霞ヶ関2丁目人事院ビル内）で「日本写真測量学会」の創立発起人会を開いて会則起草などの準備を終え，翌6月7日午後，丸ノ内の小西六講堂で設立総会を開催。武藤勝彦会長（地理調査所長），篠邦彦理事長以下，穎川徳一(えがわとくいち)・桑原(くわはら)彌寿雄(やすお)・斎藤陸朗(りくお)・佐藤久・武田通治・中村貢治(こうぢ)・原忠平(ちゅうへい)・丸安隆和(まるやすたかかづ)その他の理事を選出，木本氏房・中山博一(ひろかづ)お二人の名誉会員推薦を行って，正式に発足しました。ガリ版刷りででも作る予定であった会員名簿の原稿が手元に見当たりませんので，当初の会員は，概数で200から300の間ではなかったかと，かなり不明確です。会員数の少なさによる印刷費の割高から，当初には隔月刊を予

定した機関誌の発行も侭にならず，毎月の研究発表（例会開催）と不定期の講習会，夏期講座の開催などで凌ぎました。

職柄と経験との関係から，広報，会員募集，行事・講演依頼等は武田氏，編集・出版関係が私と，自然に役割分担が出来てそれぞれに腐心しましたが，絶対的にも小さい写真測量関係者数を考えると，早く機関誌を刊行して世の関心を誘うことの必要性が極めて大，と考えられました。ただ，戦時中来の印刷用紙の不足がなおも続いていて，闇市場の紙価は高騰の一途。日本地理学会でもそうでしたが，新生の小学会はことに，資金不足が深刻でした。1948（昭和23）年度の初めには，文部省科学研究局に足を運んで，出版助成金の交付を陳情。

念願の『写真測量』誌，第1巻第1号[39]を世に出せたのは，学会発足の約1年後，1948（昭和23）年夏のこと（表紙には5月とあるが実際は7月）でした。初号は，共同印刷株式会社に頼み込んで，最小限部数のＢ５判（2号以降はＡ５判に圧縮）500部を刷り，会員外にも撒布したのです。然し，次号刊行まで13ヵ月を要するなど，その歩みは順調とは言い難く[40]，代わりに，月例会その他の行事を絶やさぬよう，出来るだけ継続的に活動を展開することにしました。

雑誌発行が不順であった一因は，原稿の不足にもあります。世が落ち着き，調査研究に励む環境が整ってくるにつれて会誌への投稿が減ると云う，発足時の想定とは全く反対な現象が現れて，戸惑ったものです。官庁・会社にそれぞれの研究誌・広報紙の類[41]が誕生し，例会での口頭発表は認められても，活字での公表は社内誌優先，の掟が暗黙裡にも発生していたことが，その主な原因らしく見えました。また，プライオリティの問題がない研究でも，或いはそれをクリアした場合でも，同じような内容の文章を再度活字化することには二の足を踏む人が多かった，ためでもあったようです。二重投稿は論外としても，このような問題は，教員主体の地理学会の運営からは想像も出来なかったことで，対策の立てようもないままに，時間ばかりが過ぎました。

『写真測量』誌の他に，啓蒙・宣伝・教育の手段として「写真測量叢書」の発行をも企て，1948（昭和23）年12月から1953（昭和28）年5月までの間に4冊を刊行。表紙には私がデザインした学会のマーク（本書351頁参照）も採用して戴き，B6版での怖々（こわごわ）のスタートが，好評を得て2冊目以降はハードカバー A5版に定着。これらだけは，発売所に迷惑を掛けずに発行出来ました[42]。

1952（昭和27）年度には国際写真測量学会に加盟しましたが，原稿不足に重なる経費難で機関誌発行が意に任せず，また多田先生が教室主任になられて以後は，国有財産の管理責任上止むを得ないことながら，それまで研究発表の場に充てていた東大理学部地理学科の講義室が，借用し難くなりました。その後は，森林記念会館を借りて国際学会への出席会員の報告会などを数回行ったのみで，学会活動も悉く休止に近い状態に。そこで，1952（昭和27）年度を休会扱いとして会費その他を1953（昭和28）年度に持ち越すこと（通信総会により理事長も武田氏に交替）を決定。また会誌も謄写印刷（表紙は活版）に戻し，B5判に近い寸法で第3巻第3・4号64頁を1953（昭和28）年12月に発行しましたが，結果としてこれが最終号になりました。

その頃は，地理調査所はなお黒砂町にあったものの，奇跡とも呼ばれた経済状勢の急回復に伴って，所員の多くは別に居を構えて通勤するのが常態に。延いては学会運営の相談も，月1回の定例理事会の場に限られがちとなり，以前のような自由な意志疎通や臨機の対応が出来難くなってもいました。一方，大蔵省と文部省は，「学会誌出版補助金」を打ち切るために再度の学会統合を企てており，その後の受給実績がなく出版補助金を申請してもいない日本写真測量学会にも，後発の日本測地学会（1954［昭和 29］年設立）への合流が強く慫慂されました。会長が同一人であることも，大きな理由になっていたようです。

時の流れには逆らえず，勧奨に従うことに決めたのは 1956（昭和 31）年。1953（昭和 28）年度以降は機関誌も記録もなく，その間にどんな活動をしたか，休眠状態が続いたのか，などは全く不明になりましたが，新年度の会費を測地学会宛に送らなければ自然退会扱いになる，旨の文書を全会員に送った記憶があるので，合流は年度の切替え時だったようです。私は測地学会には入会せず，従って，その中で写真測量の研究がどのように進められ，どんな論文が機関誌に掲載されたか，の知識もありません。

ただ数年後には，測地学会の中で再び「日本写真測量学会」復活の機運が高まり，1962（昭和 37）年に実現して，『写真測量』誌も季刊で復刊されました。誘われて，今度は私も入会しましたが，時代はすでに人工衛星によるリモートセンシングの入口で，貧乏教室のスタッフには，高価な衛星写真に出る幕もなく，それに加えて，関心と手間が，1958（昭和 33）年から始めた中央アンデスの現地調査に注がれるようになってもいましたので，二，三年ほどで退会しました。

これら新旧二つの「日本写真測量学会」は，第一次・第二次を冠して区別されてもいます。すでに半世紀をも越える昔事（むかしごと）で，第一次時代を共に歩み闘った先輩も仲間も，ほとんどが別世界の住人となりました。振り返れば，ただ，当時の情熱が懐かしく，また，輝いても偲ばれます。

注

1）木本（1941）。これは同号「特集」記事の一つで，表紙にも表題があり，年末（？）頃にたまたま店頭で 1 冊だけ残っているのを見て手に取ったが，口絵にある筈の「照魔鏡のやうな航空写真」が見当たらず，落丁の残本か！と，立ち読みだけで購入せずに過ぎた。数ヵ月後に古書店で再会。その口絵写真にも「照魔鏡のやうな」だけが欠けていたので，遅播き（おそまき）ながら，検閲で削除されたものと気付き，罪滅ぼし（？）に購入した。操縦席を前に，エンジンとプロペラを後に置いた，ずん胴の「写真測量用低翼機」の写真が珍しい。

2）原書は Schwidefsky（1936）で，同年に完成したばかりのボールダーダム（フーブァーダム）の垂直余色立体写真があり，赤・青セロファンめがねが付属している。

3）文部省の原計画案に即し，海軍省ニューギニア民政府の下部組織として編成され，1943（昭和 18）年 1 月～7 月の間に調査を行った。詳細は，佐藤（2005：65-71，2006：45-48）を参照。

4）その頃「三宅坂」とは，参謀本部や陸地測量部の代名詞ないしは隠語でもあって，筆者が通った当時の陸地測量部は，現在の千代田区永田町，国会議事堂の東にあった。本館は市ヶ谷に新築移転するまでの元参謀本部で，明治調の銅板葺き 3 階建洋館。天井が高く，南東側中央には吹抜けアーケードをもつ車寄せが張り出し，宮殿のように豪華。本館正面の右前（南西）方には，後代の増築らしい別棟があり，こちらは兵舎か学校のように簡素な 2 階建であった。1888（明治 21）年の陸地測量部創設に際しての建築かも知れない。教育部や製版・印刷関係部課の所在は忘れたが，総務課（の一部？）と現業第一・

二・三課は，この別棟にあったように思う。これらの建物の南側は広い前庭で，南東隅の三宅坂交差点（正しくは分岐点で，ここから北に上るお堀沿いの坂道の名が「三宅坂」）に近い位置に，日本の水準原点を示す原標線があり（現存もする），また衛兵所付きの正門があった。現在はそれぞれ，憲政会館と尾崎記念公園とになっている。六本木通りも内堀通り（は無名だったと思う）も現在より狭く，しかし，共に市電が走っていた。六本木通りでは，1942～1943（昭和17～18）年に沿道建築物の強制疎開が行われ，これが戦後の本格的拡幅の先駆ともなった。

なお，正門に程近い六本木通りの南側には，地形図類販売の総元請，川柳堂小林又七商店があった。土蔵を持つ純和風の店構えで，地図棚に壁面を奪われた和室には呉服屋のそれに似た趣もあり，和服・前掛姿の店員が客の応対をしていた。1941（昭和16）年4月以降，地形図の購入には証明書が必要になったが，川柳堂では，それを提示した記憶がない。顔なじみになっていたものか。測量部発行の地図類の元請業者には，他に日本橋の武揚堂があった。

5）現，台湾の玉山（ユイシャン）。海抜3,997mで当時の日本最高峰。対米英開戦指令の暗号電文「ニイタカヤマノボレ」は有名だが，本誌を飾った理由は，1930（昭和5）年に，この地域を対象として日本で初めての大縮尺図への写真測量の採用が決定され，翌々年に，平板測量との併用で地上写真測量を実施した（武田1979）由縁にある。

6）この写真の裏ページに，「天然色写真印刷に就いて」と題して，作業当事者の光村（みつむら）原色版印刷所による使用器材，「ベルンポール単露光カメラ」ほかの具体的説明と，一般的解説とがある。「富士特殊パンクロ乾枚」3枚と，それぞれに緋・青紫・緑の各フィルターを使用した由。

7）満州第四三九部隊・同？第一三七二部隊・支那派遣軍総司令部第十五号・第二六一七部隊其他，さらに，連絡主任者として，北支方面甲第一八〇〇部隊・中支方面支那派遣軍総司令部第十五号・南支方面波第八一一一部隊・マライビルマ方面岡第一三七一部隊・ジャワ方面治第一六〇二部隊・フィリッピン方面渡第一六〇〇部隊などに所属する個人名。

8）木本（1945）は，文庫判ながら，実体験に基づく空中写真測量万般の詳しい解説書である。写真利用の実例として，森林・地籍・塩田台帳の整備，水力発電・都市計画・港湾設計など，満州での事業が挙げられている。一方，西尾（1969）は，撮影と利用の過去・現在から未来展望にも及ぶ平易な解説書で，戦中の満航写真処の活躍や，日本軍が写真判読の応用面で如何に立ち遅れていたか，なども語られている。なお戦前の刊だが，帝国森林会（1936）は，嶺一三・木本氏房両氏の編著で，樹種判読や材積調査法に詳しい。

9）配給米を一升瓶に入れハタキの柄の竹棒で搗くと，精白されて舌触りが良くなるが，量は減る。電気製パン器は，両端辺の内側に銅かアルミの板（電極）を張り付けた弁当箱大の木箱。塩とイースト菌または膨らし粉を混ぜて練った小麦粉を満たし，100ボルトを通電すると蒸しパンに化ける。気の利いた発明品ではあったが，簡単に自作も出来るので，考案者が巨利を得た，とは聞かない。紙巻煙草（シガーレット）も，行列買いの店頭1個売りから隣組（となりぐみ）単位での中身（粉煙草）だけの配給制になり，月当番には，立会人を交えて戸別に家族人数分を秤量分配する面倒さが加わった。刻みが粗いので煙管（きせる）では吸えず，巻紙にはポケット辞書などのインディアン紙が利用された。英語が敵性語として排斥されていた，という裏事情もある。紙に鉛筆で巻癖を付ければ簡単に巻けるので，市販の煙草巻器はあまり売れなかったらしい。

10）高校在学中の病気休学で遅れたが，水路部に就職した長谷実（ながたにみのる）君の元同級生で私とも同年。空中写真には大いに関心を抱いたが，卒業後間もなく，少年時代からの夢を生かして「鉄道模型趣味社」を起こし，同名の雑誌ほかを出版して業界に名を馳せた。社名・誌名（共に現存）は，戦前の「鉄道趣味社」のコピー。

11）1930（昭和5）年にドイツ，カールツァイス社が開発した自動航空写真機で，F：6.3のトポゴンレンズ付き。10/18とは，レンズの焦点距離が10cmで画面が18cm角（正方形）であることを示す。

12) 小西六社史によれば，六櫻社（元「コニカ社」の旧名）が，アメリカのフェアチャイルド社K-8型を模倣して試作，1930（昭和5）年に完成。レンズはヘキサーf：25cm，幅24cm×長さ23mの「さくら航空写真フィルム」を使用。以後K-8と共に1934（昭和9）年まで日本の空中写真測量並びに森林判読史上に残る南樺太全域の撮影に使用され，敗戦時までに2千～3千台が製造された。1944（昭和19）年からは，日本光学社もf：50cmの同型機を約6百台製作した（武田1979）。

13) 13cm×18cm判は，乾板使用またはフィルムを手動巻上げした初期の航空写真機に一般的なサイズであった。丹羽（1938）には航空写真機や付属機器，感光乳剤などの記述が豊富で，独・英・米の数種の13cm×18cm判カメラも紹介されているが，交換レンズを含め焦点距離40cmの目をもつ写真機は見当たらない。高高度からの偵察用として，外国製カメラに国産長焦点レンズを装着したものかも知れない。本文で触れた写真も手動巻上げらしく，隣接写真の重複度が低く不統一でもある。

14) 土曜日の正午過ぎ，気もゆるむ刻限に，陸上機のB25双発中型爆撃機を航空母艦から発進（中国に着陸）させるという奇策での，日本本土初空襲。被害は「おおむね小さかった」ものの，その一つ，一般国民には伏せられた「大内山被爆」が陸軍と右翼勢力をいたく刺激し，責任を問われた海軍は乾坤一擲，総力を挙げてミッドウェー基地を攻撃・占領しようと，結果論的には無謀な作戦に打って出て大敗。以後の戦局にも甚大な影響を招いた。だが，仮にこの作戦に成功していたとしても，日米の資源量・生産力・技術力の差から，ガ島（自虐的に餓島とも書かれたソロモン諸島のグァダルカナル島）やアッツ島・硫黄島と同じか，良くてラバウル基地の運命，であっただろう。

15) 当時はネガカラー乳剤も開発中で，日本では1944（昭和19）年に富士写真フィルム社が試作に成功したが，先に商品化されたのは，同社や小西六六櫻社などのポジカラータイプであった（武田1979）。東洋写真材料株式会社（オリエンタル社の前身）も追随していた。

16) 1945（昭和20）年の手帳日記1月欄には，1日(月)：「三十一日夜ヨリ一機宛三回来襲，焼夷弾，末広町火災生ズ」。翌2日(火)からは，正月返上の毎日登学。5日(金)は8時半～4時半の日直勤務で，「午後八時一機，焼夷弾，火災生ズ」。翌6日も「午前五時一機，焼夷弾」。独り郷里の家を守る母を迎えに，当夜から帰郷し不在。9日(火)朝には帰京していて，「十三時半頃ヨリB29二〇機内外来襲」。この頃から本格空襲が始まったらしい。11日(木)に，陸測初登庁。17日(水)「五時頃一機来襲」。前夜，軽震程度の地震があったので，その被災状況の偵察に来たものかも知れない。19日(金)「八〇機阪神来襲・二機午後（東京）来襲」。以後は，なぜか記入が長く欠落して，2月19日(月)「敵機約九〇帝都来襲」，25日(日)「上野・神田付近昼間盲爆」だけ。これ以後の空襲記事はないが，もはや常態化（？）していたためか。

昼間低空での空襲は，数列の縦隊を組んだ複数のグループが，卓越（北西）風に乗って次々と断続的に飛来する波状攻撃。辻村教授・院生・学生の数名で，理学部二号館屋上から3～4回ほど観察した。大学の近くでは，小石川区春日町の某私大（明治大？）所有地と上野公園とに高射砲陣地があり（今の礫川公園と噴水池がそれぞれの跡地），とくに前者からの反撃が良く見えたが，砲弾炸裂（小さな雲が出来る）の高度はほぼ的確ながら，なぜか常に，敵機の尾部から数十メートルも後方であった。炸裂から雲の発生までのタイムラグ，と説明する人もいたが，打撃を与えた様子も見られなかった。初期には味方戦闘機の反撃もあったが，敵機の後方上空に上昇してから急降下気味に攻撃する戦法なので，標的を一機に絞って追尾することが出来にくく，一方，体当たりを狙っても命中せず，隊列を崩さない敵機群に逆に撃墜されるなど，痛ましくも歯痒い状況ばかりであった。新聞紙上では，市街地での撃墜を意識的に避けた，との弁明（？）も目にしたが，新宿駅西口に被撃墜敵機を見物に行ったこともあったので，これは信じ難い。一度だけ，遥か東京湾上空での撃墜成功を見た。胴体と主翼が分離して，前者は真っ逆さまに落下。後者は木の葉のようにゆっくり左右に舞いながら落ち，やがてビル群の彼方に巨大な煙の塊が立ちのぼった。ジェット機による9・11テロとは違い，ガソリン系燃料なので，爆煙は大きくともすぐに消え失せたが，戦争の儚さを感じさせられる一瞬でもあった。この屋上観察は，ほどなく，赤門前防空監視哨からの大学本部への通告で禁止された。反撃機数が少ないことに関しては，「来るべき本土決戦に備え，大部分を北関東上空に待機温存」との流説もあった。半ばは事実だったらしい。

17）久武（2005：7-8，本書VI-1章）では，「渡辺正氏が多田文男に，この『兵要地理調査研究会』の組織化を直接に電話で依頼されたのは昭和十九年十二月から昭和二十年一月にかけてのこと」とし，講演会の状況についての同氏の記憶にも触れている。然し筆者には，外邦図研究グループの駒沢大学での第4回研究発表会（2003年秋）の折に，臨席の渡辺正氏御自身から，この『講演会』の開催も組成も記憶の外，と承り，奇異に感じた覚えがある。すでに「『兵要地理調査研究会』の組織化」を考えて居られたとすれば，『講演会』こそはその重要なワンステップであろうからである。一方，戦局の急迫を思うと，参謀本部内に年末・年始の頃から「研究会」構想があったものならば，迂遠な「講演会」なしにも即刻「その組織化」を進めるべきであろうし，地理学界もまた，要望に即応出来た筈である。実際には，『兵要地理調査研究会』の開催通知（「…兵要地理調査研究会合ノ件通牒」）は4月25日，第一次会合はそのさらに5日後で，「電話依頼」から実に4ヵ月前後の時間を空費している。この間に東京は，二度の夜間大空襲を受け，旧市域の半ば以上が焦土と化して，「参集者」の間にも，今となっては遅いんだヨナ！の空気が流れていた。

18）上記『研究会』への参加者は，京浜と近郊の在住者に限られ，3月下旬の日本地理学会常務評議員会で人選され，数日後に確定した。渡辺氏資料の「第一次参集者芳名」（正しくは予定者名）にある多田文男・田中啓爾（けいじ）・辻村太郎・花井重次（じゅうじ）・三野與吉（みのよきち）・村松繁樹（しげき）・渡辺光の各氏は日本地理学会役員（大部分が上記常務評議員会メンバー），新井浩（あらいひろし）・伊藤隆吉（りゅうきち）・西水孜郎（すがいしろう）・矢澤大二（たいじ）氏らは，役員外ながら職域・専門の見地から選出された。また木内信蔵（きうちしんぞう）氏は東大助手で学会書記。佐藤・吉川虎雄は東大大学院特別研究生で，書記の補佐として常務評議員会に陪席することになっていた。ちなみに，当時，学会の役員は，会則には総会出席者の互選とあっても，執行部提出の原案を賛成多数で採決する，一種の「翼賛（よくさん）選挙」で選出されていた。京大出身の村松学習院教授は，京大，ないしは関西・西日本の代表と目されて，学会役員以外にもしばしば推薦や選出の憂目（？）に逢われたが，この場合にも同じであったろう。その一方，「皇国地政学」で陸軍の一部とも親密であった京都在住の小牧實繁（さねしげ(じっぱん)）氏は，会員ではあっても，日本地理学会からの上記推薦者では，百パーセントあり得ない。

なお付言すれば，当時，辻村・多田両先生は，この世界では知る人ぞ知る関係にあり，多田先生を通じて順調に「組織化」を進め得るとは，当の多田先生はもとより，在京地理学者らの考え及ぶところでは無かった。講演は恐らく，使者を通じて，参謀本部（部局は不明）から直接に，田中・辻村の両先生に依頼されたものであろう。辻村先生は電話嫌いでもあったから，日時・演題などの打ち合わせに，何人（なんぴと）かが介在した可能性は残る。但し，以上のことは，『研究会構想』への多田先生の積極的関与を否定するものではない。

19）当時使用された焼夷弾は，閉じた下部（先端）に火薬と発火装置をもつ直径10cm内外，長さ50～60cmほどの六角ジュラルミン筒に粘着性の強い重油・獣脂を詰め，後端に姿勢安定用の細長い白布を付けた単体を四十数本，蜂巣のように組み合わせたもの（二段重ね，との説もあった）が一個の弾体で，ニックネームが「モロトフのパン籠」。「籠」の中心にも火薬装置があり，地上百メートル前後の高さで破裂。同時に各焼夷筒にも着火して散開。花火のように見えた。着地と同時に筒の先端の火薬が炸裂し，燃える油脂を二階屋ほどの高さにまで噴出する仕掛けで，バケツ程度の水量では消火も至難。また，中心部に爆弾を仕込んだタイプもあり，重い爆弾が先に着地して「隣組（となりぐみ）」の消火陣を殺傷し，続いて焼夷筒が雨降る，凶悪にして効果万点の仕組みであった。

20）都市の集積度を減じ弱者を避難させて防災力を高める「疎開」には，人員・家財・建物，また自由・強制の6種があった。ただ，教師が引率する「学童疎開」は参加自由でも実質は強制であり，財産を減らし費用もかかる建物疎開（解体・撤去）も，ほとんどは無料の強制疎開，実質は打ち壊しであった。

21）「証明申請」の雛形が残っているが，それに付ける「申告書」なるものには，旅行目的・職業及地位・乗車区間・購入順番（もはや意味不明だが，複数の希望列車を順位付きで申告させたものか？）・勤務先住所・氏名年齢・所轄警察署長印，の諸項目がある。また，30銭の証紙貼付。出来るだけ煩瑣にして旅行を諦めさせよう，の構えだったらしい。

22）1942（昭和17）年頃から，「国民服」と称するカーキ色で軍服紛いの折立襟服と，兵隊の「戦闘帽」に似せた同色のつば付き「国民帽」とが半強制的に推奨され，背広とソフト帽は，一部人士から非国民的とも見られていた。

23）口頭発表で話した「穂高」は，当初の疎開予定先だったらしい。また「回遊券で」も間違いで，これでは通用期間が僅か4日，玉川村滞在にも不足する。半ば軍務詐称（？）の片道切符，が正解。

24）塩は，煙草と共に専売品ながら，不足原料資源の一つとして1942～1943（昭和17～18）（？）年頃から自家製塩が認められ，米と有利に交換でき闇市でも歓迎されるとあって，自然条件などは何のその，海水を煮詰めるだけの小規模製塩が全国に広まり，海岸防砂林が大きな被害を受けていた。

25）このことは完全に忘れていたが，過日，再発見。華北・華中を主に57図葉であった。一部に火熱による傷みがあり，用紙の風化も進んでいる。

26）最後の玉川村出張は9月3日からの週で，小淵沢付近や塩尻～村井の辺りを巡検した。上空をダグラスDC 3輸送機が飛び回っていたが，近くにある（らしい）米兵捕虜収容所への物資補給（パラシュート投下）が目的，とかは駅員の話。なぜ即刻解放収容しないのか？と疑問に感じたが，彼らにも都合や順序があったのだろう。学生の疎開は翌週で終了したらしく，9月29日（土）には，教室で卒業生の送別会を開いている。なお10月8日（月）に，G.H.Q.（連合軍総司令部）天然資源局の地質学者，ソープ氏他2名が教室に来訪。辻村・多田両先生も出席して「談話会」が開かれた。米・英側学者との最初の接触であった。

27）戦中の流説では，サイパン島などマリアナ基地から飛来する米軍機は，「はじめ島伝いに，やがては富士山を目標に北上し，駿河湾上空で方向を変え，目的地へ向かう。」由であった。新鋭機が目視飛行に頼るはずもないが，事実，伊豆半島の南端や駿河湾に至って転針し，京浜・中京その他に向かうのがB29編隊の一般的挙動であった。早くから攻撃目標を覚らせない戦術でもあろうが，結果的に富士山周辺は重要なターニングポイントとなり，甲府盆地経由で関東の諸都市に飛来するケースも少なくなかったらしい。そのためか，甲府市街は戦争の末期まで爆撃されず，温存（？）されていた。

28）渡辺正氏所蔵資料集編集委員会（2005：116）付録の信濃毎日新聞所載特集記事文末の［注］には，「当時の波田国民学校日誌に「九月二日…内務省国土局地理調査所開所」とある。」とあるが，二日は日曜日だった筈。岡山俊雄先生の，「九月一日に，かつて地理局のあった内務省に付設された…。」（渡辺光先生追悼録刊行会 1985：125）が正しいと思われる。

29）それら以外の写測資料もかなり含まれていた。戦後，黒砂町地理調査所地図部長時代の武田氏に事の次第を報告し，それも忘れた頃，返して欲しいと電話があり，使いの方にお渡しした。日本大学文理学部に地学科が新設され，武田氏がその教授になられて数年後，のことである。現在は，何処にどう保管されているのだろうか？

30）戦後も地理調にはなぜか残存分があり，紙質が良いので，雑用紙として白い裏面が利用されていた。例えば『写真測量』誌の編集雛形に使われたそれは，凡例に日本語訳を付した単色刷りの旧蘭印二十万分一図であった。

31）但し，資料集口絵写真，「兵要地理研究課題決定要領（図7）」のキャプション，「…研究会で配布された…」は説明不足で，この図及び渡辺正氏所蔵資料集編集委員会（2005：69-70）にある表は，研究会での討議の参謀本部側担当者による取り纏めである。「配布された」ガリ版刷りは表題末尾に「…案」とあり，「項目」欄以外は参集者自身が書き込むよう，空欄になっていた。また項目末尾の「東亜ニ於ケル米英「ソ」関係ノ歴史的並ニ地政学的考察」は，当日，参謀本部側からの提出案として追加された項目で，配布物ではここも空欄。備考欄に，「二，空欄ハ爾他ノ研究課題出デタル場合ノ予備トス」とある。原題も「東亜ニ於ケル米英「ソ」関係ノ推移・動向判断，特に北方ヨリ侵略する形態・限度」で，「北方」には「ソ」の書き添えがあり，中立条約はあっても，ドイツの降伏でソ連参戦が不測の事態ではなくなっていたことを示している。ここを「…歴史的並ニ地政学的考察」と変えたのは，恐らく研究会終了以後のことで，小牧先生以下の参入余地を設けたものと解される。また，報告書類の提出期日も備考欄にはなく，当日，口頭で告げられ，当初の「五月中旬迄報告」が，会議終了近くになって，13日（日曜）午前9時，と細かく明確にされた。余事ながら，「第一次…會合行事予定表」と共に配布された半枚の「目的」と「要領」のプリントは，表題が「部外関係者ノ統合ニヨル…會合」となっている（渡辺正氏所蔵資料集編集委員会 2005：61）が，これは刷り直して貼り付けたもの。参本の立場からは原題通りの「統合利用」でも，「利用される」側からは不愉快。礼儀知らずとも受け取られよう，と気付いた方がいらしたらしい。さすがは参謀！とお褒めしてもよいが，裏側から原題が読み取れるのは，頭隠してナントヤラのいろは歌留多。使用藁半紙が他文書よりも一段と薄かった（半ペラなのでそれでも間に合う）のが原因。紙不足の反映ながら，軍の大本山でさえも…と伝わる窮乏感もひとしお大。

32）正式名は「銃剣」で，刃渡り30cm前後の短剣。普段は腰に下げ，「肉弾戦」では，銃の先端に取り付けて槍のように使う。

33）おもに女子学生・生徒らが，学校の雨天体操場などで作った直径数十メートルの巨大風船で，水素を詰め，時限爆弾を付け，偏西風に載せて飛ばした。オレゴン州で山林を焼いた，と報じられたこともあるが，戦果はほとんどなかったと思われる。

34）戦後27年近くも経って，グアム島の地下濠から横井軍曹が発見された。「拠点」戦法は，日本軍の戦術に全面的に組み込まれていたものらしい。

35）1945（昭和20）年2月下旬，我々大学院生は，「右者（ハ）昭和十九年十二月十七日ヨリ…帝国在郷軍人会東京帝国大学分会ニ所属致候間此ノ段及御届候也」という，「職域分会所属届」なる書類を分会長（たぶん学長）宛に呈出させられている。「国民総動員」の時代とは云え，当人への告知も無しで，「在郷軍人」にされていたらしい。但し軍人給与を受けた記憶もないので，文部省の先走りだったかも。

36）1946（昭和21）年か1947（昭和22）年の頃，東大正門前で学生服姿の角田氏に出会った。軍関係者の国公立大編入学が認められた結果で，法学部に合格の由。笑顔が将校時代よりも若返った印象で，何よりもサバサバした風情であった。

37）例えば，B29は3tの爆弾を積んで8,600kmの航続距離を持ち，9,500mの高度で最高時速590kmであることなど。また，急造滑走路用資材には「鉄筋アスファルト平板」「穿孔鉄板」「金網」の3種があることやその特徴・建設所要時間なども。さらに，野砲・山砲級の小型砲弾でも，「軟土」には3m，「礫石」でも50〜80cmの地下にまで破壊力を及ぼし，中型の24cm砲では，それぞれが10〜12m，3.5〜4.5mと増大すること，などなどがわかる。これでは我が拠点群も，軍用犬が訪れる前に，悉く壊滅・埋没していたに違いない。「わかっちゃいるけど…」が軍人精神の原点だったのだろうか。

38）機種欄の「遠」は遠距離，「急」は急降下，「雷」は雷撃（魚雷攻撃）の略。名称欄の上段「　」は製造会社名，下段（　）内は「ニックネーム」。速度欄の左側は，最高速度とそれが得られる高度。

39）印刷用紙難は戦中よりも悪化し，印刷所不足も未だに続いていた。地理学界での雑誌出版は，1946（昭和21）年1月1日発行の『国民地理』がトップであったが，用紙は今日のザラ紙より遥かに軟質粗稟（そひん）（同誌の表紙は片面アート紙だが，発行元目黒書店の在庫品であった由）。しかし，2年半も後の『写真測量』初号の本文紙は，さらに粗悪で弱く，今では茶褐色に変色していて崩れるように破れる。B5判，9ポ組8ポ行間，表紙共16頁。日本地形社・富士写真フィルム・写真測量所から1頁大広告を受け，共同印刷の好意でやっと出版できた。表紙には筆者の素稿を会長に点検補筆して戴いた「発刊の辞」を載せ，理事会記事と例会等の学会消息に2頁を費やしているから，研究発表や論説は正味10頁である。

40）第1巻の次号は，翌1949（昭和24）年8月（表紙にはMay-1949とある）に第2～4号の合併号として発行した。そのころ筆者は日本地理学会の編集担当書記でもあったので，そのつてで『写真測量』の発売所も古今書院に委託し，判型を当時の『地理学評論』に倣ってA5判に縮小。本文104頁，表紙に目次，口絵にアート紙の立体写真，本文頁にも図版を載せる，と，ようやく学会誌らしい体裁を整えた。会費の他，日本地形社・写真測量所・日本航測，及び第一測量・八洲測量建設・中央測地社からの広告料（米軍写真の恩恵もあって，測量会社続出の競争期であった），前23年度の文部省「学会誌出版補助金」などにより発行出来たものだが，毎理事会の場所と書記役山本氏の労務を提供して戴いた写真測量所や発売所古今書院にも，かなりの負担を掛けた筈である。2巻3号以降に載せた学会会計の決算書でも，つねに会費収入に近い金額を「寄付金その他」で計上している。なお当時はすべてが闇価格の時代で，手帳には，「45斤，連（れん）675円＝マル公15円」の文字も残る。斤は重量から来た紙の厚さ。1連とは，洋紙全判500枚（今は0（ぜろ）判が1,000枚）。公定価格15円のものが闇値では675円と，じつに45倍もしていた。逆説的には，低すぎる公定価格が闇物価を高騰させていた。また，菊判32頁，500部での原価計算表［地理評を組見本としての計算で，組代544，刷代480，紙代3,000，製本代200 + 0.4，表紙1,000，流（通費？）250，製図代1,000，計6,474（円）で1部宛価格15円，市販売価25円が妥当，との見積］もある。以下，2巻1号，Autumn-1949，1949（昭和24）年12月発行，58頁。2巻2号，July-1950，1950（昭和25）年8月，46頁。2巻3号，Dec.-1950，1951（昭和26）年1月発行，66頁。2巻4号，May-1951，1951（昭和26）年6月発行，58頁。3巻1・2号，Dec.-1951，1952（昭和27）年4月発行，86頁，と年刊誌状態となり，最終号に至った。また，1953（昭和28）年3月の森林記念館での諸講演を主にして，『10人が語る日本と海外の航空写真』A5版86頁を，日本林業技術協会との共同企画・編集の形で，1954（昭和29）年2月に刊行（日本写真測量学会・日本林業技術協会 1954）した。

41）例えば，農林省統計調査局（1948）。これは，耕地面積または作付け面積の調査に航空写真がどれほど有効に利用出来るか，の試験調査で，申告面積との比較表もある。日本写真測量学会も協力した。また新家（1950），清水・逆瀬川（1952）など。

42）①篠（1948：66［本文頁数。以下同］），②武田（1949：183），③佐藤（1950：194），④武田（1953：265）。発行・発売所は機関誌と同じ。

## 文献

木本氏房　1941．航空写真測量と其の使命．科学知識21（11）：44-50.

木本氏房　1945．『航空測量』白水社（白水社科学選書ＸＸ）.

佐藤　久　1950．『空中写真による土地調査と写真の判読』日本写真測量学会（写真測量叢書3）.

佐藤　久　2005．地図と空中写真，見聞談：敗戦時とその後．外邦図研究ニューズレター3：61-71.

佐藤　久　2006．地図と空中写真，見聞談：敗戦時とその後（続）．外邦図研究ニューズレター4：45-68.

篠　邦彦　1948．『写真測量法概論』日本写真測量学会（写真測量叢書1）.

清水　勇・逆瀬川清丸　1952．『航空写真による地質判読の手引』（謄写版報告書）通産省工業技術院地質調査所.
シュヴィデフスキー，K. 著，武田通治訳　1939.『空中・地上 写真測量』古今書院.
新家義雄　1950. 航空写真測量について. 河川 6（2）：37-54.
武田通治　1949.『空中写真測量の手引き』日本写真測量学会（写真測量叢書 2）.
武田通治　1953.『図解射線法の実際』日本写真測量学会（写真測量叢書 4）.
武田通治　1979.『測量 古代から現代まで』古今書院.
帝国森林会編（嶺　一三・木本氏房編著）1936.『航空写真測量と其応用』丸善.
西尾元充　1969.『空中写真の世界』中央公論社（中公新書 186）.
日本写真測量学会・日本林業技術協会　1954.『10 人が語る 日本と海外の航空写真』古今書院.
丹羽長道　1938.『航空写真』共立社.
農林省統計調査局　1948.『統計調査局資料 第四輯 航空写真の利用価値の調査について』農林統計協会.
久武哲也　2005.『兵要地理調査研究会』について. 渡辺正氏所蔵資料集編集委員会編『終戦前後の参謀本部と陸地測量部――渡辺正氏所蔵資料集』5-19. 大阪大学文学研究科人文地理学教室.（本書Ⅵ-1 章）
渡辺正氏所蔵資料集編集委員会編　2005.『終戦前後の参謀本部と陸地測量部――渡辺正氏所蔵資料集』大阪大学文学研究科人文地理学教室.
渡辺光先生追悼録刊行会編　1985.『渡辺光 その人と仕事』渡辺光先生追悼録刊行会.
Schwidefsky, K. 1936. *Einführung in die Luft-und Erd-bildmessung*. Leipzig: B. G. Teubner.
Troll, C. 1939. Luftbild und ökologische Bodenbetrachtung: Ihr zweekmäßiger Einsatz für die wissenschaftliche Erforschung und praktische Erschließung wenig bekannter Länder. *Zeitschrift der Gesellschaft für Erdkunde zu Berlin* 7/8：241-298.（武田氏他による完全訳文［400 字詰原稿用紙約 140 枚分］が，筆者の手許に残っている。この古典に日の眼を見せて下さる篤志家はいらっしゃらないだろうか）

図Ⅴ-2-6　日本写真測量学会（第一次）のロゴマーク

# 第3章　第二次世界大戦中の機密図誌（海図・航空図）

坂戸直輝

**図V-3-1　坂戸直輝氏**

第4回外邦図研究会。

---

**［解説］**　以下は坂戸直輝氏の第4回外邦図研究会（駒澤大学，2003年11月9日）における発表の記録である。発表に際して，① A4版全3枚の要旨に加え，② A4版2枚の『日本水路史』（海上保安庁水路部 1971：224-227，300）からの抜粋，③ A3版1枚の水路部の地図，さらに④ A3版14枚＋ A4版1枚の『普通水路圖誌目録』・『急速覆版海圖目録』・『祕密水路圖誌目録』・『祕密航空圖誌目録』からの抜粋からなる資料が配付されたほか，各種の海図・航空図の実物も今井健三氏（日本水路協会）・上林孝史氏（海上保安庁海洋情報部）の協力により展示された。

発表のあと，坂戸氏にはこれに関する原稿の執筆をお願いしていたが，転倒による怪我のため入院され，執筆が困難になった。そのため録音テープを学生アルバイトによって書き起こし，これを今井健三氏に訂正していただいた。さらに小林が見出しなどを加えたうえ，坂戸氏・今井氏にご覧いただき，『外邦図研究ニューズレター』2号（外邦図研究グループ 2004：58-73）に掲載した。

この発表では，当初の予定の内容の半分をカバーしているにすぎず，上記の掲載原稿のタイトルも，「第二次世界大戦中の機密図誌（海図・航空図）（1）」とした。再度の発表を期待していたが，残念なことに坂戸氏は2004年9月20日に逝去されることになった（享年87歳）。まだご教示いただくべきことがたくさんあったが，ご冥福をお祈りしたい。

なお，坂戸氏には，「海図に関する昭和の技術小史──水路部とともに歩んだ60年」（坂戸 2002）という自伝的回想があるが，本発表の内容はそれではほとんど触れられていないことを付記しておきたい。

## 1．はじめに

私，先ほどご紹介に預かりました坂戸直輝です。戦前から戦中戦後，水路部にずっとおりまして，文官だったために海上保安庁に水路部が移行して以後も勤務を続け，定年（昭和52［1977］年）までおりました。最後の7年間は，海上保安学校（舞鶴）の水路教官室，室長を3年やって，それから第九管区（新潟）の水路部長を4年やりまして退官しました。それから（財団法人）日本水路協会に7年おりまして，現在の会社（国土地図株式会社）では，やはり海のほうの仕事をずっとやっておりました。

いろいろ，その間に見聞きしていること，あるいは私が勉強したことを体験的にお話したほうがいいと思っております。今までそういう話を私は何回か講演したことがあります（坂戸2002）が，秘密図誌の話をすることははじめてです。いろんな資料がありますので，まず資料の確認から行います。

## 2．水路部の位置

最初のほうは，私が説明する要旨（A4版全3枚）ですが，次の大きい図面（図V-3-2）が水路部を示す地図です。こういうかたちのときに戦災を受けたわけです。北にみえる千代橋は今の魚河岸（中央卸売市場）の通りでこのままです。築地病院と書いてあるのは，現在は国立がんセンターです。河川と書いてあるのは，高速道路になっています。

ここで大事なのは，この右下のところに経緯度基点標とあることです。これは魚河岸の正面入口のロータリーのところにあたります。道路交差点の中央にあったんです。それで，今は朝日新聞社の敷地になっていますが，そこにこの経緯度基点標という銘板がありました。つまり地理的位置に間違いなくあったわけです。

最初に海軍の観象台から天文台に移って，それから経緯度は東京天文台の測定値を用いていましたが，大正4～6（1915～1917）年水路部天測室で精測を行い，従前の経度に10秒余の誤差があることを発見しました。その天測室の元の位置がここだということです。それがなんらかの拍子で壊されちゃったんです。この経緯度基点の銘板だけでも今の朝日新聞社のところにあればいいのだけども，現在は水路部のなかの業務資料館にあります。これは是非今日来ておられる方だけでも知っていただかなければと思って，この図を使って説明いたしました。

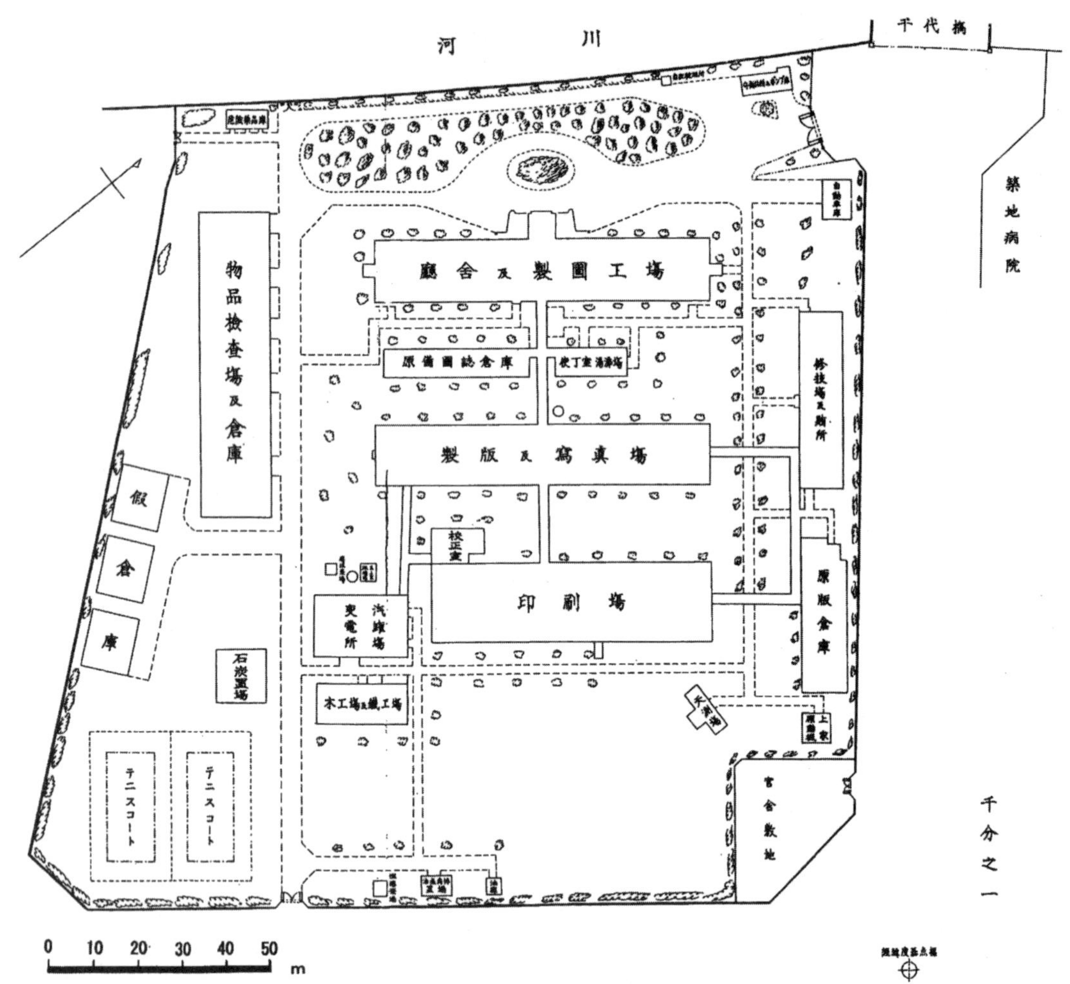


図Ⅴ-3-2　旧水路部の配置図

水路部（1933）より。縮尺の記載は編集者による。

## 3．図誌目録

### 普通水路圖誌目録と急速覆版海圖目録

その次が図誌目録です。まずはじめは，『普通水路圖誌目録』の表紙と中表紙のコピーです。その次に，どういう区域の図をインデックスではどう配列しているかという，索引図の一覧表があります。

この図誌目録はちょっと面白い。終戦直前に作ったもので，合冊になってるんです。それで，普通の人だとわからないんですけど，一冊のなかに『急速覆版海圖目録』（急速覆版海圖については後述）

という目録があるんです。その目録が大事なんですが，世界中の海図を出してるわけです。急速覆版海圖というのは全部写真版です。だいたい1,960版ぐらいあります。ここにどういう区域の海図を出していたかということが書いてあります。その次にその区域はどうだったか。索引圖第1をご覧になると，遠くアメリカのほうまで出していたということが，おわかりになっていただけるんじゃないかと思います。

## 祕密水路圖誌目録

さらに次の資料が大事です。特別に持ってきたもので，実物です。『祕密水路圖誌目録』（図V-3-3）といいます。要旨にどういう分類になってるか詳しく書いてきました。その全部をコピーするわけにいかないので，「I　軍機海圖，軍極祕海圖及祕海圖番号索引」という部分，つまりどのような海域の図が出ているかという目次と索引図の一覧表をコピーしました。どういうところの海図が出ているかおわかりになると思います。

それから，その目次に対する索引図のコピーをとりました。索引図は，ご面倒でも右左を貼っていただくと，全貌がわかると思います。これは日本からずいぶん遠いところまで出していたことがおわかりになると思います。この種の海図はだいたい500版出ていました。あとでその話をいたします。

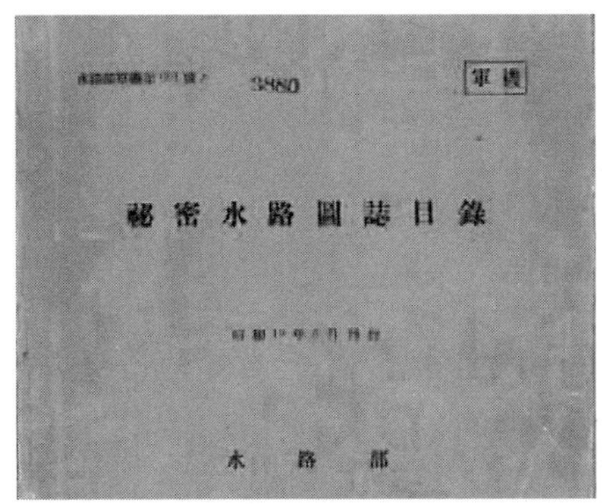


**図V-3-3　『祕密水路圖誌目録』（昭和19［1944］年5月刊行）の表紙**
左上に「水路部軍機・第601号ノ3880」と記入。

## 祕密航空圖誌目録

それから航空図です。秘密の航空図はたくさん出していました。これこそ海軍の航空隊のためにはなくてはならない図です。この目録には，目次があるんですけど，どういう地域の航空図があるかということを書いていません。そのため，索引図の目次がなく，「機密航空圖索引圖」という，索引図そのものをここに持ってきました。配付資料にコピーがある「機密航空圖索引圖第1」というのは，日本の割合に近いところを示していますが，これからはるか遠くの地域までの航空図があります。

**秘密の海図，航空図のサンプル**

次の機会には，どのようにこれらの図を編集したか，詳しいことをご説明するとして，今日は航空図というのはどういうものか，秘密の海図というのはどういうものかという，サンプルを持ってきました。いずれにしても図の周囲に赤い帯が入っているから普通の海図との区別がわかるということと，番号が1枚1枚ナンバリングしてあり，それをもとにどの図がどの配布先にいってるか，ということが記録できるようになっています。

## 4．図と図誌

それから一番はじめにお断りしなければならなかったのですが，昭和19（1944）年当時の水路図誌，航空図誌の話に関連して，用語の解説をしておきたいと存じます。「図誌」というのは，先ほど兵要地誌のお話を源（昌久）先生がされたように（源 2004），海図との関係で大きな意義をもつ水路誌なのですね。図と誌は表裏一体で，セーフティナビゲーションというか安全な航海のためには，水路誌にはなくてはならない内容の説明が書いてあるわけです。日本はもちろん，外国地域なんかものすごく詳しい水路誌がずーっと出てるんですね。

水路誌はだいたい60冊ぐらいあるのですが，そのへんがどういうふうになっているかということを参考にあとから申し上げます。それからもうひとつは，海図，水路誌の宿命として，生まれたら必ず現状を反映し続けねばならない。海図は昔からx，y，zと時間の4次元の仕事を，4次元でいくというような生命を持っています。ですから測量するときも，いつの測量，いつの水深というのをみんな記録しておきます。あとで水深はそのときの潮汐の潮位記録から換算して決めます。

海図ができたあとは，水路通報というもので水路の現状を通報するということを非常に詳しくやっています。一週間に1回，水路通報を出します。あとでまた詳しくご説明しますけども，敗戦処理のところにGHQの命令で水路通報を200冊提出するようにということが出てきます。海図と水路誌と水路通報の3つで，水路に関する情報を利用者に伝えます。これは今の電子海図になっても変わらないんじゃないかと思います。

## 5．水路部の名称と組織

**水路部の名称の変遷**

資料の説明は以上でおわり，本題に入ります。まず水路部の名称の変遷というのは，要旨の2枚目に書いてあります（表V-3-1）。水路部はずっと水路部という名称できていたのですが，水路寮という名称の時代もありました。海軍水路部というのも2年ばかり使ったことがあります。結局，いわゆる艦船だけの，軍隊だけの海図を作っているんじゃないということで，海軍という言葉をと

表V-3-1　水路部の名称の変遷

| | | |
|---|---|---|
| 水路局 | 明治 4（1871）年 9月以降 | 兵部省海軍部所管 |
| 水路寮 | 明治 5（1872）年 11月以降 | 海軍省所管 |
| 水路局 | 明治 9（1876）年 9月以降 | 〃 |
| 海軍水路部 | 明治 19（1886）年 1月以降 | 〃 |
| 水路部 | 明治 21（1888）年 6月以降 | 〃 |
| 水路部 | 昭和 20（1945）年 11月 | 海軍解体により運輸省水路部となる |
| 海上保安庁水路局 | 昭和 23（1948）年 5月以降 | 運輸省所管 |
| 海上保安庁海洋情報部 | 平成 14（2002）年 4月改称 | 国土交通省所管 |

第4回外邦図研究会（駒澤大学）の報告資料をもとに作成。

って，ずーっと終戦まで水路部という名前でした。終戦後海上保安庁に入ったことがあって，それで水路局，それから水路部になりました。でも，残念なことに平成14（2002）年に海上保安庁海洋情報部と改称されました。こういう普通名詞的なことがいいのかどうかわかりませんけど，私自身は長くいたので固有名詞の水路部が懐かしいと思います。ここでは古い話をするので水路部ということでいきます。

**水路部の組織**

それから，要旨2番目の水路部の部制組織というところに移ります（表V-3-2）。これは，戦争突入でそうとう大きくなった時代の組織のことを書いてあります。当時，第一課，第二課という名称を用いており，参謀本部の陸地測量部も第一課，第二課というようなことで，名前だけでは業務内容がわからないので，ここに書いておきます。第一部第一課では，海図や航空図の編集を全部やっていたわけです。それで，同じ第一部の第二課で製版印刷をやっていました。第二部（第三課～第五課）は観測のほうです。それから，第三部の第六課・第七課はあとで海軍気象部に移行します。それが水路部のなかにあって，ずいぶん人数が多かったのです。しかし終戦の直前には海軍気象部ができ，ちょっと人数が少なくなりました。

それからもうひとつ戦時下の部制組織としては，上海海軍航路部が昭和15（1940）年12月にできました。これは揚子江の測量をやるためです。中華民国の海道測量局というのはなかなかいいチャートを作っており，その成果は素晴らしいものでした。国際交換でどんどん来るわけです。みんな漢文で書いてあります。地名等縦書きで，向こうのちゃんとした写植式の活字で素晴らしいものでした。それがいつの間にかなくなってしまった。つまり終戦のどさくさの処理です。外国の大事な資料として，存置しておけばよかったと思います。日本の管轄の上海海軍航路部になったら中華民国で作ったそういう海図はみられなくなりました。当時の旧版の何枚か写真版が水路部にあると思います。揚子江の近所の部分です。今はそういうのをみるよりしかたがありません。

それから，もうひとつ南方海軍航路部というのがスラバヤにあり，昭和18（1943）年に測量部隊が行きました。ここでは海図も作っていたし，測量・水路探索，さらに海象観測もやっていましたけれども，戦争が危なくなって昭和20（1945）年の1月，撤退しました。上海海軍航路部のほうは，昭和15（1940）年12月にできて，そこで終戦を迎えたわけです（表V-3-3）。

表V-3-2　水路部の部制組織（昭和16［1941］年5月9日水路部令の改正）

| | | |
|---|---|---|
| 総務部 | | 各部事務の総合統一・測量艦・出師準備・軍需工業動員・図誌の準備保管出納・受託図誌・払下図誌ほか一般庶務 |
| 会計部 | | 予算・決算・収支・購買・売却・通常物品保管・出納・運搬・海軍共済組合 |
| 第一部 | 第一課 | 水路図誌・航空図誌の編集・原稿保管・水路告示・航空告示・水路・航空路及び港湾の調査研究 |
| | 第二課 | 製版及び印刷・同技術の研究・原稿保管と改補 |
| 第二部 | 第三課 | 水路測量の計画及び実施・測量原図調製・磁気の調査研究・測量術の研究・測量艇及び器材 |
| | 第四課 | 潮汐・潮流観測の計画と実施・験潮所及び器材・天文及び潮汐の諸元推算と研究・天文及び潮汐図誌の編集と原稿保管 |
| | 第五課 | 海象観測の計画と実施・海象通報・観測船・観測所・器材海象の調査研究・関係図誌編集と原稿保管 |
| 第三部 | 第六課 | 気象観測の計画と実施・気象観測所・器材 |
| | 第七課 | 気象の調査研究・兵用気象通報・気象に関する図誌の編集と原稿保管 |
| 修技所 | | 海図・航空図編集，製図・製版・印刷，測量・天文・潮汐・潮流・海象の業務に従事する者の教育 |

第4回外邦図研究会（駒澤大学）の報告資料をもとに作成。

表V-3-3　戦時下の国外組織

| | |
|---|---|
| 上海海軍航路部（昭和15［1940］年12月） | |
| 南方海軍航路部（昭和18［1943］年3月～昭和20［1945］年1月） | 南西太平洋一体 |

第4回外邦図研究会（駒澤大学）の報告資料をもとに作成。

## 6．図誌の細目

### 水路図誌の細目

要旨の次のページでは水路図誌，航空図誌の細目に触れています。これは，昭和10（1935）年に，海軍大臣名で決めたものです（海上保安庁水路部 1971：304-306。なお，本節の表記はこれにみえる「水路図誌及航空図誌経理規程」に従う）。水路図誌には大きく分けると，まず秘密水路図誌があります。それから普通水路図誌です。秘密水路図誌に出ているものは秘密で，その細目はどれをみても「機密」という言葉がついています。

秘密水路図誌のなかに，小分類としてまず（イ）機密海図と（ロ）機密水路書誌があります。ついで（ハ）機密ニ属ス仮製ノ水路関係図誌，さらに（ニ）機密告示となります。告示というのは，通報のことです。

それから普通に出版されていた海図に関連する普通水路図誌となります。（イ）普通海図，（ロ）普通水路書誌，（ハ）機密ニ属セザル仮製ノ水路関係図誌とありますが，ここでひとつ取り上げたいのは（ニ）雑用海図です。これはもう，みなさん年輩の方には懐かしい思い出ではないかと思うのですけれど，雑用海図は同じ区域について同じ原版から薄紙に印刷したもので，安く買え，港湾修築用，調査研究用に非常に便利でした。雑用海図は，終戦後もまだ出していていいなと思ったんですが，昭和 57（1982）年にどういうわけか廃止になりました。

雑用海図の次は（ホ）水路ニ関スル普通告知報告用紙類です。これは，船舶がいったん航海すると，どういうような状況で航海したかということを必ず水路部にレポートしてくるんです。出航するとき，その用紙をみんな持っていってもらうわけですね。漁船でもどんな小さな船でもどんな大きな船でも，もちろん艦隊でもみんな持っていくわけです。それでどういうところを航海して，どういうふうにしてきたかっていうような情報とか，あそこの目標はどうも，この海図じゃまずいからこういうふうに変えてもらわないと困るとか，顕著な目標の書き方がまずいというような，いろいろなことを書く航海報告の用紙です。

### 航空図誌の細目

次の航空図誌は，水路図誌と全く同じような分類になっています。秘密航空図誌のなかに，（イ）機密航空図，（ロ）機密航空書誌，（ハ）機密ニ属ス仮製ノ航空関係図誌，とみんな同じような名称です。報告用紙（［ニ］航空路ニ関スル機密告示類）も同じです。普通航空図誌も普通水路図誌に対応しています。

## 7．海図の区域

それからもうひとつ説明しておきたいのは，海図の区域です。海図はそうとう昔から刊行区域というのが決まっているわけです。どういう区域を対象に出すかということは，『普通水路圖誌目録』索引圖第 1 をみていただくとよくわかる。ここでは第 1 區（東経 90 度～ 170 度，赤道～北緯 65 度の範囲，および，東経 170 度～ 175 度，北緯 4 度～ 20 度の範囲），第 2 區（東経 30 度～西経 70 度，南緯 60 度～北緯 70 度の範囲，ただし第 1 区およびアメリカ東岸・地中海以北を除く），第 3 區（第 1 区，第 2 区以外の区域）と分けて，各区ではどのくらいの縮尺まで示すとか，メートル式にするとか，やかましい規定がありまして，そういう区域ごとに海図を出してたわけです。先ほどのこの索引圖第 1 をみていただくと，世界中について出していたことがわかります。

## 8．秘密海図と秘密航空図

次に秘密海図と秘密航空図についてお話しします。『祕密水路圖誌目録』の目次の「機密海圖」の下に，「Ⅰ 軍機海圖，軍極祕海圖及祕海圖番号索引」と書かれています。この場合，「軍機海圖」というのが一番ウエートが重く，「軍極祕海圖」というのがその次，「祕海圖」というのは取り扱いが割合に楽でした。軍機と軍極祕には海図番号のあとに小番号がついていて，どこに何が，たとえば戦艦大和には何号の何番がいっているか，水路部には何号の何番がいっているか，わかるようになっていて，取り扱いが非常にやかましかったです。「祕海圖」ではそういうことはありませんでした。

航空図については，『祕密航空圖誌目録』の目次では細かく分かれておりますけれども，実際は「祕」しかなく，水路部の長い歴史で，秘密航空図は「祕航空圖」しかありませんでした。あと，軍極祕の何々，軍機の何々というのは航空雜圖にもあります。先ほどちょっとお話が出ました兵要や航空気象がそういうものに含まれていました。

『祕密水路圖誌目録』の索引圖第1（索引圖區域一覧圖）をみますと（図V-3-4），秘密海図の刊行区域がわかります。これで500版もある。日本領はもちろんですけども，ずっと南方のほうからはじまって，ニューギニアのほう，それからアンダマン群島，モルディブ（図ではマルダイブ）群島，東のほうはギルバート諸島，ハワイ諸島，択捉島なんかもあります。

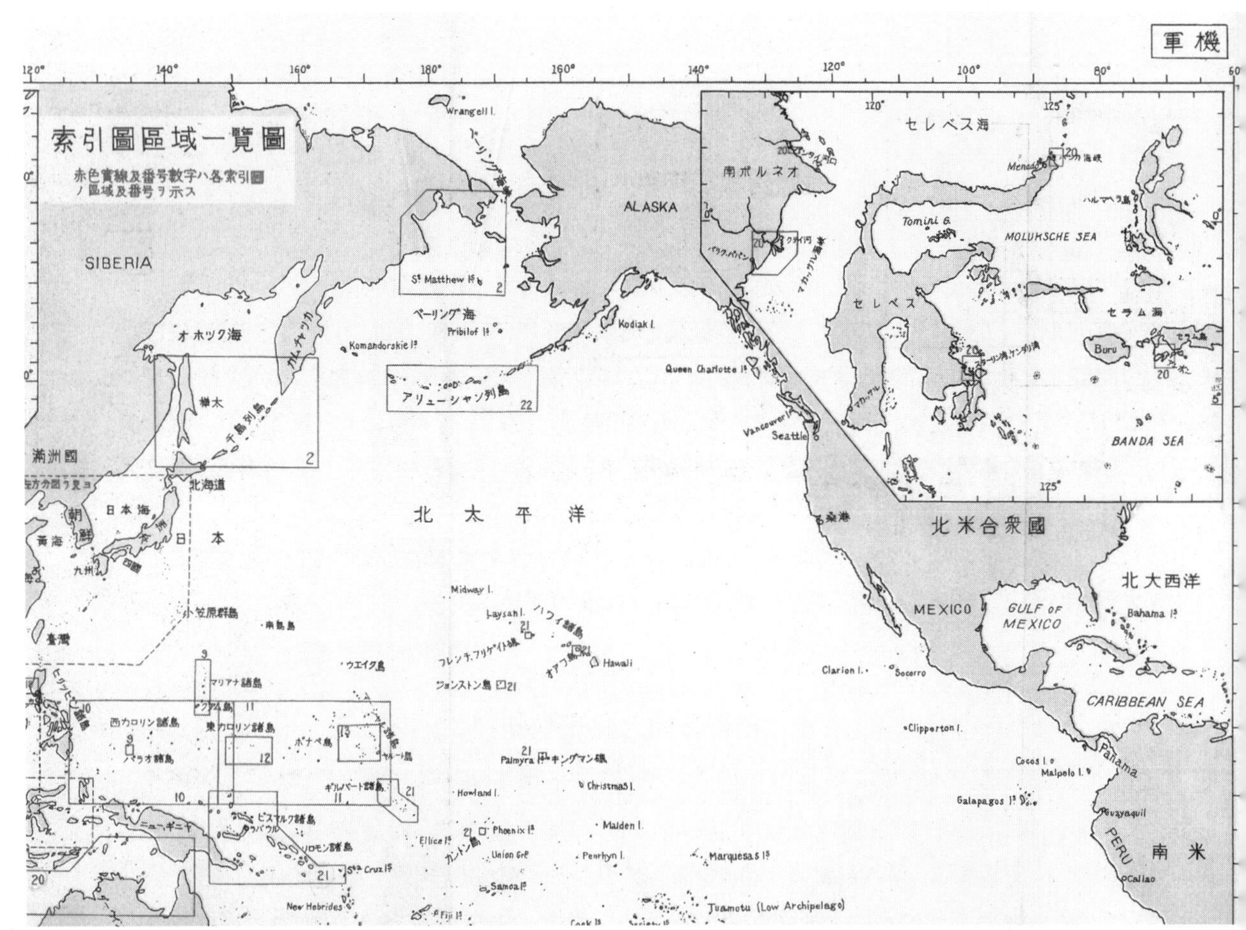


図V-3-4 『祕密水路圖誌目録』（昭和19［1944］年）の索引圖第一（部分，原図はカラー）

## 9．国際水路局脱退と急速覆版海圖

次に国際水路局からの脱退の話をします。水路部は，同局創立当初の大正10（1921）年から国際水路局に入っていたわけです。日本が国際連盟を脱退してからも，続けて加盟していたのですが，とうとうやむを得ずに昭和15（1940）年に撤退したというか，脱退したわけです。

先に中国の海図に関連してお話ししたように，加盟している頃は，各国の海図は無償でどんどん交換しなくてはならなかったんです。しかし脱退によって，そういう交換がとまり，全部の国から海図が来なくなりました。漁船だとか大きな船舶とかは，海外に行って買うこともできるかも知れないが，それも買えなくなった。もうシャットアウトされたわけです。そうすると手に入るのは，水路部にある現品というか，今まで来ているもの，確保していたもの，あとは各国公館に当時は海軍の武官が行っていましたから，そういうところから来た海図を，急速覆版しなければならなかった。世界中のこうした海図を出さないと，航海できなくなったら大変だということで作ったのが急速覆版海圖です。これには１万台の番号が入っています。

これは表題だけ和文にしたものを貼って，あともう全部原版のままです。もし水深が入るものなら，どんどん加えるし，もう水路部だけでは印刷できなくなって，民間の凸版印刷・大日本印刷・共同印刷でも印刷しました。こうした印刷所を示す記号が外図郭線内の右下隅に印刷してある。それがないのは，水路部の直営です。こういう海図が相当量あります。その目録はB4判で，217ページもあり，膨大な量です。まあだいたいこんなことで図誌の刊行は終戦を迎えたわけです。

## 10. 水路部の製図と印刷

さて終戦を迎えるとき，あるいはそれまでに私がいろいろ経験したことをこれからお話していきます。水路部というのは昭和8（1933）年に建てられた割にモダンな建物で，最初から機密の海図を作る場所をちゃんと作ってありました。図Ｖ-3-2の庁舎及製図工場の一番左のほうにある軍機室で軍機の海図を作っていました。私も入って，こういうところがあるのかな，と思いました。部屋のなかにまた部屋があり，中側はそこだけ格子で囲まれていました。

そこからずうっと抜けていくと，印刷工場があります。製版印刷というのをやってから流れ作業で一番終わりの印刷場にやってきて，輪転機がたくさんありました。

ここの印刷場は格子があって，印刷しているところのほか，事務をやる部屋，それから刷ったものを持ち出すときにきちんと数えなければならない，そういうことをやるような部屋が外からみえました。

それから毎週毎週水路通報というのが出て，そういうものを切って貼らなきゃならない。通報や補正図などです。機密図誌は，その取り扱いが非常にやかましくて，甲板士官というのがおりまして，そこに持っていくのは任官した人じゃないといけない。焼却場で廃棄した紙を燃やす場合も，燃え尽きるまでそばにいるわけです。そういうことを，ずいぶん神経を使ってやらなきゃならない。そういう点は，陸地測量部も同じでしょうけど，やかましかったです。

印刷場には何回も仕事で行きました。あるとき，鉛をいれて赤表紙を作っている製本工の女の人をみました。水路図とか水路誌じゃなくて，軍令部の兵要関係の暗号電報用の乱数表だろうと思います。海軍がそういう秘密の印刷物を作るのには，水路部以外にないからです。そういうのを私，目の当たりに何回もみました。私は所属の第一課で，印刷は第二課ですけれども，ここに入るのはなかなかやかましかったのです。よく行きましたが，何か異様な感じがしました。

ときを経て，『戦艦大和の最期』という吉田満（1923–1979）の小説（吉田 1952）を読んだら，やっぱりそうだったなと思いました。戦艦大和や武蔵のような大きい軍艦になると艦橋は上下２階になっているんですね。上がやられたら下を使うわけです。吉田満は，副電測士の少尉で，東京帝大出で，学徒で入ったらしいのですが，主要な地位にいたので，海図のこともずいぶん詳しく書いてあります。出撃の部分では，海図について手にとるように書いてあるのです。今お話ししたのは，この小説の「最終処置」という小章題のところで，ちょっと読みます。

> 暗号士ヨリ暗号書ノ処置終了ヲ伝声管ニテ届ク――自ラノ腕ニ軍機書類一切ヲ抱キ，艦橋暗号室ニ入リテ内ヨリコレヲ閉ザセリ，ト
> 敵ノ入手防止ニハ完璧ヲ期セル暗号書　鉛板ヲ表紙ニ打ッテ沈降ニ万全ヲ期シ，更ニ潮水ニアエバトケ去ル特殊「インク」ヲ以テ印刷シ，且活字ノ跡ヲ消ス為文字ト異ル紙型ヲ二重ニ強ク刻印セリ　シカモ暗号士，身ヲ以テ機密ヲ保持セザルベカラズ

私のまわりに毎日毎日そういうことをやっていた人がたくさんいた。文字を裏側にしてやっていたのはそれだな，というふうに思いました。

図Ⅴ-3-5　第４回外邦図研究会での坂戸氏

# 11. 水路部の空襲と終戦

## 空襲

昭和20（1945）年3月10日の空襲で，水路部は大きな被害を受けました。昨日の渡辺正さん（当時参謀本部）の話じゃないけど，水路部でも当時は交通機関が不通になっても出勤せよというので，私も何回か歩いて通いました。3月10日のときには，たしか歩かないで済み，交通機関が動いていたと思います。方々がひどい状態になっているので，どうかなと思って行きました。水路部は本庁舎が焼けてませんから，ああいいな，と思って入っていったら，製版印刷のほうがどうもただごとじゃないんですね。焼夷弾で全部やられて。

ただし測量原図とか経緯度成果表とか大事なものが全部入っていた，後ろのほうの原版庫には焼夷弾が落ちませんでした。これで測量原図が助かったのは，あとの水路業務遂行のためにどのくらい役に立ったかわかりません。

当時の記録としては，原版庫が無事で，測量原図がOK，しかし図誌の倉庫が焼けました。図誌倉庫というのは，物品検査場および倉庫です。ここに全部刷り上がった海図が入っていたわけです。ここが，3月10日に撃ち抜かれたから，海図が焼ける，航空図が焼ける，水路誌が焼ける，大変だったわけです。それを，毎日毎日整理するのですが，風で魚河岸（中央卸賣市場）のほうから銀

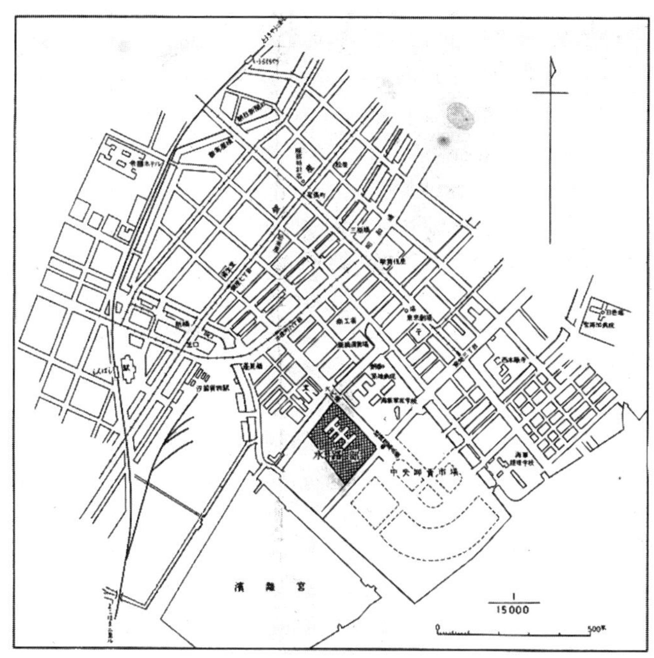


図V-3-6　水路部の位置

水路部（1933）より。

座通りのほうにどんどん飛んでくわけです（図V-3-6）。魚河岸のほうから。軍人は飛ばさないようにしろっていうけど，飛ばさないようにすることができません。これは，あ～と思って空を仰ぐよりしかたがない。そういうような毎日でした。今でも思い出します。機密の図類が全部焼け飛びまして，非常に大変だったわけです。

### 終戦と水路部の移管

昭和20（1945）年3月10日の空襲のあとは，焼けあと処理やなんかをやっていて，まあそれでもってとうとう終戦になったわけです。私はこの終戦のときにちょうど，水路部修技所特修科[1)]にいて練馬のほうに疎開していました。水路部は方々に疎開してまして，修技所は練馬の開進第一国民学校校舎に全部疎開してたわけです。そこに通っていました。学生が5人いて，それらが移管の手伝いをやったわけです。

直接私はみてませんが，『日本水路史』（海上保安庁水路部 1971：224-227）の終戦に関する記述資料のなかに，どういうことから移管になったというようなこと，それから終戦になってどういうものを提出しなければならなかったということが書いてあります。

まず昨日の陸地測量部から地理調査所への移管のお話のように，水路部が残ったというのは，『日本水路史』に書いてありますように，沿岸海上交通の不安を一掃するための水路測量の必要性というのが第一の理由です。『日本水路史』（海上保安庁水路部 1971：300）の「連合軍最高司令部（GHQ）一般命令第1号」（昭和20［1945］年9月2日）の（ロ）に「航海ヲ便タラシメル一切ノ施設ハ直ニコレヲ復活ス」とあります。これを受けて水路部はずっと仕事を続けていけということで，素直に残ることができたわけです。これに加えて，昭和20（1945）年12月26日付のGHQからの覚書（海上保安庁水路部 1971：226）には「日本水路部は下記制限内において平時の一般業務遂行を承認する」とあり，そのあとに「今後すべての水路部刊行物は制約を受けない」とあって，どんなものも出してもいいということになったわけです。

この覚え書きには，さらに「他国調製に属する秘密海図を覆版しない」とあるほか「日本海図にアメリカ海軍水路部制定の図式を採用し，おもな表題および水路記事に英訳をつける」とあって，アメリカの図式を使うようにしました。しかし，アメリカの図式については，翌年（1946年）4月17日の覚え書きで取り下げられたので助かったわけです。

なお12月26日の覚書には，さらに「なお水深は従来どおりメートルで表示して差し支えない」とあります。アメリカでは今でも海図はメートル式ではない。世界の全部の国でメートル式になってないわけです。国際水路局に入って，そのリコメンデーションによりながら，メートル式になっていない国があり，そのなかには大国もあるんです。英国がやっとやっとそうなったくらいで，アメリカはまだなってない。そろそろなる頃だと思います。

12月26日の覚書には，その次に「日本水域における必要な測量は当司令部の許可を要す」とGHQの許可がいるとしている。これは占領当時当たり前ですね。さらにその次に，「日本水路部が毎週発行する水路告示は，その都度英文版200部を連合軍最高司令官あてに提出を要す」とあります。これは水路通報です。すでにお話ししましたように，海図と水路誌と水路通報というのは切っても切れないもので，水路通報がないと，向こうでも困るからでしょうね。そういうようなことから，向こうからいろいろ監督する軍人が来るようになったわけです。

**国有財産資料の引き渡し**

終戦の処理のなかで，国有財産資料のアメリカ軍への引き渡しについては，『日本水路史』（海上保安庁水路部 1971：224）に記載があります。当時はどこの役所もそうですけど，武官の軍人と文官の高等官が一緒になって分担して任務についていたわけです。それで幹部がメインになって，（昭和20［1945］年）9月4日から11月8日までかかって出したわけですね。図面として提出したのは普通海図はもちろん，秘密の軍機・軍極祕・祕の海図全部。祕の航空図，その他の祕の機密航空図，そういったもの全部。それから祕の水路誌，祕の航空通報，祕の水路通報。

あとは原図のほうです。測量原図を全部提出しなきゃならなくなったんだけども，日本側でもこれからの仕事があり，戦後の日本領の区域は原図がないと困るから，持っていこうとはしませんでした。そのかわり，そのものと同じものを2枚，できあがりをきれいにしろというような注文で，当時は，まだゼロックスもありませんで，毎日青焼きを作って水洗いしたのを輪郭で切って乾かしたりしてるのを目の当たりにみたのを覚えています。

提出しなければいけなかった測量原図は，日本領でなくなったところですね，千島，樺太，奄美大島，小笠原，それから沖縄の大半。そういう測量原図は，経緯度成果表とともに，全部の英文のリストを作って提出しました。その後，奄美大島とか小笠原，それから沖縄の返還のときには，測量原図は一括関係書類と一緒にきちんとしてひとつも痛まないでちゃんと返してくれました。これはまあたいしたもんだと思いました。

## 12. アメリカ海軍水路部への留学

ときを経まして昭和36（1961）年頃，私は1年間アメリカの海軍水路部に留学しました。そのとき，全部で10人，外国人が教育を受けました。最初の頃に見学があり，チャートライブラリーという海図の図書館に行きました。素晴らしい部屋で，持てる国はこんなにスペースもあるのだなと思ってびっくりしたわけです。そこに日本で接収された軍機図がありました。南洋群島とか，日本のも全部あるのです。全部出てきました。日本のように，地図ケースにうんと詰めてないから，楽々出てきて，日本でももう少し何とかならないのかなと思いましたね。地図に対する考え方が，日本は本当にお粗末でしたね。

アメリカ海軍の水路部は，今は国防省画像地図庁というかたちで陸の地図と一緒になっていますけども，それでも同じように，きちんとなっていると思います。おそらく陸の地図のほうもきちんとなっていると思いますね。

アメリカでは，図面に対する愛着というか，丁寧さがあって，日本の海図はよくできているとインストラクターが説明したときには，私もまだ，英語が慣れないのに，その日ばかりはちょっといい思いをしました。他の国は東南アジア系の人が多いから，自分の国で出しているのは英国版海図が多いんですね，インドだとかパキスタンとかそういうところから来ていました。そういう国は，おそらく英国の海図でしょうね。当時としては何千版という日本の海図が向こうに行ってたんです。部屋なんかも蛍光灯で，ちゃんと１人か２人いましてね，鍵を開けて入ったときに人がいるんじゃなく，いいコンディションで保存されているんです。

## 13. 拿捕海図の調査

それからもうひとつ，昭和17（1942）年に神戸に出張に行ってくれということで，大友という海軍大尉と，村井という技手と，それから一番若い私が下っ端で，３人で行きました。はじめは何しに行くのかさっぱりわからなかったのですが，山下汽船がシンガポールで海図を拿捕してきて，その調査を全部やってくれというのです。使えるものあるかどうか，掘り出し物があるかどうか，それを水路部の目録と対照して全部検査するわけです。山下汽船の人から連絡があって，英国の海図だということがわかったから，英国関連の目録を持っていきました。

倉庫に入っていったらすごい夏の暑さで，何日もこんなところでやるのかと思いました。１枚１枚海図を目録であたるのですよ。いくつか掘り出し物があり，そのなかで一番は，英国の秘密海図のインデックスで，これは赤色です。（参加者からの「鉛は入っていなかったのですか？」という質問に対し）鉛は入っていませんでした。英国の海図は，少しハードカバーでしたけどね。

その仕事がお開きになって，姫路に私の親戚がいたので，寄ってちょっと羽のばして帰ろうと思ったのです。ところが坂戸，これを持っていけっていうんですね。これは命より大事な大変なものだと大友という大尉がいうんですね。そんな思い出があります。そういう拿捕したものが，何図か覆版海図になっているわけです。

## 14. 今後の研究にむけて

そろそろ終わりにしますけど，外邦図と海図・航空図の関係について私の思っていることを話させていただきます。普通海圖と急速覆版海圖，これは外邦図をお調べになるときに是非使っていただいたらいいと思いますね。昨日ちょっと東北大学の渡辺（信孝）さんから，東北大学の外邦図目録（東北大学大学院理学研究科地理学教室 2003）をみせていただきました。素晴らしいインデックスで，日本のだけではなくて外国の地図・海図も大学のような機関でやっていっていただかないと，だんだん捨てられていくようになるんじゃないかと思います。急速覆版海圖だっていつかは処分されるでしょう。

急速覆版海圖はありとあらゆるところの海図を出していますからね。しかも写真覆版で，調査をするときに非常にいいですね，書き直しているのじゃないですから。英国海図が主で，フランスのを覆版したのもあります。『急速覆版海圖目録』をみると，どこの国の海図を覆版したかってちゃんと書いてあります。沿岸航海用海図にも沿岸目標や地名やなんか書いてあるんですね。インドの英国海図で素晴らしいのがありますから，一度みていただければと思います。

あとは秘密の海図ですね，今日お配りしましたので，どういうところについて出ているのかはおわかりになったと思います。それから秘密の雑図と書いてあるところに，海象気象圖というのがあります。これは見逃しがちですが，たくさんあります。外邦図の資料として海図も系統的に使っていただくことが大事だと思います。

あと，航空図は意外と役に立つかもしれません。向こうに展示しているのは海南島の航空図です。航空図は外邦図の兵要地誌関係を調べる資料になるのではないかと思うのです。どうしてかといいますと，航空図にあらわれる陸部の資料は水路部にはありませんから。当時の参謀本部の陸地測量部から取り寄せるとか，海軍の駐在武官から何とかして資料を手に入れて，しかも色刷で作ったということは素晴らしい内容です。

航空図は，地図の投影の話になりますが，基準緯度を最初に計算しなければならないのです。全部メルカトル図法ですから。日本の付近は緯度35度で当たり前なのですけれど，航空図は世界中緯度35度でやっているんです。図の接合が自在で飛んでいけるぞという，大きな漸長図法というか，メルカトル図法を想定していました。

それからもうひとつ，航空図では地名が全部カタカナです。なんでそうなったかというと，海図は，ほとんどが昔の商船学校を出た人やあるいは兵学校を出た人が使いますから，英語で大丈夫です。航空図の場合は，軍用機に1人で乗ることもある。また地名が横文字で読みにくいということで，最初から全部カタカナです。そのカタカナの地名調査がなかなか大変で，膨大な仕事量でした。海軍航空図の製作には地名の係員が20名ばかりいましたけど，そういう人たちだけでは足りないので，当時の文理大の地理科の学生が20名，東京の女子大の英文科の学生が80名，やはり戦争ということで動員できたんでしょうね。それで，東大の辻村（太郎，1890-1983）さんとか長谷部（言人，1882-1969）さん，外国語学校の朝倉（純孝？）さん，文理大の田中（啓爾，1885-1975）さん，内田（寛一，1888-1969）さんといった教授が水路部の嘱託となって，カタカナの地名をちゃんとルールを作って決めた。1地名1カードで作業した。大変な仕事でしたので，地名調査のことは忘れないでいてもらいたいです。

# 15. その他の資料

**祕密水路誌**

水路部の資料として，これ以外に，海図に対応する赤表紙の祕密水路誌があります。水路誌は1巻から4巻，日本中と外国地域がそうとう詳しく出ているわけです。第1巻が本州，南方諸島，内海，北海道，樺太南部，第2巻が九州，南西諸島，台湾，朝鮮，黄海北濱，第3巻が南洋群島，マリアナ諸島，カロリン諸島，マーシャル諸島。南洋群島は日本の生命線でした。第4巻は，シベリア沿岸，満州国沿岸，支那沿岸，東沙島沿岸です。

先ほどお話しした測量原図の提出のときには，南洋群島の測量原図は全部提出しました。南洋群島は日本領だったわけですから，大変な量の測量原図がありました。日本本土から三角測量が届きませんので，あそこだけのちゃんとした三角測量がありました。

**海陸兵要圖**

最後に，海陸兵要圖があります。水路部は，今の建物に建て替えるときに，第二大蔵ビルという，有楽町のほうに一回引っ越したんです。引っ越しするときに既にもう，海陸兵要圖関係資料が処分されました。それから向こうから帰ってくるときにもまた処分されてしまいました。本当はできあがってから全部ゆっくり処分すればいいのに。

国土地理院が移転するときには，五条さんという方を知っていたので，「五条さん，不要な図は移転後に処分すればいいんですよ」って言いました。だから地理院ではちゃんとなっていると思います。そういうことで，水路部には海陸兵要圖もあったんですよ。

海陸兵要圖というのは，水路部軍極祕・水路部軍機，軍令部軍極祕・軍令部軍機，軍令部祕というのが肩書きのチャートなんです。保存しておかなきゃいけなかったんですね。おそらくアメリカには接収されたのではないかと思います。それがわかっていれば，私，昭和36～37（1961～62）年に行ったときに，みせてくれと言ったら，おそらくみせてくれたと思います。海陸兵要圖は，水路部よりも地理院のほうがきちんとしているんじゃないかと思いますね。水路部と連絡して，所在のほうを調べて，どこかできちんと管理して，目録を作っていただくというのが大事だと思います。

今日は私が水路部におりました当時，今まで表に出してない海図などをおみせして，皆さんこういうものがあるということを知っておいていただいて，じゃあこれのどこがみたいというのはまた次の段階とさせていただきます。今回はまず概要だけを整理いたしました。

# 16. 質疑応答

以下の質疑応答の記録については，特に質問の場合，録音状態が悪く，充分にテープ起こしができなかったところが少なくない。以下では，したがって主として坂戸氏の談話を収録した。なお，京都大学文学研究科地理学教室蔵の地図・海図については，石原（2004, 2005）ならびに山村（2004）を参照していただきたい。

Q．海陸兵要圖について，作られた範囲，大まかな縮尺，何を目的としていたかなど，もう少し詳しく教えてください。

A．私の頭のなかにあるのをお話しするのならいいのですが。縮尺もある程度まできちんと決まっていましたし，刊行範囲も決めてやっていたんでしょう。国土地理院のほうは陸海編合圖といっていたんですよね。水路部のほうは海陸兵要圖で，水路部にいけば，資料があると思います。（中略）わかりましたらまた連絡をとるようにします。（中略）

私はどこにどういう資料があるという所在目録があって，そこに海図が入っていればいいと思います。どこかでちゃんとした海図をふくめた目録を作っていただきたい。水路部自身もなかなか場所がないので，とっておくのは難しいそうです。私もOBとしてどうしてなのかなと思うんですけど，水路部も多目的になって，海図を中心とした仕事の他にもやらなきゃいけないことが多いから，なかなか大変らしいですね。

Q．航空図にカタカナ地名を入れるときに，いろいろな地理学関係者を雇ったわけですね。

A．私の記憶では，東大の辻村さん，長谷部さん，外国語学校の朝倉さん，文理大の田中さん，内田さんです。

Q．名簿かなんかは残っているのですか？

A．残っていると思います。あともうひとつ，戦争がだんだんひどくなるときに，陸のほうも，海のほうも，なるべく日本の地名をつけようっていうことがあったわけですね。海軍は海軍で日本の地名をつけようと思って，陸のほうと連絡をとるようなことをやっていた記憶があるんです。たとえば，マリアナ諸島の「マリ」は毬などです。そういうちょっと特別おもしろい地名，そういうのを学会で取り上げたらどうかと思いますね。もう少しソフトな話も聞けるんじゃないかと思うんですね。

Q．シンガポールで接収した英国の秘密図のリストのその後は？

A．その後は，私もその担当じゃなかったものですから。おそらく終戦までは大事にとっておいたでしょうね。終戦のときに隠しておいたらよかったでしょうけど，おそらく処理しちゃったんでしょうね。アメリカのは拿捕しようと思ったらできたでしょうけど，英国のはなかなか手に入らなかったと思うんですね。ちゃんとリストをアップデートするために，日本の図誌目録と同じように手書きでみんな書いてあってですね。

Q．この話はどこかにもうお書きになったのですか。

A．今日話した内容はどこにも話してないんですよ。だからこの資料もあんまり出席した人の手元にだけ置いておいていただいて，これを次の会議のときにもう少し補うようにしていくとよいと思います。

（特に京都大学総合博物館収蔵の明治40年代～大正期の海図をめぐって）

役所では，大学とかアメリカの水路部のように，丁寧に地図・海図を扱うということがないように思います。大学できちんと保存して，当時の図誌目録とすぐわかるようにしておいていただければいいと思うんです。また当時は，日本の海図は航海専門の主題図とはいいながら，基本図にも使えるような内容に編集してあります。陸を全部省略しろという時代ではないですから。京都大学に保存されているような海図は，大事に保存していただきたい[2)]。（中略）

海図だけではなくて，水路誌も大事です。軍機の水路誌で，そうとう使える記事がたくさんあるんですね。それは倉庫に埋もれてしまうのはもったいないと思うんですね。たとえば，この前水路部で講演したときにも話したのですが，横須賀軍港に戦艦大和とか，武蔵だとか，ああいう超大型艦が入るのに，錨かけをします。海図には錨は描いてありますが，どういうふうに錨をかけたらいいかという図面が，水路誌にはちゃんと大きく，こういうふうにとるっていう角度までみな書いてあるんです。またたとえば，当時の徳山の燃料廠で，どういうふうに着岸するか，大型艦はどういうふうにつけたらいいか，ということがよく書いてあります。当時はそういうことをするのが当たり前だったのです。

次回には，水路誌のそういうものもできる限りおみせできればと思います。海図だけじゃなく水路誌も。

注

1）技師または修技所高等科卒以上に指定事項を専攻させるために必要に応じて設置（海上保安庁水路部 1971：216）。

2）（今井氏の補足発言） 水路部には，明治20年代のものから現在まで海図がそろっていますが，残念ながら水路通報によってアップデートされて訂正されています。ですから初刷りのものはあまりない。京都大学にあるのは修正されていないので，海岸線などについて，貴重な資料になると思います。旧版海図は内湾の環境問題の研究によく使われています。旧海岸線が埋め立てや防波堤がない状態でどのように湾内の海水が流れたのか，ということをシミュレーションによって知ることができます。京大が持っている海図は貴重なので大事に管理していただきたい。

文献

石原　潤　2004.「外邦図」のこと．外邦図研究ニューズレター2：ⅰ-ⅳ．

石原　潤　2005．解説．京都大学総合博物館・京都大学大学院文学研究科地理学教室『京都大学総合博物館収蔵外邦図目録』ⅰ-ⅳ．京都大学総合博物館・京都大学大学院文学研究科地理学教室．

海上保安庁水路部編　1971．『日本水路史──1871～1971』日本水路協会．

外邦図研究グループ　2004．『外邦図研究ニューズレター2』大阪大学大学院文学研究科人文地理学教室．

坂戸直輝　2002．海図に関する昭和の技術小史──水路部とともに歩んだ60年．地図（日本国際地図学会）40（2）：12-20，40（4）：24-41．

水路部編　1933．『水路部案内』水路部．

東北大学大学院理学研究科地理学教室　2003．『東北大学所蔵外邦図目録』東北大学大学院理学研究科地理学教室．

源　昌久　2004. 兵要地誌類作成過程に関する一研究――関東軍をとりあげて. 外邦図研究ニューズレター2：54-57.
山村亜希　2004. 京都大学総合博物館収蔵外邦図の目録作成作業について. 外邦図研究ニューズレター2：74-77.
吉田　満　1952.『戦艦大和の最期』創元社.

# 第4章　史実調査部と地図の行方

田中宏巳

## 1．はじめに

敗戦直後にアメリカ軍が行った資料の接収について，その事実だけは知られているが，GHQ自身が立てた計画に基づき，復員省史実調査部が行った資料の蒐集，聞き取り，データ整理，戦争記録の編纂についてはほとんど知られていない。敗戦直後の数年間，史実調査部が太平洋戦争に関して行った資料蒐集，戦闘経緯や背景の骨格づくりがなければ，太平洋戦争の戦史編纂や研究は，今とは異なる方向に展開していたのは間違いないと思われるほど大きな意義を持っていた。

本論では，史実調査部の任務が陸地測量部の後身である地理調査所とどのように関係したかをさぐりながら，史実調査部の調査活動の問題点を明らかにし，さらに史実調査部から史実研究所が独立していく経緯を俯瞰する。また地図は軍人にとって必需品であり，それだけにありふれ過ぎて記録に残りにくいが，史実調査部から史実研究所への展開における地図の流れに焦点をあててみる。

なお復員省には，陸軍兵の復員業務を行う第一復員省，海軍兵の第二復員省とがあり，それぞれに史実調査部が置かれたが，本論で対象とするのは第一復員省の史実調査部である。また，資料の引用に際しては常用漢字を用いる。

## 2．史実調査部と地理調査所

終戦直後，海軍は米内光政の指示で独自に戦史編纂を行うために委員会を設置した[1)]。しかし1945（昭和20）年10月12日，GHQは日本政府に対して「戦争記録調査の指示」（日本国政府宛命令第126号）を発し，GHQ主導の資料蒐集がはじめられることになった。実際に作業をするのは陸軍と海軍だが，軍政関係であれば陸軍省と海軍省，軍令関係であれば参謀本部と軍令部になるのが建前であった。だが開戦及び敗戦に対して責任を負わねばならなかったのが軍令機関の参謀本部，軍令部であり，GHQが廃止の意向であることがすでに漏れており，実際に3日後の10月15日に軍令部が，11月30日に参謀本部が廃止されている。こうした情勢であったため，まだ存続の可能性が残されていた陸海軍省にそれぞれ史実調査部が設置され，戦争記録の調査を行うことになったと考えられる。

史実調査部は「作戦，軍備，技術等史実ノ調査ニ関スルコト」を主な任務と規定され，これを全国で残務処理をしている陸海軍諸機関が協力する旨の通達が発せられた。

> 目下連合軍ニ於テハ各種作戦関係事項ノ調査ヲ実施中ニシテ中央ニ於テハ作戦関係資料蒐集委員会之ニ協力中ナル処各地ニ於テ連合軍側ヨリ調査ヲ求メラレタル場合ハ左ノ要領ニ依リ協力ノコトトセラレ度
>
> 一　為シ得ル限リ正確ナル資料ヲ提供スルコト
> 　　不正確ナル資料ノ提供ハ連合国側ノ調査ヲ混乱セシムルノミナラズ我方ノ誠意ヲ疑ハシムルガ如キコトトナル特ニ留意セラレ度
>
> 二　政略，戦略ニ関スル事項ハ特ニ中央ニ於テ各種資料ニ基キ処理中ニ付此ノ種事項ハ地方ニテ処理スルコトナク中央ニ移サレ度
>
> 三　提供セル資料ハ中央ニ於ケル史実調査部宛報告セラレ度
>
> （軍務第一 第191907号）

通達は，GHQが資料提出を求めている事実を各機関に周知し，蒐集した資料を滞りなく史実調査部宛に提出させる態勢をつくるのが目的であった。なお通達中の「作戦関係資料蒐集委員会」が「史実調査部」を指していることは明らかである。12月1日に陸海軍省が廃止され，それぞれの業務は新たに設置された第一・第二復員省の組織に組み入れられることになった。第一・第二復員省は，それまで陸海軍省が行ってきた業務を引き継ぐだけでなく，明治初期から続いてきた陸海軍の諸業務の清算をも合わせ行う機関になった。

これに伴い作戦関係資料蒐集委員会（以後史実調査部とす）も陸海軍省から第一・第二復員省に移された。日本側の態勢が整うのを待っていたかのように，GHQは年末の25日と翌1946（昭和21）年1月21日に太平洋戦史に関する「日本戦史」編纂の覚書を両復員省に手交し，関係資料の蒐集と整理に当たるように指示した。GHQというよりアメリカが太平洋戦史の編纂を目論み，日本にその下働きをさせようという意図を明らかにしたのは，この時が最初であった。

アメリカが指示を重ねる背景には2つの目的があったとみられる。一つは両史実調査部をGHQ内の戦史課が進めていた調査活動の下請け機関にすること，もう一つはアメリカ本国で始まった各種戦争調査活動や陸海軍の戦史編纂機関が行う戦史編纂のために，関係資料を提供させることの2つであった。

史実調査部が設置されると，「目下連合軍司令部ヨリ大東亜戦争ニ関スル各種緊急調査要求山積シアル」（軍務第一 第215号）のような忙しさになり，「調査部部員ノサービスニ徹底シ資料捜シノ為労力時間ヲ徒費サセヌコト」及び「成可ク速ニ今次戦争関係資料ヲ整理シ調査部部員執筆ニ当リ迅速ニ且ツ脱漏ナク之ヲ提供シ得ル態勢ヲ整エル」必要性が痛感され，部員の増員，関係者リスト

の作成，資料の蒐集と整理が急がれた。

陸軍戦史の調査には地図が不可欠なことは付言するまでもない。敗戦直後，長野県松本市郊外に疎開していた参謀本部陸地測量部はいったん廃止され，新たに内務省地理調査所として再出発していたが，同調査所が陸地測量部の作製した地図と，そのための知識と経験を持っていることには変わりない。「渡辺正氏資料」の 3-2「地理調査所関係事項中担任実施業務概容」(渡辺正氏所蔵資料集編集委員会 2005 : 77) に，史実調査部の調査活動に従事することになったことを示す記事が見える。

三、終戦事務ニ伴フ聯合軍指令ノ作業ニ関スル事項
　1．戦史編纂ニ要スル各種地図ノ整備
　2．各種連合軍ノ指令ニヨル作業用地図ノ整備
　　現在実行中ノ事項
　　　支那満洲ノ地理，地質，経済状況等ノ調査
　3．資料整備ニ関スル事項

1．の「戦史編纂ニ要スル各種地図ノ整備」とあることにより，地理調査所が史実調査部の資料蒐集業務に協力する関係にあったことが明らかである。2．については，日本本土だけでなく，韓国，沖縄等での軍政のために日本軍の地図が必要であり，地理調査所に対して連合軍への協力が求められたに違いない。また中国本土や満州についての地理情報の提供を求められているが，国共内戦が激化しつつある状況が一方にあり，中国に関する諸情報の蒐集を強く企図していたことも窺わせる。

陸軍省のあとを引き継いだ第一復員省には，はじめ陸軍省関係者が多く配置され，作戦計画の立案と実施を行った参謀本部関係者の入る余地は少なかったらしい。しかし GHQ の調査命令は作戦戦闘に関するものが圧倒的に多く，史実調査部員にどうしても参謀本部出身者が必要になった。

設置当初の史実調査部の状況について，「約五〇名の職員ヲ以テ史実調査部ヲ構成シ作戦関係及政策関係ヲ取纏メ中ナリ」と，第二復員省史実調査部の 2 倍近い陣容で発足している[2)]。しかし，

極メテ詳細具体的且統計的軍事諸資料ノ提供ヲ要求シ来リ今後益々増加ノ傾向ナリ。終戦当時一切ノ書類ヲ焼却セルト関係者ノ不在現地トノ連絡不如意等ニヨリ調査事務ハ真ニ困難ヲ極メ…[2)]

と，戦後の機密文書類の大量焼却に伴う資料不足が影響し，満足すべき回答が出せない状態を間接的に伝えている。

ところが 1945 (昭和 20) 年 10 月末にアメリカ陸軍省の直轄機関である WDC (Washington Document Center) がワシントンから来日し，ブラックリスト作戦即ち陸海軍文書資料接収作戦を開始した。接収作戦は広範囲かつ徹底的であった。「昭和二十年度 情報綴」(防衛研究所所蔵) の「二，今後処理ヲ要スル業務ノ概要」の「八，史実調査業務ニ就テ」に，

> 本業務ハ極メテ広汎ナルニ拘ラス重要資料殆ント焼炎シ，加之蒐集保管資料ヲモ年初押収セラルルアリ

とあり，史実調査部が戦史調査及び戦史編纂を進めるGHQ戦史課，アメリカ本国の各機関から戦史に関する調査を依頼されるGHQの下請けであったにもかかわらず，WDCの接収活動によって資料が接収されたらしいことを窺わせる。

史実調査部にWDCの手が延びたのは1946（昭和21）年1月のことらしく，この頃からGHQは，日本国内から重要資料を持ち出すWDCに不満を持つようになり，協力的姿勢を変えはじめた。しかしWDCは，5ヵ月間の接収活動で70万点（item），7千トンのリバティー船1隻分の文書類を接収し，ワシントン郊外のポトマック河畔の倉庫に搬送した。これら資料はほとんど何にも利用されず，13年後に一部を日本に返還したものの，他はアメリカ国内で散逸した（田中 1995：14-17）。WDCのブラックリスト作戦が無目的かつ無益な作戦であったことが明らかだが，GHQがWDCの使命や目的を理解できなかったのもうなずける。

WDCは，東京八王子市柚木倉庫にあった『大日記』等の陸軍省所管業務の公文書類，山梨県韮崎にあった海軍省功績調査部の戦闘詳報類，横浜市大倉にあった軍令部の艦艇航海日誌類などの最高位の価値を有する資料を根こそぎ接収した。とくに海軍の文書類は，戦後の年金や恩給の計算をするために保管してあったもので，接収により多大の影響がでることになった。

だがWDCの接収活動の中には，長野県松本市郊外に疎開していた旧陸地測量部の地図類が含まれていない。またAMS（Army Map Service）も日本国内で地図資料に関する調査を行っていたが，旧陸地測量部の資料や器材に手をつけていない。WDCは陸海軍資料だけでなく，およそ戦争に関係する資料であれば何でも貪欲に接収したから，満鉄東京支社，東亜研究所，東亜経済研究所等の非軍事機関も接収を免れることができなかった。そうなると陸地測量部が地理調査所になったからといって，接収される危険がなくなったわけではない。実際に接収を免れることができた背景には，GHQ内からの強い働きかけがあったとしか考えられない。地理調査所の調査に当たったのはGHQ工兵部のみで，WDCの接触を示す兆候がまったく見当たらないのは，あまりに不自然である。GHQや軍政に従事する第八軍等の強い画策があったと思えてならない。

WDCに資料を接収され，史実調査部の調査活動は益々やりにくくなった。その解決策として浮上したのが，作戦計画の関係者を史実調査部に入れ，資料不足を証言や記憶で補填するものであった。前引の「昭和二十年度情報綴」の続きに，

> 調査適任者ノ選定亦意ノ如クナラス，業務実行ノ前途ニ多大ノ苦慮無キニアラスト雖モ，所在資料又ハ個人ノ手記回想等ノ収集ニ努メ任務ヲ遂行セン…

とあるのは，こうした事情を裏書きするものであろう。

参謀本部における作戦計画の立案と実施の中枢は作戦課で，作戦計画の実質的決定者はその課長

であった。開戦直前を含めて2年9ヵ月間の長きにわたり，課長の任にあったのが服部卓四郎大佐(1901-1960)であった。服部は，太平洋戦争の3年9ヵ月間のうち，途中1942（昭和17）年12月から1943（昭和18）年9月まで陸軍大臣秘書官となり，この期間だけ作戦の中枢からはずれたことになっているが，首相兼内相兼陸相の東條の側近として，背後で作戦立案に関与していたのは周知の事実である。参謀本部関係者で服部以上に作戦計画について精通していたものはほかになく，資料不足の補填について彼に勝る人物はいなかったといってよい。

GHQには，経歴上利用価値の大きい日本軍人物について，所属部隊の復員に先だって日本に帰還させた事例がある。服部は1945（昭和20）年2月に第六十五連隊長として中国戦線に転出し，敗戦の直前，第十三師団の後退作戦に従事し，作戦のしんがりとして中国湖南省衡陽にあり，そのまま中国で収容所生活を送っていたが，GHQの特別命令によって一足先に帰国した（井本 2004)。1946（昭和21）年10月に史実調査部長を命じられ，翌年5月からはGHQ戦史課勤務にもなっている。史実調査部員でGHQ戦史課勤務になっていた例はほかにもあるが，史実調査部とGHQ戦史課の関係がどうなっていたかわからない点が多い。

服部の着任によって，GHQの調査命令に機敏に対応できるようになり，調査報告書を効率的に仕上げる態勢ができた。報告書は1951（昭和26）年9月の講和条約締結後まで提出し続けられ，総数395件に達している。服部が席を置いた復員庁は，その後，第一復員局，厚生省第一復員局，同復員局，引揚援護庁，厚生省引揚援護局，同援護局と名称と組織替えを繰り返した。1952（昭和27）年12月，引揚援護庁復員局資料整理課長を最後に服部は職を辞し，自ら史実研究所を開設して所長についた。おそらく調査業務もピークを越し，残務整理期に入ったためであろう。

なお1948（昭和23）年6月に復員局が改組されて開庁した引揚援護庁の組織は4局構成で，その一つである復員局の下に資料整理課があった。その任務を見ると，「連合軍の要求に基く史実資料の調製及び整理に関する事務」とあるので，史実調査部が縮小格下げされ，名称まで変更したものであることがわかる（引揚援護庁 1950：5-8)。井本（2004：103）に，史実調査部長の名称がいつの間にか資料整理課長に変わっていたと記しているのも，部長から課長への格下げというよりも，業務の減少と組織の縮小にともなう変更であったというべきであろう。

服部が資料整理課を去った1年後に，同課はこれまでに作製された報告書のリストを「連合軍司令部ノ質問ニ対スル戦史関係回答書類索引目録」（防衛研究所蔵）と題してまとめた。「戦史資料」,「編制及人員関係資料」の2分野に整理し，それぞれを「中央，本土，北方（北海道・樺太・千島)，満洲，朝鮮，支那，台湾・沖縄，中部太平洋，比島，仏印・泰，緬甸（ビルマ），南西方面，濠北方面，南東太平洋方面，其他南方地域，其他，航空中央，航空其他」の項目に分類している。

報告書395件のうち255件については，提出された年月日が付記されている。各年の作成状況を見るために，概数をまとめてみると表V-4-1のようになる。

次に「戦史資料」に収められた「中央」の項目から一例を抜粋すると，

表V-4-1　報告書の提出年別件数

| 年 | 1945 | 1946 | 1947 | 1948 | 1949 | 1950 | 1951 | 1952 | 1953 |
|---|---|---|---|---|---|---|---|---|---|
| 件数 | 41 | 35 | 33 | 28 | 33 | 18 | 20 | 27 | 20 |

「連合軍司令部ノ質問ニ対スル戦史関係回答書類索引目録」（防衛省防衛研究所蔵）により作成。

○参謀本部機構機能図表
○日本陸軍編組概見表（終戦時）
○自大正13年至昭和16年間に於ける日本陸軍地上兵力拡張状況に関する件
○自昭和5年至昭和20年間年次別部隊数及兵力数一覧表
○昭和20年8月15日現在に於ける海外の旧陸軍兵力について
○太平洋戦争間に於ける元陸海軍軍人軍属の戦死者及戦傷者の人員に関する件
○支那事変間に於ける元陸軍軍人軍属の戦死者及戦傷者の人員に関する件
○太平洋戦争間陸軍にて使用せる船舶月別表及消耗表
○陸海軍の歳出について（自大正10年至昭和20年間）及日本政府の戦費について

これらの例を見るまでもなく，調査要求が戦史編纂にとって最も基礎的事項にわたるものであると同時に，専門的内容に係わるものであることがわかる。史実調査部の任務は資料の蒐集とGHQへの提出ではなく，むしろGHQの高度な専門的戦争調査のために，信頼に足る資料に裏付けられた回答（報告書）の提出であった。つまり裏付けに使われた資料，例えば地図類の提出ではなく，GHQの命令で求められたテーマについて，信頼に足る資料に基づいて作製された報告書の提出であった。

陸軍戦史編纂にとって，最も基本的資料の一つは地図類だが，それに関連するのは，「戦史資料」の索引番号第55の「兵要地誌関係書類目録」のみである。報告書の元は「渡辺正氏資料」の4-1にもある「兵要地理調査ニ関スル回答資料」（渡辺正氏所蔵資料集編集委員会 2005：78-83）の「兵要地理調査ノ要領」「兵要地理的研究資料ノ発刊物ノ概要ニ就テ」（1946［昭和21］年4月15日提出）であり，「兵要地誌調製書類目録ノ一例」が目録の基である。目録の末尾に「以上ハ調製セルモノノ一部ニシテ大部分ハ終戦直後大部分焼却シ其ノ残部及記憶ニアルモノヲ記述セシモノナリ」とあるが，GHQに提出されたものは，これとほとんど変わっていない。

史実調査部は，地図の蒐集及び兵要地誌関係報告の作製を地理調査所に依存していたことは間違いない。GHQの調査に必要な地図も，のちにはじまる「戦争記録」の編纂に必要な地図類も，参謀本部にもまだ残っていたといわれるが，「渡辺正氏資料」の上記3-2「地理調査所関係事項中担任実施業務概容」にあるように，地理調査所の協力によって多くが賄われた。調査報告の中に部隊や砲台の配置表など地図なしでは回答できないものが多数あり，史実調査部が地理調査所の協力を得ながら作業を進めていたことをうかがわせている。

## 3．「戦争記録」編纂と史実研究所

史実調査部の報告書リストの中に，「新作戦記録編纂計画」，「新作戦記録編纂頁数概数」，「旧作戦記録頁数調査表」，「未提出作戦記録提出予定」，「新に編纂する作戦記録提出予定表」が見える。これらは冒頭に紹介した1945（昭和20）年10月12日付の「戦争記録調査の指示」（日本国政府宛命令第126号）により，陸軍省及び同参謀本部の所有する歴史的諸記録と公式記録が復員省に移管され，同省がこれら記録に基づいて戦争（作戦）記録を作製することになり，復員省（局）がまとめた「戦争記録」に関するリストであることが，添え書きによって確かめられる。残念ながら「戦争記録」目録が見当たらないので，何点の記録が作成されたかわからない。

史実調査部の「戦争記録」は，GHQ戦史課が史実調査部に編纂を依頼してはじまったものか，すでに史実調査部が進めていた編纂事業に，GHQ戦史課が相乗りしてきたものか，詳しい事情はわからない。「戦争記録」は1950（昭和25）年頃までに大部分が編纂を終え，アメリカだけでなくイギリスにも提出されたことがわかっている。アメリカに提出されたものは，国務省経由で米国議会図書館アジア課に保管された。これを米国議会図書館の吉村氏が，*Japanese Government Documents and Censored Publications*（Yoshimura 1992）（以下，『米国議会図書館目録』とする）としてまとめた。その解説文には，

> 本作戦記録にある基礎資料は元将校によって作製せられた…此等元将校は作戦間大兵団内の指揮に当り或は参謀系統に属したもの…当時の命令，計画，部隊日誌等（原本）の大部は作戦間乃至空襲中に滅失為にその数少なく…殊に軍務局及び作戦部にあるべき兵力に関する正式記録を全く欠如してゐた…然し重要な命令，計画，概算等の多くは記憶によって再生され，従って原本と一字一句同一とは云へないがそれは概して正確且信拠性のあるものであると思はれる。（Yoshimura 1992：202）

とある。

記録不在を関係者の聞き取りで補填したのが，史実調査部が作成した「戦争記録」の特徴である。「概して正確」という表現が当を得て妙だが，のちに編纂がはじまる防衛庁戦史室の「戦史叢書」も資料の完全確保が不可能であったため，聞き取りで補わざるをえなかった。史実調査部は，資料不足を敗戦直後の復員兵に対する聞き取り調査で補ったが，どれほどの帰還直後の復員兵から聞き取りを行ったのか記録がない。おそらく数万にのぼったとみられるが，確かなことはわからない。これに対して「戦史叢書」は，資料不足を4万1千点の米国返還資料と1956（昭和31）年から40年代にかけて実施された15，066名に達する面接調査で補った（防衛研究所 1988：103）。時間的制約が大きく，米軍の調査活動用に提出する報告書であった史実調査部の「戦争記録」と，日本政府の公式戦争記録としてじっくり時間をかけて編纂された戦史叢書との比較には無理があるが，両者

とも資料不足の補填策を聞き取りにおいた点で共通している。史実調査部は戦争直後の多数の復員兵を対象としたのに対して，戦史室はかなり年月を経てから上位から下位までの指揮官クラスを対象にした，といった相違のあることだけ指摘しておきたい。

『米議会図書館目録』の「戦争記録」はMOJ61，同62として整理され（マイクロフィルムでは全14リール），総数225件になる（Yoshimura 1992：202-229）。100頁以下のものもあるが，大半は100頁以上，300頁を超すものも少なくない。戦闘の規模，期間等により差が出るのはやむをえないが，満州や本土の戦備に関するものが多く，最も長期化し戦闘も激しかったニューギニア戦やソロモン戦に関する記録が僅かしかないのは，GHQ側の要求が必ずしも全戦線にわたっていなかったためであろう。そうした偏重を認めないわけにはいかないが，詳細な作戦戦闘に関する記述は，十分な裏付けと客観的実証につとめたことを伺わせるに十分である。また戦史上にしか現れない局部の地名や地形の説明は，帰還兵のもたらした要図や証言だけでなく，広範囲かつ細部にわたる地図なくしては不可能で，史実調査部に必要な地図類が揃っていたことを物語っている。

なお『米国議会図書館目録』にみえる「戦争記録」から，約50名にのぼるとされる史実調査部の部員及び嘱託の一部氏名を明らかにしておく。

> 服部卓四郎，石割平造，堀場一雄，藤原岩市，原四郎，秋山紋次郎，山口二三，橋本正勝，田中耕二，青島良一郎，板垣徹，新井健，羽場安信，水町勝城，石井正美，山田成利，小川逸，猪野正，深谷利光，岩野正隆，多田督知，内藤進，宮子実，佐藤勝雄，林三郎，中島義雄，佐藤徳太郎，和田盛哉，岡田安次，橋本正勝，田島憲邦，…

これらの中には，1952（昭和27）年12月に復員局を去った服部が翌年4月に東京市ヶ谷に設立した史実研究所のスタッフに名を連ねているものが多い。彼らは周囲から「服部グループ」と呼ばれ，大作『大東亜戦争全史』を出版したほか，日本再軍備計画の素案づくりに奔走している。

1953（昭和28）年3月に鱒書房から出版された『大東亜戦争全史』は，戦後我国最初の本格的戦史であった[3)]。原稿は前年の秋，すなわち服部がまだ引揚援護庁資料整理課にいた1952（昭和27）年秋には仕上がっていたはずで，のちにグループを形成する仲間たちと分担を決め，調査と執筆に取り組んでいたと推測される。そうなると復員局つまり史実調査部が蒐集した資料を活用するだけでなく，GHQに提出した報告書や「戦争記録」も最大限に利用していたとしても不思議ではない。米陸軍省戦史部のルイス・モートン Louis Mortonの『戦略と統帥』もこの関係についてよく知り（Morton 1962：67），英訳された『大東亜戦争全史』について，GHQに提出したものよりはるかに本質的解明に成功していると称賛している。

本書には，「戦争記録」には見えない「機密戦争日誌」，「大本営政府連絡会議審議録」，「大本営政府連絡会議決定綴」，「御前会議議事録」といった最重要の文書類がふんだんに使用されている。終戦経緯の中で当然焼却処分されていなければならない文書類が，陸軍省や参謀本部の担当将校によって密かに持ち出され，GHQの目を盗んで東京立川の農家の納屋，神奈川県厚木の民家などを転々として秘匿され続け，最後に世田谷の服部の家に持ち込まれた（稲葉 1965）。そのほか服部が史実調査部長になってから個人的に蒐集した資料を，東京永福町に秘匿しておいたものも利用された（井本 2004：95）。

敗戦直前，前述のように服部自身は大陸打通作戦の後始末のために中国南部にあり，文書の秘匿について指示を出せる立場にいなかったし，戦地にあって秘匿の事実を知ることもできなかった。帰国後，史実調査部長に就任してからこれら秘匿資料の存在を知らされ，自宅への持ち込みを密かに進めたのであろう。これら秘匿記録をもとに「戦争記録」を執筆するわけにはいかなかったため，史実調査部の作業とは別に服部と『大東亜戦争全史』を執筆する者が，史実調査部での成果を活用しながら，秘匿資料を駆使して日本側の公的戦史にふさわしい内容の太平洋戦史を刊行しようとはかったとみられる。これがのちに『大東亜戦争全史』になったと思われる。なお完成には海軍大佐大前敏一の協力が大きかったといわれている（井本 2004：95）。

1960（昭和 35）年に服部が死去し，史実研究所の所蔵資料は 1968（昭和 43）年頃から防衛庁戦史室及び陸上自衛隊に寄託された[4)]。陸上自衛隊に寄贈された資料の一部は，千葉県四街道にある陸上自衛隊高射学校の資料室で保管された。本土防空とくに首都圏の防空に関するものが大多数を占め，これ以外の分野は戦史室に納められたものと考えられる。

地図類についてみると，四街道の高射学校には保管されていないので，すべて戦史室に引き渡されたと推測される。戦史部が所蔵する地図は，1958（昭和 33）年に地理調査所が国土地理院に変わる際に，陸上自衛隊第一〇一測量大隊（現中央地理隊）に移管された外邦図を，1960（昭和 35）年頃に複写したものということになっている。第一〇一測量大隊に移管された外邦図は，216 箱に収められた 23,161 枚で，そうなれば戦史部の地図類もこれに近い枚数にならなければならないが，公称約 4 万枚で，正確な枚数はわからない。

このように複写枚数を含めた所蔵枚数が大幅に上回る一因は，出所不明の国内地図と他機関からの寄贈地図が含まれているためである。おそらく他機関の大口が史実研究所にちがいない。残念ながら 4 万枚の詳しい内訳が明らかでなく，4 万枚から複写枚数約 2 万 3 千枚を引いた 1 万 7 千枚，さらにこれから国内地図を差し引いた枚数が服部の史実研究所からの寄贈地図であろうと推測される。1 万 7 千枚が服部の史実研究所からの寄贈地図という説もあるが，『大東亜戦争全史』の編纂が必要としたのは海外の戦場をカバーする地図で，国内地図は必要でなかったとみられる。おそらく史実研究所からの寄贈数は，国内地図を差し引いた 8,500 から 9,000 枚にのぼる外邦図であったと考えられる。

## 4．おわりにかえて

最後に史実研究所の地図は，どのように蒐集されたかについて触れておきたい。史実研究所の資料は，敗戦後まで参謀本部や陸軍省に残っていた関係者が密かに秘匿し，GHQ の監視をかいくぐったのち，服部等の個人的関係によって寄託されたものが多かった。地図にもこうした経緯によるものも含まれていたであろう。しかし復員省の資料を引き継いだ厚生省から防衛庁戦史室に地図の移管がなかったことからみて，かつて地理調査所から史実調査部に提供された地図は，史実調査部を吸収した資料整理課が廃止される前に，史実研究所に移管されていたのではないかと推察される。史実調査部（資料整理課）から史実研究所に移管された詳しい経緯は不明だが，地図類が厚生省の資料になって埋もれるよりも，旧陸軍軍人が有効に利用した方がよいとする空気が資料整理課に強く，これが史実研究所に移管される動機になったのではないか。戦史室ができたとき，個人記録を除く資料が厚生省から防衛庁に所属替えになった事務官の私物として持ち込まれている。官公庁の物品の移管替え処置に何らかの問題が発生し，こうした特異な処置が講じられたのではないかと考えられている。

地図類もこうした経緯を踏んで移管された可能性を否定できないが，敗戦後の地図類の取扱いは公文書類ほど厳格でなく，服部が資料整理課長の間か，あるいはそれ以前に徐々に参謀本部，復員省内から持ち出されていた可能性が大きい。となると陸軍内における陸地測量部の地図類は，同部所蔵の原地図が史実調査部を経て国土地理院，さらに陸上自衛隊第一〇一測量大隊，中央地理隊に，これに対して主に参謀本部内にあった地図は，復員省の史実調査部を経て服部の史実調査所へと流れ，最後に防衛庁戦史室に流れ，ともに戦史叢書の編纂に貢献したということになろう。

注

1）1945（昭和20）年9月2日「戦訓資料ニ関スル件申進」（軍務第一 第155号）により，「大東亜戦争戦訓調査委員会」の設置が指示された（官房第401号）。これとは別に10月1日の「作戦関係資料蒐集委員会規程」により新たな委員会の設置が指示された。いずれも作業を開始する前に廃止になった模様である。

2）「戦争調査会資料綴 三」（防衛省防衛研究所所蔵）による。

3）服部卓四郎を中心とする史実研究所において編纂された。初版は4分冊であったが，1956（昭和31）年には8分冊として再版された。その後，鱒書房が解散し，1965（昭和40）年に原書房の手で1冊にまとめられて刊行された。

4）戦史室に寄託された中には，相当数の地図類が含まれている。参謀本部所蔵の資料は，作戦 計画立案に関するものが多く，また日本がとるべき対外政策に関するものも少なくない。

文献

稲葉正夫　1965. 編集余聞. 服部卓四郎『大東亜戦争全史』1073-1074. 原書房.

井本熊男　2004. 所謂服部グループの回想. 軍事史学 39（4）：74-104.

田中宏巳　1995. 解説 米議会図書館（LC）所蔵の旧陸海軍資料について. 田中宏巳編『米議会図書館所蔵占領接収旧陸海軍資料目録』9-29. 東洋書林.

引揚援護庁編　1950.『引揚援護の記録』引揚援護庁.

防衛研究所　1988.『防衛研究所三十年史』防衛研究所.

渡辺正氏所蔵資料集編集委員会編　2005.『終戦前後の参謀本部と陸地測量部――渡辺正氏所蔵資料集』大阪大学文学研究科人文地理学教室.

Morton, L. 1962. *Strategy and Command: The First Two Years*. Washington D.C.: Office of the Chief of Military History, Department of the Army.

Yoshimura, Y. 1992. *Japanese Government Documents and Censored Publications: A Checklist of the Microfilm Collection*. Washington: Library of Congress.

# 第5章　参謀本部からの外邦図緊急搬出の経緯

田村俊和

旧日本陸軍参謀本部・陸地測量部が軍事的意図で秘かに作製した外邦図は，敗戦にともない，戦勝国に接収され，あるいはその前に処分される運命にあった。すべてそうなってしまっていれば，戦後の外邦図の利用や研究はきわめて困難なものとなり，本書もできなかったに違いない。そうならなかったのは，1945年8月15日の敗戦から9月下旬の連合国軍本格的進駐までの短期間に，大量の外邦図が，参謀本部から東北大学および資源科学研究所に，いわば緊急避難の形で運び出されたからである。その後の国内他機関への移動については，本書Ⅱ-1章やⅧ-2章などに述べられている。ここでは，この敗戦直後の緊急搬出にあたり，誰がどのような情報に基づいて，どのような判断を下し，どのような行動をとったかということを記す。わかっているキーパースンは3人，受け手側の田中舘秀三（1884-1951）と多田文男（1900-1978），および送り手側の渡辺正で，ほかに未解明の人物が関与している可能性が排除されていない。

敗戦直前の1945年4月に東北帝国大学理学部に実質的に開設された地理学講座の教授であった田中舘秀三（後に法政大学教授）は，法文学部講師であったころから，南方軍嘱託としての東南アジア等での調査そのほかで軍との接触があったので，外邦図の存在をよく知っていて，その学術研究資料としての価値を十分理解していたと思われる。当時，同講座の1年生であった岡本次郎（現・北海道教育大学名誉教授）によると，敗戦直後の9月初め，田中舘が学生たちに，東京に家のある者は上京して作業を手伝うよう指示し，上京した3人の学生（岡本のほか三田亮一［後に海上保安庁水路部勤務，1952年に明神礁海底噴火調査で殉職］と石光 享［後に神戸大学教授，故人］）をともなって，9月7日から10日の間のある日，閉業処理中であった市谷の参謀本部に出向いて，参謀に「リヤカーに10杯ほどの地図を寄贈してほしい」と申し出たところ，その参謀は「どうせ紙屑になってしまうものだから，必要なものは好きなだけ持っていきなさい」と許可したという。当初は学生2人で，1図幅数枚を選び，田中舘が神田神保町に借りていた建物までリヤカーで運んでいたが，途中から，陸軍気象部勤務で東北大助手に内定していた土井喜久一（後に静岡大学教授，1914-1990）が気象部職員を連れて加わり，原則として1図幅10部を抜き出す作業を約1週間続けた。最終的には鉄道貨車1両で仙台に運び，片平丁の理学部に搬入した（岡本 1995，2008；土井 1975）。

これとは別に，当時東京帝国大学理学部助教授で資源科学研究所員を兼ねていた多田文男（後に東京大学教授）が，資源研助手で復員したばかりの中野尊正（現・東京都立大学名誉教授）や三井嘉都夫（現・法政大学名誉教授）に指示し，参謀本部で陸地測量部を管轄する参謀であった渡辺正少佐（今も健在）の許可を得て，これまた大量の外邦図を，大妻学園ほか数箇所の途中保管場所を経て，最終的には1945年末あるいは1946年になってから，新宿区百人町の陸軍第八研究所跡に移転していた資源科学研究所に運び込んだ（中野 1990, 2004；三井 2004）。ほぼ同じ時期に，参謀本部から東京帝国大学理学部地理学教室に電話があり，国内の地形図を主に，外邦図を含んでいた可能性のある約300枚の地図が，当時同講座助手の木内信蔵（後に東京大学教養学部教授，1910-1993）の指揮により大八車で運ばれた（佐藤 2006，および当時学生であった大澤貞一郎［現・福島大学名誉教授］の私信）。多田は，渡辺が本土決戦に備えて地理学的知見の集約を目的に兵要地理調査研究会を組織するにあたり，1944年末か1945年初頭ころに相談した相手で（久武 2005，本書Ⅵ-1章），渡辺とはその前から面識があり，外邦図の情報を得ていて不思議はない。なお，当時東京帝国大学理学部地理学講座教授の辻村太郎（1890-1983）も，助手の木内も，同研究会のメンバーであった（久武 2005，本書Ⅵ-1章）。

一方，土井（1975）は，田中舘の指示を受けて外邦図を東北大に運ぶ作業について記す中で，「多田文男先生とご相談して資源科学研究所と共同とし，研究所からは中野尊正さんそのほか…」と書き残している。この記述は，田中舘のもっていた外邦図情報が土井を介して多田に伝えられて資源研への移送が始まり，二つの移送作業は時間的にかなり重複して進められたように読める。しかし，東北大への移送で働いた岡本も，資源研への移送作業の中心となった中野も，参謀本部での作業中に相手の存在をまったく認識していない（岡本 1995, 2008；中野 1990, 2004；および両者の私信・口述）。さらに，参謀本部で田中舘・岡本ら東北大グループに応対した参謀について，岡本が「長い間名前を失念していたが，渡辺少佐であった」と，第9回外邦図研究会（2007年10月，大阪大学）で報告している（岡本 2008）のに対し，渡辺は，そのとき田中舘と面会した記憶はないと述べている（2008年8月の小林茂の聴取）。

このように，現在の外邦図の利用・研究を可能にした重要な鍵である，敗戦直後の参謀本部から東北大および資源研への大量搬出に関しては，それを可能にした情報の流れについて相互に矛盾する話が伝わっている。渡辺以外の参謀が田中舘らに応対したのかも知れず，また，より上級の職にあった人物が介在した可能性も否定できない。たしかな事実は，1945年9月上旬から中旬にかけてのきわめて短い期間に，各10万余部の地図が，2人の研究者の申し出と1人または複数の参謀の許可の下に，参謀本部から東北大および資源研に運び出されたことである。

それを可能にしたのは，一つには，田中舘ら研究者側の地図情報散逸への危機感と，それに基づく行動力であろう。田中舘は，第一次大戦直後の青島で，ドイツ領時代に作られた図書館や諸調査機関を接収した日本軍の行為を目のあたりにした経験から，戦後の混乱による資料の散逸を防ごうとしたと推測される。これは，第二次大戦中の日本軍によるシンガポール占領直後に，南方軍嘱託として自ら現地に赴き，機転を利かせて博物館，図書館，植物園等での略奪や官署・高官宅などからの書籍類散逸を防いだ行為（田中舘 1944）と同じ動機によるものではなかろうか。

一方，参謀本部の側にも，迫っている軍の解体を前に，戦後の復興および学術研究の基礎資料となる地図類を軍の外に置くことで，その接収や，接収を前にした軍自らの手による処分，さらには散逸から免れようという考えがあったと考えられる。渡辺少佐は，敗戦直後の陸軍秘密書類（国内外の地図類を含む）焼却処分およびその例外措置の実施に関する協議に参画する一方，地図作成・管理の機関を敗戦後も存続させるため，陸軍参謀本部直属の独立機関であった陸地測量部を連合国軍進駐前の8月末日で廃止し，翌9月1日付で，旧陸地測量部スタッフのうち非軍人の地図・測量技術者による内務省地理調査所を発足させることを起案して実行した中心人物である（塚田・富澤 2005，本書Ⅴ-1章；金窪 2004，2005，本書Ⅵ-3章；小林 2005）。

このような明確な意思をもった決断・連携と，その意を体した懸命の作業の結果，短期間の地図大量移送が可能になった。敗戦直後の混乱の中でトラックの調達等も大変だったのではないかという問に対して，岡本は，「戦争が終わり，運送業者も仕事が少なかったのでしょう」と答えている（1998年8月，東北放送による東北地区大学放送公開講座［田村 1998］収録直後に田村が聴取）。そういう時期だったのだろう。

文献


岡本次郎　1995．地理学教室創立の年．東北大学理学部地理学教室同窓会『東北大学地理学講座開設50周年記念誌』66-74．東北大学理学部地理学教室同窓会．

岡本次郎　2008．外邦図の東北大への搬入経緯をめぐって．外邦図研究ニューズレター5：39-48．

金窪敏知　2004．終戦直後における参謀本部と地理学者との交流，および陸地測量部から地理調査所への改組について（渡辺正氏資料をもとに）．外邦図研究ニューズレター2：39-45．

金窪敏知　2005．陸地測量部から地理調査所へ．渡辺正氏所蔵資料集編集委員会編『終戦前後の参謀本部と陸地測量部――渡辺正氏所蔵資料集』20-34．大阪大学文学研究科人文地理学教室．（本書Ⅵ-3章）

小林　茂　2005．はしがき．渡辺正氏所蔵資料集編集委員会編『終戦前後の参謀本部と陸地測量部――渡辺正氏所蔵資料集』ⅰ-ⅲ．大阪大学文学研究科人文地理学教室．

佐藤　久　2006．地図と空中写真．見聞談：敗戦時とその後（続）．外邦図研究ニューズレター4：45-68．（本書Ⅴ-2章）

田中舘秀三　1944．『南方文化施設の接収』時代社．

田村俊和　1998．地図を生かす――公開された旧軍用地図を例に．東北地区大学放送公開講座テキスト委員会編『東北大学の宝物　貴重収蔵物――総合学術博物館への招待』93-103．東北大学教育学部附属大学教育開放センター．

塚田建次郎・富澤　章　2005．終戦前後の陸地測量部．外邦図ニューズレター3：11-24．（本書Ⅴ-1章）

土井喜久一　1975．田中舘先生の思い出．田中舘秀三業績刊行会編『田中舘秀三――業績と追憶』25-26．世界文庫．

中野尊正　1990．『山河遥かに』自家版．

中野尊正　2004．外邦図と私とのかかわり．外邦図研究ニューズレター2：50-53．

久武哲也　2005．『兵要地理調査研究会』について．渡辺正氏所蔵資料集編集委員会編『終戦前後の参謀本部と陸地測量部――渡辺正氏所蔵資料集』5-19．大阪大学文学研究科人文地理学教室．（本書Ⅵ-1章）

三井嘉都夫　2004．私と外邦図．外邦図研究ニューズレター2：46-49．

# 第Ⅵ部

# 兵要地理調査研究会

### 兵要地理上必要ナル米軍主要戰車諸元表

（第二十一表）

**M1重戰車**

| | | |
|---|---|---|
| 重量 | | 全備重量 57瓲<br>単位面積重量＝全備重量÷接地面積＝7.6瓲／毎方米<br>57瓲 7.5平方米 |
| 主要寸法 | 全長 | 7 |
| | 全幅 | 3.10 |
| | 全高 | 3.36 |
| | 地上高 | 0.5 |
| 攀登傾斜 | | |
| 超越壕幅 | | 3.3 |
| 超越堤高 | | 1.5 |
| 徒渉水深 | | 1.2 |
| 行動距離 | | 240K？ |

| | | |
|---|---|---|
| 裝甲（粍） | 平均 | 70－80 |
| | 正面 | 200－240 |
| | 前面 | 160－180 |
| 武裝 | | 76.2mm（或ハ105）……1<br>37mm……2<br>12.7mmMA……2<br>7.62mmMG……2<br>7mmMG……1 |
| 發動機 | 型式 | 航空機用 |
| | 出力（馬力） | 1.000 |
| 乗員（名） | | 6－7 |
| 速度K/T | | 35 |
| 行動距離 | 路上 | 297粁 |
| | 路外 | 183粁 |

**M4中戰車（「シャーマン」戰車）**

| | | |
|---|---|---|
| 重量 | | 全備重量 32瓲<br>単位面積重量＝全備重量÷接地面積＝9瓲／毎方米<br>32瓲 3.6平方米 |
| 主要寸法 | 全長 | 5.65 |
| | 全幅 | 2.75 |
| | 全高 | 2.75 |
| | 高地上 | |
| 攀登傾斜 | | |
| 壕越超幅 | | 2.45 |

| | | |
|---|---|---|
| 裝甲（粍） | 砲塔前面 | 85mm |
| | 砲眼部 | 85－35mm |
| | 側面 | 44－39mm |
| | 後面 | 39－30mm |
| | 前面 | 65－51mm |
| 速度 | | 40粁/時 |
| 武裝 | | 7.5糎砲 一門<br>7.62粍機關銃 二銃<br>1.27粍高射機關銃 一門 |
| 乗員 | | 5名 |

**水陸兩用戰車**

| | | |
|---|---|---|
| 「アリゲイター」（鰐戰車） | 全長 | 6 |
| | 全幅 | 3.5 |
| | 攀登度 | 50度以下 |
| | 武裝 | 機銃 二 |
| 「ウォーターバッファロウ」（水牛戰車） | 全長 | 「アリゲイター」ニ比シ稍ミ大 |
| | 全幅 | |
| | 攀登度 | |
| | 武裝 | 機銃 二<br>三七粍機關砲 二 |

| | | | |
|---|---|---|---|
| 「アリゲイター」 | 速度 | 水上 | 15粁 |
| | | 陸上 | 40粁 |
| | 用途 | | 水陸兩用運搬 |
| 「ウォーターバッファロウ」 | 速力 | | 陸上 40粁<br>水上 15粁 |
| | 用途 | | 水際戰鬪 |

**兵要地理上必要ナル米軍主要戰車諸元表**

「兵要地理調査研究会」（Ⅴ-2章・Ⅵ-1章参照）で配付された冊子『兵要地理調査參考諸元表（其ノ一）』（1945年5月，大本営陸軍部）の第21表である。米軍主要戦車の主要寸法，重量，速度，行動距離，武装設備などが記されている。この諸元表は米軍の九州上陸地点を特定しようとする作業にも使われたことが，「綜合地理研究会」のメンバーの1人であった村上次男氏の証言から明らかになっている。（波江彰彦）

# 第1章 『兵要地理調査研究会』について

久武哲也

## 1. はじめに──戦争と地理学者──

渡辺正氏の資料に含まれる『兵要地理調査研究会』については，すでに金窪敏知氏がその大略について発表しているので（金窪 2004a：41-42, 2004b），ここではこの調査研究会のもっている性格を，戦争あるいは軍事と地理学者との関係，欧米における戦争や軍事と調査機関との比較，さらにこの『兵要地理調査研究会』の成り立ち，また戦時下での京都の地政学グループとの係わりなど，その背景となる部分を説明し，解題にかえたいと思う。

戦争あるいは戦時下にあって地理学者が軍事的戦略をめぐる調査に係わりながら影響を与えたり，あるいは通常時にあって軍事的情報の収集に従事するというケースは，19世紀初期に大学に最初の地理学講座が設けられて以降，古くからみられる現象である。世界で初めての地理学講座を1820年にドイツのベルリン大学に設立したリッター（Carl Ritter, 1779-1859）は，最初からベルリン大学と陸軍士官学校・陸軍大学の教授を兼務し，その教育を通じてドイツ陸軍の戦略構想に大きな影響を与えた。当時の陸軍大臣ローンをはじめ，ミュツフリング，リューレ・フォン・リリエンシュテルンなどの有力な陸軍将校は彼の直接の教え子であった。ローンもモルトケも，さらにクラウゼヴィッツ（Karl von Clausewitz, 1780-1831）もビスマルクを助けながらドイツ建国に大きく貢

［注記］ 本論文の著者，久武哲也甲南大学教授は，2007年7月に逝去した。本論文は，「兵要地理調査研究会」に関する渡辺正氏所蔵資料（渡辺正氏所蔵資料集編集委員会 2005）の解説として執筆されたもので，著者は，その第5節「小牧実繁と『吉田の会』」で，京都大学を中心とする地政学グループの活動について，その資金源，軍との関係などを，推測もまじえ検討した。これが久武哲也 1999-2000.「ハワイは小さな満州国──日本地政学の系譜」現代思想 27（13）：196-204，28（1）：60-82. で展開した関心によることはあらためていうまでもない。ただしそのご京都大学・大学文書館に架蔵されることになった故室賀信夫氏の個人資料に接するうち，著者はとくに本論文の地政学グループと軍との関係に関する記述の一部に誤りがあることを発見し，その修正を強く望むこととなった。しかしそのころ，著者は病床にあり，これができずに逝去することになった。故室賀信夫氏の個人資料に対する関心を共有していた小林茂と鳴海邦匡は，著者のこの希望を実現するため，その紹介を中心に，小林・鳴海 2008.「綜合地理研究会と皇戦会──柴田陽一「アジア・太平洋戦争期の戦略研究における地理学者の役割」の批判的検討」歴史地理学 50（4）：30-47. を発表した。本論文の収録にあたり，地政学グループと軍との関係に関するその記述のうち，上記論文の成果と齟齬する部分については削除することとした。故室賀信夫氏の個人資料と著者の考えの変化に関心のある方は，上記論文を参照していただきたい。

献し，また陸軍および参謀本部を創設した人々であるが，とくに『モルトケ全集』の中にみられる欧州各地の戦略調査とそこからあみ出された交通論を中心とする戦略構想は，クラウゼヴィッツの遺著『戦争論』（*Vom Kriege*, 1833年）とともに，後のドイツにおける交通体系の整備にまで大きな影響を及ぼしたというし，またそこにはリッターの地理学の構想が深く係わっていたといわれる（Schmitthenner 1951：25-38；野間 1979）。

このドイツにおける地理学と軍事との結びつきは，当初，軍事地理学（Militärgeographie）と呼ばれたが，第一次世界大戦とその後のヴェルサイユ体制の確立以降ナチスの時代に至る頃には，防衛地理学（Wehrgeographie）あるいは防衛地政学（Wehrgeopolitik）という名称で呼ばれ，政治地理学と軍事地理学を結合したドイツ地理学における独自の分野を形成していく。防衛地理学の場合，戦争に焦点をあてた政治地理学という概念規定も行われる（Von Niedermayer 1942：8）。こうした防衛地理学の構想をめぐる典型的な著作がバンゼ（Ewald Banse, 1883-1953）による『世界大戦における領土と国民』（Banse 1932）であり，それをナチスが拡大していったのが『地政学作業委員会』（Arbeitsgemeinschaft für Geopolitik = AfG）であった。それはナチスの党の部局と軍人層を含んだ国防構想に係わる組織であり，また大衆宣伝運動も担っていた。創立当時（1932年），地理学者や軍人も含め，500人以上のメンバーが名を連ねている。そして1937年以降はNSLB（NS-Lehrerbund, 国家社会主義教員連合）のロビー活動も行う団体となって教育の分野にも深く浸透していった（ヘスケ 2000）。

バンゼの1932年の著作（『世界大戦における領土と国民』）は，ドイツの防衛地理学の典型的な事例として，刊行後直ちに英訳され（『ドイツは戦争に備える』，1934年）（Banse 1934），アメリカ合衆国におけるドイツ戦略にも大きな影響を与えたという。

こうした軍事と地理学（者）との結びつきは，ドイツではとくにヴェルサイユ体制以後，急速に強化されていくが，アメリカ合衆国でもこうした傾向は第一次世界大戦以後，顕著に現れてくる。アメリカ合衆国における地理学者を統合した軍事戦略構想に向けての最初の組織は，アメリカが第一次世界大戦に参戦した後の1917年に，ウィルソン大統領のアドバイザーであったエドワード・H・ハウス大佐の指揮下で組織化された『調査委員会』（The Inquiry）であろう。この「ジ・インクアイアリー」は調査委員会の暗号名であり，そこには多い時で地理学者を含め，126名の専門家が参集した。日常業務は地理学者ボーマン（Isaiah Bowman, 1878-1950）が指揮をとり，この『調査委員会』の事務局は当時ボーマンが会長をしていたアメリカ地理学協会（American Geographical Society = AGS）の中にひそかにおかれていた（Smith 1984）。

この『調査委員会』は当初12の部門に分かれ，戦争地域や平和会議などで問題となる可能性のある地域あるいは事項を中心として，各部門が協力して報告書としてまとめる体制をとっていた。この委員会の報告書は数千点に及び，その中にはアメリカ地理学協会が臨時に刊行していく特別号の著作として公刊されたものも含まれている。日常業務の部門は『外交評議会』（Council on Foreign Relations）のような外交問題のシンクタンクとして影響を及ぼし，また軍事戦略の構想においても，この調査委員会はOSS（Office of Strategic Services, アメリカ戦略事務局）との密接な係わりをもっていた。第二次世界大戦下においてアメリカの地理学者の多くが「戦時業務」(Wartime Service)に従事するが，その一部はOSSとも係わり，「米軍の対日本土侵攻作戦計画」(いわゆるダウンフォール，オリンピック，コロネット作戦)[1]の予備段階における日本の沿岸調査を担うことになった。アメリカ地理学協会（AGS）の地図コレクションは現在，ウィスコンシン大学（ミルウォーキー校）のゴルダ・メア（Golda Meir）図書館に移管されているが，そこに厖大な日本の外邦図も含め，多くの報告書，さらにパリ講和会議の際に作成した1,150種にのぼる地図類，さらに朝鮮戦争の実戦（野戦）で使用された数多くの地形図などが含まれているのも，この『調査委員会』とAGSとの深い繋がりがあったからであろうと筆者は考えている（本書Ⅱ-3章参照)。

こうしたアメリカ合衆国の『調査委員会』に相当するものが，英国やフランス，あるいはイタリアにも第一次世界大戦（パリ講和会議）後に設置されて，地理学会が日常業務をひそかに引き受けながら，戦時下にあっては軍の戦略構想に参画する体制が強化され，軍事と地理学者の結びつきは急速に深まっていった。こういった局面に焦点をあてたヘッファーナン（M. Heffernan）らの地理学者による最近の研究は，欧米における地理学会の担った軍事的役割にも光をあてるようになって来ている[2]。

## 2.『兵要地理調査研究会』の成立と背景

ここでは，アメリカ合衆国の『調査委員会』，英国における『参謀本部地理課』(Geographical Section of the General Staff = GSGS）の活動，さらにフランスの『パリ地理学協会』(Société de Géographie de Paris = SGP）と軍事との係わり[3]，あるいは1930年代のドイツにおける『地政学作業委員会』(AfG）の役割と比較した時にみえてくる『兵要地理調査研究会』の特徴を，その成立過程を追いながら考えてみたい。

渡辺正氏の資料の中に，参考資料「第二回委員会ノ開催」として収録された外務省の便箋に印字されている「中国調査会」の設立に係わる史料がある[4]。1944年12月15日，丸の内ホテルで開催された第2回委員会の開催通知である。そこに「中国調査会」の委員名簿が付されている。「地理」(多田文男○［1900-1978］，渡辺光［1904-1984］)，「歴史」(矢野仁一［1872-1970］，羽田亨［1882-1955］，和田清［1890-1963］，野原四郎［1903-1981］)，「社会」(根岸佶［1874-1971］，平野義太郎［1897-1980］)，「思想」(高坂正顕○［1900-1969］，上田辰之助○)，「政治」(平野義太郎，波田野乾一)，「法制」(戒能通孝○［1908-1975］)，「経済」(根岸佶，高橋正雄［1901-1995］)，「文化」(吉川幸次郎○［1904-1980］，増田渉［1903-1977］)，「外交」(柳川彦松，田村幸策○)，「軍事」(田中敬二○)（計18名）とあり，渡辺正○氏の名前が「軍事」の項目に鉛筆で追加されている。右肩の○印が第1回委員会（12月6日）以後新しく追加された委員名である。この追加委員を除くと，この「中国調査会」は，「歴史」，「社会」，「政治」，とくに2つの部門に名を連ねている平野義太郎，根岸佶を中心とする調査会（恐らく太平洋協会や太平洋協会学術委員会との繋がりをもつ）であったと思われるが，戦局の逼迫状況から

「地理」,「思想」,「軍事」の部門が追加されたのであろう。

渡辺正氏が多田文男に,この『兵要地理調査研究会』の組織化を直接に電話で依頼されたのは1944年12月から1945年1月にかけてのことであったという[5)]。この「中国調査会」に多田文男を推薦したのは,渡辺光であり,多田の長年にわたる中国北部,満蒙での調査経験を見込んでのことであった。渡辺正氏と多田文男は旧知の仲であったし,また,陸軍士官学校や文部省(図書監修官)時代の渡辺光とも知己であった。とくに多田文男は満州事変(1931年)以後の満蒙の占領地の学術調査の殆どすべてに参加していた(多田 1960, 1969;立岡ほか 2000)。1933年の『熱河調査』(第一次満蒙調査団),1938年の京城帝大を中心とする『蒙彊学術調査』,1939年の東亜研究所を中心とする『北支蒙彊黄土調査』(多田文男・上田信三・保柳睦美[1905-1987]・矢澤大二[1913-1994]ら参加),そして1940・1941年の興亜院を中心とする『内蒙古渾善達克沙漠調査』(多田文男・保柳睦美ら参加),さらに1942年の資源科学諸学会聯盟(後の資源科学研究所の母体)や興亜院,そして北支派遣軍を中心とする『山西省学術調査』(多田文男・花井重次・渡辺光・吉村信吉[1907-1947]・木内信蔵[1910-1993]・新井浩・浅井辰郎らが参加)などである。とくに『山西省学術調査』の目的は兵要地誌的調査を主眼とするものであり,浅井辰郎氏の証言によるとこの調査に要した費用のすべてが北支派遣軍から供与されていたという[6)]。

渡辺正氏も北支・蒙彊と深い係わりがあった。金窪(2005)で紹介されているように,渡辺正氏は1937年に陸軍士官学校を卒業すると,当時北満州の孫呉に原隊の駐在した歩兵第一聯隊にあって初年兵教育に従事し,折からの日華事変の勃発に際して北支戦線に出動,張家口の攻略に参加し,そしてその後,1939年のノモンハン事件では中隊長として出動している。その後いったん陸軍予科士官学校区隊長として東京に在勤(1941年~1943年)した後,再び北支那方面軍参謀部に転出し,1943年に陸軍大学に入学するまでそこに留まっている。1944年に陸軍大学を卒業すると渡辺正氏は参謀本部参謀・大本営参謀(第二部情報担当)となる。そして,参謀本部第二部長有末精三中将はそれ以前,北支那方面軍参謀副長であり,渡辺正氏との関係も深かった。多田とともに「中国調査会」に参画する経験と背景があったというべきであろう。渡辺正氏によると1938年の『蒙彊学術調査』にも北支那派遣軍が加わり,また参謀本部第二部情報四班も中国各省の兵要地誌に関する300冊程の史資料を収集するなど重要な役割を担ったという[7)]。

『兵要地理調査研究会』の委員の1人でもあった佐藤久氏(東京大学名誉教授)によると(佐藤 2006,本書Ⅴ-2章参照),東京帝国大学と東京文理科大学の両地理学教室の出身者がこの『兵要地理調査研究会』として統合・組織化されて,役割分担をしていく過程で重要な役割を果たしたのは,1945年2月中~下旬の頃に参謀本部講堂で開催された辻村太郎(1890-1983)と田中啓爾(1885-1975)の講演会であった。佐藤氏は,この「地理学元老の講演会」が実質的に『兵要地理調査研究会』が発足する契機となったと推測し,また,この講演会をお膳だてしたのが「中国調査会」の委員であった渡辺光と多田文男であったろうと推定されている。講演当日の記録係であった佐藤久氏は,この日の講演題目が,田中啓爾の場合,「峠道の軍事的意味づけ」に係わるものであったし,また辻村太郎については,「飛行場立地と地形」をめぐるものであったと証言している[8)]。渡辺正氏の記憶では，この講演会には地理学者（佐藤氏によれば，講演者に加えて，東京文理科大学の町田貞氏ほか1名と佐藤氏が含まれる）や軍人，参謀本部第二部の課員らが約30名程参集したとの事である。渡辺正氏は，この講演会以前の段階では直接に田中啓爾については知らなかったという。したがって，辻村太郎を中心とする東京帝国大学の地理学教室と田中啓爾を中心とする東京文理科大学・東京高等師範学校の地理学教室スタッフや学生らが，この『兵要地理調査研究会』に糾合される契機となったのは，やはり多田文男－渡辺光のラインでの地理学元老の講演会の開催であったと推測される。

なお当時，東京帝国大学の地理学教室には，辻村太郎教授以下，ほぼ全教官と院生・学生が一堂に会するゼミ（月曜日午後）と，「シュプレッヒアーベント」と称する曜日・日時不定の談話会（原則土曜日午後）があったが，後者の会合は1942年からは辻村太郎の談話を中心とする『戦争地理学ゼミ』ともいうべき性格のものに変って開催されたという[9)]。

こうした発足までの経緯からみる限り，この『兵要地理調査研究会』の性格は，アメリカ合衆国の「調査委員会」の場合よりも，英国の「参謀本部地理課」がアフリカやインドでの経験豊かな地理学者や各分野の専門家を統合して組織化した各種の調査委員会や英国王立地理学協会との関係に近いように思われる（Heffernan 1996）。

## 3．『兵要地理調査研究会』の組織と背景

1942年の米英連合艦隊のソロモン群島，とくにガダルカナル島反攻以降，日本の西太平洋における戦局は悪化し，1943年9月末の「絶対国防圏」の策定以降，日本における地理学者と軍事との係わりは，ドイツにおける「防衛地理学」（Wehrgeographie）が1930年代の後半期に担った役割と類似した状況になっていた。南太平洋海域における調査や報告書の作成に地理学者が係わっていくのも太平洋協会学術委員会が結成される1942年8月頃からであり，平野義太郎の指揮下，太平洋協会学術委員会（あるいは太平洋協会）の仕事として，『兵要地理調査研究会』のメンバーでもあった辻村太郎，渡辺光，村松繁樹（1905-1990）らが，吉村信吉らとともに『ソロモン諸島とその附近――地理と民族』（太平洋協会学術委員会 1943）や『太平洋の海洋と陸水』（太平洋協会 1943），『ニューカレドニア・その周辺』（太平洋協会 1944）などの著作の編集や執筆に従事していく。

1944年11月以降のサイパン基地からのB29の本土爆撃開始，1945年1月の米軍のルソン島上陸を契機に，1945年1月20日の大本営の本土作戦に関する作戦大綱が決定され，同年3月からは東京の空襲も始まる。この『兵要地理調査研究会』は「兵要地理整備ヲ完全且速急ニ促成スル為メ戦争並作戦地理上直ニ寄与スベキ部外有能ノ士ヲ同志的ニ統合シ其ノ斯界全総力ヲ一元ニ結集シテ」本土作戦に備える目的を以て創設されたものであった。この点，ドイツの「地政学作業委員会」（AfG）が1941年6月のドイツ軍ソ連侵攻（バルバロッサ作戦）以降の混乱の中で実質的な戦略構想を放棄して消滅していったのとは対照的である。この作業委員会は，軍事的戦略構想を提案する立場を放棄しながらも，1943年まで雑誌『我々と世界』（*Wir und die Welt*）に補助金を出しながら情宣組

織としては存在した（ヘスケ 2000）。

『兵要地理調査研究会』の第一次会合は，1945年4月30日に，市ヶ谷の参謀本部第二部（情報）の会議室で，第二部長の有末精三中将のほか，第四班（総合情勢判断・地誌関係），第五課（ソ連情報），第六課（米英情報），第七課（支那情報）の課長および班長，関係部員も参加し，渡辺正氏資料1-2（渡辺正氏所蔵資料集編集委員会 2005：68-69）の参加者名簿にもあるように15名の地理学者が参加した。唯一，東洋史から参加した和田清（東京帝国大学文学部教授）は，恐らく「中国調査会」との関係でこの研究会に含められたものと推測される。この第一次会合には，京都帝国大学の小牧実繁（1898-1990）も参加する予定であった。渡辺正氏の証言によると，小牧実繁は事情でこの会合には参加できず，会議の終了後，渡辺正氏が直接に小牧に会って，この調査研究会への協力を改めて要請されたとのことである[10]。渡辺正氏資料1-3「兵要地理研究課題決定要領」（渡辺正氏所蔵資料集編集委員会 2005：69-70）の中には小牧実繁の分担はないが，1945年8月8日付の参謀本部第二部第六課（米英情報）からの謝金支払の資料[11]では，『米英「ソ」ノ東亜政策ノ究明』と『帝国本土ニ於ケル要域観察判断』の2つの報告書に対し，1,000円の謝礼金が出されている。支払先は「小牧実繁博士以下七名」となっている。渡辺正氏は陸軍大学校時代（1943年，第59期生として入学，翌1944年5月卒業）から小牧実繁を知っていたというし，数回，直接に小牧と会ったこともあるという。『兵要地理調査研究会』の第一次会合への参加は渡辺正氏が直接電話で依頼されたとのことであった[12]。小牧実繁も1932年10月5日から文部省からの出張により，約1ヵ月間満州国及中華民国へ旅行をしたほか，1939年8月21日から9月16日まで京都帝国大学の学術調査のために，満州，北支，蒙彊地方を旅行し，那波利貞（1890-1970）も同行していた。一方，渡辺正氏も1939年のノモンハン事件（同年5月12日～9月15日［停戦協定］）には歩兵第一聯隊の中隊長として参戦している。しかし，両者が知り合うのはその後のことである。

ここで注目したいのが，渡辺正氏資料1-4「謝礼金支払相成度件」の文面にみえる「決号作戦準備ノ為必要ナル兵要地理ノ調査研究ヲ在京各専門家ニ依頼セシ」（傍点筆者）という文言である。この「決号作戦」というのは，大陸指2438号に基づく「決号作戦準備要綱」と呼ばれたもので，1945年4月8日に，総軍司令部設置の際に正式に関係総軍司令官および方面軍司令官に示達されたもので，「本土作戦に関する陸海軍中央協定」も付されていた。この「決号作戦」の地域区分は，北海道・樺太および千島列島方面の「決一号」から，以下東北，関東，東海，近畿－中国および四国，九州，朝鮮方面までの「決七号」に至る7区分からなり，それは新設された第一総軍司令部（東日本），第二総軍司令部（西日本）の管轄下におかれていた（ウェストハイマー 1971：14-15）。この決号作戦は，1945年4月1日の米軍の沖縄侵攻，そして4月5日の日ソ中立条約の期限延長拒否などの状況に直接対応するものであるとすれば，沖縄から九州上陸を想定する「決六号」（九州方面）と，首都（東京）防衛を図るための「決三号」（関東方面）の重要度は増す一方，「日ソ中立条約の期限延長拒否」の事態をめぐってソ連の参戦を前提とした新たな「大陸作戦」の緊急度も増していた。

「在京専門家」という点から，東京帝国大学と東京文理科大学の地理学教室を中心とする地理学者の中に，多田文男を中心とする中国大陸での調査経験の豊かな東京帝国大学地理学教室の出身者が選ばれているのは，「本土作戦」もさることながら，ソ連の参戦を前提とした大陸作戦にも対応できる体制を組む必要が生じていたと思われる。とすれば，本来「在京専門家」という条件の下に組織された『兵要地理調査研究会』に京都帝国大学の小牧実繁を中心とするグループが参加するに至った経緯は何かという点が問題となろう。

「部外有能ノ士ヲ同志的ニ統合シ，其ノ斯界全総力ヲ一元ニ結集シテ」[13] という文言からすれば，これは日本の地理学界あるいは地理学者の総動員体制に沿った措置として，「在京専門家」に京都帝国大学の地理学教室の関係者（京都帝国大学出身の村松繁樹が含まれているが）を加えることで形式的にはほぼ達成されるが，「決号作戦」との関係でみれば，「在京専門家」が「決三号」（首都防衛），京都を中心に西日本に分散する京都帝国大学地理学教室の出身者が，「決六号」（九州上陸）を中心とする西日本の「決号作戦」を担うという側面があったとも考えられるが，しかし，中国大陸における永年の歴史地理学的調査経験によって「大陸作戦」の重要な情報源として機能するという判断が大きく作用していたと考える方が妥当であろう。

## 4．『兵要地理調査研究会』の役割分担とその背景

1945 年 4 月 30 日の「第一次会合」以後，「第二次会合」は行われず，5 月以降に報告書を作成するためのマニュアルともいうべき『兵要地理調査参考諸元表（其ノ一）』（1945 年 5 月大本営陸軍部）（極秘冊子）が各委員に配布されたという [14]（図Ⅴ-2-4 参照）。渡辺正氏資料 1-3 の「兵要地理研究課題決定要領」をみると，「其ノ一 本土」，（第一「戦争地誌」，第二「作戦地誌」）と「其ノ二 大陸」のうち，「其ノ二 大陸」の部分で，「東亜ニ於ケル米英「ソ」関係ノ歴史的並ニ地政学的考察」の中に「研究着眼項目」として「特ニ「ソ」聯ノ東亜侵略方面ノ諸般ノ見地ヨリスル考察」が指摘され，「全員研究課題」として表示されているが，この「第一次会合」に参加していた佐藤久氏によると，この項目は当日追加されたものであるという。同じく渡辺正氏資料 1-4「謝礼金支払相成度件」の中の「完成資料目録」をみると，この追加項目の部分は「米英「ソ」ノ東亜政策ノ究明」の報告書として「小牧実繁博士以下七名」の京都帝国大学地理学教室関係者によって作成され，提出されていることがわかる。1945 年 4 月 5 日の日ソ中立条約の期限延長拒否の事態が，本土決戦とは異なる予想外のものとして新たな状況を生み出し，それゆえに新たな項目として追加され，それが小牧実繁以下，京都帝国大学の地理学教室を中心とする地政学グループの支援を必要とした直接の理由であろう。「決六号」（九州上陸）をはじめとする西日本における米軍の上陸地点の分析に係わると思われる『帝国本土ニ於ケル要域観察判断』の報告書は，恐らく『兵要地理調査研究会』のメンバーでも代替可能な作業であったという意味では，副次的なものであったと推定される。

1945 年 4 月 30 日の第一次会合から提出期日の同年 5 月 13 日（午前 9 時）まで 2 週間の余裕しかなかった。資料 1-4 では「八月中旬概ネ完成シ」てはいるが，「完成資料目録」による限り，辻村太郎，花井重次，村松繁樹，矢澤大二，渡辺光，和田清らの報告書は完成していない。提出期日の

5月13日までに提出されたものがどの程度あったかは不明であるが，佐藤久氏の報告書の手稿原稿を拝見すると次のように，地図表現を主体としたものであったことがわかる[15)]（図Ⅴ-2-3参照）。

『飛行場並ビニ航空基地設定可能地分布（非水田地域）』

1．階級

甲（赤色）：大型・小型滑走路多数設定可能。

乙（橙色）：大型数本又ハ小型多数設定可能。

丙（緑色）：大型一本又ハ小型数本設定可能。

丁（青色）：小型数本以下。

（但シ工事量極小ナル如キ地域ノミヲ採集セルヲ以テ相当ノ土木工事ニヨリ右階級ハ上昇セシメ得ベシ）

2．地形・地質

（▽）扇 状 地…砂・礫及ビ粘土ノ混合物ヨリナル。地表面ニ大小ノ河川多キ欠点アリ。高乾地多シ。一般ニ緩傾斜ヲナスモ，面積小ナル扇状地ニアリテハ傾斜大トナル。

（□）洪積台地…極メテ平坦，或ハ緩ナル波状起伏地ヲナス。

㋑ローム及火山灰台地…共ニ粘質アル火山灰性土壌ニシテ，降雨後泥濘化スルコトアリ。所謂「赤土」ニシテ，関東平野，奥羽北部ニ主トシテ分布ス。

㋺河岸段丘…砂・礫・粘土ヨリナル。高乾地ナルコト多シ。欠点トシテハ面積大ナラザルト，充分ノ空域ヲ得難キ場合アリ。

㋩海岸段丘…主トシテ北海道・東北地方ニ広ク分布ス。粘土・砂ヲ主体トスルモノ，砂・礫ヲ主トスルモノアリ。前者ハ大雨後泥濘化スル欠点アリ。空域ハ一般ニ大。

（○）火山裾野…火山灰ヲ主トスル緩傾斜地ト熔岩ヨリナル部分トアリ。共ニ一般ニ地質堅固且ツ排水良好（南九州ニ於ケル熔岩台地ハ便宜上，洪積台地ニ含メタリ）。

（△）三 角 州…大ナル河川ノ下流低地帯ニシテ面積，空域共ニ広大ナルヲ常トシ，大航空基地ノ設定可能。土質ハ粘土，又ハ砂・粘土ノ混合ニシテ一般ニ低湿ナリ。地表上大小河川ノ分流多キヲ欠点トス。

（×）其他各種

㋑沖積原…河川沿岸ノ低平ナル地域ニシテ，砂又ハ粘土質。低湿ナルコト三角州ト略々同様ナリ。

㋺砂浜…沿岸ノ砂地ニシテ飛砂，砂丘等ノ障害アルコト多シ。排水良好。

（水田地域及ビ聚落密集地ヲ可及的ニ除外セリ。此等ヲモ包含セバ各地ノ沖積平野，三角州等ニ，甲・乙級ノ可能地極メテ多数アリ。）

この佐藤久氏による報告の手稿の一部をみただけでも，地図上に表記された「飛行場や航空基地の設定可能地」が一目瞭然とわかるように作成されていたと同時に，その対象とした範囲が全国にわたるものであったことが知られる。また「排水良好」，「地質堅固」，「飛砂・砂丘の障害」，「降雨後の泥濘化」，「空域の広狭」などの「観察判断」が記号の凡例として簡明に記されているという意味では，こうして作成された地図自体が「兵要地誌図」としての性格をもち，具体的作戦に利用されるべく想定されたものであったといえよう。

関東地方への米軍の上陸地点を「相模湾」と想定し，それが米軍のダウンフォール作戦のうち，コロネット作戦（関東上陸作戦）の上陸計画地点と一致していたという事実は，戦後明らかになったことであるが，この「相模湾」という想定の根拠は，この『兵要地理調査研究会』における調査・分析に由来するものであったと，渡辺正氏は証言している[16]。しかし，戦後も1986年（8月26日）になって参謀本部第二部第六課の堀栄三少佐（陸大46期，1913-1995）にインタビューをした軍事史研究者のクークス（A. D. Coox）は，堀少佐がすでに1945年春頃には，地形図の分析や沿岸水域の観察分析，さらに積年の軍人としての経験から米軍の本土上陸地点を南九州（鹿児島）の志布志湾，四国の高知，そして関東地方の九十九里浜であろうと判断していたという事実から，米軍の作戦が何らかの形で事前に漏洩していたのかも知れないという疑念を以て調査を始めたが，それを確認できなかったという（Coox 2000：431-433；堀 1989も参照）。

この米軍の「ダウンフォール（滅亡）作戦」は，日本における「決号作戦準備要綱」（1945年4月8日）が示達される5日前の4月3日，米軍前線の各司令官が「オリンピック作戦」（1945年11月1日の九州上陸作戦）の準備を指令された時点から始まっている。そして5月28日には「コロネット作戦」（1946年3月1日の関東上陸作戦）が「幕僚研究」として提出され，「ダウンフォール作戦」が最終的に完成する。この作戦は，途中のある時点でのソ連の参戦も予期されていたし，また九州上陸の「オリンピック作戦」の別紙には「欺騙作戦」としての「四国上陸」（1945年12月1日）や中国の舟山列島－上海に対する作戦開始（1945年10月1日）も含まれていた（ウェストハイマー 1971：30-44；三木 1995：157-168）。

堀少佐の証言では，最終的に米軍の第一次の上陸地点を九州の「志布志湾」，第二次上陸地点を関東の「相模湾」と想定し，四国の高知は可能性が少ないと判断したという。クークスは，これがダウンフォール作戦計画の「オリンピック作戦（後に暗号名がマジェスティック作戦に変更）」の上陸地点（志布志湾・有明海）とほぼ一致し，また関東地方の上陸作戦（「コロネット作戦」）の上陸予定地点（相模湾）も全く同じ地点が日本側で想定されていたことに驚いている（Coox 2000：432-433）。『兵要地理調査研究会』の調査は，本土決戦に対応する全国にわたるもので，必ずしも「決三号」（関東方面）にだけ集中して行われたわけではないが，「決六号」（九州方面）に対応する九州への上陸地点の集中的な検討は，史料としては残されていないが，村上次男（1911-2002）の証言や回想によると，小牧実繁を中心とする京都帝国大学の地理学教室の関係者，とくに『総合地理研究会』（通称「吉田の会」）が行っていたと推測される[17]。渡辺正氏資料1-4の「完成資料目録」の中に「小牧実繁博士以下七名」が完成した「帝国本土ニ於ケル要域観察資料」の報告書は，恐らく米軍の九州上陸地点を「志布志湾」とする判断を含み，また四国の高知も可能性として想定する情報を含んでいたと推測できる。

しかし，『総合地理研究会』（通称「吉田の会」）は参謀本部第二部を中心とする『兵要地理調査研究会』とだけ結びついていたわけではなかった。そこには，「皇戦会」を通して参謀本部第四部との深い繋がりも確認できる。

## 5．小牧実繁と「吉田の会」

小牧実繁と陸軍（参謀本部）との関係は，第二部（情報）と結びつく以前，1938年の頃から，「皇戦会」を通して第四部（戦史課および戦略戦術課）と深く結びつき，厖大な資金の供与を受けていた。恐らくこの資金の受け皿が『総合地理研究会』（通称「吉田の会」）であったと考えられる。『総合地理研究会』のメンバーであった浅井辰郎氏の証言によると，この「皇戦会」は1938年の秋頃，陸軍参謀の高嶋大佐と間野少佐によって創立されたものであるという。高嶋大佐と小牧実繁の仲介をしたのが戦後外務省条約局に勤務することになる川上健三（1909-1995）であった。他方『総合地理研究会』は小牧実繁以下，別技篤彦（1908-1997），川上健三，川上喜代四（1916-1982），松井武敏（1910-1992），室賀信夫（1907-1982），朝永陽二郎（1908-1987），御子柴幸一，野間三郎（1912-1991），三上正利（1914-1989），米倉二郎（1909-2002），浅井得一（1913-），浅井辰郎（1914-2006），柴田孝夫（1913-2002），内藤玄匡の14名の京都帝国大学地理学教室のスタッフ，出身者，院生から構成されていた[18]。こうしたメンバーが世界の各地域を分担して詳しい文献研究に着手した。外国図書も潤沢に購入できる資金が供与された。

1939年11月23日京都市左京区吉田上大路町の民家（「吉田の会」の集会所）で撮影された集合写真（浅井辰郎氏撮影）をみると，浅井得一，三上正利，川上喜代四の3名を除いた全メンバーが参加し，参謀本部から高嶋大佐，間野少佐も参加していたことがわかる[19]。

この高嶋大佐とは，陸軍士官学校第30期生で，1943年3月陸軍少将となり，第三軍参謀長（3月11日），第十二方面軍参謀長（第一総軍，1945年3月）を歴任した高嶋辰彦（1897-1978）である。彼は1937年10月（26日）大本営陸軍部戦争指導班（第一班）長を経て，1939年3月9日には参謀本部第四部戦史課長になるとともに，同四部戦略戦術課長を兼任している。この第四部に戦略戦術課が設置されたのは，1936年8月1日であり，「絶対国防圏」が成立した後の1943年10月に廃止されている。高嶋辰彦は1940年12月2日までこの戦史課長と戦略戦術課長のポストにいた後，台湾歩兵第一聯隊長（台湾軍，第四十八師団）として転出し，1943年3月に第三軍参謀長となるまでは，主としてジャワなどに出征している。そして高嶋辰彦は，1939年5月に「皇戦会常務理事」に就任している[20]。

小牧実繁がこの「皇戦会」の受け皿としての『総合地理研究会』（吉田の会）を設置したのは，高嶋辰彦が参謀本部第四部の戦史課長兼戦略戦術課長に就任した1939年3月9日から，彼が「皇戦会常務理事」に就任する同年5月の間のことであろうと推定される。この高嶋大佐の役割について，田中宏巳氏（本書Ⅳ-5章，Ⅴ-4章を執筆）は筆者に次のようなことを私信で示唆された[21]。

本来，内国戦史や外国戦史の調査編纂を行う参謀本部第四部（戦史課）に1936年8月1日に戦略戦術課が設けられ，戦略戦術課長に十川次郎（1890-1963），西原一策（1893-1945），安部孝一（1892-1977），藤室良輔（1895-1942），そして高嶋辰彦などの陸軍士官学校や陸軍大学のトップクラスが補されているのは，本来陽のあたらない仕事をする第四部戦史課を「隠れ蓑」にして，最高度の重要な秘密作業を行っていたからという可能性についてである。本来，戦略戦術は第一部の作戦課が扱うべき枢要の分野だからである。

「隠れ蓑」の当否は別としても，こうした情報から判断する限り，「皇戦会」の主要な任務が第四部戦略戦術課と結びついていたものと考えられ，『総合地理研究会』での発表は，印刷されると「秘」の印を付されて京都帝国大学の正門近くの吉田上大路町に借りた民家（「吉田の会」の集会所兼研究室）の書庫に封印されていた。皇戦会のメンバーだけが週に一度（木曜日午後），この民家を利用して作業をしたり，研究発表をする以外は，メンバー以外の者も含め，利用を禁じられていたし，また管理人もおかれていた。しかし，村上次男が証言するように，この「吉田の会」の2階建ての民家は厖大な数の図書や地図類でいっぱいであったというし，大学の地理学教室の図書予算を上まわる程の「潤沢な資金」が「皇戦会」を通して供与されていたという[22]。

さらに村上次男の回想によると，1945年には米軍の上陸予想地点として九州南部の作戦図の作成を小牧実繁から命じられ，宮崎平野から有明海に至る沿岸地域の分析を始めている[23]。村上次男は作業の結果，薩摩半島の西側，「吹上浜」を上陸地点の候補として報告したが，小牧実繁や室賀信夫，野間三郎らの地理学教室スタッフの最終的判断はわからなかったし，知らされていないという。

## 6．むすびにかえて──『兵要地理調査研究会』と『総合地理研究会』──

小牧実繁は参謀本部第四部の高嶋辰彦らを介して，「皇戦会」の資金と情報に沿った形で，『総合地理研究会』を立ち上げ，日常的な表向きの活動としては日本にとっての地政学的視点から『世界地理政治誌』を編集していた。

表向きの地政学的議論は京都帝国大学の地理学教室で行われたが，「皇戦会」に係わる「秘密の作業」は学外の吉田上大路の民家で行われた。『総合地理研究会』もこの民家で開催され，その報告会には皇戦会のOBや現役の参謀も加わり，その報告は後に印刷に付され，「秘」扱いで皇戦会のメンバーに配布されている。少なくとも1939年7月までに遡る『報告書』が確認されている[24]。こうした報告書は「吉田の会」の民家に保管され，かなりの量に達していたという。この民家に保管されていた報告書は戦後すぐに焼却され，その厖大な蔵書も寄贈されたり，古書店に売却されて散佚してしまった。

この皇戦会からの資金供与を背景とした『総合地理研究会』(「吉田の会」)は，実質的に6年間存続したことになるが，この会の性格は，いわば「吉田地政学アカデミー」とも呼べるものでありながら，ドイツにおける「地政学作業委員会」(AfG)よりも，むしろボーマンを中心として組織化されたアメリカの『調査委員会』(The Inquiry)の性格と類似する。いわば軍とも大学とも関係しながらも一応独立した組織として機能していたからである。公的な部分では大学や地理学協会と結びついて日常業務を分担する一方で，軍(参謀本部)の一部と結びついていた。

これに対して，渡辺正氏が中心となり参謀本部第二部を背景とした『兵要地理調査研究会』は，わずか一回の会合を持った組織でありながらも，東京在住のもっとも主要な地理学者を結集した重要な組織であった。しかし会合も参謀本部で開催され，特別の資金の供与が行われたというよりも，「完成資料」に対する謝礼金が支出されているだけである。シュパングが京都帝国大学のスタッフや出身者からなる「吉田の会」の活動を「地政学的(geopolitische)」企画業務と位置づける立場にならっていうならば，『兵要地理調査研究会』は本土決戦に向けての「兵要地誌的」(geomilitärische)企画業務に従事する「臨時委員会」(*ad hoc* committee)そのものというべきであろう(シュパング 2001：8)。

しかし，『総合地理研究会』が京都帝国大学の地理学教室のスタッフや出身者を中心とする私的な組織であったのに対し，『兵要地理調査研究会』は，1回のみの会合とはいえ，東京帝国大学と東京文理科大学，京都帝国大学の各地理学教室を中心として主任教授とともにそのスタッフや院生も統合された形で組織化された最初の例である。いわば日本の地理学界，あるいは地理学者の総動員体制にも近い組織であったという意味で，日本の近代の地理学史の上でも特筆すべき研究会であったといえよう。

[謝辞]

貴重な記録や私信，写真などを利用させていただいた故浅井辰郎(元お茶の水女子大学)，佐藤久(東京大学名誉教授)，田中宏巳(元防衛大学)の各先生には，心から感謝申し上げたい。とくに『兵要地理調査研究会』の委員でもあられた佐藤久先生には，草稿を読んでいただいた上に，数多くのご教示をいただいた。心から有難く思う。

注

1)三木(1995)を参照。アメリカ側の地理学者や地質学者などを含めた日本沿岸の調査については，Allen and Polmar(1995：234-235)を参照されたい。

2)Heffernan(1995, 1996)。さらに英国については，Balchin(1987)やStoddart(1992)。またイタリアについては，Atkinson(1995)を参照。

3)Malterre(1917)など1914年から1918年にかけての『地理』(*La Géographie*)の雑誌の記事を参照。

4)渡辺正氏所蔵資料集編集委員会(2005：113)に収録されている資料6-1。

5)2004年5月16日の「第2回渡辺正氏資料編集委員会」(東京・お茶の水，「ホテル聚楽」で開催)における渡辺正氏の発言。

6)正井・竹内(1999：73-91)の「浅井辰郎先生に聞く」のうち80頁。

7）2003 年 11 月 8 日の「第 4 回外邦図研究会」（駒澤大学）での渡辺正氏の証言。
8）2004 年 12 月 7 日付の佐藤久氏の私信（小林茂氏宛）。
9）2003 年 12 月 11 日付の佐藤久氏の私信（小林茂氏宛）。
10）2004 年 8 月 7 日の「第 3 回渡辺正氏資料編集委員会」（東京・お茶の水，「ホテル聚楽」で開催）での渡辺正氏の発言。
11）渡辺正氏資料 1-4「謝礼金支払相成度件」（渡辺正氏所蔵資料集編集委員会 2005：70-71）。
12）同前の「編集委員会」（第 2 回）での渡辺正氏の証言。
13）渡辺正氏資料 1-1「部外関係者ノ統合利用ニヨル兵要地理調査研究会合ノ件通牒［極秘］」（渡辺正氏所蔵資料集編集委員会 2005：67-68）。
14）2004 年 12 月 7 日付の佐藤久氏の私信（小林茂氏宛）。なお「兵要地理調査調査参考諸元表（其ノ一）」は，1945 年 5 月に大本営陸軍部が刊行したもので，「第一，航空作戦」，「第二，對上陸作戦」，「第三，地上作戦」よりなる。「第一，航空作戦」の「二，機動」では，「米「ソ」軍主要現用機航續性能表」（図Ⅴ-2-5）を掲載し，各種航空機の航続距離や速度を示している。
15）同前の私信に付された資料。
16）『信濃毎日新聞』（1995 年 12 月 29 日第 4 面），「続・占領下の空白：『地理調査所』物語」第 5 回の記事。この記事は渡辺正氏所蔵資料集編集委員会（2005：120）にも転載。
17）村上（1993：66-87）。および 1998 年 11 月 26 日（甲南大）の村上次男氏へのインタビューによる。村上次男氏の履歴については，久武（2003）を参照。
18）浅井（1998：553）。および 2003 年 11 月 8 日の「第 4 回外邦図研究会」（駒澤大学）での浅井辰郎氏のコメント。
19）「皇戦会」の写真（1939 年 11 月 23 日浅井辰郎氏撮影）は，2002 年 3 月 30 日，品川区小山のご自宅を小林茂氏（大阪大学）と訪問した折に拝見させてもらった。原写真は別技篤彦氏が所持されていたもので，浅井氏の手元にあったのはコピーであった。
20）福川（1999：279）の「高嶋辰彦」の項，および，軍事史学会（1998：761，771）を参照。
21）2004 年 11 月 29 日付の田中宏巳氏（当時防衛大）の私信（筆者宛）。
22）1998 年 11 月 26 日の村上次男氏へのインタビューによる。
23）同前の村上次男氏へのインタビュー。
24）水内（2001）。『総合地理研究会』という名称は，浅井辰郎「皇戦地誌とは如何なるものとなすべきや」（1940 年 2 月 5 日の報告，『空間・社会・地理思想』6 号に収録の「通称「吉田の会」による地政学関連史料」のうち 74-75 頁）の中に登場する。

## 文献

浅井辰郎　1998. 別技篤彦名誉会員のご逝去を悼む．地理学評論 70A：553-554.

ウェストハイマー，D. 著，木村譲二訳　1971.『本土決戦 ── 日本侵攻・昭和 20 年 11 月』早川書房. Westheimer, D. 1971. *Lighter Than A Feather*. New York：Roslyn Targ Literary Agency.

金窪敏知 2004a. 終戦前後における参謀本部と地理学者との交流，および陸地測量部から地理調査所への改組について（渡辺正氏資料をもとに）．外邦図ニューズレター2：39-45.

金窪敏知　2004b. 兵要地理調査研究会と外邦図．日本地理学会発表要旨集 66：62.

金窪敏知　2005. あとがき．渡辺正氏所蔵資料集編集委員会編『終戦前後の参謀本部と陸地測量部 ── 渡辺正氏所蔵資料集』122-124. 大阪大学文学研究科人文地理学教室.

軍事史学会編　1998.『防衛研究所図書館所蔵 大本営陸軍部戦争指導班機密戦争日誌 下』錦正社.

佐藤　久　2006. 地図と空中写真，見聞談――敗戦時とその後（続）. 外邦図研究ニューズレター4：45-68.（本書Ⅴ-2章）

シュパング，C. W. 著，石井素介訳　2001. カール・ハウスホーファーと日本の地政学. 空間・社会・地理思想6：2-21. Spang, C. W. 2000. Karl Haushofer und die Geopolitik in Japan: Zur Bedeutung Haushofers innerhalb der deutsch-japanischen Beziehungen nach dem Ersten Weltkrieg. In *Geopolitik, Grenzgänge im Zeitgeist*, 2Bde., Hrsg. I. Diekmann, P. Krüger und J. H. Schoeps, 591-629. Potsdam：Verlag für Berlin-Brandenburg.

太平洋協会編　1943.『太平洋の海洋と陸水』岩波書店.

太平洋協会編　1944.『ニューカレドニア・その周辺』太平洋協会出版部.

太平洋協会学術委員会編　1943.『ソロモン諸島とその附近――地理と民族』太平洋協会出版部.

多田文男　1960. 海外調査の今とむかし. 地理5（12）：28-32.

多田文男　1969. 戦前の海外調査. 地理14（1）：32-36.

立岡裕士・久武哲也・源　昌久　2000. 植民地理学および海外調査・戦時下の地理学と兵要地誌調査. 地理学評論73A：242-247.

野間三郎　1979. カール・リッターの業績. 地理24（4）：7-18.

久武哲也　2003. 村上次男名誉会員のご逝去を悼む. 兵庫地理48：1-3.

福川秀樹編　1999.『日本陸海軍人名辞典』芙蓉書房出版.

ヘスケ，H. 2000. 地政学作業委員会　AfG（Arbeitsgemeinschaft für Geopolitik）. J. オロッコリン編，滝川義人訳『地政学事典』130. 東洋書林. Heske, H. 1994. AfG（Arbeitsgemeinschaft für Geopolitik）. In *Dictionary of Geopolitics*, ed. J. O'Loughlin. Westport, CT.：Greenwood Press.

堀　栄三　1989.『大本営参謀の情報戦記――情報なき国家の悲劇』文藝春秋.

正井泰夫・竹内啓一編　1999.『続・地理学を学ぶ』古今書院.

三木秀雄　1995.（解説）米軍の対日本土侵攻作戦計画――ダウンフォール，オリンピック，コロネット作戦計画の概要. 軍事史学31（1・2）：156-171.

水内俊雄　2001. 通称「吉田の会」による地政学関連史料（解題）. 空間・社会・地理思想6：59-63.

村上次男　1993.『回想は続く』私家版.

渡辺正氏所蔵資料集編集委員会編　2005.『終戦前後の参謀本部と陸地測量部――渡辺正氏所蔵資料集』大阪大学文学研究科人文地理学教室.

Allen, T. B. and Polmar, N. 1995. *Code-Name Downfall: The Secret Plan to Invade Japan - and Why Truman Dropped the Bomb*. New York：Simon & Schster.

Atkinson, D. 1995. Geopolitics, cartography and geographical knowledge: Envisioning Africa from Fascist Italy. In *Geography and Imperialism, 1920-1940*, eds. M. Bell, R. A. Butlin and M. Heffernan, 265-297. Manchester：Manchester University Press.

Balchin, W. G. V. 1987. United Kingdom geographers and Second World War. *Geographical Journal* 153（2）：159-180.

Banse, E. 1932. *Raum und Volk im Weltkriege: Gedanken über eine nationale Wehrlehre*. Oldenburg：Stalling.

Banse, E. 1934. *German Prepares for War: A Nazi Theory of National Defense*. New York: Harcourt, Brace and Co.（translated by Alan Harris）.

Coox, A. D. 2000. Needless fear: The compromise of U. S. plans to invade Japan in 1945. *Journal of Military History* 64：411-438.

Heffernan, M. 1995 The spoils of war : The société de géographie de Paris and the French empire, 1914-1919. In *Geography and Imperialism, 1820-1940*, eds. M. Bell, R. A. Butlin and M. Heffernan, 221-264. Manchester: Manchester University Press.

Heffernan, M. 1996. Geography, cartography and military intelligence : The royal geographical society and the First World War. *Transactions of the Institute of British Geographers New Series* 21 : 504-533.

Malterre, G. 1917. Les variations des fronts de guerre et situation générale actuelle. *La Géographie* 31 : 140-151.

Schmitthenner, H. 1951. *Studien über Carl Ritter.* Frankfurt am Main : Kramer. (Frankfurter Geographische Hefte, Bd. 25, Nr. 4.)

Smith, N. 1984. Isaiah Bowman: Political geography and geopolitics. *Political Geography Quarterly* 3 : 69-76.

Stoddart, D. R. 1992. Geography and war : The 'New Geography' and 'New Army' in England, 1899-1914. *Political Geography* 11 (1) : 87-99.

Von Niedermayer, O. 1942. *Wehrgeographie.* Berlin: Steiniger.

# 第2章　兵要地理資料集録（渡邊正氏資料）解説

高木　勲

旧日本陸軍の兵要地誌は，明治の建軍以来常に外征軍の予想戦場となるべき満州，蒙古，支那，ロシア等のアジア大陸を実地踏査し記録編集することであった。しかし，大東亜戦争勃発以来，戦域は調査未了のまま南方方面に拡大し，やがて戦況不利となるに及んで本土決戦必至の情勢となってきた。

1944年10月，大本営第二部参謀（のちに兵要地誌担当）に渡邊正少佐が着任するや，画期的に広く学者の協力を得て軍民一体の総力戦態勢をとることになった。

その頃に整備された兵要地誌資料や関連文書は終戦の混乱で四散したが，一部は残されていた。いわゆる渡邊正氏資料とは，次の6時期に区分して整理することができる。

1．大東亜戦争末期に本土決戦に備えて計画実施された兵要地理調査研究会に関する資料
2．終戦時における地図等の焼却処理に関する資料
3．陸地測量部組織の処理と内務省地理調査所設立に関する資料
4．戦後進駐軍との折衝に関する資料
5．兵要地誌に関する資料
6．その他（参考資料，地図等）

以下，各区分に従って資料の内容を解説する。

## 1．大東亜戦争末期に本土決戦に備えて計画実施された兵要地理調査研究会に関する資料──1945年4月～8月終戦までの間の資料──

### 1-1「部外關係者ノ統合利用ニヨル兵要地理調査研究會合ノ件通牒［極秘］」

作成者第4班　B5・B4[1)]　タイプ　1945年4月25日　3枚

本土決戦を間近にして必勝の戦略戦術をとるため，兵要地理の整備が極めて重要である。基礎的な知識の乏しい者が作戦的着眼だけで成果を期待するのは危険である。また時宜に合わない調査研究や学者的理論も作戦には適さない。この際有能な地理学者を同志的に糾合し，軍学協力して本土の兵要地理調査をすることによって，戦局打開の勝ち目を見出したいというのがこの会合の趣旨である。

渡邊参謀は，まず東京大学の多田文男氏（1900–1978）と協議し，同氏から辻村太郎氏（1890-1983）へ，次いで東京文理科大学の田中啓爾氏（1885-1975），さらに各大学などの地理学者十数名の推薦を得た。その際旧知の渡辺光氏（曾て陸軍予科士官学校在勤，1904–1984）の側面的協力も得た。

第一次会合は1945年4月30日に行われたが，第二次は戦局の急転により開催されなかった。この様な画期的な地理学者と軍との会合はこれが最初で最後であった。

なお，第一次会合当日に参集者に配布された文書（佐藤久氏所蔵）では，本文書の標題が「部外關係者ノ統合ニヨル兵要地理調査研究會合」となっている。

**1-2「第一次兵要地理研究會合行事豫定表」**

作成者第4班　B4　ガリ版　1945年4月30日　2枚

本資料は1-1の付属の予定表および参集者名簿である。

場所は構内の高等官集会所において，部長，課（班）長，関係部員参集。

第4班渡邊少佐司会および趣旨説明，辻村博士代表挨拶，参集者個別紹介。研究題目付と担任決定などが行われた。

**1-3「兵要地理研究課題決定要領」**

作成者第4班　257 × 762　タイプ　1945年4月30日　1枚

本資料は1-1の付属の研究課題と実施分担表である。

食糧自活の考察，工業立地，地下施設問題，資源分布と軍需生産。海岸より内陸への道路，鉄道網。敵の本土分断構想（住民心理思想の地域差，人文地理的歴史地理的考察），敵の本土上陸企図判断（気象を含む），上陸防御の見地から地形の築城的観察。対戦車戦闘上の地形研究。本土を中心とした航空気象上の特性，航空基地の適地，など項目別に担当者を決定。提出期限は5月13日とされている。

**1-4「謝禮金支拂相成度件」**

作成者第6課　B5　ペン書　1945年8月8日　3枚

第一次兵要地理調査研究会のこの時期までに完成した資料目録と個々の地理学者（個人別一覧表）への謝礼金合計3,500円を予算のある第6課（当時支那担当）から支出された。成果品は残っていない。

**1-5「帝國本土分布図目録」**

作成者第4班　B5・B4　ペン書　日付不詳　6枚

前項の更に詳細な成果品目録と思われる。上陸適地，道路網図，食糧関係の成果図など地誌図作成の学者の分担（上記謝礼金）の内容，および部内作業の現況など。現実には成果品は終戦時焼却されたものも，学者の手許に残ったものもあったと思われる。

## 2．終戦時における地図等の焼却処理に関する資料
### ―― 1945年8月15日～20日の間の資料 ――

**2-1「陸軍秘密書類焼却ニ關スル件［軍事機密］」**

発信者参謀総長　B5　タイプ　1945年8月15日　1枚

終戦直後の秘密書類焼却に関する根拠文書，「その他重要と認むる書類」に地図，兵要地誌を含んでいる。

**2-2「情勢ノ転変ニ伴フ作戦用地図處理要領ノ件通牒［軍事機密］」**

発信者総務課長　B5・B4　ペン書　1945年8月19日　8枚

終戦の4日後軍事極秘以上の地図，地誌図は焼却し，極秘以下は残置する，など細部の指示を与えている。

紙の地図は焼却するが，原版（銅版）は残置すると明記してある。

参謀本部，部隊・官衙・学校，陸地測量部，民間印刷会社別に細部記載されている。

**2-3「兵要地誌資料目録」**

作成者渡邊少佐　B5　ペン書　1945年8月20日　4枚

前記2-2の焼却すべき地誌図目録の一部と推測される。

本土における砂丘分布図ほか19点の目録。

## 3．陸地測量部組織の処理と内務省地理調査所設立に関する資料
### ―― 1945年8月19日～1946年3月頃までの資料 ――

**3-1「終戦に伴ふ陸地測量部処理要綱案［極秘］」**（原稿）

作成者渡邊少佐　B5　鉛筆書　1945年8月17日　10枚

終戦の翌々日の深夜渡邊参謀が不眠不休で起案した原稿であり，陸地測量部の処置を案じて具申されたものである。

その趣旨は以下の通りである。終戦の現実に直面し「陸地測量部」は軍の一部として当然存在は許されない。まず職員の身分を保全してほしい。次に組織としては米軍に接収されるであろうが，国土の復興は1日も休むことはできない。従って軍の組織から急ぎ平時組織の内務省に移管し，名称も「陸地測量部」以外の名称に改め，軍人は速やかに去り職員は引き続きその職務を継続し，組織としては以前からあったごとく認識させて米軍と交渉して欲しい。

この原稿を書記が清書して上司の第二部長有末精三中将（1895-1992）に上申された。

終戦の2～3日後のこの時期は日本中が大混乱に陥っていた。特に大本営は陸軍の組織の解体，書類の焼却，復員や米軍の接収対策等で陸地測量部の将来まで考える余裕はなかった。この意見具申書を読んだ有末部長は「渡邊参謀に任す」と一任されたので，渡邊参謀は旧軍の測量主体の名称よりも国土復興には「地理」を主体とすることが重要と考え，「地理調査所」の名称を発案し，この案で有末部長の承認を得，次いで移譲を受ける内務省国土局の岩沢忠恭局長（1891-1965）の承認を得て，ここに「地理調査所」の名称が誕生したのである。

この案に従って事務的に急遽8月31日に陸地測量部（部長大前憲三郎中将［1893-1952］）が廃止され，米軍の接収前の9月1日付で内務省地理調査所が設立された。

所長には当初陸地測量部技師の武藤勝彦氏（1895-1966）を推薦したが，本人が固辞したので止むなく岩沢国土局長が兼務で任命され，年末に武藤勝彦氏が就任した。

軍の組織である「陸地測量部」が米軍に接収解体されずに「地理調査所」から現在の「国土地理院」に引き継がれているのも，その淵源はここにあったのである。

### 3-2「地理調査所關係事項中擔任實施業務概容」

作成者第一復員省　B4　タイプ　1946年3月　1枚

終戦の翌年3月，第一復員省（参謀本部の残務整理業務を含む）と，新設の地理調査所との業務分担を渡邊氏が記したものである。

即ち，本土以外の地図・兵要地誌，外地の測量部隊，本土の兵要地誌，その他連合軍の指令によるもの等は旧参謀本部の業務として第一復員省が担当する。

## 4．戦後進駐軍との折衝に関する資料[2)] ──終戦～1948年頃までの資料──

### 4-1「兵要地理調査ニ關スル回答資料」

作成者第一復員省　B4　タイプ　1946年4月15日　10枚

第一復員省で旧参謀本部に関するGHQからの要求に対する回答。

ここでは旧陸軍の兵要地誌作成に関する方針，範囲，調査要領等が要約されている。

過去においては，ソ連・中国等を重点的に整備しており，米英すなわち南方方面は殆ど整備されておらず，開戦後俄に収集整備されたものである。その手段としてドイツ等から得た情報が多い。これらに関しては，1946年1月30日に防諜部マッシューズ少佐に報告してある。

調査要領は，予想される戦場を具体的に判断するため，戦術的には地形，地質，気象，水運，通信，航空，築城，衛生，宿泊給養等について。戦略的（国防上）には，資源，工業，経済状態，住民，教育，思想，宗教，行政司法，運輸通信等広範囲に亘る調査整備が必要である。

既刊の刊行物は，中国関係は省別にかなり詳しく調査整備されており，米英関係ではマレー・ビルマ・フィリピンは戦前と戦時中にほぼ整備された。ジャワ・スマトラ・ボルネオ・アリューシャンは開戦後に調査し整備中であり，仏印・タイ・ニューギニアは不十分であった。南洋諸島は海軍担当である。

地図は，地上作戦用として10万分1を主とし，5万分1，20万分1，50万分1も使用した。ニューギニア・ソロモンの地図は間に合わなかった。

中国関係は概ね師団・旅団クラスまで各省兵要地誌が配布され，現地軍では作戦地誌資料として補備作成された。

## 5．兵要地誌に関する資料――1946年〜1949年頃の資料――

### 5-1「日本本土兵要地誌調査要領に対する私見」

作成者渡邊正　B4　タイプ　1949年6月23日　2枚

第一復員省において渡邊氏が私見を上司に提出したもの，その後は不明。以下要約。

- 自然，人文地理要素をもれなく調査し，その重点を明らかにする。
- 戦争指導上（総動員用）必要な事項及び作戦指導上（用兵戦術上）必要な事項に即応する着眼と内容をもって調査する。
- 具体的項目は，地形，地質，海岸，陸水，海洋，気象，交通，通信，航空，都市，住民，衛生，資源，農業など。
- 表現は兵要地誌図表としたほうがよい。
- 官民有識者と少数の有能な基幹人員で運営するのがよい。

### 5-2「兵要地誌保管目録（史実部）［秘］」

作成者史実部　B5　カーボン　日付不詳　5枚

作成年月日不明，ある時期に第一復員省の史実部に存在保管されていた目録である。内容は気象兵要地誌第6巻ほか50項目。

### 5-3「兵要地誌調査要目（兵要地誌班長）渡辺少佐記述〈兵要地誌調査要領ノ参考〉」

作成責任者元渡邊少佐　B4・B5　カーボン　日付不詳　23枚

折角企画した本土の兵要地誌も，敗戦で日の目を見ることができなかった。何とかこの思想と遺産を後世に遺さんと，渡邊氏の発案で地理学者に作成させた。内容は2篇13章。連合軍司令部にも提出された。1946〜1949年頃，表紙には「渡辺少佐記述」とあるが本人は記憶がない由，執筆者の地理学者は不明。

### 5-4「調査要項」（冊子）

作成責任者元渡邊少佐　執筆者不明　203 × 328　ガリ版　日付不詳　8枚

趣旨は5-3と同じ。

一般的地誌の調査項目と思われる。内容は19節86項からなる。

**5-5「別冊　作戦に関する地理的重要事項」**（冊子）

作成責任者元渡邊少佐　執筆者不明　203 × 328　ガリ版　日付不詳　15枚

趣旨は5-3と同じ。

5-4を更に作戦的に詳述したものと思われるが，章・節立てがやや異なるので別の学者が作成したものではないか。とくに森林・植物が詳述されている。16章88項からなる。

**5-6「兵用日本地理總目次」**（冊子）

作成責任者元渡邊少佐　執筆者不明　203 × 328　ガリ版　日付不詳　8枚

趣旨は5-3と同じ。

現実には目次だけで，終戦迄に内容はできていなかった。7巻12編からなる。

## 6．その他（参考資料）――時期を限らず上記各項の参考となるもの――

**6-1「第二回委員會ノ開催」**（参考資料）

作成者外務省　B5　タイプ　1944年12月15日　2枚

これは副題で，主題は欠頁のため不明。

1-1にある兵要地理調査研究会とは別に外務省が主催して開かれた「中国調査会」運営の方針決定のための文書と思われる。

学者は地理，歴史，社会，思想等幅広い各界の学者を網羅している。

第1回は12月6日に開かれたと思われるが，その記録は残っていない。

当時外務省では中国と呼び，陸軍では支那と呼んでいた。従ってこの兵要地理資料集録の対象外であるが，地理学者の名前があったので参考までに収録した。

注

1）B5 = 257 × 183mm，B4 = 247 × 366mm である。また，非定形の単位もミリメートルである。

2）対進駐軍関連の資料で断片的で脈絡のないもの，公表に値しないものについては省略した。

# 第3章　陸地測量部から地理調査所へ

金窪敏知

## 1．陸地測量部組織の沿革

陸地測量部が参謀本部直属の独立機関として設立されたのは，1888（明治21）年5月のことである[1]。

明治維新直後における我が国の測量と地図作成事業は，1869（明治2）年4月政府内に民部省が設置され，その下に戸籍地図掛が設けられたのに始まる。1870（明治3）年この機構が拡充されて地理司となり，地理行政の一元化が図られた。そして1873（明治6）年に内務省が設置され，翌1874（明治7）年同省に地理寮と測量司（後に地理寮に移管廃止）が設けられると，工部省測量司，太政官正院地誌課，大蔵省地理課の業務を移管統合し，東京，大阪，京都および開港五港など主要都市の市街図作成，全国大三角測量の計画を確定して実施を開始した。地理寮は1877（明治10）年に内務省地理局と改称され，土地制度改正に伴う基準図と全国地籍調査を行い，「地籍図」を調製することを併せて主要業務とした。

一方，1871（明治4）年7月兵部省に参謀局が置かれ，かつその下部機構として間諜隊が設けられ，「平時において地理の偵察・調査と地図の編集作成を行う」ことを任務とした。1872（明治5）年2月兵部省は陸軍および海軍の2省に分れたが，間諜隊はそのまま陸軍省に存置された。次いで1874（明治7）年2月に間諜隊が拡充されて参謀局内の第五課および第六課となった。このとき参謀局各課における分掌事務は次の通りであった。

第一課　総務，第二課　各国の政誌，第三課　各国兵書の翻訳，第四課　各国の兵誌，第五課　地図，第六課　測量，第七課　文庫

1878（明治11）年12月，参謀局は廃止されて参謀本部が設置された。これに伴って地図・測量担当の第五課・第六課は，それぞれ参謀本部の地図課・測量課と改称された。同年同月，測量課長に任命された工兵中佐小菅智淵（1832-1899）は，全国測量の実施を企図し，「全国測量一般の意見」として縮尺5千分1地図をもって10年間で全日本を覆う事業計画を参謀本部長陸軍中将山縣有朋（1838-1922）に具申した。しかしながら，主旨には賛成であるが，経費の点で難色を示されたので，小菅は更に「全国測量速成意見」を提出して認可された。これは地図作成の基本である三角測量を

行わずに細部測量から直接「迅速測図」方式で縮尺２万分１地図の全国整備を企図したものであった。

迅速測図は 1880（明治 13）年から関東地方を主に開始されたが，1881（明治 14）年になって陸軍でも三角測量の高い精度を認め，内務省地理局の大三角点に準拠して，その中に二等以下の三角網を設置し，地形測図の基礎とすることとした。組織については，1883（明治 16）年２月参謀本部測量課に「大地測量」および「小地測量」の２部が設けられた。これらが後の「三角科」および「地形科」となった。

このようにして，我が国における測地測量は内務省地理局と参謀本部測量課とにより二元的に実施されて来たが，1884（明治 17）年６月，太政官達によって大三角測量事務は参謀本部の管轄に移され，内務省地理局は以来地誌編纂を主な業務とすることになった。三角測量業務の統合に伴い，陸軍は新たな構想のもとに事業を進めることになり，同年９月，参謀本部条例を改正，測量課・地図課を廃止して，新たに測量局を設けて「本邦の全国地図および諸兵要地図の編纂業務」を分掌させ，局内組織として「三角測量」,「地形測量」および「地図」の３課を編成した。局長には前測量課長小菅中佐が補任された。

1888（明治 21）年５月，陸地測量部条例が公布され，参謀本部の一局であった測量局は分離して本部長直属の独立官庁である陸地測量部となり，その主務は「陸地測量ヲ施行シ兵要地図及一般ノ国用ニ充ツ可キ内国図ヲ製造修正シ其他量地ニ関スル事ヲ掌ル所トス」（測量・地図百年史編集委員会 1970：624）とされた。そして下部組織に三角・地形・製図の３科および修技所を置き，測量局の業務をそのまま継承した。陸地測量部の初代部長には測量局長に引続いて小菅工兵大佐が任命された。このときの組織改正により全国規模で行われる測量については，行政上国防上の見地から，陸地は陸軍，水路は海軍で，それぞれ統括するという方針が組織面から確定され，この原則が 1945（昭和 20）年の終戦時まで継続されたのである。

初代陸地測量部長工兵大佐小菅智淵は 1888（明治 21）年 12 月に交代したが，以来測量部長には工兵大佐または陸軍少将が就任し，各科長には概ね工兵中佐または大佐，修技所長には工兵少佐または中佐が発令されている。

1941（昭和 16）年４月，陸地測量部条例が改正され，組織の改変が行われた。すなわち，新たに総務課が設置され，従来の三角科が第一課に，地形科が第二課に，製図科が第三課に，また修技所が教育部にそれぞれ改組された。

なお，大東亜戦争勃発当時の陸地測量部における幹部の編成は次の通りであった。

陸地測量部長少将小倉尚，総務課課長大佐小川三郎，第一課課長大佐鈴川清，第二課課長中佐清野享作，第三課課長大佐森本歓次，教育部部長中佐大内惟武

また，終戦時における幹部の編成は次の通りであった（陸地測量部 1944，1945)。

陸地測量部長中将大前憲三郎，総務課課長大佐鈴川清，第一課課長事務取扱（兼）大佐鈴川清，第二課課長中佐山口正[2)]，第三課課長中佐馬瀬口久平，教育部部長事務取扱（兼）大佐鈴川清

戦争末期における幹部将校の人員不足がこの編制からも伺える。

因みに，小倉尚（1892-1943）は陸士25期，大前憲三郎（1893-1952）は陸士27期で，共に工兵科の出身である。

## 2．陸地測量部の長野県疎開

大東亜戦争末期における陸地測量部の主要業務は，いわゆる「マルタ作業（太平洋の夕を採って名付けられた）」といわれるもので，本土決戦に備えて大縮尺の測図や修正および地図上に距離方眼を入れたり，水深線を描画したり，その他作戦に必要な事項を描入する応急修正図作業が行われた。また，兵要図量産のため地図印刷を民間会社（大日本印刷，凸版印刷，共同印刷の各会社）に外注し，緊急作業隊を編成して監督を行わせた。更に戦局の悪化に伴い，陸地測量部は東京三宅坂から疎開することに定められ，まず1944（昭和19）年4月に杉並区和泉の明治大学予科校舎に移った。

1945（昭和20）年3月10日のＢ29，325機による大空襲で東京下町を中心に大被害が発生した。このような情勢下に，同年5月に陸地測量部は長野県松本市郊外へ第二次疎開することが決定された。不幸にして，その矢先，同年5月24日から25日にかけて，Ｂ29約250機による空襲で東京の中心部から西部山手一帯が焼失する大被害を生じた。宮城，中央諸官衙を始め，多くの建物が焼失し，陸地測量部の三宅坂庁舎も炎上した。交通機関では，新宿，汐留，渋谷，東京（丸の内），千駄ヶ谷，神田，目白（貨物）の各駅が被害を受けた。折しも当時新宿駅にあった疎開荷物が貨車ごと炎上し，多くの貴重資料が失われた。また，20万分1帝国図の銅原版は三宅坂庁舎の印刷工場の廊下に並べられたまま，僅か1日の遅延のためにその殆んど全てが灰燼に帰したのであった。

長野県松本市郊外の疎開先では，陸地測量部の本部および総務課と第三課（旧製図科）の製版と印刷関係が波田村，第三課の製図関係が梓村，第一課（旧三角科）と第二課（旧地形科）が塩尻，教育部（旧修技所）が温明の，各国民学校に分散配置された。地図の原版は波田から更に赤松，島々の倉庫に移されたようである。当時陸地測量部の編成人員は，将校・高等官84名，下士・判任官290名，生徒125名，雇傭人524名，その他召集軍人・徴用工が多数配置されていた。東京から疎開してきた職員は民家に分宿し，幹部は梓村の大宮熱田神社の修養施設である大宮会館に寝泊りした。この大宮会館の2階は皇族の疎開先に擬せられていたといわれている。

なお，製版および印刷関係については梓村尾入沢に半地下の工場を建設する計画であったが，終戦で作業は中止となった。また，別に岐阜県高山市に印刷工場の再疎開の計画があり，これには現地出身で当時陸地測量部第三課所属の大井淳技手の尽力があったが，これも終戦で工事が中止された[3)]。

陸地測量部の疎開に伴い，参謀本部第二部長の有末精三中将（1895-1992，陸士29期・陸大36期）の巡視が行われた。渡邊正参謀はこれに随行した。大前陸地測量部長ほか幹部の出迎えがあり，大宮熱田神社社頭における記念写真が残されている。

## 3．終戦とそれに伴う陸地測量部の処置

1945（昭和20）年7月26日，米英ソ三国共同のポツダム宣言が発表され，これに対して最高戦争指導会議は無視する方針に出たが，8月6日に広島に，続いて8月9日に長崎に，原子爆弾が投下されて，両都市は壊滅的な被害を蒙った。加えて，9日午前零時に日ソ中立条約を破棄してソ連が参戦し，ソ満国境線を侵攻した。ここに至って10日の御前会議でポツダム宣言を受諾する旨の聖断が終に下されたのであった。

8月10日朝9時30分，阿南惟幾陸軍大臣（1887-1945）は陸軍省の各課高級部員以上を集めて，御前会議の内容を説明し，聖断が下ったからには，厳格な軍規の下に一糸乱れず団結し，越軌の行動のないよう厳に戒めた。また，同じ頃と見られるが，梅津美治郎参謀総長（1882-1949）は大本営陸軍部の参謀全員に対して，聖断が下った旨の説明を声涙共に行い，同様の訓示を行った。

終戦という未曾有の事態に直面して，陸軍部内に大きな混乱が発生した。近衛第一師団長森赳中将（1894-1945）の殺害事件，玉音録音盤奪取未遂事件，阿南陸軍大臣の割腹自刃などが，8月14日に相次いで起こった。

このような情勢にあって，陸地測量部の管轄担当であった渡邊正参謀は，14日の中央本線新宿発の夜行列車で松本に向かった。その目的は，大前憲三郎陸地測量部長ほか幹部に会い，ポツダム宣言受諾に関する状況説明と今後の対処方針に関する協議を行うことにあった。

この時の挿話として，この夜行列車には偶然にも二人の人が乗り合わせていた。一人は渡邊少佐と士官学校の同期生で陸大60期の真嶋浩少佐である[4)]。真嶋少佐は1945（昭和20）年2月に久留米の予備士官学校教官から陸大に入校，8月4日に卒業して，大分地区参謀として現地に赴任するために，8月14日新宿発の夜行列車に乗った。中央本線に拠ったのは，米軍の列車運行妨害の可能性が高い東海道線を避けるためであった。渡邊参謀に会ったが，軍装ではなく平服であったという。

もう一人は当時陸地測量部第三課第一班作業計画掛の金澤敬技手[5)]で，彼は疎開したばかりの長野県波田村から，本土決戦用地図整備に関して大本営陸軍部関係部署への連絡業務のため，8月13日に上京して渡邊参謀に会いその指示を受け，翌日の夜行で帰庁した。その際に新宿駅で渡邊参謀に会い，松本まで同行したというものである。

8月15日朝，松本に着いた渡邊参謀は，陸地測量部において大前憲三郎陸地測量部長ほか幹部に会い，所期のとおり，終戦に関する状況説明と陸地測量部における今後の処置に関して細部に亙る協議を行った。あたかも陸地測量部では8月16日が教育部第52期生徒の卒業式に当っていた。15日正午に波田国民学校の校庭に職員以下が集合して，玉音放送を聴き，大前部長から終戦になった旨の説明が行われた。

協議を終えた渡邊参謀は8月16日単身帰京して復命をした。

大本営陸軍部では8月15日付参密第2号第626で参謀総長名により全陸軍に対し「陸軍秘密書類焼却ニ關スル件」の通牒が発せられた[6)]。すなわち，「陸軍秘密書類其ノ他重要ト認ムル書類（原

簿共）ハ各保管者ニ於テ焼却セシムベシ但シ最后迄暗号電報ヲ發受シ得ル如ク措置シアルヲ要ス焼却報告ハ不要ナリ」というものであった。この通牒は緊急事態に対応する処置について発せられた軍事機密命令である。

次いで，8月19日付参機第11号第3で総務課長名により「情勢ノ転変ニ伴フ作戦用地図處理要領ノ件通牒」が発せられた[7)]。この通牒には別紙が付せられており，前記「陸軍秘密書類焼却ニ關スル件」通牒を補完するものであるが，終戦時の混乱のため過早に処理されたものについては不問とする趣旨の但書が付いている。この別紙の内容を見ると，対象機関として，参謀本部を筆頭に，部隊，官衙，学校とあるほか，特に，陸地測量部および民間印刷会社が指定されており，処理すべき物件も，軍事極秘図のほか，原図，初刷，原版，成果表ならびに印刷機，資材，カメラ，用紙，薬品，亜鉛版に至るまで，極めて具体的に記載されている。また，原図原版の処理区分表のなかに，特に信州地区および飛騨地区の地名が挙げられている。これらのことは，この第二次通牒の内容が，渡邊参謀と陸地測量部幹部との協議の結果を反映するものであることを示している。

終戦処理として，早急に検討すべき重要課題は組織の処理である。渡邊正参謀は8月17日深夜，密かに上司宛に意見具申案を作成した[8)]。その骨子は，箇条書きにしてみると，次の通りである。

一，今次終戦はポツダム宣言の無条件承認であるから，軍の一部の機構，組織，単位は存在を許されず，解散させられることは必至であろう。

二，陸地測量部も陸軍の機構であるから解散させられ，軍人軍属の身分は剥奪されるであろう。

三，我々は終戦の現実を直視し，責任を痛感し，個人の感情を忍び，国家百年の大計を痛思しなければならない。

四，まして今次の戦乱によって荒廃した国土を復興し，復興の基礎を確立することは我々の責任である。

五，米軍が進駐してきた後では，陸地測量部の組織を新たに考慮することは絶対に考えられない。

六，一日も早い国土の復興のためには，一大決心を以て，陸地測量部を平時編成の官庁に移管し，米軍進駐以前に既にその機関があることを認識させ交渉させるべきである。

七，陸地測量部職員の生命と身分保護のため，また現機構の運営を停止させないためには，そのままの編成機構を以て移管させる必要があり，少なくとも暫時はこれを継続し，軍人は早期に姿を消すべきである。

八，移管するとすれば，内務省管下に入れるか，内閣直轄とするのがよいであろう。

九，「陸地測量部」の名称は改め，別名で存続させるのがよいであろう。

十，混沌とした情勢にあって切実に思うことは邦家の前途である。ここに邦国の永久の生命を祈念して，本意見書を具申する次第である。

この意見具申案は浄書されて直属上官である第二部長有末精三中将に進達された。その結果，有末部長の判断として，一切の処置を渡邊参謀に委すということになった。

有末部長の信任を受けて渡邊参謀は直ちに行動を開始した。組織の移管ということになれば，陸軍では陸軍省の管轄である。当時陸軍大臣秘書官の廣瀬榮一中佐は1945（昭和20）年8月4日付で補任されたばかりで，それまでは参謀本部第二部第四班長で渡邊参謀の直接の上司であった。廣瀬中佐の仲介によって渡邊参謀は陸軍次官若松只一中将（1893-1959）に会い，その意見具申案は若松次官の承認するところとなった。当時，阿南惟幾陸相は自刃し，後任の下村定大将（1887-1968）は未だ北支に在り，陸相は終戦時に成立した内閣の首相であった東久邇大将宮稔彦王（1887-1990）が兼ねていた。従って，軍政の権限は若松次官が掌握していた。

陸地測量部の移管予定先である内務省との折衝については，渡邊参謀が全く一任されたため，直接内務省に出向いて岩沢忠恭国土局長に対する説明と協議が行われた。協議は円滑に進行し，短期間に同意が得られた結果，公式に陸地測量部を参謀本部から内務省に移管することになった。当時，内務省国土局計画課には，先の兵要地理調査研究会の委員でもあった地理学者の西水（すがい）孜郎（1904-1985）が在籍していた[9]。また，前述のように，1888（明治21）年に陸地測量部条例が公布され，陸地の測量のうち全国規模で行われるものについては陸軍が統括するという方針が組織面から確定されるまでは，内務省地理局が軍事以外の測量および地図の作成を担当していたという歴史的経緯があり，更に附言すれば，渡邊光（1904-1984）や岡山俊雄（1903-1987）ら地理学者の間では，地形図図式における土地利用や道路の区分を一般の利用を主にして見直すべきであるという主張が行われていたことなどが，移管が順調に進んだ一因ともなったようである[10]（渡邊 1981）。

## 4．内務省地理調査所の発足

関係機関との調整，法律および条例の改正手続，新組織移行に伴う人事などが，極めて短時間のうちに進められ，1945（昭和20）年8月31日付で陸地測量部条例が廃止されて陸地測量部は消滅し，また，内務省官制が改正されて地理調査所の設置が決定し，そして地理調査所は暫定的に三課制（企画，測量，地図）により発足することになった。

「地理調査所」の名称は，渡邊正参謀の発案によるもので，その発想のもとは戦時中の兵要地理調査研究会にあったということである。そして地理調査所の標札は書を嗜む渡邊参謀の直筆によって作成され，陸地測量部本部の疎開先であった波田国民学校校舎の講堂と校舎との渡り廊下に掲げられた。標札を古いものに見せかけるための細工も行われたといわれる。

内務省地理調査所の発足に当って，特別な儀式は行われず，職員各自に対して辞令が交付された。すなわち，「昭和二十年八月三十一日，昭和二十年陸機密第三百六十九号ニヨリ辞令ヲ用イズシテ退官セシム。九月一日付デ地理調査所事務取扱ヲ嘱託ス」というもので，職員全員が一応退官したうえで再雇用されるという形式が採られた。

地理調査所幹部の編成に関しては，陸地測量部長大前憲三郎中将始め軍人の主要幹部は退任し，地理調査所長には文官を以て当てることになった。諸種の検討調整の結果，地理調査所長には内務省の岩沢忠恭国土局長（1891-1965）が兼ねることになり，岩沢所長の下に，企画課課長鈴川清（元陸地測量部総務課課長兼第一課課長事務取扱陸軍大佐），測量課課長武藤勝彦（元陸地測量部教育部陸軍技師，1895-1966），地図課課長馬瀬口久平（元陸地測量部第三課課長陸軍中佐）という編成で発足することになった。課長級に陸地測量部の元幹部を以て当てたのは，引継ぎ業務を円滑にするための応急的措置であった。地理調査所長の人選に当って，当初渡邊参謀は武藤技師に就任を促したが，武藤技師が固辞したので岩沢国土局長の併任という形になったといわれる。

この後，1945（昭和20）年12月に至って，武藤課長は地理調査所長に就任し，鈴川，馬瀬口の両旧軍人は退任，庶務課長足立正秋，企画課長園部蔀［1948（昭和23）年1月以降は渡邊光］，測量課長奥田豊三，地図課長園部蔀，という編成になった。陸地測量部時代の研究者は，武藤勝彦のほか，奥田豊三，坪川家恒，清水彊，篠邦彦，武田通治らの測地学者が主で，地理学者は大久保武彦のみであったが，1946（昭和21）年以降，渡邊光，岡山俊雄，小笠原義勝（1914-1964），中野尊正ら地理学者が相次いで入所して，土地利用調査や地形分類調査などの地理調査を主とする新事業を展開したことにより，名実共に地理調査所が誕生したのであった[11)]（岡山 1947，1949，1951；渡邊 1951；中野 1952，1953；小笠原 1953）。

地形図図式に関しては，陸地測量部時代に一色線号式の「大正六年式図式」として完成の域に達していたが，戦後は軍関係記号の削除などの応急処置の過程を経て，一般の利用を重視した根本的な改訂が行われた結果，新たに多色式の「昭和三十年式図式」が制定された（井上 1966）。

陸地測量部の廃止と地理調査所の開設とは，終戦後僅か二週間の短期間内に行われた。このように須臾の間における組織変革は，通常考えられないことである。国家の非常事態にあって，当事者が事の重大性を認識し，国家百年の計を念頭に迅速に行動した成果であったと言えるであろう。

## 5．その後の地理調査所の推移――国土交通省国土地理院に至るまで――

陸地測量部の疎開先であった長野県松本市郊外において新発足した内務省地理調査所は，1945（昭和20）年12月に4課13係定員326名の編成となり，そして再び東京に戻ることになったが，陸地測量部の三宅坂庁舎が戦災で殆んど焼失したため，止むを得ず代替地として，千葉市黒砂町の旧陸軍戦車学校跡地（稲毛庁舎）を選び，1946（昭和21）年3月から7月にかけて移転した。戦車学校時代の本館，生徒舎，将校集会所（公館と称した）などが，事務棟や作業棟となり，戦車庫や火薬庫が新規に導入された写真測量機器による作業棟に利用された。また，印刷所や職員の宿舎も構内の建物が利用された。戦後の数年間における地理調査所の業務の大半は地図再版作業と米軍総司令部の指令による作業が中心であり，その他他官庁よりの委託による復興測量が行われた（渡邊 1948；山口 1948；小笠原 1951）。

測量技術者の養成機関であった陸地測量部教育部（旧修技所）は，終戦に伴って一時廃止されたが，1947（昭和22）年末に米軍との連絡所であった地理調査所国分寺分室に臨時に「技術員教育所」が設置され，翌1948（昭和23）年から技術者教育が開始された（測量教育100年記念事業推進委員会

1989)。この場所は小平町の旧陸軍経理学校敷地の一角にあり，木造2階建4棟の建物を中心とする施設であった。

1947（昭和22）年9月に襲来したカスリーン台風により，利根川及び荒川の堤防が決壊し，下流に当たる埼玉県東部及び東京都葛飾区・江戸川区が大洪水の被害を蒙った。地理調査所では企画課が中心となって洪水被害調査を実施し，結果を報告書と地図にまとめた。そして洪水被害と土地条件との間に密接な関係があることを明らかにした（地理調査所 1947）。このように災害状況と土地条件との関係を明らかにしようとする姿勢は，その後に発生した多くの災害，すなわち，福井地震，伊勢湾台風，新潟地震などの調査において貫かれた（小笠原 1949；地理調査所 1960；小林・馬籠 1965；金窪 1965；高崎ほか 1966）。

陸地測量部時代の地図作成は地形図が主流であったが，地理調査所になってから主題図の開発が急速に進んで，土地利用図，土地分類図，湖沼図などの作成が行われるようになった[12)]（金窪 1978，1979a，b，c，1980a，b）。

1948（昭和23）年1月内務省解体に伴い，内務省国土局は戦災復興院と合併して総理府所属の建設院となり，地理調査所は自動的に建設院の附属機関となった。次いで同年7月建設省への昇格に伴い，建設省地理調査所となった。当時の定員は東京支所を含めて549名であった。また技術員教育所は，1949（昭和24）年5月31日省令により地理調査所技術員養成所として再発足した。

1949（昭和24）年6月3日測量法が施行された（大久保 1949）。これは「測量の重複を除き，正確さを確保するとともに，各種測量の調整および測量制度の改善発達を図ること」を目的としたもので，地理調査所はこの法律に基づいて測量行政に主として技術面から関与する権限を与えられた。1951（昭和26）年6月には国土調査法が施行され，その現地作業（地籍の明確化のための四等三角測量の実施など）を担当する地理調査所の支所が，7月16日に至って全国12の道および県に設置された（地理調査所 1952；国土地理院測地部 1976）。

1952（昭和27）年4月28日講和条約の発効を機に，我が国の測量も自主性を取り戻し，1953（昭和28）年4月に測量法に基づく「長期計画」が測量審議会の審議を経て建設大臣名で告示された。この長期計画は，第一次長期計画以降，概ね10年ごとに更新されて今日に至っている。

前述のように，国土調査法に基づく地籍調査を実施する目的で道・県を対象に設置された地理調査所の支所は，その機能を強化するために，1954（昭和29）年4月地方ブロック単位にまとめられた（地理調査所測量第二部 1954）。

1956（昭和31）年南極観測事業の開始に伴い，地理調査所も職員を派遣し，主として航空機による空中写真撮影および昭和基地周辺の地形図作成を実施した（鍛冶 1957a，b）。

1958（昭和33）年7月，地理調査所は稲毛の庁舎から東京都目黒区に新築された鉄筋コンクリート4階建（一部2階建）の庁舎（東山庁舎）に移転した。この庁舎の敷地は旧陸軍駒沢練兵場跡地の一角に位置した（地理調査所総務課 1957）。時を同じくして東京支所を関東支所と改称し，本省との連絡業務を止めて，他の支所と同様に作業実施機関として関東地方を分担することとされた。

1960（昭和35年）7月，建設省地理調査所は建設省国土地理院と改称し，各支所も地方測量部と改称した。国土の測量・地図作成に関する，行政・事業・研究に関する事務を掌る官庁としての権限が改めて広く認識されたのである。この時期，地理調査所の「地理庁」昇格が取り沙汰されたが，結果としてこのようになったようである。「国土地理院」の名称の発案者は当時の総務部長上條勝久氏（後に参議院議員）であった。

組織改正に際して，当時地理課長であった中野尊正氏（後に国土地理院地図部長を経て東京都立大学教授）は幹部の一人として上條総務部長から相談を受けた由であるが，地理調査所および国土地理院の陸地測量部との相違点ないし特色について，次の3点を挙げてその見解を筆者に示している。すなわち，第一に，陸地測量部は陸軍の組織でありその所掌する測量・地図作成の事業目的が主として軍用にあったのに対して，戦後に組織された地理調査所および国土地理院は広く国民用，国政用の地図作りを標榜したこと，第二に，国内的には建設本省のほかに，関係する行政機関（経済企画庁――後の国土庁，科学技術庁，環境庁，北海道開発局など）に必要な職員を多く出向させ，特に技術者の幅広い人事交流を行ったこと，第三に，国連主管のアジア極東地域地図会議（後にアジア太平洋地域地図会議と改称）について国内を代表する業務を所掌したのを始め，国連の諸会議や測地学・地図学等の関連学会に積極的に参加して，国際的な地歩を築いたことである。

組織改正が行われたと同じく1960（昭和35）年，国土地理院は新たに大都市およびその周辺地域の国土基本図作成事業を開始した（国土地理院測図部 1960；国土地理院測図部国土基本図課 1962）。更に，1964（昭和39）年に告示された第二次基本測量長期計画では，従来日本全土を覆う基本図は5万分1地形図であったが，これを2万5千分1地形図として写真測量により9年間で全国整備するとともに，5万分1地形図は2万5千分1地形図より編集で作成するものとした。この計画の実施は予算の関係で遅延したが，1983（昭和58）年に至って完了した[13]。

1969（昭和44）年には地震予知連絡会の事務局を国土地理院内に設置[14]（檀原 1965；国土地理院地殻調査部 1986），1972（昭和47）年には海洋開発計画に関する資料の提供を図って沿岸海域基礎調査を開始した（金窪 1973a, b；国土地理院 1982）。また，1959（昭和34）年から始められた海外技術協力事業，すなわち，外国研修生の受入れ，測量専門家の海外派遣，および発展途上国の基本図作成のための調査団派遣が，主として，1962（昭和37）年に設立された特殊法人海外技術協力事業団（後の国際協力事業団）を通じて，積極的に推進されるようになった（国土地理院企画部 1995）。

1972（昭和47）年2月，財団法人日本地図センターが設立された（日本地図センター 1992）。また，同年5月には国土地理院の機構改革が行われ，従来の地図部が地理調査部に，印刷部が地図管理部に改組された。そして，主として直営作業で行われていた地図の印刷ならびに刊行が，日本地図センターを通じて行われるようになった。

更に同年5月15日沖縄が返還された。戦後の沖縄における測量・地図作成はそれまで琉球政府臨時土地調査庁が行っていたが，返還に伴い国土地理院の沖縄支所が設置されて，その事業を引き継ぐことになった。

1974（昭和49）年6月，国土庁の設置に関連して，国土地理院に3項目の事業実施が委任された。すなわち，全国のカラー空中写真の撮影，2万5千分1土地利用図1千面の作成，全国の国土数値情報の作成である（国土地理院測図部 1975；国土地理院地理調査部地理第一課 1976；国土地理院地図管理部地図情報室 1978）。これらの事業は，国土に関する基本的情報の提供と整備の担当責任官庁を指向する国土地理院に，組織面でも予算面でも画期的な刺激を与える効果をもたらした。

1977（昭和 52）年には日本国勢地図帳（ナショナルアトラス）が刊行され，日本の地図作成水準の国際的な評価を高めた（国土地理院地理調査部地図編集課 1991）。

1979（昭和 54）年 3 月，国土地理院は政府の筑波研究学園都市建設の方針に従って，筑波の新築庁舎（つくば庁舎）に移転した（筑波研究学園都市研究機関等連絡協議会普及広報専門委員会 1981）。再度東京を離れることになったが，宇宙観測技術ほか多くの新技術の粋を尽くした施設の整備が行われた（鈴木 1965；吉村 1989）。超長基線電波干渉計（VLBI）の設置はその一例であり，茨城県鹿島に所在していた当時の郵政省電波研究所の VLBI との同時観測によって，鹿島－筑波間の距離を誤差 1 センチの精度で求めるなどの成果を挙げて，地球規模での測地学的観測および地震予知への道を開いた（吉村 1982，1986）。

1984（昭和 59）年，これまで建設省の付属機関であった国土地理院は，建設省の特別の機関となった。1989（平成元）年には新たに「測量の日（6 月 3 日）」を制定した（小原 1990）。

1995（平成 7）年 1 月 17 日早朝に発生した阪神・淡路大震災においては，国土地理院の総力を挙げて，地震発生直後の地殻変動，地形変動，被害等の状況を把握するため，緊急に全国 GPS 連続観測データの解析，GPS 測量，水準測量，GPS 機動連続観測，被災地の空中写真の撮影，地震調査用基図・災害状況図の作成，地理調査等を実施した。更に震災復興のための復旧測量として，精密測地網二次基準点測量及び水準測量を実施し，また，災害復興のための地形図修正を行った。これらの成果は地震予知連絡会や関係機関等に送付されると共に，広く一般にも公表された（大滝 1995）。

1996（平成 8）年には構内に「地図と測量の科学館」を開設し，一般利用者に開放して地図と測量に関する知識の普及拡大を図った[15)]。

1998（平成 10）年には，かねて日本が主唱していた「地球地図整備計画（1 キロメッシュによる地球規模の数値情報整備計画）」が国際的に認知され，各国の協力を得ながら作業が開始された[16)]（堀野 1995；宇根 2001）。

2001（平成 13）年 1 月 6 日，政府は中央省庁等改革の一環として，北海道開発庁，国土庁，運輸省及び建設省を母体として，新たに国土交通省を設置し，国土の総合的体系的な利用・開発・保全のための，社会資本の整合的な整備，交通政策の推進等を担う責任官庁とした。国土地理院はこれに伴って，国土交通省の特別の機関となった。また，国土地理院は災害基本法に基づく指定行政機関となった。

同じく 2001（平成 13）年に測量法が改正され，日本の測地座標系が日本測地系から世界測地系に改められた（今給黎 2001；佐々木 2002）。これは日本に原点を置く局地的な座標系から地球の重心を原点とする「地心三次元直交座標系」に改められたもので，前述の超長基線電波干渉法や，人工衛星レーザ測距，全世界測位システム（GPS）などの，宇宙観測技術の成果であり，この座標系によって世界的に統一されることになった（今給黎 2001；斎藤 2001）。また，2002（平成14）年には電子基準点網の全国整備が完了し，リアルタイムの観測と解析が可能になり，地震予知への飛躍的進歩が成し遂げられた[17)]（辻 1995）。

2004（平成16）年現在，国土地理院の組織は，院長の下に，総務部，企画部，測地部，測図部，地理調査部，地理情報部，測地観測センター，地理地殻活動研究センター（以上本院内），鹿野山および水沢の両測地観測所，北海道，東北，関東，北陸，中部，近畿，中国，四国，九州の各地方測量部，および沖縄支所から成り，定員は804人，平成16年度の予算は約110億円である[18)]。

国土地理院の国家機関としての主要な役割は，(1) 測量に関する政策の企画，(2) 国土情報インフラストラクチュア（位置情報と地理情報）の整備及び研究開発（星埜 1995；佐藤・熊木 1996；奥山・佐藤 1997），(3) 公共測量の指導及び調整，(4) 測量等に関する国際活動，である。

2004（平成16）年度から始まる第六次基本測量長期計画（平成16年6月30日告示）（国土地理院 2004）では，(1) 位置情報基盤の整備と利活用の推進，(2) 電子国土基幹情報の整備と利活用の推進，(3) 防災・減災のための地理情報の整備と利活用の推進，を3本の基本的施策として実施することが定められており，国土の空間的基本情報の整備を掌る官庁として，国土地理院の責務は益々重大となっているのである。

注

1）本章の記載のうち，1868（明治元）年から1970（昭和45）年までは，主として測量・地図百年史編集委員会（1970）によるところが大きい。

2）測量・地図百年史編集委員会（1970）の組織変遷表のうち，終戦時における第二課課長および教育部部長の氏名に誤りがある。第二課課長であった引地武雄中佐は，1945（昭和20）年に編成された歩兵第311連隊長に転補された（新人物往来社戦史室 1991）。

3）この間の事情は，大井（1990）に詳しい。

4）高木勲氏が聞いた真嶋浩氏の談による。

5）筆者が直接聞いた金澤敬氏の談による。

6）渡辺正氏所蔵資料集編集委員会（2005：73）所収の渡邊正氏資料2-1「陸軍秘密書類焼却ニ関スル件［軍事機密］」。

7）渡辺正氏所蔵資料集編集委員会（2005：73-74）所収の渡邊正氏資料2-2「情勢ノ変転ニ伴フ作戦用地図処理要領ノ件通牒［軍事機密］」。

8）渡辺正氏所蔵資料集編集委員会（2005：76-77）所収の渡邊正氏資料3-1「終戦ニ伴フ陸地測量部処理要綱案［極秘］」。

9）渡辺正氏所蔵資料集編集委員会（2005：68-69）所収の渡邊正氏資料1-2「第一次兵要地理研究会会合行事予定表」。

10）佐藤久氏の私信（2004年7月4日）による。

11）特に全体的な展望については渡邊（1977）があり，また，地形分類関係文献の集大成として国土地理院（1983）がある。

12）地理調査および主題図作成の歴史的展望としては国土地理院地理調査部（1987）がある。

13）地形図の整備に関しては宮腰ほか（1985），小縮尺編集図に関しては国土地理院地理調査部地図編集課（1986）がある。

14）地震予知連絡会の歴史的展望に関しては国土地理院地殻調査部（1979），松村（1992）がある。

15）地図と測量の科学館（国土地理院パンフレット）。

16）地球地図（国土地理院パンフレット）。

17）GPS 連続観測システム　GEONET（国土地理院パンフレット）。

18）国土地理院概要（平成 16 年度），および，国土地理院のしごと（いずれも国土地理院パンフレット）。

文献


井上英二　1966.『五万分の一地図』中央公論社（中公新書 100）.

今給黎哲郎　2001.　電子国土と新しい測地体系 ── 世界測地系と正標高による三次元測地系.　第 30 回国土地理院技術研究発表会.

宇根　寛　2001.　地球地図の経緯と現状.　地図 39（4）：20-30.

大井　淳　1990.　陸測におけるある五十期生.『想 ── 陸測第五十期生徒之記録』321-325.　むさしの地図株式会社.

大久保武彦　1949.　測量法の誕生.　地理調査所時報 7：1-4.

大滝　茂　1995.　阪神・淡路大震災に伴う国土地理院の取り組み.　国土地理院時報 83：1-5.

岡山俊雄　1947.　日本土地利用図の完成.　地理調査所時報 1：1-2.

岡山俊雄　1949.　国土実態図について.　地理調査所時報 9：1-3.

岡山俊雄　1951.　地図の在り方について.　地理調査所時報 11：6-9.

小笠原義勝　1949.　福井地震の被害と地變 ── 特に斷層について.　地理調査所時報 6：1.

小笠原義勝　1951.　五万分一地形図応急修正版に就いて.　地理調査所時報 14：14-16.

小笠原義勝　1953.　五万分一土地利用図について.　地理調査所時報 16：27-31.

奥山祥司・佐藤　潤　1997.　空間データの標準化に関する研究.　国土地理院時報 88：41-47.

小原長三　1990.「測量の日」制定記念行事実施報告.　国土地理院時報 71：63-79.

鍛冶晃三　1957a.　南極地域に於ける空中写真測量.　地理調査所時報 21：37.

鍛冶晃三　1957b.　南極地域観測報告（1956～1957）.　地理調査所時報 22：25-30.

金窪敏知　1965.　二万五千分一土地条件図について.　国土地理院時報 30：8-14.

金窪敏知　1973a.　伊勢湾沿岸海域基礎調査 ── 海底の地形図と土地条件図.　第 2 回国土地理院技術研究発表会.

金窪敏知　1973b.　伊勢湾沿岸海域の土地条件調査について.　地学雑誌 82（4）：210-218.

金窪敏知　1978.「主題図ことはじめ」昭和 22 年 9 月利根川荒川の洪水調査図.　地図ニュース 73：7-9.

金窪敏知　1979a.「主題図ことはじめ」土地利用図.　地図ニュース 76：9-13.

金窪敏知　1979b.「主題図ことはじめ」地形分類図.　地図ニュース 79：9-13.

金窪敏知　1979c.「主題図ことはじめ」湖沼図.　地図ニュース 84：14-16.

金窪敏知　1980a.「主題図ことはじめ」土地条件図（Ⅰ）.　地図ニュース 93：8-13.

金窪敏知　1980b.「主題図ことはじめ」土地条件図（Ⅱ）.　地図ニュース 96：15-18.

国土地理院　1982.　沿岸海域基礎調査関連事業調査成果の概要（地理第二課事業成果概要）.　国土地理院技術資料Ｄ・1 218.

国土地理院　1983.「地形分類」関係文献集.　国土地理院技術資料Ｄ・1 241.

国土地理院　2004.　基本測量長期計画.　http://www.gsi.go.jp/GSI/6CYOKEI-chokei.html.

国土地理院企画部　1995.　国土地理院の国際協力.　国土地理院技術資料Ａ・3 13.

国土地理院測図部　1960．国土基本図整備計画の概要．国土地理院時報 25：表紙裏．
国土地理院測図部　1975．国土情報整備事業におけるカラー空中写真について．国土地理院時報 47：16-19．
国土地理院測図部国土基本図課　1962．国土基本図事業について．国土地理院時報 27：1-4．
国土地理院測地部　1976．四等三角測量 25 年の歩み．国土地理院時報 49：52-65．
国土地理院地殻調査部　1979．地震予知連絡会 10 年の歩み．国土地理院時報 52：6-16．
国土地理院地殻調査部　1986．地震予知と国土地理院の役割．国土地理院時報 63：84-87．
国土地理院地図管理部地図情報室　1978．国土数値情報を利用した傾斜分布図の作成．国土地理院時報 51：43-45．
国土地理院地理調査部　1987．地理調査 40 年のあゆみ．国土地理院技術資料Ｄ・1 273．
国土地理院地理調査部地図編集課　1986．中・小縮尺地図作成 40 年の記録 ── 製図課・地図編集課の 40 年（昭和 20 年～昭和 60 年）．国土地理院技術資料Ｄ・1 267．
国土地理院地理調査部地図編集課　1991．「新版 日本国勢地図」の刊行について．国土地理院時報 73：43-47．
国土地理院地理調査部地理第一課　1976．二万五千分一土地利用図について．国土地理院時報 48：11-20．
小林基夫・馬籠弘志　1965．新潟地震の被害と土地条件調査．国土地理院時報 30：1-7．
斎藤　隆　2001．電子国土と国土地理院の役割．第 30 回国土地理院技術研究発表会．
佐々木與四夫　2002．世界測地系への移行 ── その背景と実現．第 31 回国土地理院技術研究発表会．
佐藤　潤・熊木洋太　1996．国土地理院が整備する空間データ基盤の特徴とその GIS での利用．国土地理院時報 86：1-11．
新人物往来社戦史室編　1991．『日本陸軍歩兵連隊』新人物往来社．
鈴木弘道　1965．人工衛星と測量．国土地理院時報 29：1-13．
測量教育 100 年記念事業推進委員会　1989．『1988 年 測量教育 100 年』建設大学校測量部．
測量・地図百年史編集委員会　1970．陸地測量部 国土地理院 組織変遷表．測量・地図百年史編集委員会編『測量・地図百年史』658-667．日本測量協会．
測量・地図百年史編集委員会編　1970．『測量・地図百年史』日本測量協会．
高木菊三郎　1948．『陸地測量部沿革誌 終末編』高木菊三郎．
高崎正義・金窪敏知・小林基夫・見野部正臣・馬篭弘志・荻野喜助　1966．新潟地震の被害と土地条件調査．防災科学技術総合研究報告 11：13-18．
檀原　毅　1965．地震予知と地殻変動．国土地理院時報 29：14-21．
地理調査所　1947．昭和 22 年 9 月洪水利根川及び荒川の洪水調査報告．地理調査所時報 特報：1-28．
地理調査所　1949．『地理調査所職員表』（昭和 24 年 11 月 5 日現在）．富澤章氏所蔵．
地理調査所　1960．『伊勢湾台風による高潮・洪水と地形との関係』地理調査所．
地理調査所総務課　1957．地理調査所新庁舎と移転区分．地理調査所時報 22：表紙裏．
地理調査所測量第二部　1952．国土調査に基く基準点測量計画〈昭和 27 年度〉．地理調査所時報 15：16-18．
地理調査所測量第二部　1954．地理調査所支所の改編について．地理調査所時報 17：表紙裏．
筑波研究学園都市研究機関等連絡協議会普及広報専門委員会編　1981．『筑波研究学園都市』〈研究／教育機関等紹介〉大蔵省印刷局．
辻　宏道　1995．全国 GPS 連続観測網による地殻変動検出．第 24 回国土地理院技術研究発表会．

中野尊正　1952. 土地分類の基礎（一）. 地理調査所時報 15：25-30.
中野尊正　1953. 土地分類の基礎（二）. 地理調査所時報 16：32-36.
日本地図センター　1992.『財団法人日本地図センターの 20 年 1972～1992』日本地図センター.
星埜由尚　1995. 地図分野における研究の現状について. 第 24 回国土地理院技術研究発表会.
堀野正勝　1995.「地球地図」の技術開発と国際協力. 第 24 回国土地理院技術研究発表会.
松村正一　1992. 地震予知連絡会 100 回を振り返って. 国土地理院時報 76：62-68.
宮腰　実・柄沢理弘・古屋正樹・望月　正　1985. 1/25,000 地形図全国整備までの経緯. 国土地理院時報 61：9-18.
山口恵一郎　1948. 連合軍の指令作業に就て. 地理調査所時報 3：4-5.
吉村好光　1982. VLBI ── その原理と国土地理院における開発機の紹介. 国土地理院時報 54：4-10.
吉村好光　1986. VLBI による広域地殻変動の検出. 国土地理院時報 63：36-39.
吉村好光　1989. 宇宙技術の測地利用. 第 18 回国土地理院技術研究発表会.
陸地測量部　1944. 陸地測量部職員表（1944 年 11 月 1 日調）. 富澤章氏所蔵（所収：外邦図研究グループ　2005.『外邦図研究ニューズレター No.3』27-29. 大阪大学大学院文学研究科人文地理学教室）.
陸地測量部　1945. 昭和二十年度 作業部署表（昭和二〇, 二, 二五, 第三課第二班）. 富澤章氏所蔵（所収：外邦図研究グループ　2005.『外邦図研究ニューズレター No.3』30-32. 大阪大学大学院文学研究科人文地理学教室）.
渡邊　光　1948. 日本本土の大梯尺地圖資料調査に就て. 地理調査所時報 2：1.
渡邊　光　1951. 土地利用と土地利用図 ── その意味と内容. 地理調査所時報 11：3-5.
渡辺　光　1977. 戦中及び戦後の 10 年間を通じての地図界の歩み ── 陸地測量部から地理調査所の業績を中心として. 日本国際地図学会第八回地方例会─山口─講演. 地図 15（3）：43.
渡邊　光　1981.「地形図」という名称に対する愚見. 地図ニュース 112：2.
渡辺正氏所蔵資料集編集委員会編　2005.『終戦前後の参謀本部と陸地測量部 ── 渡辺正氏所蔵資料集』大阪大学文学研究科人文地理学教室.

# 第Ⅶ部

# 外邦図デジタルアーカイブの構築と公開

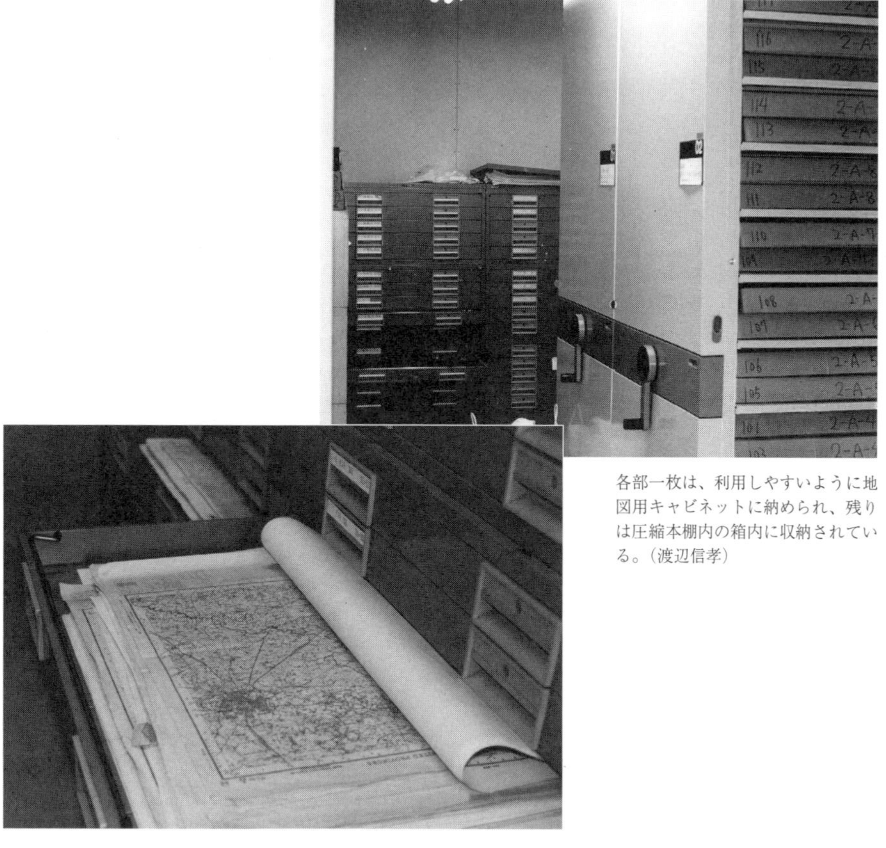

各部一枚は、利用しやすいように地図用キャビネットに納められ、残りは圧縮本棚内の箱内に収納されている。（渡辺信孝）

東北大学における外邦図収蔵状況（理学部自然史標本館内）

# 第1章　外邦図デジタルアーカイブ構築の経過と今後の課題

村山良之・照内弘通・山本健太・関根良平・宮澤　仁

## 1．はじめに

外邦図は，作製目的こそ軍事的関心や植民地経営に基づくものであったと考えられるが，現在では，変化の著しいアジア・太平洋地域における19世紀末から20世紀前期の地表環境の記録として，また近代地図の作製史・技術史の研究資料として，学術研究・教育その他非軍事的な価値が高いものであり（田村 2000，2002），地図学や地理学のみならず，歴史学や地域研究，環境科学などの幅広い研究分野において注目されている。例えば，LU/GEC プロジェクト（地球環境保全に関する土地利用・被覆変化研究）では，中国の土地利用変化研究において1930年代の土地利用を復元する際に外邦図が用いられている（氷見山ほか 2000；Kikuchi *et al.* 2000）。

ところが外邦図は，酸性紙に印刷されたものが多く，（とりわけ大学機関では）保管の環境が必ずしも理想的ではなかったために劣化が進行しており，保存・利用方法の検討が急務である。その対処には，①地図自体の劣化を抑える化学的処理，②地図の保管状態の改善，③媒体変換，の3つの方法が考えられている（源 2004）。このなかで，マイクロフィルム化とデジタル画像化を主要な方法とする媒体変換は，地図（画像情報）の複製によるリスク分散に寄与し，直接取扱う機会を減らして資産の現物保存にも寄与する。このうち，デジタル画像化を選択した場合，デジタルアーカイブの構築が可能となり，保存と利用促進の両立が期待できる。

著者らは，外邦図研究グループによるプロジェクトの一環として「外邦図デジタルアーカイブ作成委員会」（委員長：今泉俊文東北大学教授）を組織し，大学機関が所蔵する外邦図のデジタル画像化とそのアーカイブ構築に取り組んできた（宮澤ほか 2004；村山ほか 2005）。本章では，外邦図の保存と利用を促進するため，デジタル画像化とデジタルアーカイブ構築に際して著者らが取り組んできた作業経過について説明し，さらに残された課題について検討する。

## 2．大学所蔵の外邦図

ここで，デジタルアーカイブ化の対象である3大学（東北大学，お茶の水女子大学，京都大学）所蔵外邦図の位置づけについて明らかにしておきたい。

戦後，陸軍陸地測量部の改組により設置された内務省地理調査所が所蔵していた外邦図（ただし，主体はその初刷り：長岡 2004，本書Ⅲ-1章）の目録である『国外地図目録』によると，外邦図は2万3千点余りに達し，その数は膨大である。現在，一般に閲覧可能な外邦図において最大規模のものは，国立国会図書館が所蔵する2万点余りである。ただし，その収集経路は多岐にわたっており，所蔵図の来歴について全て追跡するのは困難とされる（鈴木 2005，本書Ⅱ-2章）。対して，これまでの調査・研究により，多くの所蔵図について来歴が明らかにされているのが主要大学所蔵の外邦図であり，それらが現在まで消失・散逸せず，大学機関に収蔵された経緯は以下のとおりである（久武 2005，本書Ⅱ-1章）。

第一に，終戦直後その資料的価値を認識していた複数の地理学者が，大本営の参謀であった渡辺正少佐の仲介を受けて，東京市ヶ谷の参謀本部に収蔵されていた多数の地図を緊急的に避難させた。当時の受け入れ先としてこれまでに判明しているのは，文部省資源科学研究所，東北大学，東京大学などである。第二に，それらの機関のなかでもとくに大量の地図が運び込まれた資源科学研究所と東北大学からは，他の機関へ再配布が行われた。資源科学研究所では，各図幅1枚ずつからなる複数のセットが作られ，セットごとにお茶の水女子大学や京都大学，立教大学，広島大学などに再配布された。東北大学からは，岐阜県図書館世界分布図センターと国土地理院に再配布が，また京都大学とのあいだでは交換が行われた。なお，上記の他に大規模な大学所蔵のコレクションとしては，外邦図を資源科学研究所に運び込む指揮を執った多田文男氏（1900-1978，元駒澤大学教授。終戦時，東京帝国大学助教授，資源科学研究所地理学部主任）所蔵の地図が，現在，駒澤大学に所蔵されている（大槻 2005）。

以上の参謀本部を由来とする外邦図の系譜関係をまとめたものが図Ⅱ-1-1（38頁）である（久武 2005，本書Ⅱ-1章）。この図から，①戦後，外邦図の分配にあたり資源科学研究所と東北大学が果たした役割の大きいこと，②資源科学研究所からは最大規模のセットがお茶の水女子大学に移管されたこと，③資源科学研究所からの移管分と東北大学との交換分をあわせると，京都大学総合博物館（当初は同大学地理学教室）が所蔵する図幅数は東北大学のそれと同規模であることがわかる。

そこで，以上のお茶の水女子大学と東北大学，京都大学総合博物館が所蔵する外邦図の点数を地域・種別ごとに集計したものが表Ⅶ-1-1である。なお，参謀本部から運び出された地図には，戦前・戦中期の国内地形図など，外邦図に該当しない地図も含まれており，図Ⅱ-1-1の図幅数・枚数にはそれも含まれている。対して，表Ⅶ-1-1の値には当該図を含んでいない。その場合の各大学の所蔵図幅数（複写物は除く）は，お茶の水女子大学が12,843点，東北大学が9,953点，京都大学総合博物館が11,019点である。

まず，大学機関としては最大規模であるお茶の水女子大学の所蔵分をみると（宮澤ほか 2007），その中心は，東アジアから東南・南アジア，オセアニアにかけての地形図であり，とくに中国の地形図が全体の27%を占めている。地形図以外の地図としては，航空図や航空気象図，地質図，兵要地誌図，陸海編合図，海図，索引図がある。発行の時期をみると，1897年に発行された台湾20万分の1帝国図から，1945年に複製発行されたフィリピン5万分の1地形図まで幅があるが，とくに1932年から1943年までのおよそ10年間に発行された地図が多い。1920年までに発行された地図は，主に台湾と朝鮮の地図であり，それ以後は中国と満州が加わり，1940年以降になると東南・南アジアとオセアニアの地図が増える。ただし，1944年以降の発行図は，南方地域の兵要地誌図

表Ⅶ-1-1　お茶の水女子大学・東北大学・京都大学総合博物館における外邦図の所蔵状況

| 地域・種別 | お茶の水女子大学所蔵 | | 東北大学所蔵 | | 京都大学総合博物館所蔵 | |
|---|---|---|---|---|---|---|
| 東亜 | 322 | (42) | 278 | (0) | 246 | (21) |
| 台湾 | 191 | (15) | 67 | (1) | 284 | (135) |
| 朝鮮 | 1,135 | (719) | 399 | (63) | 725 | (636) |
| 樺太南部 | 58 | (2) | 30 | (0) | 191 | (136) |
| 千島列島 | 25 | (24) | 13 | (0) | 7 | (0) |
| 南洋群島 | 31 | (4) | 45 | (1) | 23 | (0) |
| 中国 | 3,505 | (253) | 3,370 | (15) | 2,825 | (2) |
| 中国満州・蒙古・関東州 | 1,421 | (415) | 592 | (37) | 1,224 | (228) |
| フランス領インドシナ | 191 | (10) | 169 | (0) | 154 | (0) |
| インドネシア | 1,197 | (191) | 878 | (2) | 1,099 | (9) |
| フィリピン | 103 | (10) | 149 | (0) | 137 | (0) |
| マレーシア | 137 | (18) | 141 | (1) | 149 | (11) |
| タイ | 87 | (28) | 63 | (0) | 54 | (6) |
| インド・ビルマ | 1,630 | (84) | 1,626 | (5) | 1,647 | (14) |
| セイロン | 82 | (4) | 67 | (0) | 80 | (0) |
| アフリカ・マダガスカル | 4 | (0) | 6 | (0) | 5 | (0) |
| ニューギニア | 344 | (56) | 286 | (2) | 303 | (2) |
| オーストラリア | 320 | (8) | 325 | (0) | 269 | (0) |
| ニュージーランド | 2 | (0) | 1 | (0) | 1 | (0) |
| ニューカレドニア | 10 | (2) | 9 | (0) | 9 | (0) |
| ソロモン諸島 | 24 | (6) | 10 | (0) | 19 | (0) |
| 太平洋諸島 | 21 | (8) | 4 | (1) | 11 | (1) |
| アメリカ大陸 | 1 | (0) | 5 | (0) | 3 | (0) |
| アラスカ・アリューシャン | 61 | (2) | 57 | (0) | 59 | (0) |
| ハワイ | 64 | (2) | 62 | (0) | 60 | (0) |
| グアム | 8 | (5) | 8 | (0) | 7 | (0) |
| ヨーロッパ | 39 | (4) | 40 | (0) | 38 | (0) |
| ソビエト連邦 | 26 | (2) | 30 | (5) | 26 | (0) |
| 大地域図 | 41 | (35) | 28 | (4) | 6 | (0) |
| 太平洋輿地図 | 63 | (36) | 48 | (0) | 22 | (0) |
| 航空図 | 142 | (99) | 55 | (1) | 13 | (0) |
| 航空気象図 | 87 | (87) | 0 | (0) | 0 | (0) |
| 兵要地誌図 | 73 | (73) | 1 | (1) | 1 | (0) |
| 陸海編合図 | 38 | (0) | 46 | (16) | 0 | (0) |
| 朝鮮地質図 | 78 | (78) | 0 | (0) | 0 | (0) |
| 海図 | 1,109 | (376) | 915 | (16) | 1,322 | (683) |
| 英国製海図 | 163 | (0) | 130 | (1) | 0 | (0) |
| 索引図 | 10 | (10) | 0 | (0) | 0 | (0) |
| 総計 | 12,843 | (2,708) | 9,953 | (172) | 11,019 | (1,884) |

注：複写物を除いた点数である。括弧内の数字は，各機関のみが所蔵する地図の点数である。
資料：東北大学大学院理学研究科地理学教室（2003），京都大学総合博物館・京都大学大学院文学研究科地理学教室（2005），お茶の水女子大学文教育学部地理学教室（2007）

とフィリピンの地形図にほぼ限られる。

これらお茶の水女子大学の所蔵分を東北大学ならびに京都大学総合博物館のものと比較し，重複分を除いた結果を表Ⅶ-1-1の括弧内に示した。各大学のみが所蔵する図幅は，各々，2,708点，172点，1,884点であった。それらの内訳をみると，朝鮮や中国，満州，インドネシア（とくにスマトラ）の地形図，航空図，航空気象図，兵要地誌図，朝鮮地質図，海図に関してお茶の水女子大学のみが所蔵する地図が多いこと，旧領土の地形図と海図に関しては京都大学総合博物館のみが所蔵する地図が多いことがわかる。対して，東北大学の所蔵図は他2大学と重複しているものが多い。このような違いには，以下の理由が考えられる。

第一に，終戦直後，参謀本部から資源科学研究所と東北大学に外邦図が運び込まれた時点で前者の図幅数が多く，資源科学研究所からの再配布においては，最大規模のセットをお茶の水女子大学が受け入れたことである。第二に，お茶の水女子大学と京都大学総合博物館が所蔵する外邦図には，独自に収集・入手した地図も多数存在することである。とくに，前者には前身の東京女子高等師範学校時代に購入した旧領土と満州の地形図が受け継がれており，後者には一般には入手が不可能であった1910年代初頭発行の朝鮮の略図や海軍省から寄贈を受けた明治期発行の海図がある。第三に，東北大学と京都大学総合博物館のあいだで行われた交換において，前者が所蔵する地図により後者の欠足分が補われたことである。

以上から，現在，大学機関が所蔵する外邦図は，その大部分が，終戦時，参謀本部に存在したものであり，上記3大学の所蔵分をあわせることによって，現存する参謀本部由来の地図は，かなりの程度，網羅されるものと考えられる。なお，国内にまとまって現存する外邦図には他に陸地測量部旧蔵分がある。そちらの方がより完全に近い外邦図のコレクションとされるが，その存在は一般に公表されていない。著者らは，来歴が明らかでまとまったコレクションであるが，公開と保管に関して大きな問題を抱えている大学所蔵の外邦図について，目録整備などで先行した東北大学所蔵分からデジタル画像化とアーカイブの構築を開始し，将来への継承と利用促進に取り組んできた。

## 3．外邦図のデジタル画像化とアーカイブの構築

### (1)　デジタル画像化の妥当性

地図を劣化させる要因には，地図に内在する内的要因と地図の取扱い方も含めた外的要因がある。劣化を抑える化学的処理を地図自体に施した上で，収蔵施設の改修や中性素材を用いた保存箱への収納，資料をフィルムで覆うフィルム・エンキャプシュレーションなどを施行して保管状態の改善を図ることが理想的な方法であろう。前者は内的要因による劣化の，後者は外的要因による劣化の防止手段である。ただし，これらの措置には多額の費用が必要とされ，東北大学の所蔵分に化学的処理を施すだけでも，その費用は4千万円に及ぶと見積もられている。

そこで著者らは，現時点において最も実現可能性の高い手段として，外邦図に媒体変換を施し，

現物を取扱う機会をなるべく減らすことを選択した。これにより，地図を劣化させる外的要因のうち，温度と湿度の急激な変化や紫外線などにあたる頻度を低下させ，不慣れな取扱いを受ける機会も減少し，外邦図の現物保存に寄与することが期待される。さらに，多媒体化およびその分散保管による危険分散にも寄与する。

媒体変換の方法には，記録機器と変換先記録方式との組合せにより，カメラ撮影によるフィルム化（さらにフィルムスキャニングによるデジタル画像化），カメラ撮影によるデジタル画像化，スキャナによるデジタル画像化がある。変換先の記録方式としてデジタル画像を選択した場合，デジタルアーカイブの構築も可能となる。デジタルアーカイブは，「有形・無形の文化資産をデジタル情報のかたちで記録し，その情報をデータベース化して保管し，随時閲覧・鑑賞，情報ネットワークを利用して情報発信する」ものと定義される（デジタルアーカイブ推進協議会 1997：8)。

ところが，デジタル画像化については，一般に「技術の陳腐化」,「デジタルデータの保存性」,「費用負担」などの問題が指摘されている（小川ほか 2003：257；源 2004)。東京大学附属図書館所蔵の南葵文庫国絵図のデジタル画像化に際しては，「デジタルデータの精度の陳腐化」と「デジタルデータの保存性」を勘案して，「安定性が保証された高精細な銀塩フィルムで撮影し，フィルムをスキャニングしてデジタル化」する方法が選択された（馬場 2003)。東北大学附属図書館の坤輿萬國全圖なども同様の方法でデジタル画像化された。

ただし，外邦図の場合，他の文化資産・学術資料と異なり，第一義的にはいわゆる美術品・芸術品ではなく，そのほとんどは測量によって作製されたか，既成のそれを複写した地図である。このことから，外邦図の媒体変換にあたっては，なによりも変換時の歪みの抑制を優先すべきであると考える。また，点数（図幅数）がきわめて多いことから，変換作業の省力化も求められる。

これらを踏まえると，入力機器としてカメラを用いた場合，歪みを抑えるために，可能な限り大判の（フィルムまたはデジタルスキャニングバックの）カメラによる撮影が必要となるが，それでも歪みを免れない。大判のカメラとその取扱い（および画像歪み補正）には，きわめて高度な技術を持つ限られた専門業者に作業委託せざるを得ず，費用の増大が危惧される。一方，スキャナの場合は正射による読み取りのため，取得された画像の歪みは小さい。大判スキャナは急速に普及しつつあり，さらに大判のフラットベッドスキャナによる作業は，地図損傷の危険性も低い。よって，画像歪み，費用，損傷危険性の観点から，外邦図の媒体変換の方法として，大判フラットベッドスキャナによるデジタル画像化を選択した。

### (2) デジタル画像の仕様

著者らは，デジタル画像の精度については，360～400dpi 程度の解像度で十分な視認性が得られ，等高線などの情報を GIS のベクトルデータに変換するにも十分であることを，複数回の実験により確認した（宮澤ほか 2004；村山ほか 2005)。この結果に基づき，フラットベッドスキャナによる360dpi フルカラー画像を取得し，非圧縮の TIFF 画像で保存することとし，それをもとに，JPEG 画像を以下の 3 種類作成することにした。すなわち，ピクセル数を落とさずに圧縮によりデータ量

表Ⅶ-1-2　デジタル画像の仕様

| 用　途 | 形式 | 解像度 | カラー | 平均サイズ（柾版） |
|---|---|---|---|---|
| 保　存　用 | TIFF | 360dpi | 24bit | 150MB |
| 閲　覧　用 | JPEG | 360dpi | 24bit | 5～8MB |
| ネット公開用 | JPEG | 2,000pixels＊ | 24bit | 0.4～0.8MB |
| サムネイル | JPEG | 480pixels＊ | 24bit | 0.04～0.06MB |

＊縦または横の長い方

を軽くした画像閲覧用，縦または横の長い方を2,000ピクセルに縮小したネット公開用，同じく480ピクセルにして書誌情報とともに示すサムネイル用である。表Ⅶ-1-2は，作成・変換したデジタル画像の解像度とファイル形式，平均的なデータ量をまとめたものである。なお，ここで用いたTIFFとJPEGという形式の画像は，ごく一般的なフォーマットであり，データフォーマットの進歩・変化にともなう「技術の陳腐化」,「デジタルデータの保存性」に関する問題は小さいと考えられる。

口絵2は，作成したデジタル画像の一例であり，保存用と閲覧用，ネット公開用の画像に関しては，図郭内と凡例の内容が確認できるように，その一部を拡大表示している。保存用ならびに閲覧用の画像は，文字や記号が鮮明であり，十分な視認性が得られていることがわかる。対して，ネット公開用の画像は，解像度を落とした上に，JPEG形式の不可逆圧縮により高い圧縮率を得ているため，輪郭が不明瞭である。しかし，2㎜幅の文字でも，画数の少ないものは判読可能であり，図面の全体にわたり内容を確認する程度の用途であれば許容される精度であろう。

先に述べた各大学が所蔵する外邦図の特徴を考慮するとともに，所蔵図目録の刊行順から，東北大学が所蔵する外邦図のデジタル画像化を先行し，その後，お茶の水女子大学と京都大学総合博物館の所蔵図において東北大学と重複しない地図のデジタル画像化を行うこととした。2005年度と2007年度には科学研究費補助金研究成果公開促進費（データベース）の採択を受け，東北大学所蔵分のスキャニング作業を完了することができた。さらに，2007年度よりお茶の水女子大学所蔵分のスキャニングをはじめており，既に470図幅のデジタル画像化が終了している。2008年4月の時点で，取得画像は2大学あわせて1万点を超え，3大学所蔵外邦図全体の65％がデジタル画像化されたことになる。

デジタル画像は大容量のHDDに蓄積している。HDDは，その故障によるデータ破損を防ぐためにRAID5の保存方式を採用した。現時点のデータ容量は約5TBであるが，最終的には約8TBの容量を見込んでいる。さらに，大規模災害等のリスク分散の観点から，これを4セット用意し，東北大学（地理学教室と附属図書館の2箇所）とお茶の水女子大学，京都大学で保管している。

### (3)　外邦図デジタルアーカイブの構築

デジタル画像の管理・閲覧ならびに外邦図の利用促進を目的に，上記のデジタル画像と3大学の所蔵図目録（東北大学大学院理学研究科地理学教室 2003；京都大学総合博物館・京都大学大学院文学研究科地理学教室 2005；お茶の水女子大学文教育学部地理学教室 2007）の書誌情報を組み合わせ，これに検索システムを独自に開発することで，外邦図デジタルアーカイブを構築した。本アーカイブは，

2005年12月より東北大学附属図書館のサーバを利用してインターネット公開を開始した（URL：http://dbs.library.tohoku.ac.jp/gaihozu/）。

東北大学所蔵図目録では，参謀本部から搬入した一体のコレクションとして外邦図に該当しない図幅（国内の図幅）を含んでおり，この目録をもとに構築された本アーカイブにはこれらも登録されている。東北大学の目録は，1995年に第1版が完成し，その後も修正作業を継続しており，2008年4月現在第8版となっている。目録の掲載項目についても版を重ねるごとに充実し，一般的書誌情報の他に経緯度をはじめ地図として不可欠の書誌情報を可能な限り盛り込んでいる。お茶の水女子大学と京都大学の目録もこれをベースに整備され，いずれは，地図画像データとともに，本アーカイブに統合される予定である。

本アーカイブは，インデックスマップ検索，キーワード検索，地域別データリスト検索という複数の検索機能を用意し，ここから目的の地図について書誌情報と地図画像のサムネイルを同時に表示するページ（書誌情報ページ），さらに詳細な地図画像のページに至る仕組みになっている（口絵3参照）。なお，地図資料の画像を含むデジタルアーカイブは前例に乏しく，検索システムの設計から書誌情報の項目設定，画像の解像度に至るまで，試行錯誤を経てその方法を決定した。

検索システムのうち，中心となるのがインデックスマップ検索である。この検索機能では，目的の地図の情報へ到達しやすくするために，ページを分割することで役割を区別化しており，まず左上のプルダウン・メニューから地域や地図の縮尺・系統を選択し，インデックスマップを表示する。さらに，そこから地域を絞り込むことで，詳細なインデックスマップが表示される。これらのインデックスマップは，所蔵図目録の経緯度データ（一部，岐阜県図書館世界分布図センターの所蔵図目録のデータを使用）を利用して作成されている。また，これらの動作に連動して，各インデックスマップに掲載された図幅の一覧表がページ下部に表示される。インデックスマップまたは一覧表から目的の図幅を選択することにより，書誌情報ページが表示される仕組みとなっている。

書誌情報ページは，3大学の所蔵図目録に掲載された書誌情報のうち15項目（地域名，記号，図幅名，縮尺，表示範囲［緯度・経度］，大きさ，使用色，測量機関国，測量機関，測量時期，製版・印刷機関，製版時期，発行時期，日本語表記の有無，備考）の情報をページ左側に，右側にはデジタル画像のうち既述のサムネイル画像を表示している。また，ページの下部には，外邦図の主要所蔵機関における所蔵状況（実物，複写物，整理番号）を表示している。さらに，拡大画像のページに移動すると，既述のネット公開用画像が表示される。ページ上部には倍率ボタンが設けられており，7段階の固定倍率による拡大・縮小が可能である。ただし，画像の解像度は変わらない。

このシステムは，近年利用例が増加しているオープンソースの組合せであるLAMP（OS：Linux，サーバ：Apache，データベース：MySQL，Webページの記述言語：PHP）により構築されている。また，先に説明したインデックスマップ検索に関しては，WebGISをベースに構築するのがいまや一般的とも考えられるが，システムが重くなること（または専用の高性能サーバが必要になること），クライアントのPCやブラウザ依存を完全には避けられないことから，あえてクリッカブルなインデックスマップ画像を用いることとした。この静的インデックスマップとLAMPによる動的情報検索手法の組合せが，本デジタルアーカイブの特徴である。結果として，低コストでシステムを構築することができ，さらにインターネット上で軽快な検索作業が可能になった。

## 4．外邦図デジタルアーカイブの運用と公開に関する諸問題

先に述べたとおり，本デジタルアーカイブの構築には，デジタル画像の取得において科学研究費補助金を使用している。これにより作成したデータベースは，公開するのが原則であり，本デジタルアーカイブも現在公開中である。しかし，公開と運用にあたり多くの問題を抱えている。ここで，主な問題点について指摘する。

### (1)　アーカイブの高度化

現在，本デジタルアーカイブで公開している画像は，データ量を制限せざるを得ないため，そのまま印刷して利用できるレベルにはない。さしあたって，インターネットによる（それなりに詳細な）画像付き検索サービスと考えている。後述のように現在では高精細画像の公開に向けた技術開発も進んでいるが，そもそも高精細なデータを常時運用していくことは費用的に問題が大きい。そこで，一般への閲覧や複写サービスについては，国立国会図書館と岐阜県図書館世界分布図センターで得ることができるよう，両館の協力を得てその所蔵状況を表示している。ユーザの便と外邦図の全容把握のため，マッチング作業に基づくこの情報の整備を継続しなければならない。

しかし，外邦図のなかには，兵要地誌図や索引図など，細かい文字の判読が重視されるため，とくに高解像度画像の公開が求められる地図がある。大きなデータ量の画像の公開に対して，操作性と表示・配信速度の点で実用的な方法を模索しなくてはならない。その試みとして，お茶の水女子大学が所蔵する兵要地誌図と航空気象図，索引図のデジタル画像化に際して，複数解像度・タイル構造の画像形式（iPallet Free Zoom Pack）を採用した。これにより，50万分の1図を14枚つなぎあわせて作製された広東省水路網図（大きさ：193㎝×210㎝）のような大判地図のデジタル画像も取扱い可能なことが確認された（口絵4参照）。東北大学の所蔵図も一部を上記形式によりデジタル画像化しており，試験的公開を準備中である。ただし，こうした特殊なフォーマットをどの範囲にまで適用するかは今後の課題である。

本デジタルアーカイブの検索システムは，書誌情報からだけでなく，インデックスマップによる方法が有効との考えに基づいて設計したものである。ただし，経緯度の記入のない地図（民国製の地形図にはこれが多い）については容易にインデックスマップが作成できず，大きな課題となっている。対処方法としては，Google　Earth の画像と比較対照しつつ一点ずつ経緯度を確定したり，国土地理院や国立国会図書館が作成した索引図の利用が考えられるなど，検討すべき点が多い。こうした経緯度の情報が整備されると，検索ページに表示された世界地図から任意の地点を選択し，そこを表示範囲に含む地図を抽出する，いうなれば「ワールドマップ検索」の機能も搭載可能とな

るため，早期の解決が望まれる。

また，複数のデジタルアーカイブを横断的に検索可能とする分散型情報検索システムが近年注目されつつあり，今後はこれを視野に入れた検討が求められる。

さらに，外邦図の性格からしてもデータベースが海外で閲覧されるのは当然であるし，それに向けたサービスが必要である。そのためには書誌データの多言語化（英語化）が必要となるが，それは，たとえば中国語地名表記の検討をはじめ多くの手間を要する作業となる。多言語化の第一歩として，本デジタルアーカイブの利用案内や概説を含むトップページ，インデックスマップ等の英語化作業を行っており，近く公開予定である。

### (2)　アーカイブの管理と維持

本デジタルアーカイブでは，上記のような検索システムを採用したため，とくにインデックスマップに関わる更新作業が煩雑になる。しかし，外邦図は今後増加していく資料ではないので，中国やロシアで新たに発見されるものがあるとしても，資料の追加は恒常的には発生しないと考えられる。

他方，デジタル画像のマイグレーションをはじめとするデータの保持やサービスの改善，利用者の発掘など，ある程度以上の水準で管理業務の維持を図っていくべきであろう。目録の作成やデータベース化作業の主要部分は一時的なものであり，学生アルバイトや業者委託で実施可能であるが，データの維持，管理，サービスの継続や改良は，今後の大きな課題である。

これらを研究者が担うのは困難で，継続性の点からも大きな問題がある。著者らのグループでは，これまで科学研究費補助金（基盤研究Aおよびデータベース）や国土地理協会の助成，所属大学の特定研究費によって活動を継続してきたが，今後もこれが維持できる保証はない。また，現在公開しているデジタルアーカイブは，東北大学附属図書館のサーバを利用しているが，研究者同様に図書館スタッフの異動など，継続性に影響する変化も予想される。

### (3)　公開における留意点

現在，本アーカイブでは，一部地域については地図画像を非公開としている。この背景には，次章でくわしく述べるように大きくふたつの問題がある。一方は，秘密測量など外邦図の作製過程や来歴に関するもの，他方は外邦図の図示範囲になっている地域の，現在の地図に関する法制度に関するものである。とくに重要なのは後者で，いまなお地形図など大縮尺図を，民間で使うことを厳しく規制している国があり，そこでは外邦図もこの規制の対象になる可能性が大きい。これらを考えると，これまでデジタル化したものを全部公開するには，さらに時間を要すると考えられる。

## 5．おわりに――外邦図デジタルアーカイブの今後――

著者らが作成した外邦図デジタルアーカイブは，2005年12月の公開開始から2年半強にあたる

2008年8月，アクセス回数が10,000を超えた。検索システムの本格的運用開始が2007年2月であり，アクセスの多くはこの1年半の間のものである。これは，過去の地域資料に対する高いニーズのあらわれと考えられる。国内の類似のアーカイブとしては，戦後のものになるが，国土地理院による国内で撮影されてきた空中写真をインターネットで閲覧する国土変遷アーカイブがある。外邦図デジタルアーカイブに，過去の空中写真や現代の地図・衛星画像を組み合わせることにより，そのアジア・太平洋地域版としての発展を期待することもできよう。

しかし，前節で指摘したように，外邦図デジタルアーカイブの維持と発展には多くの課題が残されている。今後はその「高度化」，「管理・維持」，「地図画像の公開範囲」に大別される課題群のひとつひとつをクリアすることが必要である。この場合，前者の課題は，費用を別とすれば，主に技術面の対応で解決の可能なものであるが，後2者の課題は大学（研究者）による取り組みにおいては解決することが困難なものと考えられる。デジタルアーカイブの管理・維持に関しては，既述のように大学による取り組みに多くの問題があるとするならば，管理体制について大きな転換も必要で，他の機関への移管も選択肢のひとつになると考えられる。

海外の事例ではあるが，イギリスにおいて集成されてきた，戦時中連合国軍の中央写真判読隊（Allied Central Interpretation Unit）が撮影した偵察用空中写真，The Aerial Reconnaissance Archives（TARA）の例が参考になる。2008年にはこれを45年以上保存してきたKeele UniversityからエジンバラのRoyal Commission on the Ancient and Historical Monuments of Scotlandに移管されることになったのである。

外邦図デジタルアーカイブの移管先としては，図書館や公文書館も考えられるが，外邦図の性格を考えると，たとえばアジア歴史資料センターは，その設立の趣旨からしても適切な機関といえるかもしれない。アジア歴史資料センターは，近現代の日本とアジア近隣諸国等との関係に関わる歴史資料をインターネットを通じて公開しており，外邦図をその一環に位置づけるわけである。

これらに向けてまず必要なのは，国内・国外を通じて，外邦図の学術的・社会的意義を周知していくことであろう。外邦図は戦争や植民地支配に結びついて，負の遺産と考えられやすいが，作製されてから60年以上を経過した今日，歴史資料として，さらには文化遺産としての価値も持っている。そのためには，たとえば地理学，地図学だけでなく，歴史学，資料学，生態学，環境科学など，国内外の幅広い専門家によるシンポジウムやワークショップ，書籍の刊行などを通じて，外邦図の作製経緯からその利用（可能性）に関して理解や議論をより一層深めることが求められよう。

このような課題もみえはじめ，現在，著者らは外邦図デジタルアーカイブの社会的位置づけを本格的に検討する必要性を感じている。外邦図は，近代の日本が1945年8月に至る過程で作製してきた地域資料として，アジア・太平洋地域の人びとに共有されるべきものとすれば，そろそろ研究者レベルを超えた議論が必要と思われる。本稿がその呼び水になることを期待している。

[付記]

本稿は，これまで著者らが検討しその都度公表してきたもの（宮澤ほか2004；村山ほか2005；宮澤ほか2007）についての現段階における総括であり，宮澤ほか（2008）としてとりまとめたものに依拠し，一部変更を加えたものである。研究にあたっては，平成17，19年度科学研究費補助金公開促進費（データベース）「外邦図デジタルアーカイブ」の他，同基盤研究（A）平成14～16年度「『外邦図』の基礎的研究」，同平成19・20年度「アジア太平洋地域の環境モニタリングにむけた地図・空中写真・気象観測資料の集成」，国土地理協会平成17～19年度「社会教育機関への助成」，平成18年度お茶の水女子大学追加配分研究経費「お茶の水女子大学所蔵の外邦図のデジタル化に関する研究」，同平成19年度「外邦図デジタルアーカイブの構築と公開システムの試作」を使用した。上記科研メンバーを主体とする外邦図研究グループにおける議論や助言は，本稿の作成に大きく寄与した。とくに立正大学の田村俊和先生（東北大学名誉教授）はデジタルアーカイブ構築を我々に強く促した。また3大学の目録整備にあたっては，渡辺信孝氏の貢献が大きい。デジタルアーカイブ構築に際して岐阜県図書館および国立国会図書館から提供されたデータを使用した。以上の方々および機関に厚く感謝する。

文献

大槻　涼　2005. 駒澤大学所蔵外邦図の整理状況について（中間報告）. 外邦図研究ニューズレター3：119-124.

小川千代子・高橋　実・大西　愛編　2003.『アーカイブ事典』大阪大学出版会.

お茶の水女子大学文教育学部地理学教室　2007.『お茶の水女子大学所蔵外邦図目録』お茶の水女子大学文教育学部地理学教室.

京都大学総合博物館・京都大学大学院文学研究科地理学教室　2005.『京都大学総合博物館収蔵外邦図目録』京都大学総合博物館・京都大学大学院文学研究科地理学研究室.

鈴木純子　2005. 国立図書館所蔵の外邦図. 外邦図研究ニューズレター3：72-77.（本書Ⅱ-2章）

田村俊和　2000. 東北大学理学部自然史標本館所蔵の外邦図. 地図情報20（3）：7-10.

田村俊和　2002. 地表環境資料としての外邦図の活用. 外邦図研究ニュースレター1：26-28.

デジタルアーカイブ推進協議会　1997.『デジタル・アーカイブ構想』デジタルアーカイブ推進協議会.

東北大学大学院理学研究科地理学教室　2003.『東北大学所蔵外邦図目録』東北大学大学院理学研究科地理学教室.

長岡正利　2004. 外邦図作成の記録としての各種一覧図と，地理調査所における外邦図の扱い. 外邦図研究ニューズレター2：17-25.（本書Ⅲ-1章）

馬場　章　2003. 南葵文庫国絵図のデジタル化とiPalletnexusの開発. 月刊IM 42（3）：10-16.

久武哲也　2005. 日本および海外の諸機関における外邦図の所在状況とその系譜関係. 地図情報25（3）：7-11.（本書Ⅱ-1章）

氷見山幸夫・村田久美・谷藤陽子・佐藤太一　2000. 中国土地利用・被覆変化情報ベースの開発. 北海道教育大学大雪山自然教育研究施設研究報告34：17-30.

源　昌久　2004. 地図資料の用紙劣化対策についての一提言（話題提供）. 外邦図研究ニューズレター2：33-36.

宮澤　仁・村山良之・上田　元　2004.「外邦図」のデジタル画像化とアーカイブ構築に向けて――東北大学における試行作業から. 季刊地理学56：163-168.

宮澤　仁・髙槻幸枝・大浦瑞代・田宮兵衞・水野　勲　2007. お茶の水女子大学所蔵外邦図コレクションの全体像. お茶の水地理47：1-14.

宮澤　仁・照内弘通・山本健太・関根良平・小林　茂・村山良之　2008. 外邦図デジタルアーカイブの構築と公開・運用上の諸問題. 地図 46（3）：1-12.

村山良之・宮澤　仁・渡辺信孝　2005. 外邦図目録の作成からデジタルアーカイブ構築まで. 地図情報 25（3）：12-15.

Kikuchi, T., Zhan, G. M., Himiyama, Y. and Miyazawa, H. 2000. Map analysis of land use and cover changes in the northern part of Huabei plain, China. *Geographical Reports of Tokyo Metropolitan University* 35：99-111.

# 第2章　外邦図デジタルアーカイブの公開に関する課題

宮澤　仁・村山良之・小林　茂

## 1．はじめに

劣化がすすみはじめた外邦図の保存と利用の便宜をめざして，筆者らはそのデジタル化を行い，これをアーカイブとして整備しつつ，その一部を公開してきた。この作業は，村山ほか（2005）や宮澤ほか（2008），さらにⅦ-1章で示したように，いくつかの課題をかかえながらも，さらに進行している。課題の一方は技術的，組織的，経費的なものであるが，他方では公開に関連して重要な問題が残されている。

現在，外邦図デジタルアーカイブでは，一部地域については書誌情報のみの公開すなわち地図画像を非公開としており，地図画像は，取得済みの約1万図幅のうち，東南アジア等の約4,400図幅のみの公開となっている。これは，以下の点を考慮しての措置である。

外邦図が図示する地域は，現在はそれぞれ主権国家に属している。このなかには，地形図など大縮尺図を軍や研究機関以外で使用するのを認めていない地域があり，すでに古地図と呼んでよい外邦図でも，これを無条件に公開できるかという慎重論がある。また，外邦図には植民地政府や陸地測量部が当時の法律に従いながら作製したものもあるが，日本軍の秘密測量によるもの，さらに外国製の地図を一部改変して複製したものも少なくない。戦時に敵国の作製図を複製することは可能だったとしても，現在，これらを日本が作製したものとしてインターネット上で一律に公開できるかということになると，判断は容易ではない。

このような問題をはらみつつも，上記地域以外の地図画像を公開しているのは，以下を根拠としている。外邦図は，いずれも作製から50年以上を経ているため著作権は消滅しており，かつ日本国内の測量法も適用されない。1990年に国会図書館から建設省（当時）国土地理院に対して，旧陸軍参謀本部作製の地図の複写に関する著作権・測量法の適用について問い合わせがあり，「陸海編合図」と「兵要地誌図」は測量法の適用を受けないことが確認されている。それに基づき，国会図書館では，外邦図等の複写サービスが行われているという経緯および実績がある。このようなサービスは岐阜県図書館世界分布図センターでも同様に行われている。くわえて，日本の植民地であった地域の地図だけでなく，それ以外の地域についても，外邦図のリプリントが作製され販売されているのである。

ただし，多くの人たちがアクセスできる，インターネットを通じた公開となると，このような配慮だけでは十分とはいえないものを残している。本章ではまず，このような状況をさらに掘り下げて考えるとともに，ほかの類似の事例も参照し，問題への理解を深め，これをふまえてより広範な公開への道を模索することとしたい。

## 2．外邦図の来歴をめぐる問題

外邦図の公開に関連して，とくに検討を要する問題は，その作製過程や来歴に関連するものと，外邦図が描く地域における，地図に関する法制度に関連するものとに大きく分けることができる。以下，まず前者からみていきたい。

外邦図は，その作製過程や来歴をたどると，いくつかのグループに分類することができる。まず，日本軍や日本の植民地政府が作製したものがある。このグループは，作製のための測量が行われた状況によって，さらにいくつかに分けて考えることができる。日本軍の担当者自身が，この点について明確に意識していたことは，『外邦測量沿革史 草稿』の冒頭によくあらわれているので，まずそれからみてみよう。

『外邦測量沿革史 草稿』は，参謀本部と北支那方面軍司令部が編集し，1939年から1945年にかけてタイプ印刷で刊行したもので，おもに中国大陸や朝鮮半島の秘密測量に関連する資料を掲載している。この「初編前編」の目次につづく「緒言」のなかで，日清戦争・日露戦争時の臨時測図部（臨時編成の測量組織）の活動にふれて，つぎのように述べている。

> …測圖ノ方法タルヤ第一ノ場合ニ於テハ公然的ナリ乃テ（原文のまま）作戰經過地及新領土ニ於ケル如ク硝煙劍戟ニ伴フ危険及鼠輩跳梁ノ外何等ノ支障ナク遂行シ得タルモノ
> 第二ハ準秘的トス卽チ滿洲一帯ノ如ク吉林將軍及奉天都督ノ黙諾ヲ得且間接ニ其保護ヲ受ケタルモノ
> 第三ハ支那本土ニ於テスル秘的卽チ盜測トス此秘測ニハ二途ノ別アリ，一ハ我海外駐在武官又ハ領事ヲ介シテ護照ヲ得タルモノ，一ハ全ク個人卽チ一行商人ノ名義ヲ以テ直接又ハ他ノ方面ヨリ護照ヲ得タルモノニシテ（明治）四十二年以降ハ多ク此種ニ屬スルモノナルヲ以テ其難苦ノ輕重記セスシテ明ナリトス（カッコ内引用者，小林解説 2008a：9-10）

この部分は，『外邦測量沿革史 草稿』が刊行されはじめた1939年頃に書かれたもので，「吉林將軍」や「奉天都督」という用語も，辛亥革命（1911年）以後のものであることに注意する必要がある。ここで測量の状況を3つに区別して述べるのは，単にその合法性だけを問題にしているわけではない。もっとも広く行われた第3の秘密測量の場合，測量者が暴行を受けたり逮捕されたりする危険性が大きいだけでなく，それが国際紛争につながる危険性も大きいこと，さらにこのような条件下では，めだったかたちでの測量作業ができず，できあがる地図の精度も低くならざるをえないという点にまで関連するからである（長岡 1993，本書Ⅲ-1 章参照）。これに，中国の地方軍閥の黙認を得て行われる第2の「準秘的」な場合も含めて，秘密測量でできあがった地図は，基本的に秘図として軍事用に使うだけで，ほかの用途での使用はかぎられることになったことにも留意する必要がある。この点は臨時測図部によって作製された朝鮮半島の早期の5万分の1地形図をみると，よく理解される。

日清戦争から日露戦争にかけて，日本は多数の測量要員を雇用して臨時測図部を編成し，朝鮮半島や中国大陸に送りこんで測量を行わせ，朝鮮半島では軍用の5万分の1地形図をほぼ完成させた。この測量の性格についてはなお検討の余地があり（李・全 2007），時期によってもちがいがあるが，初期においては上記の第1の「公然的」測量ではなかったことはあきらかで，従事者が測量旅行中に民族主義的な意識をもった住民に襲撃され，さらには殺害される場合もあった。しかし韓国併合（1910 年）後，各方面から地形図の刊行につき要望がでて（「明治四十四年度臨時軍事費・測圖費・豫算調」，小林解説 2008b：97-98），これを「略圖」という名称で刊行し，一般に販売することになった（清水 1986，本書Ⅲ-3 章）。ただしこの場合，測図年に関する記載を抹消しているのは，植民地化以前に不法な秘密測量を行ったことを隠蔽するためであったことがあきらかである（南 1996，本書Ⅳ-1 章）。これに対して，植民地化後に土地調査事業にあわせて作製した5万分の1地形図などは，要塞地帯のような軍事的に重要な場所を除き，測量した機関や測図時期などを明記して販売したのは，測量の合法性が意識されていたことを示している。

以上のように日本軍の作製した地図は，当時の当該国にとって非合法な測量によるものが多いことはあきらかである。そのような性格は，今日になっても当該国の研究者につよく意識されている（南 1996；Nam 1997）。

つぎに外国製の地図の改変あるいは複製による外邦図の場合にうつろう。外国製地図の入手過程をみると，まずめだつのは，ロシア製地図や中国製地図の場合のような「鹵獲」と表現される場合であろう。高木菊三郎は『外邦兵要地図整備誌』で，1894 年以降 1937 年までその例をあげ，とくに大規模であった 1937 年の南京事件における民国軍参謀本部および陸地測量總局での押収について，その内容をくわしく示している（高木著・藤原編 1992：213-240）。ここで入手した地図は，中国戦線の地図事情を一変させ，日本の参謀本部や陸地測量部では 1938 年に多数の中国製地図の一覧図のほか，その精度評価を示す図も作製している（長岡 1993，本書Ⅲ-1 章）。外国製の地図の場合，作製過程が不明なので，利用にあたっては精度評価をする必要があったわけである。

こうした「鹵獲」の例は，故坂戸直輝氏（1916-2004）の証言にもみられる（坂戸 2004，本書Ⅴ-3 章）。水路部に勤務していた同氏は，1942 年にシンガポールで拿捕されたイギリスの海図を，神戸の倉庫まで出張して調査し，重要なものを選び出す作業を行った。それらは「覆版海図」として，複製がつくられたという。

他方，外国製地図を別の手段によって入手している場合もある。1940 年頃，参謀本部第二部では，東南アジア方面の地形図の入手につとめ，イギリス駐在武官に依頼したところ，オランダ領東インド（今日のインドネシア）の，ほぼ全域の10万分の1地形図を入手したという（防衛庁防衛研修所戦史室 1966：27-29）。寄贈あるいは購入によると思われるが，この例は，外邦図のもとになった外国製の地図の入手には，さまざまなルートがあったことをうかがわせる。

このような外国製地図を考えるに際してもうひとつ意義をもつと思われるのは，外邦図の作製主体とそれが描く地域との関係である。上記オランダ領東インドのように植民地政府がつくった場合もあれば，現在の政府につながる独立国家の政府が作製した場合もある。前者については，作製者の権利のようなものはすでに主張する意義のないものと位置づけられていると考えられる。これに対して後者の場合は，判断は容易ではない。

ところで，外邦図のなかで，外国製地図を元図にする地図がどのくらいの割合を占めるのか，という点が気にかかる。この問題に答えるためには，かなりの作業が必要となるが，ここでは中国の福建省と広東省の10万分の1図（表Ⅶ-2-1）およびオランダ領東インドの各種地図（表Ⅶ-2-2）をみておきたい。後者は上記のようにして入手したオランダの植民地政府のつくったものがほとんどであるが，前者では日本軍作製のものがある程度の割合を占める。ただし時代が新しくなるほど，上記のような「鹵獲」を反映して，民国製の地図を元図とするものが増加することはあきらかである。外邦図の多くは軍事用のものであり，地図の利用は，「戦時」ではその入手経路を問わず行われたと考えられる。その場合，軍事的に対立している外国がつくった地図は，重要な地理情報源として獲得が求められた。なかでも戦場では，相手方から獲得した地図は貴重で，すぐに複製がつくられ，現場の部隊に配布された（たとえば，多門 2004：84，288，299）。

ただし，このような「戦時」が終了したあとの時代の利用，しかも公開となると，戦時の「常識」は通じない。日本軍が作製したものの多くについては測量の非合法性を，外国製の地図を用いた場合には，著作権ではないにしても，このような経過を考慮する必要があるかも知れない。これにくわえて問題を複雑にしているのは，現在それぞれの地域で，地図に関してどのような法律が施行されているか，という点である。つぎにこれに焦点をあててみよう。

表Ⅶ-2-1　中国福建省・広東省における外邦図（10万分の1）の来歴

| 元　図 | 測量機関 | 測量時期 | 製版時期 | 枚数 | 備　考 |
|---|---|---|---|---|---|
| 仮製10万分の1地図 | 臨時測図部等 | 1902-1914 | 1912-1924 | 76 | |
| 仮製10万分の1地図 | 臨時測図部等 | 1902-1914 | 1937 | 16 | グリッドあり |
| 民国製地図を縮製 | — | — | 1940-1941 | 76 | |

資料：布目・松田（1987：128-130，152-161，162-178），お茶の水女子大学文教育学部地理学教室（2007：113）。

表Ⅶ-2-2　オランダ領東インドに関する外邦図の来歴

| 縮尺 | 測量機関国 | 測量機関 | 測量時期等 | 枚数 | 備考 |
|---|---|---|---|---|---|
| 1:75万 | オランダ | — | — | 8 | スマトラ |
| 1:50万 | オランダ（一部イギリス・タイ）製の図を日本が編集 | — | 1924-1941年蘭国製25万分1図など。一部海図も参照 | 28 | |
| | オランダ | — | 1921年エンシクロペディービューロー発行を複製 | 1 | |
| | オランダ・イギリス製の図を日本が編集 | — | 1926-1940年蘭国製20万分1図など。一部航空図･海図も参照 | 15 | ボルネオ |
| 1:30万 | オランダ | 和蘭測量局 | 1929調製 | 1 | |
| | | — | 1928年 | 2 | |
| 1:25万 | オランダ | 蘭領印度測量隊 | 1924-1941年調製 | 16 | |
| | | ジャカルタ測量局 | | 1 | |
| | | — | 1916-1927年 | 5 | |
| | | — | — | 10 | 経度はジャカルタ基準 |
| 1:20万 | オランダ | 和蘭測量局 | 1935年調製 | 1 | |
| | | — | 1927年発行和蘭製 | 1 | |
| | | | 1940-41年蘭国製 | 36 | サンギヘ島・セレベスをふくむ |
| | | バタビア測量局 | 1887-1895年発行 | 24 | ボルネオ |
| | | — | 1924-1941年旧蘭印製 | 12 | ボルネオ |
| | | — | — | 34 | ボルネオ |
| 1:15万 | オランダ | — | 1916年蘭国製 | 3 | |
| | | | 1939年蘭国調製 | 1 | |
| 1:10万 | オランダ | 蘭印測量局 | 1919-1923年調製 | 38 | |
| | | | 年季不詳 | 2 | |
| | | 旧蘭印測量局 | 1818-1941年 | 71 | セレベスをふくむ |
| | | — | 1921-1941年 | 49 | ボルネオをふくむ |
| | | | — | 6 | ボルネオをふくむ |
| | 日本 | 参謀本部 | — | 22 | |
| | | 現地部隊 | 1943撮影 | 1 | |
| | | | 1942撮影 | 10 | |
| | | | 1944測図 | 1 | |
| 1:5万 | オランダ | 旧蘭印測量局 | 1900-1941年調製 | 429 | |
| | | — | 1924-1934年発行和蘭製 | 27 | |
| | | — | 1921-1923年 | 2 | |
| | | — | — | 12 | |
| 1:2.5万 | オランダ | — | 1926-1933年発行和蘭製 | 6 | |
| | | | — | 2 | |
| 1:2万 | オランダ | — | 1916年蘭国製 | 3 | |

注：－は外邦図の注記に明瞭な記載がない場合を示す。
資料：東北大学大学院理学研究科地理学教室（2003）および外邦図デジタルアーカイブ（http://dbs.library.tohoku.ac.jp/gaihozu/）による。

## 3．関係地域の地図事情と外邦図の公開

上記のような観点から問題となりやすい外邦図の多くは，中国大陸に関連するものなので，まずその現在の地図事情からみておきたい。今日では，中国との交渉が深まって，その地図情報に関する報告や紹介も増大している。これからあきらかなのは，中国では大縮尺の地図の利用は厳しく規制されており，海外への持ち出しは100万分の1といった小縮尺の地図にかぎられているという点である。また電子地図でも，緯度経度や標高の情報は原則公開できないことになっているという（柴田 2008）。他方，ヒマラヤを中心に，5万分の1や10万分の1の山岳地図が作製されている。もちろんこれには等高線や標高も示されており，日本でも購入できるが，ただし緯度経度は記入されていない（岩田 2008）。中国では，地点の分以下の緯度経度の値は機密事項になっており，中国の研究機関との共同研究でも，そこから資料として提供される地図（コピー）には，緯度経度や図幅名が消去されているという。

中国では，地図に関する業務の中心は国家測絵局である。ただし，それらの多くに軍が関与しており，大縮尺の地図に軍事的価値があると判断されているという事情がその背景にあると考えられる。Google Earth によって，今日では中国各地についても大縮尺図なみの地理情報が得られるところが少なくないとはいえ，地図に関するこうした位置づけは変化していないようである。

この場合重要なのは，外邦図のような資料がどのように位置づけられているか，さらにはそれが日本から公開されると，どのような問題が発生するかという点である。外邦図は，日本ではすでに古地図と位置づけられるものであるが，まだ現代的な意義をもつと考えられている可能性は否定できない。一般の利用が制限されている大縮尺図と同等の扱いを受ける可能性があるわけである。すでにみたような外邦図の来歴もあわせ，外邦図デジタルアーカイブの全面的公開に対する慎重論の根拠はこのようなところにある。

詳細についてはさらに調査が必要とはいえ，地形図など大縮尺の地図の利用を，軍事的な理由で制限している地域は，アジア太平洋地域ではほかにもある。ただし外邦図に学術的価値だけでなく，実用的価値があると判断される場合には，当該国の法制度との関係をどのように調整していくかという問題があるともいえよう。

この点で，サイクロン「ナルギス」（2008年4月末～5月はじめに発生）に関連する地図情報公開について，京都大学東南アジア研究所のとった方針は興味ぶかい。大きな被害が発生したミャンマーのイラワジ・デルタについての地理情報は，衛星写真が主であるが，1920年代にインド測量局によって作製された図を元図とする外邦図（5万分の1）に学術的・社会的価値があるとして，73図幅のインターネットによる閲覧サービスを開始したのである[1)]。ただし，利用目的や複製，引用等に関する「京都大学東南アジア研究所ガイドライン」を承諾する利用者に対し，必要な図幅のみを提供するという方法を採用している。大縮尺の地図の利用がかぎられているミャンマーについて，その活用をめざすもので，現地の地図事情に配慮したものと考えられる。

この例にみられるような，来歴や現地側の事情を配慮しつつ，社会的意義のある地図を公開していこうとする姿勢は評価すべきであろう。ただし，こうした閲覧サービスはかぎられた地図を対象にしているから可能と考えられる。多数の地図について，類似の方法で閲覧サービスを提供するということになると，それに関する業務量が増大する。大学の公開するデータベースとしては，やや無理があると考えられる。

## 4．古地図の公開と外邦図

今日，古地図は歴史的価値，さらには美術的価値をみとめられて，インターネットで広く公開されている。日本でも国土地理院や国立公文書館のウェブサイトなどで，それらを閲覧することができる。国外では，たとえばアメリカ議会図書館もその種のサービスを展開し，このなかには，外邦図の原図と考えられる「北京近傍圖」(1894年）のようなものまで含まれている[2)]。近代地形図についても公開が進み，国内では関東地方の迅速測図や横浜の市街図がGoogle Earthをベースにして公開されている[3)]。海外にもたくさんの類似のウェブサイトがあり，アジアでは台北の中央研究院のように積極的にそれを推進している機関がある[4)]。サービスはさらに空中写真にもおよび，国土地理院の国土変遷アーカイブは，空中写真へのアクセスを改善し，撮影時期の違うものを比較対照することも容易になった。

インターネットを通じた外邦図の公開は，こうした状況のなかで，自然の成り行きと考えることもできるが，なおそれが容易に行えない背景は上記のとおりである。地図画像の公開範囲の拡大は，理想的には，関係各国（地域）の理解を得られることが前提となることはあらためていうまでもない。これにむけて，どのような努力が可能か，さらに検討しておくことにしたい。

前章でも述べたように，まず国内・国外を通じて，外邦図の学術的・社会的意義を周知していくことが必要である。国内外，とくに隣接諸国の専門家によるシンポジウムの開催や専門書・一般書の刊行などを通じて，外邦図の利用可能性やその社会的意義への理解や議論を深めることが要請される。

関連して，上記京都大学東南アジア研究所だけでなく，類似の資料を保管，公開している内外の機関における公開状況を検討することも必要であろう。前章でもふれたように，イギリスでは戦時中連合国軍の中央写真判読隊（Allied Central Interpretation Unit）が撮影した偵察用空中写真がThe Aerial Reconnaissance Archives（TARA）として集成されている。これは，1962～1963年に移管されて以後，45年以上保存してきたKeele Universityから2008年にエジンバラのRoyal Commission on the Ancient and Historical Monuments of Scotlandに再度移管されることになった。後者はスコットランド議会に財政的に支援される，どの部局にも属さない政府機関で，すでにスコットランドの空中写真を提供している[5)]。TARAは，Keele Universityに収蔵されていた時期から，インターネットを通じた公開が予定されており，今後その実現が期待される。そこで採用される公開方針は，第二次世界大戦の戦勝国側によるものとはいえ，上記のような問題を考えるうえで大きな参考になろう。

さらに，外邦図が近代日本とアジア太平洋地域との関係のなかで作製されたことを考慮すると，外邦図デジタルアーカイブの公開窓口をアジア歴史資料センターのような機関にするという方法も考えられる。地図画像の公開範囲については，関係各国（地域）の理解を得られることがその拡大の前提となる。アジア歴史資料センターが窓口になれば，その理解は得やすいであろう。

外邦図が作製された経過は複雑であり，アジア太平洋地域の各国の大縮尺図に対する政策も一様ではない。そうしたなかで，国内だけでなく国外にも外邦図の存在意義をうったえ，理解を求めつつ，外邦図デジタルアーカイブで公開する地図の範囲を拡大していくという努力が要請されている。

［付記］

本稿は，小林ほか（2008）で示した見解を発展させたものである。本稿のもとになった研究にあたっては，平成17，19年度科学研究費補助金公開促進費（データベース）「外邦図デジタルアーカイブ」のほか，同基盤研究（A）平成14～16年度「『外邦図』の基礎的研究」，同平成19・20年度「アジア太平洋地域の環境モニタリングにむけた地図・空中写真・気象観測資料の集成」，国土地理協会平成17～19年度「社会教育機関への助成」を使用した。また東北大学を中心とする外邦図デジタルアーカイブ関係の皆様には，たびたび示唆をいただいた。記して感謝します。

注

1）「ミャンマー・サイクロン・ナルギス関連情報」（http://www.cseas.kyoto-u.ac.jp/cyclone/index_ja.html）

2）アメリカ議会図書館のオンライン・カタログ（http://catalog.loc.gov/）で資料名をローマ字入力すればアクセスできる。

3）農業環境技術研究所の「歴史的農業環境閲覧システム」（http://habs.dc.affrc.go.jp/）は関東地方の迅速測図を，横浜市まちづくり調整局都市計画課の「横浜市三千分一地形図」（http://www.city.yokohama.jp/me/machi/kikaku/cityplan/gis/3000map.html）は1928～1938年に作製した地図などを公開している。

4）たとえば中央研究院の「台灣新舊地圖比對」（http://gissrv5.sinica.edu.tw/GoogleApp/JM20K1904_1.htm）では，臨時台湾土地調査局の作製した「臺灣堡圖」を衛星画像などとともに公開している。

5）http://jura.rcahms.gov.uk/APF/start.jsp

文献

岩田修二　2008．中国の山岳地図．地図情報28（1）：14-17．

お茶の水女子大学文教育学部地理学教室　2007．『お茶の水女子大学所蔵外邦図目録』お茶の水女子大学文教育学部地理学教室．

小林　茂［解説］　2008a．『外邦測量沿革史　草稿　第1冊』不二出版．

小林　茂［解説］　2008b．『外邦測量沿革史　草稿　第2冊』不二出版．

小林　茂・村山良之・宮澤　仁　2008．外邦図および日本軍撮影空中写真のデータベース化とその課題――戦前期の地域資料の活用に向けて．日本地理学会発表要旨集73：24．

坂戸直輝　2004.　第二次世界大戦中の機密図誌（海図・航空図）(1).　外邦図研究ニューズレター2：58-73.（本書Ⅴ-3章）
柴田健一　2008.　中国地図事情と中国都市マップ作成の試み．地理53（3）：112-117.
清水靖夫　1986.『日本統治機関作製にかかる朝鮮半島地形図の概要――「一万分朝鮮地形図集成」解題』柏書房.（本書Ⅲ-3章）
高木菊三郎著・藤原　彰編　1992.『外邦兵要地図整備誌』不二出版.
多門二郎　2004.『日露戦争日記 新装版』芙蓉書房出版.
東北大学大学院理学研究科地理学教室　2003.『東北大学所蔵外邦図目録』東北大学大学院理学研究科地理学教室.
長岡正利　1993.　陸地測量部外邦図作製の記録――陸地測量部・参謀本部 外邦図一覧図．地図31（4）：12-25.（本書Ⅲ-1章）
布目潮渢・松田孝一編　1987.『中国本土地図目録 増補版』東方書店.
南　縈佑　1996.『舊韓末韓半島地形図』(解説) 図書出版成地文化社（『外邦図研究ニューズレター4』［2006年刊］89-108頁に朴澤龍による和訳を掲載).（本書Ⅳ-1章）
防衛庁防衛研修所戦史室　1966.『マレー進攻作戦』朝雲新聞社.
宮澤　仁・照内弘通・山本健太・関根良平・小林　茂・村山良之　2008.　外邦図デジタルアーカイブの構築と公開・運用上の諸問題．地図46（3）：1-12.
村山良之・宮澤　仁・渡辺信孝　2005.　外邦図目録の作成からデジタルアーカイブ構築まで．地図情報25（3）：12-15.
李　鎮昊・全　炳徳　2007.　日本陸地測量部による朝鮮半島測量の歩みと朝鮮地方民の抵抗．土木学会論文集D63（3）：435-444.
Nam, Y.-W. 1997. Japanese military srveys of the Korean Penisula in the Meiji era. In *New Directions in the Study of Meiji Japan,* eds. H. Hardacre and A. L. Kern, 335-342. Leiden：Brill.

# 第Ⅷ部

# 外邦図の利用

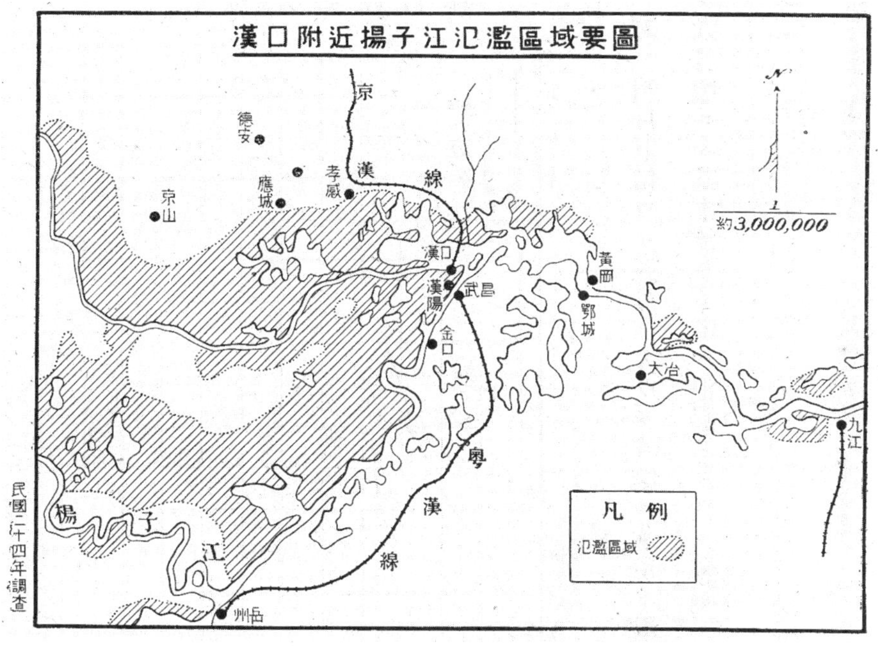


**漢口附近揚子江氾濫區域要圖**

参謀本部『漢口ヲ中心トスル中部支那ノ氣象便覧』（1938［昭和13］年6月）に掲載された図である。この冊子は武漢作戦（1938年6月～11月）に備えたもので，冒頭では「…戰闘，行軍，宿營及衛生等ノ參考ニ資スル爲軍氣象部ヲシテ編纂セシメタルモノナリ」と述べている。つづく「四季ノ別」では，「夏季ハ宛モ雨期ニシテ連日霖雨アリテ河川氾濫スルヲ常トスルヲ以テ軍隊ノ最モ支障多キ季節ナリ」として，「雨期」について述べ，さらに中国側が作製した元図によると考えられる本図を示しつつ，揚子江や漢水の水位の大きな変化を指摘する。氾濫の時期とひろがりが日本軍の大きな関心事であったことを示している。原図×1.1。（小林　茂）

# 第1章　外邦図は「使えるか」？

## ――中国とインドの場合――

石原　潤

## 1．はじめに

筆者が外邦図の存在を知ったのは，1960年代の前半，大学院学生であった頃，京都大学文学部地理学教室に資源科学研究所ルートの外邦図の一部が入って，そのインデックス・マップの作成が行われていた時である（本書Ⅱ-1章参照）。ただその時は，たいへん興味を覚えたものの，それを将来使うことになるとは夢にも思わなかった。外邦図のお世話になったのは，1970年代以降である。

## 2．外邦図の利用――中国の場合――

### (1)　中国の集市の歴史地理学的研究

筆者は1971年頃から中国の集市（定期市）の歴史地理学的研究を開始し，まず河北省を対象地域とした（石原 1973）。その際，明・清・民国時代の地方誌に記載されている定期市の分布状態を，正確な地図の上に落として比較検討しようとした。普通，地方誌自体に県域などの付図が付されているが，多くは絵図の類いで，それはそれなりに興味深いのであるが，筆者の目的には適さなかった。

そこで筆者は，当時の筆者の情報圏内に入っていた以下の3種の10万分の1図を利用した（図Ⅷ-1-1～図Ⅷ-1-3）。

1）日本・参謀本部作成の「仮製」10万分の1（京都大学総合博物館収蔵）（京都大学総合博物館・京都大学大学院文学研究科地理学教室 2005：38）

2）中華民国製の10万分の1（京都大学人文科学研究所及び名古屋市立大学所蔵）

3）日本・参謀本部製の（「正式」）10万分の1（京都大学総合博物館収蔵）（京都大学総合博物館・京都大学大学院文学研究科地理学教室 2005：39）

この内，1）は，つぎに述べるように，縮尺から1908年以降，半ば非合法に測量・調査し，大

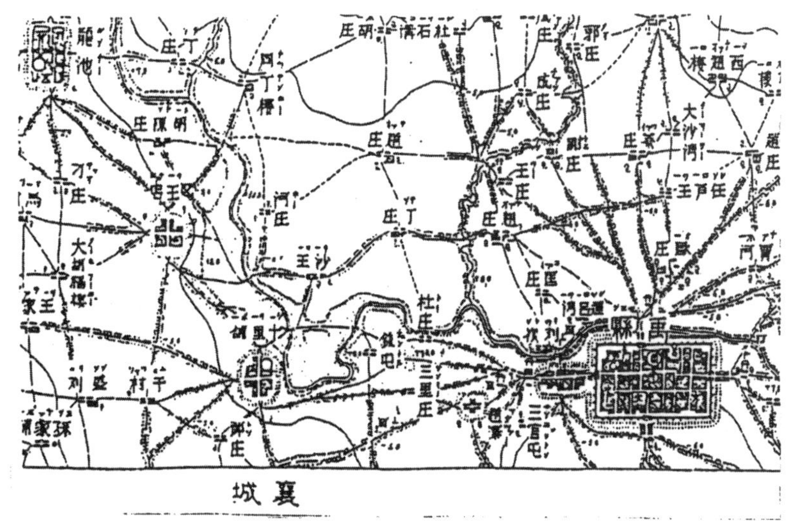

図Ⅷ-1-1　仮製北支那十万分一図　許州十一号　禹縣（原寸大）

1921（大正10）年測図　支那駐屯軍司令部，1925（大正14）年製版　陸地測量部，1925（大正14）年8月25日発行　参謀本部

正期に作製されたと考えられるもので，実際に使ってみると，地図様式は近代的に見えるが記載内容は極めて不正確で，地名が違っていたり方位がおかしかったりして，筆者の目的にはあまり役立たなかった（図Ⅷ-1-1参照。ただし図Ⅷ-1-1～図Ⅷ-1-3は同一地域を比較するため，河南省の例を示す）。

すでに戦中期に外邦図の概要を検討した高木菊三郎は，こうした「假製」図についてつぎのように述べている。

> 舊臨時測図部ニ於ケル実測十万分一外邦圖ハ其頭初ニ於ケル滿洲十万分一圖トシテノ整理基礎タル五万分一其他ノ測圖ニ際シ三角鎖圖根網■■■圖■■其他經緯度圖根ノ測定等各種ノ基準點ヲ有シタルモノナルヲ以テ其梯尺ノ改變竝ニ經緯度式圖幅ノ編成ニ當リ有力ナル資源ヲナシタルモノナルモ明治四十一年新圖式ノ制定ニ伴フ測圖梯尺ノ改正以來ハ其狀勢ニ依ルモ支那本部方面の測圖ニ際シテハ觀測圖根ヲ設ケス既成圖（主トシテ測量部舊製百万分一東亜輿地圖）ノ主要都市ヲ基礎トシ圖上計畫ニ依リ幹線網ヲ作製シ之ニ依リ幹線測圖ヲ実施シ時ニ其幹線測圖ノ區域ヲ表面測圖ニ改測シ來タルモノニシテ正式觀測基準點ニ準據シテ測量ヲ實施シタルモノニ非ルヲ以テ其測圖區域ノ増大ニ伴ヒ誤差ノ累加ヲ來シ進達ノ測圖原圖其儘ニテハ製圖科ニ於テ實施スヘキ外邦圖圖式ノ命スル分度式正式圖ト為スヲ得サルヲ以テ其測圖原圖ハ複製ノ上應急變則的ニ一時「假製十万分一圖」トシテ發行シタルモノニシテ…（■は判読不能の文字，高木著・藤原編 1992：271-272）

以上の説明からすれば，この種の図は応急的で，測量の基準点を，より縮尺の小さな100万分の1

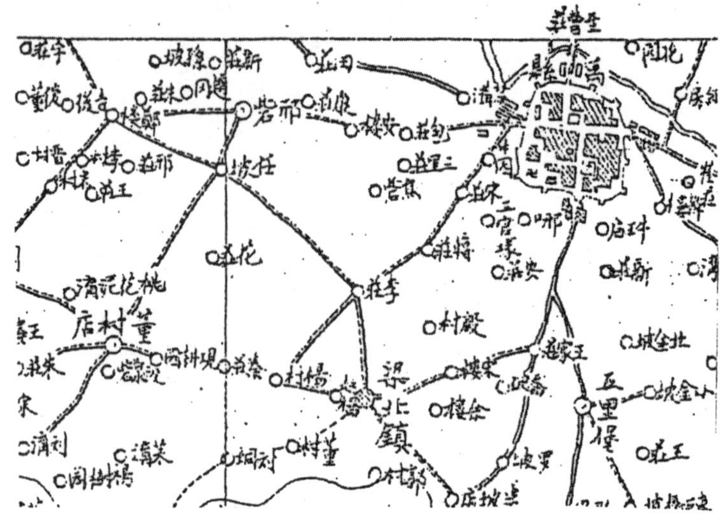

図Ⅷ-1-2　民国製十万分一図　禹縣（禹縣四）（原寸大）
1925（中華民国 14）年 5 月印製　東三省陸軍測量部

図に見える都市を元に設定したもので，作製者自身がその精度の問題点を認識していたことになる。なお，ここにあらわれる明治 41（1908）年の新図式とは，それまで測図の縮尺を 5 万分の 1 としていたのを 10 万分の 1 とするだけでなく，地形測図をより簡便な「手帳式」にするものであった（高木著・藤原編 1992：108–112）。この「手帳式」では，測板にかわり手帳に入れた方眼紙を使用し，測量器具としては「鉗子フーゾル」（方位磁石）及び「路計」1)，さらに「バロメートル」（気圧高度計）を使用した。測量者の多くが売薬行商人と称して作業を行う秘密測量であった。基準点だけでなく，測量の方法についても略式で，それが上記のような精度につながったと見てよいであろう。

つぎに 2）にうつろう。この内，京大人文研のものは，戦前に集められたものと思われるが，名古屋市立大学のものは，筆者が勤務していた時にたまたま古本市場に出ていたのを購入したものである。中華民国政府成立以後 1910・20 年代に作製されたもので，実際に使ってみると地図様式は稚拙だが，記載内容はおおむね正確で，筆者の目的にかなりのところ役立った（図Ⅷ-1-2 参照）。

この種の図は，共通して欄外に「圖式據民國二年二十万分一圖畧圖式」「標高由気壓計測定自海面以公尺起算」と記されている。河北省（直隷省）のものは，直隷陸軍測量局により 1915～1920（中華民国 4～9）年に調査され，1918～1925（中華民国 7～14）年に製版されている。これに対して河南省のものは，図式や標高は河北省のものと同様であるが，共通して東三省陸軍測量局により 1925（中華民国 14）年 5 月に印製されている。図Ⅷ-1-2 は，東京大学総合研究博物館所蔵のもので，戦前に何らかのルートで東大に収蔵されたものと思われる。

なお同様な図式で日本軍が複製した 10 万分の 1 図も存在する。現在お茶の水女子大学所蔵の北支那 10 万分の 1 図には，このようなものが含まれている。『お茶の水女子大学所蔵外邦図目録』（お茶の水女子大学文教育学部地理学教室 2007）の 7189–7203 の図などがその例で，それらの製版・発行

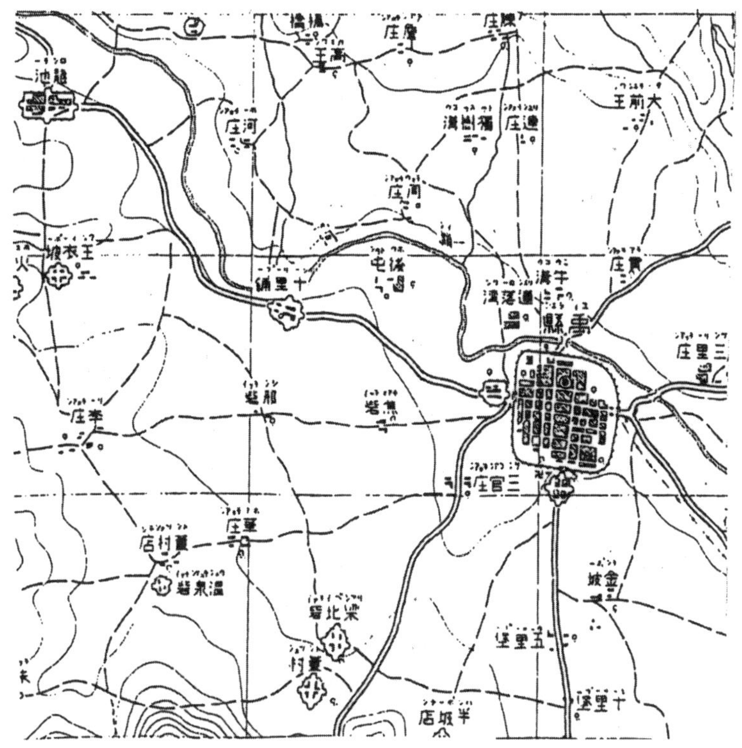

**図Ⅷ-1-3　北支那十万分一図　西九行南一段　開封十三号（原寸大）**

1935（昭和10）年製版（1931［民国20］年参謀本部陸地測量局製河南省五万分一図）陸地測量部 参謀本部，1935（昭和10）年11月25日発行

時期は1935年である。この種の図は，中国軍より「鹵獲」した地形図を日本軍が複製したものと考えられるが，高木菊三郎の記述で，年代的にこれらに関連すると考えられるものをみるとつぎのようなものがある。

> 昭和六（1931）年滿洲事變ニ際シ在奉天東三省陸地測量局ニ於テ多量ノ全國ニ亘ル各種梯尺ノ支那製地形圖ヲ押収シ我十万分一實測區域以外ノ缺圖部補塡ヲ企圖シ之レカ讀解其他ニ資セントシ昭和十（1935）年「支那版測圖圖式」（五万分一）トシテ複製制定ス蓋シ我「明治四十二年式地形圖圖式」一枚刷圖ニ準據シ若干之レニ改訂ヲ加ヘラレタル所ノモノナリ（高木著・藤原編 1992：75，カッコ内引用者）

この記述では，5万分の1図にしか言及していないが，「我十万分一實測區域以外ノ缺圖部補塡」のため，上記のような10万分の1図の複製も作られたのであろう。

3）も同地域の外邦図の一部であるが，1930年代に作製されたもので，中華民国製作の10万分の1や5万分の1地形図を元にしながら，しばしば独自に修正を加えて作製されたもので，地図様式も近代的であるし，記載内容も正確である（図Ⅷ-1-3参照）。筆者は，この図が存在する所についてはそれを優先的に用いた。

この図も，満州事変に際して押収されたものの可能性がまったくないわけではないが，時期がややあわないと考えられる。1937年の南京事件に際して，日本軍の第二野戦測量隊は中華民国の参謀本部及び陸地測量總局で大量に地図を押収し，そのなかで，河南省の10万分の1図は167枚，5万分の1図は78枚に達したとされている（高木著・藤原編 1992：213-240）。ただしこの図は，南京事件以前に陸地測量部で印刷されており，それ以前の押収を考える必要があろう。

この図でもう一点注目されるのはグリッドが記入されている点である。これについて高木菊三郎はつぎのように書いている。

> 昭和八（1933）年四月四日（陸地測量）部永久命令ヲ以テ爾今調製スヘキ外邦十万分一圖ハ一般解秘公刊スルモノヲ除クノ外別紙要領ニヨリ方眼ヲ描入スヘク決定セラル（高木著・藤原編 1992：288，カッコ内引用者）。

つづく「滿蒙十万分一方眼描畫要領」の「目的」に示す「方眼ニ依リ地點指示ヲ容易ナラシメントス」がその理由で，無線や電話による通信に際して，地図上の地点の指示と理解を円滑にすることをめざしていたと考えられる。

その後筆者は，同様の研究を華中東部の江蘇・浙江・安徽3省についても行い（石原 1980），その際にも各種の外邦図を用いた。

このように，筆者の目的である，民国期までの定期市所在集落やそれらの間の交通路などの同定という目的にとっては，外邦図は「役立った」と言える。ただし，中国では，同じ地域についても，日本製・中国製の数種の地形図が作成されているので，注意する必要がある。また，各図の間の影響関係，さらには日本軍による押収や複製など，地図史的問題への興味は尽きない。

### (2)　現代中国の自由市場の現地調査

中国での現地調査が可能になり始めた1988年頃から，筆者は現代中国の自由市場（集市の後身）の現地調査を開始した。中国では，現在立派な多色刷りの5万分の1地形図が出来ているが，外国人は使うことも見ることもできない。そこで筆者は，フィールドワークに際して，古い民国製及び日本の参謀本部製の10万分1，5万分の1，2.5万分の1地形図のコピーを持参して行った。民国製については京都大学人文科学研究所所蔵のもの，日本製外邦図については京都大学地理学教室，及びこのころ所在を知るようになった東京大学資料館（当時）所蔵のものである。

調査対象地域は，江蘇省（石原 1992），河南省（石原・孫 1996），四川省（石原ほか 2000など）で，いずれもチームを組んでの総合的調査であったので，コピーはチームのメンバー全員に配付された。しかし，残念ながら，現代中国の社会経済的調査のためには，これら古い地図はあまり役に立たなかった。革命後現在までに，中国の集落・道路・地名・行政区画は激変しているからである。近年はインターネットで簡単に見られるGoogle Earthが登場し，中国でも地方都市のインターネットカフェでこれを閲覧することもできる（石原 2008)。現地での行動に必要な地図はこれで入手できるが，外邦図が古景観の復元や景観変化の研究には大いに役立つことは確かで，中国側共同研究者も，我々が持参した地図には大いに興味を示した。利用に際し注意を要するとはいえ，そうした外邦図の活用法を今後さらに考えていく必要があろう。

## 3．外邦図の利用――インド・バングラデシュの場合――

筆者は，1980年頃から，国勢調査や官選地誌を用いてインド・バングラデシュの定期市の統計分析と歴史地理学的な分析を行い（石原 1987など)，1986年頃からは，その現地調査を実施するようになった（Ishihara 1987など)。ところがインドでは，現在25万分の1地勢図及び5万分の1地形図は市販されているが，国境や海岸から100マイルまでの図幅は市販されておらず，また市販分の国外への持ち出しも禁じられている。さらにバングラデシュでは，5万分の1地形図は作られているが，市販されていないし，外国人は見ることも出来ない。

そこで筆者は，京都大学文学部地理学教室，及び所在を知るようになっていた広島大学文学部地理学教室所蔵の，日本軍製の5万分の1地形図（ただしベンガル・アッサム地方のみ作製されている）及び25万分の1地勢図（全インドについて作製されている）をコピーし持参することにした。しかし，両教室所蔵分は全域をカバーしていないので，欠けている部分については，大英図書館地図室所蔵の戦前のOne Inch Map（1 Mile ＝ 1 Inch：すなわち63, 360分の1）及びQuarter Inch Map（1 Mile ＝ 1/4 Inch：すなわち253, 440分の1）のコピーを取り寄せて，これを補った。

2種類の地図を利用してみてわかったことは，日本軍製地図はイギリス製地図の，縮尺を変更し，凡例を日本語訳した複製であることである。One Inch Mapが5万分の1地図に，Quarter Inch Mapが25万分の1地図になっており，この他にもHalf Inch Mapが12.5万分の1地図へと転換して複製されている。なお現在市販されているインドの5万分の1，25万分の1地図も，縮尺は変わっているが，イギリス作製の地図の系譜を引くものである。

これら日本製及びイギリス製の戦前の地図は，現在のフィールドワークにおいてもかなり役立った。もとの地図が精確である上に，インド・バングラデシュの場合，独立後の集落・道路・地名などの改変が，中国ほど顕著ではないからである。

こうしたインドの地形図を日本軍がどのように入手し複製したか，という点も検討しておこう。日本が第二次世界大戦に参戦してすぐに行われた「マレー侵攻作戦」に関連して，つぎのような記述があるのは注目される。

> 地図の整備については，昭和十五年春参謀本部第二部においてタイ国駐在陸軍武官田村浩大佐を通じてマレー及び蘭領インド方面の二十万分の一ないし五万分の一程度の地図の入手に努め

たが，実現困難なことがわかり，さらに英国駐在陸軍武官に依頼したところ，武官菅波一郎大佐，補佐官仲野好雄中佐らの努力により蘭領インドはほとんど全域にわたる十万分の一の地図を手に入れることができた。しかしマレー方面は大縮尺のものはついに入手できなかった。…したがって，第一線部隊は当初は主として二百万分の一程度の航空図を頼りに作戦し，ゆくゆく敵の地図を押収しながら進撃を続けたというのが実情であった（防衛庁防衛研修所戦史室 1966：27-29）。

インドの地形図を主題にした記述ではないが，イギリスの植民地に関する大縮尺図は，1941年12月の段階では入手が困難であったことがうかがえる。高木菊三郎が示している「昭和十五年乃至十六年ニ於ケル佛印，泰，緬甸，蘭印及南方地方圖複作整備地圖一覧」（高木著・藤原編 1992：210-212）にインドの地図が登場しないのも，これに符合する。

これに対し，「南方地圖精度調査概況」（1942年5月作製）（高木著・藤原編 1992：339-364）になると，開戦以後に入手した地図が増大したことが明らかである。インドについても，「英版六万三千三百分一圖，百万分一インド帝国圖」（原文のまま）をあげている。残念ながらこの「細説」の項にはインドの地図はないが，これを使ってインドの5万分の1外邦図が作られていったと考えられる。その製版時期が1942年となっているのは（京都大学総合博物館・京都大学大学院文学研究科地理学教室 2005：91-96），これを反映している。

このように見てくると，1941年12月以降にインドの地図を入手できたことが推測されるが，これらは「マレー進攻作戦」中にFederated Malay States Survey Departmentから押収されたものと考えられる[2)]。

なお，これらインドの外邦図は，原図を反映して多色刷りのものが多い。陸地測量部では，多色刷りの外邦図の製版は，たいへんな手間をかけて行われたという（本書V-1章参照）が，これもそうした作業を経たものであろう。

## 4．むすび

以上，外邦図のユーザーとしての筆者のささやかな経験を述べたが，結論として言えることは，外邦図は，地図が手に入りにくい地域の現地調査に「役立つ」し，手に入る地域についても景観変遷や歴史地理学的研究にとって「使える」ということである。ただし，地図が市販されていない地域で，旧日本軍の地図を持ち歩くことはかなり気がとがめることでもあるし，スパイ扱いされる危険もないとは言えない。むしろ，アジア・太平洋の人々にも日本軍製外邦図の存在が知られ，彼らもまたそれを利用できる状況が生まれることが理想なのかも知れない。

注

1）「鉗子フーゾル」は「鉗子ブーソル」（ブーソルはフランス語のboussole）が正しいと思われる。また「路計」は歩測で距離をはかる際に，歩数を数えるための道具と考えられる。

2）マレーシア国土開発省調査地理局 Jabatan Ukur dan Pemetaan（JUPEM）のウェブサイト内のページ，http://www.jupem.gov.my/Main.aspx?page=Sejarah，ならびに，本書Ⅳ-5章を参照。

文献

石原　潤　1973. 河北省における明・清・民国時代における定期市――分布・階層および中心集落との関係について. 地理学評論46：245-263.

石原　潤　1980. 華中東部における明・清・民国時代の伝統的市（market）について. 人文地理32：193-213.

石原　潤　1987.『定期市の研究――機能と構造』名古屋大学出版会.

石原　潤　1992. 蘇州市とその周辺における集市の現状. 森　正夫編『江南デルタ市鎮研究――歴史学と地理学からの接近』239-270. 名古屋大学出版会.

石原　潤　2008. 中国の地図事情に思う. 地図情報28（1）：2.

石原　潤・孫　尚倹編　1996.『中国鄭州市住民の生活空間』名古屋大学文学部地理学教室.

石原　潤・傅　綬寧・秋山元秀編　2000.『成都市とその近郊農村の変貌』京都大学大学院文学研究科地理学教室.

お茶の水女子大学文教育学部地理学教室　2007.『お茶の水女子大学所蔵外邦図目録』お茶の水女子大学文教育学部地理学教室.

京都大学総合博物館・京都大学大学院文学研究科地理学教室　2005.『京都大学総合博物館収蔵外邦図目録』京都大学総合博物館・京都大学大学院文学研究科地理学教室.

高木菊三郎著・藤原　彰編　1992.『外邦兵要地図整備誌』不二出版.

防衛庁防衛研修所戦史室　1966.『マレー進攻作戦』朝雲新聞社.

Ishihara, H. ed. 1987. *Markets and Marketing in Rural Bangladesh*. Nagoya：Dept. of Geography, Faculty of Letters, Nagoya University.

# 第2章　地域環境変遷研究への外邦図の活用

田村俊和

## 1．軍事目的で作られた外邦図が開放されるまで

外邦図は，本書所載の他稿に記されているように，大別して次の4通りの方法で作製された。

a. 日本の機関の（準）正式測量：日本の軍事的支配下にあった地域で，日本の地形図作成要領に準じて平板測量により作られた。満州ほか（現）中国の一部やニューギニアなどでは空中写真測量も併用された。

b. 略式測量：多くの場合，密命により派遣された情報将校や測量技術者が盗測ともいえる方法で作成した。朝鮮半島や中国の一部の地図などにみられる。図郭外に「目算・記憶・情報測図ニヨリ編纂ス」というような注記がある。当然，精度は高くなく，等高線が省略されるとか，起伏の傾向を示すだけのform lineで代用される場合もある。

c. 外国製の地形図の複製：これには，ただ複写しただけ（例：ハワイ），地名をカタカナ表記に改めたもの（例：仏領インドシナ），凡例を和訳したもの（例：中国，蘭領東インドのうちジャワ・バリ全域および他の島の一部），縮尺を変更したもの（例：英領インド・ビルマ）などがある。その原図のうち欧州諸国製地形図の入手過程に関心がもたれ，長岡（1993，本書Ⅲ-1章）もそれに関する逸話を一部伝えている。

d. その他：上記の方法を複合した作製法。たとえば1943年版の10万分の1「澳門（マカオ）」図幅（図Ⅷ-2-1）では，中国領の部分については中華民国製5万分の1図，英領香港の部分は，英国製2万分の1図および日本撮影の空中写真による2万5千分の1図，さらに離島は海図などから編集された。

こうして作製された外邦図は，「秘」「軍事秘」「軍事極秘」「戦地にあっては部外秘」等，いろいろな程度の秘密扱いで，厳重な定数管理が行われていた。作戦の検討や演習には使われたはずであるが，戦闘の現場での活用状況はよくわからない。いずれにせよ，敗戦時には，大量の外邦図が市谷（現防衛省）にあった陸軍参謀本部（戦時中は大本営陸軍部）に残されていた。その情報を得た研究者のうち，田中舘秀三（1884-1951，当時東北大学教授）は東北大学に，多田文男（1900-1978，当時東京大学助教授で資源科学研究所併任）は資源科学研究所に，いずれも，10万枚あるいはそれ以上の外邦図等を緊急避難させた。この作業は，大本営参謀であった陸軍少佐渡辺正らの了解を得て，

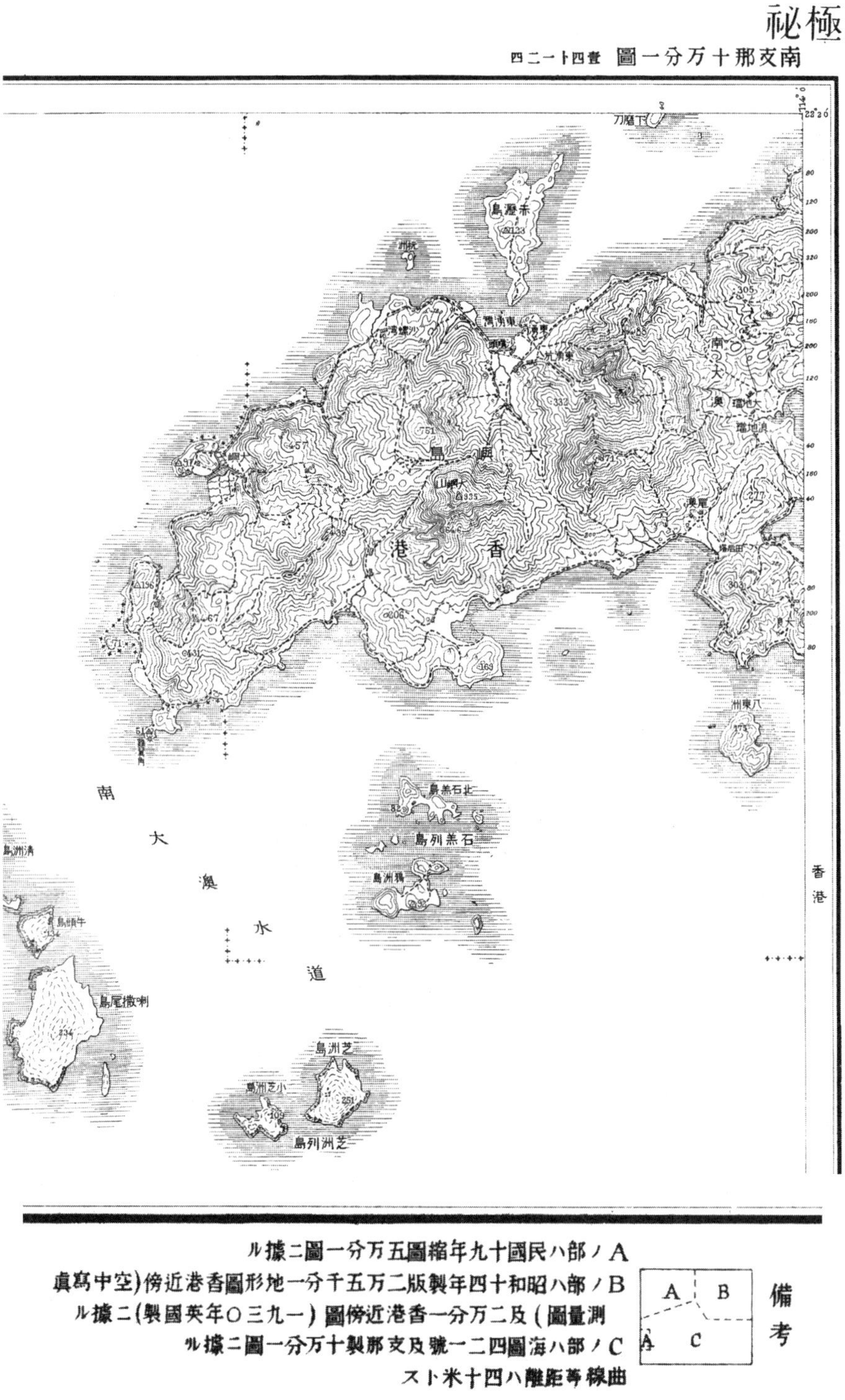

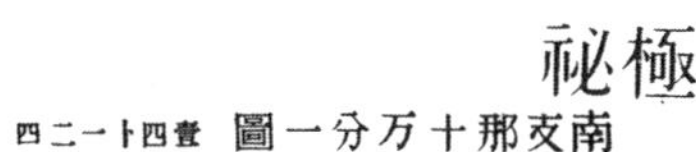

極秘
南支那十万分一圖
備考
A ノ部ハ民國十九年縮圖五万分一圖ニ據ル
B ノ部ハ昭和十四年製版二万五千分一地形圖香港近傍(空中寫眞測量圖)及二万分一香港近傍圖(一九三〇年英國製)ニ據ル
C ノ部ハ海圖四二一號及支那製十万分一圖ニ據ル
曲線等距離ハ四十米トス
大嶼島
香港
南大澳水道
赤瀝島
芝洲島
芝洲列島

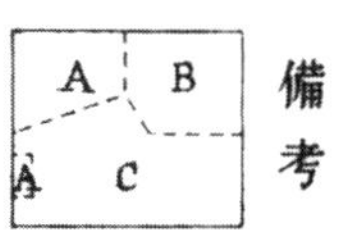

図Ⅷ-2-1　外邦図 10 万分の 1「澳門」の一部（上図は 60％に縮小，下図は 120％に拡大）（大阪大学文学研究科蔵）
中国領の部分は 1930 年中華民国製 5 万分の 1 地形図，英領部分は 1930 年英国製 2 万分の 1 地形図および日本軍撮影の空中写真による 2 万 5 千分の 1 地形図［1939 年製版］，さらに離島は海図などから 1942 年陸地測量部が編集し，1943 年参謀本部が発行。

連合国軍が本格的に進駐する9月下旬より前にあわただしく行われた。これが行われなければ，戦後の外邦図利用・研究はきわめて困難になっていたはずである。この間の経緯については本書V-5章に記している。

このほか，陸地測量部その他の機関から個人の判断で持ち出された外邦図も，長岡（1993，本書Ⅲ-1章）の記述等から，あわせればかなりの数に上るのではないかと推測される。その一部が後に市場に流出し，国立国会図書館ではそれらを買い集めたという。さらに連合国軍，より端的には米軍が，他の戦時関係資料とともに諸機関から大量に接収し，米国内の何か所かに分散保管した（今里・久武 2003，本書Ⅱ-3章；田中 2005，本書V-4章）。とくにワシントンの議会図書館には多い。

## 2．外邦図の非軍事的価値とその戦後約50年間の利用

外邦図は，軍事的な意図で作製・複製されたものには違いないが，その図自体は，兵要地誌図等とは異なり，軍事作戦行動用に特化した主題図ではなく，あくまでも一般図，すなわちふつうの地形図である。前節に示したaやbの方式の外邦図作製開始は19世紀末に遡り，bによる外邦図の一部は1880年代初めに測図が始まっていたという（山近・渡辺 2008）。cの方式の外邦図には1920～30年代に測量された地形図を複製したものが多く，またdの方式の外邦図には，少なくとも部分的に，1940年代初めの情報が盛られている。したがって外邦図は，19世紀後半から20世紀前半までのいろいろな時点の地表景観を，地域ごとにそれぞれの精度で記録したものである。これは，言うまでもなく，景観・環境変遷解明の基礎資料として，その作製・複製当初の目的を超えた価値をもつ。前節に記したように，敗戦直後，連合国軍進駐直前という微妙な時期に，大量の外邦図が参謀本部から東北大や資源研に急遽移送されたのも，外邦図の一般図（地形図）としての非軍事的価値を当時の関係者が見抜いていたからに違いない（田村 2008）。

しかし，たとえば東北大に移送された外邦図についてみれば，少なくとも占領が終了する1952年ころまでは公開をはばかる雰囲気もあったようで，その後もごく部分的整理が断続しつつ，教室の移動にともなって保管場所が学内を転々とするような状況であった。このような中で，地形図の入手が困難な地域について，外邦図を読図して地形学的な検討を加えた例として，たとえば雲南の大規模カルスト地形（西村 1964）や，イラワジ川の河道網の形態（Yonechi and Win Maung 1986）などの研究がある。また，空中写真を用いて世界の主な火山の地形・火山活動を解説した書（荒牧ほか 1995）には，空中写真と対照する地形図として，バリ島，朝鮮の外邦図（後者は広義の外邦図）や千島の地形図が掲載されている。このほか，外邦図に関する新聞報道等がきっかけで，ごく一部が学外での催し（たとえば宮城県土地家屋調査士団体の行事）で展示されたりした（田村 1992）。

一方，資源科学研究所に移された，東北大移送分よりも図幅数・部数の多い外邦図も，しばらく放置されていたが，外邦図搬入後の1947年に同研究所員となった浅井辰郎（1914-2006，資源研在任中は法政大学教授を兼ね，後にお茶の水女子大学教授）のほとんど個人的な努力により，1950年代

末ころからその整理が始められた。整理されたセットの中から，京都大学，広島大学，東京大学，立教大学など国内十数か所の大学・研究施設および国立国会図書館に，数十～数千図幅ずつ分配された。そのほか約1万5千部が，浅井の移動にともないお茶の水女子大学地理学教室に移された（浅井 1972，1999；正井 1999；久武 2003，本書Ⅱ-1章）。これらの一部は，大阪市大・京都大などの生態学者・農学者を中心とする東南アジアでの現地研究，広島大の地理学者によるインド研究その他に活用された。

## 3．外邦図目録の作成と利用の拡大

東北大所蔵の外邦図の利用が活発になるには，1995年10月の理学部自然史標本館開設と，それに向けた目録作成が，きわめて重要な契機になった。30年越しの要求がようやくかない，1994年度補正予算で建設されることになった地学関係の標本館に，外邦図も収蔵・展示されることが決まって，95年3月から地理学教室教職員・学生総出で本格的整理が始まった。その結果，東北大学外邦図目録第1版が作成され，15図幅が新築の館内に展示された（田村 1996，渡辺 1998）。

こうしてはじめて，地図としてのふつうの利用が可能になった。利用は学内に限定せず，営業目的でもない限り，希望者には収蔵室内での利用を認めたが，検索や複写のサービスを行う余裕はまったくなかった。そこで，その機能を果たすという条件で，国土地理院と岐阜県図書館に対して，多数の部数を所有していた図幅の各1部を譲渡し，部数の少ない図幅については複写を認めた。岐阜県図書館ではそれを整理して一般公開している。また，多数の外邦図を所有している京都大学との間で，互いに欠けている図幅の交換を行った（田村 1998，2000）。

このような寄贈・交換が可能になったのも，目録を作り全貌を把握できたからにほかならない。目録はその後改定・拡充を重ね，2003年作成の第5版（東北大学大学院理学研究科地理学教室 2003）は印刷されて広範囲に配布された。それに基づくリストおよびそこから検索できる地図が，外邦図デジタルアーカイブとしてインターネットで公開されるようになった[1)]（村山ほか 2005，2008，本書Ⅶ-1章）。

こうして，現在国内で外邦図を大量に所蔵しているのは，東北大学，国立国会図書館のほか，上記のように東北大学からの譲渡による国土地理院と岐阜県図書館，および資源科学研究所からの分配などによる京都大学，お茶の水女子大学などであり，これらの機関では，単に図幅名だけではなく多くの書誌情報を登載した目録も完備している（京都大学総合博物館・京都大学大学院文学研究科地理学教室 2005，お茶の水女子大学文教育学部地理学教室 2007など）。さらに，東京大学，立教大学，駒澤大学，立正大学，名古屋大学，大阪大学，広島大学などにもある程度まとまった数の所蔵がある。そのうち，国立国会図書館と岐阜県図書館世界分布図センターでは，一般利用者からの検索・閲覧・複写の要望に対応しているので，各種の利用が相当数に上るとみられる。大学所蔵のものは，多くは地域研究の際の基図として利用されている。また，東北大学の外邦図デジタルアーカイブに

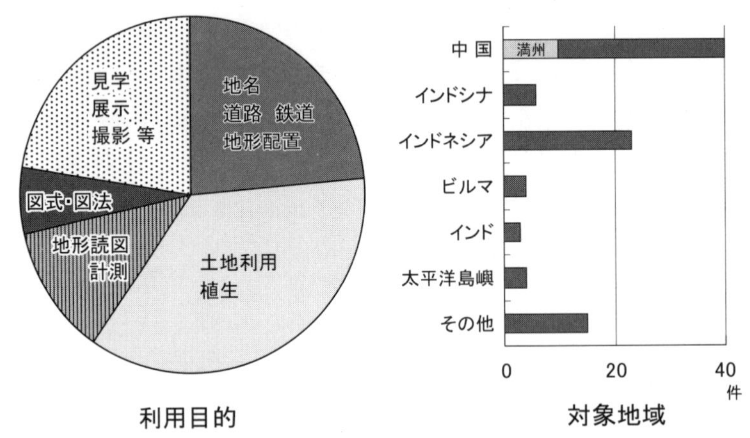


図Ⅷ-2-2　東北大学所蔵の外邦図の利用状況
（自然史標本館地図収蔵室の1995年11月～2006年5月の利用控から田村が集計）

アクセスした利用者もかなりの数に上る（本書Ⅶ-1章）。

1995年11月からの10年余りの間（デジタルアーカイブ公開前）に，東北大学理学部自然史標本館の地図収蔵室で外邦図を利用した記録を整理してみると，図Ⅷ-2-2のようになる。1回の利用で多様な目的をもったものがあり，同一人物が同一目的で何回も利用している例もあるので，厳密な集計はむずかしく，この図は全体的な傾向をとらえたものとみてほしい。この節の初めに書いたように，外邦図は19世紀末から1930年代末までのいろいろな時点の地表景観が実地に即して記録されているものであるから，土地利用・土地被覆変化などの研究の基準資料とするというのは，外邦図のもっともすなおな活用法であり，そのような利用例がもっとも多いのも当然といえよう。次いで，現在は大縮尺の地図類の入手が困難な地域の地名検索（道路・鉄道や山・川などの位置確認を含む）に用いた例が多く，これには，とくに地理学を専門とする者ではない，歴史研究者，その地域に派遣された青年海外協力隊の元隊員，その地域を舞台にした小説の読者等によるものもある。

## 4．外邦図を系統的に読図・分析した例

中国のいくつかの地域の10万分の1外邦図が，地球圏生物圏国際共同研究計画（IGBP）の中の土地利用・土地被覆変化研究（LUCC）の一翼を担う，アジア太平洋地域の土地利用・被覆変化長期予測研究の中で，中国の土地利用変化の調査に活用された（氷見山ほか 1998）。これは，1930年代前後の土地利用を日本の研究者が外邦図を使って復元する一方，現代の土地利用は中国の研究者が1990年前後の衛星画像から読み取り，対象とする多数の地点を緯度・経度で定めてラスタ化した結果のみ比較するという方法で進められた。外邦図を活用しつつ，中国の現代の地形図が事実上利用できないという制約を克服する工夫である。

中国各地域・各年代の外邦図にはいろいろな精度のものがあるが，1930年代以降の10万分の1図は，中華民国製の正式測量による5万分の1地形図を用いて編集したものが多く，その精度は比較的安定しているとみられるので，このような操作ができると判断されるからである。具体的には，土地利用区分を定めた上で，緯度1分，経度1.5分ごとのグリッドで囲まれた区画（いわゆる2kmメッシュ）内に均等に配置した25個の点の土地利用を外邦図と衛星画像から読みとって，それぞれ最多の土地利用でそのメッシュを代表させた。

1980年代初頭からのいわゆる改革解放政策による土地利用変化の著しい，いわゆる珠江デルタを含む地域の解析例をみると，ほとんどすべての図幅で森林面積が減少し，広東，東莞，虎門塞，淡水では水田の減少が1万4千～3万4千haと著しいが，順特では桑畑の減少と水田の増加がそれぞれ5万ha以上あり，これら5図幅に深圳墟，新会，平安，順徳各図幅を加えた地域では集落が各1万ha以上増大していること，一方，香港では荒地への植林が進んだことなどが読み取れる。

外邦図から判読した，原図作製当時（1930年代）の地表状態を，近年（1980年代）作製の主題図（沙漠化類型図）と比較し，約50年間の砂漠化の進行状況を地形・土壌条件等と関連づけて考察した研究事例がある（立入・武内 1998）。この研究では，中国内蒙古自治区東部の奈曼旗を対象に，主に満州事変（1931年）で中国側から接収した地形図と一部再調査とに基づいて作製されたと推定される1933年および35年発行の10万分の1外邦図14図幅（国立国会図書館所蔵の図を利用）から，凡例の記載および砂地を示すドットの配列等を頼りに，流動砂丘や河辺砂堆の分布域が読み取れることを確かめ，一辺約1kmのグリッドを単位に非砂漠化地域，砂漠化地域（さらに3つに細分）に区分した。その結果を，1984年中国科学院沙漠研究所発行の沙漠化類型図に同様のラスタ化を行った結果と比較し，砂漠化地域の総面積が約50年間で1.8倍になったこと，その増加の程度は，調査地域北部の砂丘，低位段丘，氾濫原で大きいことなどを見出した。また土壌図と比較することで，風積砂土の地域で砂漠化の進行程度が大きいこともわかった。

ジャワやバリの外邦図は，すべて旧蘭印測量局製5万分の1地形図（5～12色刷り）を3～4色（まれに6色）刷りで複製し，凡例を和訳したもので，その原図は，地形の表現も土地利用その他の表示も，図Ⅷ-2-3からもよくわかるように，当時としてはきわめて高精度のものである。そのオランダ製地形図と最近のインドネシア製2万5千分の1地形図（その作成には日本の航測会社がかなり関与しているが，土地利用の区分はかなり簡略化されている）とを比較して土地利用変化を記述することが，オランダの地図学者によって行われている（Ormeling 1996）。当然，外邦図も同様に用いることができる。ジャワ島西部，サラック火山麓での現在の農地利用行動を調べる基図にも，図Ⅷ-2-3に示す外邦図が用いられた（Murayama *et al.* 2003）。

成層火山の集合体であるバリ島中・東部では，火山錐面や開析谷壁にある段差の大きな棚田の景観が観光資源にもなっているが，1998年の予察的現地調査によれば，棚田分布上限高度（火山体により500～870m程度）は，外邦図から読み取れる1920年代後半の状況とほぼ同じ，ないし少し上昇していること，および，一部火山麓の水田分布上限付近で，（外邦図の原図となった地形図作成後の）1940年代に灌漑水路の大規模改修で水田拡大・生産安定化が図られたこと，などが明らかになっ

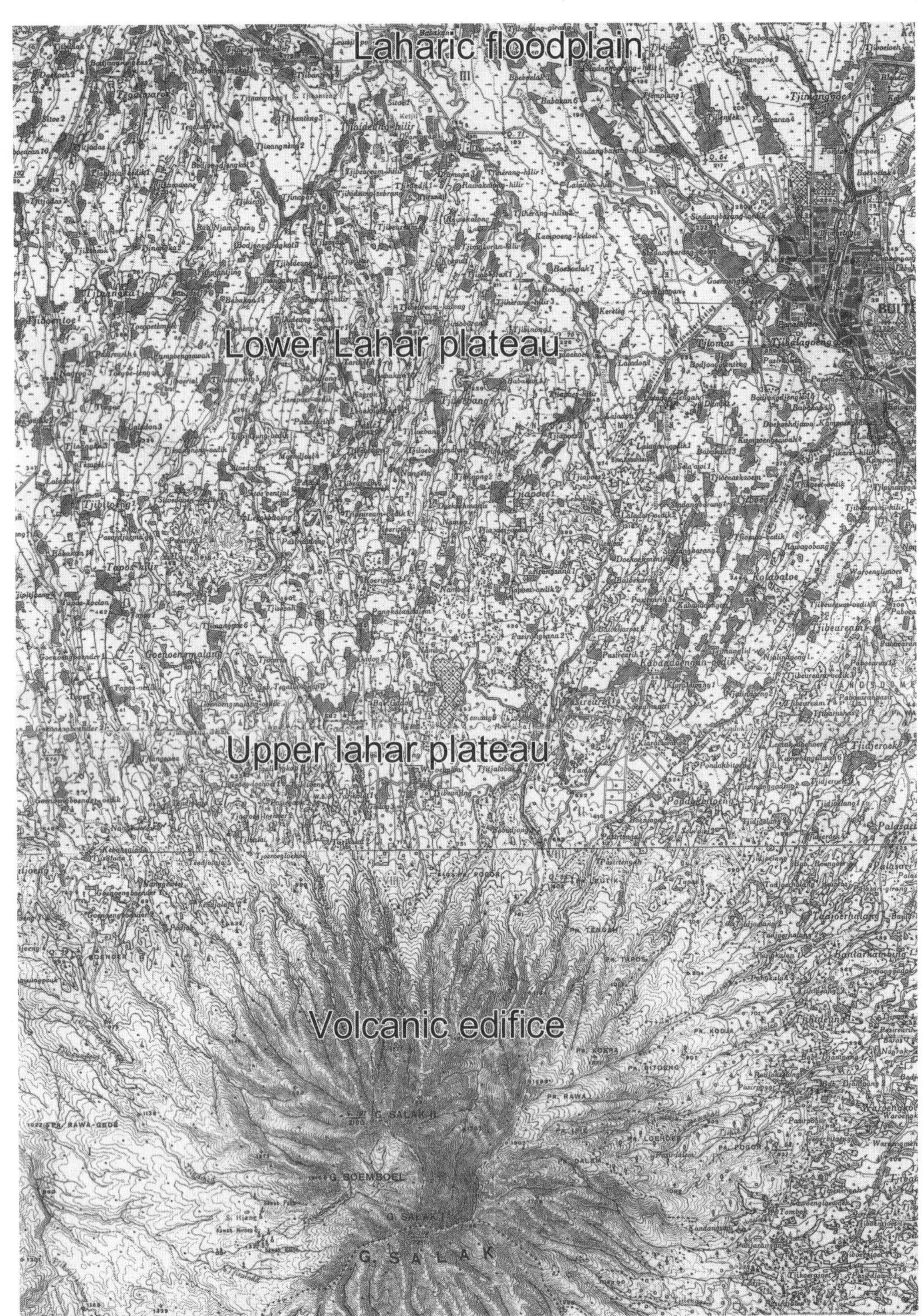


図Ⅷ-2-3　ジャワの外邦図を用いて火山麓の地形を分類する作業途中の例

5万分の1外邦図，ジャワ島47号［1924年蓄蘭印測量局調製，1943年陸地測量部・参謀本部製版］および48号［1925年蓄蘭印測量局調製，1943年陸地測量部・参謀本部製版］に記入。サラック火山の地形が等高線のパターン等により，南から火山体，上部火山泥流台地，下部火山泥流台地，火山泥流性氾濫原に区分できる。（東北大学理学部自然史標本館蔵）

た（村山ほか 1998）。この，バリ島の5万分の1外邦図を火山地形の読図に用いた例（荒牧ほか 1995）は，前節に紹介した。バリ島のほか，上記のサラック火山（図Ⅷ-2-3）やグデ火山等の外邦図を現地での地形調査の基図に用いた経験では，等高線の描き方が巧妙なので，そのまま火山地形分類図として用いることができるほどであることがわかった（Tamura and Kitamura 2001）。

また，西ジャワ，バンドン南郊ソレアン付近の古期火山およびその麓の丘陵地における，竹林に戻すことを含む伝統的な輪作とその存続条件に関する調査（Tamura et al. 2008）では，外邦図から，1920年ころには丘陵斜面に竹林がきわめて多かったことが読み取れた。そのような読図が可能なのも，外邦図の土地利用の区分がきわめて詳細で，しかもきわめて小さな面積のものまで図示されているからである。これは，もちろんオランダ製の原図がそうなっているからであるが，外邦図では凡例を和訳するだけでなくその配列を整えて，原図よりも読図しやすくしている。インドネシアのオランダ製地形図は，米軍も複製して軍用に供していて（田村 1998），これも凡例の配列に関してはオランダ製原図より工夫している。

このほか，たとえばジャカルタの市街地の変遷の研究にも，1950年代の米軍製地形図や1960年代以後の衛星画像との比較で，1927年測量のオランダ製地形図を複製した外邦図（東北大所蔵）が用いられている（Sri Sumantyo *et al.* 2006，本書Ⅷ-4章）。現代の都市景観・都市的土地利用変化の研究だけでなく，18世紀前半にバリ島の王国が東隣のロンボク島西部に作った植民都市の歴史的空間構造についての研究が，1926年オランダ製2万5千分の1地形図を1942年に複製した外邦図（京都大所蔵）を出発点にして行われている（布野 2006：x）。ヒンドゥー的理念に基く街路パターンがこの縮尺の地形図によく表現されているからである。

これらインドネシアの2万5千分の1～25万分の1外邦図は，フィリピン，マレーシア，タイ，インド，オーストラリア（ごく一部），ハワイ，アラスカ等のほぼ同縮尺の図とともに，2007年に公開を開始した東北大学外邦図デジタルアーカイブにアップロードされているので，インターネット上で地図画像が自由に検索・閲覧でき，その図の書誌情報（作製年次や縮尺等）も得られる（村山ほか 2008；宮澤ほか 2008，本書Ⅶ-1章）。ただ，所蔵していてもこのアーカイブでは画像の公開をしていない外邦図が，図幅数にして全体の半分ほどある。地形図類の自由な利用を自国民も含めて禁止している国家があるので，無用のトラブルを防ぐための当面の措置である（田村・関根 2008；宮澤ほか 2008，本書Ⅶ-2章）。

しかし，せっかくの地図情報なのであるから，できるだけ活用を広げる工夫をしたほうがよいことは言うまでもない。たとえば，2008年に発生したイラワジ川デルタ一帯でのサイクロン被害について，京都大学東南アジア研究所がそのホームページに関連情報を集約・登載しているが，被災地の詳しい地図が入手できないため，旧英領インド測量局が1920年代に作成した1インチ1マイル（63,360分の1）地形図を5万分の1に伸写複製した外邦図を，同研究所の資料利用ガイドラインを守るという条件つきで希望者にe-mail添付で配信しているのは，そのような工夫の一例といえよう（本書Ⅶ-2章参照）。

なお，一般に作成年次・作成方法を異にする地形図の図示内容を比較するにあたっては，位置や高度に関する情報の精度および地表景観（地類）の分類・図示基準等を詳細に検討する必要がある。1910年代ころまでに中国で作られた，本稿の冒頭で述べたｂ（略測）による地図類はとくに位置や方位の精度が劣ることが，本書Ⅷ-1章の石原の論考にも記されている。また，試みに10万分の1「広東」図幅について1909年日本の臨時測図部製外邦図と1929年中華民国製地形図を複製した外邦図とを比較したところ，図郭が移動していること以外に，その間に変わっているはずのない山の形や鉄道の位置に，一見してわかる差異が認められた。等高線の描画や土地利用の分類・図示が詳細なジャワ，バリ，ロンボク（一部）などインドネシアの外邦図の原図（旧蘭印測量局製）については，グリニッジ基準ではない経度で図郭が画されている。また，ほとんどの外邦図で投影図法が明示されていない（前頁に紹介した，ジャワのオランダ製地形図を複製した米軍図には，原図にない投影図法についての注記がある）。

ほかにも種々の問題があるので，単に幾何補正を施しただけで新旧の図を重ね合わせ，両図上で同一位置の点情報を機械的に比較することは，原理的にどの外邦図についても行えない。地形も含む図示内容についての妥当な解釈に基づく判断が不可避で，さらに，適度なサイズのグリッドを用いてラスタ情報化することで誤差の分散・均等化を図る等の工夫も必要であろう。上に紹介した利用例は，いずれもこれらの操作を系統的あるいは直感的に行って，新旧の地表景観の比較を進めている。

## 5．外邦図のさらなる活用をめざして

地図とは，人びとがその活動空間である地表のすがたを認識し，活動の結果を記録する基本的な手段で，そのうちもっとも基礎的な役割を担うのが一般図（地形図）である。いろいろな時代に作成された一般図は，その時どきの自然や人間活動のようすを具体的な地表面に即して忠実に記録したものとして，人類共有の財産といってよい。19世紀後半から20世紀前半にかけての時点におけるアジア太平洋地域のかなりをカバーする一般図が，外邦図という一種のコレクションに集約されている。それは，前節にその一端を紹介したように，いろいろと活用されてきている。とくに，最近数十年～百年間の土地利用・景観変化に関する大（～中）縮尺地図情報としての利用例が多い。より新しい時代，より短い期間の変化をみるためのリモートセンシング情報との使い分けや組み合わせで，現在および近未来の地表環境の保全や管理を考える際の基礎的情報が，そこから得られることが実証された。

上に述べた，「地図は人類共通の財産」という考えを，現在の地表景観について実現しようとしているのが，日本が世界に向けて提唱している地球地図プロジェクト[2)]であろう。それを補完し，数十年～百年前のアジア太平洋地域の地表景観を復元する一助に，外邦図が活用できる。かつての日本の軍事的野望の下に集積された外邦図という一般図のコレクションは，その軍事的目標が消滅し秘密扱いが解かれた今こそ，地図本来の姿に戻し，人類共通の財産として，自由に活用すべきで

はないか。この資源を，自然と人為が織り成す景観の変遷等の解明に大いに活用し，その成果の公表を積極的に進める中で，全面的公開を妨げている要因を一つずつ排除していくことをめざしたい。

注

1）東北大学外邦図デジタルアーカイブ。
　　http://dbs.library.tohoku.ac.jp/gaihozu/
2）国土地理院地球地図プロジェクト。
　　http://www1.gsi.go.jp/geowww/globalmap-gsi/globalmap-gsi.html

文　献


浅井辰郎　1972．東半球大縮尺図のことども．お茶の水地理 13：48-49.

浅井辰郎　1999．琉球諸島の外邦図はどんな経緯でお茶に水女子大学に入ったか．清水靖夫・浅井辰郎・小林　茂・安里　進『大正・昭和 琉球諸島地形図集成』解題：23-26．柏書房.

荒巻重雄・白尾元理・長岡正利編　1995．『空からみる世界の火山』11，12，48．丸善.

今里悟之・久武哲也　2003．在アメリカ外邦図の所蔵状況――議会図書館・AGS Golda Meir 図書館・ハワイ大学ハミルトン図書館の調査から．外邦図研究ニュースレター1：33-36．（本書Ⅱ-3章）

お茶の水女子大学文教育学部地理学教室　2007．『お茶の水女子大学所蔵外邦図目録』お茶の水女子大学文教育学部地理学教室.

金窪敏知　2005．陸地測量部から地理調査所へ．渡辺正氏所蔵資料集編集委員会編『終戦前後の参謀本部と陸地測量部――渡辺正氏所蔵資料集』20-34．大阪大学文学研究科人文地理学教室．（本書Ⅵ-3章）

京都大学総合博物館・京都大学大学院文学研究科地理学教室　2005．『京都大学総合博物館収蔵外邦図目録』京都大学総合博物館・京都大学大学院文学研究科地理学教室.

立入　郁・武内和彦　1998．中国内蒙古・砂地草原における土地的要因が流動砂丘の拡大に及ぼす影響．ランドスケープ研究 61：581-584.

田中宏巳　2005．史実調査部と地図の行方．渡辺正氏所蔵資料集編集委員会編『終戦前後の参謀本部と陸地測量部――渡辺正氏所蔵資料集』35-43．大阪大学文学研究科人文地理学教室.

田村俊和　1992．地図を使う自由．アニバーサリーセミナー・メモリアル『地図と歴史への招待』11．宮城県土地家屋調査士協会.

田村俊和　1996．東北大学理学部自然史標本館と外邦図．地理 41（11）：128-129 および口絵.

田村俊和　1998．地図を生かす――公開された旧軍用地図を例に．東北地区大学放送公開講座テキスト委員会編『東北大学の宝物 貴重収蔵物――総合学術博物館への招待』93-103．東北大学教育学部附属大学教育開放センター.

田村俊和　2000．東北大学理学部自然史標本館所蔵の外邦図．地図情報 20（3）：7-10.

田村俊和　2008. 外邦図の非軍事的利用と公開をめぐって．日本国際地図学会平成 20 年度大会発表論文・資料集：24-27.

田村俊和・関根良平　2008．外邦図の成り立ちとゆくえ，そして生かし方．季刊地理学 60：178.

東北大学大学院理学研究科地理学教室　2003．『東北大学所蔵外邦図目録』東北大学大学院理学研究科地理学教室.

長岡正利　1993．陸地測量部外邦図作成の記録――陸地測量部・参謀本部 外邦図一覧図．地図 31（4）：12-25．（本書Ⅲ-1章）

西村嘉助　1964．カルストトンネル．東北地理 16：149.

久武哲也　2003．旧資源科学研究所所蔵の外邦図と日本の大学・研究施設等所蔵の外邦図との系譜関係．外邦図研究ニュースレター1：15-20．（本書Ⅱ-1章）

氷見山幸夫・土居晴洋・張　柏・菊池俊夫・張　貴民・内山幸久・松井秀郎・牧田　肇　1998．地域レベルでみた土地利用・被覆変化――中国　地図化に基づく考察．大坪国順編『LU/GEC プロジェクト報告――アジア太平洋地域の土地利用・被覆変化予測（III）』115-125．国立環境研究所．

布野修司　2006．『曼荼羅都市――ヒンドゥー都市の空間理念とその変容』京都大学学術出版会．

正井泰夫　1999．浅井辰郎先生に聞く．正井泰夫・竹内啓一編『続・地理学を学ぶ』73-91．古今書院．

宮澤　仁・照内弘通・山本健太・関根良平・小林　茂・村山良之　2008．外邦図デジタルアーカイブの構築と公開・運用上の諸問題．地図 46（3）：1-12．（本書Ⅶ-1章，Ⅶ-2章）

村山良之・照内弘通・山本健太・宮澤　仁　2008．外邦図デジタルアーカイブの公開と課題．外邦図研究ニューズレター5：35-36．（本書Ⅶ-1章）

村山良之・平野信一・田村俊和　1998．バリ島の棚田をめぐる最近の動向と問題点．季刊地理学 50：255-256．

村山良之・宮澤　仁・渡辺信孝　2005．外邦図の目録からデジタルアーカイブ構築まで．地図情報25（3）：12-15．（本書Ⅶ-1章）

山近久美子・渡辺理絵　2008．アメリカ議会図書館所蔵の日本軍将校による1880年代の外邦測量原図．日本地図学会平成20年度大会発表論文・資料集：10-13．

渡辺信孝　1998．東北大学で所蔵している外邦図とそのデータベースの作成．季刊地理学 50：154-156．

Murayama, Y., Sakaida, K., Endo, N., and Tamura, T. 2003. Long-term change and short-term fluctuation of wetland paddy in Java, Indonesia : Precipitation change and farmers' response. *Science Reports, Tohoku Univ.*, 7th Ser.（Geography）52：1-28.

Ormeling, F. J., sr. 1996. Veranderend kaartbeeld van Java's Oosthoek. *Kartografisch Tijdschrift* 22（1）：7-10.

Sri Sumantyo, J. T., Indreswari S., I., and Tateishi, R. 2006. Urban monitoring using former Japanese Army maps and remote sensing：The 100 years of urban change of Jakarta city. 外邦図ニューズレター 4：36-42.（本書Ⅷ-4章）

Tamura, T., and Kitamura, S. 2001. Geomorphic, pedologic and hydrologic factors for sustainable bioresources management system at volcanic footslopes in West Java : A case study in the Cianjur and Cihidung watersheds. *Proceedings, General Meeting of the Association of Japanese Geographers* 73：210.

Tamura, T., Okubo, S., Harashina, K., Nakagawa, Y., Asdak, C., and Takeuchi, K. 2007. Some geomorphic factors in hydrologic and agricultural landscape differentiation in the southwestern fringe of the Bandung Basin, West Java. Takeuchi, K. ed. *Collapsing mechanisms and restructuring ways of sustainable agro-ecosystem in the upper part of watersheds in humid tropics.* Final report on research supported by a Grant-in-Aid for Scientific Research（B）1-6, Graduate School of Agricultural and Life Science, Univ. Tokyo.

Yonechi, F., and Win Maung 1986. Subdivision on the anastomosing river channel with a proposal of the Irrawaddy type. *Science Reports, Tohoku Univ.*, 7th Ser.（Geography）36：102-113.

# 第3章　韓国における外邦図（軍用秘図）の意義と学術的価値

南　縈佑・李　虎相

## 1．序論

韓国で最も尊敬を受けている地理学者は古山子 金正浩（推定 1804-1866）である。彼は韓国の近代の地理学者として「青邱圖」・「大東輿地圖」・「地球圖」・「海左全圖」・「道里圖標」などを製作している。これらの中でとくに「青邱圖」は1834年に製作された縮尺約13万3,333分の1の方格図であり，「大東輿地圖」は1861年に製作された，縮尺16万分の1の方格図である。しかしこれらの地図は，現代地図の観点から見ると，正確度については精巧さが欠如しており，また経緯線を導入しなかったという点で高く評価することは出来ない。

地図の歴史は，人類のもっとも貴重な文化遺産の一つと認定されている文字の歴史よりも長いものである。甚だしい場合，文字を持っていない未開な民族でも地図は持っていた。地図に載せられた地理的情報は，人間生活を営むために必ず必要な存在であった。地図には人間に必要な各種の情報が載せられており，彼らの生活観と世界観，あるいは宇宙観が盛り込まれて表現されており，彼らの価値観と人生観が記録されていると言っても過言ではない。そういうわけで，たとえ前近代的な地図であるといっても，その中には人間に関するすべてが載せられていると考えることが出来る。

## 2．外邦図（軍用秘図）の意義

### (1)　地図名の問題

『陸地測量部沿革誌』（陸地測量部 1922：50-64）によれば，日本ではいわゆる「外邦圖」という呼称が，日本国内の地図という意味の「内國圖」の対語として使用されている。このような外邦図という特定の名称は，1884年に日本の参謀本部測量局が設立されたとき，「測量局服務概則」の第5条と第6条で使用されたのが最初のようである。その後，日本は第二次世界大戦終結まで侵略対象国の地形図を製作し，これを外邦図と呼んだ。しかし，この名称は現在も日本が過去の植民地国家を属国として認識しているととれる非常に日本中心的な考え方によるものである。

外邦図の歴史は1世紀にもおよび，清水（2003，本書Ⅰ-2章）は，地図の性格によって便宜上，外邦図Ⅰ類（第二次世界大戦以前に作成された地図）と外邦図Ⅱ類（第二次世界大戦以降に作成された地図）に大別した。外邦図Ⅰ類はすでに内邦化された地域と侵略対象地域とに区分され，それぞれⅠ類－1とⅠ類－2に細分した。そして外邦図Ⅱ類は東南アジア，太平洋諸島，北アメリカの一部を含むものであった。これらの中で韓半島の地図の多くは外邦図Ⅰ類－1に属する。

地図の製作を主管した日帝参謀本部は1872年から韓半島に対する諜報活動を開始し，1894年から始まった測量作業においては200～300名の参謀本部要員から構成される間諜隊が密かに派遣された（広瀬 2001；参謀本部・北支那方面軍司令部 1979）。その後，12年後の1906年までに測量を終えた地形図は目測で短期間に製作された地形図であったため，「目測迅速図」と呼ばれた。全484枚の地形図の中で大部分のものは1895年から1899年の間に測量された。この時期は韓日合併（日韓併合）が断行される11～15年前に相当する。日本帝国は当時独立主権国家であった韓国に対し，陸軍参謀本部が中心になって国際法を破る不法行為を犯していたことになる（南 1996，本書Ⅳ-1章）。

この目測迅速図は，咸鏡北道・平安北道・江原道の一部および済州道と釜山・元山などが欠落しており，韓半島全体を網羅することは出来ないが，主要部分はほぼすべて含まれている（清水 1986，本書Ⅲ-3章）。韓日合併以後に製作された5万分の1地形図は全部で722枚の地形図からなり，この地図は韓半島の約61％に相当する地域を測量し，製作したものであることがわかる。このように，陸軍参謀本部は緊迫の度を増す北東アジアの情勢のために急いで地図を作成するために略式地図を製作した。そういうわけでこれらの地形図は「略圖」または「朝鮮略圖」と呼ばれた（Nam 1995）。

このように，いわゆる朝鮮の外邦図が迅速図・目測図・略図などと呼ばれるのはそれなりの理由があった。日本は明治維新以後に北海道の測量作業を展開し，地図作成のノウハウを蓄積するにいたった。日本はすでに1880年以降，迅速図（第一師管地方二万分一迅速測図），さらに1884年以降に仮製図（京阪地方仮製二万分一地形図）を製作し，短期間に地図を作ることの出来る能力を養った。そしてこの地図を略図と呼ぶのは，これが短期間に迅速かつ隠密に作り上げられた迅速図であるからである。しかし測量技師のスケッチで作った略図だからといっても，最大限正確であってこそ地図相互の誤差を最小化することが可能となる。スケッチに依存する目測図は，観測地点から目標物が遠ければ遠いほど方向の誤差が蓄積して大きな誤差を発生させる。そして距離的に測量が不可能な場合は，歩測に依存するか目測によって測量した。それゆえにこれらの地図を略式目算測図と呼ぶことが出来る（中野 1967）。

日本帝国は韓半島の占領はもちろん，日清戦争とロシアの南進政策に予め備えるために，1895年に臨時測量班を韓半島に派遣し，縮尺5万分の1の地形図を刊行しようとしたが難関にぶつかり，1896年に測量作業を中断したとされている（李 1993）。しかし実際にはそれ以前から日本陸軍参謀本部所属の諜報員たちが韓半島に派遣され，地図製作のために情報収集を長期間にわたって隠密に行ったのである（村上 1981）。このようにして収集された情報をもとに1890年代に入ると本格的な準備作業に着手し，1906年までに5万分の1地形図を刊行するための測量作業が完了した。この地図は日本の陸軍参謀本部が軍事目的で秘密裏に製作した地図であり，清水の分類では外邦図Ⅰ類－2となり，「軍用秘図」と呼ぶのが妥当である。日本で『韓国古地名の謎』を著述した光岡（1982：7-26）も，やはりこの地形図を軍用秘図と呼んだ。

### (2)　韓国地図発達史の見直し

韓国には三国時代以前はもちろん，統一新羅時代に至るまでの間，いかなる地図が使用されていたのか詳しく見ることの出来る実証的な資料がほとんどない状態である。ただ漢書・後漢書・三國志・魏書・周書・隋書・唐書のような中国の史書に韓国の地理的情報が記録されているだけである。高麗時代には以前に比べてはるかに多様な地図が製作されていたものと推測されるが，それに対する具体的な記録は多くない。文献の上で登場するのは1148年の「高麗地圖」をはじめとする高麗末期の李詹（1345-1405）の「三国地圖」，羅興儒の「本國地圖」などがあるだけである。

以上に言及したように，韓国には朝鮮王朝時代以前に製作された地図の中で現存するものはほとんどない状態である。地図の保存が難しかった理由は，外敵の侵入のために戦乱が頻発し，消失したためである。そういうわけで韓国の古地図は，その大部分が朝鮮王朝時代以降の地図が現在まで伝えられてきただけである。現存する朝鮮王朝時代の地図としては1402年に李薈が作った「八道圖」が最古であり，1432年に尹淮・申檣などが編纂した『新撰八道地理志』，1451年の「兩界地圖」などがある。その次には『東国輿地勝覽』に添付された「八道總圖」と八道各図などがあり，朝鮮王朝時代後期に入ると鄭尚驥（1678-1752）の「東國地圖」と，これを継承した申景濬の「東國輿地圖」をはじめ，韓国の地図の歴史の中で最も際立った業績を残した金正浩の「青邱圖」と「大東輿地圖」などがある。

金正浩の地図を最後に，韓国の地図の伝統は途絶えてしまった。韓国はその後を継いだ大韓帝国の終焉により，日帝時代に入った。現在までの韓国の地図学の歴史においては，日本の陸軍参謀本部の陸地測量が1910年から8年余りに及ぶ作業の後に1918年に完成した5万分の1の地形図が最初の地形図であると考えられてきた。しかし筆者はその地形図が製作された1910年代以前にも日帝が韓半島で測量作業を行ったことがあるという事実を明らかにしたことがある。筆者の大学時代，ソウルのある古本屋で偶然発見された何枚かの地形図が物証になった。その地形図には当然なければならない測量年度と凡例が注記されていなかった（Nam 1997）。当時，筆者はそのことを異常だと思ったが，その地形図の全体について詳しく知ることはなかった。

それから約20年がたった後，筆者は日本の国立国会図書館の地図室に略図または朝鮮略図と呼ばれる韓半島最初の地形図があることを発見した。それは1991年7月のことであった。光岡（1982）の研究が決定的な契機となった。この地形図は20年前にソウルの古本屋で発見したものと同じ地図であった。そういうわけで，日帝参謀本部によって製作された5万分の1の地形図は全部で3種類ということになる。第一次の地図は軍事用に秘密に作られた軍用秘図といえる略図であり，第二次の地図として刊行されたものは韓日合併直後に略図を修正した朝鮮地形図，そして第三次の地形図は三角測量によって正式に製作された朝鮮基本図である（清水 1986，本書Ⅲ-3章）。ゆえに第一次および第二次の地形図は略式目算測図に該当する地図と言うことができる。

## 3．外邦図（軍用秘図）の学術的価値

### (1) 朝鮮末期の地理的景観研究

1906年に台湾の土地調査を主管した熊田信太郎が韓国に到着し，測量技術者たちの養成と測量訓練を実施し，土地調査事業を推進するための総合的基本計画を樹立した。1910年には臨時土地調査局が朝鮮総督府に開設され，1912年には土地調査令が制定されて朝鮮民事令・不動産登記令などの関連法が公布された。土地調査事業を完了した日帝は，各種建設事業を展開していった。まず何よりも先に鉄道敷設事業に着手し，次に港湾事業が実施された。その後は道路・水利事業と治水事業の順で進行した。こうして韓半島には従来には見られなかった新作路と呼ばれる道路をはじめ，鉄道・橋梁・ダムなどが見られるようになった。特に鉄道が通る駅舎の周辺には新しい集落中心地が形成された。しかしこれとは別に，鉄道路線から疎外された伝統的中心地の中には衰退の道をたどるものもあった。一方，海岸部では大規模な干拓事業が展開され，地下資源が埋蔵されている山岳地帯には鉱山村が形成された。これらに伴い，韓国の国土景観は大きく変わった。しかし朝鮮略図には日帝によって変えられる前の国土景観が描かれており，韓半島（朝鮮半島）の元来の姿を復元することができる。

それにも関わらず，黄海道から平安南道と平安北道に至る地形図には京義線鉄道が描かれているという事実を朝鮮略図において確認することができる。京義線は1900年に韓国政府の「鉄道自力経営方針」によって鉄道院が設置され，1902年に着工された。ロシアに宣戦布告した日本は軍需品の輸送に必要な鉄道を確保するために，1904年2月に臨時軍用鉄道監部を組織し，その年の3月に起工式を行った。平壌付近を経由する京義線は1905年1月に竣工された。ここで筆者は一つの疑問を抱いた。平壌付近の地形図はすべての図について明治28年式の図式と書かれていることから，1895年から1900年の間に測量されたものであるとわかる。しかしこの間には鉄道は敷設されなかったことから結局のところ，1911年に発刊され，一部の内容が追加された第二次の地形図であると判断するしかない（南 1992）。

以上のような事実を勘案して朝鮮略図を分析すれば，朝鮮王朝時代末期の韓半島の地理的景観を把握することができるであろう。

### (2) 古地名研究

韓国の第一次地形図に該当する軍用秘図は，密偵隊が隠密かつ迅速に測量したものであり，正確度においては劣っているが，韓国古代の地名・言語・歴史の一断面を解読する手がかりを提供してくれる。この地形図の地名は訓読名・古訓読名・古借字名で表記されている場所が大変多い。朝鮮

王朝時代の末期でも韓国の地名は漢字表記が大部分であり，音読主義に立脚した上での純粋な韓国語の地名を知ることはできなかった。もちろん一般の人々の間では韓国固有の地名が使用されてはいたが，その記録が残っているものはないようである。

例えば江原道春川の前坪と後坪の場合，朝鮮総督府が製作した第三次の地形図には前坪がチェンピョン，後坪がフーピョンと記載されている（表Ⅷ-3-1）。しかし軍用秘図である第一次地形図には各々アプトル，テートルと注記されている。そして西大門区の新村とソウルの漢江の河辺にある栗島の場合，第三次地形図には各々シンチョン，ユルドと注記されている。これらはすべて漢字の地名が音読主義によって発音されたものである。これらの韓語地名は軍用秘図には各々セーマル，バムソムと注記されている。ここで論じた前坪・後坪と新村・栗島は軍用秘図にはすべて訓読名で表記されているという点で注目される地名である。平地を意味する「坪」は日本では「鶴」，韓国では豆老と借字される。これらは韓国語では「ヅル」と発音され，「들」と表記される。同様に新村の「新」はセ，「村」はマルと訓読される。そして栗島の「栗」はバム，「島」はソムと訓読される。これらは日本語の「むら」，「しま」などと関連した単語である。ゆえに韓国語および韓国古代語は日本語の語源研究を行う上で必ず解明しなければならない課題である。

このような軍用秘図の地名は，当時国内において密偵たちが隠密かつ迅速に調査したものであり，その正確度には欠点が多い。特に密偵たちは韓国語の発音が難しいために現地の地名を正確に記載することができなかった。そういうわけで参謀本部は韓国人を語学留学生の名目で陸地測量部の修技所に入所させ，測量技師として活用するということもした。しかし韓国の地名を日本語の仮名で正確に表記することは不可能なことであった。それにも関わらず，軍用秘図の略図は韓国の古地名の一断面を解明する手がかりを提供してくれる。この地形図に注記された地名の中では訓読地名・古訓読地名・古借字地名が比較的多い方である。この地形図の地名を分析したことのある光岡（1982）によれば，略図に記載された地名のうち，約20％程度が古訓また古借字地名として表記されているという。彼は支石基のような古代の遺跡との相関性を勘案すれば，韓国の古代の習俗まで窺うことのできる地名が多いと主張した。そういうわけでこの略図は民族学的・言語学的・考古学的検討が後に続けば，韓半島一帯の古訓と古方言を究明できる資料として評価されよう。さらに進んで韓日古代史の観点から韓日古代語の地域的特性を考察することができ，韓国の古代の地名が日本の地名に及ぼした影響までも把握することができるであろう。

表Ⅷ-3-1　第一次地形図と第三次地形図の地名比較

| 図葉名 | 地　名 | 第一次地形図 | | 第三次地形図 | |
|---|---|---|---|---|---|
| | | 測図年 | 地名表記 | 測図年 | 地名表記 |
| 春　川 | 前坪（앞들） | 1895（明治28）年 | アプトル | 1916（大正5）年 | チェンピョン |
| | 後坪（뒷들） | | テートル | | フーピョン |
| ソウル | 新村（새말） | | セーマル | | シンチョン |
| | 栗島（밤섬） | | バムソム | | ユルド |

## 4．結論

これまで詳しく見てきたように，日本で外邦図と呼ばれる朝鮮略図は，軍事的目的により日本の参謀本部が秘密裏に作成した軍用地図であることに間違いない。日本で言う「外邦図」という地図名は，多分に日本中心的な視角から見た名称である。内国図と対比する名称として使用されることは理解できるが，これらの地図が過去の苦い歴史を内蔵しているという点と，隣国に配慮するという次元から再考されるべき必要があろう。ゆえにこのような地図の場合は，韓国のみならず中国・台湾のようなアジア各国の地図を網羅できるようなグローバルな名称に変えることが望ましいと考えられる。

ここで検討した軍用地図はアジア・太平洋地域の学術資料として公開する場合，関係諸地域の研究者たちに多くの助勢をもたらすことが期待される。特に明治期に測図された韓国の地形図は朝鮮王朝末期の地理的景観を復元したり，古地名を研究する時に大きな助力となり，民俗学・言語学・考古学の研究においても参考資料として利用価値があると言えよう。

文献

参謀本部・北支那方面軍司令部　1979.『外邦測量沿革史 草稿．自明治二十八年至同三十九年断片記事』ユニコンエンタプライズ.

清水靖夫　1986.『日本統治機関作製にかかる朝鮮半島地形図の概要──「一万分一朝鮮地形図集成」解題』柏書房．(本書Ⅲ-3 章)

清水靖夫　2003. 外邦図の嚆矢．外邦図研究ニュースレター1：21-23.（本書Ⅰ-2 章）

中野尊正　1967. 日本の地図の近代化（明治以後）．中野尊正編『地図学』54-66. 朝倉書店.

南　縈佑　1992. 日本参謀本部間諜隊による兵要朝鮮地誌及び韓国近代地図の作成過程．文化歴史地理 4：77-96（韓国語）.

南　縈佑編　1996.『舊韓末韓半島地形図』図書出版成地文化社（4 巻，韓国語）.

広瀬順皓編　2001.『参謀本部 歴史草案』ゆまに書房.

光岡雅彦　1982.『韓国古地図の謎──「秘図」にひめられた古地名を解読する』学生社.

村上勝彦　1981. 隣邦軍事密偵と兵要地誌（解説）．陸軍参謀本部編『朝鮮地誌略 1』3-48. 龍渓書舎.

李　鎭昊　1993. 日帝の韓半島測量侵略．リョントサラン 創刊号：147-183（韓国語）.

陸地測量部編　1922.『陸地測量部沿革誌』陸地測量部.

Nam, Y-W. 1995. Japanese Military Surveys of Korean Peninsula, 1870-1899. *Journal of Education* 20：145-154.

Nam, Y-W. 1997. Japanese Military Surveys of Korean Peninsula in Meiji Era. In *New Directions in the Study of Meiji Japan,* eds. H. Hardacre and A. L. Kern, 335-342. Leiden：Brill.

Chapter 4

# Urban Monitoring using Former Japanese Military Maps and Remote Sensing

## — The 100 Years of Urban Change in Jakarta City —

J. T. Sri Sumantyo, I. Indreswari S., and R. Tateishi

## 1. Introduction: a brief history of Jakarta city

From prehistoric times to the Muslim and Hindu-Javanese kingdoms, the Jakarta area (now the capital of the Republic of Indonesia) was a small village called Sunda Kalapa (Abeyasekere 1989: 3-47). In the twelfth century, Sunda Kalapa appears to have been a harbor for a Hindu-Javanese kingdom "Padjadjaran," the capital of which was near the present mountain resort of Bogor, in the south of Jakarta. A port on the Ciliwung river (see Figure VIII-4-1) soon emerged as an important part of Indonesian trade, and in 1511, the port of Malacca on the west coast of Malaya was conquered by the Portuguese. The importance of Sunda Kalapa increased with these developments, and it was renamed Jayakarta (victorious and prosperous) by the sultanate of Banten.

The progress of Jayakarta began with the building of the Dutch East India Company (VOC) fort on the west bank of River Ciliwung in 1619 (Winchester 2003: 9-36; Abeyasekere 1989: 3-47). At the time, this area was commonly known as Batavia and approximately ten thousand people lived in this small city. Traders from India, China, England, Holland, and other islands of the archipelago are recorded to have visited the port time and again for spices trading.

In 1673, the total population of Jakarta (inside the walls of fort Batavia) was recorded as 27,068. By the end of the eighteenth century, the VOC suffered bankruptcy, and this affected the whole population (35,000 in 1730). As the economic situation worsened, the city population dropped to 12,131, with 160,986 living in the environs, a large area extending south to the mountains (Bogor area or former Buitenzorg city). In 1815, although the power of VOC declined, the population slowly increased to 47,000. With the installation of a modern public transport system, the population rose to 70,000 in 1850 and 116,000 in 1900. The city was spread out over 10 to 12 km from north to south. On account of large-scale immigration, the population of the city of Batavia had grown to 435,000 in 1930. By 1940, most of the

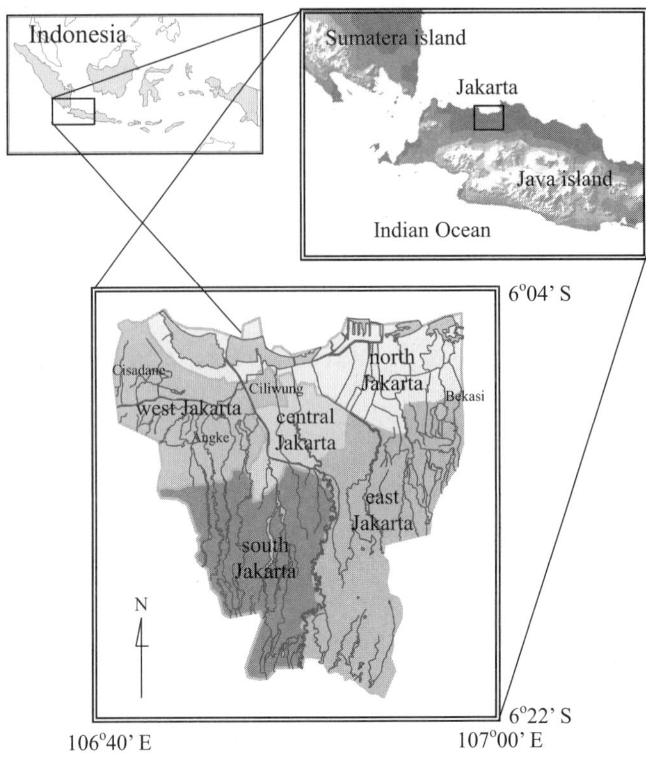


Figure VIII-4-1 Study site: Jakarta city, Indonesia and its environment

road networks had been asphalted and public services (electricity and telephone) established. In 1942, Japanese military occupied the archipelago and divided it into regions; the then capital was renamed Jakarta and treated as the capital of one such region, Java. The period from 1942 to 1949 saw the Indonesian struggle for Independence from the Dutch and Jakarta was established as the capital of an independent Indonesian nation-state in December 1949. Van der Plas reported the population as 844,000 in September 1945 (Abeyasekere 1989: 141). After independence, urbanization in the Republic of Indonesia led to a further increase in population; in 1948, it was recorded as 1,050,000, almost double the figure for 1930. President Soekarno's visions had little relevance to the growing population of Jakarta after the independence, and official figures show that the population increased drastically to 1,782,000, 2,973,000, and 3,813,000 in 1952, 1961, and 1965, respectively. As per the census report of the Indonesian government (Biro Pusat Statistik 2005), the population in 1971, 1980, 1990, 1995, 2000, and 2004 was 4,579,303, 6,503,449, 8,259,266, 9,112,652, 8,389,443, and 9,792,000, respectively. The population in 2000 decreased as compared to 1995, presumably as a result of the Asian economic crisis in 1997. With the recovery of the economy, the population rose once again in 2004. The population trend of Jakarta city from 1815 to 2004 can be seen in Figure VIII-4-2.

Statistics show that the urban area coverage of Jakarta was 93.7% in 1980 and 100% after the 1990s

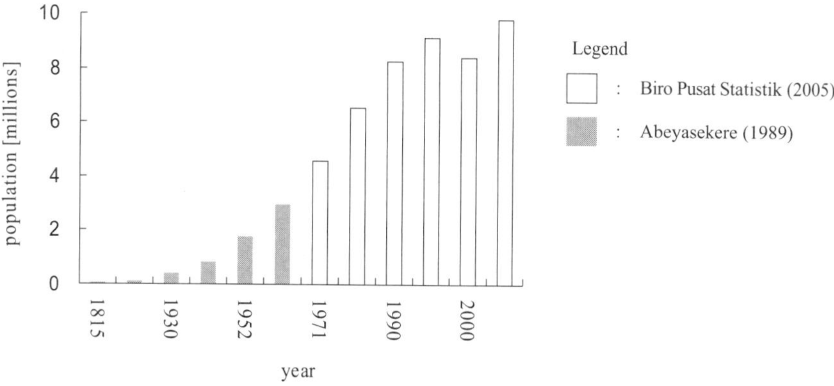


Figure VIII-4-2 Population of Jakarta city

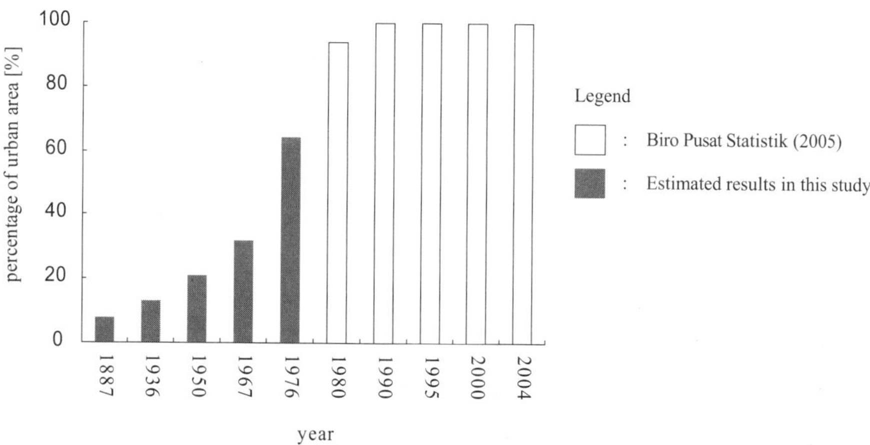


Figure VIII-4-3 Urban area of Jakarta in time series

(see Figure VIII-4-3), measuring 661 km$^2$. There is no information on urban area coverage before 1980. Therefore, we employed old maps and satellite images to obtain urban area coverage before 1980. A detailed analysis is as follows.

## 2. Study site

Figure VIII-4-1 shows the study site, Jakarta city (capital of the Republic of Indonesia), located at 106°40′ E–107°00′ E, 6°04′ S–6°22′ S and covering approximately 661 km$^2$. The area around the mouth of the Ciliwung river in West Java, that is, the site of present-day Jakarta, has witnessed human settlement from prehistoric times. The silt from a volcanic mountain range washed down from the south created an alluvial plain, which spreads out in a fan shape and is traversed by several rivers: Cisadane, Angke, Ciliwung, Bekasi and Citarum.

## 3. Analysis

Urban change in Jakarta city is investigated using old maps and satellite images. The maps are those of VOC (1887), former Japanese military maps reproduced faithfully from maps of the Netherlands Indies Topographic Survey (1927), and those of Joint Mapping of Indonesia and the US (1950). The former Japanese military map is composed of 11 maps[1)], as shown in Figure VIII-4-4. The Jakarta city boundary in this Figure shows the present boundary of Jakarta. The satellite images are KH-7 / Gambit (26 may 1967), Landsat MSS (June21, 1976) and Landsat TM (May 3, 1989).

First, the old maps were scanned, as shown in Figure VIII-4-5. Second, they were geometrically corrected before the digitizing process (visually) to determine the urban area class. The satellite images were also geometrically corrected, after which the supervised classification process was employed to determine the urban area class. The topographic maps[2)] with 1:25,000 scale were used in the geometric correction. Only the urban area class was then delineated to obtain a clear urban area distribution. On the basis of the digitizing or delineation process, the urban area coverage of Jakarta at each date could be determined, as shown in Figure VIII-4-6. The Figure shows that the urban area of Jakarta increased drastically after 1945 or in the independent years of the Republic of Indonesia. According to Figure VIII-4-6, the urban area coverage was 8%, 13%, 21%, 32%, and 64% in 1887, 1927, 1950, 1967, and 1976, respectively. Based on Landsat TM data (May 3, 1989), area coverage in the 1990s is almost 90%; this

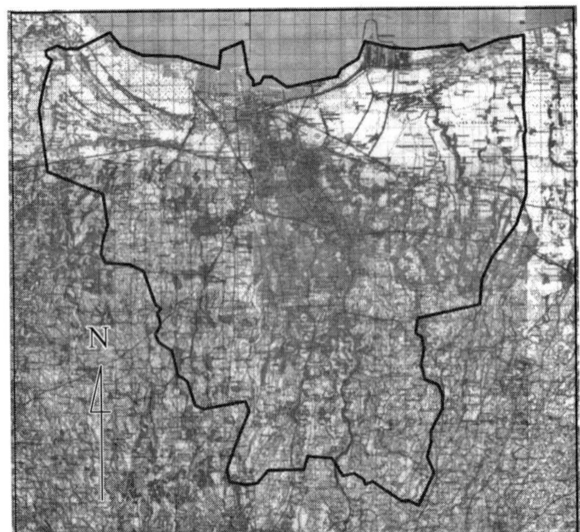


Figure VIII-4-4 Mosaic maps of the former Japanese military

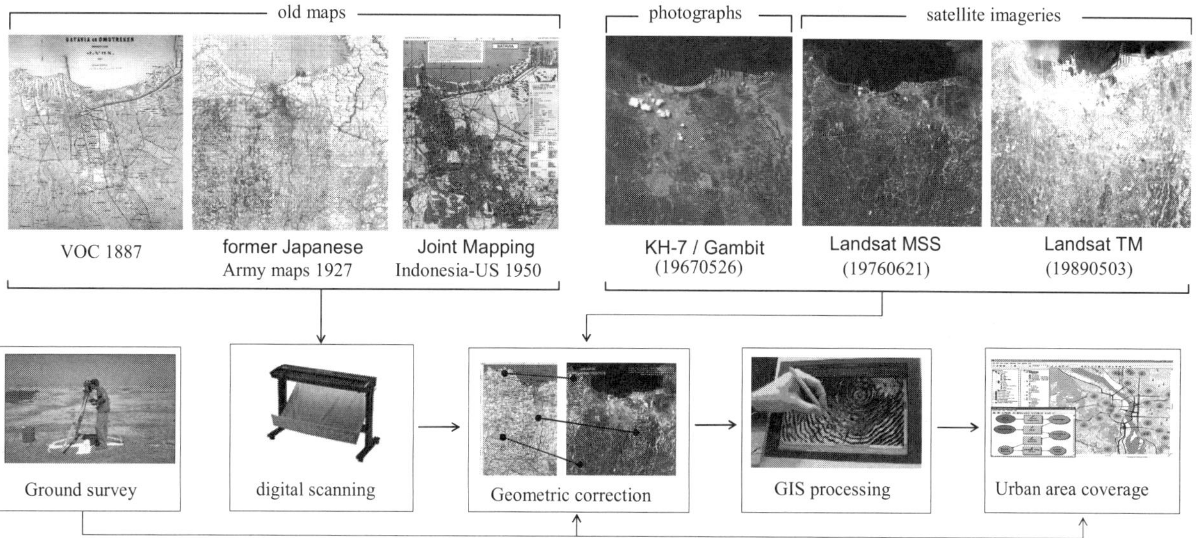


Figure VIII-4-5 Flowchart of analysis

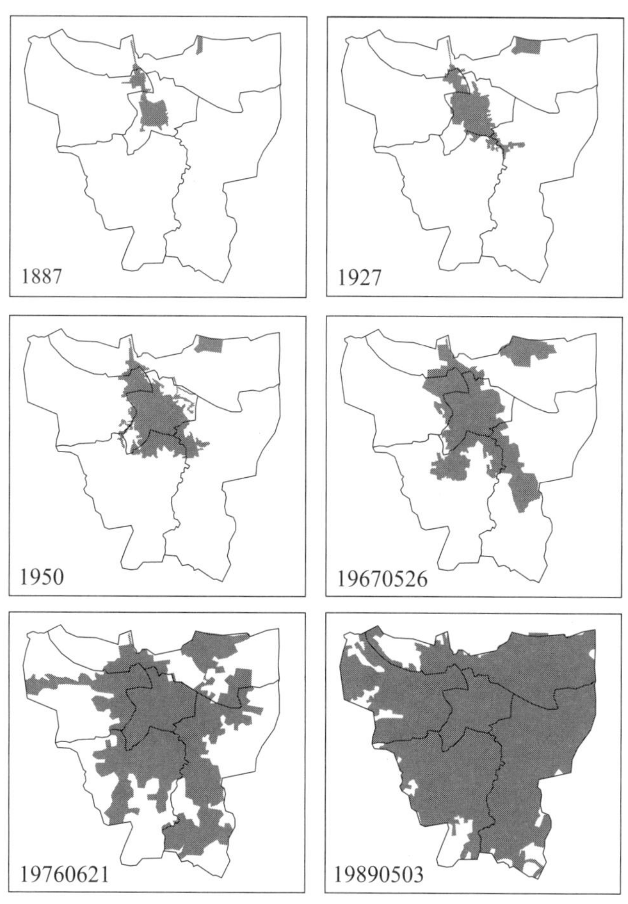


Figure VIII-4-6 Urban area change of Jakarta city in time series

matches well with statistical data in Figure VIII-4-2 and Figure VIII-4-3, which indicate that urban coverage increased drastically along with the population growth.

## 4. Conclusions

Like many big cities in developing countries, Jakarta city has a history of nearly 250 years and has been grappling with major urbanization problems. The population has risen sharply after the 1960s, and as per the old maps and satellite images, in the 40 years since independence and the declaration of Jakarta as the capital of the Republic of Indonesia, Jakarta's urban area has come to cover the whole city (661 $km^2$). The results show that the old maps (1887–1950), including former Japanese military maps (Gaihozu), in combination with satellite images (1967–1989) can be employed to monitor the sprawling city and its problems.

In the near future, the authors will employ these data and a Geographical Information System (GIS) to retrieve spatial information on the city and the changes it has undergone. Topographic information of the 1900s on the urban area, vegetation, digital elevation model (DEM), transportation network, and hydrologic network will be retrieved from the former Japanese military map. The high resolution of satellite images will also be employed to monitor the area around Jakarta city, known as the buffer zone of Jakarta (Bekasi, Bogor, Tangerang, and Banten) or the Jakarta Megapolitan area.

### Acknowledgment

I would like to thank the Museum of Natural History, Tohoku University, for providing former Japanese military maps; the Pandhito Panji Foundation—Remote Sensing Research Center for the old maps; and the University of Maryland for the Landsat data.

### Notes

1) Gaihozu, Blad 36/XXXVIIA (oud No.17A) Maoek, 36/XXXVIIC (oud No.17C) Tangerang, 36/XXXVIIIA (oud No.18A) Paroeng Pandjang, 36/XXXVIIB (oud No.17B) Batavia, 36/XXXVIID (oud No.17D) Kebajoran, 36/XXXVIIIB (oud No.18B) Paroeng, 37/XXXVIIA (oud No.23A) Tandjoeng Priok, 37/XXXVIIC (oud No.23C) Meester Cornelis, 37/XXXVIIIA (oud No.24A) Depok, 37/XXXVIIB (oud No.23B) Moeara Bekasi, 37/XXXVIID (oud No.23D) Bekasi, 24B Tjibaroesa, 1927 : the Museum of Natural History, Tohoku University.

2) Bakosurtanal, Jakarta 1209–441, Tangerang 1209–432, Cakung 1209–442, Pasar Minggu 1209–423, Pondok Gede 1209–424, Teluk Naga 1209–434, Ancol 1209–443, Tanjung Priok 1209–444, 2001.

### References

Abeyasekere, S. 1989. *Jakarta: A History* (Rev. ed.). Oxford: Oxford University Press.

Biro Pusat Statistik 2005. *Statistik Indonesia*. Jakarta: Badan Pusat Statistik.

Winchester, S. 2003. *Krakatoa: The Day of the World Exploded, 27 August, 1883*. N.Y.: Sterling Load Literistic.

# 外邦図研究会の記録

発表者・コメンテータの所属は当時のものである。

## 第1回外邦図研究会

**日時**：2002年7月27日（土）・28日（日）　**会場**：お茶の水女子大学文教育学部

〈27日〉

石原　潤（京都大）：外邦図は〈使える〉か？――中国とインドの場合――（本書Ⅷ-1章）

久武哲也（甲南大）：旧資源科学研究所所蔵の外邦図と日本の大学所蔵の外邦図の系譜関係について（本書Ⅱ-1章）

清水靖夫（法政大・非）：外邦図の分類と定義（本書Ⅰ-2章）

〈28日〉

渡辺信孝（仙台都市総合研究機構）：東北大学所蔵外邦図の整理およびその目録作成について

田村俊和（立正大）：地域環境資料としての外邦図の活用方法――ジャワ・バリの5万分の1地形図を例に――（本書Ⅷ-2章）

## 第2回外邦図研究会

**日時**：2002年11月3日（日・祝）　**会場**：東北大学理学研究科

**共催**：東北地理学会2002年度第2回研究集会　**共通課題**：「外邦図の整備と関係資料の探索」

長谷川孝治（神戸大）：British Library所蔵の外邦図について

今里悟之（大阪教育大）・久武哲也（甲南大）：在アメリカ外邦図の所蔵状況――AGS Golda Meir図書館，ハワイ大学ハミルトン図書館の調査から（本書Ⅱ-3章）

小林　茂（大阪大）：アジア歴史資料センターが公開している外邦図・兵要地誌関係資料とその利用

境田清隆（東北大）・村山良之（東北大）・渡辺信孝（仙台都市総合研究機構）：東北大学所蔵の外邦図の利用状況と公開に向けての課題

## 第3回外邦図研究会

**日時**：2003年6月28日（土）・29日（日）　**会場**：京都大学・京大会館（28日）・総合博物館地図室（29日）

**出席者**：24名

〈28日〉

京都大学東南アジア研究センター所蔵の外邦図の見学（案内：河野泰之［京都大］）

長岡正利（国土環境，元国土地理院）：外邦図作成の記録としての各種一覧図／地理調査所における外邦図の扱い，ほか（話題提供）（本書Ⅲ-1章）

田中宏巳（防衛大）：陸地測量部等地図の行方（本書Ⅴ-4章）

〈29日〉

渡辺理絵（大阪大・院）・小林　茂（大阪大）：清国陸軍学生と陸地測量部修技所

堤　研二（大阪大）：兵要地誌と宗道臣（少林寺拳法開祖）の生涯

源　昌久（淑徳大）：地図資料の用紙劣化対策についての一提言（話題提供）

## 第4回外邦図研究会

**日時**：2003年11月8日（土）・9日（日）　**会場**：駒澤大学246会館6階会議室（8日）・第一研究館1階会

議室（9 日） **共催**：地理学サロン **出席者**：54 名

〈8 日〉

金窪敏知（元国土地理院長）：終戦前後における参謀本部と地理学者との交流，および陸地測量部から地理調査所への改組について ―― 渡辺正氏資料をもとに ――（本書Ⅵ-3 章）

渡辺　正氏の挨拶：質問と応答

中野尊正（東京都立大名誉教授）：外邦図と私のかかわり

三井嘉都夫（法政大名誉教授）：私と外邦図

佐藤　久東京大名誉教授のコメント

浅井辰郎元お茶の水女子大教授・日本地理学会名誉会員のコメント

〈9 日〉

源　昌久（淑徳大）：兵要地誌作成過程に関する一研究 ―― 関東軍をとりあげて ――（本書Ⅳ-4 章）

坂戸直輝（元海上保安庁水路部）：第二次世界大戦中の機密図誌（海図・航空図）(1)（本書Ⅴ-3 章）

### 第 5 回外邦図研究会

**日時**：2004 年 6 月 19 日（土）・20 日（日） **会場**：お茶の水女子大学文教育学部 1 号館（711 室）

**出席者**：43 名

〈19 日〉

塚田建次郎（元陸地測量部・国土地理院，東京地図研究社会長）・富澤　章（元陸地測量部・国土地理院）：終戦前後の陸地測量部について（本書Ⅴ-1 章）

山下和正（建築家）：秘密測量前史について ――「朝鮮地誌略」の村上勝彦氏の解題より ――

長澤良太（鳥取大）・今里悟之（大阪教育大）・渡辺理絵（大阪大・院）：日本軍撮影の空中写真の判読結果（中間報告）（本書Ⅱ-4 章）

宮澤　仁（東北大）：東北大学所蔵の外邦図のデジタルアーカイブ化に向けて（本書Ⅶ-1 章）

村山良之（東北大）：イングランドにおけるデジタル化の実例と東北大学における将来構想（本書Ⅶ-1 章）

清水靖夫（国士舘大・非）：終戦直前の本土作戦用地図 ―― とくに㋟の地図について ――

〈20 日〉

西村紀三郎（岐阜県立図書館世界分布図センター）：岐阜県図書館世界分布図センターにおける外邦図の収集と整理及び利活用について

牛越国昭：外邦図測量の記録 ―― 村上手帳について ――

大浦瑞代（お茶の水女子大・院）・髙槻幸枝（お茶の水女子大・院）：お茶の水女子大学所蔵外邦図の目録作成作業

### 2004 年度日本地理学会秋季学術大会シンポジウム

「外邦図の基礎的研究：旧日本軍が作製したアジア太平洋地域の地図の活用をめざして」

**日時**：2004 年 9 月 26 日（日） **会場**：広島大学教育学部 L105 教室

田村俊和（立正大）：外邦図研究の広がり（趣旨説明）

［座長］源　昌久（淑徳大）

渡辺信孝（タイムプランニングアンドオペレーティング）・山村亜希（愛知県立大）・大浦瑞代（お茶の水女子大・院）・髙槻幸枝（お茶の水女子大・院）：東北大学・京都大学・お茶の水女子大学における外邦図所蔵状況およびその目録について

久武哲也（甲南大）・今里悟之（大阪教育大）：日本および海外諸機関における外邦図の系譜関係（本書Ⅱ-1 章）

金窪敏知（朝日航洋）：兵要地理調査研究会と外邦図

谷屋郷子（大阪大・卒業生）：朝鮮半島の外邦図の作製過程

［座長］村山良之（東北大）

牛越国昭（著述家）：日露戦争・明治40年編成時の臨時測図部における村上千代吉の秘密測量活動

田中宏巳（防衛大）：第二次大戦時における現地部隊の地図作製について（本書Ⅳ-5章）

長澤良太（鳥取大）・今里悟之（大阪教育大）・渡辺理絵（大阪大・院）：旧日本軍撮影の空中写真の特徴とその利用可能性（本書Ⅱ-4章）

小林　茂（大阪大）：外邦図研究の成果と課題――2年半の経過をふりかえって――

［座長］田村俊和（立正大）・小林　茂（大阪大）

［コメント］長谷川孝治（神戸大）・長岡正利（国土環境）・清水靖夫（国士舘大・非）

総合討論

## 第6回外邦図研究会

**日時**：2004年11月27日（土）・28日（日）　**会場**：財団法人日本地図センター2階ホール　**出席者**：43名

〈27日〉

砂村継夫（大阪大名誉教授）：極浅海域の地形特性と上陸作戦

清水靖夫（国士舘大・非）：終戦前後の日本周辺地形図

佐藤　久（東京大名誉教授）：地図と空中写真，見聞談――敗戦時とその前後――（本書Ⅴ-2章）

〈28日〉

小林　茂（大阪大）・渡辺理絵（大阪大・院）・鳴海邦匡（大阪大）：アジア太平洋地域における旧日本軍の空中写真による地図作製（本書Ⅳ-2章）

鈴木純子（相模女子大・非）：国立国会図書館所蔵の外邦図（本書Ⅱ-2章）

## 第7回外邦図研究会

**日時**：2005年12月23日（金・祝）　**会場**：立正大学大崎キャンパス1152教室

村山良之（東北大）・宮澤　仁（東北大）：東北大学における外邦図デジタルアーカイブの構築と検索システム（本書Ⅶ-1章）

長澤良太（鳥取大）・丹羽雄輔（ESRIジャパン）：昭和10年前後に撮影された陸地測量部の空中写真のオルソ化とその利用可能性

永井信夫（日本地図センター）・小林政能（日本地図センター）：長澤氏らの報告に対するコメント「米国国立公文書館で確認した日本軍撮影空中写真について」

Fan, I-chun（范　毅軍，Academia Sinica, Taipei, ROC）and Liao, Hsiung-Ming（廖　泫銘，Academia Sinica, Taipei, ROC）：Historical GIS in Digital Archive and Research: The Historical GIS of CCTS and THCTS in Academia Sinica

南　榮佑（高麗大）：韓國における外邦圖の意義と學術的價値（本書Ⅷ-3章）

鳴海邦匡（大阪大）・岡田（谷屋）郷子（大阪大・卒業生）：Fan氏等および南氏の報告に対するコメント「『臺灣堡圖』および『舊韓末韓半島地形圖』に未掲載の地形図について」

王　勤学（国立環境研究所）：土地利用変化に伴う中国の水・炭素挙動のシミュレーション――日本の外邦図の応用例として――

ヨサファット テトオコ S.（千葉大環境リモートセンシング研究センター）：日本の「外邦図」と衛星画像によるインドネシア地域の都市環境変化のモニタリング――60年間のインドネシアの都市環境の歴史を探る――（本書Ⅷ-4章）

### 第 8 回外邦図研究会

**日時**：2007 年 2 月 17 日（土）　**会場**：お茶の水女子大学共通講義棟 2 号館 102 教室

**共催**：東北地理学会・お茶の水地理学会・お茶の水女子大学地理学教室

**共通課題**：「ようやく全容がみえはじめた外邦図 ── 大学所蔵図目録の整備と活用 ── 」　**出席者**：49 名

式　正英（お茶の水女子大名誉教授）：大いなる師表，浅井辰郎先生を偲んで

久武哲也（甲南大）・小林　茂（大阪大）：浅井辰郎先生と外邦図

　コメント：松田孝一（大阪国際大）

宮澤　仁（お茶の水女子大）・髙槻幸枝（お茶の水女子大・院）：お茶の水女子大学が所蔵する外邦図の特徴

　コメント：南　縈佑（高麗大）（代読：李　虎相［筑波大・院］）

　コメント：郭　俊麟（中央研究院地理資訊科学研究専題中心所員）

田宮兵衞（お茶の水女子大）：航空気象図について

　コメント：谷治正孝（帝京大）

村山良之（東北大）・照内弘通（東北大）・山本健太（東北大・院）宮澤　仁（お茶の水女子大）：外邦図デジタルアーカイブの公開と課題（本書Ⅶ-1 章・Ⅶ-2 章）

　コメント：鈴木純子（お茶の水地理学会会長，元国立国会図書館）

　コメント：小林雪美・髙野佳代（国立国会図書館地図室）

### 第 9 回外邦図研究会

**日時**：2007 年 10 月 27 日（土）・28 日（日）　**会場**：大阪大学中庭会議室　**出席者**：31 名

〈27 日〉

岡本次郎（北海道教育大名誉教授）：外邦図の東北大学への搬入経路をめぐって

魏　徳文（南天書局，台北）：清末と日本統治初期の台湾地図について

郭　俊麟（国立花蓮教育大）：Google Earth による外邦図の活用 ── 索引図と時空間ナビゲーションの試み ── （提案）

故久武哲也（甲南大）・鳴海邦匡（大阪大）・小林　茂（大阪大）：室賀文書資料の検討（報告）

〈28 日〉

長岡正利（国土地理院客員研究員・国土地理院 OB）：高木菊三郎旧蔵の「地形図記号・図式・一覧表」,「外邦図一覧図・目録・資料」の検討と活用法に関する討論（コメント）

山本晴彦（山口大）・今里悟之（大阪教育大）・小林 茂（大阪大）：ワシントン議会図書館，公文書館の調査について（報告）

### 第 10 回外邦図研究会

**日時**：2008 年 2 月 10 日（日）　**会場**：立正大学大崎キャンパス 11 号館 8 階第 6 会議室　**出席者**：39 名

長岡正利（もと国土地理院）：外邦図作製の経緯を記録に留める各種一覧図（索引図）と外邦図の『初刷』一覧

大塚昌利（立正大）：立正大学図書館の外邦図について

今里悟之（大阪教育大）・池中香絵（大阪大・院）・岡本有希子（大阪大・院）・小林　茂（大阪大）：（報告）アメリカ議会図書館蔵，日本軍航空偵察写真について

　コメント：田中宏巳（防衛大）

　紹介：今井健三（水路協会）

　コメント：中村和郎（日本国際地図学会会長）

三木和美（大阪大・院）・亀山玲子（大阪大・学生）・金　美英（大阪大・院）・竹内加枝（大阪大・学生）・

小林　茂（大阪大）：（報告）高木菊三郎旧蔵の内邦地図一覧図について

小林　茂（大阪大）・村山良之（山形大）・宮澤　仁（お茶の水女子大）：外邦図および日本軍撮影空中写真のデータベース化とその課題（本書Ⅶ-2章）

紹介：佐藤秀樹（岐阜県図書館世界分布図センター）

コメント：堀井英夫（アジア歴史資料センター）・松岡資明（日本経済新聞）

コメント：小林雪美（国立国会図書館）

**日本国際地図学会平成20年度定期大会シンポジウム**

「外邦図の集成と多面的活用 ── アジア太平洋地域の地理情報の応用をめざして ──」

**日時**：2008年8月9日（土）　**会場**：国土地理院・地図と測量の記念館

小林　茂（大阪大）：外邦図の集成と多面的活用 ── アジア太平洋地域の地理情報の応用をめざして ──

山近久美子（防衛大）・渡辺理絵（筑波大・日本学術振興会）：アメリカ議会図書館所蔵の日本軍将校による1880年代の外邦測量原図

魏　徳文（南天書局，台北）：日本統治期における台湾の測量と地図作製

村山良之（山形大）・宮澤　仁（お茶の水女子大）・関根良平（東北大）：外邦図デジタルアーカイブの作成と公開にともなう課題（本書Ⅶ-1章）

鳴海邦匡（甲南大）・岡本有希子（大阪大・院）・長澤良太（鳥取大）・小林　茂（大阪大）：グーグルアースと外邦図

田村俊和（立正大）：外邦図の非軍事的活用と公開をめぐって（本書Ⅷ-2章）

総合討論

［コメンテータ］清水靖夫・長岡正利（日本地図センター）・安岡孝一（京都大人文科学研究所）・江田憲治（京都大人間・環境学研究科）

# 初出一覧

## 第Ⅰ部　外邦図とは

第１章　近代日本の地図作製とアジア太平洋地域　小林　茂

小林　茂　2006. 近代日本の地図作製と東アジア ―― 外邦図研究の展望. *E-journal GEO* 1（1）: 52-66.

小林　茂　2005. 外邦図の目録および一覧図について. 待兼山論叢（日本学篇）39 : 1-29.

を軸に大幅に加筆した。

第２章　外邦図の嚆矢と展開　清水靖夫

清水靖夫　2003. 外邦図の嚆矢. 外邦図研究ニュースレター 1 : 21-23.

に加筆した。

## 第Ⅱ部　外邦図の所在と特色

第１章　日本および海外における外邦図の所在状況と系譜関係　久武哲也・今里悟之

久武哲也　2003. 旧資源科学研究所所蔵の外邦図と日本の大学・研究施設等所蔵の外邦図との系譜関係. 外邦図研究ニュースレター 1 : 15-20.

久武哲也・今里悟之　2004. 日本および海外諸機関における外邦図の系譜関係. 日本地理学会発表要旨集 66 : 61.

久武哲也　2005. 日本および海外の諸機関における外邦図の所在状況とその系譜関係. 地図情報 25（3）: 7-11.

を軸に今里が加筆した。

第２章　国立国会図書館所蔵の外邦図　鈴木純子

鈴木純子　2005. 国立国会図書館所蔵の外邦図. 外邦図研究ニューズレター 3 : 72-77.

第３章　在アメリカ外邦図の所蔵状況 ―― 議会図書館とアメリカ地理学会地図室の調査から ――　今里悟之・久武哲也

今里悟之・久武哲也　2003. 在アメリカ外邦図の所蔵状況 ―― 議会図書館・AGS Golda Meir 図書館・ハワイ大学ハミルトン図書館の調査から. 外邦図研究ニュースレター 1 : 33-36.

に今里が加筆した。

第４章　旧日本軍撮影の中国における空中写真の特徴と利用可能性　長澤良太・今里悟之・渡辺理絵・岡本有希子

今里悟之・長澤良太・久武哲也　2004. アメリカ議会図書館所蔵の旧日本軍撮影・中国空中写真の概況. 外邦図研究ニューズレター 2 : 78-80.

長澤良太　2006. 旧日本軍撮影の空中写真の特徴. 地図情報 26（1）: 20-24.

岡本有希子・長澤良太・今里悟之・久武哲也・小林　茂　2007. 戦中期に日本軍が中国大陸で撮影した空中写真の標定について. 日本地理学会発表要旨集 72 : 59.

を軸に，大幅に加筆した。

## 第Ⅲ部　外邦図の構成

第１章　陸地測量部外邦図作製の記録 ―― 陸地測量部・参謀本部 外邦図一覧図 ――　長岡正利

長岡正利　1993. 陸地測量部外邦測量の記録 ―― 陸地測量部・参謀本部 外邦図一覧図. 地図 31 (4)：12-25.

長岡正利　1993. 幻の昭和 19 年地図一覧図 ―― 陸地測量部内邦地図成果の総大成として. 地図　31 (4)：41-44.

長岡正利　2004. 外邦図作成の記録としての各種一覧図と，地理調査所における外邦図の扱い. 外邦図研究ニューズレター 2：17-23.

を集成した。

第 2 章　台湾の諸地形図について　清水靖夫

清水靖夫　1982. 臺灣の諸地形圖について. 研究紀要（立教高等学校）13：1-23.

に加筆した。

第 3 章　日本統治機関作製にかかる朝鮮半島地形図の概要　清水靖夫

清水靖夫　1986.『日本統治機関作製にかかる朝鮮半島地形図の概要 ――「一万分一朝鮮地形図集成」解題』柏書房.

に加筆した。

第 4 章　樺太の地形図類について　清水靖夫

清水靖夫　1983. 樺太の地形図類について. 研究紀要（立教高等学校）14：1-21.

に加筆した。

第 5 章　北方領土・千島列島の地形図類　清水靖夫

書き下ろし。

## 第Ⅳ部　外邦図の作製過程

第 1 章　植民地化以前の韓半島における日本の軍用秘図作製　南　縈佑

南　縈佑　1996. 解説. 南　縈佑編『舊韓末韓半島地形圖』図書出版成地文化社（朴　澤龍訳. 2006. 外邦図研究ニューズレター 4：89-108）.

を再編した。

第 2 章　アジア太平洋地域における旧日本軍および関係機関の空中写真による地図作製

小林　茂・渡辺理絵・鳴海邦匡

小林　茂・渡辺理絵・鳴海邦匡　2004. アジア太平洋地域における旧日本軍の空中写真による地図作製. 待兼山論叢（日本学篇）38：1-24.

に加筆した。

第 3 章　近代東アジアの土地調査事業と地図作製 ―― 地籍図作製と地形図作製の統合を中心に ――

小林　茂・渡辺理絵

小林　茂・渡辺理絵　2007. 近代東アジアの土地調査事業と地図作製 ―― 地籍図作製と地形図作製の統合を中心に. 片山　剛編『近代東アジア土地調査事業研究ニューズレター 2』4-14. 大阪大学文学研究科片山研究室.

に加筆した。

第 4 章　日本の兵要地誌に関する一研究 ―― 中国地域を中心に ――　源　昌久

源　昌久　2000. わが国の兵要地誌に関する一研究 ―― 書誌学的研究. 空間・社会・地理思想 5：37-61.

に大幅に加筆した。

第 5 章　南西太平洋方面における地図資料　田中宏巳

田中宏巳　2005. 敗戦にともなう地図資料の行方. 外邦図研究ニューズレター 3：83-92.

を再編した。

## 第Ⅴ部　終戦前後の陸地測量部と水路部

第１章　終戦前後の陸地測量部　塚田建次郎・富澤　章

塚田建次郎・富澤　章　2005. 終戦前後の陸地測量部. 外邦図研究ニューズレター 3：11-32.

第２章　終戦前後の地図と空中写真，見聞談　佐藤　久

佐藤　久　2006. 地図と空中写真，見聞談──敗戦時とその後（続）. 外邦図研究ニューズレター 4：45-68.

から抜粋したものに加筆した。

第３章　第二次世界大戦中の機密図誌（海図・航空図）　坂戸直輝

坂戸直輝　2004. 第二次世界大戦中の機密図誌（海図・航空図）（1）. 外邦図研究ニューズレター 2：58-73.

に図表を追加した。

第４章　史実調査部と地図の行方　田中宏巳

田中宏巳　2005. 史実調査部と地図の行方. 渡辺正氏所蔵資料集編集委員会編『終戦前後の参謀本部と陸地測量部──渡辺正氏所蔵資料集』35-43. 大阪大学文学研究科人文地理学教室.

第５章　参謀本部からの外邦図緊急搬出の経緯　田村俊和

書き下ろし。

## 第Ⅵ部　兵要地理調査研究会

第１章　『兵要地理調査研究会』について　久武哲也

久武哲也　2005.『兵要地理調査研究会』について. 渡辺正氏所蔵資料集編集委員会編『終戦前後の参謀本部と陸地測量部──渡辺正氏所蔵資料集』5-19. 大阪大学文学研究科人文地理学教室.

を一部修正した。

第２章　兵要地理資料集録（渡邊正氏資料）解説　高木　勲

高木　勲　2005. 兵要地理資料集録（渡邊正氏資料）解説. 渡辺正氏所蔵資料集編集委員会編『終戦前後の参謀本部と陸地測量部──渡辺正氏所蔵資料集』61-66. 大阪大学文学研究科人文地理学教室.

の表記を一部修正した。

第３章　陸地測量部から地理調査所へ　金窪敏知

金窪敏知　2005. 陸地測量部から地理調査所へ. 渡辺正氏所蔵資料集編集委員会編『終戦前後の参謀本部と陸地測量部──渡辺正氏所蔵資料集』20-34. 大阪大学文学研究科人文地理学教室.

## 第Ⅶ部　外邦図デジタルアーカイブの構築と公開

第１章　外邦図デジタルアーカイブ構築の経過と今後の課題

村山良之・照内弘通・山本健太・関根良平・宮澤　仁

宮澤　仁・照内弘通・山本健太・関根良平・小林　茂・村山良之　2008. 外邦図デジタルアーカイブの構築と公開・運用上の諸問題. 地図 46（3）：1-12.

を再編した。

第２章　外邦図デジタルアーカイブの公開に関する課題　宮澤　仁・村山良之・小林　茂

小林 茂・村山良之・宮澤 仁 2008. 外邦図および日本軍撮影空中写真のデータベース化とその課題——戦前期の地域資料の活用に向けて——. 日本地理学会発表要旨集 73：24.

に大幅に加筆した。

## 第Ⅷ部 外邦図の利用

第1章 外邦図は「使えるか」？——中国とインドの場合—— 石原 潤

石原 潤 2003. 外邦図は「使えるか」？——中国とインドの場合. 外邦図研究ニュースレター 1：11-14.

に加筆した。

第2章 地域環境変遷研究への外邦図の活用 田村俊和

田村俊和 2003. 地球環境資料としての外邦図の活用. 外邦図研究ニュースレター 1：26-28.

に大幅に加筆した。

第3章 韓国における外邦図（軍用秘図）の意義と学術的価値 南 縈佑・李 虎相

南 縈佑 2006. 韓国における外邦図（軍用秘図）の意義と学術的価値. 外邦図研究ニューズレター 4：27-31.

第4章 Urban Monitoring Using Former Japanese Military Maps and Remote Sensing: The 100 Years of Urban Change of Jakarta City

J. T. Sri Sumantyo, I. Indreswari S., and R. Tateishi

J. Tetuko S. S., I. Indreswari S., and R. Tateishi 2006. Urban Monitoring using Former Japanese Army Maps and Remote Sensing：The 100 Years of Urban Change of Jakarta City. 外邦図研究ニューズレター 4：36-42.

を修正した。

# あ と が き

思い返してみると，はじめて外邦図に接したのは，1970年代のはじめ，京大文学部地理学教室で中国内陸部の地図をみたときまでさかのぼる。ただし本格的に関心をもったのは，『大正・昭和琉球諸島地形図集成』（柏書房，1999年刊）の解説にむけて，なぜ戦前の沖縄の地形図がお茶の水女子大学にあるか，故浅井辰郎先生に電話でおたずねしたおり，同大学所蔵の外邦図の概要についてご教示いただいてからである。以後外邦図は大きな研究の対象になることを確信し，科学研究費補助金の申請を行ったが，当初はなかなか採択されず，関係者には迷惑をかけることになった。

2001年に国土地理協会の助成，2002年に科研費が採択され，本格的な作業が始まってまずわかったのは，外邦図へのアプローチがすでにあちこちで進行していたことであった。大型のコレクションをもつ図書館や大学では，その整理や目録化が開始されており，旧植民地の地図や外邦図一覧図についても基礎的な研究が蓄積されていた。さらに外邦図のリプリントも各種刊行され，なかには海外の図書館所蔵の図を原図にするものまで登場していた。ただしこれらは，お互いの連絡がほとんどないままで，まず関係者のネットワーク作りから始まった。今から思えば，外邦図についてほとんど何も知らない私が参加をお願いした研究集会に，よくたくさんの方が集まって下さったものである。おそらく，関係者の関心が収斂する時期にあたっていたからであろう。

それ以来3冊の外邦図目録，5冊のニューズレター，1冊の資料集を刊行し，外邦図デジタルアーカイブも本格稼働を始めた。私たちの研究の成果はこれらおよび本書に集約されているが，今回の編集にあたって学んだことも多く，そこから本書は外邦図研究の最初の集成にすぎないという認識も強まりつつある。思いつくものだけでも，現在刊行中の『外邦測量沿革史　草稿』（不二出版）による大正期の外邦図作製の検討，アメリカ議会図書館所蔵の1880年代作製の手描き外邦原図の調査，さらにアメリカ公文書館所蔵の日本軍撮影の空中写真の調査など，すべき作業はたくさんある。また，大連図書館に旧満州の空中写真が収蔵されているという話を聞いていたが，最近これは確実という情報も得た。

この10年は予想外の展開が多く，ようやく外邦図の全容について，ラフな輪郭が描けそうな段階に達したところである。今後研究が進行するにつれて，関心が多方面に分岐し，研究者の世代交代も進行することも予想されるが，本書が研究のこの段階の記録としても参照されることを期待したい。

なお残念なことではあるが，本書では資料等の表記について，充分な統一ができなかった。編集の初期から表記につき明確な方針をもってのぞまなかったこと，引用が多岐にわたり，原文に当たることができないものが少なくなかったことなどがその原因にあるが，個々の論文ではできるだけ統一したことを付記しておきたい。

（小林　茂）

# 索　引

## か行

## さ行

た行

## な行

## は行

**ま行**



**や行**



**ら行**

## 執筆者紹介（アルファベット順）

久武哲也（Hisatake, Tetsuya）1947-2007年。甲南大学文学部教授。
今里悟之（Imazato, Satoshi）1970年生まれ。大阪教育大学教育学部准教授。
Innes Indreswari Soekanto　1968年生まれ。インドネシア，バンドン工科大学美術・デザイン学部准教授。
石原　潤（Ishihara, Hiroshi）1939年生まれ。名古屋大学・京都大学名誉教授，奈良大学学長。
金窪敏知（Kanakubo, Toshitomo）1930年生まれ。元国土地理院長。
金　美英（Kin, Miei）1982年生まれ。大阪大学文学研究科博士前期課程。
小林　茂（Kobayashi, Shigeru）1948年生まれ。大阪大学文学研究科教授・放送大学客員教授。
李　虎相（Lee, Ho-Sang）1975年生まれ。韓国，高麗大学校師範大学地理教育科講師。
源　昌久（Minamoto, Shokyu）1946年生まれ。淑徳大学総合福祉学部教授。
宮澤　仁（Miyazawa, Hitoshi）1971年生まれ。お茶の水女子大学文教育学部准教授。
村山良之（Murayama, Yoshiyuki）1957年生まれ。山形大学地域教育文化学部准教授。
長岡正利（Nagaoka, Masatoshi）1947年生まれ。㈶日本地図センター，国土地理院客員研究員。
長澤良太（Nagasawa, Ryota）1956年生まれ。鳥取大学農学部教授。
南　縈佑（Nam, Young-Woo）1948年生まれ。韓国，高麗大学校師範大学地理教育科教授。
波江彰彦（Namie, Akihiko）1979年生まれ。大阪大学文学研究科特任研究員。
鳴海邦匡（Narumi, Kunitada）1971年生まれ。甲南大学文学部准教授。
岡田郷子［旧姓谷屋］（Okada, Satoko）1981年生まれ。大阪大学文学部卒業生。
岡本有希子（Okamoto, Yukiko）1985年生まれ。大阪大学文学研究科博士前期課程。
坂戸直輝（Sakato, Naoteru）1916-2004年。元海上保安庁水路部。
佐藤　久（Satou, Hisashi）1920年生まれ。東京大学名誉教授。
関根良平（Sekine, Ryohei）1971年生まれ。東北大学環境科学研究科助教。
清水靖夫（Shimizu, Yasuo）1934年生まれ。日本国際地理学会評議員，㈶地図情報センター理事。
Josaphat Tetuko Sri Sumantyo　1970年生まれ。千葉大学環境リモートセンシング研究センター准教授。
鈴木純子（Suzuki, Junko）1939年生まれ。元国立国会図書館地図室。
高木　勲（Takagi, Isao）1923年生まれ。元自衛隊中央資料隊地誌課長。
田村俊和（Tamura, Toshikazu）1943年生まれ。立正大学地球環境科学部教授。
田中宏巳（Tanaka, Hiromi）1943年生まれ。元防衛大学校教授。
建石隆太郎（Tateishi, Ryutaro）1951年生まれ。千葉大学環境リモートセンシング研究センター教授。
照内弘通（Teruuchi, Hiromichi）1967年生まれ。東北大学附属図書館。
富澤　章（Tomisawa, Akira）1920-2005年。元国土地理院写真製版課長。
塚田建次郎（Tsukada, Kenjiro）1920年生まれ。㈱東京地図研究社会長。
渡辺信孝（Watanabe, Nobutaka）1973年生まれ。㈱タムラプランニングアンドオペレーティング勤務。
渡辺理絵（Watanabe, Rie）1977年生まれ。日本学術振興会特別研究員（PD），筑波大学。
山本健太（Yamamoto, Kenta）1981年生まれ。東北大学理学研究科博士後期課程。

**小 林　 茂**（こばやし　しげる）

1948年　名古屋市生まれ
1974年　京都大学文学研究科博士課程中退
現　在　大阪大学文学研究科教授・放送大学客員教授，博士（文学）
専　攻　文化地理学・文化生態学
主な著書　『福岡平野の古環境と遺跡立地』（共編著，九州大学出版会，1998）
『太宰府市史 環境資料編』（共編著，太宰府市，2001）
『農耕・景観・災害 ── 琉球列島の環境史』（第一書房，2003，人文地理学会賞受賞）
『終戦前後の参謀本部と陸地測量部 ── 渡辺正氏所蔵資料集』（共編著，大阪大学文学研究科人文地理学教室，2005）
『改訂版 人文地理学』（共編著，放送大学教育振興会，2008）

近代日本の地図作製とアジア太平洋地域
「外邦図」へのアプローチ

2009年2月27日　初版第1刷発行　［検印廃止］

編　者　小 林　 茂

発行所　大阪大学出版会
代表者　鷲田清一

〒565-0871　吹田市山田丘2-7
大阪大学ウエストフロント
電話・FAX：06-6877-1614
URL：http://www.osaka-up.or.jp

印刷・製本所　（株）遊文舎


ISBN978-4-87259-266-5 C3025